中国石油天然气集团有限公司统建培训资源

钻井队顶驱安全作业培训教程

《钻井队顶驱安全作业培训教程》编委会 编

石 油 工 业 出 版 社

内 容 提 要

本书详细介绍了顶部驱动钻井装置的结构、工作原理、使用维护,以及相关新技术的应用,同时结合事故案例,对国内外钻井现场作业数量较多的6种品牌顶部驱动钻井装置在常规作业和特殊作业各个工序中的风险隐患、防控措施进行了系统阐述。

本书可作为钻井队顶部驱动钻井装置操作技能人员的培训教材,也可供专业技术人员和管理人员参考使用。

图书在版编目(CIP)数据

钻井队顶驱安全作业培训教程 /《钻井队顶驱安全作业培训教程》编委会编. -- 北京:石油工业出版社, 2024. 9. --(中国石油天然气集团有限公司统建培训资源). -- ISBN 978-7-5183-6955-3

Ⅰ. TE242

中国国家版本馆 CIP 数据核字第 2024NS7088 号

出版发行:石油工业出版社
（北京市朝阳区安华里二区1号楼　100011）
网　　址：www.petropub.com
编辑部：(010) 64269289
图书营销中心：(010) 64523633
经　　销：全国新华书店
印　　刷：北京晨旭印刷厂

2024 年 9 月第 1 版　2024 年 9 月第 1 次印刷
787×1092 毫米　开本：1/16　印张：32.25
字数：825 千字

定价：112.00 元
（如出现印装质量问题,我社图书营销中心负责调换）
版权所有,翻印必究

《钻井队顶驱安全作业培训教程》
编委会

主　　任：杨立强

副 主 任：刘光木

委　　员：王计平　王景洲　王　洋　王小权　陈　成

　　　　　钟　伟　申朝庭　尹栋超　王全胜　李德鸿

　　　　　张晓林　张红军　孔德虎　李传华　黄建国

　　　　　蒋　巍

《钻井队顶驱安全作业培训教程》
编 写 组

主　　编：柴晓强

副 主 编：孙宗刚

编写人员：蒋建华　许世友　孙慧锋　王　梁　张庆明
　　　　　袁志刚　宋潇男　刘小虎　陈中华　周　鸿
　　　　　刘城浩　刘　建　朱　会　于继成　谢宏峰
　　　　　张东海　王书斌

前言

近年来，随着我国石油工业的发展，石油钻井已经逐渐从传统的转盘钻井模式过渡到顶部驱动钻井装置（以下简称顶驱）钻井模式。相对于常规转盘钻井，顶驱可以实现接立柱钻进，提高了钻井效率；在一个立柱长度内，可实现边循环、边旋转、边起下的划眼和倒划眼作业，减少了井下事故的发生；使用吊环倾斜装置和背钳系统，减少了井口人员工作强度，降低了作业风险。特别是在深井、超深井、复杂井和定向井作业中，顶驱以其高效、安全、减轻人员劳动强度、降低井下复杂情况等多重优势，已成为钻机标配。

顶驱系统主要由本体、导轨、伺服线缆、电控房、司钻操作台等部分组成。顶驱本体取代方钻杆、水龙头以及部分转盘功能，集机、电、液于一体，结构复杂，操作也较为复杂。根据对近年来钻井现场顶驱时效损失统计，70%的损失是由于人员违章或误操作造成的，在导致大量经济损失的同时，也存在严重的安全隐患。特别是在一些特殊作业过程中，高处作业、吊装作业等多种高危作业同时进行，需钻井队多个岗位人员共同协作，使用游车、吊车、气动绞车等配合完成，风险性很高，在国内外钻井现场均发生过惨重的事故教训。

"事故和复杂是最大的成本"。为规范司钻等关键岗位人员操作、使用顶驱，减少人为原因导致的设备故障、事故，根据钻井现场实际情况，编写了本书，力求通过本书的编写，有效填补钻井队司钻顶驱安全操作培训这一空白，助力进一步健全、完善钻井队司钻教育培训体系，为建设世界一流能源钻探队伍添砖加瓦。

本书分三部分，第一部分主要介绍各品牌顶驱的结构、原理、作业、维护保养等共性内容。第二部分介绍目前作业数量多的 6 种品牌顶驱的常规作业和特殊作业，在顶驱常规作业和特殊作业的每个工序均有详细风险提示及预防措施。第三部分对 3 类事故案例进行分析。本书具有较强的实用性、针对性和警示作用。通过本书的学习，读者可以基本掌握钻井现场顶驱安全作业规范。

在本书编写过程中，中国石油集团油田技术服务有限公司、长城钻探工程公司、顶驱生产厂家等单位的相关专家提出了许多宝贵意见，并给予了大力支持和协助，在此表示衷心感谢！

由于编者水平有限，书中难免存在疏漏和不足之处，希望各位读者提出宝贵意见。

编者

目 录

第一部分 通用知识

第一章 绪论 ... 3
- 第一节 顶驱简介 ... 3
- 第二节 顶驱本体结构 ... 16
- 第三节 顶驱控制系统 ... 25

第二章 顶驱作业 ... 33
- 第一节 顶驱与钻机配套 ... 33
- 第二节 顶驱作业流程 ... 38
- 第三节 顶驱运输及封存 ... 65
- 第四节 顶驱作业的风险防控 ... 70

第三章 顶驱维护保养 ... 84
- 第一节 顶驱日常检查 ... 84
- 第二节 顶驱常规保养 ... 90
- 第三节 易损件更换 ... 106

第二部分 安全作业指导

第四章 NOV 顶驱安全作业指导 ... 133
- 第一节 NOV 顶驱技术特点和参数 ... 133
- 第二节 NOV 顶驱操作 ... 135
- 第三节 NOV 顶驱安装拆卸 ... 165
- 第四节 NOV 顶驱操作考核 ... 209

第五章 北石顶驱安全作业指导 ... 213
- 第一节 北石顶驱技术特点和参数 ... 213
- 第二节 北石顶驱操作 ... 214
- 第三节 北石顶驱安装拆卸 ... 239
- 第四节 北石顶驱操作考核 ... 270

第六章 Tesco 顶驱安全作业指导 ... 275
- 第一节 Tesco 顶驱技术特点和参数 ... 275
- 第二节 Tesco 顶驱操作 ... 277

  第三节　Tesco 顶驱安装拆卸 ………………………………………………… 309
  第四节　Tesco 顶驱操作考核 ………………………………………………… 330
第七章　Canrig 顶驱安全作业指导 …………………………………………………… 335
  第一节　Canrig 顶驱技术特点和参数 ………………………………………… 335
  第二节　Canrig 顶驱操作 ……………………………………………………… 337
  第三节　Canrig 顶驱安装与拆卸 ……………………………………………… 350
  第四节　Canrig 顶驱操作考核 ………………………………………………… 369
第八章　景宏顶驱安全作业指导 ………………………………………………………… 374
  第一节　景宏顶驱技术特点和参数 …………………………………………… 374
  第二节　景宏顶驱操作 ………………………………………………………… 376
  第三节　景宏顶驱安装、拆卸 ………………………………………………… 399
  第四节　景宏顶驱操作考核 …………………………………………………… 423
第九章　宏华顶驱安全作业指导 ………………………………………………………… 428
  第一节　宏华顶驱技术特点和参数 …………………………………………… 428
  第二节　宏华顶驱操作 ………………………………………………………… 430
  第三节　宏华顶驱安装与拆卸 ………………………………………………… 449
  第四节　宏华顶驱操作考核 …………………………………………………… 487

第三部分　案例分析

第十章　事故案例 ………………………………………………………………………… 495
  第一节　高处坠落 ……………………………………………………………… 495
  第二节　物体打击 ……………………………………………………………… 497
  第三节　设备损毁 ……………………………………………………………… 502
参考文献 …………………………………………………………………………………… 505

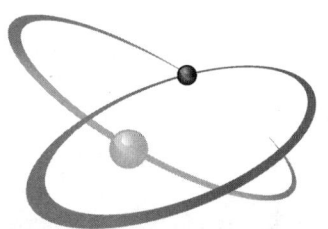

第一部分 通用知识

第一章　绪论

第一节　顶驱简介

一、顶驱概述

（一）顶驱定义

石油钻机顶部驱动钻井装置（TOP DRIVE DRILLING SYSTEM，TDS），简称"顶驱"，是钻井自动化装备发展过程中新型的前沿钻井装备，被称为近代钻井装备的三大技术成果之一。顶驱从井架上部空间直接驱动钻柱旋转，沿着专用导轨向下送进，可完成钻柱旋转钻进、循环钻井液、接立柱、上卸扣和倒划眼等多种钻井操作。该新型装备显著提高了钻井作业的能力和效率，已逐渐成为石油钻井行业的标准产品。

（二）顶驱发展历程

20世纪80年代，美国NOV（National Oilwell Varco，NOV）公司率先研制出TDS-1型顶驱后，陆续开发出了TDS-2、TDS-3、TDS-4和TDS-5等型号。到了20世纪90年代初，这些顶驱中的TDS-3S和TDS-4S型号开始装配整体式水龙头，并在石油钻井中得到广泛应用。随着钻井深度和难度的增加，20世纪90年代又出现了多种型号的顶驱，其中以TDS-10SA和TDS-11SA最具代表性。

1984年，挪威MH（Maritime Hydraulics）公司开始顶驱的研发与制造，推出了多款设备，包括DDM650、DDM750、PTD410HY和PTD500HY型顶驱，均采用液压驱动技术。加拿大Tesco公司（Tesco Corporation）1993年进入该领域，产品包括变频驱动及液压驱动在内的多种型号。另一家加拿大企业Canrig公司（Canrig Drilling Technology Canada LTD.）则专注于直流和交流变频驱动顶驱，拥有175tf、275tf、500tf和750tf等规格的系列产品。

我国从20世纪80年代末期开始跟进顶驱技术，1993年列入中国石油科研计划，并于1995年完成了样机制作。1997年，该样机在塔里木某钻井队现场试验成功，标志着中国成为继美国、挪威、法国和加拿大之后第五个可以制造顶驱的国家。经过多年的努力，中国现已有多家顶驱制造商，如北京石油机械有限公司（原北京石油机械厂）、盘锦辽河油田天意石油装备有限公司、黑龙江景宏石油设备制造有限公司、四川宏华石油设备有限公司等，能够生产出多系列多型号的顶驱，满足国内外钻井市场的多元化需求。

目前，国内外顶驱品牌比较多，部分品牌顶驱如图1-1所示。

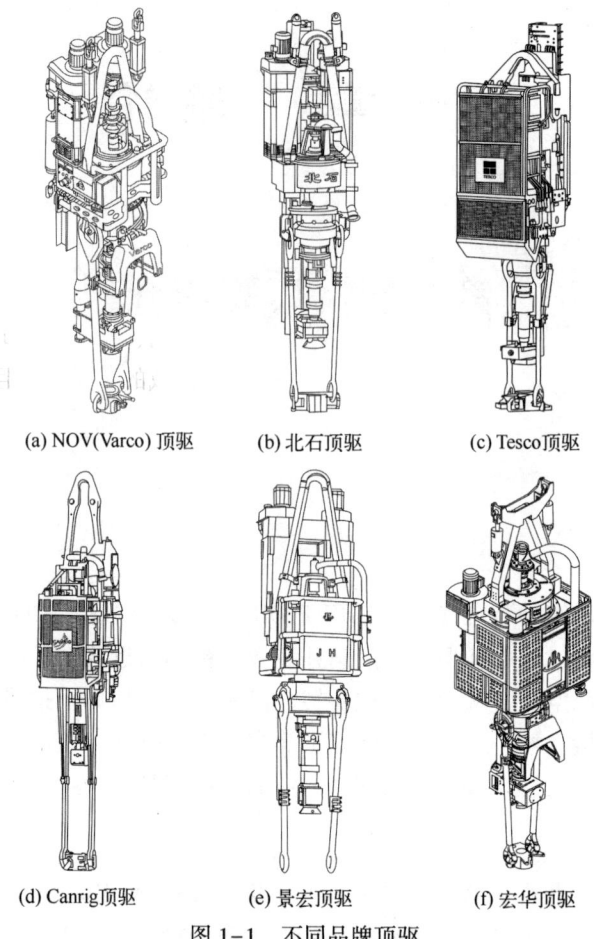

(a) NOV(Varco)顶驱　　(b) 北石顶驱　　(c) Tesco顶驱

(d) Canrig顶驱　　(e) 景宏顶驱　　(f) 宏华顶驱

图1-1　不同品牌顶驱

（三）顶驱优势

顶驱作为自动化钻井装备的核心创新，特别是在深井、超深井以及高难度定向井的钻探作业中，带来的综合效益尤为突出。与传统转盘式钻井相比，顶驱系统有以下显著优势：

（1）高效旋转与钻井液循环：顶驱能在起下钻遇阻卡时，在任意位置与钻柱连接并开启钻井泵循环钻井液，提供必要的转速和扭矩进行划眼或倒划眼作业，有效降低了起下钻过程中的事故率。

（2）立柱式钻进提升效率：顶驱采用接立柱的方式钻进，大幅减少接单根钻杆及开关钻井泵的次数，节省了50%~70%的接单根时间，从而显著提升了作业效率。在录井取心作业中，能够连续钻进24~27m，无须停下来接单根，不仅缩短了作业时间，而且保障了长筒取心样本的完整性和质量。

（3）内防喷器提高井控安全：顶驱配备有内防喷器（IBOP），当钻进过程中遇到井涌等紧急情况时，可在关停钻井泵后迅速遥控关闭内防喷器，有效预防井喷事故发生。此外，若起下钻过程中遇到井涌等情况，可以立即连接顶驱与钻柱，遥控操作内防喷器控制井涌，并进行循环压井处理，缩减应急响应时间，极大降低井喷事故的风险。

（4）提升机械化水平：顶驱配备了管子处理器，通过其自身的机械臂轻松完成抓放钻杆、上卸扣和下套管等工序，并能在任何位置灵活进行上卸扣操作，简化了工人的操作流程，降低了劳动强度，极大改善了工作环境，有力推动了钻井作业向更高程度的机械化转型。

（5）安全性显著提高：变频电动机驱动主轴旋转上扣，精准控制扭矩，旋扣动作平稳，减少钻具磨损；扭矩表可实时显示井下扭矩的变化，当井下钻具卡阻堵转时，主轴停止旋转同时保持恒定扭矩输出，使井下钻具更容易脱离卡阻点，并避免设备长时间超负荷运转，有助于延长设备的使用寿命，同时确保钻井作业的高效和稳定进行。

综上所述，顶驱在节省作业时间、应对井下复杂情况、提升作业现场的机械化和安全性等方面均明显超越传统转盘钻井模式，在现代钻井领域的应用潜力巨大。

（四）顶驱分类

1. 按驱动形式分类

按驱动形式，顶驱可分为液压马达驱动顶驱（简称液压顶驱）和电动机驱动顶驱（简称电动顶驱）两大类。其中在电动顶驱中，根据电力传输和转换方式的不同，可分为直流（AC-SCR-DC）电驱动和交流变频（AC-SCR-AC）电驱动两种形式。

液压顶驱主要优点是质量轻、体积小，可以直接通过对液压马达的控制，实现低转速下大扭矩连续运转。其缺点在于传动效率低、维护要求高、过载能力差。因此，液压顶驱主要适用于小型钻机和修井机上。

直流电驱动系统通过整流器将交流电转换为直流电，然后供给电动机使用；而交流变频电驱动系统则利用变频器将交流电的频率和电压进行调整，以适应不同工况下的需求。交流变频电驱动是一种成熟的调速技术，可精准地调节和控制电动机的工作转速和扭矩，有调速范围宽、过载能力强、工作效率高等优点，具有更好的钻井适应性、经济性、可靠性及先进性，广泛应用于海洋、陆地钻机上，是顶驱主要发展方向。

当前电动顶驱主要采用电动机通过减速箱减速后驱动主轴，进而带动钻柱旋转，完成钻井作业。随着钻井行业需求变化和电气技术进步，近年来各大顶驱生产商纷纷研发了直驱顶驱。直驱顶驱的核心特点是电动机的转子轴作为主轴（又称中心管），直接驱动钻柱旋转。直驱顶驱的基本结构有电动机、主轴、轴承系统、控制系统、冷却系统及支架和固定装置。其基本结构如图1-2所示。

直驱顶驱优点：取消了减速箱，无中间传动装置，减少了中间机构摩擦和惯性，降低了能量损耗和噪声，提高了传动效率和速度、转矩的精度，同时响应速度更快，高速运转时更稳定；无减速箱则减少密封件数量，降低了油液泄漏的风险；顶驱重心在主轴中心，不会出现前倾现象，因而减少了保护接头的磨损以及滑车和导轨之间的摩擦，提高了导轨的使用寿命。

直驱顶驱缺点：电动机结构复杂，需要更高的制造技术和精度，电动机价格比传统电动机高；电动机转子轴直接或通过胀套轴连接负载，转子轴的同轴度要求高；电动机控制系统更复杂，成本更高；电动机的电磁线圈通常采用导体材料，这种材料受温度影响大，同时电动机高速运转时内部产生大量的热量，会影响电动机性能和寿命，特别是在大负载、大扭矩工况下，作业表现不如传统电动机。

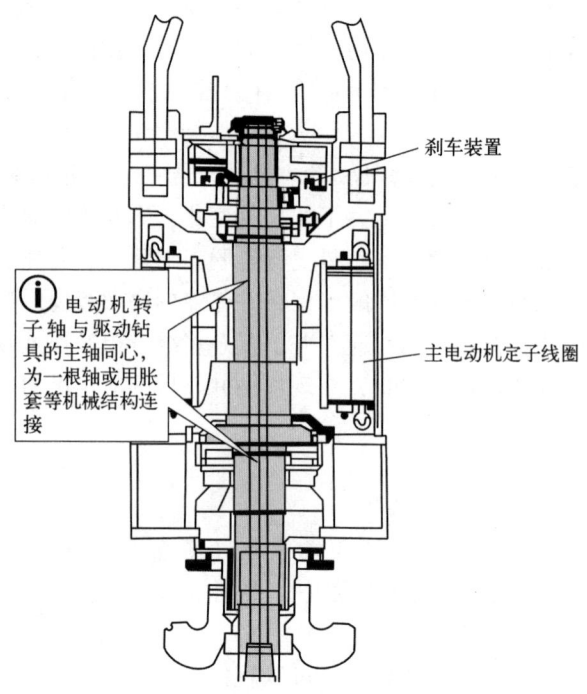

图1-2 直驱顶驱结构图

因此,在选择不同品牌型号顶驱时,需要综合考虑性能优势与潜在的成本和技术挑战,确保其在特定的钻井作业中能够取得最大的效益。

2. 按承载能力和钻井深度分类

顶驱按承载能力分类,通常有1000t、750t、500t、350t、250t、150t等,均指美吨(短吨 sh ton,1sh ton = 907.185kg)。在国内顶驱的承载能力通常与其名义钻井深度相对应,常见的名义钻井深度有12000m、9000m、7000m、5000m、4000m、3000m等,一般指使用$4\frac{1}{2}$in钻杆的名义钻井深度。

3. 按作业区域分类

根据作业区域顶驱,可分为陆地顶驱和海洋顶驱两大类。陆地顶驱由于需要频繁搬迁和安装拆卸,整机尺寸较小,应用广泛;而海洋顶驱则专为海洋或沿海地区的钻井作业设计,它通常需要在同一钻井平台上长时间作业,因此具备较大的钻井动力、紧凑的结构设计以及较高的安全性和可靠性。此外,海洋顶驱还必须满足海洋环境下的特殊要求,如防盐雾、防腐蚀、阻燃、防爆等,并通过相关船级社(如DNV)的认证,以确保其在恶劣海洋环境中的稳定运行和使用寿命。

(五)顶驱的主要技术参数

顶驱的主要技术参数包括名义钻井深度、额定载荷、连续扭矩、最大卸扣扭矩、钻井液通道直径、钻井液循环工作压力、背钳夹持范围、最高转速、连续输出功率、工作高度等。

(1)名义钻井深度:顶驱在正常工作条件下能够达到的最大钻井深度,通常以米(m)

为单位，按 φ114mm（$4\frac{1}{2}$in）钻杆计算。这个参数反映了顶驱的工作能力和适用范围。

（2）额定载荷：顶驱在正常工作状态下能够承受的最大载荷，通常以吨（tf, 1tf≈9kN）或千牛（kN）为单位。额定载荷是衡量顶驱性能的关键指标之一。

（3）连续扭矩：顶驱在连续工作状态下能够提供的最大扭矩，通常以千牛·米（kN·m）或英尺·磅力（ft·lbf）为单位。连续扭矩反映了顶驱在长时间工作过程中的动力输出能力。

（4）最大卸扣扭矩：顶驱在卸扣作业时能够达到的短时最大扭矩，通常以千牛·米（kN·m）或英尺·磅力（ft·lbf）为单位。

（5）钻井液通道直径：顶驱内鹅颈管、主轴、内防喷器等用于输送钻井液的通道直径，通常以毫米（mm）或英寸（in）为单位。

（6）钻井液循环工作压力：顶驱在正常工作状态下能够承受的最大钻井液循环压力，通常以兆帕（MPa）或磅力/英寸^2（psi）为单位。

（7）背钳夹持范围：管子处理器所能夹持的钻杆范围，通常以毫米（mm）或英寸（in）为单位。

（8）最高转速：顶驱在正常工作状态下能够达到的最大转速，通常以转/分（r/min）为单位，仪表常用英文缩写 rpm。

（9）连续输出功率：顶驱在连续工作状态下能够提供的最大功率，通常以千瓦（kW）或马力（hp）为单位。

（10）工作高度：顶驱提环与钻机提升系统连接处的下平面到吊卡上平面的垂直距离，是计算安全高度的重要参数，通常以米（m）或毫米（mm）为单位。

二、顶驱新技术应用

随着顶驱在国内外的广泛应用及其技术不断进步，钻井作业对顶驱的自动化和智能化要求越来越高。为满足这一需求，国内外顶驱制造商相继研发出了一系列新的智能化顶驱辅助装置，包括软扭矩系统、扭摆减阻系统、下套管装置、液压吊卡等。这些智能化顶驱辅助装置在保留顶驱原有的机械结构的基础上，针对钻井需求进行了控制优化，从而使产品性能实现了显著提升。

智能化顶驱辅助装置优点：首先，能够有效提高深井、超深井的机械钻速，缩短钻井周期，实现优快钻井；其次，智能化装置通过精准控制，降低复杂工况下的事故率，提高作业的安全性；再次，减少井下钻具的静置时间，进一步提升钻井效率。

随着智能化技术的不断发展和应用，顶驱正朝着更加高效、智能的方向发展，为未来的钻井作业提供更加可靠的保障。

（一）软扭矩系统

伴随着海洋石油钻井和陆地深井开采难度的加大，如何克服钻井过程中的不良扰动，确保钻井安全稳定，同时提升效率、节省成本，一直是业界关注的焦点。在钻井作业过程中，遇到复杂地层环境，钻具在井底出现不均匀转动，伴随着钻头或钻具的黏滞与滑动交替出现的往复性运动，称为黏滑振动。黏滑振动是造成深井钻井井身质量下降、钻具寿命缩短、钻进效率降低的主要原因之一，严重影响钻井成本和完井周期，甚至还可能引发重大的安全事故。随着装备自动化水平的提升和井下实时监测技术的进步，对井底钻具转速与扭矩的动态变化以及黏滑振动现象有了更深入的认识，从而推导出更为精确的数学模型，研发出了顶驱软扭矩系统。

顶驱软扭矩系统采用时变参数的自适应控制算法。该算法能够根据顶驱转速和扭矩的设定值与井下钻柱反馈的实际值进行实时对比，从而精准判断当前的钻井工况，通过闭环反馈实时调制的方式，有效减小黏滑振动的影响。试验数据表明，顶驱软扭矩系统能迅速识别并精准反馈黏滑现象，实现高效抑制。

1. 软扭矩系统的基本原理

在软扭矩概念提出之后，为了有效抑制黏滑现象，以壳牌（SHELL）公司为代表的多家软扭矩系统开发公司相继推出 TORQUE FEEDBACK、SOFT TORQUE、SOFT SPEED 以及 Z-TORQUE 等多种控制模式。各控制模式基本工作原理均是通过优化顶驱参数，将顶驱转矩控制在发生黏滑的临界点上，以防止黏滑现象的发生。随着井深增加，钻柱系统刚度逐渐降低。可将顶驱与井下钻头之间的关系等效为一个扭转弹簧的模型，当底部钻头卡顿时，通过对顶驱电动机转速的精准控制，可以释放扭转弹簧的能量累积，避免发生黏滑振动，保持系统扭矩稳定，避免因扭矩波动过大而引发的其他问题。其控制原理如图1-3所示。

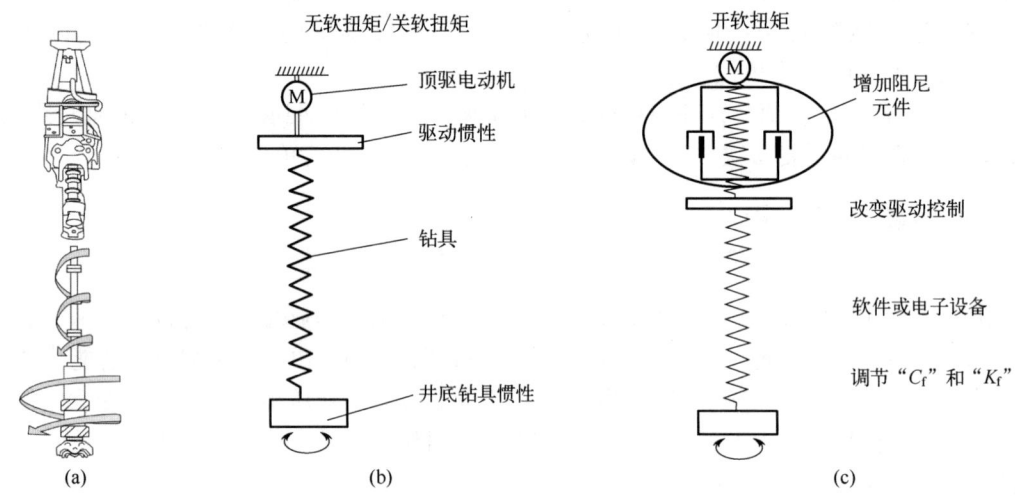

图1-3 软扭矩系统控制原理

C_f—通过钻具组合的配置计算得出的刚度系数；K_f—通过钻具组合的配置计算得出的阻尼系数

2. 软扭矩系统的优点

(1) 有效降低黏滑卡钻的发生概率，确保井下钻具在适宜的转速和钻压下稳定运行。
(2) 减轻钻进过程中的钻柱振荡，提高井眼质量。
(3) 减轻钻头磨损，减少起下钻次数，缩短钻井周期。
(4) 降低钻具疲劳失效的可能性。
(5) 确保钻进作业平稳，减小对顶驱的冲击和振动，延长其使用寿命。
(6) 减少因负载幅度波动对电气设备造成的冲击。
(7) 提高钻井作业的安全性，可显著降低钻井综合成本。

3. 软扭矩系统的应用

顶驱软扭矩系统是在顶驱原有控制逻辑的基础上增添的新功能模块，实现了对井下钻具扭矩的精细化控制。软扭矩控制模块直接嵌入原控制程序内部，或者通过外接专用控制器利用触摸屏进行控制。美国 EP（Empire Petroleum）公司和 NOV 公司的软扭矩系统，采用的是外接专用控制器和触摸屏的方式，用户可以通过触摸屏直观地进行操作和控制。EP 公司软扭矩（EPST）系统安装示意如图 1-4 所示。EP 公司软扭矩系统主要由一个控制器（IPC）和一个触摸屏（HMI）组成。如图 1-5 和图 1-6 所示。国内大多顶驱厂家直接将软扭矩控制功能集成至顶驱控制程序内，无须额外增加硬件设备，只需获得厂家授权即可使用此项功能。

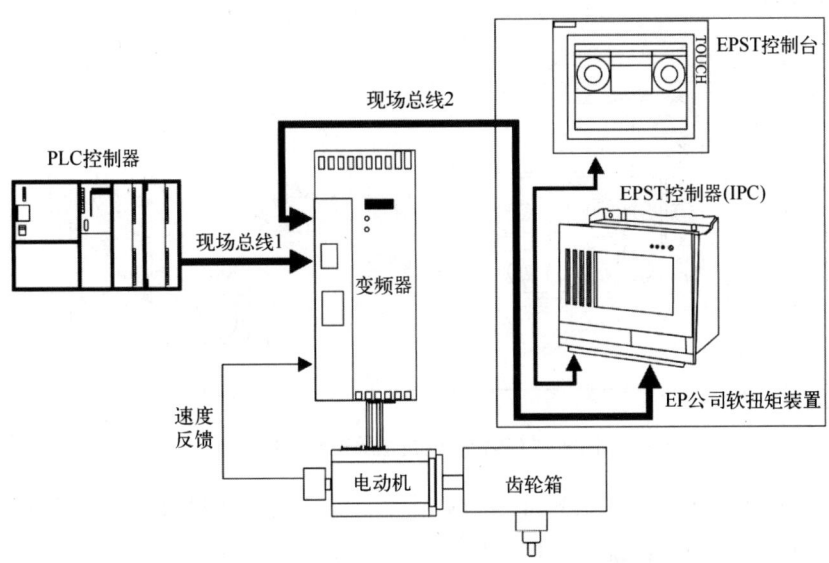

图 1-4　EP 公司软扭矩系统安装示意图

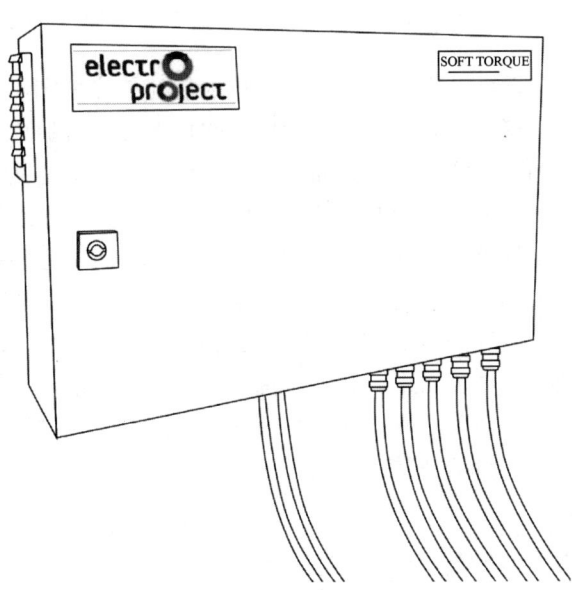

图 1-5　EP 公司软扭矩控制器（IPC）

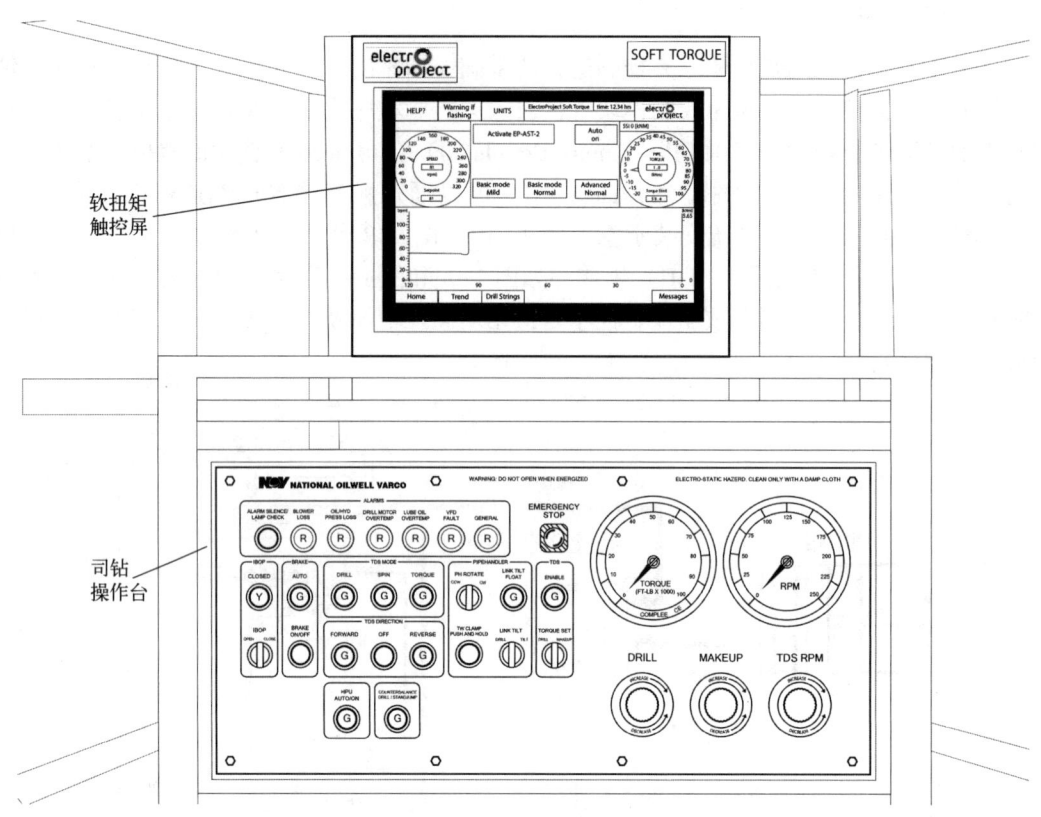

图1-6 EP公司软扭矩触控屏（HMI）

在软扭矩系统的作用下，钻井过程中系统可自动调节顶驱转速，有效抑制黏滑现象，明显减小扭矩波动幅值，系统转矩控制稳定，避免发生振荡现象，使钻柱无过度的扭矩累积，从而提高钻井效率，延长了所有设备的使用寿命。

（二）扭摆减阻系统

在非常规油气资源的勘探开发中，水平钻井技术起到了关键作用。它能够有效地延伸开发区域，提高单井的油气产量，因此在川渝地区的页岩气、新疆玛湖的致密油以及长庆地区的页岩油等区域得到了广泛应用。然而，水平井钻井过程中也面临着一系列挑战，其中之一就是托压问题。托压是由于斜井段和水平段的摩阻过大，导致钻压无法有效传递到钻头，在使用井下动力钻具进行滑动钻井作业时，这不仅增加了定向钻进的难度，甚至导致滑动钻进无法进行。为解决这一问题，顶驱扭摆减阻系统（简称扭摆系统）应运而生。顶驱扭摆系统是通过对顶驱变频器及PLC的传动控制功能进行升级，实现对顶驱主轴旋转方向和角度的精准控制，通过反复正向和反向转动钻具将滑动钻进时钻具与井壁之间的静摩擦转换为滑动摩擦，从而显著降低钻柱与井壁间的摩擦阻力和黏滞，减少托压，保持定向井作业中工具面稳定性、滑动钻井持续性。

1. 扭摆系统优点

顶驱扭摆系统作为一种高效的钻井辅助系统，在水平井和定向钻井中发挥着重要作用。其主要包括以下优点：

（1）一体化设计：顶驱扭摆系统通过将控制包直接附加到顶驱控制系统中，无须附加额外设备的安装过程，降低了设备成本和维护要求。

（2）减轻托压：顶驱扭摆系统通过优化钻具的动态行为，有效降低钻具摩阻，弱化托压影响，从而提高滑动钻井段的钻进速度。

（3）工具面稳定：系统能够迅速调整井下钻具的工具面并维持其稳定性，确保井眼轨迹的平滑连续，更易于实现长水平井段的钻进，大幅提升钻井作业的效率与成功率。

（4）设备保护：减少井下动力钻具（螺杆、旋转导向工具）受反扭矩冲击，稳定钻压，从而延长井下动力钻具和钻头的使用寿命，降低更换频率和生产成本。

（5）成本效益：与价格高昂的旋转导向工具相比，顶驱扭摆系统大大降低了建井成本，缩短了周期。

（6）操作简单：不需要定向工程师频繁调整工具面，减少了人为操作失误的可能性。

2. 扭摆系统功能介绍

通过扭摆系统人机交互界面（HMI）能够轻松地使用扭摆系统的各项功能。在 HMI 内可以输入预设正反转的圈数或角度等参数；扭摆系统角度设定精度可达 1°，有利于定向作业。

1）控制界面

以北石扭摆系统为例，控制界面分两大区域，为设定区域和监视区域，另有启动和停止控制按钮，如图 1-7 所示。

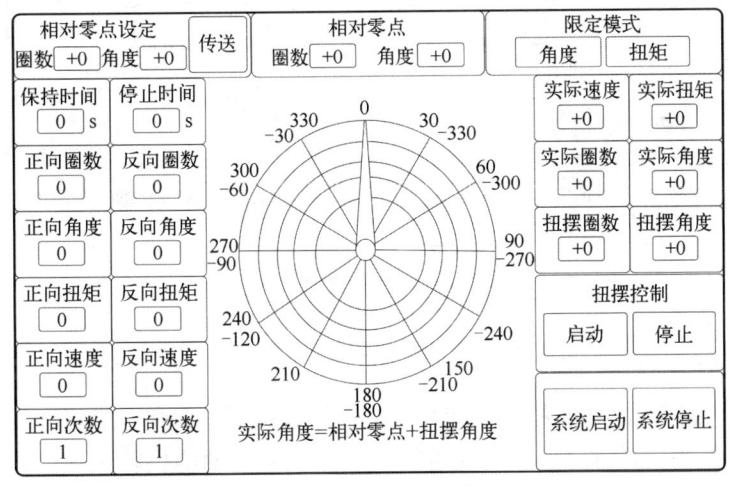

图 1-7　扭摆系统控制界面

（1）设定区域。

设定区域主要对基准点、正反向圈数和角度、正反向扭矩、正反向速度、正反向次数、保持时间和停止时间进行设定，如图 1-8 所示。

（2）监视区域。

监视区域主要实时显示主轴旋转基准点位置、实际速度、实际扭矩、扭摆圈数和角度等信息，如图 1-9 所示。

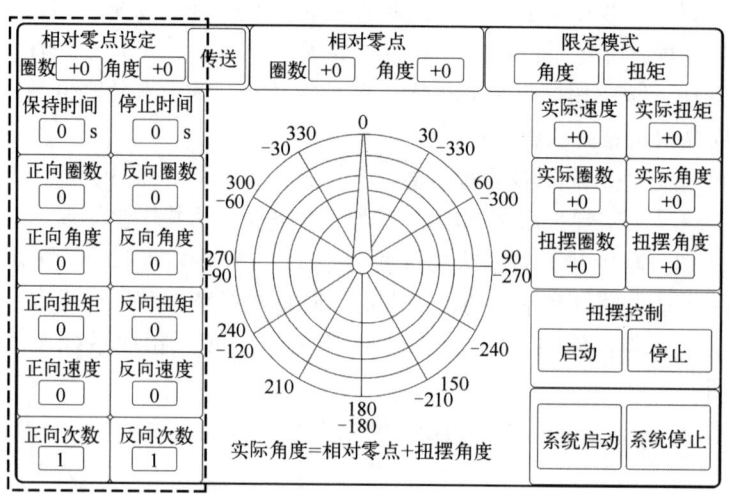

图 1-8 扭摆系统设定区域

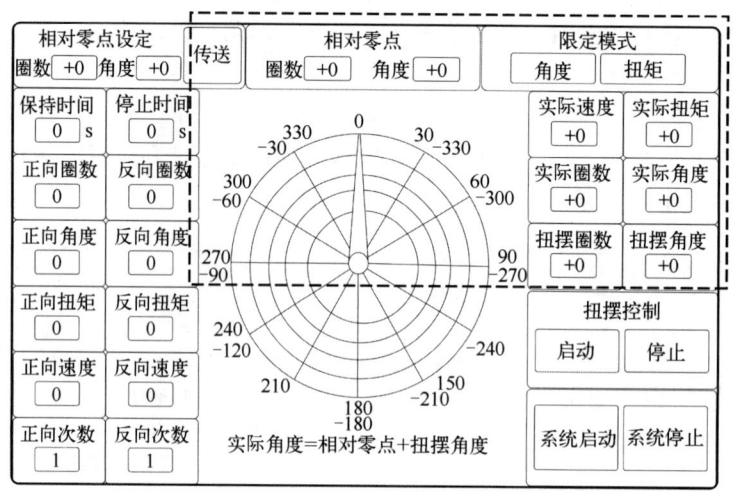

图 1-9 扭摆系统监视区域

2)功能说明

(1)定位功能。

定位功能主要用于顶驱主轴开始扭摆前将主轴定位到扭摆相对零点(即主轴进行扭摆正向和反向旋转的中心位置)。该功能可精确控制顶驱主轴的旋转角度,且调整方位时无须停钻,可缩短调整方位的时间,有效提高定向钻井作业的精度和时效。

(2)扭摆功能。

扭摆功能主要包括扭摆启停控制、角度预设、扭摆暂停时间预设、中心角度预设以及扭摆次数、正转和反转、暂停时间显示及清除功能。扭摆系统内部控制逻辑不但具有修正角度偏差及补偿、检测角度抖动、强制换向寻找预设角度位置等功能,而且可以手动或自动刹车介入,实时防范系统启动后异常情况的发生。

扭摆功能启动前,先要进行几项必要的设置(如相对零点、正反向圈数和角度、正反向转速、正反转次数等)。扭摆功能启动后,系统按预设角度及方向开始扭摆,以相对零点做正反两个方向的往复运动。顶驱扭摆过程中，可随时改变正反向扭摆角度和相对零点，系统自动调校、自动修正角度位置，直至角度与设定匹配为止。顶驱扭摆系统内部集成了模块自动计算位置、启动和停止角度、时间以及扭矩等信息。当需要紧急停止扭摆动作时，可双击停止振荡功能按钮停止到当前位置，或直接关闭顶驱停止扭摆功能。

（3）刹车功能。

顶驱通过电动机驱动主轴旋转。当遇到井况复杂、地层多变等情况时，可能发生反转风险，因此刹车功能十分必要。使用顶驱扭摆刹车功能，需将刹车旋钮置于自动位置，当扭摆振荡运行到设定角度暂停时，刹车制动；暂停结束后，刹车松开，继续执行往复扭摆动作。定位功能启动时，刹车松开，到达预设位置时，则刹车制动。

（4）扭摆连锁功能。

执行定位或扭摆功能过程中，为防止扭摆意外中断导致角度偏移，扭摆系统增加了停止复位或清零功能。为防止再次启动时未复位就启动，导致角度不精准或停止运行，系统配有定角度和振荡功能的切换连锁功能。

（三）下套管装置

顶驱下套管装置来源于套管钻井工艺。20 世纪 90 年代中期，加拿大 Tesco 公司开始研发顶驱下套管技术并成功应用至钻井作业中，Weather Ford 公司和 Baker Hughes 公司也有相关技术应用。虽然套管钻井工艺受限于实际地质情况并未得到大规模推广应用，但是与套管钻井工艺配套的顶驱下套管装置因可以旋转套管串和在下套管过程中能够随时开泵建立循环的优点得到了广泛应用。

1. 下套管装置的优点

顶驱下套管装置是一种基于顶驱本体，集机械和液压于一体的新型下套管装置。它取代了传统的液压套管钳，在下套管过程中可实现旋转、灌浆和循环等功能，不仅提高了穿越复杂井段的能力，也为复杂井、水平井下套管作业提供了装备保障和工艺选择，能够更好地解决深井、超深井、大位移水平井以及复杂井下套管的问题。相较于传统下套管装置，顶驱下套管装置具有以下优势：

（1）降低作业风险。

下套管作业是钻井生产工艺中风险较大的工序之一。传统下套管作业时，钻台面设备种类多、涉及作业的工种多、危险源多。顶驱下套管装置不仅减少了作业人员数量，且作业人员能够远离套管钳这一重大危险源；顶驱下套管装置不需要使用套管扶正台，消除了高处坠落风险；顶驱下套管装置减少了钻台面管缆布置和设备摆放，降低了人员磕碰、跌倒等风险。

（2）提高作业时效。

传统下套管作业中，灌注钻井液时需要中断操作，产生大量的非生产时间。而顶驱下套管装置可以实现实时灌注钻井液，并能够在下放套管的同时进行灌浆，极大地优化了作业时间。此外，顶驱下套管装置安装简便，仅需将下套管装置与顶驱保护接头连接即可，较安装常规下套管装置节约了 1~2h。

（3）提升井下复杂状况应对能力。

在套管下放遇阻时，可利用顶驱自身重量加压下放。顶驱下套管装置配合旋转套管鞋，可以在下套管过程中进行循环、划眼，给处理井下复杂提供了更多选择，极大提高了下套管的效率。另外，实时灌注钻井液，能够及时处置和防控井下风险，大大提升井控防控能力。

（4）提高固井质量。

在下套管过程中旋转套管串，井壁将会变得更加光滑，可以改善套管居中程度，同时能够改善钻井液的顶替效率，提高固井质量。

（5）保护套管。

使用顶驱下套管装置能够让套管自动对中，避免错扣；在上扣时，使用顶驱的扭矩限幅功能，可以紧扣至限定扭矩，避免出现胀扣情况的发生。顶驱下套管装置具有循环、划眼功能，可以减少遇阻卡时大幅度上提下砸造成的拉伸和冲击，避免套管损坏。当深井下套管时，套管串悬重较大，上提悬重可能会超出套管受拉伸极限值，使用此装置套管串可一直保持下放状态，同时也降低了套管串被拉断的风险。

国外下套管装置具有代表性的产品有加拿大 Tesco 公司的 Casing Drive System、美国 NOV 公司的 CRT 系列、Volant 公司的 CRTiM TM/CRTeM TM 系列、Mccoy 公司的 DWCRT TM 系列，相关装备已在国际钻井市场中得到广泛应用，技术较为成熟。随着我国超深井、复杂井特别是大位移水平井开发的需要，为打破国外公司垄断，降低服务费用，北京石油机械有限公司等厂家相继研制出了顶驱下套管装置，并得以成功应用。部分厂家的下套管装置如图 1-10 所示。

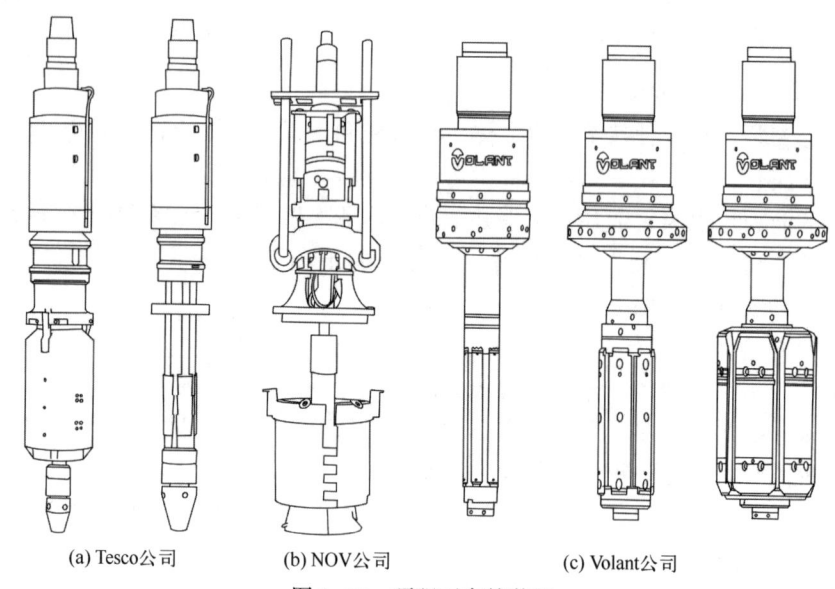

(a) Tesco公司　　(b) NOV公司　　(c) Volant公司

图 1-10　顶驱下套管装置

2. 结构及工作原理

顶驱下套管装置作业时与顶驱主轴连接，以顶驱为动力源，装置本身具有自密封机构，能够实现与被夹持套管内部自密封，可以在下套管作业的同时循环钻井液，以避免或减少复杂事故的发生。目前 Volant 公司使用的顶驱下套管装置主要由连接部分、驱动部分、夹紧部分、密封及导向部分等部分组成，其他同类产品的外形和原理均类似。

1）连接部分

顶驱下套管装置与顶驱保护接头相连，一般采用 $6\frac{5}{8}$in REG 内螺纹。安装连接方法和顶驱上扣相同，方便快捷。

2）驱动部分

目前主流的驱动机构设计分为机械式和液压式两种。

机械式的驱动机构以加拿大 Volant 公司的 CRTiMTM/CRTeMTM 系列和美国 Mccoy 公司的 DWCRTTM 系列为代表。其原理是将顶驱主轴圆周运动转化成驱动机构的轴向运动，从而带动连杆驱动夹紧机构。其优势在于不需要额外连接液压源，可缩短安装时间。

液压式的驱动机构以加拿大 Tesco 公司的 CDSTM 系列、美国 Weatherford 公司的 Tork-DriveTM 系列为代表。国产北石顶驱下套管装置也采用液压式的驱动机构。其原理是通过顶驱液压源或者独立液压源，对驱动机构内部的夹紧油缸泵油，推动油缸上下活动，进而驱动夹紧机构。

3）夹紧部分

夹紧部分与驱动部分配合使用，将驱动部分传递过来的轴向运动转变成径向运动，夹紧套管，从而实现扭矩和载荷的传递。

夹紧部分按照夹紧的位置分为外夹紧装置和内夹紧装置。外夹紧装置夹紧套管的外表面，外形尺寸较大，适用于小于 7in 的套管；内夹紧装置夹紧套管的内表面，外形尺寸较小，适用于大于 7in 的套管。夹紧机构一般采用楔形锥面夹持结构，用卡瓦夹持套管表面，原理类似于普通的套管卡瓦，具有套管串越长夹持力越大的特点。然而随着夹持力的增加，套管有可能被卡瓦钳牙挤伤甚至损坏，这是传统卡瓦夹持的一个弱点。针对这个问题，美国 Canrig 公司推出了新一代顶驱下套管装置 SureGrip，其夹紧部分采用新型的钢球夹持机构替代传统的卡瓦钳牙，将载荷分布在数以百计的高强度不锈钢钢球上，大大降低了套管损坏的可能性。目前北京石油机械有限公司也开发出了相应的微牙痕钳牙夹持技术。

4）密封及导向部分

密封部分能使下套管装置和套管之间快速有效密封，以便下套管过程中循环钻井液时起到密封作用，密封结构是下套管装置的核心技术，各品牌之间存在较大差异。导向部分在顶驱下套管装置进入套管时起到导向的作用，其中心水眼为钻井液循环提供通道。

5）吊环及其驱动机构

使用顶驱下套管装置进行下套管作业时，需要将吊环更换为下套管专用长吊环，吊环前倾功能配合套管吊卡进行作业，实现抓取套管的作用。

6）动力源

顶驱下套管装置的动力源可以由单独的液压站提供。如果顶驱本体上集成了相应的液压接口，也可由顶驱液压源提供动力，更易于安装，且节省钻台面空间。

7）扭矩监测及记录系统

通过顶驱的 HMI 系统，可更方便地记录单根套管螺纹的上扣扭矩，下套管装置通过计算机采集转速、扭矩信号，从而可以判断加扭的实际状态并自动生成报表。

（四）智能化钻机

近年来，随着集成自动化钻机的出现，对钻机的集成智能化要求越来越高。集成钻机将顶驱电控房集成至钻机电控房内，单独为顶驱提供一套整流逆变柜，或者与钻机绞车、转盘和钻井泵等共享整流逆变柜；顶驱操作箱集成到了钻机司钻操作台上。通过钻机顶驱一体化集成设计，减少了顶驱电控房和顶驱操作台，提高了电控系统的可互换性。同时，由于电控房的一体化，顶驱和钻机间的互锁设置更容易实现，如钻井泵启停和顶驱IBOP开关互锁、钻井绞车和顶驱倾斜机构在二层台倾斜操作互锁等。

为了进一步提升井口作业时效，降低人员劳动强度，顶驱可配套液压吊卡。液压吊卡品牌较多，可以根据顶驱旋转头备用油道情况选择合适的液压吊卡。随着钻机自动化水平的提高，宝鸡石油机械有限责任公司和四川宏华石油设备有限公司相继研发了管柱自动化系统和一键联动举升式排管系统，可以实现一键式起下钻操控，司钻只需在相应位置按下"确认"键，就可实现钻杆、套管的运输、举升、排放、抓取等一整套处理动作。

第二节 顶驱本体结构

顶驱按驱动形式不同，可分为电动顶驱和液压顶驱。当今钻井现场以电动顶驱为主，但仍有少量液压顶驱。两种顶驱的主要区别在于动力源不同，电动顶驱是靠电动机提供动力，液压顶驱是靠液压马达提供动力，本体其余结构基本相同。为了满足钻井装备的特殊需求和井架结构、空间的限制，一些顶驱厂家对顶驱部分结构进行了调整，设计制造出直驱顶驱，移除了齿轮减速箱，顶驱主轴直接通过主电动机转子轴驱动；一些小吨位顶驱，将双电动机优化为单电动机配置，并移除了旋转头和下内防喷器装置（IBOP），大幅度缩减了设备的整体体积与重量。典型的电动顶驱本体结构如图1-11所示，其本体结构主要包含动力水龙头、管子处理器、钻井液循环通道、导轨与滑车四部分。

一、动力水龙头

动力水龙头部分由主电动机、减速箱、提环、平衡系统，以及电动机上端的刹车系统、冷却风机等组成。动力水龙头主要功能是通过主电动机驱动主轴旋转钻进，为上卸扣、钻进提供动力源，同时循环钻井液，保证正常的钻井作业。

（一）主电动机

常见的顶驱主电动机采用的都是交流变频电动机，通过大功率的交流变频控制系统实现无级调速。交流变频电动机的主要优点是启动力矩大，可以实现较长时间堵转，通常具有150%的过载能力，相对应的控制系统较成熟，易于使用和维护。

主电动机的机座外壳强度大，可承受振动和冲击；轴承要求有较高的使用寿命，并便于润滑；内部装温度传感器，用于监测电动机的温升，对电动机加以保护；还配备加热器，在通电后可对电动机内部进行加热，以应对潮湿和寒冷环境。

主电动机采用立式方式，安装在减速箱上，一般为双输出轴结构，下端连接主传动小齿轮传递扭矩，上端连接刹车装置。目前国产顶驱主电动机主要采用Reliance公司的产品，但随着国内牵引技术装备生产能力的提升，国产电动机也逐步进入顶驱配套市场。

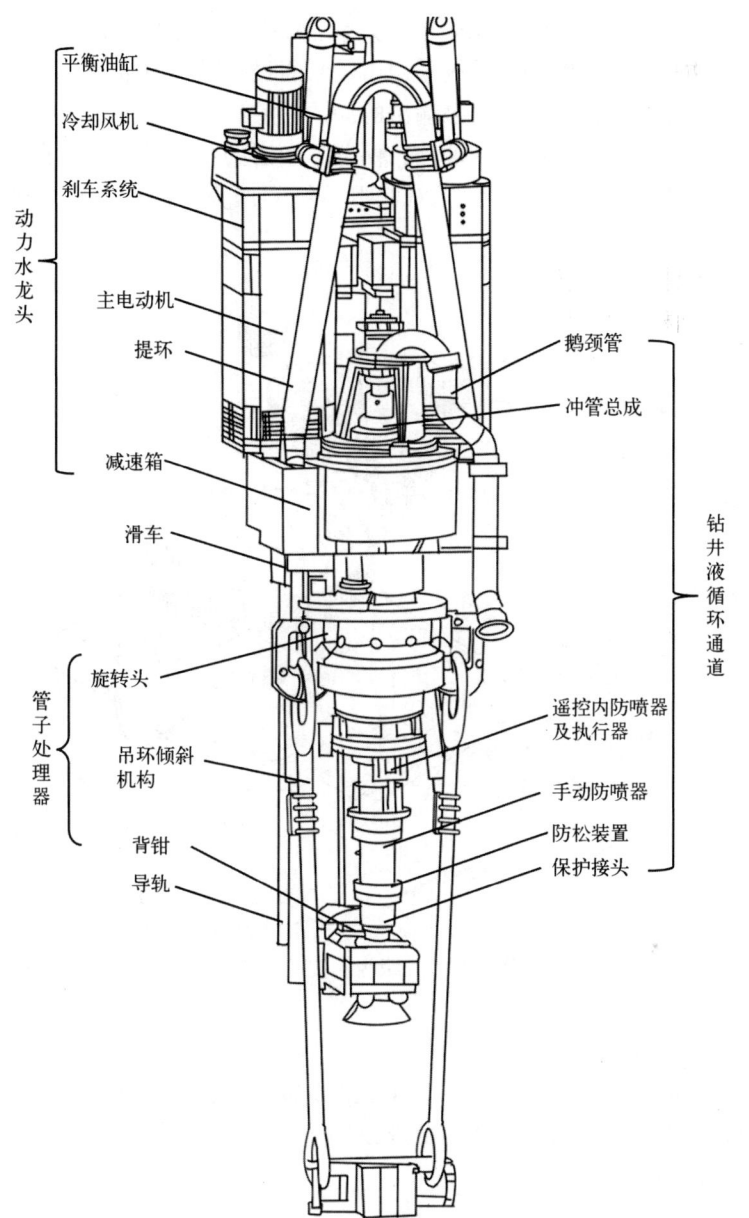

图 1-11 电动顶驱本体结构

在各主电动机上部轴端装有编码器总成，将主电动机的转速信号反馈给顶驱电控系统，电控系统由此准确控制顶驱的转速和扭矩。编码器是把角位移或直线位移转换成电信号的一种装置，按照工作原理可分为增量式和绝对式两类，顶驱一般使用增量式光电编码器。在电控系统内设置编码器旁路功能，以保证编码器失效等突发情况发生时能够进行连续生产作业。

（二）减速箱

常规顶驱的减速箱（又称齿轮箱）一般采用二级齿轮传动，两对齿轮均为斜齿轮，传递扭矩大，噪声低，如图 1-12 所示。减速箱主承载轴承采用重型圆锥推力轴承，满足超深井悬重要求。Canrig-1275AC 顶驱采用一级齿轮减速，并且有增扭设计，因此 Canrig 减速箱外径较大。顶驱减速箱的润滑系统采用齿轮泵通过喷嘴强制润滑。润滑泵一般采用电动机驱动或液压马达驱动，启动后将泵输出的润滑油喷洒到各个润滑点。这种强制润滑方式，使轴承及齿轮都能够充分接触到油液，保证了润滑的可靠性。并且在润滑管路中安装有压力开关、温度传感器及流量开关，对润滑系统的压力、油温及流量进行实时监测并报警。

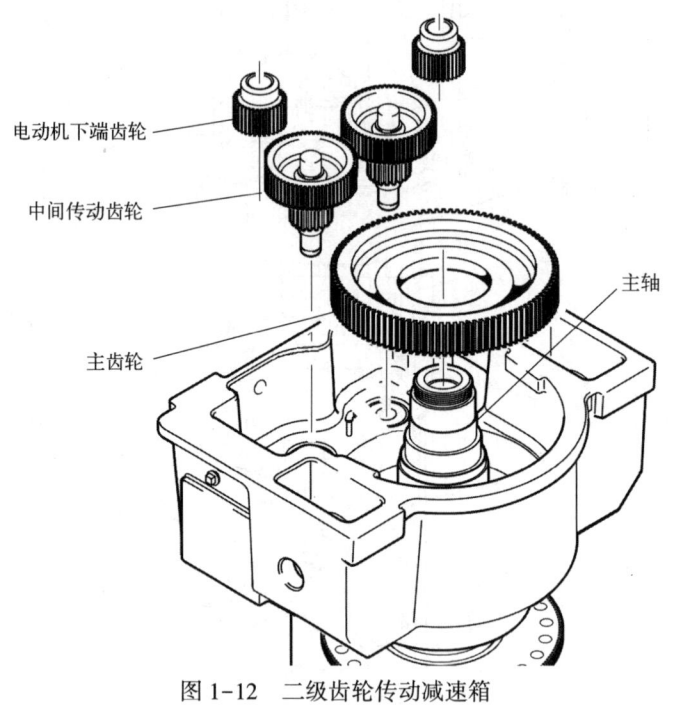

图 1-12　二级齿轮传动减速箱

（三）提环

提环是顶驱的重要承载部件。提环上部吊装在游车或大钩上，下部通过提环销轴与减速箱相连，承载顶驱和井下钻具的全部重量。

（四）平衡系统

平衡系统由平衡油缸和悬挂组件构成。平衡油缸固定在提环上，当顶驱进行上卸扣作业时，用于平衡顶驱本体重量，从而保护钻具螺纹。当顶驱直接悬挂在游车上，不使用大钩时，需要在游车上安装一个专用平衡梁来连接平衡油缸。Canrig-1275AC 顶驱采用的是中心管滑动模式来降低上卸扣时作用于钻具螺纹上的压力，替代了提环平衡系统。

（五）刹车系统

主电动机上部的轴伸端安装有液控盘式刹车系统，如图 1-13 所示。通过液压油缸控制刹车片来实现制动功能，制动力与液压系统施加的压力成正比，刹车片的磨损量通过液压缸行程来补偿。每个刹车片带有两个自动复位的弹簧，可以使刹车摩擦片在松开时自动复位。刹车系统在顶驱运行过程中的主要作用：定向钻井作业中稳定方位，承受井底钻具反扭矩；当遇阻或处理卡钻时，如果电动机扭矩小于反扭矩时钻具将反转，此时需要制动主轴以防止钻具倒转脱扣。

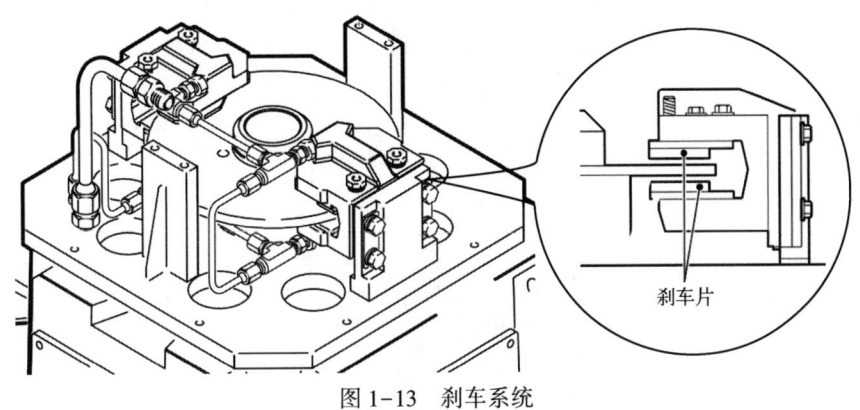

图 1-13　刹车系统

（六）冷却风机

主电动机的冷却方式通常有水冷和风冷两种。顶驱在井架内部需上下运动，水冷要求水管连接及独立的水冷却循环系统，较复杂，因此目前采用的多是冷却风机风冷。冷却风机（简称风机）的电源及控制信号均可通过控制电缆或光纤给出，较易实现。

冷却风机一般采用离心式结构，由交流异步电动机驱动，可安装于主电动机的上部或侧面。当风机启动后，将空气从刹车装置外壳吸风口吸入，通过风道经主电动机下部的出风口排出。这种结构简单、坚固耐用，保证了通风的可靠性。

为了避免冷却风机故障导致失风引起主电动机过热，一般在冷却风机的出风管道上安装风压检测装置，如风压开关等。当冷却风机出现故障导致风压下降时，风压开关会给出报警信号，通过PLC程序对顶驱进行保护控制。

二、管子处理器

管子处理器是顶驱的重要组成部分，可极大地提高钻井作业的自动化程度。管子处理器由旋转头、背钳、吊环倾斜机构、锁紧机构、吊环及其他部件组成。NOV顶驱管子处理器如图1-14所示。

（一）旋转头

顶驱旋转头（又称回转头）与减速箱连接，独立于主轴转动。旋转头由液压马达驱动大齿轮盘转动，调速阀可调节液压马达转速，通常旋转头转速设定为4~6r/min。旋转头可以完成正反两个方向转动，以适应吊环和吊卡以不同角度抓放钻具。

根据钻具悬重传递到减速箱的方式不同，旋转头的内部结构设计也不相同。国外多数顶驱旋转头结构为单承载通道，旋转头内没有承载轴承。如NOV顶驱，当旋转头不承载时，通过液压浮动油缸独立于主轴转动；当承载时，旋转头将坐放在主轴承载环上，钻具悬重通过主轴传递至减速箱，此时不能独立于主轴转动。单承载通道结构如图1-15中所示，箭头表示承载重力的传递路线。

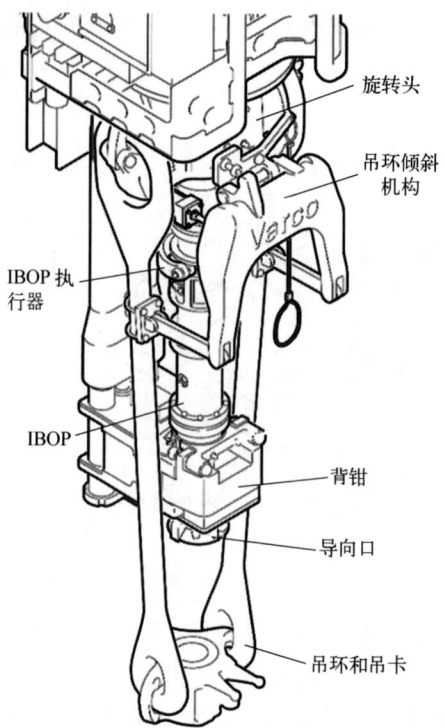

图 1-14 管子处理器

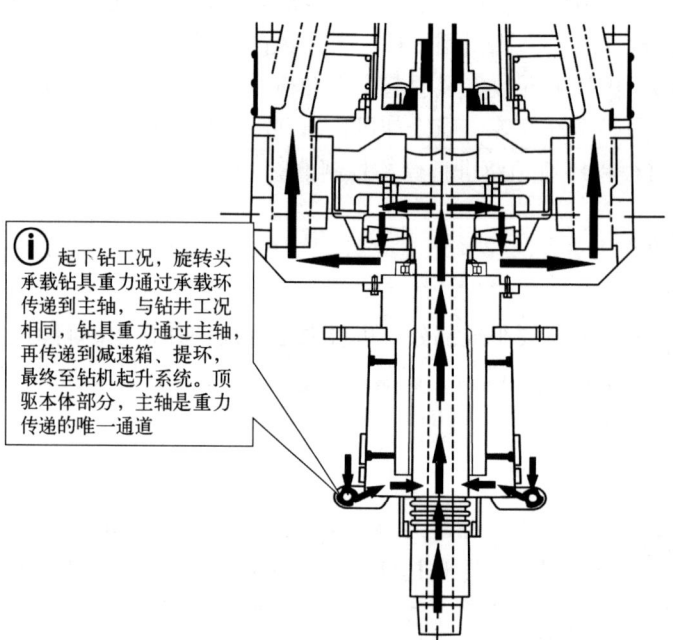

> 起下钻工况，旋转头承载钻具重力通过承载环传递到主轴，与钻井工况相同，钻具重力通过主轴，再传递到减速箱、提环，最终至钻机起升系统。顶驱本体部分，主轴是重力传递的唯一通道

图 1-15 单承载通道

国产顶驱旋转头多采用双承载通道，如北石顶驱，承载通道如图 1-16 中箭头所示。钻具悬重可以通过主轴或者旋转头独立传递到减速箱，旋转头悬挂体直接坐放在减速箱相接的内套上，其内部有一个止推轴承和两个扶正轴承。钻进工况时的负载通过主轴直接传

递到减速箱内的主轴承上,再传递至减速箱;当起下钻或下套管时,钻具悬重作用在旋转头内部的止推轴承上,通过旋转头内套传递到减速箱,不通过主轴和主轴承,因此能够有效延长主轴承的使用寿命。

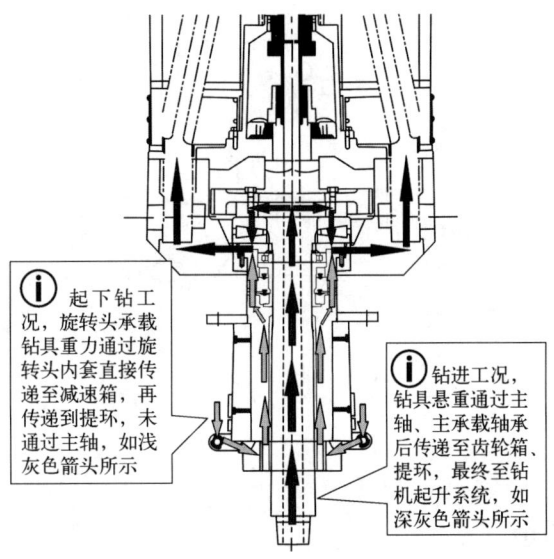

ⓘ 起下钻工况,旋转头承载钻具重力通过旋转头内套直接传递至减速箱,再传递到提环,未通过主轴,如浅灰色箭头所示

ⓘ 钻进工况,钻具悬重通过主轴、主承载轴承后传递至齿轮箱、提环,最终至钻机起升系统,如深灰色箭头所示

图 1-16 双承载通道

(二)背钳

背钳主要由夹紧机构、扶正机构、悬挂系统等部分组成。背钳的最大优点是可以在任何时候、任意位置夹持钻杆接头,完成上卸扣操作;另外,背钳能够上下移动,方便更换保护接头和IBOP。夹紧机构由液压缸、前后端盖、活塞、钳牙座和钳体等部件构成。夹紧时,液压缸进油,推动活塞移动,当钳牙接触并夹紧钻杆后,主轴旋转完成上卸扣动作。NOV顶驱、北石顶驱背钳悬挂在旋转头上,通过锁销锁止旋转头,上卸扣操作简单方便。另外,部分国产顶驱背钳夹紧机构采用双油缸对夹结构,夹持均匀、可靠,前后油缸由销轴连接,可拆卸便于维修。

(三)吊环倾斜机构

吊环倾斜机构由倾斜油缸和吊环等部件组成。倾斜油缸推拉吊环前后运动,可实现前倾、后倾,并具有自动复位功能,即吊环自动返回中位。前倾可伸向鼠洞或二层台抓取钻杆;后倾相较于前倾角度更大,后倾在钻进时抬升吊卡,可以让顶驱最大限度接近钻台面,扩大钻具活动范围。为防止吊卡与二层台发生碰撞,目前各大顶驱厂商陆续推出顶驱二层台防碰装置,其主要原理是利用传感器和算法等对顶驱本体相对二层台位置进行计算,发出防碰信号,进而控制绞车、盘刹等设备制动,避免碰撞事故的发生。

(四)锁紧机构

锁紧机构(又称锁销总成)用高强度螺栓固定在减速箱下部的定位座内,锁销总成通过销轴插入旋转头齿轮盘定位孔或者通过齿条啮合齿轮盘来锁定旋转头位置,使旋转头承受反扭矩但不发生旋转。图1-17所示为NOV顶驱锁紧机构,当背钳工作时,锁销定位销轴在液压驱动下伸出，插入旋转头齿轮盘的定位孔内，限制背钳带动旋转头转动。当背钳夹紧进行上卸扣时，背钳承受的反扭矩通过悬挂系统传递到旋转头齿轮盘，再通过锁销传递至减速箱。

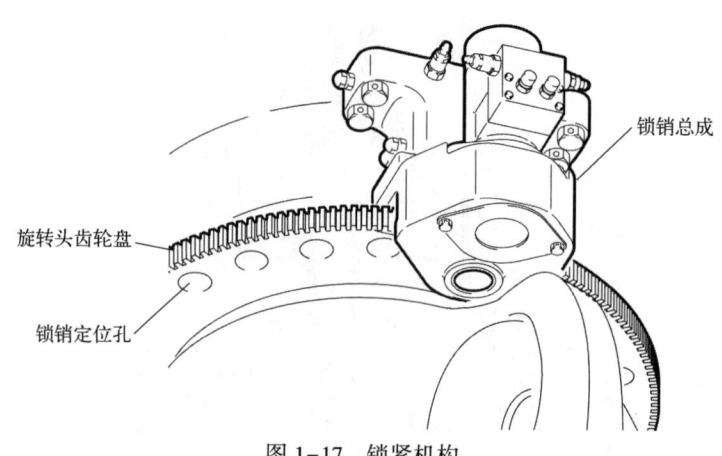

图 1-17　锁紧机构

三、钻井液循环通道

（一）鹅颈管

鹅颈管安装在冲管支架上，是钻井液循环的通道。前端与井队水龙带相连，是钻井液的入口，后端通过转换接头与冲管相连。鹅颈管顶部有密封堵头，打开后可进行井内打捞和测井等作业。

（二）冲管总成

顶驱使用的冲管总成与常规钻井水龙头冲管相同，安装在顶驱钟形罩内的主轴和鹅颈管之间，是实现动静连接的特殊密封部件，冲管中心管不随主轴旋转。冲管上下采用活接头螺母连接。针对钻井中常见的高转速、高泵压工况，已研发出了机械密封冲管，此种冲管采用压力自平衡式浮动结构设计，不同于常规橡胶密封填料密封，依靠密封介质的压力在旋转动环与静环端面之间产生适当的压紧力，端面间维持一层极薄的液体膜而达到密封。动环、静环具有超低的旋转摩阻和极高的耐磨性，密封性能良好，能承受 52MPa 的钻井液压力，且安装方便快捷、使用寿命长，解决了传统冲管使用时间短、维护时间长等问题。

（三）主轴

顶驱主轴（又称中心管）是主要的扭矩动力传递部件和承载部件，也是钻井液的循环通道，是顶驱的关键部件。上部连接冲管总成，下部连接 IBOP，主轴的中上端的大台肩坐放在齿轮箱内的承载轴承上，台肩上用高强度螺栓与大齿轮固定连接，主轴在承载的同时也可快速旋转。钻进作业过程中，主轴带动井下钻具旋转，同时要承载井下所有钻具重量，因此对主轴的结构工艺和承载能力要求极高。为了确保钻井安全，需要定期对主轴进行探伤检测，检测合格后方可使用。

（四）内防喷器及执行器

内防喷器（IBOP）安装在保护接头与主轴之间，它由上部的遥控内防喷器和下部手动内防喷器组成。作用是当井内压力高于钻柱内压力时，通过关闭内防喷器切断内部钻井液循环通道，从而防止井涌或者井喷的发生。遥控内防喷器和手动内防喷器的结构基本相同，其组成包括阀体、上阀座、波形弹簧、阀芯、曲柄及曲柄套、下阀座、孔用挡圈和密封等。

遥控内防喷器油缸通过执行器驱动球阀旋转90°，手动内防喷器通过专用扳手旋转球阀90°，从而打开或关闭内防喷器，实现钻井液循环通道的通断。NOV顶驱内防喷器和执行器如图1-18所示。

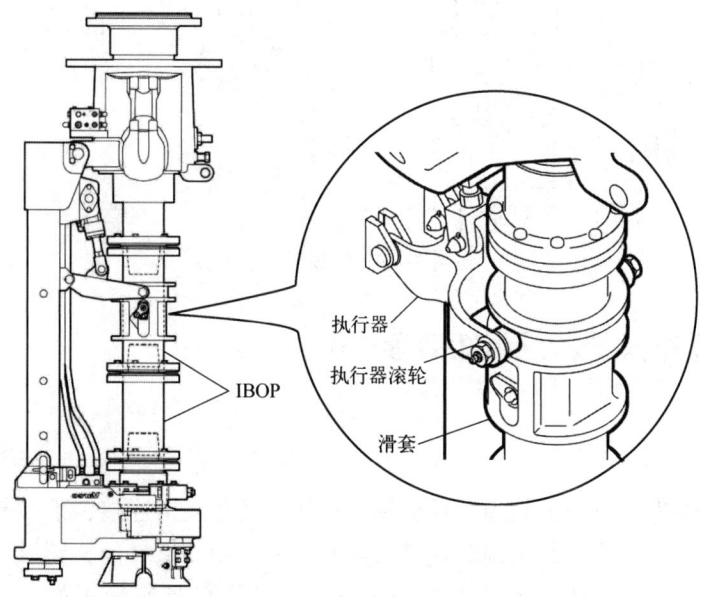

图1-18 IBOP和执行器

遥控内防喷器执行器结构简单、传动精确、可靠性高，维护保养方便。顶驱电控系统内预留钻井泵与遥控内防喷器互锁控制接口，防止出现憋泵和其他事故的发生。

（五）保护接头

保护接头上端与内防喷器连接，保护内防喷器螺纹；下端与钻具连接，可根据不同的钻具螺纹选用对应的保护接头。保护接头与钻具上卸扣连接操作频繁，螺纹易磨损，属于易损件。

（六）防松装置

防松装置安装在主轴、内防喷器和保护接头连接处，当顶驱卸扣时，防止连接处螺纹松开。防松装置一般由上体、下体、螺栓和牙板或锁紧环组成，如图1-19所示。其工作原理与卡瓦类似，螺栓紧固后，上体和下体对牙板或锁紧环产生轴向力，牙板或锁紧环在轴向力的作用下夹紧本体接头部位，当连接处出现相对运动趋势时产生摩擦力，防止因扭矩变化而导致松扣。

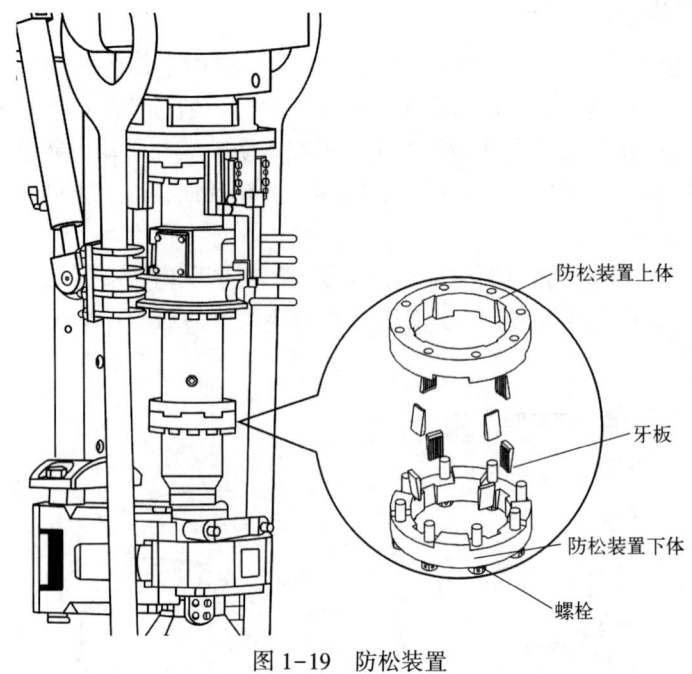

图 1-19 防松装置

四、导轨、滑车及导轨反扭矩装置

（一）导轨

导轨作为顶驱上下移动的轨道，其上端与井架的天车底梁连接，下端与井架大腿的扭矩梁连接。导轨的主要作用是为顶驱在井架内的上下移动提供导向，同时要承受顶驱作业时的反扭矩，将扭矩直接传递至井架上。Canrig-1275 系列顶驱采用穿有钢丝绳的整体折叠式导轨，通过绷直穿在导轨中的钢丝绳完成导轨安装，不仅安装拆卸效率高，且减少高空作业次数。该系列导轨安全性良好，其设计结构为双重防护，大幅度降低了作业风险。而 NOV TDS 系列顶驱和北石 BS 系列顶驱则采用了分段连接的导轨，安装时间相对比较长。

（二）滑车

顶驱滑车系统与顶驱减速箱通过高强度螺栓或锁轴连接。滑车上安装有滚轮或耐磨滑板，导轨穿入滑车，当顶驱本体沿导轨上下移动时，通过滑车上的滚轮或滑板，可以减少接触部件之间的磨损。顶驱滑车一般以滚轮滚动为主，Tesco 顶驱和部分小吨位顶驱采用耐磨滑板滑动，如图 1-20 所示。

（三）导轨反扭矩装置

导轨反扭矩装置通过专用螺栓和丝杠固定连接在井架大腿和导轨下端之间，包括反扭矩横梁、导轨回接装置等，如图 1-21 所示，用于将顶驱作业时产生的反扭矩传递到井架上。在顶驱安装时需确认合适的反扭矩横梁安装位置，通过回接装置可以调整顶驱主轴中心与井眼轴线的对中，在钻井过程中，根据现场使用实际情况，需进行适时调整。

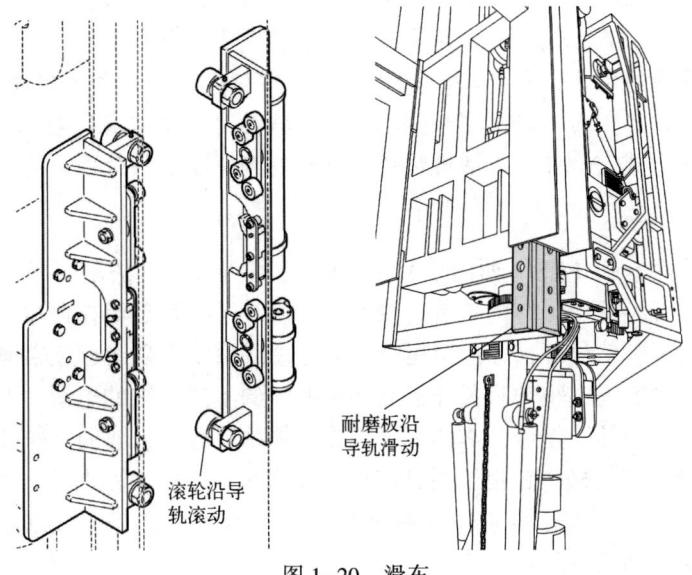

图 1-20 滑车

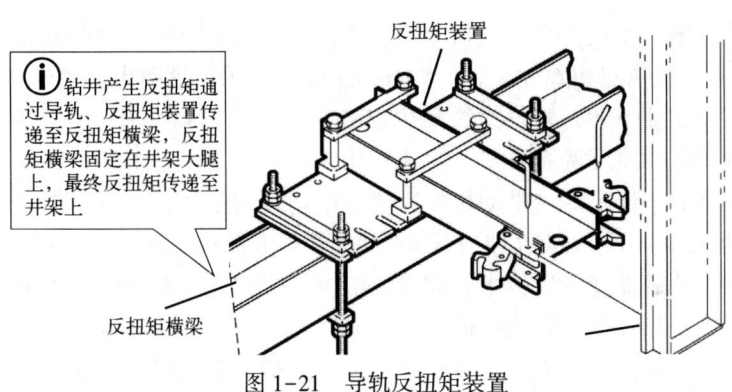

图 1-21 导轨反扭矩装置

第三节　顶驱控制系统

一、电控系统

(一) 系统简介

顶驱电控系统是顶驱的核心,可大致分为驱动系统和控制系统两部分。驱动系统包括驱动装置、动力装置及连接附件,而控制系统包括配电系统、PLC 控制系统及连接附件。驱动系统按照驱动方式,分为直流驱动和交流驱动,交流驱动较为常见;按照电动机的数量,电驱动顶驱又可划分为单电动机和双电动机两种结构。

对于电驱动顶驱，按照驱动装置和电动机的控制方式，又可分为一对一、一对二、多对一和多对多等驱动方式。一对一，是由单套驱动装置驱动单台电动机。一对二，是由单套驱动装置驱动两台电动机，各电动机同步运行。多对一，是由多套驱动装置并联输出，共同驱动一台电动机。多对多是由多套驱动装置并联输出，驱动多台电动机同步运行。其中，一对一的控制方式安全性和灵活性最优。交流变频驱动是当今顶驱的主要驱动形式。

（二）系统结构

驱动装置多采用 SIEMENS（西门子）或 ABB（阿西布朗勃法瑞）整流逆变装置，近年来国产顶驱逐步开始使用国产的整流逆变装置；PLC 系统是逻辑控制核心，采集控制信号、驱动装置实时反馈信号等，经逻辑运算后通过总线系统实现对驱动装置和顶驱本体的通信、控制；配电系统提供驱动装置和控制系统所需的不同等级的电源。此外为了便于操作，控制系统配备了司钻操作台、本体配电箱或本体站、电缆、辅助操作盒（井架二层台使用）等辅助设施，司钻操作台位于司钻房内，实现对顶驱的远程操控，本体配电箱或本体站位于顶驱本体上。各部分间通过现场总线控制技术进行通信、数据采集、传输、监控，实现电传动系统精准控制。

1. 驱动系统

驱动系统进行电力变换，主要包括整流、滤波、逆变、检测控制等几部分。井场供电房（SCR/VFD 房）提供三相 600V AC、50/60Hz 交流电源至顶驱电控房，经主空气开关、进线电抗器连接到整流单元，转换为约 810V DC 直流电输出到直流母线。逆变器工作在该直流电网上，利用脉冲宽度调制方式，生成三相频率可调的供电电源，经出线电抗器和动力电缆，输出到顶驱本体上的主电动机，完成对电动机的驱动，为顶驱提供传动动力。顶驱本体上辅助电动机（冷却风机和液压电动机等）电源的供电方式主要有三种：采用 600V AC 直接或经变压器变压后供电；将 810V DC 逆变为固定频率的 600V AC 供电；将 600V AC 经过辅助变频器变频后直接供电。

整流单元和逆变单元组合方式有多种，例如一个整流单元对两个逆变单元（即单整流双逆变系统）；两个整流单元分别对应两个逆变单元（即双整流双逆变系统）；还有单整流单逆变系统。双整流双逆变系统的优点是可以分别单独运行，缩短了停机维修时间，提高了系统的安全性。单整流单逆变系统结构紧凑，控制模式简单，易于检查和维护。单整流双逆变结构相较于单整流单逆变形式更加稳定可靠。

2. 控制系统

配电系统将 600V AC、50/60Hz 三相交流电源接入变压器，转换为 460V、380V、220V 或 120V 等交流电为电控房控制回路和空调等提供辅助电源。经过控制变压器为主电动机加热器、进线柜、整流柜、逆变柜、PLC 柜提供 220V 辅助系统电源和控制电源。同时，220V 交流电源通过电源模块转换为 24V DC，为 PLC 控制系统提供工作电源。

PLC 控制系统包括一个主站和一个或多个从站，各从站在主站的统一控制下采集终端数据，并做相应控制。主控 PLC 控制系统与各控制子站的控制与通信有以下三种方式：

（1）电缆连接的直接控制方式。

（2）Profibus 电缆连接的现场总线控制方式。

（3）光纤通信控制方式。

对于直接控制方式，PLC 控制系统通过电缆与控制子站连接，并直接控制各子站。对于现场总线或光纤控制方式，PLC 控制系统与各控制子站和驱动系统通过 Profibus-DP 现场总线或光纤相连，与其他子站通过 Profibus 或光纤通信电缆相连。

3. 电控房

顶驱电控系统及相关辅助器件安装于顶驱电控房内，包括整流逆变柜、驱动控制柜、配电柜、综合控制柜、辅助变压器、制动电阻、空调机组及照明系统和办公设施等。主电路和辅助电路的电源均从进线箱引入。部分顶驱辅助电路的三相 380V 或 460V 交流电，主电路供电时由主电路通过变压器提供，主电路断电时可以通过外部接线单独为辅助电路供电，便于检修和设备调试。电控房的所有输出线缆从出线箱引出，有利于拆装。电控房配备了空调系统，可以在需要时进行加热、降温、除湿等操作。与普通民用空调不同，顶驱电控房空调系统能够在野外露天的恶劣工作环境下连续正常工作，有效控制室内的温度、湿度。

4. 司钻操作台

司钻操作台又称司钻控制台或司钻控制箱（简称司钻台、司控台、司控箱），可实现顶驱进行钻井作业所需的基本操作功能，可以设置顶驱的转速、转矩、操作模式及钻井工况所需的各种辅助操作。同时，司钻操作台具有对各控制状态进行显示的指示灯和仪表等，如图 1-22 所示。由于井场的安全隔爆要求，顶驱的司钻操作台为正压隔爆型，在其侧端装有气源元件，内部装有微压开关，当司钻操作台内部气体压力低于一定值后，会发出声光报警。

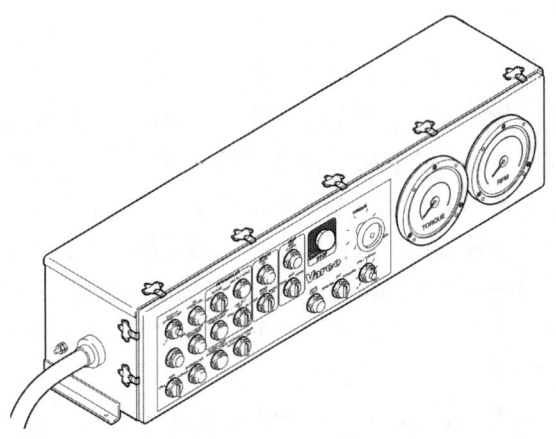

图 1-22　司钻操作台

5. 本体配电箱

本体配电箱安装在顶驱本体上，部分顶驱本体配电箱内有一个 PLC 从站（又称本体站），部分顶驱本体配电箱内只有接线端子，无 PLC 从站。其功能是提供控制电缆的连接，为主电动机冷却风机、液压电动机、加热器、电磁阀组等提供交流、直流动力电源或对其进行控制；同时采集主电动机温度传感器信号、压力传感器信号等，完成监控反馈。如有 PLC 从站，则信号传输采用 Profibus 或光纤模式，可减少游动电缆线芯数量；如无 PLC 从站，则全部通过游动电缆直接连接。

6. 电缆

1) 主动力电缆

电控房至顶驱本体之间为顶驱主电动机提供动力电源的为主动力电缆，通常由地面加长电缆、井架电缆和游动电缆等三段组成，各段之间用插头连接，便于拆装。部分顶驱为双电动机并联，共用一根四芯电缆，部分顶驱则由一根四芯电缆为一台主电动机提供动力电源。

2) 辅助动力电缆及综合控制电缆

电控房至顶驱本体之间为辅助电动机提供动力电源的为辅助动力电缆，提供控制电源和传感器信号的为综合控制电缆。辅助动力电缆和综合控制电缆通常由两段或三段组成，分别为地面加长电缆和井架电缆。部分顶驱的辅助动力电缆和综合控制电缆的井架电缆分为两段，与主动力电缆结构相同，各段之间采用插头连接，便于拆装。通常井架电缆用一个专用马鞍形电缆架悬挂于二层台附近。

3) 司钻操作台电缆

司钻操作台电缆是电控房至司钻操作台的电缆，为司钻操作台提供电源和输入输出信号传输。此电缆各厂家配置数量存在差异，电缆数量为1~3根不等。

4) 电源电缆

电源电缆是指电控房600V AC进线电缆，为顶驱系统提供总电源。

5) 接地电缆组件

接地电缆组件包括接地棒、接地电缆及连接附件。

二、液压系统

液压系统是顶驱系统的重要组成部分。除主轴旋转由主电动机驱动外，其他功能如背钳夹紧与松开、吊环倾斜、旋转头旋转、吊环浮动、IBOP打开与关闭、锁销打开与关闭、主电动机制动与松开、平衡顶驱本体重量等均由液压系统传动控制实现。

顶驱的液压系统主要由液压源、液压阀组、执行机构（平衡油缸、刹车油缸、旋转头驱动马达、倾斜油缸、IBOP控制油缸、背钳油缸及液压吊卡等）、液压管线、蓄能器等组成。液压系统辅助装置包括管道、过滤器、油箱、冷却器、压力表等。NOV TDS-11SA顶驱液压系统如图1-23所示。

液压源是顶驱液压系统的动力部分，一般由电动机、液压泵、过滤器、油箱、蓄能器、冷却风机、液压阀件及管线等组成。大部分顶驱液压源集成在顶驱本体上，有少数顶驱液压源独立于顶驱本体之外，置于地面或电控房底座上，如部分北石顶驱、Tesco顶驱和Canrig顶驱等。所有顶驱的主液压阀组和执行机构都集成在顶驱本体上，完成相应的液压功能。

（一）平衡系统控制回路

平衡系统控制回路用于降低上卸扣时对钻杆螺纹的影响，主要作用在于顶驱主轴与钻具旋扣时平衡顶驱本体的重量，可以等效为大钩补偿弹簧，保护螺纹在旋扣时减少磨损。在平衡系统中一般设置系统压力、上跳压力和安全压力3级压力，上跳压力的切换可通过

第一章 绪论

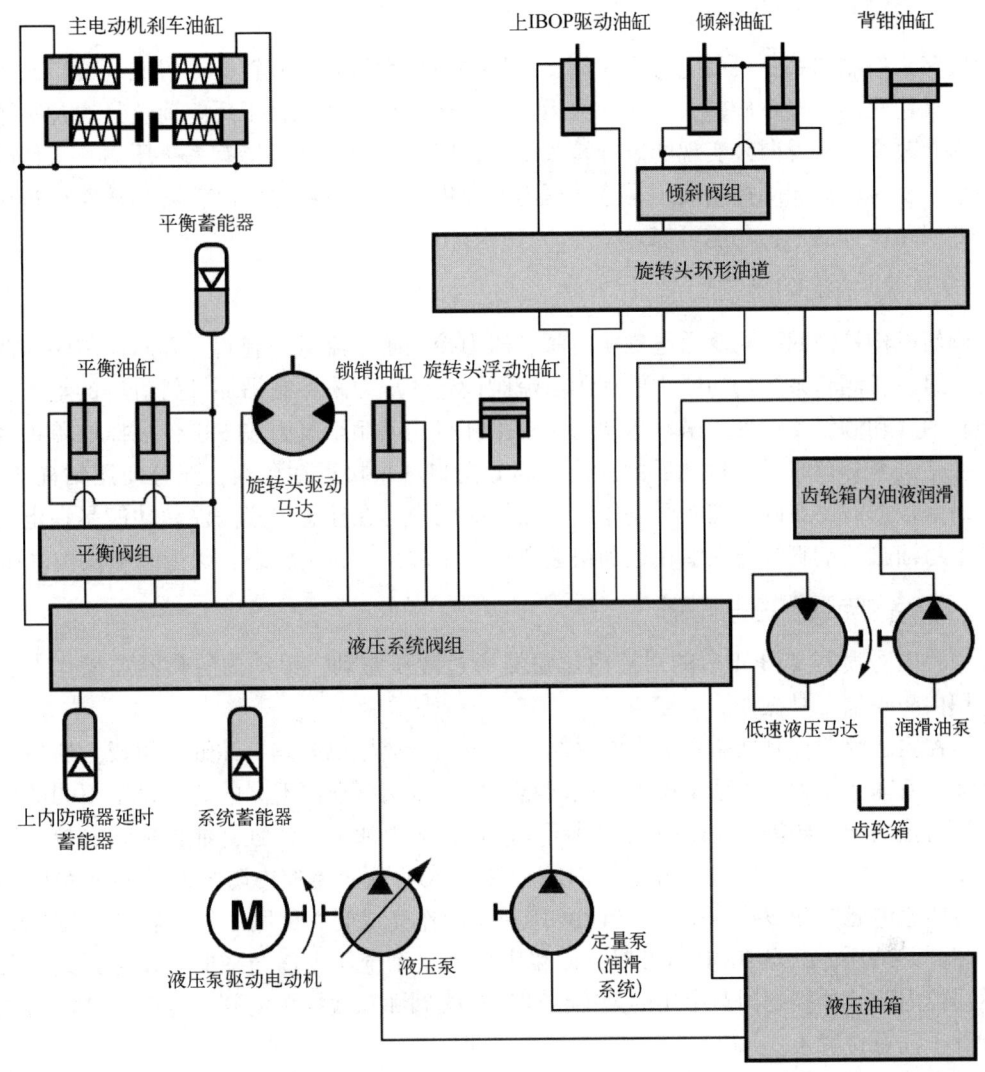

图 1-23 液压系统

电磁阀来实现。平衡系统对压力稳定性要求较高,因此配置了单独的蓄能器、无泄漏电磁阀和单向阀。蓄能器具有缓冲、减振和保压功能。蓄能器为压力容器,充装气体为氮气,需使用专用的充氮工具对蓄能器进行充气,充气完毕后需按照标准对氮气压力进行测定和调整。

(二)刹车油缸控制回路

刹车油缸为弹簧复位的单作用油缸,通常一台主电动机有两个刹车钳,每个刹车钳配备两个油缸。刹车回路中设置了减压阀,以调整刹车油缸所需的工作压力。刹车油缸需要安全可靠,通常选用无溢流的电磁阀作为换向阀,同时在进油通道中增加了用以保持压力的单向阀及蓄能器,确保刹车制动过程中刹车不松开;在刹车松开的状态下,回油背压的升高可能引起误刹车动作,因此刹车油缸的回油口直接连接油箱,确保不存在背压。

(三) 旋转头控制回路

旋转头控制回路主要由电磁换向阀、液压马达、大齿轮、旋转头等组成。旋转头由一个液压马达驱动连接在旋转头上端的大齿轮独立于主轴运动，其正反向旋转是通过一个电磁换向阀改变油流方向来实现的。旋转头不工作时回路中通常保持有系统压力，工作时通过回路中安装的溢流阀控制液压马达的压力和速度，并在负载过大时，对马达实行过载保护。此回路设计简单，功能可靠。

(四) 倾斜机构控制回路

倾斜机构控制回路主要由电磁换向阀、压力控制阀、流量控制阀、方向控制阀和倾斜油缸等组成。倾斜系统的功能主要利用溢流阀设定的压力来控制吊环倾斜机构的动作，通过倾斜油缸和倾斜支臂推动吊环运动，实现吊环机构前倾至鼠洞或二层台去抓取单根及钻具，在钻进至井口时最大角度后倾，使顶驱导向口尽量接近钻台面，充分使用钻柱长度。吊环吊卡根据需要在倾斜控制回路作用下较短时间内停在任意位置。浮动功能是在电磁阀协助下将油缸两端直接连通油箱达到快速泄压，吊环处于自由状态，延长倾斜机构寿命。

(五) 内防喷器控制回路

顶驱内防喷器（IBOP）的遥控内防喷器通过液压驱动，手动内防喷器需操作人员使用专用内防喷器工具操作。

遥控内防喷器控制回路主要由电磁阀、减压阀、液控单向阀、油缸等组成。遥控内防喷器油缸所需的压力低于系统压力，该回路中的减压阀可根据不同的需求设定不同的压力值。当遥控内防喷器需要关闭时，电磁阀先动作，压力油进入油缸，油缸推动遥控内防喷器关闭；同理，相反方向即打开遥控内防喷器。NOV顶驱遥控内防喷器控制回路中用的是两位四通电磁阀和液控减压阀，当IBOP关闭动作完成时，回路中压力将从设定压力逐渐升高到系统压力，当IBOP打开时，回路中压力从系统压力逐渐降低至设定压力。北石顶驱遥控内防喷器控制回路中用的是三位四通电磁阀和双液控单向阀，可以保证内防喷器油缸处于任意位置不变。

正常钻井情况不得操作内防喷器，以防憋泵。当发生井涌、井喷时，根据关井程序关闭内防喷器。

(六) 背钳机构控制回路

背钳机构控制回路主要由电磁换向阀、液控单向阀、减压阀和背钳油缸等组成。在电磁阀得电时换向，高压油直接或经减压阀减压后进入背钳无杆腔，油缸活塞伸出推动钳牙实现背钳夹紧动作。当电磁阀失电时，高压油经减压阀减压后进入背钳有杆腔，油缸活塞缩回带动钳牙远离钻杆。减压阀可确保背钳油缸活塞回收后保持在较低压力位，使背钳油缸活塞长时间处于收回位置，主要作用是当顶驱正常钻进作业时，确保钳头不能伸出，避免碰伤钻杆。

(七) 液压吊卡控制回路

新型号的顶驱开始逐渐配备液压吊卡控制回路，控制回路中配置了相关阀件，根据液压吊卡所需压力通过减压阀进行调整。旧型号的顶驱一般没有配备液压吊卡控制回路，只有部分顶驱留有备用油道可作为液压源，此类顶驱如需配置液压吊卡，则需另外配置液压控制回路；有备用油道但液压源流量不足或无备用油道时，则需单独配置整套液压控制回路及液压源。

（八）液压系统辅助件

液压系统辅助件包括蓄能器、过滤器、油箱、热交换器、液压管线及接头等，对系统的动态性能、工作稳定性、工作寿命、噪声和温升等都有直接影响，其中油箱根据需要进行设计，其他辅助件通常选择标准件。

1. 蓄能器

蓄能器（又称储能器）是将液体的液压能转换为势能储存起来，当系统压力降低时再将势能转化为液压能的容器。因此，蓄能器可作为辅助或应急的动力源，可以补充系统的泄漏，稳定系统的工作压力，以及吸收泵的脉动和回路上的液压冲击。

蓄能器的种类有弹簧式、气瓶式、活塞式、皮囊式。在用顶驱蓄能器主要采用皮囊式或活塞式结构，都是利用气体的压缩和膨胀来储存、释放压力能，气体和油液在蓄能器中由皮囊或活塞隔开；其尺寸小，结构简单，工作可靠，安装维护方便。

2. 过滤器

过滤器是液压系统中的重要元件，它可以清除油液中的污染物，保持油液清洁，确保系统元件工作的可靠性。过滤器的过滤精度、压降特性和纳垢容量是其主要的三个性能指标。因顶驱所用液压源形式不同，采用的过滤器的数量也有所变化。顶驱液压源一般采用低精度吸油过滤器和高精度回油过滤器相结合的方式，对液压油进行清洁过滤，保证系统液压油运行可靠。如 NOV 顶驱和北石顶驱都有低精度吸油过滤器和高精度回油过滤器。同时，滤芯装置带有旁通阀，在滤芯阻塞时，不影响系统回油。滤芯自带污染指示，便于及时发现更换滤芯。

3. 油箱

油箱的功用主要是储存油液，此外还起着散发油液中的热量，释放混在油液中的气体，沉淀油液中污染物等作用。顶驱油箱有整体式和分离式两种。整体式油箱利用本体上的有限空余空间制作油箱，这种油箱结构紧凑，增加了设计制造的复杂性，维修不便，散热条件不好。分离式油箱单独设置，与本体分开，设计制造简单，维修便利，散热条件好，但是成本较高，故障风险点多。

4. 热交换器

液压系统理想工作温度为 35~50℃，最高不超过 65℃，最低不低于 15℃。油温过低对液压油的理化性能影响较大，油的黏度会增大，油路阻力加大，液压系统压力损失增大，同时温度较低会造成液压回路橡胶件收缩或硬化，密封性能降低，会对液压系统控制元件的正常工作产生不利影响。油温过高油的黏度会减小，液压系统工作效率会下降，易造成液压系统内部紊乱，加速液压密封件老化，造成泄漏，缩短液压油的使用寿命。无论油温过高或过低，都会加速液压元件磨损，极易引发液压系统故障。液压系统如不能使油温控制在上述范围时，就需安装热交换器，在高温环境中安装冷却器降温，在低温环境中安装加热器升温。

5. 液压管线和接头

液压系统中使用的油管线和接头种类很多，有钢管、铜管、尼龙管、塑料管、橡胶管等，需按照安装位置、工作环境和工作压力来正确选用。

管线接头是油管与油管、油管与液压件之间的可拆式连接件，具有拆装方便、连接牢固、密封可靠、外形尺寸小、通流能力大、压降小、工艺成熟等特性。管线接头种类很多，包括端直通、铰接接头、直角接头、端直角可调向接头、快换接头、扣压接头等。接头上的密封形式为24°锥O形圈密封，接头和连接件之间采用ED密封（一种工业弹性体密封件，作为管接头、液压堵头、过渡接头等气动液压接头专用密封件，截面在高压下几乎保持恒定），密封性能更好。

第二章 顶驱作业

第一节 顶驱与钻机配套

顶驱的配套安装，是一项十分重要的工作。它直接涉及作业转换的时间，人身和设备的安全，以及顶驱在钻井作业期间的安全工作。因此，无论从降低钻井作业综合成本，还是从安全管理和设备维护的角度，均应予以高度重视。顶驱系统安装后的典型井架界面如图2-1所示。

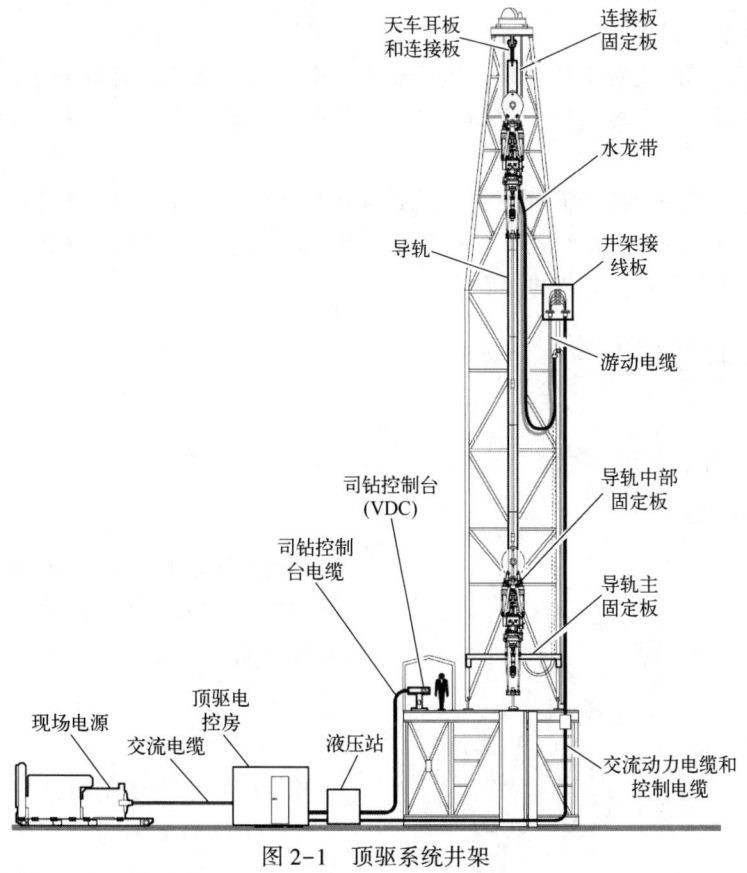

图2-1 顶驱系统井架

一、顶驱选型

配套之前根据钻机型号、技术参数、钻井参数、作业环境及其他特殊要求等选择与之匹配的顶驱，顶驱选型主要考虑以下因素：

(1) 顶驱额定载荷。
(2) 顶驱转速和输出扭矩范围。
(3) 顶驱钻井液循环通道额定工作压力。
(4) 背钳夹持范围和钻杆接头扣型。
(5) 顶驱本体重量和外形尺寸。
(6) 顶驱工作环境（温度和海拔）。
(7) 顶驱电源要求。
(8) 是否有与井架整体搬迁要求。

二、安装准备

在设备安装前要做好相关准备工作，包括设备清点、制订工作计划、井场布置、井架改造等项目，确保设备齐全、人员到位、计划详尽、分工明确，保证安装工作顺利进行。

(1) 仔细清点设备、附件、油品、工具、人员等，确认是否齐全。
(2) 制订详尽的安装工作计划，包括安装步骤、人员分工、辅助安装设备调配等。
(3) 确认设备在井场布置，根据现场安全要求，本着安装使用方便快捷的原则，对设备摆放进行安排。
(4) 根据顶驱安装使用需要，有时需要对井架进行局部改造。这些改造应在井架立起前完成，否则将在高处作业，既不方便又不安全。改造的内容主要有安装顶驱导轨悬挂耳板、安装井架管线支架、安装井架底横梁等。

三、安装配套注意事项

（一）常规钻机顶驱配套

1. 顶驱电源接口

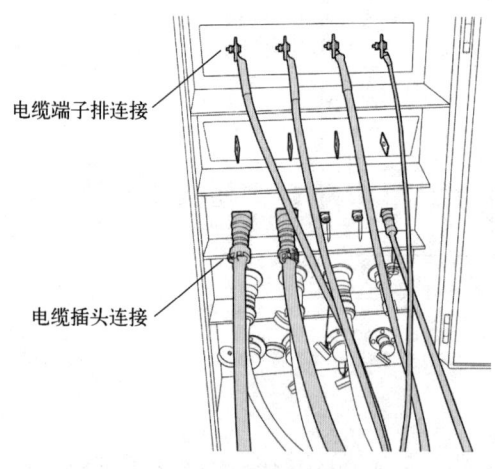

图2-2 顶驱电缆接口

钻机对顶驱提供的电源接口需满足顶驱运行的电压、功率和频率要求，连接方式采用插头或端子排连接，如图2-2所示，确保连接安全可靠。

2. 井架净空高

井架内净空高度是指钻台面至天车底部导轨悬挂点的高度，需满足顶驱进行立柱作业的要求，顶驱立柱作业高度需考虑钻杆或钻铤立柱高度、顶驱带吊环高度、游车大钩高度、天车防碰高度和井口钻具接头高度。

3. 导轨悬挂耳板

导轨悬挂耳板即井架上部顶驱导轨悬挂

装置，通常安装在天车底部，部分会安装在天车下部的井架后横梁上。导轨悬挂耳板的位置决定了顶驱导轨中心到井口中心的距离，因此安装导轨吊耳之前，务必要确定所安装顶驱要求的导轨与井口中心距离，否则一旦位置出现偏差，顶驱将无法对正井口。导轨悬挂耳板一般通过高强度螺栓连接或焊接在天车底部（或后横梁）上，确保其额定承重大于顶驱本体和导轨的总重量。

4. 导轨反扭矩装置

井架需提供顶驱导轨下部反扭矩横梁及回接装置的安装位置，导轨安装完毕后，底部距钻台面以 2.1m 左右为宜，为保证顶驱上下移动和钻井过程中导轨平直，部分顶驱还需要安装导轨中部回接装置。

5. 电缆悬挂位置

顶驱游动电缆随着顶驱在井架内上下移动，为满足顶驱的行程和游动电缆长度，需要在井架选择一个合适的电缆悬挂点。推荐在二层台高度的井架后横梁或侧面横梁附近，确定合适位置安装电缆安装架来悬挂顶驱井架电缆和游动电缆。安装完成后，游动电缆弯曲半径应不小于 0.9m，顶驱处于最低位置时，游动电缆底端距钻台面应大于 0.7m。部分顶驱，如 Canrig 顶驱电缆预置于导轨总成内，无须单独安装电缆安装架。

6. 高压立管和水龙带

由于顶驱在井架内上下活动距离大于传统方钻杆作业的活动距离，因此水龙带的长度和高压立管的高度应满足顶驱上下移动的行程，否则需要调整立管高度和水龙带长度；顶驱鹅颈管和水龙带连接的接头要匹配，选择合适扣型的过渡接头连接。

7. 司钻操作台

顶驱司钻操作台需安装在便于司钻观察和操作的位置。建议制作安装架，将顶驱司钻操作台安装在司钻左前 45°或右前 45°，安装后便于司钻操作，不遮挡司钻视野。

8. 保护接头

根据钻井作业中钻杆螺纹规格选择相对应的保护接头。

（二）自动化钻机顶驱配套

近年来，随着集成自动化钻机发展，顶驱与自动化钻机的配套技术基本成熟，但在配套过程中仍存在着一些问题。特别是顶驱生产厂家和钻机生产厂家各自技术不兼容，导致配套厂商提供的电控系统对顶驱的核心控制技术不够完善，在钻井作业中可能会导致顶驱性能下降，故障率上升。为了保证顶驱良好的性能优势，在自动化钻机顶驱配套中应注意以下几点：

（1）自动化钻机与顶驱配套时，需要钻机厂商与顶驱提供方密切配合，理清各方工作界面，确保设备兼容且配套后的设备性能达到最优。

（2）自动化钻机的顶驱电控系统程序和参数设计必须有顶驱厂商参与，保证具有原顶驱厂家电控系统的全部功能。

（3）根据最新的相关配套标准，对钻机和顶驱配套接口优化统一。

（三）顶驱本体与井架整体快搬配套

近年来，为进一步提高钻机搬迁和作业效率，国外一些石油业主要求钻机实现快搬，即搬迁时本体、导轨及电缆不拆甩，顶驱随井架整体搬迁。这就需要将顶驱本体可靠地固定在顶驱导轨上，同时要强化导轨的连接和固定，确保搬迁过程中不因冲击和振动对顶驱本体及相关附件造成伤害。为实现一体搬运要求，配套时需先确认可支撑导轨和顶驱本体重量的井架梁及位置，根据井架梁的结构制作相对应的支撑装置。支撑装置要有足够的承载能力，固定连接方式要科学合理，在保证安全可靠的前提下，操作方便快捷，不与井架内其他装置发生干涉。支撑装置具体结构和尺寸会因井架不同而有差异。

四、安装完成后检查调试

顶驱安装完成后，需要进行一次彻底的检查，确认各项工作已经正确完成，为开机调试做好准备，检查项目包括：

（1）所有运输用的固定支撑是否已经全部取下。

（2）所有紧固件有无松动破损。

（3）所有管线连接是否正确，电缆接头是否采取了密封或防雨水措施。

（4）顶驱动作是否会与井架有干涉。

（5）液压油、润滑油是否按要求加注完成。一定正确选择与环境相适应的润滑油、液压油，否则将对设备造成损坏。

当所有检查完成，确认无误，才可以进行下一步的调试工作。

ⓘ 安装过程中拆下的所有固定用辅助件必须妥善保存，便于顶驱后续的拆卸和运输。

⚠ 安装检查完成后，在确认没有安装错误和缺陷的情况下才可以进行开机调试。

五、配套实例

以 NOV TDS-11SA 和北石 DQ70BSD 配套要求为例。

（一）顶驱电源接口

顶驱电源要求：575~600V AC，50/60Hz，800kV·A。进线电缆连接方式采用插头或端子排连接，确保连接安全可靠，如图 2-3 所示。

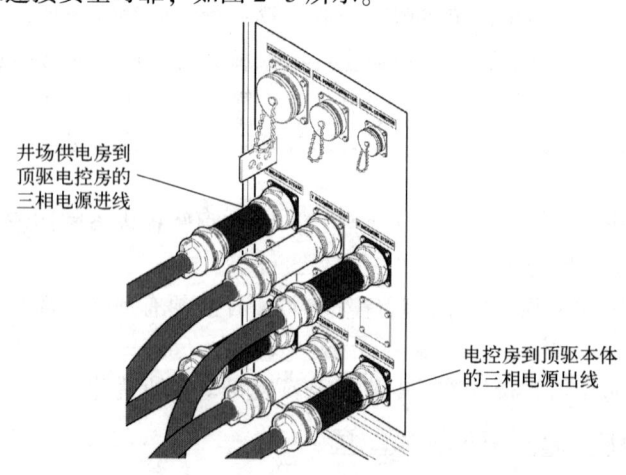

图 2-3　NOV 顶驱电缆接线面板

（二）井架净空高

井架净空高（从钻台面至导轨悬挂点高度）需满足顶驱进行立柱作业的要求，常规配置装备设施高度：顶驱立柱作业高度为 28.3m，顶驱带吊环高度为 6m，游车大钩高度为 4.2m，天车防碰高度为 3.6m，井口接头高度为 1.2m。不同的钻机配置装置高度有差异，推荐井架净空高≥43.3m。

（三）导轨悬挂耳板

北石顶驱导轨悬挂耳板安装在天车底部，固定位置在井口中心正后方 930mm（NOV TDS-11SA 顶驱要求为 762mm）处，耳板直径均为 60mm，吊耳板承载力 25tf（250kN），如图 2-4 所示。

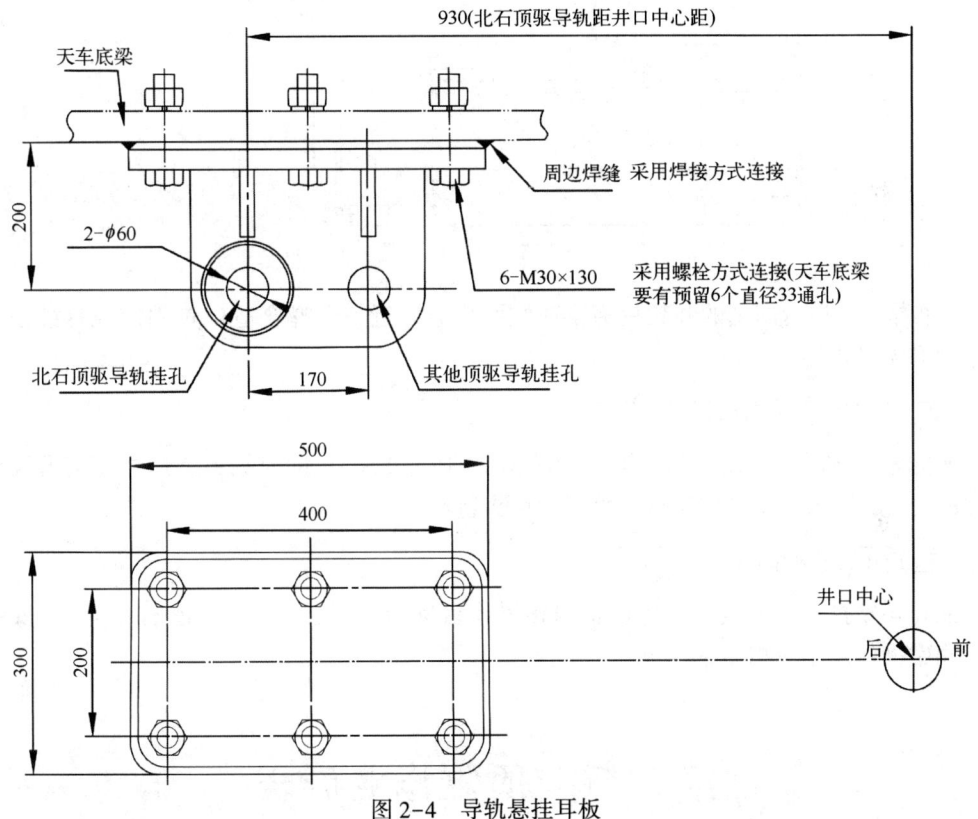

图 2-4　导轨悬挂耳板

（四）反扭矩装置安装要求

确认顶驱导轨下部反扭矩横梁及回接装置的安装位置，井架应配备 10m 长（300mm×300mm 工字钢）反扭矩横梁及固定用 U 形螺栓和压板，在导轨底端距钻台面 2.15m 的情况下，反扭矩横梁（上平面）安装高度距钻台面约为（4.2±1）m。反扭矩横梁前沿距井口中心距离范围为 1.3~2.4m。反扭矩装置安装如图 2-5 所示。

（五）电缆悬挂位置

井架主电缆挂板距钻台面的高度为 24~25m；控制电缆悬挂装置距钻台面高度约为

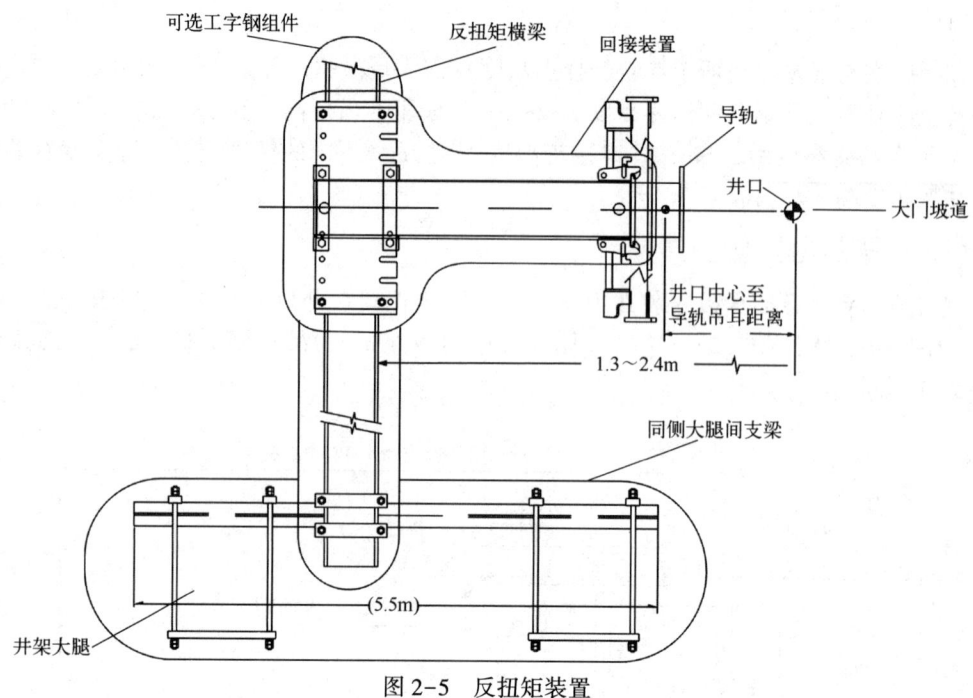

图 2-5　反扭矩装置

23m。推荐在二层台高度的井架后横梁或侧面横梁附近，选择合适位置固定或悬挂顶驱井架电缆和游动电缆。

（六）高压立管和水龙带要求

水龙带应加长到满足顶驱上下游动的长度约为 22.9m，同时钻台高压立管需升高至约 22.3m；水龙带活接头应与顶驱鹅颈管活接头适配。

（七）司钻操作台

制作司钻操作台安装架，将顶驱司钻操作台安装在司钻左前 45°或右前 45°，安装后便于司钻操作，不遮挡司钻视野。

第二节　顶驱作业流程

重要提示

顶驱操作、维护人员以及接近系统设备的其他人员，应当接受钻井操作、钻井安全知识及顶驱安全作业的相关培训。

本章节在正文内容中，包含了"说明""注意"以及"警示"等内容。这些内容用于提示相关操作对人身和设备安全可能产生的伤害。具体说明如下：

ⓘ：说明，对于人身或设备安全有关事项的补充说明。

第二章 顶驱作业

⚠：注意，对可能导致人身或设备伤害的提示。

❗：警示，对极易导致人身或设备伤害的警示。

本章节中，文字加【】符号的，表示其为电气系统的操作元件，例如开关、按钮等。

非专业人员或未经专门培训者，不得进行顶驱的操作、调试和维护工作，否则可能导致设备损坏或人身伤害。

一、常规作业流程

在钻井作业过程中，顶驱是核心驱动装备，为钻杆旋转提供动力，并承载钻具组合的全部重量。钻井常规作业包括钻杆起下钻、上卸扣、钻进、倒划眼等。顶驱在井口动力钳等工具配合下进行钻井作业，相较于传统方钻杆作业可以大大减轻人员劳动强度，提高作业效率和安全性。

（一）起下钻

普通钻杆起下钻采用整根立柱（一般3根单钻杆为一个立柱）起下的方式，通过顶驱管子处理装置，可以省时省力完成起下钻作业。起下钻过程中，如遇卡阻，在井架行程内任一高度将顶驱与钻柱连接，可迅速建立钻井液循环和进行划眼作业，钻具更容易通过卡阻点。

1. 下钻

下钻流程如图2-6所示。

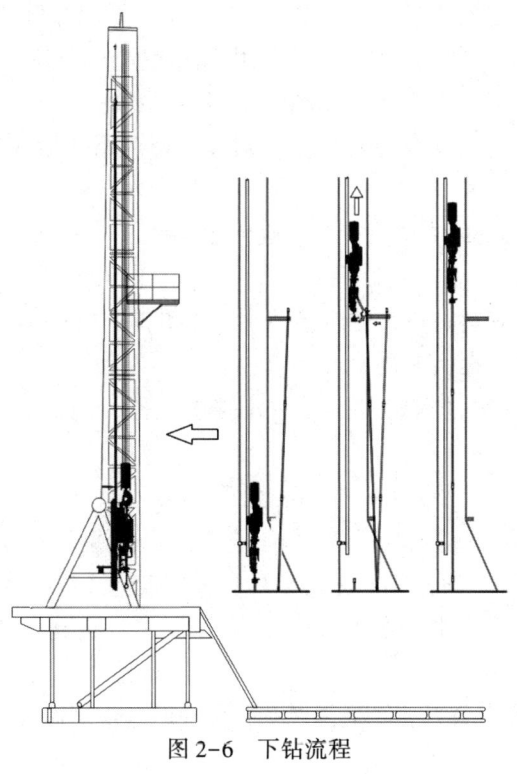

图2-6 下钻流程

（1）操作顶驱司钻操作台，启动顶驱液压泵。

（2）上提游车至二层台以上合适位置，伸出吊环，吊卡靠近二层台所要下放的立柱，井架工将立柱放置到吊卡中并扣好吊卡门闩，如图2-7所示。

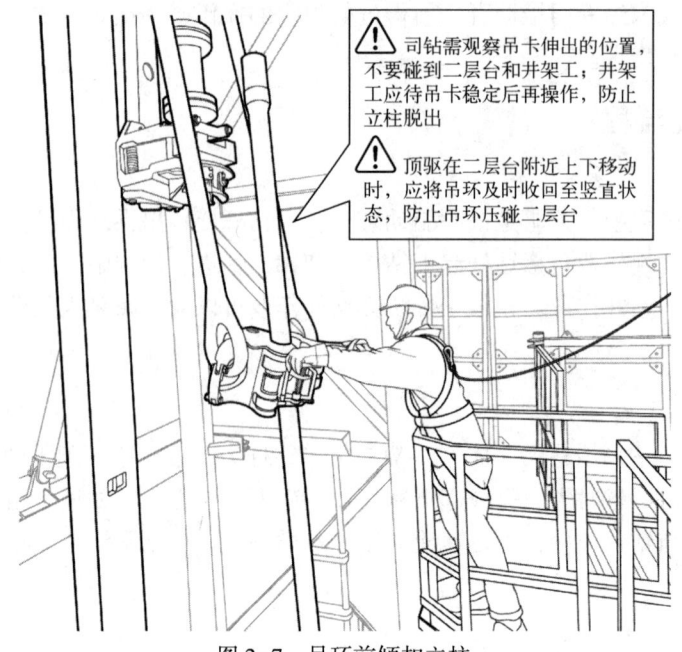

图2-7 吊环前倾扣立柱

（3）吊环浮动后，上提游车，吊卡扣住立柱上端，返回井口中心。

⚠ 司钻操作"浮动"收回吊环时，钻工用绳索或钩子拉住立柱下端，缓慢释放，防止立柱摆动磕碰或挤伤人员，同时可以保护立柱接头螺纹。

（4）下放游车，将所提立柱与井口钻柱对接，适度下放游车，立柱接头与吊卡脱离接触。

❗ 禁止吊卡悬吊钻柱时转动旋转头、旋转主轴或旋转钻柱，否则会损伤旋转头内部密封。

（5）使用液压大钳旋紧井口钻柱连接螺纹，如图2-8所示。

（6）上提游车，钻工提出卡瓦。

⚠ 当顶驱吊卡承载钻柱重量时，司钻应缓慢上提，避免过大的冲击力损伤顶驱旋转头。

（7）下放游车，钻柱上端到井口位置，坐放卡瓦。

⚠ 下放钻柱过程中，应控制下放游车的速度，观察指重表变化，避免井内发生卡阻时不能及时刹住钻井绞车，导致顶驱压碰钻柱，损坏顶驱或造成高空落物伤人。

（8）打开吊卡，吊卡与井口钻柱分开，上提游车，直到顶驱到达二层台以上合适位置。

⚠ 必须确认吊卡完全打开才能上提游车，上提游车应缓慢。

（9）重复上述步骤。

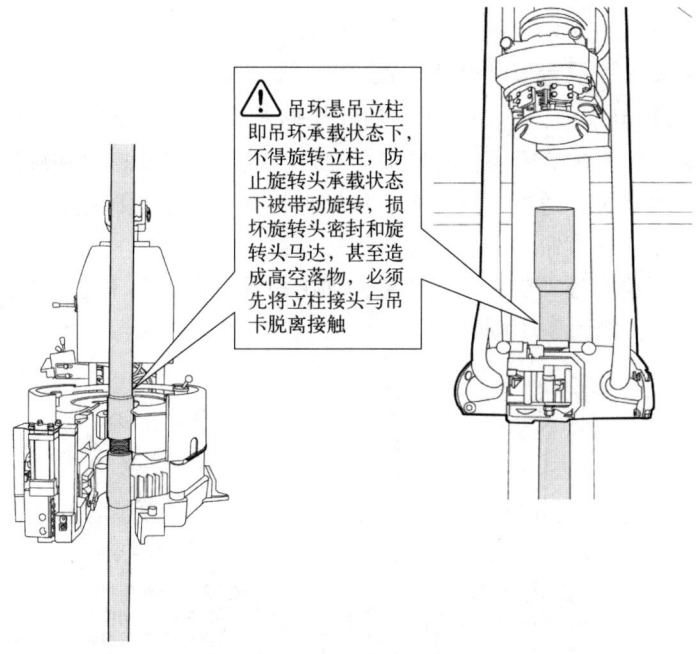

图 2-8　立柱下端螺纹连接

2. 起钻

起钻流程如图 2-9 所示。

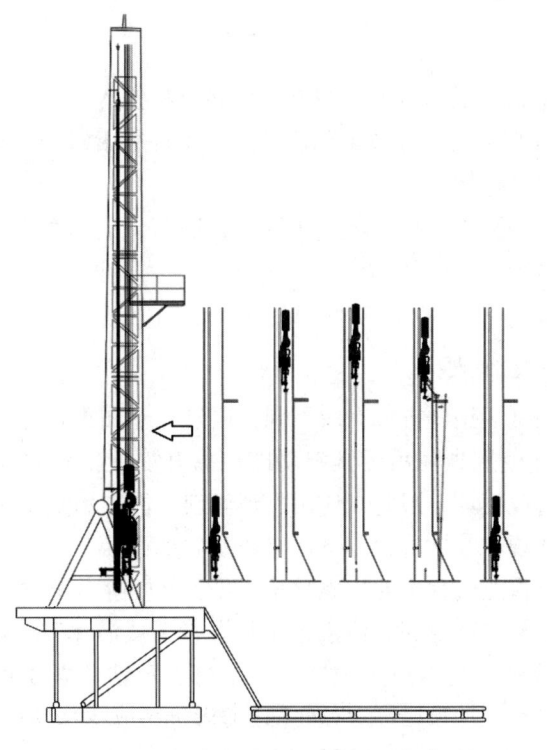

图 2-9　起钻流程

(1) 下放游车，吊卡扣住钻柱接头；吊卡扣合后，应确认吊卡门闩扣合到位。

(2) 吊环浮动后，缓慢上提游车，提出卡瓦。

(3) 上提游车至二层台以上合适位置。

⚠ 上提时应控制速度，上提过快，钻柱拉伸及下部钻柱反扭矩传递可能会造成钻柱反转，从而带动旋转头在吊环承载的状态下旋转，损坏旋转头密封和旋转头马达。

(4) 井口坐放卡瓦，适度下放游车，使钻柱接头与吊卡脱离接触。

(5) 钻工使用液压大钳卸开井口钻柱连接螺纹。

(6) 上提游车至靠近二层台以上位置，伸出吊环，此时钻工将立柱底部摆到立柱盒相应位置，下放游车，如图2-10所示。

图2-10 立柱底端摆入立柱盒

(7) 立柱底部摆放到位后，井架工打开吊卡将立柱推入二层台指梁。

(8) 司钻观察到井架工将立柱放置到位后，将吊环置于浮动状态，下放游车，接近钻台面后，吊卡扣住井口钻柱接头。

⚠ 司钻收到井架工将立柱放置到位且吊环收回至垂直位置信号后，才能下放游车，防止吊卡刮碰二层台及伤人。

(9) 重复上述步骤。

3. 加重钻杆起下钻作业

加重钻杆起下钻与常规钻杆方式有所不同，区别在于加重钻杆的单根钻杆较重；当吊环承载超过1t时，禁止使用顶驱吊环倾斜功能；提升加重钻杆立柱前吊环必须处于浮动状态，避免倾斜油缸过载损坏。因此，使用吊环倾斜功能支出加重钻杆立柱的操作有别于常规钻杆，主要区别体现在起钻过程。具体操作步骤如下：

前述常规钻杆起钻作业流程中的步骤（6）为"上提游车至靠近二层台以上位置，伸出吊环，此时钻工将立柱底部摆到立柱盒相应位置，下放游车"，加重钻杆起钻流程步骤（6）为"上提游车至靠近二层台以上位置，钻工将加重钻杆立柱底部摆放到立柱盒相应位置，司钻配合下放游车，加重钻杆立柱底部摆放到位后，伸出吊环，将加重钻杆立柱上端推向二层台井架工位置，井架工打开吊卡将加重钻杆立柱推入二层台指梁"。

第二章 顶驱作业

⚠ 加重钻杆立柱底部未摆放至钻台面之前，禁止操作前倾或后倾，避免倾斜油缸过载损坏。

4. 钻铤起下钻作业

同规格的钻铤相比加重钻杆质量更大；钻铤需要配合使用提升短节，起下钻铤立柱作业步骤与起下加重钻杆立柱相同，可参照执行。与起下加重钻杆区别在于提放卡瓦时，在井口增加了拆卸和安装安全卡瓦的步骤。起下钻铤单根作业步骤如下。

1) 下钻铤单根

（1）下放游车，操作吊环，吊卡扣住钻铤的提升短节。

⚠ 吊环伸出过程中人员不得靠近操作或检查吊卡；吊卡扣合后要检查确认锁闩锁止到位。

（2）吊环浮动后，缓慢上提游车，钻工使用绳索拉住钻铤底部，直至钻铤完全回到自由垂直状态。

⚠ 当吊环承载超过 1t 时，禁止使用吊环倾斜功能，提升钻铤前吊环必须处于浮动状态，避免倾斜油缸过载损坏。

⚠ 在钻铤垂直之前，务必用绳索拉住钻铤底部，避免钻铤摆动失控，造成人员伤害。

（3）下放游车，与井口钻铤对接；适度下放游车，提升短节与吊卡脱离接触。

（4）使用链钳带动上部钻铤旋转，直至不能旋动。

（5）用 B 型钳或液压大钳旋紧钻铤连接螺纹。

⚠ B 型钳拉紧后人员远离井口和钳尾绳区域，防止 B 型钳松脱或尾绳断裂，造成 B 型钳摆动伤人。

（6）上提游车，拆卸安全卡瓦，提出卡瓦。

（7）下放游车，直到钻铤至井口合适位置，坐放卡瓦并安装安全卡瓦。

（8）用 B 型钳或液压大钳卸松提升短节与钻铤连接，使用链钳旋开，移走提升短接。

（9）重复上述步骤。

2) 起钻铤单根

（1）旋紧提升短节与井口钻铤连接螺纹，下放游车，吊卡扣合提升短节。

（2）吊环浮动后，适度上提游车，拆卸安全卡瓦，提出卡瓦。

（3）提升钻铤至一个单根处，井口坐放卡瓦并安装安全卡瓦；适度下放游车，提升短节与吊卡脱离接触。

（4）使用 B 型钳或液压大钳卸松井口钻铤连接螺纹。

（5）使用链钳带动上部钻铤旋转，直至旋开。

（6）上提游车，上部钻铤单根与下部钻铤脱离，然后下放游车，利用气动绞车或汽车起重机（又称吊车）将钻铤单根甩下钻台

（7）重复上述步骤。

（二）上卸扣

下钻完毕，准备循环钻井液及钻进时，需将顶驱与钻柱连接，进行上扣操作。钻进完毕，需将顶驱与钻柱分离，进行卸扣操作。使用顶驱进行上卸扣，需要用背钳夹紧钻杆接头。对于侧挂式背钳，在使用时，应使顶驱旋转头处于锁紧状态，以承受上卸扣时的反扭矩。

1. 立柱上扣

立柱上扣是将立柱上端导入顶驱导向口（又称导向环、喇叭口）与保护接头对接上扣旋紧，下端与井口钻柱对接上扣旋紧，如图 2-11 所示。可以使用顶驱背钳和液压大钳分别对两处螺纹上扣，也可以通过 B 型钳夹紧坐在井口的钻柱，使用顶驱同时上紧两处连接螺纹。因为同时上扣比分别上扣节省一半时间，现场一般采用同时上扣操作，具体执行下列操作步骤：

（1）顶驱悬吊立柱，立柱底端导入井口钻柱内螺纹，使用钻台 B 型钳（内钳）夹紧井口钻柱内螺纹接头，拉直 B 型钳尾钢丝绳。

（2）根据钻井现场作业指令设定好上扣扭矩，不得超过在用钻具的规定上扣扭矩限定值。

（3）在二层台位置，下放顶驱，立柱顶部导入顶驱导向口，顶驱保护接头进入立柱内螺纹，如图 2-12 所示。

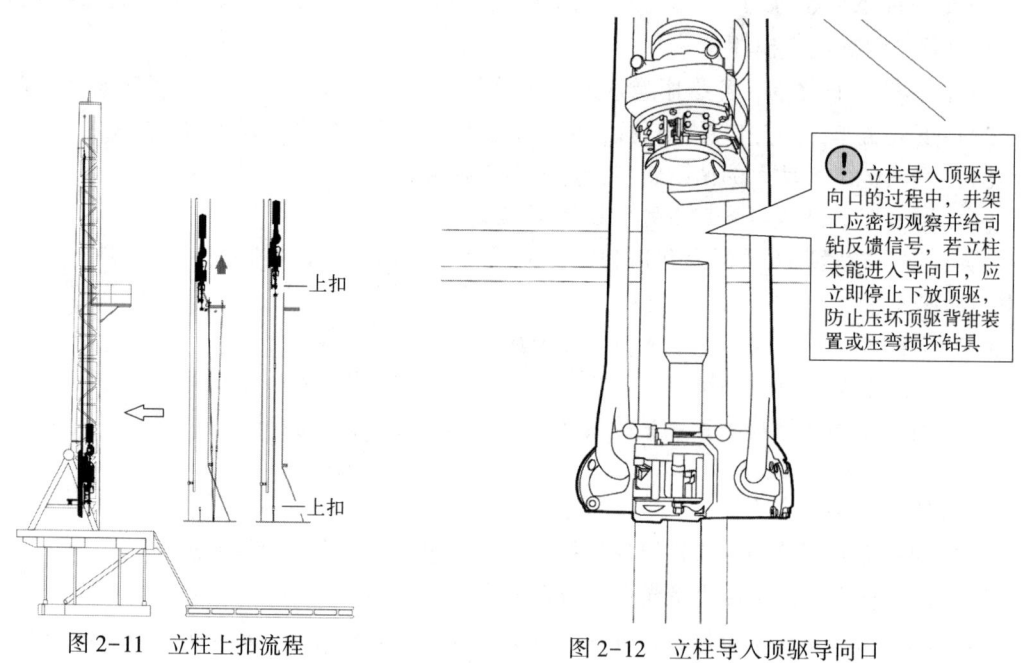

图 2-11　立柱上扣流程　　　　　图 2-12　立柱导入顶驱导向口

（4）顶驱使用"旋扣模式"，进行低转速低扭矩正向旋转，缓慢下放游车，钻柱开始转动，B 型钳会承受反扭矩并绷紧，开始旋扣，如图 2-13 所示。

⚠ 旋扣过程中，缓慢下放游车，观察指重表大钩载荷变化，保持载荷等于游车、大钩和顶驱的总体自重，勿将顶驱的全部重量压在钻柱接头上，以免旋扣时损坏螺纹。

（5）两道螺纹旋扣完成后，系统保持固定扭矩输出，钻台 B 型钳（内钳）承受反扭矩，顶驱转速降为零，此时保持顶驱正转，选择"扭矩模式"加扭矩，按照上扣扭矩限定值进行紧扣。

（6）观察司钻操作台扭矩表，等待扭矩上升至设定值后，停止顶驱输出扭矩，松开并移走 B 型钳（内钳）。

第二章 顶驱作业

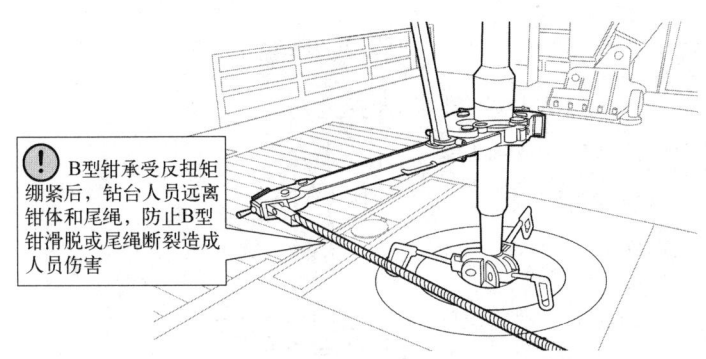

图 2-13 立柱旋扣时夹紧 B 型钳

⚠ 司钻操作旋扣和加扭上扣的过程中，应时刻注意司钻操作台扭矩表和转速表的变化。上卸扣及旋扣动作完成后，应及时将操作模式调回"钻井"模式，防止顶驱处于旋扣模式造成钻柱旋转，尤其在提起卡瓦时顶驱意外旋转会带动卡瓦旋转，造成人员伤害。

2. 上扣

使用顶驱背钳装置上扣前，应先对扣，即缓慢下放顶驱，将钻柱上端对正顶驱导向口，将顶驱保护接头螺纹与钻柱接头螺纹对正旋紧，如图 2-14 所示。具体执行下列操作步骤：

(1) 钻柱在井口坐放卡瓦。

(2) 根据钻井现场作业指令设定上扣扭矩，不得超过在用钻具的规定上扣扭矩限定值。

(3) 顶驱在接近钻台面位置，吊环后倾，下放顶驱，井口钻柱导入顶驱导向口。

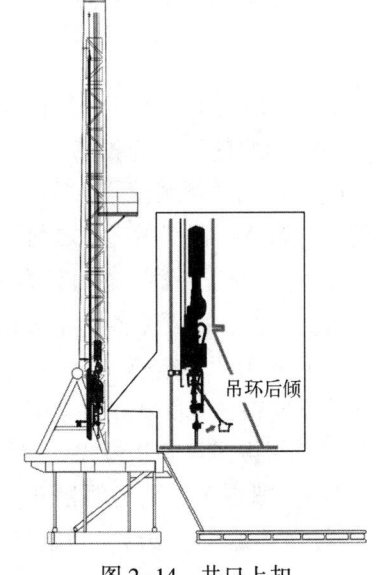

图 2-14 井口上扣

ℹ 若顶驱无法对正井口中心，井口钻柱将无法导入导向口，需要调整导轨反扭矩支撑装置来校正井口中心。

(4) 顶驱使用"旋扣模式"，进行低转速低扭矩正向旋转，缓慢下放，顶驱保护接头导入钻柱顶部内螺纹，开始旋扣，如图 2-15 所示。

(5) 司钻观察指重表变化，待到顶驱停转，旋扣结束。

(6) 使用"锁销锁紧"和"背钳夹紧"功能，背钳在液压源动力下夹紧钻杆接头，为了顺利完成锁紧动作，旋转头会小角度旋转，确保锁销顺利进入齿轮盘销孔。

ℹ 部分品牌顶驱在夹紧背钳之前，需要对旋转头的锁销功能进行单独操作，在后续各品牌顶驱介绍中会进行相应说明。

⚠ 背钳处于夹紧状态时，在紧扣过程中，严禁上提或下放游车，防止损坏钳牙座总成和背钳装置，造成设备损坏和井口落物。

(7) 背钳夹紧之后，使用"扭矩模式"，进行紧扣。背钳夹紧状态下，加扭矩紧扣的过程中，严禁上提或下放游车，防止损坏背钳装置。

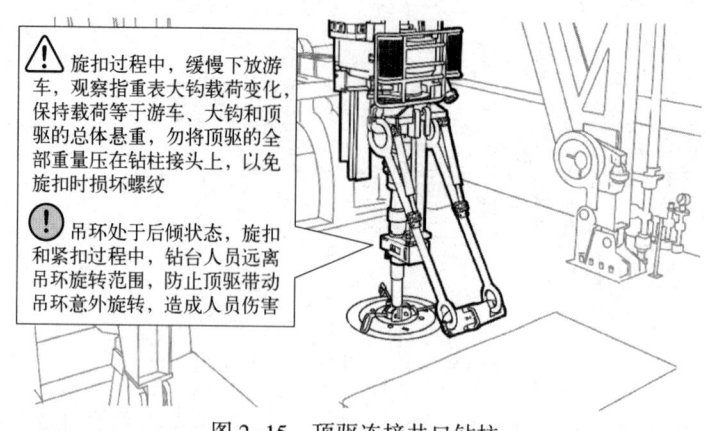

图 2-15 顶驱连接井口钻柱

（8）观察扭矩表达到设定值后，上扣操作完成。

3．卸扣

卸扣前应先下放顶驱，使钻柱坐放在卡瓦上，按照下列步骤操作：

（1）顶驱使用"旋扣模式"，选择反转。

（2）使用"锁销锁紧"和"背钳夹紧"功能，背钳在液压源动力作用下夹紧钻柱接头位置并保持，在使用背钳之前，确认锁销锁止，锁销设置各品牌顶驱略有不同。

⚠ 背钳处于夹紧状态时，在卸扣过程中，严禁上提或下放游车，防止损坏钳牙座总成和背钳装置，造成设备损坏和井口落物。

（3）使用"扭矩模式"，进行卸扣，此时顶驱系统全力输出扭矩直到松扣完成。若单次松扣不成功，可重复卸扣操作。

（4）切换回"旋扣模式"，反向旋转，司钻缓慢上提游车，当钻柱接头连接完全脱离后，停止顶驱旋转，将背钳松开。

⚠ 连接螺纹松扣后，开始反向旋扣时应立刻松开"背钳夹紧"开关，防止背钳夹紧状态下过多旋扣而损坏背钳装置。

⚠ 旋扣过程中，缓慢上提游车，观察指重表大钩载荷变化，保持载荷等于游车、大钩和顶驱的总体悬重，勿将顶驱的全部重量压在钻柱接头上，以免旋扣时损坏螺纹。

（5）锁销锁止功能应恢复至初始状态。

（三）钻进

在钻进之前，确保顶驱保护接头与钻具螺纹紧扣完成。根据工况需要，使用顶驱钻进可采用接立柱钻进和接单根钻杆钻进两种方式。

1．钻进操作

（1）首先确认顶驱司钻操作台各开关、指示、仪表等状态均正常。

（2）顶驱使用钻井模式，选择正转。

（3）使用钻井扭矩设定旋钮，根据钻井指令设定钻井扭矩限定值。钻杆性能参数表见表 2-1。

表 2-1 钻杆性能参数

钢级	公称外径 in	公称外径 mm	接头类型	外径 mm	最小内螺纹台肩宽 mm	水眼 mm	抗扭屈服扭矩 kN·m	管体最小抗拉力 kN	上紧扭矩 kN·m
G105	4	101.6	NC40	124.0	6.0	61.9			14.60
G105	4½	114.3	NC46	140.9	7.1	76.2	39.7	1406	19.94
S135	4½	114.3	NC46	143.5	8.3	69.9	51.0	1808	25.63
G105	5	127	NC50	152	7.5	82.5	53.1	1684	26.1
S135	5	127	NC50	152	9.9	69.9	68.3	2165	33.4
G105	5½	139.7	5½FH	166.7	15.1	88.9	65.6	1865	31.7
S135	5½	139.7	5½FH	173	10.3	76.2	84.4	2398	42

注：NC50 是一种常用的油井螺纹连接标准，用于连接钻杆等设备，外螺纹和内螺纹均为锥形，与 4½IF 为相同螺纹类型；IF（Internal Flush）表示内平扣；FH（Fule Hole）表示贯眼扣。

ⓘ 为了钻进过程中保护钻具，此限定值是顶驱限制输出的最大扭矩，当井下反扭矩达到限定值时，顶驱主轴将停止旋转，保持限定扭矩值输出，称为堵转。

ⓘ 钻井扭矩限定值在钻进作业过程中可随时调节，需严格按照作业现场的钻井指令和使用钻具类型进行设置。

⚠ 严禁私自改动扭矩限制值设置。严禁钻井扭矩限定值超过上扣扭矩限定值，防止损伤顶驱保护接头和钻具螺纹。

（4）缓慢调节转速设定手轮，顺时针旋转离开零位，顶驱主轴开始正向旋转，根据钻井指令设定钻井转速。

ⓘ 操作顶驱司钻操作台面板的旋钮和开关应缓慢平稳，禁止快速频繁进行反复旋转操作，特别是转速设定手轮和扭矩限定旋钮。

（5）钻进作业中，应保持吊卡扣合在钻柱上。

2. 停止钻进操作

（1）当需要停止顶驱旋转时，将转速设定手轮逆时针缓慢旋回零位。

⚠ 严禁转速手轮快速旋回零位。

（2）观察顶驱实际转速和司钻操作台转速表显示均降为零后，停止钻进。

ⓘ 如果"刹车"处于自动功能模式，顶驱转速降低后刹车将制动。若"刹车"功能为"松开"模式，不会激活刹车制动。

⚠ 顶驱连接钻柱停转时，由于井底钻柱的拉伸、压缩或反扭矩释放不完全将会导致主轴旋转，人员靠近顶驱进行提放卡瓦或其他作业时可能会发生意外伤害。

3. 接立柱钻进

接立柱钻进是顶驱常规的钻井方式。若井架上没有现存的立柱，可通过小鼠洞组合好立柱，排放至立柱盒备用。接立柱钻进流程，如图 2-16 所示。

（1）顶驱钻进接近至钻台面时，停止顶驱主轴旋转，井口钻柱坐放卡瓦，停止循环钻井液，关闭内防喷器。

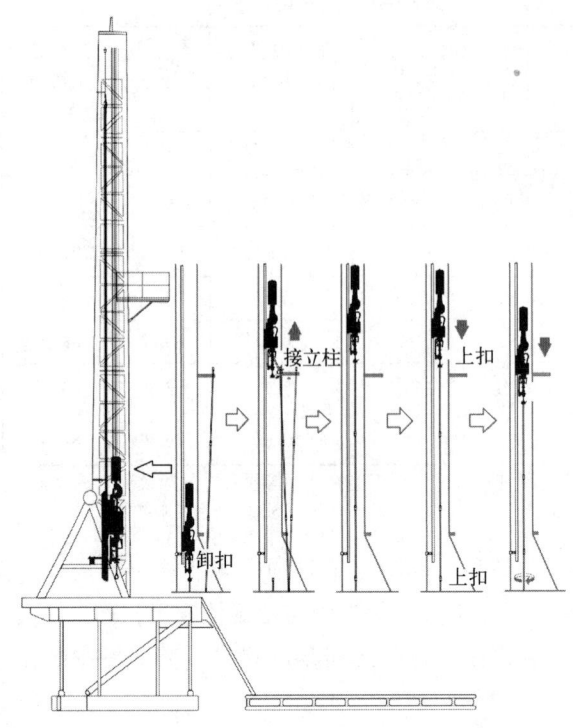

图 2-16 接立柱钻进流程

ⓘ 内防喷器作为井控工具，为防止井涌、井喷关键时刻内防喷器关闭不严或失效，部分品牌顶驱作业时一般不允许将内防喷器关闭。

ⓘ 禁止在钻井泵未停止、立管压力不为零的情况下，操作内防喷器的开和关，防止损坏内防喷器和憋钻井泵。

（2）卸开顶驱与井口钻柱连接螺纹。

（3）吊环回中位，打开吊卡，上提游车。

⚠ 吊环需及时复位，防止发生撞击；上提游车要缓慢。

（4）顶驱提升至二层台位置，伸出吊环，将吊卡摆至待接的立柱处。

⚠ 顶驱在二层台位置移动时，必须将吊环置于浮动状态，防止伸出的吊环压坏二层台、损坏顶驱设备以及对人员造成伤害。

（5）井架工将立柱扣入吊卡，收回吊环，立柱移至井口中心。

（6）对接井口钻柱，缓慢下放游车，立柱上端导入顶驱导向口，与顶驱保护接头对接。

⚠ 下放游车应缓慢并注意观察，确保立柱下端进入井口钻柱，立柱上端顺利进入导向口，二层台位置井架工协助观察并及时手势告知司钻。若立柱上端接头与导向口偏斜过大，钻杆接头与导向口发生挤压，游车继续下放将导致顶驱导向口和背钳装置损坏。

（7）通过 B 型钳夹紧井口钻柱，顶驱旋转将立柱上端与顶驱保护接头、下端与井口钻柱的两道连接螺纹同时旋扣和紧扣。

（8）上提游车，提出卡瓦，确认内防喷器为打开状态，启动钻井泵循环钻井液，恢复钻进。

4. 接单根钻杆钻进

如有测斜或定向工作需要等情况,可接单根钻杆钻进。接单根钻杆钻进流程,如图 2-17 所示。

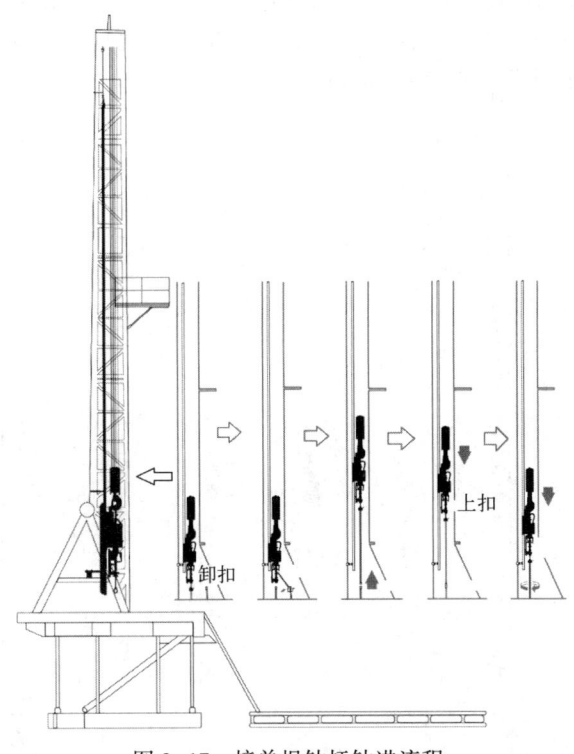

图 2-17 接单根钻杆钻进流程

(1) 顶驱钻进接近至钻台面时,停止顶驱主轴旋转,井口钻柱坐放卡瓦,停止循环钻井液,关闭内防喷器。

(2) 卸开顶驱与井口钻柱连接螺纹。

(3) 吊环回中位,打开吊卡,上提游车。

⚠ 吊环需及时复位,防止发生撞击;上提游车要缓慢。

(4) 操作吊环,将吊卡摆至小鼠洞单根钻杆接头处,扣合吊卡。

(5) 上提游车,将单根钻杆提出小鼠洞,收回吊环,单根钻杆移至井口中心。

(6) 对接井口钻柱,下放游车,单根上端导入顶驱导向口,与顶驱保护接头对接。

⚠ 下放游车应缓慢并注意观察,确保单根钻杆接头顺利进入导向口。若单根接头与导向口偏斜过大,钻杆接头与导向口发生挤压,游车继续下放将导致顶驱导向口和背钳装置损坏。

(7) 通过 B 型钳夹住井口钻柱,顶驱旋转将单根钻杆上端与顶驱、下端与井口钻柱的连接螺纹同时旋扣和紧扣。

(8) 上提游车,提出卡瓦,确认内防喷器为打开状态,启动钻井泵循环钻井液,恢复钻进。

⚠ 接单根过程中和接单根作业结束后，应及时覆盖小鼠洞，防止钻台人员不慎绊倒或踩空。

（四）倒划眼

在起下钻过程中，如钻柱遇卡阻时，可立即将顶驱与钻柱连接并建立钻井液循环，可以边上提边旋转钻柱，防止钻柱卡阻。在钻井过程中，出现复杂情况或需要通井时，也可以进行倒划眼。倒划眼流程如图 2-18 所示。

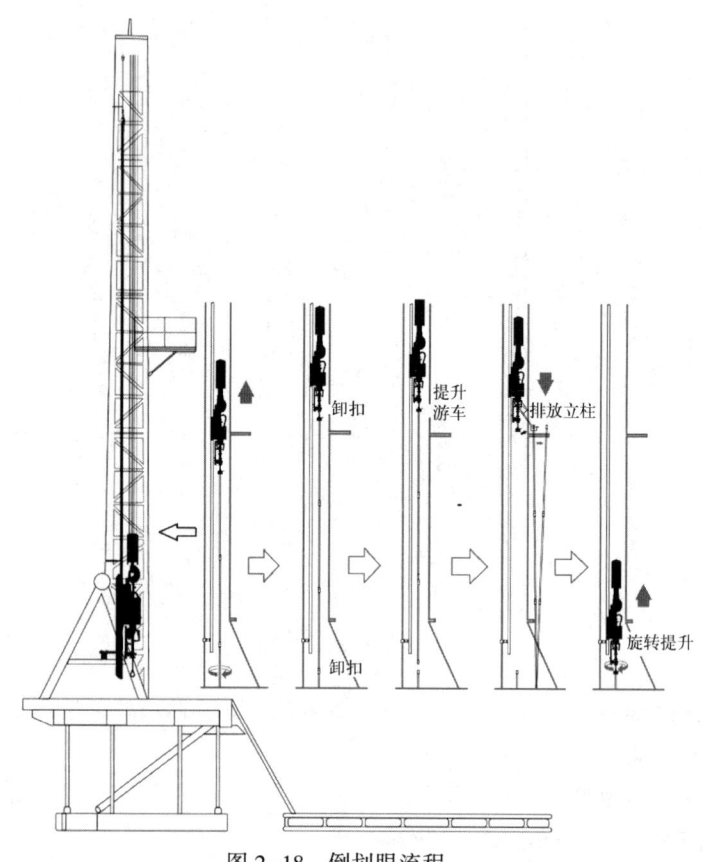

图 2-18 倒划眼流程

倒划眼操作流程如下：

(1) 连接钻柱，边循环边旋转提升钻柱，直至提出一个立柱。
(2) 停止循环钻井液和顶驱主轴旋转，坐放卡瓦。
(3) 使用顶驱背钳卸开顶驱与立柱上端连接螺纹。
(4) 使用液压大钳卸开井口钻柱连接螺纹。
(5) 缓慢上提游车，提起立柱，伸出吊环配合井架工将立柱排放至立柱盒中。
(6) 将吊环回中位，下放游车。

⚠ 顶驱在二层台位置移动时，必须将吊环置于浮动状态，防止伸出的吊环压坏二层台、损坏顶驱设备以及对人员造成伤害。

(7) 接近钻台面时，吊环后倾，缓慢下放游车，将顶驱保护接头导入井口钻柱内螺纹，然后进行上扣。

（8）缓慢上提游车，提出卡瓦，恢复钻井液循环，收回吊环，吊卡扣合在钻柱上，开始旋转活动钻具，继续倒划眼作业。

⚠ 倒划眼过程中吊环始终处于浮动状态，并保持吊卡扣合在钻柱上。司钻应控制上提下放游车的速度，时刻观察钻柱旋转状态、指重表和顶驱司钻操作台扭矩表的变化，防止上提下放过快造成设备损坏或井下事故。

二、特殊作业流程

（一）下套管作业

1. 常规方式

常规下套管需要使用液压套管钳，且需配备长吊环，便于留出足够空间安装循环接头和水泥头。下套管时，顶驱的吊环倾斜可抓取套管，且在套管旋扣时起到扶正作用，避免错扣现象发生，但是禁止在吊环承载时使用吊环倾斜和旋转头旋转功能。

（1）下放游车，将旋转头转至合适位置，伸出吊环，吊卡扣住套管接头，如图2-19所示。

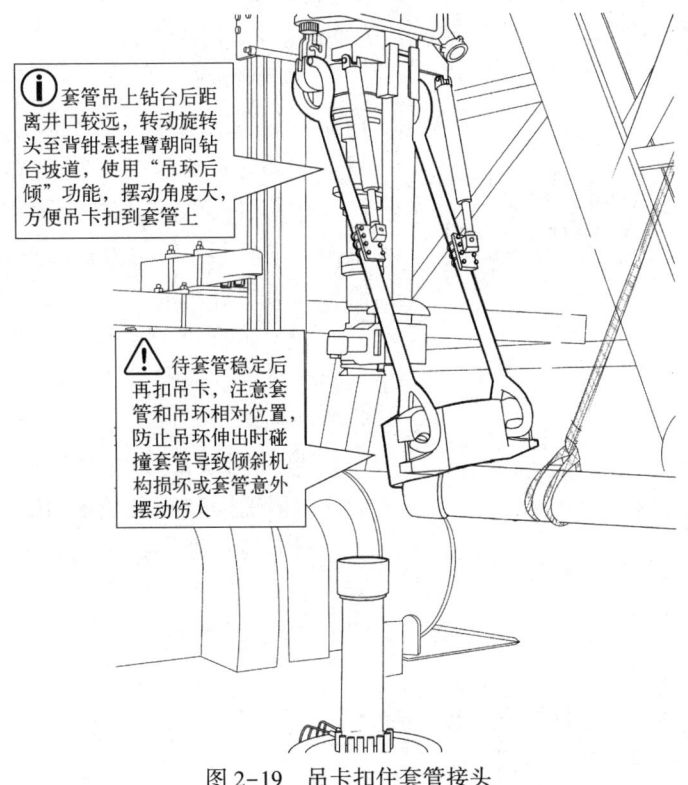

图2-19 吊卡扣住套管接头

⚠ 当使用小鼠洞辅助下小尺寸套管时，确认套管下放至小鼠洞后，再下放顶驱吊卡扣套管，防止套管进入小鼠洞过程中发生卡阻，同时下放顶驱会与套管顶端发生碰撞导致设备和物资损坏。

(2) 吊环浮动后，上提游车，如图 2-20 所示，提起套管准备与井口套管对接。

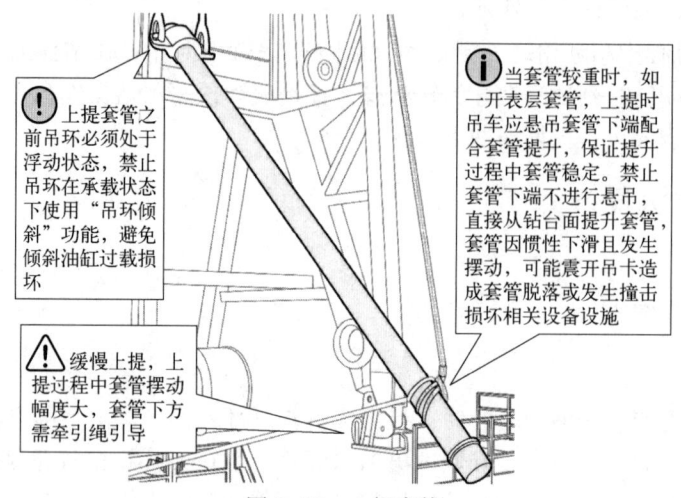

！上提套管之前吊环必须处于浮动状态，禁止吊环在承载状态下使用"吊环倾斜"功能，避免倾斜油缸过载损坏

！缓慢上提，上提过程中套管摆动幅度大，套管下方需牵引绳引导

ⓘ 当套管较重时，如一开表层套管，上提时吊车应悬吊套管下端配合套管提升，保证提升过程中套管稳定。禁止套管下端不进行悬吊，直接从钻台面提升套管，套管因惯性下滑且发生摆动，可能震开吊卡造成套管脱落或发生撞击损坏相关设备设施

图 2-20 上提套管

ⓘ 套管吊上钻台后距离井口较远时，一般顶驱"吊环前倾"角度较小，使用"吊环前倾"功能，吊卡可能无法扣合套管，此时可转动旋转头，使背钳悬挂臂朝向钻台坡道，使用"吊环后倾"功能，摆动角度较大，方便吊卡扣到套管上。

！悬吊的套管导入井口套管并由井口套管承重，吊卡与悬吊的套管脱离接触，才能使用套管钳旋扣

图 2-21 套管对接

！使用长度大于 3.6m（含）的吊环进行作业时，禁止吊环在承载状态下使用"吊环倾斜"功能，避免倾斜油缸过载损坏。

⚠ 上提套管的过程中套管摆动幅度大，应缓慢上提游车，钻台人员注意操作姿势和站位，避免人员伤害。

(3) 适度下放游车，确保吊起的套管与井口套管对接，如图 2-21 所示，套管接头与吊卡脱离接触。

ⓘ 使用"吊环倾斜"和"吊环旋转"功能，可以辅助扶正套管旋扣。需要确保套管对接，吊卡与套管接头脱离后方可使用"吊环倾斜"和"吊环旋转"功能，严禁使用"吊环旋转"功能带动套管旋扣。

(4) 使用套管钳上扣。

(5) 吊环浮动后，上提游车，提起套管串，井口人员提出卡瓦，如图 2-22 所示。

(6) 下放套管串，坐放卡瓦。

(7) 打开吊卡，上提游车，转动旋转头至合适位置，伸出吊环，接新套管。

⚠ 长吊环摆动幅度较大，钻台人员需注意站位，待吊环、吊卡动作稳定后再靠近操作吊卡。

（8）重复上述操作。

2. 顶驱下套管装置

顶驱下套管装置将顶驱、套管钻井技术的优点组合起来，使套管串同时完成旋转、提放及钻井液循环等工作，从而实现一次将套管下到井底。传统的下套管方式不仅效率低、质量差，而且动用的人员多、风险高，遇到缩径井段时处理问题能力不足，在位移和斜度较大的井进行下套管作业风险较高。顶驱下套管装置能够有效地规避下套管各类风险，大幅提高安全性和高效性，同时还减少下套管过程中的人员数量，在钻井现场应用越来越多。

以北石顶驱下套管装置为例，根据套管尺寸的不同可分为内部卡紧式和外部卡紧式两种结构。当套管直径小于168.28mm（$6\frac{5}{8}$in）时

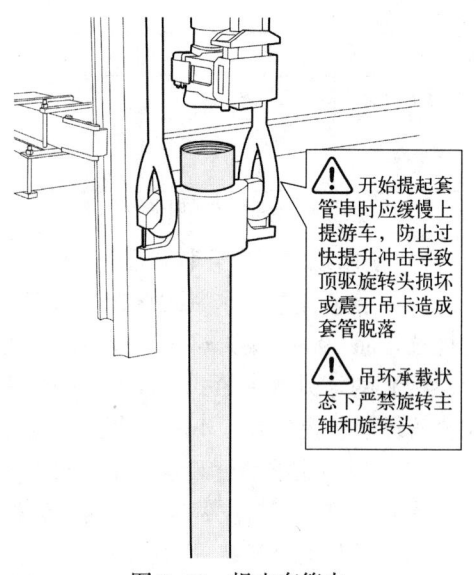

⚠ 开始提起套管串时应缓慢上提游车，防止过快提升冲击导致顶驱旋转头损坏或震开吊卡造成套管脱落

⚠ 吊环承载状态下严禁旋转主轴和旋转头

图2-22 提出套管串

采用外部卡紧式下套管装置，当套管直径不小于168.28mm（$6\frac{5}{8}$in）时采用内部卡紧式下套管装置。北石顶驱下套管装置和北石顶驱配套作业时，可以直接使用顶驱液压源，同时可将顶驱上、卸扣扭矩通过顶驱的PLC-VFD交流变频技术精准控制，实现一体化作业。系统自动设定套管最佳上扣扭矩，作业时扭矩曲线实时显示，可定时回放追溯，作业完成可生成数据曲线报表。若与其他品牌顶驱配合使用，可能需要提供单独的液压源、管线和控制回路。

北石顶驱下套管装置的技术参数见表2-2。

表2-2 北石顶驱下套管装置的主要技术参数

技术内容		技术指标			
产品型号		XTG140H	XTG168	XTG244	XTG340
卡紧方式		外部卡紧式	内部卡紧式		
适用套管	mm (in)	114~140 ($4\frac{1}{2}$~$5\frac{1}{2}$)	168~244 ($6\frac{5}{8}$~$9\frac{5}{8}$)	244~340 ($9\frac{5}{8}$~$13\frac{3}{8}$)	340~508 ($13\frac{3}{8}$~20)
水眼直径	mm (in)	31.75 ($1\frac{1}{4}$)	31.75 ($1\frac{1}{4}$)	50.8 (2)	76.2 (3)
最大抗拉载荷	kN (US ton)	3600 (400)	2250 (250)	4500 (500)	4500 (500)
最大工作扭矩	kN·m (ft·lbf)	35 (30000)	35 (30000)	50 (40000)	50 (40000)
水眼密封耐压	MPa (psi)	35 (5000)	35 (5000)	35 (5000)	35 (5000)
上端接头螺纹	API	$4\frac{1}{2}$IF 或 $6\frac{5}{8}$REG BOX			
液压源压力	MPa (psi)	16（额定），10.5（最小） [2280（额定），1500（最小）]			

续表

技术内容		技术指标
液压源流量	L/min	40
系统高度	mm（in）	2540（100）

注：IF（Internal Flush）表示内平扣；REG（Regular）表示正规扣；BOX表示圆柱形内螺纹。

1）使用顶驱下套管装置注意事项

（1）当使用外部卡紧式XTG140H顶驱下套管装置下套管作业时，需要在套管外壁距内螺纹端面790mm（2.6ft）处画标记线以便观测下套管装置的插入深度。

（2）对于外部卡紧式XTG140H顶驱下套管装置，如需下入无接箍套管，则应准备专用套管提丝，提丝外径不能过大，保证下套管装置的卡瓦机构能够顺利通过。

（3）当顶驱下套管装置的密封皮碗和导向头插入套管内部时，存在与套管螺纹磕碰风险，造成螺纹或密封皮碗损伤，因此应根据套管的螺纹类型准备相对应的套管护丝，保护套管螺纹以及下套管装置的皮碗。

（4）套管准备对扣之前需扶正套管，开始旋扣要缓慢，如套管摆动过大，应降低旋扣转速；确定旋扣到位后再进行紧扣操作，注意观察紧扣扭矩变化。

（5）下放套管应缓慢，避免冲击载荷对管体、接箍台肩或螺纹造成损伤。

（6）下套管过程中，若出现套管遇阻、遇卡等复杂情况，需及时进行处理，例如采取旋转套管、提放套管、循环钻井液等操作，确保顺利下入全部套管串。

2）安装与调试

（1）关闭顶驱电源、液压源，液压系统完成泄压，上锁隔离电气开关。

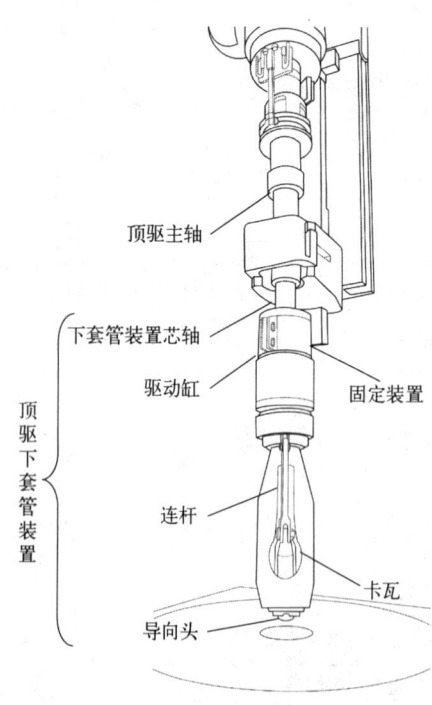

图2-23 北石下套管装置与顶驱连接

（2）拆卸常规作业吊环，根据现场情况决定是否拆卸转换接头、顶驱背钳及其管线。

ⓘ 下套管装置适用液压源输出压力16MPa（2280psi），最低应不小于10.5MPa（1500psi）。

⚠ 拆卸液压管路前，提前准备相应的容器、棉丝、油堵等，防止管路打开时液压油流出污染设备与周围环境。

⚠ 拆卸液压管路前，确保液压系统已关闭，泄压已完成，防止高压流体伤人。

（3）根据套管规格及内径，选择并更换相应的卡瓦牙、皮碗及导向头。

（4）把下套管装置本体随运移架一起吊至钻台面，先调整运移架使其与转盘配合，卸去吊装接头，然后将下套管装置芯轴与顶驱主轴对正，并通过顶驱主轴完成旋扣连接。

（5）拆掉下套管装置与运移架的连接销，上提顶驱，移走运移架。最后通过顶驱背钳将芯轴与顶驱主轴紧扣连接好，如图2-23所示。

（6）将下套管装置本体通过连接体固定到顶驱的背钳悬挂臂上（不同品牌型号顶驱，连接体的构造不同）。

（7）用专用液压管线，通过转换接头，两端分别连接到顶驱液压系统和下套管装置的驱动油缸。

（8）根据需要安装下套管用长吊环和套管吊卡。

（9）确认装置安装正确，启动顶驱液压源，测试下套管装置动作正常。

（10）旋转顶驱主轴和旋转头，确认动作正常、无干涉等现象。

（11）在井架内上下移动游车，确认下套管装置与顶驱导轨等井架其他设施无干涉。

3）下套管操作步骤

以外部卡紧式 XTG140H 顶驱下套管装置为例，作业步骤如下：

（1）吊车将套管摆到钻台坡道位置，下小尺寸套管可以使用气动绞车将套管放入鼠洞内。

（2）使用吊环倾斜功能支出吊环，从鼠洞或坡道抓取单根套管，使套管吊卡靠近所要下放的套管接箍处，扣套管吊卡，并扣好吊卡门闩，如图 2-24 所示。

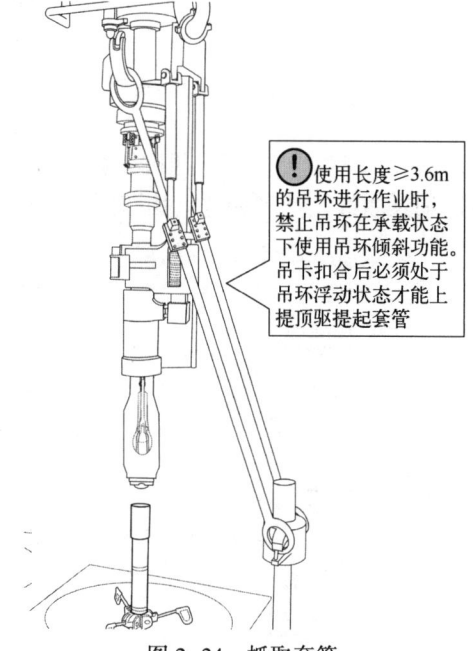

!使用长度≥3.6m 的吊环进行作业时，禁止吊环在承载状态下使用吊环倾斜功能。吊卡扣合后必须处于吊环浮动状态才能上提顶驱提起套管

ⓘ 套管吊上钻台后距离井口较远时，一般顶驱"吊环前倾"角度较小，使用"吊环前倾"功能，吊卡可能无法扣合套管，此时可转动旋转头，使背钳悬挂臂朝向钻台坡道，使用"吊环后倾"功能，摆动角度较大，方便吊卡扣到套管上。

⚠ 当使用小鼠洞辅助下小尺寸套管时，确认套管下放至小鼠洞中后，再下放顶驱吊卡扣套管，防止套管进入小鼠洞过程中发生卡阻，同时下放顶驱会与套管顶端发生碰撞导致设备和物资损坏。

图 2-24 抓取套管

ⓘ 当套管较重时，如一开表层套管，上提时吊车应悬吊套管下端配合套管提升，保证提升过程中套管稳定。套管下端必须用吊车悬吊，否则从钻台面提升套管过程中，套管因惯性下滑且发生摆动，可能震开吊卡造成套管脱落或发生撞击损坏相关设备设施。

（3）吊环浮动后，缓慢上提游车，套管摆回井口中心，卸掉套管外螺纹端护丝，均匀涂抹套管密封脂，涂好锁固脂。

⚠ 上提套管的过程中套管摆动幅度大，应缓慢上提游车，使用牵引绳或者由吊车吊装套管下端配合上提，钻台人员注意操作姿势和站位，避免人员伤害。

ⓘ 使用长度不小于 3.6m 的吊环进行作业时，禁止吊环在承载状态下使用"吊环倾斜"功能，避免倾斜油缸过载损坏。

（4）下放游车，与井口套管对接。

（5）继续下放下套管装置，使导向头导入套管中，如图 2-25 所示。

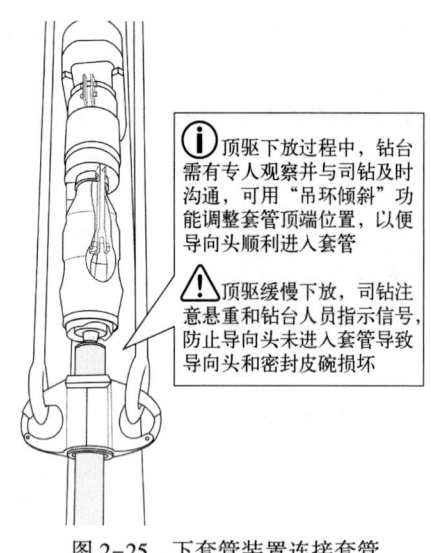

ⓘ 顶驱下放过程中，钻台需有专人观察并与司钻及时沟通，可用"吊环倾斜"功能调整套管顶端位置，以便导向头顺利进入套管

⚠ 顶驱缓慢下放，司钻注意悬重和钻台人员指示信号，防止导向头未进入套管导致导向头和密封皮碗损坏

ⓘ 对于内部卡紧式顶驱下套管装置，继续下放顶驱下套管装置至限位卡环距套管端面 50mm（2in）左右（可借助单独的视频监控系统观察），停止下放；对于外部卡紧式 XTG140H 顶驱下套管装置，继续下放顶驱下套管装置至套管标记线附近，缓慢下放，观察大钩载荷，悬重有变化时停止下放，此时顶驱下套管装置已经下放到位。

⚠ 对于外部卡紧式顶驱下套管装置，需提前给所有套管上端做好标记线，必须确保顶驱下套管装置插入套管并且下放到位，否则卡瓦机构可能会夹到套管接箍上，造成套管损伤和下套管装置损坏。

图 2-25　下套管装置连接套管

（6）操作下套管装置夹持机构，夹紧装置夹紧套管。

（7）顶驱主轴旋转，通过下套管装置驱动套管旋转，进行套管旋扣和紧扣，观察实时扭矩记录曲线，达到最佳上扣扭矩，如图 2-26 所示。

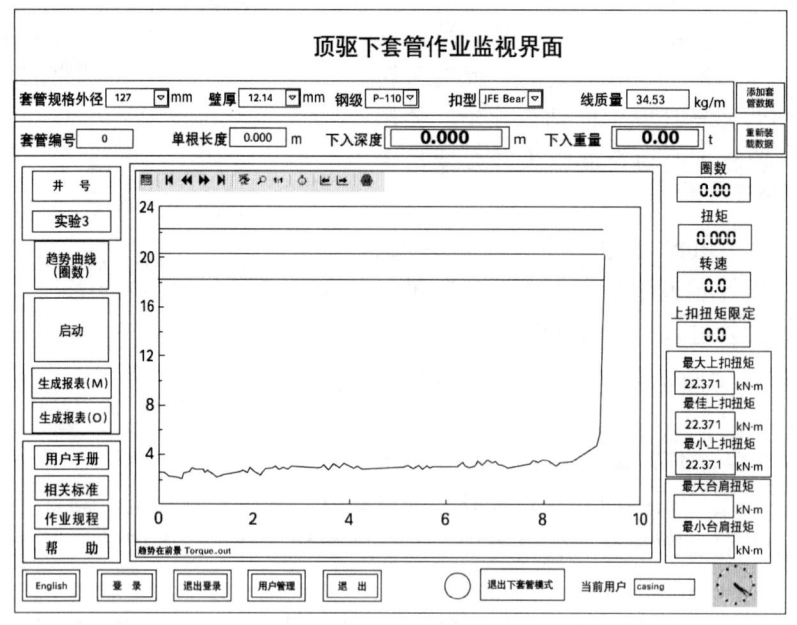

图 2-26　上扣扭矩曲线

（8）上扣完成后，上提下套管装置，移出井口套管卡瓦。

（9）下放套管串，期间可以进行钻井液循环和套管串旋转。

（10）下放至接近钻台面，坐放套管卡瓦。

（11）操作下套管装置夹持机构，松开夹紧装置。上提下套管装置，导向头离开套管。

（12）拆下套管内螺纹端护丝，继续上提游车，重复操作步骤（1）~（12），下套管循环作业。

⚠ 使用下套管装置，要求顶驱主轴与井眼同心居中，导向头容易进入套管，也利于套管螺纹连接。

⚠ 套管螺纹相对于钻杆螺纹更加细密，使用顶驱进行套管旋扣和紧扣，应密切观察扭矩变化，防止套管螺纹损坏。

（二）滑大绳作业

滑大绳作业，需使用连接在天车底部的专用吊索悬挂游车，承载游车、大钩的全部重量。滑大绳过程中，必须将顶驱与钻杆连接后，坐放在井口，由转盘通过钻杆支撑顶驱的重量，防止悬挂吊索断裂造成顶驱摔落钻台。

（1）井口坐放一根钻杆。

（2）缓慢下放游车，旋紧顶驱与井口钻杆连接螺纹。

ⓘ 可以将顶驱液压系统平衡油缸压力泄掉，防止在滑大绳过程中游车晃动带动顶驱剧烈摆动，造成平衡油缸损坏。

（3）上提游车，提出卡瓦，连接游车专用吊索，如图 2-27 所示。

（4）缓慢下放游车，当悬吊游车的吊索即将要绷紧时，停止下放。

（5）转盘面标记钻具位置，缓慢上提游车 100mm 左右，坐放卡瓦，确保吊索绷紧时大钩和顶驱提环脱离。

（6）安装好安全卡瓦。滑大绳过程中，必须确保卡瓦坐稳，安全卡瓦安装稳固牢靠，如图 2-28 所示。

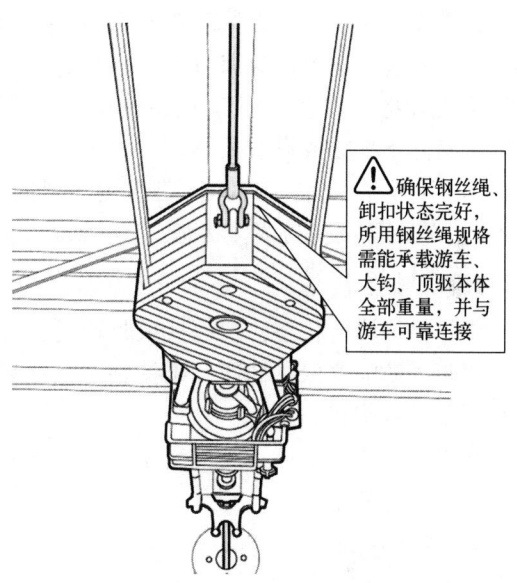

图 2-27　悬挂游车

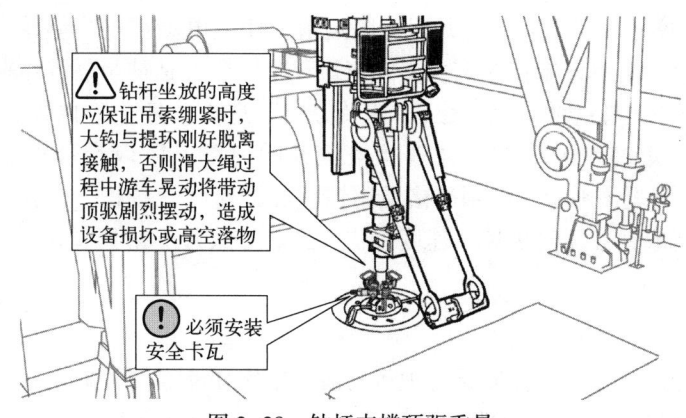

图 2-28　钻杆支撑顶驱重量

（7）观察指重表，大钩负荷归零，此时吊索只承受游车和大钩的重量。

（8）开始滑大绳作业。

(9) 滑大绳完成，缓慢上提游车，解除游车吊索，井架工将悬挂吊索固定在井架侧面。

(10) 滑大绳顶驱作业结束。

⚠ 滑大绳过程中需控制大绳放出和卷入的速度平缓，防止游车剧烈晃动，损坏顶驱平衡油缸或造成高空落物。

⚠ 专用吊索应固定在井架侧面，不影响顶驱本体和游动电缆在井架内移动，并捆扎牢靠。若吊索松脱，会与顶驱上下移动时干涉，造成设备损坏或高空落物。

❗ 顶驱导轨和本体正下方严禁长时间站人。

（三）处理卡钻

钻进作业时，当井下负载扭矩不小于顶驱输出钻井扭矩限定值时，钻柱或钻头会出现堵转现象，顶驱输出扭矩保持不变，但输出转速为零。此时严禁将"转速设定手轮"直接回零位或者将"旋转方向"直接选择"停止"位置，防止造成钻柱不受控快速反转，从而引发井下事故或设备损坏。

当井下发生卡钻，出现堵转现象时，根据解卡处理作业的不同方式，堵转后顶驱的操作也不同，有时需要保持堵转状态，有时则需要解除堵转扭矩。一般处理卡钻的方式如下。

1. 常规解卡

顶驱保持堵转状态，即保持顶驱转速、扭矩输出设定不变，或适当降低转速但不回零位，顶驱内防喷器保持畅通，维持钻井液循环，通过上下提放游车活动钻具的方式解卡，恢复顶驱正常旋转。

在工况允许且不超钻具承受能力的情况下，可适当增加顶驱最大钻井扭矩限定，恢复钻具旋转，有利于解卡。

2. 释放反扭矩

需要顶驱脱离堵转状态，进行其他解卡作业工序，必须先释放顶驱反扭矩，此过程应缓慢谨慎，防止出现井下次生事故或损坏顶驱电气设备。释放反扭矩的方式如下：

（1）保持"转速设定"手轮与"刹车"开关位置不变，保证主电动机持续输出扭矩，缓慢降低"钻井扭矩限定"，降低钻井扭矩限定值，使主电动机输出扭矩慢慢减小，此时钻柱缓慢反转，直到旋钮设定值为零，反向扭矩释放完毕，钻柱反转速度降为零。此时将"转速设定"手轮逆时针缓慢旋回零位，"旋转方向"选择"停止"位置。

（2）释放反扭矩过程中存在钻柱连接被倒开的风险，所以在释放反扭矩时，降低"钻井扭矩限定"应缓慢平稳，必须严格控制钻柱反转速度，禁止一次性将扭矩限定值降低过多，否则会造成钻柱反转失控，速度过快，进而导致井下钻具脱扣落井和电控房电气部件损坏。

3. 震击解卡

若常规方式无法解卡，可以有条件地进行震击解卡作业。使用震击器会对顶驱产生一定影响，由于震击操作的不确定性（随井深、钻柱、中和点以及震击器类型等而变化），每一口井的情况都不相同，很难评估震击操作对顶驱的影响程度。带顶驱震击时，井下震击器距离井口深度应不小于1500m，否则需要将顶驱旁置或暂时拆甩，待采用其他方式解卡后再恢复使用顶驱。在任何情况下，均不应当使用地面震击器，否则会对顶驱产生损害。具体震击要求参照本节带顶驱震击作业相关注意事项。震击作业后，需要对顶驱的各连接部位及连接零部件进行全面检查，以保证顶驱使用的安全性和可靠性。

4. 爆炸松扣解卡

若常规解卡、震击解卡都无法成功解卡，可采用爆炸松扣方式解卡，操作程序如下：

（1）司钻启动顶驱液压泵，打开冷却风机。

（2）按照井深、钻柱组合等参数和现场指令，设置好反转扭矩设定值，即钻井扭矩限定值。

（3）安装爆炸仪器及相关附件，将爆炸仪器下放至预定爆炸松扣的位置。

（4）"旋转方向"选择"反转"。北石顶驱常规钻井工况下反转模式是锁定状态，若要进行反转操作，需要在控制系统内进行相关锁定解除。

（5）将"转速设定"手轮顺时针缓慢旋转离开零位，使顶驱主轴慢速反向旋转，扭矩增加至设定值时顶驱处于堵转状态。

（6）缓慢上提下放活动钻具，将反转扭矩传递至预定松扣的钻柱接头位置。

（7）调整悬重等于松扣位置钻柱中和点的重量，调节爆炸仪器对准钻柱接头位置，然后引爆。

（8）监测指重表显示和钻柱旋转，当预定松扣位置钻柱接头松开后，钻柱应反向自由旋转。

（9）观察司钻操作台扭矩表，确认施加的反扭矩已完全释放。

（10）将"转速设定"手轮逆时针回旋至零位，"旋转方向"选择"停止"位置。

（11）起出爆炸仪器，按照起钻操作步骤继续正常起钻作业。

（四）钻井作业中更换顶驱

钻进作业正在进行中，顶驱出现无法短时间修复的故障时，需要立即更换顶驱。此时钻台面可能存在立柱盒摆满立柱、井内有钻具等情况，此种情况下更换顶驱不同于正常井间搬迁安装时的常规拆甩、安装顶驱作业，情况特殊，风险也较大。

以海外某项目钻井作业期间一起实例进行说明。原有的 NOV 顶驱发生故障且无法短期修复，紧急调配一台北石顶驱进行替换，具体拆卸和安装流程可参照本书第四章和第五章内容，此处对其中不同于常规拆装的内容进行重点阐述。

1. 拆甩 NOV 顶驱

1）拆甩顶驱本体

（1）因井口坐有钻具且维持钻井液循环，钻井液循环头顶部距离钻台面高度为 1.3m。顶驱与末节导轨（运移架）固定，取出导轨连接销轴后，将顶驱连同运移架下放，使用吊车牵引平放至钻台面。

⚠ 在钻台立柱盒内有钻具，吊车需要选择合适的位置，便于支臂可以吊装；必要时可先拆除坡道等设施。

❗ 下放顶驱本体时有碰撞井口钻具的风险，与正常拆卸顶驱相比，需将顶驱本体向坡道方向拖拽更远距离以避开井口钻具，要求吊车严密配合，专人指挥，防止顶驱意外摆动，损坏设备甚至造成人员伤害。

（2）用吊车悬挂钢丝绳套固定在顶驱运移架底部的两个吊点上，向坡道方向缓慢牵引运移架底部，使其逐渐倾斜并离开井口，同时司钻缓慢下放游车，控制速度，将运移架连同顶驱放置在钻台面。

（3）更换吊车钢丝绳套，用4根钢丝绳进行4点吊装，将顶驱本体吊至地面。

⚠ 吊装过程中使用牵引绳，有专人指挥，缓慢平稳操作吊车。

❗ 钻台两侧立柱盒内摆有立柱，空间狭窄，吊车起吊存在视线盲区，顶驱通过时易发生剐蹭。在顶驱本体两侧需设有专人观察，防止两侧钻杆剐蹭。严禁站在顶驱本体运移架与立柱和其他钻台设施之间，防止人员伤害。

2）拆甩导轨

（1）井口坐有钻具，无法将导轨放入井眼内进行导轨销轴拆卸，需将导轨底端立放在钻台面，人员乘坐载人吊篮至两节导轨连接处，砸出销轴。

❗ 使用手工具须系防坠绳，下方严禁站人或交叉作业，防止高空落物伤人。

❗ 乘坐载人吊篮作业应该穿戴安全带，安全带尾绳挂在悬吊主钩上。

（2）导轨销轴取出后，下节导轨平放至钻台面时需避开井口钻具；使用吊车牵引下节导轨下部吊点，将导轨向坡道方向牵引，将下节导轨平放至钻台。

❗ 缓慢操作吊车，严密配合游车下放速度，将下节导轨平稳放至钻台面，注意人员站位，防止导轨摆动伤人。

（3）使用吊车将下节导轨吊离钻台，按同样方法拆卸剩余导轨。

3）拆甩导轨调节板

因为作业高度高，并且没有容纳人员作业的合适作业面，所以作业难度和危险性较大，存在顶天车、人员高空坠落和高空落物的风险。现场作业人员要开展讨论，分析拆卸难点和注意事项，制订风险控制措施。

（1）暂时关闭天车防碰系统，在游车挂梁吊点穿上长吊带和卸扣备用。

⚠ 高处作业人员使用工具包携带工具，手工具要系防坠绳，同时要使用合格的双尾绳全身式安全带和速差器。

（2）作业人员携带对讲机先到达天车下的井架横梁，实时与司钻沟通游车上升位置，上提游车，当游车顶面上升到距离天车耳板大约1.8m时停止。

⚠ 钻台面有专人观察游车位置，使用对讲机实时保持沟通，游车上提要缓慢，防止游车撞击天车。

❗ 作业下方钻台区域严禁站人或有人员经过。

（3）用长吊带和卸扣等将导轨调节板固定到游车背面，确保安全固定后，稍微上提游车，摘掉调节板与天车耳板连接卸扣。

（4）缓慢下放游车，游车悬吊调节板一起下放至钻台面，使用气动绞车或吊车辅助，将调节板取下。

❗ 调节板较长，下方接近井口钻具时放缓速度，防止发生碰撞，吊装调节板的合适位置，使用牵引绳，防止其摆动伤人。

4）拆卸电缆和其他附件

正常拆卸电缆、电缆挂板、导轨反扭矩支撑梁、司钻操作台等附件，移走NOV顶驱电控房。

第二章　顶驱作业

2. 安装北石顶驱

1）安装导轨调节板

根据导轨总长度和井架高度，选择导轨调节板的安装孔位。

（1）将导轨调节板用吊带和绳子捆绑固定在游车上（调节板高出游车大约 1.8m）。

（2）缓慢提升游车，调节板接近天车耳板位置时，使用卸扣将调节板顶端与天车耳板连接，安装连接卸扣的安全别针。

⚠ 高处作业人员使用工具包携带工具，手工具要系防坠绳，同时要使用合格的双尾绳全身式安全带和速差器。

⚠ 钻台面有专人观察游车位置，使用对讲机与高处作业人员、司钻同时保持沟通，游车上提要缓慢，防止游车顶天车。

❗ 作业下方钻台区域严禁站人或有人员经过。

2）安装导轨和反扭矩支撑梁

井口坐有钻具，导轨无法放入井口内进行导轨连接，需将导轨下端立放于钻台面（避开井口钻具），使用载人吊篮提升到导轨连接位置，安装销轴，与拆卸 NOV 顶驱导轨的方式相同。安装反扭矩支撑梁。

❗ 手工具需系防坠绳，下方严禁站人或交叉作业，防止高空落物伤人。

❗ 乘坐载人吊篮作业应该穿戴安全带，安全带尾绳挂在悬吊主钩上。

❗ 导轨立放于钻台面平稳后，再下放游车将上节导轨插入下节导轨顶端接头上，防止导轨底端滑动导致导轨意外摆动伤人。

3）安装顶驱本体

NOV 顶驱运移架与末节导轨为一体结构，而北石顶驱本体置于运移架上，安装时需将运移架与顶驱本体分开并移除。

（1）将顶驱本体连同运移架水平吊至钻台面，避开井口钻具放置。

⚠ 吊装过程中使用牵引绳，有专人指挥，缓慢平稳操作吊车。

❗ 钻台两侧立柱盒内摆有立柱，空间狭窄，吊车起吊存在视线盲区，顶驱通过时易发生剐蹭，在顶驱本体两侧需设有专人观察，防止两侧钻杆剐蹭。严禁站在顶驱本体运移架与立柱和其他钻台设施之间，防止人员伤害。

（2）吊车悬吊运移架底部两个吊装点，大钩通过两根钢丝绳套提拉顶驱提环，两个气动绞车分别吊住运移架上部的两个吊点，互相配合提升，将顶驱运移架立放在钻台面。

⚠ 井口有钻具，顶驱本体运移架无法立在井口转盘处，需立在井口前方，使用吊车向坡道方向牵引，同时使用两个气动绞车辅助控制运移架姿态和位置，互相配合进行摆放，避免出现撞击。

⚠ 运移架距离反扭矩梁较远，需保持两个气动绞车悬吊运移架顶部吊点，防止顶驱运移架翻倒。

（3）游车上提，同时气动绞车吊着运移架同步上升，吊车辅助悬吊扶正运移架底部；上提高于井口钻具，停止提升游车，吊车缓慢下放，将运移架与顶驱本体摆回至井口钻具正上方。

(4）在两个气动绞车辅助下，拆除运移架下部与导轨的连接销轴。

⚠ 此时位置较高，在井口钻具上方，可使用人字梯或其他登高平台。手工具等严禁上抛下丢。人字梯有专人扶持，防止人员滑跌。

（5）游车上提，运移架与导轨脱开，继续上提顶驱直至不影响运移架吊装。

⚠ 缓慢提升，避免上提过程中与运移架、井架和上节导轨发生碰撞。

（6）两个气动绞车缓慢下放运移架，同时吊车往坡道方向牵引，通过坡道将运移架移至地面。

⚠ 下放运移架要缓慢，专职指挥人员、司钻和吊车司机沟通顺畅，使用牵引绳，防止运移架意外摆动伤人。

（7）按照常规操作规程连接末节导轨，安装连接销轴；连接大钩与顶驱提环；连接导轨与反扭矩支撑梁。

4）安装电缆及其他设备

安装电缆挂板、电缆、司钻操作台等附件，摆放北石顶驱电控房，连接电缆。按照常规顶驱安装流程，做调试上电准备。

三、安全使用注意事项

（一）带顶驱震击作业注意事项

（1）使用地面震击器进行震击作业时，必须旁置或者拆甩顶驱。

（2）带顶驱进行震击作业时，震击器到井口的距离需大于 1500m。

（3）带顶驱震击作业时，钻具必须与顶驱保护接头连接，严禁使用顶驱吊卡悬挂钻具进行震击。

（4）带顶驱震击作业时，每震击 2h 或 12 次后，必须对顶驱进行检查。震击结束后需按照顶驱制造商提供的检查内容和标准，对顶驱进行全面检查，承载部件须探伤检测。

（5）带顶驱解卡作业时，现场作业工况不能满足上述条件或者顶驱受到剧烈冲击或者震击时间超过 8h，为避免顶驱设备损坏，要将顶驱旁置或拆甩，待解卡后再恢复使用顶驱。

（二）IBOP 操作注意事项

（1）正常作业过程中，顶驱上、下 IBOP 处于关位时，禁止启动钻井泵；钻井泵工作时严禁关闭顶驱上、下 IBOP。

（2）下 IBOP 每天用专用扳手开关 1 次，确保 IBOP 开关灵活。IBOP 专用扳手要放置在钻台专用位置，并便于取放，标注"顶驱专用"，禁止将 IBOP 专用扳手挪作他用。

（3）当井控需要，关闭上 IBOP 之后，须再关闭下 IBOP。

（4）当其他工况需要保持顶驱上 IBOP 为关闭状态时，严禁切断顶驱电控房的总电源，同时告知钻井队人员要保证顶驱电控房供电的连续性，确保顶驱液压系统维持正常运行。对于西门子电控系统的 NOV 顶驱，严禁把司钻操作台上 FORWARD/OFF/REVERSE 开关切换到 OFF 位置；对于 ABB 电控系统的 NOV 顶驱，严禁把司钻控制台上的 ENABLE 开关切换到 OFF 位置。

（三）顶驱转速操作注意事项

（1）转速手轮加速和减速操作要缓慢，禁止反复快速旋动转速手轮。

（2）在钻进作业中发生堵转时，首先保持顶驱主轴速度、扭矩输出指令不变，通过上、下活动钻具的方式解除堵转。当活动钻具不能解除堵转时，应保持转速手轮不动，采取缓慢减小钻井扭矩设定值的方式释放反扭矩，待扭矩降为零后，将转速手轮回零，再进入常规解卡程序。禁止采取将转速手轮直接降到零的方式释放钻具反扭矩。

（3）钻进过程中，跳钻严重或有共振现象时，应适当调整顶驱转速或减小钻压，避免造成顶驱损坏，通过该地层后可恢复原钻井参数。

（四）吊环操作注意事项

（1）NOV 顶驱、Tesco 顶驱、Canrig 顶驱在吊环吊卡承载时，禁止旋转主轴或旋转头。

（2）使用长度大于 3.6m（144in）的吊环进行作业时，禁止在吊环吊卡承载时使用"吊环倾斜"功能，避免倾斜油缸过载而损坏。使用长度为 3.3m（132in）以下吊环作业时，当吊环承载超过 1t 时，禁止使用"吊环倾斜"功能。

（3）顶驱在上下通过二层台时要确保吊环处于浮动竖直位置，以免吊环吊卡刮碰二层台。

（4）禁止拆除顶驱吊环倾斜机构限位装置。

（5）使用顶驱进行钻进、划眼作业时，使吊环处于浮动状态，并将吊卡扣合在钻具上。

（五）其他注意事项

（1）顶驱安装、拆卸和作业过程中，移动中的顶驱部件周围严禁站人。

（2）顶驱安装和拆卸过程中，应有专人指挥，司钻上提下放游车大钩、相关人员操作气动绞车时一定要缓慢平稳，防止设备碰撞和撞击人员。

（3）起钻作业过程中，吊卡提升钻柱时，司钻刚开始上提游车应缓慢，避免损坏旋转头浮动油缸。

（4）吊环倾斜后和上卸扣操作时，严禁在吊环 360°旋转范围内站人；只有当主轴停止旋转，并确认钻具的反扭矩释放完毕后，相关人员才能进行井口作业。

（5）导轨下方严禁人员穿行和站立。

（6）风力超过 6 级，应安排专人坐岗观察，顶驱上下移动要缓慢，以避免顶驱游动电缆被挂断。专人坐岗观察，发现风险及时提醒司钻停止移动顶驱。平时需要对井架上可能对顶驱游动电缆发生挂蹭的部位进行防护。

（7）井下有动力钻具时，顶驱设定的钻进扭矩设定值要大于动力钻具最大输出扭矩。

（8）司钻提放游车或操作顶驱过程中，钻台人员注意站位，不要遮挡司钻视线。

（9）夜间作业或雨雪、沙尘等视线不佳的条件下，容易引起精神疲劳、注意力不集中，从而引发事故。应严格按照操作规程操作，不得松懈，严格控制上提和下放游车速度，钻台人员注意观察并及时提醒司钻，防止顶驱电缆等与井架及附件发生干涉和挂蹭，造成设备损坏和高空落物伤人。

(六) 司钻操作台特殊操作

当顶驱系统出现紧急情况或者故障报警时，司钻可进行以下操作。

1. 急停操作

顶驱出现紧急情况需要紧急停止时，司钻可按下司钻操作台【急停】按钮，如图 2-29 所示，顶驱所有设备将快速停机。

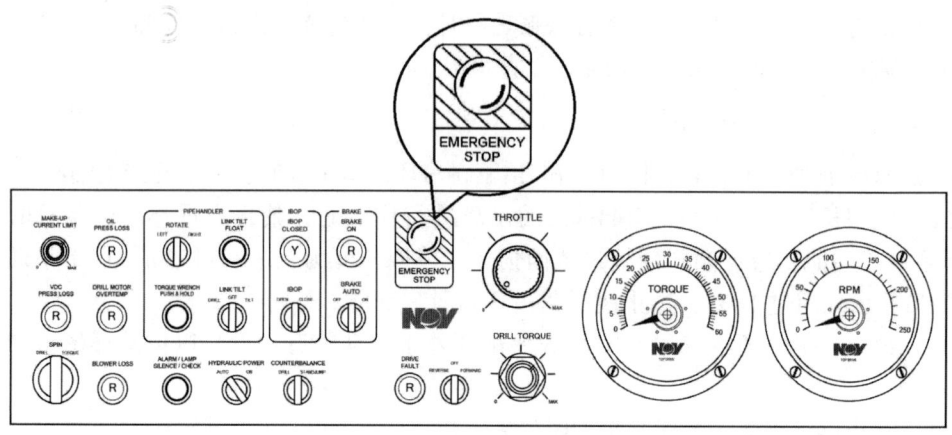

图 2-29 急停按钮

（1）按下【急停】按钮，在执行下列操作步骤之前，不允许进行其他操作。

（2）将司钻操作台【转速设定】手轮和【钻井扭矩限定】旋钮逆时针缓慢旋回零位，【旋转方向】开关扳至"停止"位置，【操作选择】开关扳至"钻井"位置。

（3）排除紧急情况，确认系统无其他故障报警。

（4）复位【急停】按钮。

（5）按下司钻操作台【故障/复位】带灯按钮使蜂鸣器静音，然后再次按下该按钮，复位并解除急停状态。

（6）重新启动顶驱。

2. 故障/报警操作

顶驱发生故障或报警时，司钻操作台【故障/复位】指示灯长亮或闪烁，如图 2-30 所示，蜂鸣器发出鸣响，司钻应执行以下操作步骤。

（1）故障报警或停机之后，司钻应将司钻操作台【转速设定】手轮和【钻井扭矩限定】旋钮逆时针缓慢旋回零位，【旋转方向】开关扳至"停止"位置，【操作选择】开关扳至"钻井"位置。

（2）按下【故障/复位】带灯按钮，使蜂鸣器静音，【故障/复位】指示灯保持当前报警状态。查找故障和报警原因，消除故障之后，再次按下【故障/复位】按钮，系统复位且【故障/复位】指示灯灭。

（3）重新启动顶驱。

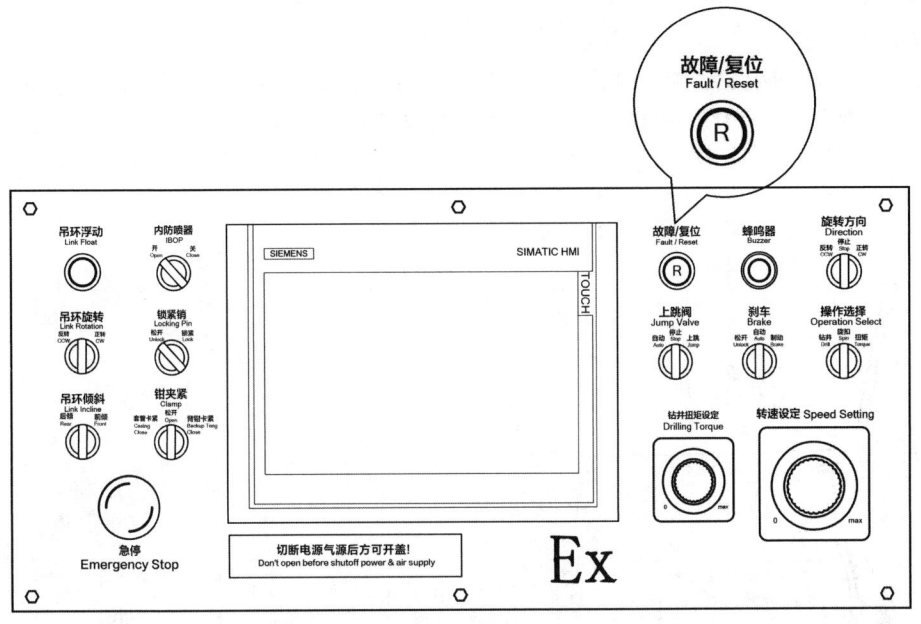

图 2-30 复位按钮

第三节 顶驱运输及封存

一、顶驱运输

在钻井作业结束进行井间搬迁安装期间，顶驱一般采用车辆陆路运输，搬迁设备设施包括以下部分：顶驱本体、导轨、电缆收纳箱、电控房、液压站、附属设备及配件库房。导轨、吊环、电缆挂板、导轨支撑梁、导轨连接梁等散装设备可以收入集装箱或爬犁内进行整体运输，顶驱本体、电控房、液压站、配件库房等可以直接吊装至运输车辆上运输。为防止在运输中路途颠簸造成设备损坏或跌落，应保证设备放置平稳、牢固，并对顶驱各部位采取有针对性的防护措施。需专人负责检查装车前、卸车后的设备、散装件及配件是否齐全完好。

顶驱需要长途运输或海运，通常采用集装箱模块化打包运输。顶驱的各部分均装入集装箱内，同样需要做好固定及其他如包裹遮盖、防腐蚀等措施，避免运输过程中出现移动或者碰撞损坏。本节主要讨论井间搬迁运输准备工作。

（一）电控房

搬迁运输过程中最容易受损的是电控房，因此电控房内外都需要做大量的固定工作。

（1）电控房空调室外机的压缩机必须进行支撑固定，以防止运输过程中振动剧烈造成支架和管线损坏。

(2) 电控房内柜门建议使用支撑架，将柜门支撑牢固，以防止运输过程中柜门因颠簸振动而意外开启或掉落损坏，如图2-31所示。

(3) 电控房内小变频器、变压器以及挂在电控房内壁的电控柜，建议捆绑加固或者在底部制作支架支撑，以防止因颠簸掉落损坏，如图2-32所示。

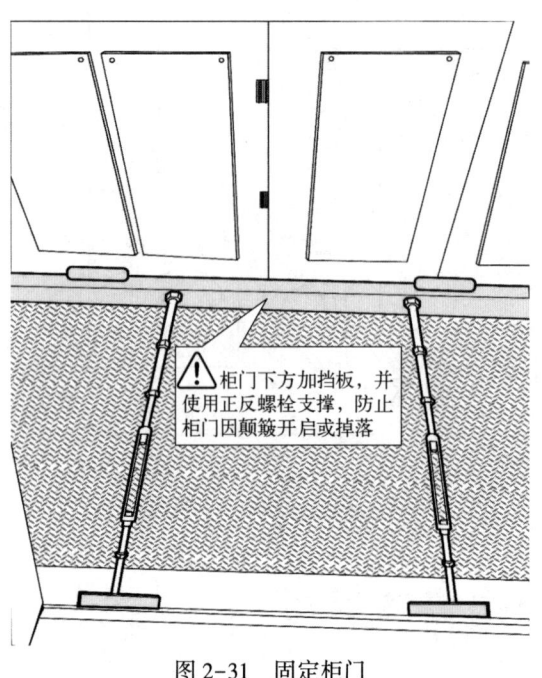

图2-31 固定柜门

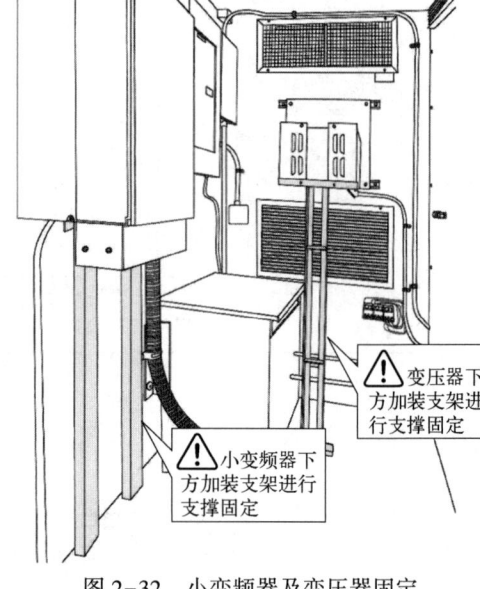

图2-32 小变频器及变压器固定

(4) 电控房内存放的工具、配件或资料等，运输前收入箱内收纳并放置在电控房地板上固定，或移出电控房，防止晃动剧烈造成散落，碰坏电控房内部设备。

(5) 电控房吊装必须采用房体上部4个专用吊点，4点起吊。电控房单独运输要在四周加装防护架，防止吊装和运输过程中挤压、碰撞等造成电控房本体及空调等部位的损坏。

(6) 电控房吊装至运输车辆应平稳放置，并用铁链、铰链进行固定。

(二) 顶驱本体

顶驱本体结构复杂，如果运输过程中固定方式不正确，容易造成设备损坏。

(1) 顶驱本体的支撑和固定装置必须安装到位，如提环锁、背钳支撑、电动机支撑等。

(2) 顶驱本体上未固定的液压缸，例如平衡液缸和倾斜液缸，应该固定到顶驱本体上，防止运输过程中液压缸剧烈摆动而损坏。

(3) 如果顶驱本体装入集装箱进行运输，可以使用木质支架或钢丝绳、绑带等将顶驱固定在集装箱内地板挂钩上，防止运输过程中，顶驱在集装箱内滑动、碰撞，造成顶驱或集装箱内其他设备损坏。除了有避免水平方向移动的固定措施，还应有在垂直方向上将顶驱固定在集装箱地板上的措施，防止集装箱剧烈晃动时顶驱被整体抛起，如图2-33所示。

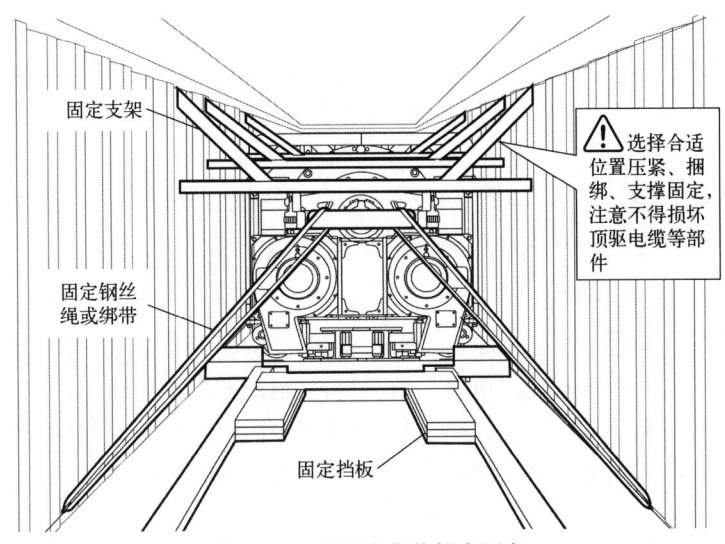

图 2-33 顶驱在集装箱内固定

⚠ 顶驱本体的固定捆绑位置首要选择吊装点、运移架、提环、外壳等牢固结实的部位，防止固定使用的木板、铁链、钢丝绳、绑带等挤压脆弱的电缆或其他易松动损坏的部位。

（4）如果顶驱本体不入集装箱，直接裸装运输，建议使用低平板车运输，并使用铁链、铰链将顶驱本体运移架上的吊装点与板车连接固定，不限于前后四角固定，如图 2-34 所示。

⚠ 禁止使用铁链或钢丝绳环绕捆扎顶驱本体的方式固定，防止损坏顶驱本体上的零部件。

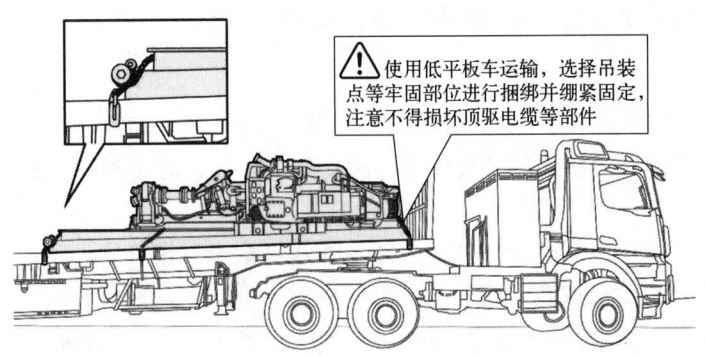

图 2-34 顶驱本体运输固定

（三）导轨

（1）顶驱导轨可以放置于集装箱、爬犁运输，也可以裸装运输，在搬迁运输之前，需要做捆绑加固处理。

（2）部分顶驱如 NOV 顶驱导轨销孔安装有轴套，容易脱落，应予以捆扎固定，以免运输过程中轴套脱落丢失。

（四）液压站

部分品牌顶驱有独立的液压站，在搬迁运输之前，也需要做捆绑加固处理。

（1）液压站散热柜门关闭上锁，并额外加固处理，防止运输过程中柜门因颠簸而脱落。

（2）液压站内部管线接头及阀门应拧紧，防止运输过程中液压油泄漏导致环境污染。

（3）液压站吊装必须采用专用吊装点四点起吊。

（五）司钻操作台

常规顶驱均配有单独的司钻操作台，自动化一体钻机顶驱司钻操作台集成到钻机司钻房操作台中。搬迁运输前，必须将单独的顶驱司钻操作台从司钻房内支架上拆下，放入顶驱库房，并做好铺垫和固定，防止运输过程中司钻操作台损坏。若司钻操作台有单独的短进线电缆，放置后需在电缆和司钻操作台金属外壳之间垫胶皮隔离，防止司钻操作台移动时挤压损坏电缆。

（六）电缆

电缆一般盘入电缆收纳箱内，电缆收纳箱可以单独运输或者装入集装箱。单独运输则直接吊装到运输车辆上，注意应将收纳箱中的电缆插头进行固定包裹，以防止道路颠簸，电缆头脱出磕碰损坏；收纳箱需用铁链将吊装点与卡车连接固定，防止在车辆上滑动甚至掉落。若装入集装箱，需要将电缆收纳箱固定在集装箱内，防止收纳箱移动损坏或碰撞其他设备。

⚠ 纤细易损坏的电缆如司钻操作台电缆、控制信号电缆，应放置在粗重动力电缆的上部盘收，防止挤压损坏。

⚠ 游动电缆和井架电缆的悬挂托盘为金属材质，与盘收的电缆接触的位置，应予以包裹隔离，例如可以垫胶皮，防止颠簸振动磨损电缆外皮。

（七）库房

顶驱配件分为电气配件、液压配件和机械配件。电气配件和液压配件应该分类、单独装箱，然后固定箱体；机械配件一般较重，应该固定牢靠，防止运输过程中发生移动损坏其他配件。

（1）库房货架及工具柜等必须加固，防止运输过程中倾倒。

（2）配件物资不能摆放在库房货架上进行运输，货架上的配件物资应该按照机械、电气和液压进行分类，分类装箱存放并固定在库房内的地面上，避免运输过程中配件损坏。

（3）如果顶驱导轨、电缆收纳箱、导致支撑梁、电缆挂板等附属设施需要放入库房，必须将这些附属设施捆绑固定，防止运输过程中移动而损坏库房内的配件。

二、顶驱封存

（一）顶驱封存注意事项

停用超过3个月以上的顶驱设备，为防止长期停用后再启用时出现故障，应该按照以下规范对顶驱设备进行封存。

（1）顶驱各保养点加注适量润滑脂。

（2）检查确认顶驱本体各管缆固定牢靠，接头防水良好。

（3）所有外露螺纹、金属表面、钻井液通道等做防腐处理。

（4）顶驱本体与运移架锁定并安装好所有支撑。

（5）顶驱封存时做好资料附件备份、档案填写，妥善保管存放。

（6）顶驱封存时，所有设备需放入集装箱并加以固定，敞口集装箱还需加盖篷布。

（7）封存使用的集装箱及篷布需保证外观完好，集装箱门关闭严密。有孔洞的部位需采取措施进行封堵，防止老鼠等小动物和雨水的进入。

（8）对于因特殊原因无法装箱的顶驱设备，本体要放在阴凉干燥的位置，清洁顶驱各组件，除锈防腐，用篷布等进行包裹，做到上盖下垫，封堵所有开口，防水防潮，避免杂物进入。电动机风道盖板如图2-35所示。

（9）不能入箱存放的电控房，如果单独运输就必须做好防护措施，四周加装防护架，防止吊装和运输过程中挤压、碰撞等造成电控房本体及空调等部位的损坏。电控房吊点必须采用房体上部4个专用吊点，如图2-36所示，并喷涂明显的吊点标识。严禁采用下部吊点或其他方式进行吊装，避免错误吊装造成电控房损坏。

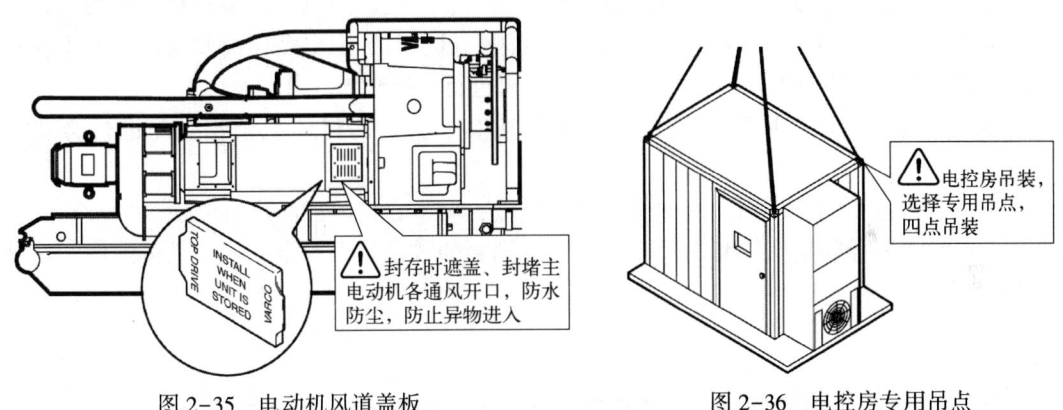

图2-35　电动机风道盖板　　　　　图2-36　电控房专用吊点

（10）电控房封存前要进行全面检查，保证电控房门关闭严密。如需长途运输，电控房内重点检查各柜门、小变频器、变压器等的固定情况，电控房外重点检查空调压缩机、冷凝器风扇等固定情况，发现问题及时进行加固处理，防止长途运输过程中损坏和脱落。特别是ABB系统的NOV顶驱逆变器柜门，必须确认门锁完好并锁紧，同时采取加装外部加固措施，参照图2-31，防止运输过程中柜门意外打开后被颠掉。小变频器、变压器、空调压缩机、冷凝器风扇等固定参照图2-32。

（11）对于有电源、水源的设备，封存时必须切断电源、水源。对于长期封存的设备，酌情放掉或更换油品、冷却液。

（12）封存设备严禁拆换配件和随意挪用，并对封存设备定期进行检查及保养，对不符合封存要求的设备及时整改。

（13）对于有导轨销孔轴套的顶驱，封存时要对导轨销孔轴套进行捆绑固定，防止轴

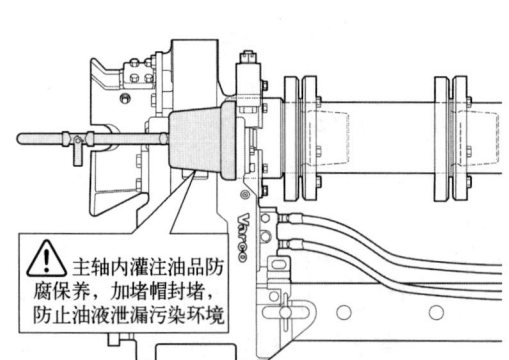

图 2-37　钻井液通道保养防腐

套脱落。

（14）主轴及 IBOP 钻井液通道中要灌装液压油并对两头进行封堵，延长 IBOP 使用寿命，如图 2-37 所示。

（15）封存应考虑管理便利、动员方便、封存安全等因素，存放的场地应不低于周围地形，并有排水系统，场地四周应有院墙或明显的隔离带。

（16）顶驱封存的集装箱外表面应明显标识"顶驱"字样，封存设备必须挂牌存放，牌上应注明批准日期、封存日期及保管人姓名。

（17）设备封存期间要明确管理责任，指定专人负责封存设备的管理。

（二）封存顶驱再启用注意事项

（1）检查顶驱所有设备及部件是否齐全，尤其是安装部件。

（2）经过长途运输的顶驱，需要全面检查机械部件的连接、电气部件的接线等是否牢固可靠。

（3）检查电控房各个柜门、变压器、小变频器、空调压缩机、风扇等是否松脱。

（4）电控房内如受到海水和雨水侵蚀，或潮气过重时，上电调试前要确保空调工作正常，并按照相关程序对电控房进行除湿处理后再进行后续调试工作。

（5）检查主电动机风道内是否有老鼠等其他小动物的尸体或杂物，并进行必要的清理。

（6）检查液压油、齿轮油的油位及油品质量，对不合格的油品进行更换。

（7）对于有导轨销孔轴套的顶驱，需检查轴套的数量是否齐全，安装是否到位，对缺少的轴套要及时补充。

第四节　顶驱作业的风险防控

一、风险原因分析

随着石油钻探技术的不断进步，顶驱作为钻井核心装备，在石油钻井现场得到了广泛应用。然而，随着其应用规模的扩大，与顶驱相关的作业安全问题也日益凸显。近年来，由于顶驱设备故障或操作不当等原因引发的安全生产事故时有发生，这些事故不仅给企业带来了巨大的经济损失，甚至导致人身伤害。因此，对石油钻井顶驱设备的安全生产问题进行深入研究和分析，采取有效的预防措施，具有重要的现实意义。

通过对大量生产安全事件、事故案例的分析和总结，发生安全事件、事故的主要原因可归纳为以下几点。

（一）人员误操作

顶驱是集机械、电气、液压于一体的高度自动化装备，通过电力或液力传动、管缆线路和机械机构等组成一个复杂的整体，在 PLC 系统的控制下实现钻进、起下钻、下套管等钻井作业。顶驱操作应严格遵循相应规程，以确保现场安全使用顶驱，避免疏漏、违规操作造成人员伤害或设备损坏。例如，在接立柱钻进时，启动钻井泵之前，必须确保顶驱 IBOP 处于打开位置，否则会导致钻井泵憋压损坏；司钻在上提下放游车经过井架二层台位置时，必须及时操作顶驱吊环浮动（FLOAT）功能让吊环吊卡回到竖直位置，否则会导致吊环和吊卡压碰井架二层台，如图 2-38 所示，不仅会损坏顶驱倾斜机构，甚至导致人身伤害。

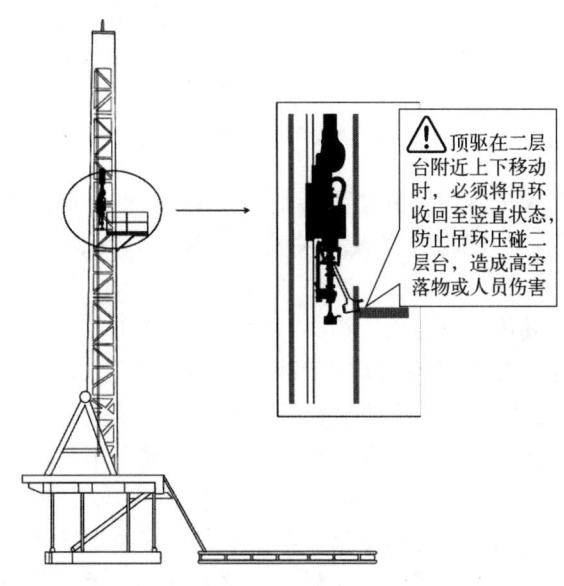

图 2-38 吊环与二层台撞击示意图

不同品牌顶驱或同品牌不同型号的顶驱在电气系统、机械结构等方面有所不同，因此操作规程也不尽相同。以旋转头旋转和吊环倾斜为例，顶驱旋转头的旋转功能和吊环倾斜功能在部分顶驱型号上存在互锁保护，如 NOV TDS-11SA 顶驱，当吊环处于前后倾状态未回到浮动位置时无法转动旋转头，但在某些型号顶驱上如 Tesco 350EXI600，两者却是独立的，吊环在倾斜状态下转动旋转头时吊环也会随之转动，如果在吊环旋转半径范围内有作业人员，可能会造成人员伤害，如图 2-39 所示。为了避免因误操作造成设备损坏和人员受伤，必须对顶驱操作人员进行操作规程培训，让操作人员熟悉设备原理和构造、了解各项作业中涉及的风险因素、严格按照规程操作顶驱，可以极大降低顶驱作业风险。

（二）设备功能缺损

绞车作为钻机系统的关键提升设备，直接控制游车与顶驱的上下移动，其性能直接关乎作业安全。任何绞车或悬挂系统故障，尤其是制动失效或天车防碰装置失灵，都可能引发重大安全事故。例如，绞车制动失灵可致顶驱失控坠落撞击钻台面，不仅损坏顶驱装备，还严重威胁钻台人员安全。同样，在防碰装置失效的情况下，如司钻操作注意力不集

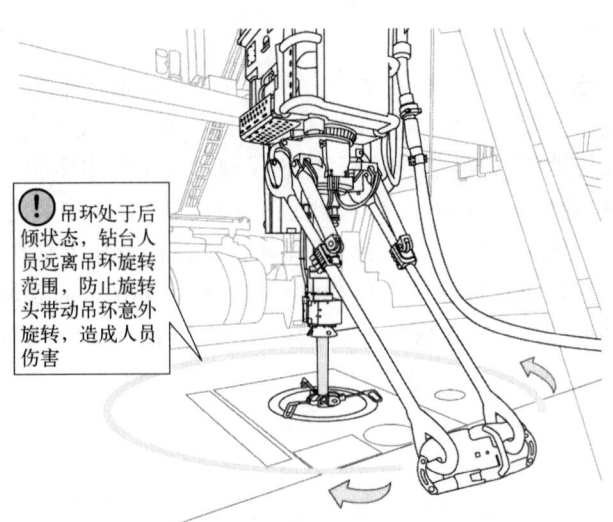

> ⚠️ 吊环处于后倾状态，钻台人员远离吊环旋转范围，防止旋转头带动吊环意外旋转，造成人员伤害

图 2-39　吊环倾斜后的旋转范围

中，就可能导致游车与天车碰撞，引发钻井大绳断裂，致使游动系统崩溃，导致巨额财产损失甚至人员伤亡。因此，确保绞车及相关安全机制运作无碍，是顶驱安全运转的重要保障。

顶驱作业中涉及的其他设备如液压猫头、吊车、抓管机、吊装绳索等同样必须确保结构完好、功能正常，这些辅助设备出现故障将同样影响顶驱作业安全。以吊装钢丝绳为例，在安装顶驱过程中，需要将水平摆放在钻台面上的顶驱及运移架立起，在拆卸过程中需将竖直状态的顶驱及运移架放倒至水平状态，通常需要吊车和游车各自使用钢丝绳吊装运移架的一端，两者互相配合。吊索具的选择，需考虑吊装全过程中承重的变化，选择专用吊装点，并考虑设备移动和角度的变化。若在吊装过程中钢丝绳突然断裂，顶驱及运移架将坠落到钻台面或者地面，造成顶驱和钻台设备损毁，严重危及现场作业人员的安全。因此，无论是顶驱设备还是根据需要使用的其他设备设施，都需要提前检查是否合格，结构、功能是否完好。

（三）违反操作规程

钻井作业需要多种设备、多个岗位员工协同作业，每个岗位人员必须严格遵守所负责设备的操作规程。

以起下钻铤为例，钻铤立柱较重，在将钻铤立柱摆放到钻台立柱摆放区域（立柱盒）时，需要钻工用气动绞车将钻铤立柱下部牵引到立柱盒内，下放游车确保钻铤底部压在钻台面后，再操作吊环前后倾功能将钻铤立柱上部推到二层台附近，以便井架工将钻铤立柱摆放进二层台指定位置。但在实际作业中，某些司钻未能严格按照上述步骤执行，在没有将钻铤立柱底部先放入立柱盒内并压在钻台面上的情况下，直接操作吊环前倾功能将悬空的整根钻铤立柱推向二层台井架工位置，从而导致顶驱倾斜液缸活塞杆变形损坏。

钻台 B 型钳也是配合顶驱钻井作业的常用设备。更换顶驱保护接头，部分品牌的顶驱需要用 B 型钳夹紧顶驱保护接头来完成上卸扣。按照正确的操作流程，用 B 型钳夹住保护接头之后，钻工继续扶住 B 型钳，司钻操作液压猫头缓慢升起来收紧 B 型钳尾绳，待到 B

型钳尾绳收紧拉直，钻工立即转移至安全位置，然后司钻操作顶驱上卸扣。某些司钻为了方便快捷，没有使用液压猫头升降来收紧 B 型钳尾绳，而是直接操作顶驱旋扣功能，使顶驱主轴旋转带动 B 型钳转动来收紧尾绳，容易造成 B 型钳松脱，若钻工还未远离 B 型钳，会被随着顶驱主轴一起转动的 B 型钳臂或尾绳刮碰到，造成人身伤害。

（四）不合理的工序安排

在钻井作业流程中，顶驱的安装、使用、检查、维护保养、拆卸和检测都必须按照作业工序进行合理安排，保障生产作业的顺利进行以及设备和人员的安全。对于一些可预先安排的工作如常规保养检查和更换保护接头、钳牙、冲管总成等常规易损件，一般选择开钻前、拆装封井器期间、施工等停、起下钻间歇等不影响钻井生产的时间完成。而对于突发的事件如顶驱突发故障、冲管突然刺漏、极端天气变化造成停机等，必须根据钻井现场实际工况，在保证井控安全的情况下再安排维修工作。例如，正在钻进且钻头位于裸眼段内，优先起钻至套管内；如井下钻具过少，优先下钻确保井下有足够钻具应对井下意外情况。

（五）操作速度过快以及沟通不畅

石油钻井涉及的高处、吊装、受限空间、毒害气体等高风险作业较多，且需要多种设备和多岗位人员协同作业，既要正确操作，稳步进行，又要提高作业时效，缩短作业周期。作业中若因为争进度抢时间而忽略了正确的操作规程和及时充分的交流沟通，则容易引发安全事故。

以安装顶驱导轨为例，由于重心偏移，导轨在上提的过程中处于倾斜的状态，导轨的顶部接近井架背梁，在提升导轨的过程中，需要专人观察导轨顶部，同时指挥司钻缓慢提升，防止导轨顶部刮碰井架。若提升速度过快，尤其是在大风天气情况下，晃动的导轨顶部极易刮碰到井架背梁，造成井架背梁和导轨损伤，甚至造成导轨弯曲变形、局部断裂而无法继续使用。

（六）特殊天气影响

石油钻井的高危性除了行业特点以外，各种极端天气也会影响作业安全，雷电、暴风、酷暑、严寒、雨雪等恶劣天气以及各种地理环境下特有的气候条件如沙漠戈壁中的沙尘暴、海洋中的潮汐风暴，都会直接影响钻井作业的安全。

大风天气下，顶驱游动电缆随着顶驱在井架内上下移动，如图 2-40 所示，游动电缆会发生摆动，极易挂蹭到井架，甚至被吹到井架外侧，很可能会造成电缆损伤，如电缆外皮损坏、线芯虚接、整体断裂等，导致顶

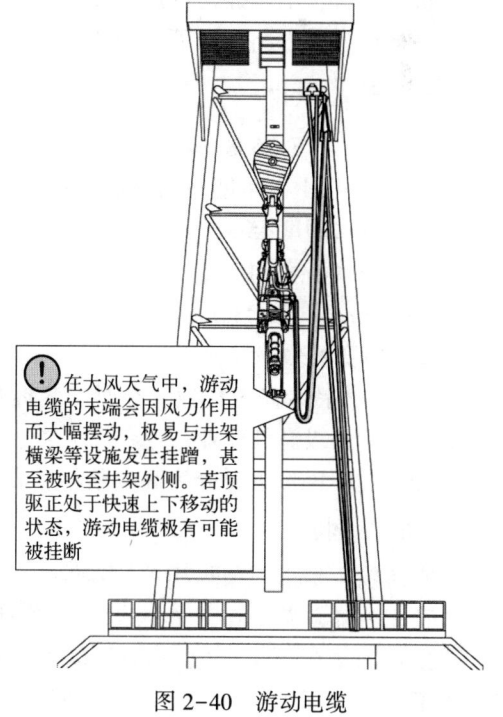

! 在大风天气中，游动电缆的末端会因风力作用而大幅摆动，极易与井架横梁等设施发生挂蹭，甚至被吹至井架外侧。若顶驱正处于快速上下移动的状态，游动电缆极有可能被挂断

图 2-40　游动电缆

驱故障。雨雪严寒天气下，井架湿滑，作业人员攀爬井架、梯子登高，则极有可能会因为脚底打滑造成高空坠落。因井架高度较高，且多在空旷的野外，雷雨天气，容易引发雷击、触电事故。

（七）非常规作业

顶驱作业涉及的非常规作业包括下套管、滑大绳、处置卡钻等。非常规作业相对于常规作业，在于顶驱工作状态异于常态，如剧烈晃动、高悬重、大扭矩长时间堵转等。在这种状态下出现操作失误或者现场工况要求超出顶驱允许的工作条件，将对顶驱造成严重损坏。比较典型的是使用震击方式处置卡钻，各顶驱厂家手册明确说明震击将对顶驱带来危害，但没有具体量化规定，只是建议震击时顶驱旁置或拆除。但在钻井现场处理卡钻事故时，由于时间紧迫、需要钻井液循环等条件限制，往往会选择带顶驱震击。带顶驱震击轻则造成螺栓松动、高空落物，重则造成顶驱减速箱内部零件如齿轮、轴承，甚至主电动机损坏。海外某作业现场的 NOV TDS-11SA 顶驱震击后，顶驱旋转头内套活塞环处卡簧槽的台肩断裂，这一损伤破坏了活塞环的密封效能，迅速引发液压油渗漏，最终导致顶驱停机进行紧急维修。

从以上分析中可以看出，在钻井现场生产作业中，顶驱是钻井设备中不可替代的设备且没有备用，一旦无法工作将导致整个钻机停工以及井下风险增加，因此了解顶驱在钻井作业各环节中存在的风险以及采取相应预防措施是很有必要的。

二、风险类型及风险辨识

相比于传统使用方钻杆作业的钻井现场，配有顶驱的钻机除了常规的物体打击、滑倒滑落、机械伤害、割刺擦伤等风险以外，其作业中危害因素更多的体现在高空落物、高处坠落、触电伤害等方面。以下从顶驱作业角度对钻井作业中的相关风险进行分析。

（一）高处作业

国家标准 GB/T 3608—2008《高处作业分级》规定："高处作业，指在距坠落高度基准面 2m 或 2m 以上有可能坠落的高处进行的作业。"根据高度的不同，可以分为 4 级：

1 级：2m≤高度<5m；

2 级：5m≤高度<15m；

3 级：15m≤高度<30m；

4 级：高度≥30m。

4 级也称为特级高处作业。顶驱安装拆卸导轨时安装或移除导轨连接板与天车底部连接的卸扣属于 4 级高处作业。

高处作业中风险主要分为高空落物和高处坠落两类。

1. 高空落物

高空落物，是指与顶驱相关的零件或工具意外从高空掉落至钻台或地面。正常钻井活动中，顶驱将随着游车在井架内部上下移动，其正常移动范围从钻台面到二层台以上高度，高度范围在 0~35m。以 30m 为例，一个螺栓从 30m 高空坠落至钻台面的速度按公式计算如下：

（1）利用物理学的势能—动能转换公式即可计算出螺栓坠落至钻台面的速度 v。势能—动能转换公式如下：

$$mgh = 1/2mv^2 \quad (2-1)$$

式中　m——螺栓的质量，kg；
　　　g——重力加速度，取 9.8m/s²；
　　　h——螺栓相对钻台面所处的高度，以 30m 为例，m；
　　　v——螺栓坠落至钻台面的速度，m/s。

经过计算即可得出 $v=\sqrt{2gh}$，带入所有数据即可算出 $v=24.25$m/s，即 87.3km/h。

（2）计算螺栓落到钻台面的时间 t。

$$v = v_0 + at \quad (2-2)$$

式中　v_0——螺栓的初速度，即为 0m/s；
　　　a——加速度，为重力加速度 g。

结合两个公式即可推算出 $t=\sqrt{2h/g}$，带入所有数据即可算出 $t=2.47$s。

也就是说在 30m 高空的一个物体落到钻台面上，只需 2.47s，速度可达 87.3km/h。

按照同样的方法可计算出 5m、10m、15m、20m、25m 高处落物至钻台面的速度及所需时间，见表 2-3。

表 2-3　不同高度物体坠落至钻台面的速度和所需时间

高度，m	5	10	15	20	25	30
时间，s	1.01	1.43	1.75	2.02	2.26	2.47
速度，km/h	35.64	50.4	61.73	71.28	79.69	87.30

从以上数据就可以看出，若有高空落物，留给人员反应并撤离至安全区域的时间非常短，如果落到人的身上将造成严重伤亡事件。

顶驱常见高空落物风险包括：

（1）顶驱安装拆卸时部件、工具等高空坠落风险。
（2）在高处对顶驱检查、维护保养及修理时的设备、配件、工具坠落风险。
（3）顶驱设备上油污、钻井液固化残留物等坠落风险。
（4）顶驱上紧固件、连接件等发生断裂、松脱等造成部件坠落风险。
（5）大风、雷雨、冰雹等恶劣天气条件下，部件因晃动或撞击受损造成高空坠落风险。
（6）违规操作导致顶驱设备受损部件坠落风险。

2. 高处坠落

高处坠落，是指作业人员在井架高处意外坠落造成人员伤亡。高处坠落究竟会对人体造成何种伤害与撞击发生时人体受到的平均冲力有很大的关系。用以下物理学公式表示：

$$F = mg\frac{h}{\Delta h} \quad (2-3)$$

式中　F——人体受撞击时的平均冲击力，N；
　　　m——人体质量，kg；
　　　g——重力加速度，取 9.8m/s²；

h——人员坠落时所处位置相对基准面的高度，m；

Δh——撞击开始至身体静止时重心的位移，m。

从式(2-3)可以看出，h越大、Δh越小，F就越大，坠落时人体所受的损伤就越严重。在钻井现场，顶驱登高作业，最高需要爬到天车底部，距离钻台面高度超过35m，而且钻台作为坠落基准面其本身及周围都是钢结构，导致Δh很小，人体撞击时的平均冲击力也就更大。

至于具体人体哪些部分比较容易受伤，由于坠落时周围环境千变万化无法具体确定，但是从历年全社会发生的574例高坠死亡案件分析（表2-4），可以归纳出，人体的四肢、头部和胸部是高处坠落时易受伤部位。

表2-4　历年五省市共574例高坠死亡案件

损伤部位	头部	颈部	胸部	腹部及盆腔	四肢
例数	290	32	167	120	298

顶驱常见高处坠落风险类型包括：

（1）顶驱（含本体、导轨、电缆和管线等所有设备及附件）安装、拆卸时的人员高处坠落风险。

（2）在高处对顶驱检查、维护保养、故障处理时的人员坠落风险。

（3）上下井架时的人员坠落风险。

（4）在反扭矩梁、二层台、井架背梁、天车底部作业的人员坠落风险。

（5）人员乘坐吊篮进行高处作业时，人员和工具有高处坠落风险。

（二）电气作业

人体是导电体，存在电阻，人体安全电流最大不应超过10mA，而安全电压则不应超过36V。超过这个范围后，流过人体的电流将会导致人体组织损伤或器官功能丧失，严重的会造成心跳和呼吸骤停。按照触电电流对人体造成的伤害大小，一般可以分为感知电流、摆脱电流、伤害电流和致死电流，见表2-5。

表2-5　不同电流通过人体导致的人体生理反应

电流，mA	人体生理效应
0.4	轻微感觉
1.1	感觉阈值，有针刺感觉
1.8	无害电击，有"麻电"的感觉，未失去肌肉控制感
9.0	有害电击，感到不能忍受，但还没有失去肌肉控制感
16	有害电击，摆脱阈值
23	有害电击，肌肉收缩，呼吸困难
75	心脏纤维性颤动，致颤阈值，10~15s内危及生命
235	心脏纤维性颤动，通常在5s或更短时间内就能致人死亡
4000	心脏停止跳动（没有心脏纤维性颤动）
5000	内部组织严重烧伤

感知电流：当通过人体的电流达到1mA（交流）或者5mA（直流），人体就会有感觉，接触部位有轻微的麻痹、刺痛感。

摆脱电流：当通过人体的电流在16mA（交流）或者50mA（直流）以下，人体可以自由摆脱，不会对人体造成伤害。

伤害电流：当通过人体的电流超过16mA（交流）或者50mA（直流）的时候，就会对人体造成不同程度的伤害，电流越大、触电时间越长，后果就越严重。

致死电流：当通过人体的电流超过100mA的时候，如果触电时间达到1s，就足以使人致命。

根据欧姆定律：$I=U/R$，流经人体的电流的大小与触电电压成正比，与人体电阻成反比。人体电阻的平均值一般为2000Ω左右，而在计算和分析时，通常取下限值1700Ω，通过人体的安全电流取值10mA（交流），两者相乘，$U=IR=0.01\times1700=17V$。

在目前广泛应用的电动顶驱系统中，以供电电源为例，采用600V、50Hz（国外60Hz）交流电供电，电压瞬时最大值$U_{max}=\sqrt{2}\times600=848.5V$。

电压瞬时最大值远超过17V的安全范围，一旦人员触电，后果不堪设想。

在实际钻井现场工作中，触电危害与电流通过人体的路径、电流通过人体的时间、皮肤的干燥程度、个人身体状况等都有关系。特别是在夏季沙漠戈壁地区，作业人员在室外工作大量出汗并带有大量盐分，将会造成人体电阻显著降低，一旦发生触电会更加危险。

顶驱常见触电风险包括：

（1）顶驱电气系统安装使用不规范，漏电或击穿，对人体造成电击和灼伤等伤害。

（2）违章操作，造成顶驱电气部件损坏（损毁）、漏电，对人体造成伤害。

（3）检修顶驱电气系统时，未执行上锁挂牌、能量隔离安全管理规定，误操作引发触电。

（4）触电后处置不当，对人体造成二次伤害，对设备造成损坏。

（5）电气接地电阻不符合要求，漏电电流大，造成人员触电伤害。

（三）高压系统维护

顶驱作业中，高压危害主要是指高压钻井液、液压油刺漏造成高压流体伤人事件、事故。

顶驱作业中高压钻井液刺漏风险主要存在于IBOP试压、冲管试压期间及正常钻进中IBOP、冲管损坏引起的刺漏。钻井作业过程中，钻至深的地层或需要高排量，钻井液的压力高达几十兆帕，一旦发生刺漏就可能伤及周围人员，后果不堪设想。因此，在钻进过程中，人员应远离高压管汇、水龙带、顶驱冲管等钻井液高压通道。

液压油高压危害则是由于高压液压油的刺漏引起。顶驱液压系统压力一般为14MPa，管线或元器件老化破损会造成意外刺漏，在没有停止液压泵或者停泵后蓄能器等储能元件压力未泄压的情况下，拆卸液压管线或元器件也会造成高压流体伤害。高压液压油泄漏以后，如果液压油温度过高，接触人体皮肤，容易造成烫伤，在距离足够近的情况下，高压流体甚至会侵入人体表皮组织。例如，某顶驱服务人员在巡检时发现顶驱液压阀汇手动卸荷阀处有液压油不停滴落，经检查发现阀体有一条很细的液流喷射而出，服务人员用手指检查时不慎碰到，立即感到手指一阵疼痛，这是典型的高压流体伤害。

液压油刺漏会引发液压执行机构动作失灵或其他设备故障，进而导致设备危害发生。以吊环倾斜功能为例，在某些工况下，吊环短时间内要保持在前倾或者后倾的状态不动，如果此时倾斜系统液压油泄漏，吊环动作将会失控，可能造成人员伤害。

（四）吊装作业

在钻井现场作业中，吊装是高危作业，涉及的风险不容忽视。这些风险主要体现在顶驱及其相关设备部件的安装、拆卸和搬运过程中，以及使用起升设备悬挂吊篮进行高处作业时。

从吊装作业本身来看，风险表现在使用不合格的钢丝绳、吊带等吊装工具，可能导致吊装物意外坠落，对作业人员和设备造成伤害。而在吊装过程中，设备之间的碰撞风险也不容忽视，这不仅可能导致设备损坏，也可能引发安全事故。

在吊装顶驱电控房、动力机房、集装箱等大型设备时，其风险与钻井队的其他吊装作业类似，都需要严格遵循吊装作业管理规范。在实际操作中，必须关注吊点的选择。如果吊点选择不当，可能导致设备在吊装过程中出现偏斜，甚至与井架等设备发生碰撞，造成严重后果。

此外，顶驱本体上的许多零部件，如液压管线、接头、电磁阀等，都相对脆弱，容易在吊装过程中受损。同时，由于这些零部件大多是通过螺栓固定，撞击还可能对固定螺栓造成潜在的伤害，这种损伤往往难以立即发现，但可能在后续使用中引发严重的问题。

特别值得关注的是，井架上的顶驱电缆、液压管线等，有些无铠装外套保护，防护能力较弱，一旦发生刮擦，可能导致电缆、液压管线的损坏，对整个系统造成严重影响。

三、风险防控措施

（一）高处落物风险防控

（1）在进行顶驱拆卸、检查、维护保养及故障处理等作业时，工具、零部件的妥善放置至关重要，以防止高处落物事故的发生。所有工具、零部件应先放置在钻台面或地面上。用于高处作业的工具、零部件，必须采取相应的固定、防坠措施。例如，所有工具和零部件应放入工具包、工具箱或工具桶中，而这些容器又需要稳固地放置在吊篮中或其他安全平稳位置；无法放入工具包、工具箱或工具桶的工具、零部件，需要单独进行固定；确保使用的手工具配备可靠的防坠绳。

（2）定期对主要承载部件进行无损检测是预防高处落物事故的关键。这些部件包括但不限于梨形环、提环、提环销、鹅颈管、主轴、旋转头、承载环、上下IBOP、保护接头、吊环、背钳、背钳销、导轨、导轨销轴等。这些部件在长期使用过程中可能会出现疲劳裂纹、腐蚀等问题，因此必须定期进行磁粉、超声探伤等无损检测，以确保其结构完整性和安全性。

（3）在顶驱作业过程中，现场需要有专人负责每天检查顶驱本体上的螺栓、螺母、销轴、别针、开口销、锁线等紧固件、连接件和防松措施，确保连接可靠，无坠落风险。这些紧固件是顶驱结构的关键组成部分，任何松动或损坏都可能导致部件脱落，引发高处落物事故。

(4) 在维修、拆卸液压部件时，必须采取措施防止油品泄漏外溢。在拆卸前，应先释放压力，并确认液压系统、管线及液压部件压力已经完全释放。拆卸时，应使用合适的容器接住泄漏的油品，以防其散落在作业现场，造成环境污染和人员滑倒等事故。拆卸后，应及时用丝堵等材料对开放的接口进行封堵，防止异物造成污染和损坏。

(5) 定期清洁顶驱是预防高处落物事故的重要环节。应定期清理顶驱表面及可能存在钻井液、油品、雨水、昆虫等聚集的部位。重点包括冲管、背钳、提环销槽、主电动机出入风口及风道、导轨、扭矩梁等位置。这些部位的清洁可以有效防止污染物掉落伤人及污染环境。

(6) 顶驱本体及二层台位置电缆接插件的护帽，在安装完成后应拆卸保存，如果确实无法拆卸，则需将公母护帽对接紧固后进行有效固定。这过样可以防止护帽在作业过程中脱落，成为潜在的高空落物风险源。

(7) 临时外接到顶驱上的设备装置，与顶驱需连接固定牢靠，还要根据实际情况采取必要的防坠落措施。这些措施可能包括增设额外的固定装置、加装安全网等。这样可以确保这些外接设备在顶驱作业过程中保持稳定，不会因振动或其他原因而脱落。

(8) 在进行震击作业时，应确保与现场人员的充分沟通，并制订有效的安全措施。震击作业可能会导致顶驱及周边设备产生剧烈振动，因此必须确保人员远离顶驱及导轨的下方。震击后应立即对顶驱相关部件进行检查，及时发现并处理可能存在的问题和隐患。

(9) 在大风、雷雨等恶劣天气下，操作人员应缓慢平稳地操作顶驱，防止顶驱电缆及液压管线等与钻机设备发生挂蹭。恶劣天气条件下，操作人员的动作应更加谨慎，以减少高处落物的风险。同时，应密切关注天气变化，及时采取应对措施，确保作业安全。

（二）人员高处坠落风险防控

为确保作业人员的安全，井架笼梯内必须全程配备完善的防坠落系统和速差器。这些装置必须在起升井架之前安装到位，以确保其在作业过程中发挥最大的保护作用。反扭矩横梁、二层台和天车底部是人员作业的关键区域，这些部位应设有便于人员作业的安全带锚固点或速差器，为作业人员的安全提供保证，使他们能够在井架上安全地进行移动和作业。

顶驱相关的部分作业通常需要通过气动绞车来提升载人吊篮。在作业开始前，必须对载人吊篮和气动绞车进行仔细检查，确保它们处于良好的状态，以防止在提升过程中出现故障。

由于钻机的种类和型号繁多，不同钻机的井架高度和结构差异可能导致在井架上作业的人员难以找到合适的安全带锚固点。特别是需要在井架横梁上移动时，锚固点的位置和数量问题尤为突出。为了解决这一问题，长城钻探工程公司顶驱技术分公司设计了一种专门针对井架作业的水平生命线装置，并获得了辽宁省2021年QC一等奖。该装置结构简单、安装方便，可以根据需要在井架任意高度位置安装。在实际应用中，该装置取得了良好的效果，为井架上的作业人员提供了有效的安全保障。

该水平生命线装置由钢丝绳、闭体花篮螺栓、锚固耳板、卸扣、钢丝绳卡、鸡心环和防松螺母等部件组成，为作业人员提供稳定、可靠的安全带尾绳挂点，使他们能够在井架上安全地进行移动和作业。图2-41所示为水平生命线装置安装后效果图。

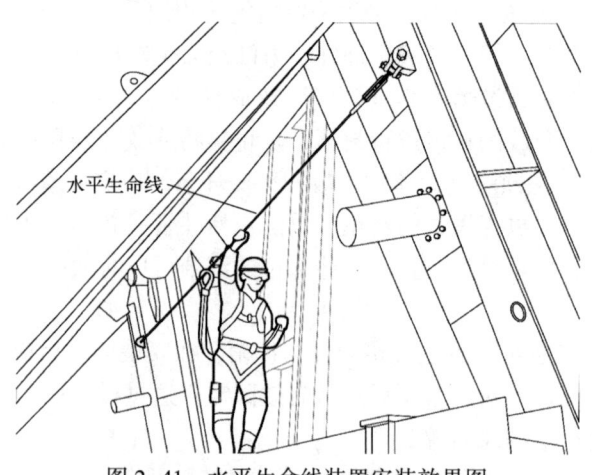

图 2-41　水平生命线装置安装效果图

钢丝绳套：选用直径 12mm、长度 11m 的高强度钢丝绳作为主体，以确保足够的承重能力；一端与闭体花篮螺栓压制在一起，另一端根据现场情况进行适当调节。

闭体花篮螺栓：安装在钢丝绳固定端，通过旋转花篮螺栓调节其张力，确保钢丝绳始终保持必要的拉紧状态，为作业人员提供稳定的支撑。选用 U-U 形或者 O-O 形的花篮螺栓，严禁使用 C-O 形或者 C-C 形，如图 2-42 所示。

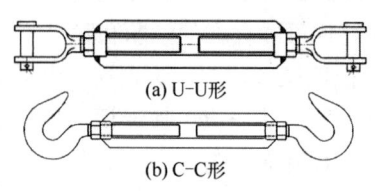

图 2-42　U-U 形花篮螺栓和 C-C 形花篮螺栓

锚固耳板：由钻机厂家根据相关规范和要求在井架两侧合适位置加工制作锚固耳板。

钢丝绳卡、鸡心环、卸扣：根据井架内间距，在钢丝绳未压制一端现场制作绳套，并使用钢丝绳卡、鸡心环和卸扣进行固定。钢丝绳卡、鸡心环、卸扣，如图 2-43 所示。

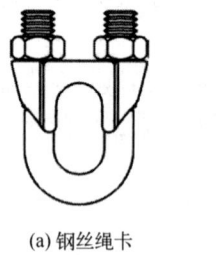 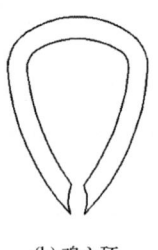 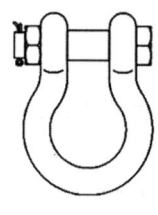

(a) 钢丝绳卡　　　　(b) 鸡心环　　　　(c) 卸扣

图 2-43　钢丝绳卡、鸡心环、卸扣

根据国家标准 GB/T 5976—2006《钢丝绳夹》的规定，钢丝绳卡的安装位置和数量必须严格遵守技术要求，以确保钢丝绳在使用过程中的稳定性和安全性。钢丝绳卡的夹座应该固定在钢丝绳的工作段上，而 U 形螺栓则应安装在钢丝绳的尾段。在安装时，必须使用至少 3 个钢丝绳卡，3 个绳卡应该同方向安装，以确保钢丝绳在受力时不会发生滑动或移位，如图 2-44 所示。此外，钢丝绳卡之间的间距应该等于 6~8 倍的钢丝绳直径，以确保钢丝绳均匀分布受力，避免局部过载。

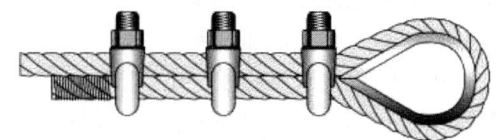

图 2-44 钢丝绳卡安装位置

(三) 吊装作业风险防控

(1) 确认所有参与吊装作业的人员（包括操作员、指挥员等）均持有有效的证件。吊装作业前，需对吊装作业现场进行全面细致检查，评估作业环境是否符合安全要求。重点检查作业空间有无障碍物，吊车支腿地面是否平整坚硬等。

(2) 对吊装设备（如吊车、绞车等）全面检查，确保其功能完好、性能稳定。检查内容应包括设备外观是否有裂纹、腐蚀或磨损现象，各部件是否灵活可靠，安全防护装置是否齐全有效。若发现安全隐患，应立即停止使用，并及时进行维修或更换，确保设备在吊装作业前处于最佳状态。

(3) 根据吊装物体的重量、尺寸和形状，合理选择合适规格的吊索具（如钢丝绳、卸扣等）。确保吊索具的承载能力满足吊装物体的重量要求，并具有足够的安全余量。对吊索具进行仔细检查，确保其无磨损、变形、断丝等缺陷，且连接部位牢固可靠。

(4) 明确顶驱及其附件的吊装点位置，并在吊装点处喷涂标识，以便于操作人员快速识别吊装点。挂上吊索后，仔细检查吊索在吊装点处的固定情况，确保无松动或移位现象。对吊装点进行再次检查，确保其牢固可靠。吊装时应使用牵引绳。

(5) 在正式吊装前，进行试吊操作，使吊装物体离开地面 15~30cm 并保持至少 60s，以检查吊装系统的稳定性和可靠性。

(6) 在吊装过程中，指定专人负责现场安全监控与指挥。指挥人员应与操作人员保持密切沟通，正确传递指令和信息，及时发现安全隐患并纠正违规行为。

(7) 操作人员在进行吊装作业时，应严格遵守安全操作规程，确保吊装过程的安全稳定。任何人不得在吊装物、起重臂下方停留，吊装物上不得载人。未经允许不得进入吊装作业范围内。

(8) 在吊装物安全到达指定位置后，按照规定的程序和方法进行卸载操作，确保吊装物稳定放置在指定位置，并采取必要的固定措施，防止其发生移位或滑落。

(四) 触电风险防控

1. 风险防控措施

对于现场顶驱操作和维护人员，采取有效的触电风险防控措施是至关重要的。除严格遵守安全操作规程，使用合适的防护装备以外，还需采取相应措施确保电气系统和设备处于良好且安全的状态，这样才可以避免触电风险。触电风险防控措施如下：

(1) 任何情况下都不得在带电状态下更换（移动）顶驱电气系统的任何部件，包括但不限于电缆、开关、控制箱等。

(2) 在顶驱带电及运行期间，不得进行冲洗清洁作业。冲洗清洁过程可能降低电气部件绝缘性能，增加触电风险。

（3）采取有效措施防止游动电缆挂蹭，从而避免因电缆断裂导致的电气短路和触电风险。措施包括使用耐用的电缆护套、设置合理的电缆走向、增设电缆悬挂装置等。

（4）在安装顶驱电缆、电动机等电气部件前，必须进行全面的绝缘检测，确保绝缘性能符合安全标准。对于绝缘值低于安全阈值的部件，应予以更换，严禁带病投入使用。

（5）顶驱电控房、司钻操作台以及电缆等电气部件的安装位置和方式必须严格遵循各顶驱厂家提供的技术规范，确保所有部件正确安装，避免因安装不当导致潜在的安全隐患。

（6）地面电缆敷设必须放入专用电缆槽内，并结合实际作业环境采取覆盖、垫高等多种防护措施，确保电缆不受潮湿、污染和物理损伤的影响。同时，应尽量避免顶驱电缆与井队主动力电缆交叉敷设，减少相互干扰和安全风险。

（7）确保接地装置可靠，接地电阻不大于 4Ω，发生接地故障应迅速排除。

（8）所有电气连接部位，包括固定螺栓和电缆插头，必须安装牢固，确保在运行过程中不会出现松动或脱落现象。对于室外电缆插接头，应采取有效的防水措施，防止雨水侵入导致短路或漏电。

（9）指定专人（如顶驱工程师、顶驱厂家服务工程师或井队电气师）负责对顶驱电气系统进行日常检查和维护工作，确保系统的正常运行和安全性。

（10）在顶驱电控房的醒目位置设置"高压危险"和"闲人免进"的警示牌，提醒过往人员注意安全，避免非授权人员误入造成不必要的风险。

（11）在顶驱电控房地面铺设绝缘垫，减少直接接触地面可能带来的导电风险。

（12）除了顶驱专业人员外，其他人员进入顶驱电控房需得到顶驱专业人员的许可，并在专业人员的陪同下进行，以确保所有人员都能遵守安全操作规程。

（13）在闭合和断开电控房内的主闸刀时，应采用单手操作，并确保脸部不正对闸刀。对于带有互锁和短路跳闸等保护功能的闸刀，必须确保这些功能正常工作。

（14）定期对顶驱电气系统的接地和屏蔽装置进行检查，确保其正常工作，有效防止漏电和电磁干扰。

（15）定期对顶驱电气系统的绝缘性能进行检测，一旦发现绝缘值低于标称值或出现绝缘低报警，应立即进行排查检修。

（16）电气系统维修前必须拉闸断电，并进行验电、上锁挂牌和能量隔离后方可进行。若必须带电进行检查，必须穿戴绝缘鞋、绝缘手套、防护眼镜等必要的劳动保护用品。

2. 触电应急处理措施

一旦发现人员触电，应立即采取以下紧急处理措施：

（1）断：在确认自身安全的情况下，迅速断开触电源，切断电流流动路径。

（2）离：触电者脱离电源后，迅速将其移至安全区域，避免其再次接触到任何可能带电的物体或表面。

（3）救：在确保安全的情况下，立即对触电者进行心肺复苏等急救措施。如有必要，应使用自动体外除颤器（AED）。同时，及时拨打急救电话，请求专业医疗人员的援助。

（4）警：在事故现场设置明显的警示标志，以警告他人远离潜在危险区域，避免发生次生灾害。

（5）报：及时向上级管理部门报告事故情况，启动应急预案，组织应急救援队伍和相关部门进行现场救援和后续处置。

（五）高压流体风险防控

在进行钻进作业时，作业人员应远离钻井泵高压侧、高压管汇、水龙带以及顶驱冲管等区域。在进行设备检修工作前，必须首先停止钻井泵，并确认系统已彻底泄压，执行上锁挂牌和能量隔离措施，才能进行后续的检修工作。

在进行冲管或 IBOP 试压工作时，务必确认所有人员远离井口区域，以避免试压过程中可能发生的危险。试压结束时，应首先通过立管的回水阀泄压，随后再打开 IBOP 释放剩余钻井液，严禁采用直接打开 IBOP 的方式来释放压力，以免造成意外伤害。

在进行液压系统检修工作之前，必须严格执行断电、泄压、验压步骤，以确保系统压力已被完全释放。首先，断开液压系统电源并上锁挂牌，对于有不间断电源（UPS）的电气回路还要断开其输出供电；其次，按照各品牌顶驱厂家提供的操作步骤进行系统泄压，以释放系统内部的压力；再次，通过观察相应的压力表或使用测压表进行测量，确认所有蓄能器已泄压完毕。在未确认系统压力已完全释放之前，严禁进行下一步操作，以确保人员安全。

在巡检设备期间，如果发现油液渗漏，严禁直接用手去检查漏点。同时，应定期对管线和元器件进行检查，对于老化或腐蚀的管线，应及时更换，绝不允许在带压状态下对液压管线和元器件进行拆卸更换。

第三章　顶驱维护保养

第一节　顶驱日常检查

一、日常检查项

在顶驱作业期间，每天对顶驱设备进行细致的日常检查是确保设备稳定运行的关键环节。尽管在顶驱运转时，由于工况的复杂性和连续性，无法对所有部件进行全面而深入的检查，但通过制订合理的检查计划和路线，可以实现对设备关键部位的有效监控。具体来说，日常检查应包括但不限于以下几个方面：

（1）数据监测：定期记录和分析顶驱运行的各种关键数据，通过数据变化趋势判断设备运行状态是否正常。

（2）视觉检查：对设备的外观进行仔细检查，包括检查是否有裂纹、磨损、腐蚀、松动、泄漏等现象，确保设备的机械结构完好无损。

（3）听觉评估：通过听声辨故障的方法，注意设备运行中是否有异常声响，异常声音是设备故障的早期信号。

（4）操作反馈：与顶驱操作人员进行交流，了解他们在操作过程中遇到的异常情况以及设备的使用情况，有助于发现可能被忽视的问题。

通过上述方法，可以提高对顶驱设备潜在问题的识别能力，实现"早发现，早处理"，从而有效避免因设备故障导致的停机风险，确保顶驱作业的连续性和可靠性。同时，这也有助于延长设备的使用寿命，降低维护成本。

（一）巡检路线

顶驱系统推荐的巡回检查路线，如图3-1所示。

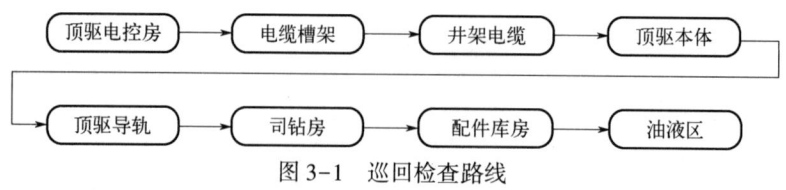

图3-1　巡回检查路线

（二）设备检查点

顶驱系统巡回检查点，见表3-1。

第三章　顶驱维护保养

表 3-1　巡回检查点

名称	检查项数	序号	检查内容
油料区、机房	1	1	油桶；发电机房情况
顶驱	13	2	顶驱运转平稳、无杂音
		3	主轴减速箱内各润滑点良好、温度正常
		4	各润滑点保养及时、到位
		5	润滑油、液压油油质好、清洁，油量够
		6	液压系统压力正常
		7	液压系统各种动作正确灵敏
		8	液压系统无渗漏
		9	上 IBOP 开关到位、不渗漏，曲柄总成、执行液缸、浮动套润滑良好、动作灵敏到位、无卡滞
		10	下 IBOP 开关灵活、不渗漏
		11	保护接头螺纹完好
		12	冲管不刺不漏、润滑良好
		13	背钳钳牙完好紧固
		14	各种螺栓、螺母防松钢丝齐全紧固
司钻房	2	15	司钻操作台开关良好
		16	司钻操作台通信线接头连接紧固
配件库房	3	17	配件摆放整齐
		18	配件清洁无灰尘
		19	配件数量准确，无丢失
电控房	5	20	电控房清洁
		21	电缆进出线接头紧固
		22	接地良好，并浇水
		23	房内空调运转正常
		24	各指示灯无损坏
井架电缆	3	25	电缆接头无损坏
		26	电缆接头连接紧固
		27	电缆无挂蹭
导轨	3	28	导轨平直
		29	支撑固定牢靠
		30	导轨连接销无脱出

二、电气系统检查

电气系统是顶驱系统的核心,它负责驱动和控制顶驱本体,确保顶驱的稳定运行。为了保障电气系统的正常运作,必须维持适宜的运行环境,并关注电气元件的防潮、防尘、防松和老化状况。应充分利用日常巡检和搬迁安装期间,对顶驱电气系统进行全面仔细检查。

(一) 电控房

电控房检查要点如下:

(1) 确保电控房的摆放位置平整,周围无积水,以防止因积水导致的电气设备损坏或短路。

(2) 检查电控房外表面是否完好,油漆是否完整、有无脱落,以防止油漆脱落导致表面腐蚀。

(3) 检查电控房外部接线箱上所有电缆接头是否紧固,并具备有效的防水保护措施,以防雨水侵入造成短路或漏电。

(4) 检查电控房接地情况是否可靠,以确保在发生电气故障时能够迅速引导电流流入大地,避免设备受损或人员受伤。

(5) 确保电控房空调室外机远离热源且无遮挡,以保证空调的正常工作,维持室内适宜的温湿度,防止因过热或过冷影响电气设备的正常运行。

(6) 检查电控房内顶部及四周是否密封良好,有无开裂现象,避免雨水、灰尘和杂物进入,防止电气设备损坏、漏电或短路。

(7) 保持电控房内干净整洁,定期清理,避免灰尘、杂物进入,影响电气设备散热和工作效率。

(8) 检查电控房内所有电控柜内、接线排以及电缆接头处是否有异物附着,及时清除以防止上电时引起短路。

(9) 确认电控房内各电气元件固定牢固,连接可靠,避免因松动或断裂导致的故障。

(10) 检查电控房内所有开关、指示灯和仪表是否正常工作,确保电气系统运行指示清晰,便于操作和监控。

(11) 确保电控房内空调工作正常,温湿度适宜,为电气设备提供稳定的工作环境,延长其使用寿命。

(二) 电缆

电缆检查要点如下:

(1) 仔细检查电缆外皮是否完好,如有破损、老化情况应立即处理,以保证电缆的绝缘性能和传输效率。

(2) 确保电缆放入电缆槽内,减少与地面接触,避免因踩踏、浸水等情况导致的电缆损坏、漏电。

(3) 对于电缆外皮裸露段与周围有锋利棱角物体接触的地方,应使用胶皮隔离,防止因接触锋利棱角损坏电缆外皮而产生短路或漏电现象。

（4）测量电缆通断情况，确保电缆线芯未发生断裂，以保障电力输送的持续性和稳定性。

（5）测量电缆绝缘电阻值，确保电缆绝缘性能良好，避免因绝缘性能下降导致的漏电或短路。

（6）检查所有电缆插头，确保其清洁、干燥，内部插针表面光滑，无损伤、脏污或氧化迹象，以保证良好的电气连接和传输性能。

（7）检查电缆、接头温度，确保无异常发热现象，如发现过热应立即排查原因并采取措施解决。

（8）检查接头防水措施是否正常，确保在潮湿环境下电缆连接密封的可靠性，防止因水侵入导致的短路或漏电。

（三）主电动机

主动电机检查要点如下：

（1）检查主电动机上的所有螺钉是否牢固拧紧，并确认防松锁线完好，以确保主电动机稳固运行。

（2）确保主电动机进风口和出风口畅通无堵塞，避免因气流受阻导致的主电动机过热。

（3）检查主电动机运行电流、声音是否正常，以评估电动机的工作状态。

（4）检查主电动机冷却风机运行电流、声音和风量是否正常，确保主电动机散热效果良好，稳定运行。

（5）定期对主电动机轴承进行保养，确保轴承得到充分润滑，保持良好的工作状态，延长使用寿命。

（6）测量主电动机定子绕组与机壳间绝缘电阻值，确保其在正常范围内（大于 $4M\Omega$），避免因绝缘性能下降导致的漏电或短路。

（7）检查主电动机运行过程中是否有转子轴下沉或轴向窜动量过大的现象，避免因此而导致电动机损坏或性能下降。

三、液压系统与润滑系统检查

（一）液压系统

液压系统不仅驱动各个液压动作执行机构，还为顶驱齿轮油润滑系统和油液散热系统提供动力，其稳定运行对顶驱工作至关重要。该系统不仅负责提供执行机构的动力，还涉及多项关键功能，包括顶驱重量平衡、背钳夹紧、吊环倾斜与浮动、旋转头旋转等。液压系统的主要组成部分包括三相异步电动机、轴向柱塞变量泵、多功能阀件、复杂的管线布局以及执行元件（如液压油缸）。

在日常巡检中，必须密切监测液压源的液位、压力、温度以及打压加载时间和卸荷时间等关键参数，并根据规定的保养周期更换液压油和滤芯，以确保系统的稳定运行。液压系统检查项包括但不限于以下关键部分。

1. 液压源

液压源检查要点如下：

（1）根据工作环境的温度条件选择合适黏度等级的液压油，以适应不同环境温度下的工作需求。

（2）确保液压油液位处于推荐范围内，过高可能导致泄漏，过低则可能影响泵的供油能力，液压泵空转时间长会导致损坏。

（3）监测液压源压力，保持其稳定在设计范围之内，压力波动可能导致液压功能紊乱。

（4）定期检查液压油品质量，确保无污染和杂质，及时更换老化的液压油。

（5）记录液压泵的打压加载时间和卸荷时间，出现异常则表明系统存在故障。

（6）确保液压系统的散热系统工作正常，维持液压油温度在适宜范围，过热会加速油品老化和系统损耗。

（7）检查液压泵电动机和液压泵的工作状态，包括是否存在异常振动、发热或异常噪声，及时排除故障隐患。

2. 管线

管线检查要点如下：

（1）定期检查所有液压油管线，确保无破损或油液渗漏，管线布局应合理，避免与其他设备或管线发生干涉。

（2）对管线接头进行紧固检查，防止因松动导致油液泄漏，同时留意是否有破皮、皲裂等老化迹象，并及时更换。

3. 蓄能器

（1）蓄能器作为系统中的储能装置，应定期检查其外壳和连接件是否完好无损，确保无泄漏现象。

（2）测量蓄能器的工作压力，并使用专业工具及时调整氮气压力，确保其在合理范围内工作，以维持系统压力的稳定。

⚠ 蓄能器中只能用氮气等惰性气体充装。

4. 散热器

散热器检查要点如下：

散热器是液压系统中的重要组件，它的主要作用是维持液压油在适宜的工作温度范围内，通常这个温度范围为 35~50℃，最高不得超过 65℃，而最低温度则不应低于 15℃，保持液压系统运行高效和稳定，有助于延长液压元器件使用寿命。

散热器检查要点如下：

（1）对于采用风冷方式的顶驱，定期清理散热器是确保其正常工作的重要步骤。灰尘和其他杂质可能会堵塞散热器的翅片，影响散热效果，因此必须定期清洁散热器。

（2）检查散热器翅片是否存在弯折堆叠、锈蚀破损、油污堆积等现象。这些情况会导致散热效率下降，甚至造成液压系统工作异常。

（3）确保散热器管线接头密封良好，无油液渗漏，否则会造成环境污染和液压油减少，进一步导致液压系统故障或损坏。

5. 滤芯

滤芯检查要点如下：

（1）油液滤芯是过滤油品中杂质的重要屏障，因此，日常巡检中必须密切监控油品的质量。除了定期更换滤芯外，每次更换油品时也应更换滤芯，以确保油液的清洁度。

（2）大多数滤芯总成都配备指示器，通过观察指示器的状态可以直观地判断滤芯是否已经脏堵。一旦发现指示器显示滤芯需要更换，应立即更换新的滤芯，以避免因滤芯堵塞而导致液压系统故障。

6. 联轴器

联轴器检查要点如下：

（1）在电动机运行状态下，应定期检查电动机联轴器的完整性和同心度。联轴器的正常运行对于传递扭矩和保持机械平衡至关重要。

（2）观察联轴器是否有振动或异响。任何异常的声音或振动都可能是联轴器损坏或磨损的迹象，应及时进行检查并更换联轴器。如果发现联轴器存在异常，如裂纹、断裂或过度磨损等情况，应立即停止使用并更换，以确保电动机和整个传动系统的安全运行。

（二）润滑系统

减速箱（齿轮箱）是动力传输装置，内部齿轮需要润滑油润滑以减少啮合传递扭矩造成的磨损，并降低各级齿轮的温度。润滑油泵将润滑油输送到各个润滑点，确保齿轮和轴承得到充分的润滑。为了监测润滑油的流动状态，润滑油油路中通常会安装压力开关或流量开关。如果监测到压力或流量异常，系统会自动限制主轴转速，以防止齿轮因润滑不足而受损。在日常巡检和维护中，应及时清理减速箱上端盖的泥水脏污，避免其进入齿轮箱内部，污染润滑油。同时，应密切关注齿轮箱内润滑油的液位，确保其处于适当的范围内，以保证齿轮和轴承得到充分的润滑。此外，还应定期更换润滑油和润滑油滤芯，以保持润滑油的清洁度和油路的畅通。

润滑系统检查要点如下：

（1）在检查润滑油时，应根据顶驱工作区域的环境温度选择合适等级的润滑油。使用高于或低于环境要求黏度的油品都会导致润滑不充分，进而损坏齿轮和轴承。

（2）检查润滑油的液位，确保油量在合适的范围内，油量过低会导致润滑冷却不足，加速齿轮和轴承的磨损。

（3）定期检查减速箱内润滑油的质量，确保其清洁无污染。

（4）实时清理减速箱盖、冲管支架和主轴上端附着的油泥脏污，以防止泥水堆积进入减速箱内部，对润滑油造成污染。

（5）检查润滑油泵、润滑油管线接头以及润滑油滤芯的状态，确保润滑系统正常运行，无泄漏现象。

（6）检查润滑油的温度，油温过高将加速齿轮箱轴承的磨损，缩短顶驱的使用寿命。

第二节 顶驱常规保养

一、保养周期

为了确保顶驱设备的顺畅运行并有效延长其使用寿命,定期进行专业的润滑保养是至关重要的。通过科学的保养周期规划和细致的检查项目实施,可以显著降低设备的磨损程度,并预防潜在故障的发生。本节以北石 DQ70BSD 顶驱为例进行说明。

北石 DQ70BSD 顶驱由动力水龙头、管子处理装置、电气传动与控制系统、液压传动与控制系统、司钻操作台、单导轨与滑车以及运移架等多个部分组成。各部位具体润滑点和保养周期见表 3-2。

表 3-2 北石 DQ70BSD 顶驱润滑点及保养周期

描述	润滑点数	保养周期	润滑介质
冲管密封填料总成	1	每天	润滑脂
上部内防喷器控制装置滚轮	2	每天	润滑脂
背钳扶正环	2	每天	润滑脂
背钳导向口	2	每天	润滑脂
背钳销	2	每天	润滑脂
吊环眼	4	每天	润滑脂
旋转头齿轮	—	每周	润滑脂
提环销	2	每周	润滑脂
滑车	18	每周	润滑脂
平衡系统油缸销	4	每周	润滑脂
倾斜机构油缸销	4	每周	润滑脂
上轴承盖	1	每周	润滑脂
液压泵电动机	4	每月	润滑脂
联轴器(独立润滑)	1	每月	润滑脂
主电动机	4	每 3 个月	润滑脂(专用)
悬挂体	2	每 6 个月	润滑脂

ⓘ 如无特殊指定,在标注的地方注润滑脂 2 冲。

ⓘ 吊环眼、旋转头齿轮处需要用刷子抹润滑脂。

ⓘ 悬挂体加注润滑脂,直到有润滑脂溢出。

⚠ 液压泵电动机和联轴器保养可以在累计钻井 250h 后进行,顶驱如果长期不用,再次使用前需加注润滑脂。

⚠ 主电动机累计钻井 750h 后进行保养。

（一）滑车滚轮保养

滑车滚轮润滑部位如图 3-2 所示。
(1) 滑车底板上侧 2 处。
(2) 滑车底板下侧 2 处。
(3) 滑车两侧板侧面各 7 处（共 14 处）。
润滑方法：用黄油枪向油嘴加注润滑脂。

（二）背钳保养

背钳润滑部位如图 3-3 所示。
(1) 扶正环 2 处。
(2) 导向口 2 处。
(3) 背钳销 2 处。
润滑方法：用黄油枪向油嘴加注润滑脂。

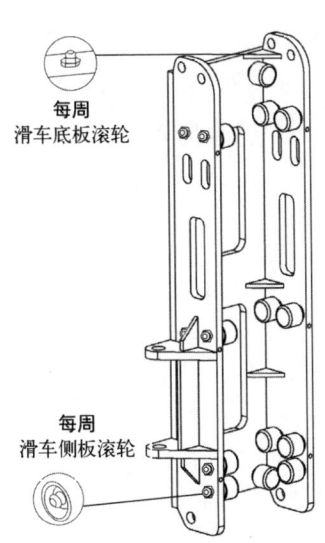

图 3-2 北石 DQ70BSD 顶驱滑车滚轮保养部位

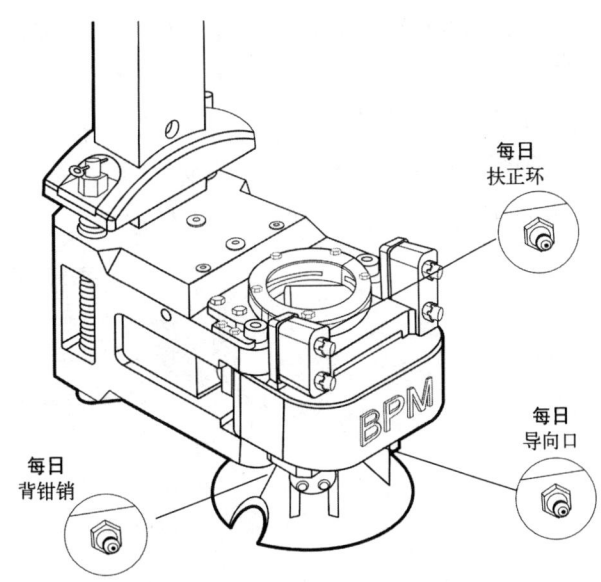

图 3-3 北石 DQ70BSD 顶驱背钳保养部位

（三）上轴承盖保养

上轴承盖润滑部位（图 3-4）：上轴承盖侧面 1 处。
润滑方法：用黄油枪向油嘴加注润滑脂。加注润滑脂不能过量，一般 2~3 冲即可，过多的润滑脂会进入齿轮箱内污染润滑油。

（四）提环销保养

提环销润滑部位（图 3-5）：减速箱两侧各 1 处。
润滑方法：用黄油枪向油嘴加注润滑脂。

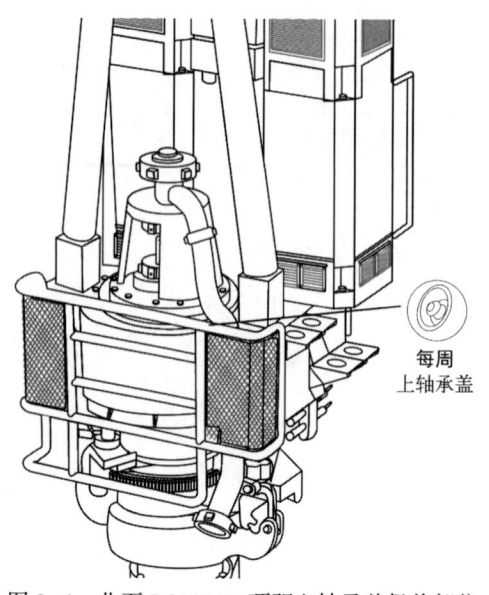

图 3-4　北石 DQ70BSD 顶驱上轴承盖保养部位

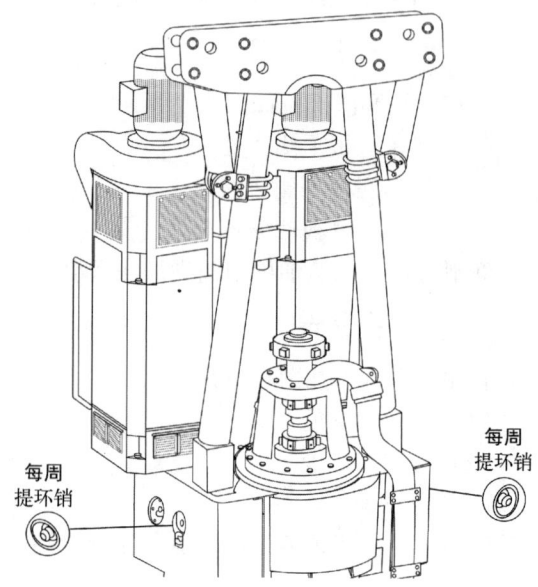

图 3-5　北石 DQ70BSD 顶驱提环销保养部位

（五）联轴器保养

联轴器润滑部位（图 3-6）：电动机润滑油泵轴组成的电动机支架侧面，共 1 处。

润滑方法：用黄油枪向油嘴加注润滑脂。

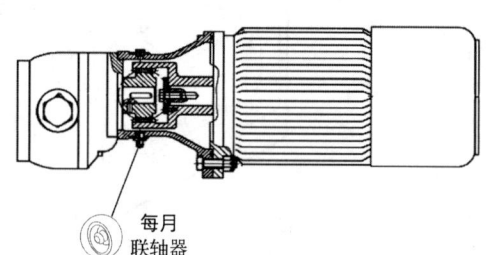

图 3-6　北石 DQ70BSD 顶驱联轴器保养部位

（六）平衡系统油缸销保养

平衡系统油缸润滑部位如图 3-7 所示。

（1）平衡系统油缸销前侧。

（2）每根油缸有 2 处，共 4 处。

润滑方法：用黄油枪向油嘴加注润滑脂。

（七）倾斜机构油缸销轴保养

倾斜机构油缸销轴润滑部位（图 3-8）：倾斜机构油缸销外侧，每根油缸有 2 处，共 4 处。

润滑方法：用黄油枪向油嘴加注润滑脂。

第三章　顶驱维护保养

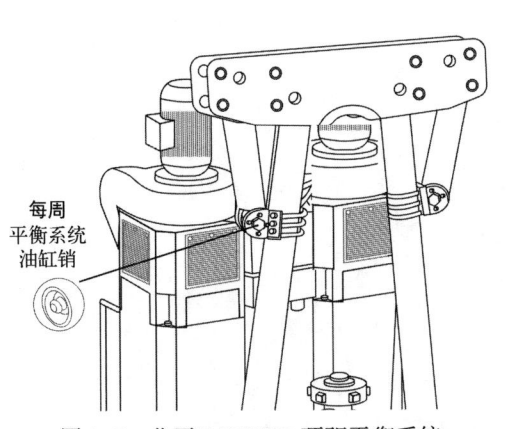

图 3-7　北石 DQ70BSD 顶驱平衡系统
油缸销保养部位

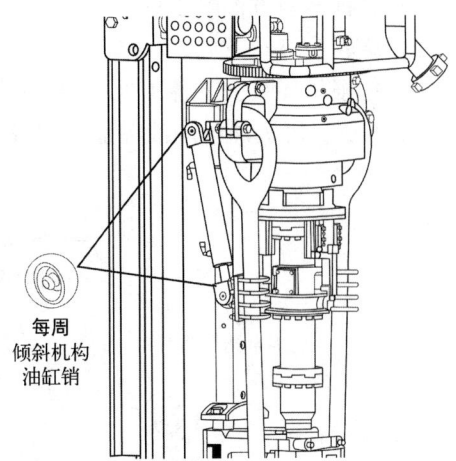

图 3-8　北石 DQ70BSD 顶驱倾斜机构
油缸销轴保养部位

（八）内防喷器控制装置保养

内防喷器控制装置润滑部位（图 3-9）：滚轮侧面，每个滚轮有 1 处，共 2 处。
润滑方法：用黄油枪向油嘴加注润滑脂。

（九）冲管密封填料总成保养

冲管密封填料总成润滑部位（图 3-10）：下密封盒侧面 1 处。
润滑方法：用黄油枪向油嘴加注润滑脂，使密封填料的空隙内注满润滑脂。

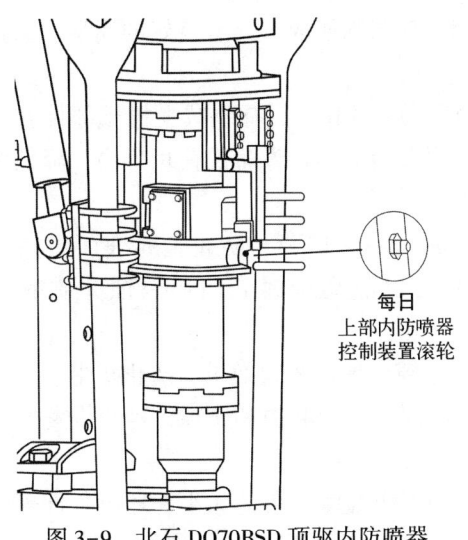

图 3-9　北石 DQ70BSD 顶驱内防喷器
控制装置保养部位

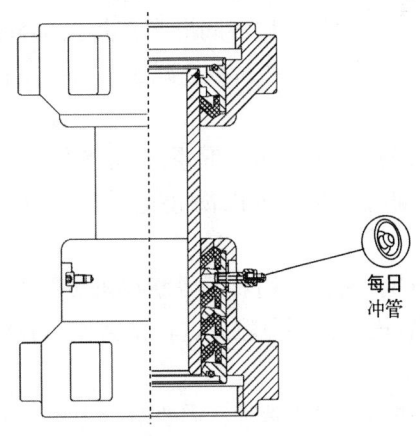

图 3-10　北石 DQ70BSD 顶驱冲管
密封填料总成保养部位

（十）旋转头保养

旋转头润滑部位如图 3-11 所示。

(1) 悬挂体前方油嘴2处。
(2) 旋转头齿轮1处。
(3) 每根吊环眼上下各1处, 共4处。
润滑方法: 用黄油枪向油嘴加注润滑脂。

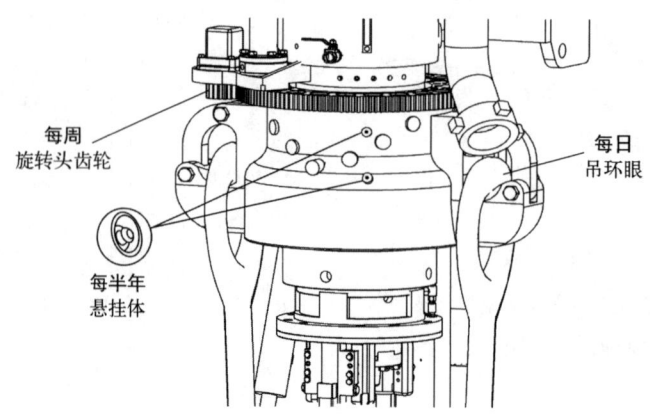

图 3-11　北石 DQ70BSD 顶驱旋转头保养部位

二、维护保养项目

(一) 润滑脂

润滑脂作为一种重要的润滑材料, 在机械设备中发挥着不可替代的作用。其主要由矿物油或合成润滑油作为基础油, 再添加适量的稠化剂调制而成, 具有良好的润滑、保护和密封性能。润滑脂的主要作用如下:

(1) 润滑作用: 润滑脂在机械部件之间形成一层润滑膜, 有效减少机械部件直接接触, 从而降低摩擦系数, 减少磨损。这种润滑作用有助于延长设备的使用寿命, 降低维修成本。

(2) 保护作用: 润滑脂能够在金属表面形成一层保护膜, 防止金属表面生锈或腐蚀。同时, 它也可以防止电化学腐蚀, 因为它可以隔离金属表面与腐蚀介质的直接接触。

(3) 密封作用: 润滑脂在机械部件之间填充空隙, 形成密封效果, 防止灰尘、水分等污染物进入内部空隙。这种密封作用有助于防止内部部件的磨损和腐蚀, 延长设备的使用寿命。

在选择润滑脂时, 需要综合考虑多种因素, 如工作温度、负荷大小、环境条件等。根据这些要求, 可以选择不同类型的润滑脂, 如锂基脂、复合皂基脂、聚脲脂等。这些润滑脂各有特点, 适用于不同的工作条件和环境。北石 DQ70BSD 顶驱日常保养推荐的润滑脂见表 3-3。在实际应用中, 应严格按照设备制造商的推荐和润滑脂的使用说明进行使用和维护。定期检查和更换润滑脂, 确保其始终处于良好状态, 以发挥最佳的润滑效果。

第三章 顶驱维护保养

表3-3 北石DQ70BSD顶驱日常保养润滑脂推荐表

名称	极压锂基润滑脂				合成锂基润滑脂				精密仪表脂
型号	0	1	2	3	ZL-1H	ZL-2H	ZL-3H	ZL-4H	ZT-53-7
备注	GB/T 7323—2019								严冬使用

在给主电动机轴承加注润滑脂时,应严格按照规定的程序和要求进行,以确保主电动机的正常运转和延长轴承使用寿命。根据主电动机的工作条件和要求,选择符合标准的专用润滑脂。北石DQ70BSD顶驱主电动机推荐使用SKF LGHP-2/5或具有相同性能的专用润滑脂,以确保润滑效果和设备的可靠性。

使用专用的黄油枪将润滑脂注入主电动机内部,如图3-12所示。注意不要过量,通常3~5冲即可,过度加注润滑脂可能会导致润滑脂进入主电动机内部,污染内部润滑油,堵塞喷油孔,甚至可能导致机械部件的损坏。

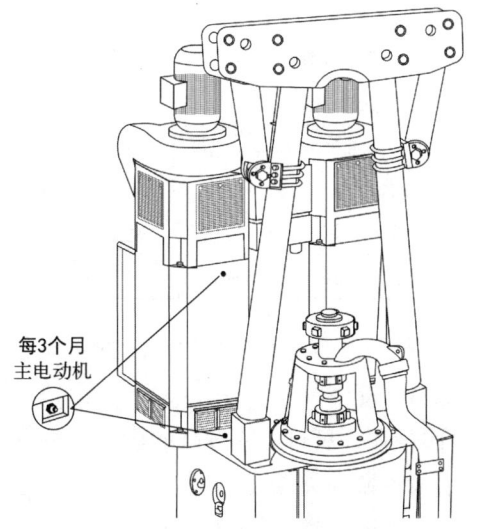

图3-12 北石DQ70BSD顶驱主电动机保养部位

(二)油品更换

1. 齿轮油推荐及更换周期

在选择和使用齿轮油时,必须考虑到顶驱减速箱的工作条件和环境温度变化。根据AGMA标准的EP规格,齿轮油应具备足够的极压性能和黏度,以保持齿轮啮合面的有效油膜,并抵抗重载和振动载荷的影响。

北石顶驱建议每6个月更换一次齿轮油,但在恶劣环境下应根据实际情况调整更换周期。在选择齿轮油时,应根据工作温度来确定合适的黏度等级,避免使用过高黏度的油品。

如果使用黏度过高的齿轮油,可能会导致齿轮油流量减少,增加齿轮和轴承的磨损,甚至可能损坏减速箱。同时,过高的黏度也可能导致油泵超负荷工作,增加能耗和磨损。因此,在选择齿轮油时,应根据减速箱的工作温度和环境条件来合理选择,确保齿轮油的性能能够满足设备的工作要求。

北石厂家推荐的齿轮油品牌和型号,见表3-4。

表3-4 北石DQ70BSD顶驱齿轮油推荐表

生产商	环境温度范围,℃		
	冬季	7~30	夏季
AGMA(美国齿轮商制造协会)黏度	2EP	4EP	6EP
ISO(国际标准化组织)黏度级别	68	150	320
凯斯特罗(Castrol)	Alpha LS-68	Alpha LS-150	Alpha LS-320

续表

生产商	环境温度范围，℃		
	冬季	7~30	夏季
雪佛龙（Chevron）	NL Gear 68	NL Gear 150	NL Gear 320
埃克森（Exxon）	Spartan EP68	Spartan EP150	Spartan EP320
海湾石油公司（Gulf）	EP Lube HD68	EP Lube HD150	EP Lube HD320
美孚石油公司	Mobil Gear 629	Mobil Gear 629	Mobil Gear 632
壳牌（Shell）	Omala68	Omala150	Omala320
挪威石油公司（Statoil）	Loadway EP68	Loadway EP150	Loadway EP320
德士古（Texaco）	Meropa 68	Meropa 150	Meropa 320
道达尔集团（Total）	Carter EP68	Carter EP150	Carter EP320
联合碳化物公司（Union）	Extra Duty NL2EP	Extra Duty NL2EP	Extra Duty NL2EP

⚠ 严格按照厂家推荐的油品选用齿轮油，使用不符合推荐标准的油品可能导致齿轮油的润滑性能下降。

⚠ 使用黏度过低或过高的齿轮油都可能导致减速箱的工作效率降低，甚至损坏齿轮、轴承、齿轮泵等关键部件。

⚠ 加注齿轮油时，务必使用过滤装置；定期清理润滑油系统，保持其清洁。

⚠ 如更换不同型号的齿轮油，请务必先将原有油清理干净，然后再注入新油，勿混用不同品牌或型号的齿轮油。

2. 液压油推荐及更换周期

在启动顶驱液压系统之前，确保油箱已注入液压油。为满足顶驱液压传动的需求，应根据具体的工作环境温度选择合适的液压油。北石厂家针对不同工况推荐了相应的液压油品牌及型号，详见表3-5。

随着使用时间增加，液压油的物理和化学特性会发生变化，容易受到污染和乳化，这会对液压系统造成不同程度的污染。而污染和乳化的液压油是导致精密液压元件损坏的主要原因。因此，必须定期检查和更换液压油及滤芯，以确保液压系统的正常运行。

对于北石DQ70BSD顶驱液压系统，更换液压油建议遵循以下原则：

（1）在新系统首次投入使用时，应在运行2000h后彻底更换液压油，并清洁油箱。

（2）在正常使用期间，建议每6个月更换一次液压油。

（3）根据液压油的分析检测结果，判断是否需要提前更换液压油。

⚠ 在更换液压油之前，应确保顶驱系统已完全断电，并且液压系统的压力已经完全释放，以保证更换工作的安全进行。

表3-5 北石DQ70BSD顶驱液压油推荐表

制造商	适用温度范围，℃	
	−15~75	−10~85
Castrol	Hyspin AWS-32	Hyspin AWS-46

续表

制造商	适用温度范围,℃	
	−15~75	−10~85
Chevron	AW Hyd oil 32	AW Hyd oil 46
Exxon	Nuto H32	Nuto H46
Shell	Tellus 32	Tellus 46
中国	46低凝抗磨液压油 L-HS	46低凝抗磨液压油 L-HM
ISO 黏度级别	32	46

（三）检查维护

预防性维护策略对于确保顶驱正常运转，保障钻井作业的连续性和安全性至关重要，必须定期对顶驱进行全面细致检查。通过对顶驱系统的全面检查，不仅可以提前发现设备可能存在的隐患，还能及时采取措施予以处理，从而有效地提高设备的工作效率，降低故障率。以北石 DQ70BSD 顶驱为例，检查维护项目详情见表 3-6。

表 3-6 北石 DQ70BSD 顶驱检查维护项目

序号	项目	检查内容	检查频率	采取的措施
1	顶驱电动机总成	螺栓、安全锁线、开口销等	每天	按需要修理或更换
2	电动机润滑油泵总成	螺栓、螺母、安全线、开口销等	每天	按需要修理或更换
3	管子处理装置	钳牙磨损情况，螺栓、安全锁线、开口销等	每天	按需要修理或更换
4	上部内防喷器	开关动作确认	每天	按需要修理或更换
5	冲管密封填料总成	磨损及泄漏情况	每天	按需要修理或更换
6	导轨、天车耳板	锁销、别针、螺母等	每天	按需要更换
7	滑车	滑车圆螺母、止动垫圈等	每天	按需要更换
8	液压系统和液压油	液位、压力、温度、清洁度等	每天	按需要更换
9	液压管线	液压系统管路泄漏情况；液压管线的表面状况	每天	按需要修理或更换
10	液位液温计	液位、温度、清洁等	每天	按需要更换
11	板式滤油器报警指示器	弹出情况	每天	若弹出则更换
12	呼吸器	松动、损坏情况	每天	按需要更换
13	电缆	损坏、磨损和断电情况	每天	按需要修理或更换
14	电缆接头	损坏、松动、绝缘情况	每天	按需要修理或更换
15	平衡油缸夹紧装置	位置、锁紧情况	每天	按需要调整
16	吊环连接体	松动情况	每天	按需要调整或更换
17	反扭矩梁总成	钻杆是否位于井口中心；螺栓、螺母等紧固件	每天	对正井口；按需要调整或更换
18	电动机润滑油泵	油泵泄漏情况	每天	按需要维修或更换
19	导向口和扶正套	损坏、磨损情况	每周	按需要更换

续表

序号	项目	检查内容	检查频率	采取的措施
20	防松装置	螺栓扭矩、防松等情况	每周	按需要调整
21	下部内防喷器	开关确认	每周	按需要修理或更换
22	上部内防喷器控制装置滚轮、转销、曲柄、曲柄销等	磨损情况	每周	按需要修理或更换
23	滑车、天车耳板、导轨、反扭矩梁总成和背钳挂臂	导轨销轴磨损情况；所有焊缝	每周	按需要更换或修理
24	滑车承载轮	磨损情况	每周	按需要更换
25	主电动机进出风口	百叶窗与防护网破损情况	每周	按需要更换
26	冷却风机	风压，进风口散热器、刹车清洁情况	每周	按需要调整、更换或清洁
27	电动机电缆	破损情况	每周	按需要修理或更换
28	电缆接插件	表面温度对比	每周	发现异常需修理或更换
29	刹车盘、摩擦片	磨损情况	每周	按需要更换
30	板式滤油器	堵塞情况	每周	按需要清洗或更换
31	液压源过滤器	堵塞情况	每周	按需要清洗或更换
32	主轴衬套	因冲管泄漏引起的腐蚀	每月	按需要更换
33	倾斜机构油缸销	磨损情况	每月	按需要更换
34	平衡系统油缸销	磨损情况	每月	按需要更换
35	导轨调节板、螺栓和卸扣	卸扣、螺栓及调节板孔磨损情况	每月	按需要更换
36	鹅颈管	是否生锈或腐蚀	每月	按需要更换
37	背钳钳体连接销	是否生锈或腐蚀	每月	按需要更换
38	吊环上、下吊耳	磨损情况	每月	按需要降低承载能力或更换
39	减速箱齿轮油	油样分析	每季度	按需要更换
40	液压系统液压油	油样分析	每季度	按需要更换
41	减速箱吸油管滤网	堵塞情况	每季度	清洗或更换
42	挡泥环密封件	磨损情况	每季度	按需要更换
43	齿轮齿面	麻点、磨损情况	每半年	按需要更换
44	主轴	轴向窜动	每半年	按需要调整
45	蓄能器	氮气压力	每半年	更换胶囊或蓄能器
46	液压源过滤器指示表	堵塞情况	每半年	按需要更换滤芯
47	导轨、主要承载件	探伤检查	每年	按需要维修或更换
48	提环、提环销	磨损情况	每年	按需要更换
49	电动机润滑油泵轴总成	零部件磨损情况	每年	按需要更换

1. 主电动机与冷却风机

主电动机与冷却电机（简称风机）检查维护保养如图 3-13 所示，说明如下：

（1）仔细观察主电动机出线电缆的外部是否有裂纹、磨损、腐蚀或烧蚀的痕迹。使用绝缘电阻测试仪测量电缆的绝缘电阻值，确保其在规定范围内，以评估电缆绝缘性能。检查电缆接头是否有松动、过热或烧焦的现象，接头处的导电部分是否有氧化或腐蚀。

（2）检查所有安装螺栓紧固情况，是否有裂纹、腐蚀或变形等损伤情况；安全锁线是否断裂、失效或缺失。

（3）观察出风口百叶窗和防护网是否有断裂、变形或脱落的部件，确保其结构完整性。清理出风口百叶窗和防护网表面的灰尘、污垢和异物，确保气流畅通无阻。

（4）从进风口和出风口方向观察电动机内部是否有润滑脂溢出、污物堆积或异物堵塞的情况。评估电动机内部的清洁状况，如有必要，进行清洁和维护操作，以保持电动机内部的良好工作环境。

（5）对风机进行外观检查，确认没有明显的机械损伤或变形。对风机叶轮进行检查，确保其没有卡阻或损坏，如有应及时清理、修复或更换。

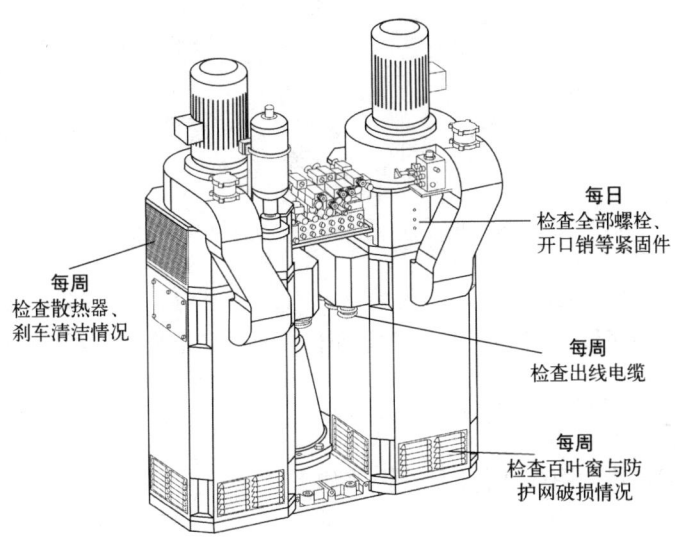

图 3-13　北石 DQ70BSD 顶驱主电动机与冷却风机检查点

2. 刹车装置

刹车装置检查维护保养如图 3-14 所示，说明如下：

（1）定期测量刹车摩擦片的厚度，确保其在推荐的最小厚度以上。检查摩擦片表面是否平整，是否有裂纹、硬化或烧蚀的迹象。对比左右刹车摩擦片的磨损情况，如果发现一侧磨损明显快于另一侧，应调整刹车系统或更换磨损严重的摩擦片，以恢复制动平衡。

（2）对液压制动系统的所有连接点进行检查，确认是否有泄漏迹象，如油迹、气泡或渗漏。

（3）检查刹车总成固定螺栓是否有松动、腐蚀或断裂的现象。

（4）在进行制动系统维护时，首先向刹车装置系统油路施压，确保系统内充满液压油。在排气口处连接一根软管，并小心打开排气口，如图 3-15 所示，注意在操作过程中佩戴合适的手套和护目镜，以防止油液飞溅造成伤害。当所有空气排放完毕后，及时关闭排气口，避免污染物进入系统。

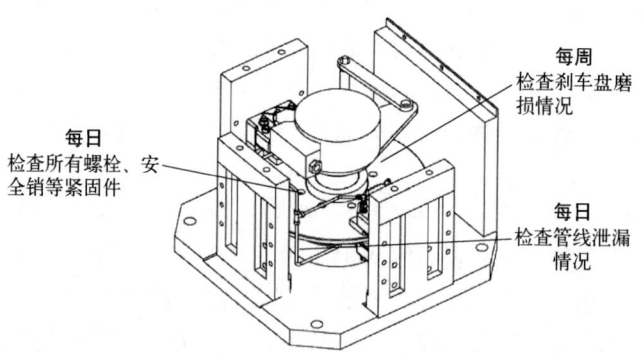

图 3-14 北石 DQ70BSD 顶驱刹车装置检查点

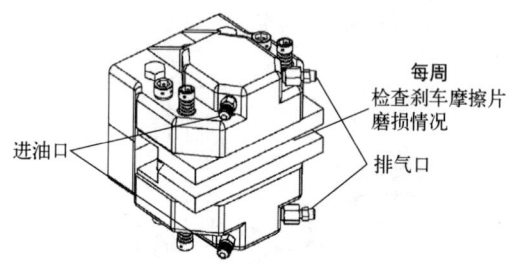

图 3-15 北石 DQ70BSD 顶驱刹车油缸检查点

⚠ 如果刹车摩擦片因油污或其他污染物而失去摩擦力，应立即更换新的摩擦片。在更换新摩擦片前，彻底清洁刹车系统，去除所有的油污和杂质，以确保新摩擦片能够发挥最佳性能。

3. 提环

提环检查维护保养如图 3-16 所示，说明如下：

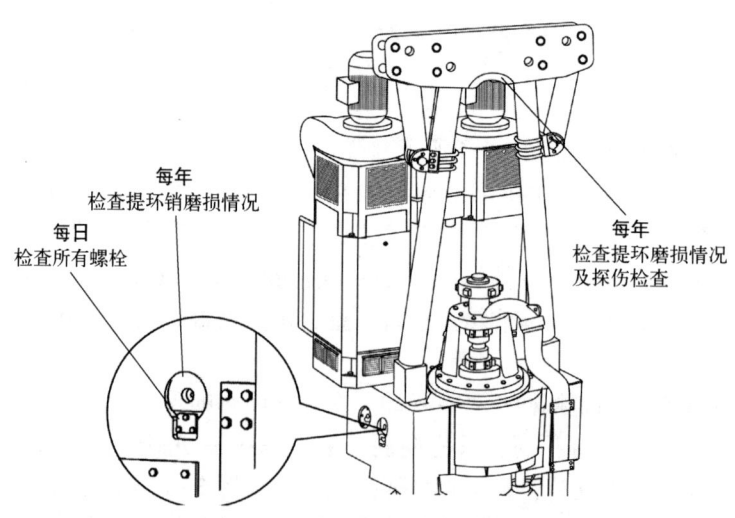

图 3-16 北石 DQ70BSD 顶驱提环检查点

（1）定期对提环和提环销进行详细检查，包括测量其尺寸、观察表面是否有裂纹或磨损痕迹等。

（2）除了磨损情况外，还需要检查提环销挡板及螺钉是否出现松动或损坏。

（3）在保养方面，应定期给提环销内加润滑脂。润滑脂可以减少金属部件之间的摩擦和磨损，延长使用寿命，并保持部件良好的工作状态。同时，还应定期检查提环和提环销的磨损情况，根据生产商推荐标准，若磨损超差，需及时进行更换。

4. 鹅颈管

鹅颈管检查维护保养如图 3-17 所示，说明如下：

（1）定期检查鹅颈管固定螺栓是否有松动、腐蚀或断裂现象。检查安全锁线是否完好无损。

（2）定期检查鹅颈管内部是否存在凹陷、磨损和腐蚀。对于发现的任何问题，及时采取相应的维修或更换措施。

（3）定期对鹅颈管进行试压，在进行压力试验时，应遵循相关标准和规范，确保测试结果的准确性和可靠性。

（4）当发现双公接头有漏钻井液现象时，应及时更换 O 形密封圈。

（5）拆卸清洗鹅颈管内孔，去除沉积的污垢和残留物。在重新安装鹅颈管之前，在螺纹处涂抹适量的螺纹油脂。

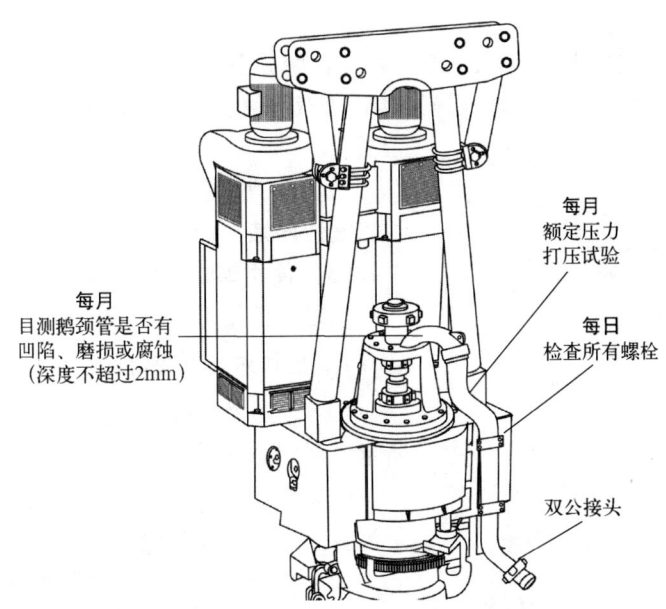

图 3-17 北石 DQ70BSD 顶驱鹅颈管检查点

⚠ 在更换密封圈之前，应清洁双公接头表面，确保无油污和杂质。新密封圈的规格应与双公接头匹配，以确保良好的密封效果。

5. 减速箱

减速箱检查维护保养如图 3-18 所示，说明如下：

（1）检查减速箱吸油管滤网和板式滤油器的堵塞情况，及时清理或更换。

（2）检查齿轮（润滑）油的油位及油质，及时加油或放油，油质不合格时及时更换。
（3）检查润滑油泵泄漏、磨损情况；润滑泵运行时，检查齿轮油流动是否正常。
（4）检查减速箱内齿轮磨损情况。
（5）主轴的轴向窜动不大于0.15mm，定期检查，确保其在允许范围内。
（6）更换冲管前覆盖齿轮箱，更换后进行彻底清理；在拆下冲管后详细检查主轴衬套，如发现磨损或腐蚀，应及时更换。

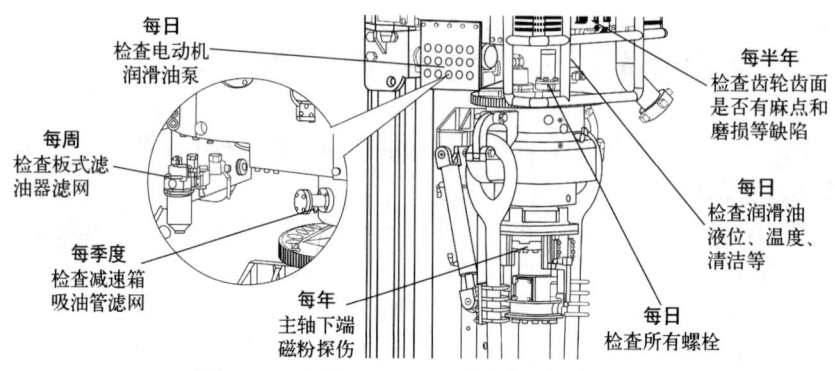

图3-18 北石DQ70BSD顶驱减速箱检查点

6. 倾斜机构

倾斜机构检查维护保养如图3-19所示，说明如下：
（1）检查吊环的上、下吊耳及连接体是否有裂纹、磨损或变形；连接体的夹紧部位是否松动。
（2）检查倾斜油缸的内外表面是否有磨损，是否渗漏液压油，活塞杆的平直度等。
（3）使用螺纹润滑脂定期润滑吊环眼，以减少磨损和延长使用寿命。

7. 上部内防喷器控制装置

上部内防喷器控制装置检查维护保养如图3-20所示，说明如下：
（1）检查所有螺栓、安全锁线、销子和开口销是否有松动、丢失和损坏。
（2）检查上部内防喷器控制装置工作状态是否正常，是否存在泄漏。
（3）检查控制装置曲柄、曲柄销、转销和滚轮的润滑和磨损情况，是否有阻卡现象。
（4）定期检查IBOP驱动油缸是否有泄漏或磨损情况。
（5）检查支座和导板是否有偏斜现象，偏斜会增加磨损和故障率。

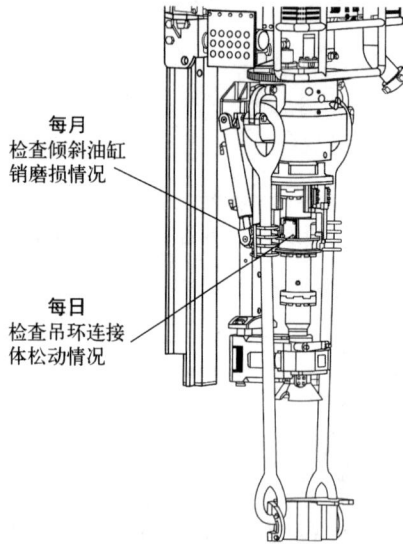

图3-19 北石DQ70BSD顶驱倾斜机构检查点

8. 内防喷器

上下两个内防喷器作为重要的井控工具，必须按时检查、探伤检测，确保内防喷器密封可靠和功能完好。内防喷器检查维护保养如图 3-21 所示，说明如下：

（1）检查上部内防喷器工作是否正常，是否有钻井液泄漏。

（2）每天开关活动一次下部内防喷器，检查是否有钻井液泄漏。

⚠ 在国内钻井现场要求对顶驱下 IBOP 每日开关活动一次。

（3）检查上下两个内防喷器阀体内部是否有腐蚀、生锈、裂纹等。

ⓘ 有些品牌（如 NOV）顶驱所用内防喷器设计有保养点，需按保养周期注入润滑脂进行保养润滑。

⚠ 试压时，要求从内防喷器下端打压，从上端打压容易损坏密封。

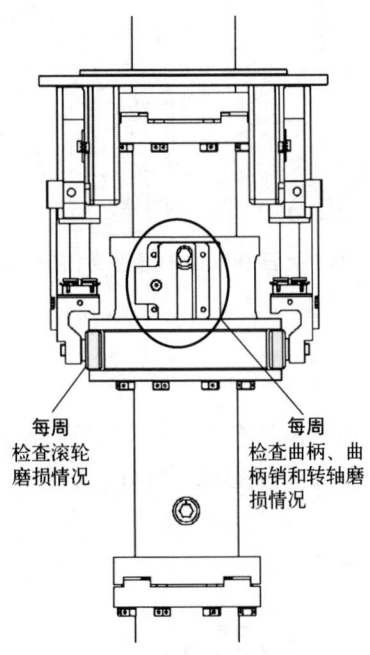

图 3-20 北石 DQ70BSD 顶驱上部
内防喷器控制装置检查点

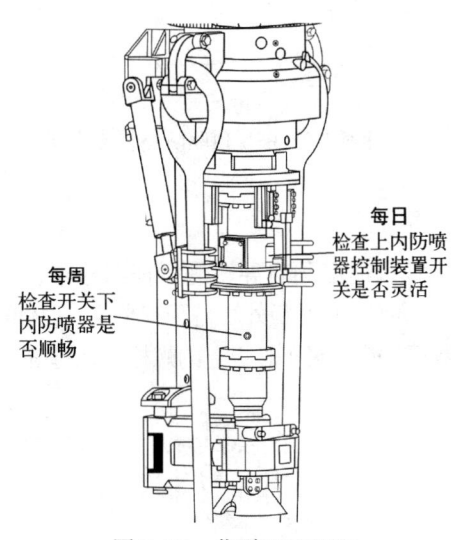

图 3-21 北石 DQ70BSD
顶驱内防喷器检查点

9. 防松装置

防松装置检查项目如图 3-22 所示，说明如下：

（1）检查防松装置螺栓是否松动。

（2）检查安全锁线是否完好。

10. 背钳

背钳检查维护保养如图 3-23 所示，说明如下：

（1）检查螺栓、螺母等紧固件是否有松动和损坏。保证其锁紧可靠，对于损坏或缺失的紧固件，应及时更换补充。

（2）检查挂臂焊缝是否有裂纹。

(3) 检查各处连接销的磨损情况。

(4) 检查钳牙磨损情况，磨损过度应及时更换。每次更换前/后牙座时，要在前/后牙座体表涂抹润滑脂防腐蚀。及时清除牙板齿沟及表面的异物和油污。

(5) 每天向油嘴注一次润滑脂。

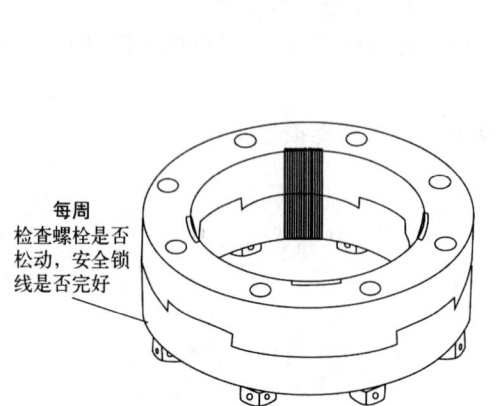
图 3-22　北石 DQ70BSD 顶驱防松装置检查点

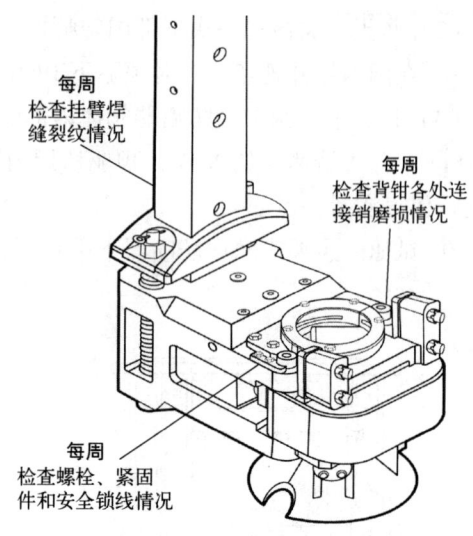
图 3-23　北石 DQ70BSD 顶驱背钳检查点

11. 导轨

每天巡检时必须对导轨进行仔细检查，说明如下：

(1) 检查天车耳板外观是否有裂纹、腐蚀或变形；调节板和连接件是否牢固，有无松动、断裂或磨损；检查天车耳板上的螺栓、螺母等紧固件是否有松动或损坏，如图 3-24 所示。

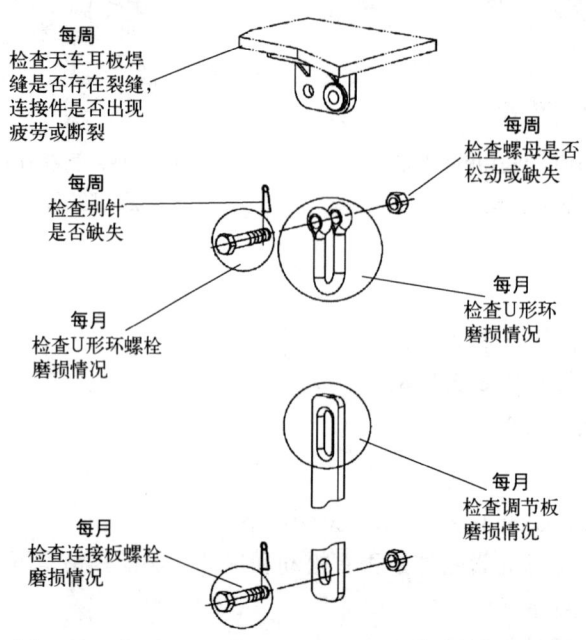
图 3-24　北石 DQ70BSD 顶驱天车耳板和连接板检查点

（2）检查导轨焊缝是否开裂；连接销轴是否磨损或断裂；锁销和别针是否磨损或遗失，如图3-25所示。

（3）检查导轨反扭矩梁的固定螺栓、螺母是否有松动或损坏；焊缝是否开裂，如图3-26所示。

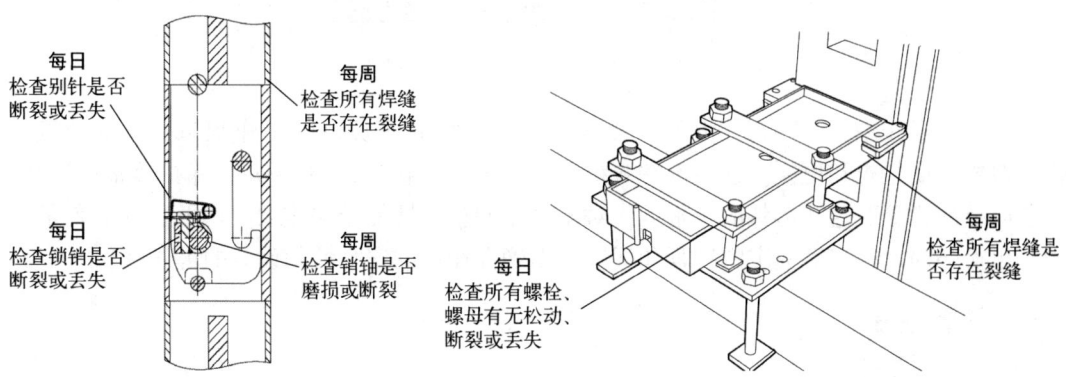

图3-25　北石DQ70BSD顶驱导轨检查点　　　图3-26　北石DQ70BSD顶驱反扭矩梁检查点

⚠ 每天检查顶驱主轴是否与井口中心对齐居中。

12. 滑车

滑车检查维护保养如图3-27所示，说明如下：

（1）检查滑车上的螺母是否有松动现象。使用合适的扭矩扳手按照规定的扭矩值进行紧固，确保螺母的锁紧可靠。

（2）检查滚轮是否能够顺畅地滚动，有无卡阻现象。观察滚轮表面是否有磨损或裂纹。如果滚轮出现严重的磨损或损坏，应及时更换新的滚轮。

⚠ 在更换滚轮前，需要将滑车从导轨上滑出，然后拆卸掉损坏的滚轮，并安装新的滚轮。

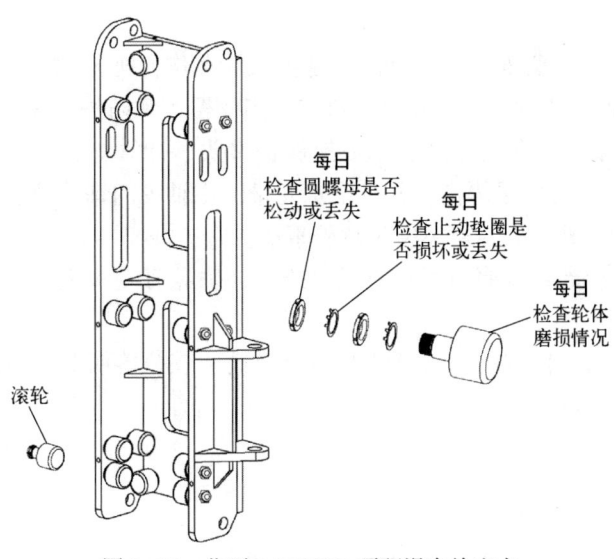

图3-27　北石DQ70BSD顶驱滑车检查点

（3）定期在油嘴处添加润滑脂，以减少滚轮和导轨之间的摩擦，延长使用寿命。清理滑车滚轮和导轨的表面，去除油污和杂质，保持其清洁和光滑。

第三节 易损件更换

在顶驱操作中，某些部件由于其特殊的工作环境和高负荷的工作状态，磨损速度较快，需要定期检查和更换。这些部件被统称为易损件，包括顶驱 IBOP、保护接头、钳牙、滤芯以及冲管等。这些部件的正常运作对于顶驱的整体性能至关重要，因此，对它们的维护和更换必须严格遵循一定的规程和标准，以确保操作的安全性和设备的可靠性。

一、安全须知

更换易损件是一项高风险的操作，必须由经过专业培训的人员执行，并严格遵守以下安全准则：

（1）操作人员应全面了解与作业相关的安全技术措施和 HSE 管理制度，严禁违规操作。

（2）组织相关人员对作业任务、作业环境、作业条件和更换方法进行详细的交底和评估，并进行工作前安全分析（JSA）。

（3）检查所有个人劳动防护用品和相关工具是否处于良好状态，确保功能正常。

（4）对作业环境进行彻底清理，移除可能的障碍物，确保逃生通道畅通无阻。

（5）在作业区域设置明显的隔离带，以警示无关人员远离作业区域。

（6）准备好所有必需的配件、工具和附件，记录详细的清单。在进行任何操作之前，操作人员必须穿戴劳动防护用品。

（7）清理铁屑、油污和杂物时，应使用工具，避免直接用手擦拭或吹气，以防金属碎片飞溅造成伤害。

（8）在拆装、移动、翻转、抬运部件时，避免发生刺伤、划伤、扭伤、挤压等意外伤害。

（9）在井口附近作业时，必须确保井口有适当的覆盖和防护措施，防止井口落物。

（10）如需打开钻井液循环通道，如更换保护接头、冲管等，需提前关闭钻井泵，泄压完成后上锁挂牌，做好能量隔离，并排空水龙带、主轴内的钻井液。

（11）导轨下方严禁站人，避免发生意外事故。

（12）吊装作业应严格按照施工方的规定执行，确保有专人指挥，并且使用正确的吊装设备和工具。

（13）高处作业时，使用的工具应确保不会因松动或掉落而对人员造成伤害，必要时应使用工具袋或安全绳固定。

二、更换钳牙

钳牙是顶驱背钳的关键部件，它的主要作用是在上卸扣时，通过背钳夹紧功能，防止钻杆随主轴转动，从而实现上卸扣操作。由于其承受的反扭矩较大，钳牙的磨损相对较快，需要定期检查和更换。

（一）拆卸钳牙

（1）缓慢将顶驱下放至钻台面合适位置。

（2）拆除背钳前钳体固定销挡板，取出固定销（只拆1个），如图3-28所示，旋转打开背钳前钳体至90°位置。

ⓘ 不同品牌型号顶驱背钳前钳体打开方式和背钳销拆装方式不同，以相应顶驱厂家技术资料为准。

⚠ 背钳前钳体固定销可能滑落，造成人员伤害。

❗ 必须遮盖井口，防止井口落物。

（3）使用气动绞车后提背钳体至合适位置，以便拆装后钳牙座，如图3-29所示。

⚠ 使用气动绞车上提背钳体时，注意人员站位，上提到合适位置后，应该及时将气动绞车制动，防止背钳摆动伤人。

⚠ 拆装钳牙座时，注意手部位置，防止手被挤伤或碰伤。

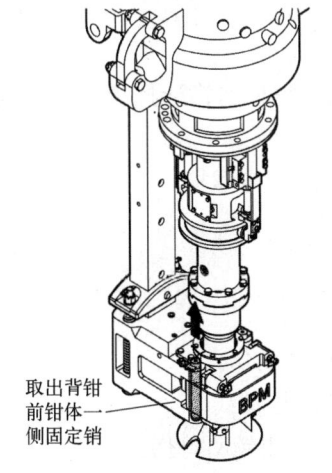

图3-28　取出背钳前钳体固定销

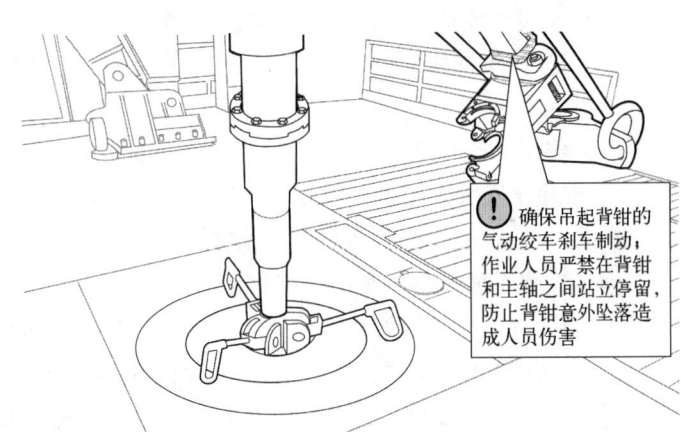

❗ 确保吊起背钳的气动绞车刹车制动；作业人员严禁在背钳和主轴之间站立停留，防止背钳意外坠落造成人员伤害

图3-29　打开背钳扭矩臂

（4）将背钳前后两个钳牙座部位清理干净。

（5）依次拆除前后两个钳牙座固定螺栓，取出前后两个钳牙座。

ⓘ 不同品牌型号顶驱结构原理不同，拆卸钳牙座方式不同，以相应顶驱厂家技术资料为准。

⚠ 某些品牌顶驱的钳牙座后部有定位键，防止拆装时意外掉落。

⚠ 钳牙座可能滑落，造成人身伤害。

（6）拆除钳牙挡板固定螺栓，取下钳牙挡板，取出钳牙，如图3-30所示。

（7）彻底清理钳牙座、钳牙座固定螺栓和钳牙挡板螺栓，便于回装。

（8）仔细检查钳牙座固定螺栓安装孔和钳牙座固定螺栓螺纹，如有螺纹损伤，应该立

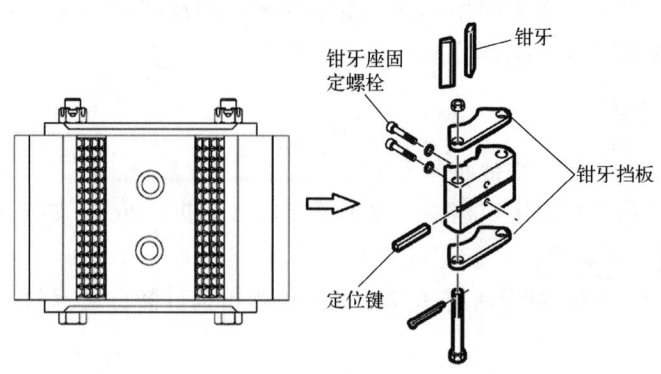

图 3-30 钳牙座总成

即修理钳牙座固定螺栓安装孔的螺纹并且更换钳牙座固定螺栓；检查钳牙挡板及钳牙挡板螺栓，如有损坏立即更换。

⚠ 螺栓或螺栓孔损坏时，应及时更换或者修复，否则将导致螺栓或者螺栓孔螺纹损坏，螺栓无法取出或固定不牢靠。

（二）安装钳牙

（1）新钳牙背面涂抹润滑脂，插入钳牙座。

（2）安装钳牙挡板、挡板螺栓和安全销。

⚠ 钳牙挡板螺栓必须安装安全销，否则可能导致钳牙挡板螺栓、钳牙挡板和钳牙高空坠落伤人。

（3）将钳牙座分别回装至背钳前后两个钳体，并安装钳牙座固定螺栓。

ⓘ 钳牙座安装方式以对应顶驱厂家技术资料为准。

⚠ 钳牙座可能滑落，造成人身伤害。

（4）缓慢下放气动绞车，使背钳回位。

⚠ 使用气动绞车下放背钳体时，注意人员站位，防止背钳摆动伤人。

（5）关闭背钳前钳体，插入固定销，并装好固定销挡板和防松锁线。

❗ 必须安装前钳体固定销挡板和防松锁线，否则可能导致背钳销坠落伤人。

（三）更换后的工作

（1）清理并核对带入作业区域的工具、配件及附件，确保不遗留任何物品在作业区域内。

（2）拆除临时隔离带。

（3）按属地 HSE 管理要求完成作业表单等相关资料。

（4）向属地负责人报告设备可随时投入运行状态。

三、更换保护接头

顶驱保护接头是连接下 IBOP 和钻具的关键部件。它的主要功能是将下 IBOP 的扣型通过保护接头转换成各种所需规格的扣型，以适应不同尺寸和类型的钻具。此外，保护接头还具有保护下 IBOP 螺纹的作用。

顶驱保护接头是易损件，必须每天观察保护接头螺纹的磨损情况，当保护接头螺纹磨损严重时，应该及时更换。

井口如处于空井状态，在井口坐放一根钻杆，将新保护接头和拆装工具搬运至钻台，如图 3-31 所示。

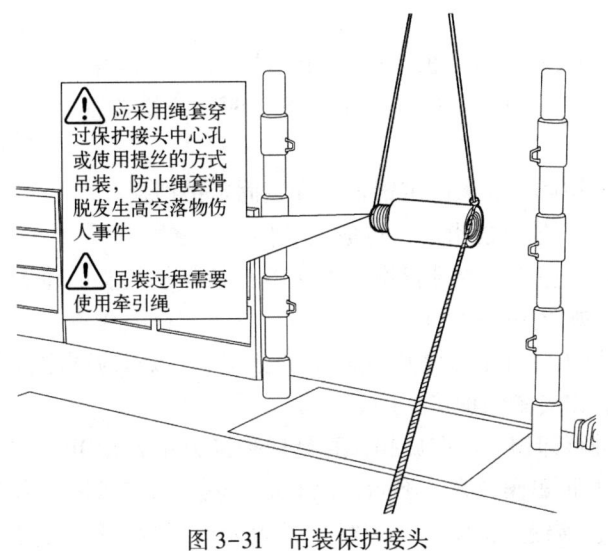

图 3-31　吊装保护接头

（一）使用背钳更换保护接头

当背钳可以上提夹持保护接头的时候，使用背钳拆卸保护接头。因钻具与保护接头、IBOP 外径尺寸不同，需提前更换钳牙座、扶正环、导向口为合适尺寸（或拆除扶正环、导向口）。此工序参照本节更换钳牙的操作步骤进行，扶正环、导向口位置如图 3-32 所示。

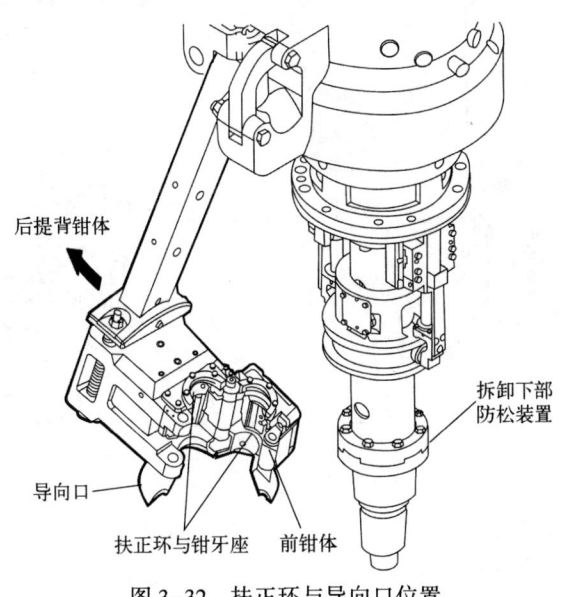

图 3-32　扶正环与导向口位置

1. 使用背钳拆卸保护接头

(1) 井口坐放一根钻杆，下放顶驱，将保护接头旋入井口钻杆内螺纹中 2~3 扣。
(2) 打开背钳前钳体，更换钳牙座、扶正环、导向口或拆除扶正环、导向口。
(3) 拆卸保护接头和下 IBOP 之间的防松装置。

ⓘ 不同品牌型号顶驱，其防松装置结构可能不同，拆卸方式不同，以对应顶驱厂家技术资料为准。

⚠ 部分顶驱防松装置中有牙板，拆卸的时候防止牙板落井。

❗ 拆卸或安装防松装置时，严禁将手放置在两片防松装置之间，防止其意外掉落砸伤挤伤。

(4) 扣合背钳前钳体，插入固定销轴，安装固定销挡板。

⚠ 背钳前钳体固定销可能滑落，造成人员伤害。

(5) 取出背钳体托座销，提升背钳至能正确夹持保护接头的位置，然后插入托座销，固定背钳体的位置，如图 3-33 所示。

ⓘ 不同品牌型号顶驱背钳的提升和定位方法不同，以对应顶驱技术资料为准。

(6) 操作顶驱背钳夹紧保护接头。
(7) 操作顶驱进行卸扣、反向旋扣，直到保护接头和下 IBOP 分离，如图 3-34 所示。

ⓘ 不同品牌型号顶驱操作方式不同，以对应顶驱厂家技术资料为准。

⚠ 旋扣过程中，缓慢上提游车，观察指重表大钩载荷变化，保持载荷等于游车、大钩和顶驱的总体悬重，勿将顶驱的全部重量压在钻柱接头上，以免旋扣时损坏螺纹。

❗ 卸扣时严禁在吊环旋转范围内站人。

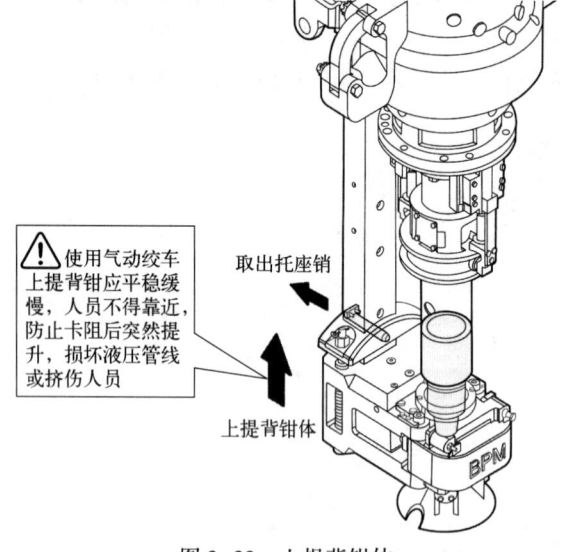

图 3-33　上提背钳体

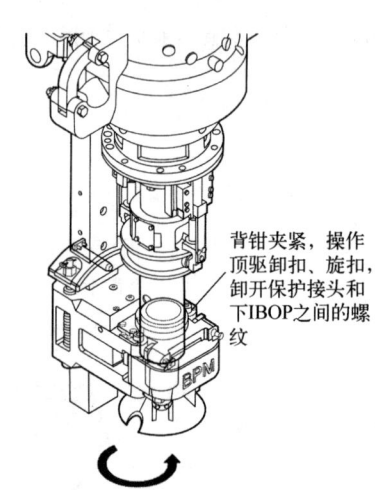

图 3-34　卸开保护接头和下 IBOP 之间的连接

(8) 释放背钳，松开保护接头。
(9) 上提顶驱，移走保护接头。

⚠ 使用提丝移动保护接头，防止保护接头意外掉落或滚动，造成人员伤害。

2. 使用背钳安装保护接头

（1）检查保护接头和 IBOP 螺纹、密封台肩面是否完好。

（2）将新保护接头导入井口钻杆内螺纹中，并使用链钳旋紧。

（3）在新保护接头内螺纹上均匀涂抹螺纹脂。

（4）根据顶驱厂家推荐值，在司钻操作台上设置下 IBOP 和保护接头之间的上扣扭矩值。

（5）缓慢下放顶驱，将背钳套入新保护接头中，下 IBOP 下端外螺纹导入保护接头上端内螺纹。

（6）操作顶驱正向旋扣，缓慢下放顶驱，将下 IBOP 下端与保护接头连接。

⚠ 旋入过程中，根据指重表变化，缓慢下放顶驱，以免损坏下 IBOP 和保护接头螺纹。

（7）操作顶驱背钳夹紧保护接头。

（8）操作顶驱进行上扣，上扣完成以后，释放背钳，松开保护接头。

ⓘ 不同品牌型号顶驱操作方式不同，以对应顶驱厂家技术资料为准。

ⓘ 上扣过程中，应注意观察扭矩表最终显示的扭矩值是否与设定的上扣扭矩值一致。

❗ 上卸扣时严禁在吊环旋转范围内站人。

（9）操作顶驱反向旋扣，使保护接头和井口钻具之间的螺纹松开，上提顶驱，使保护接头和井口钻具完全分开。

（10）用气动绞车稍微上提背钳体，取下托座销，下放气动绞车，将背钳体放回正常钻进的位置，插入托座销，使背钳重新固定。

ⓘ 不同品牌型号顶驱，背钳的下放和定位方法可能不同，以对应厂家顶驱技术资料为准。

（11）打开前钳体，将钳牙座、扶正环、导向口更换为正常钻进使用的型号。

（12）安装保护接头和下 IBOP 之间的防松装置。

ⓘ 确保防松装置正中间与下 IBOP 和保护接头之间的接缝对齐，达到最佳防松效果。

⚠ 防松装置紧固前可能滑落，造成人身伤害。

（13）下放气动绞车，扣合背钳前钳体，插入固定销轴，安装固定销挡板。

⚠ 背钳前钳体固定销可能滑落，造成人员伤害。

（14）保护接头更换完毕，清理场地、回收工具、回收旧保护接头。

（二）使用 B 型钳更换保护接头

背钳不能上提夹持保护接头时，使用钻台 B 型钳拆卸保护接头，按照以下步骤执行。

1. 使用 B 型钳拆卸保护接头

（1）井口坐放一根钻杆，下放顶驱，将保护接头外螺纹旋入井口钻杆内螺纹中 2~3 扣。

（2）取出背钳前钳体固定销，打开背钳前钳体。

⚠ 背钳前钳体固定销可能滑落，造成人员伤害。

❗ 必须遮盖井口，防止井口落物。

(3) 使用气动绞车后提背钳体至合适位置，便于使用 B 型钳夹紧保护接头。

⚠ 使用气动绞车上提背钳体时，注意人员站位，上提到合适位置后，应该及时将气动绞车制动，并有专人看管，防止背钳摆动伤人。

(4) 拆卸保护接头和下 IBOP 之间的防松装置。

⚠ 部分顶驱防松装置中有牙板，拆卸的时候防止牙板落入井口。

❗ 拆卸或安装防松装置时，严禁将手放置在两片防松装置之间，防止其意外掉落砸伤挤伤。

(5) 使用 B 型钳夹紧保护接头，如图 3-35 所示。

❗ B 型钳夹紧后，人员必须远离井口，防止 B 型钳滑脱或尾绳断裂，造成人员伤害。

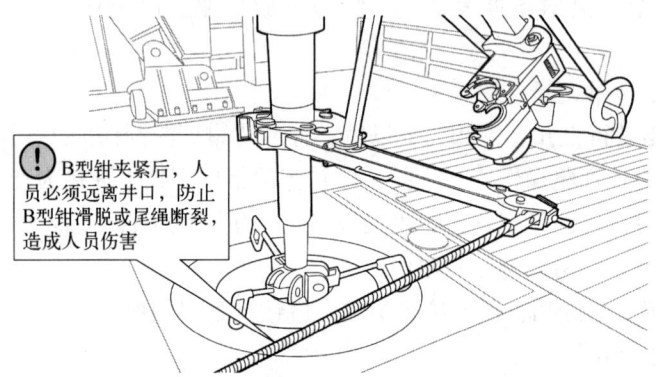

图 3-35　使用 B 型钳夹紧保护接头

(6) 操作顶驱进行卸扣、反向旋扣，直到保护接头和下 IBOP 完全分离。

ℹ 若卸扣时 B 型钳松动，请先停止主轴旋转，再重新将 B 型钳夹紧保护接头。

⚠ 旋扣过程中，缓慢上提游车，观察指重表大钩载荷变化，保持载荷等于游车、大钩和顶驱的总体悬重，勿将顶驱的全部重量压在钻柱接头上，以免旋扣时损坏螺纹。

❗ 卸扣时严禁在 B 型钳工作范围内站人。

(7) 移走 B 型钳。

(8) 下放背钳体，移走气动绞车提绳。

⚠ 下放背钳体，移走气动绞车提绳以后才能上提顶驱，否则可能损坏顶驱。

(9) 上提顶驱，移走保护接头。

⚠ 使用提丝移动保护接头，防止保护接头意外掉落或滚动，造成人员伤害。

2. 使用 B 型钳安装保护接头

背钳不能上提夹持保护接头时，按以下步骤执行：

(1) 检查保护接头和 IBOP 螺纹、密封台肩面是否完好。

(2) 将新保护接头导入井口钻杆内螺纹中，并使用链钳旋紧。

(3) 在新保护接头内螺纹上均匀涂抹螺纹脂。

(4) 根据顶驱厂家推荐值，在司钻操作台上设置下 IBOP 和保护接头之间的上扣扭矩值。

(5) 下放顶驱，下 IBOP 导入保护接头螺纹，操作顶驱正向旋扣，缓慢下放顶驱，将下 IBOP 下端与保护接头旋扣连接。

⚠ 旋入过程中，观察指重表变化，缓慢下放顶驱，以免损坏下 IBOP 和保护接头螺纹。

（6）使用气动绞车后提背钳体至合适位置，便于使用 B 型钳夹紧保护接头。

⚠ 使用气动绞车上提背钳体时，注意人员站位，上提到合适位置后，应该及时将气动绞车制动，并有专人看管，防止背钳摆动伤人。

（7）旋扣停止后，停止顶驱旋转，使用 B 型钳夹紧保护接头。

❗ B 型钳夹紧后，人员必须远离井口，防止 B 型钳滑脱或尾绳断裂，造成人员伤害。

（8）操作顶驱进行上扣，直到上扣扭矩值达到设定值，停止顶驱旋转。

ⓘ 上扣过程中，应注意观察扭矩表最终显示的扭矩值是否与设定的上扣扭矩值一致。

ⓘ 若上扣时 B 型钳松动，请先停止主轴旋转，再重新将 B 型钳夹紧保护接头。

❗ 上扣时严禁在 B 型钳工作范围内站人。

（9）移走 B 型钳。

（10）操作顶驱反向旋扣，使保护接头和井口钻具之间的连接卸开，上提顶驱，使保护接头和井口钻具完全分开。

（11）安装保护接头和下 IBOP 之间的防松装置。

（12）松开气动绞车，扣合背钳前钳体，插入固定销轴，安装固定销挡板。

（13）保护接头更换完毕，清理场地、回收工具、回收旧保护接头。

（三）更换后的工作

（1）清理并核对带入作业区域的工具、配件及附件，确保不遗留任何物品在作业区域内。

（2）拆除临时隔离带。

（3）按属地 HSE 管理要求完成作业表单等相关资料。

（4）向属地负责人报告设备可随时投入运行状态。

四、更换内防喷器

内防喷器（IBOP）是石油钻探过程中至关重要的井控安全设备，它位于顶驱主轴与保护接头之间。IBOP 的核心功能是在井涌或井喷等紧急情况下，快速切断钻柱内部通道，从而阻止钻井液的高速喷涌，确保井口的稳定和作业人员的安全。

在顶驱主轴的下端与保护接头之间，一般为两个 IBOP，上 IBOP 采用液压驱动方式，而下 IBOP 则为手动操作模式。一旦发生井涌，操作人员需要先迅速通过远程控制系统关闭上 IBOP，随后再手动操作下 IBOP，以形成双重防线。在接入井控设备后，可以打开下 IBOP 进行井控作业，以控制井涌或井喷的情况。待井控作业顺利完成后，关闭下 IBOP，并拆除井控设备，恢复到正常的钻井作业状态。

IBOP 作为一种高精度、高可靠性的设备，其正常工作状态对于钻井作业的安全至关重要。然而，由于长时间的高负荷工作和复杂的工作环境，IBOP 很容易出现故障或失效。轻则可能导致作业效率下降，重则可能引发井控安全事故，对人员生命安全和环境造成严重威胁。

为了确保钻井作业的安全，对 IBOP 的维护和检测工作必须严格执行。在每口井开始钻探前，以及在规定的作业周期内，都必须对 IBOP 进行试压测试，以验证其密封性能和承压能力。此外，还需要定期进行探伤检测，通过先进的无损检测技术，如射线探伤或超声波探伤，对 IBOP 的内部结构进行细致检查，确保其没有裂纹、腐蚀或其他潜在缺陷。只有通过试压和探伤检测，且结果符合相关标准和要求的 IBOP，才允许安装使用。

（一）使用背钳更换下 IBOP

当背钳可以上提夹持下 IBOP 的时候，使用背钳拆卸下 IBOP，按以下步骤执行。

1. 使用背钳拆卸下 IBOP

（1）按照本节拆装保护接头操作步骤，使用背钳将保护接头与下 IBOP 连接卸松。

ⓘ 只松扣，但不移走保护接头，保持保护接头与下 IBOP 连接。

（2）用气动绞车稍微上提背钳体，取下托座销，下放气动绞车，将背钳体放回正常钻进时的位置，暂时不必插入托座销。

ⓘ 先不要上提背钳体，以便移除下 IBOP 和上 IBOP 之间的防松装置。

（3）拆卸下 IBOP 和上 IBOP 之间的防松装置。

⚠ 部分顶驱防松装置中有牙板，拆卸的时候防止牙板落井。

❗ 拆卸或安装防松装置时，严禁将手放置在两片防松装置之间，防止其意外掉落砸伤挤伤。

（4）使用气动绞车提升背钳体至能正确夹持下 IBOP 的位置，然后插入托座销，固定背钳体的位置，如图 3-36 所示。

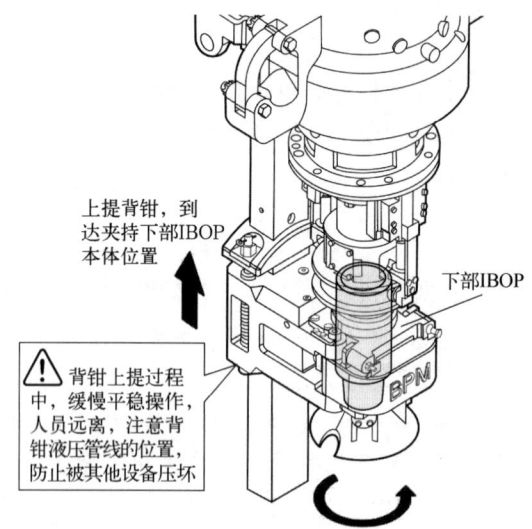

图 3-36 拆卸下 IBOP

（5）操作顶驱背钳夹紧下 IBOP。

（6）操作顶驱进行卸扣、反向旋扣，直到下 IBOP 和上 IBOP 分离。

⚠ 旋扣过程中，缓慢上提游车，观察指重表大钩载荷变化，保持载荷等于游车、大

第三章 顶驱维护保养

钩和顶驱的总体悬重,勿将顶驱的全部重量压在钻柱接头上,以免旋扣时损坏螺纹。

⚠ 卸扣时严禁在吊环旋转范围内站人。

(7)释放背钳,松开下 IBOP,下放背钳钳体。

(8)上提顶驱,移走下 IBOP。

⚠ 使用提丝移动 IBOP,防止 IBOP 意外掉落或滚动,造成人员伤害。

(9)若需要继续拆卸上 IBOP,则按操作步骤(6),只需将下 IBOP 和上 IBOP 连接卸松,保持连接状态,无须移走下 IBOP。

2. 使用背钳拆卸上 IBOP

部分品牌顶驱上下 IBOP 是一体的,将保护接头与下 IBOP 连接松扣之后,拆除上 IBOP 控制装置,然后参照"使用背钳拆卸下 IBOP"的步骤移除上下 IBOP 整体即可,不需要单独拆卸上 IBOP。

若上下 IBOP 是独立的,则需要单独拆卸上 IBOP:

(1)将下 IBOP 与上 IBOP 连接卸松,保持连接状态。

(2)用气动绞车稍微上提背钳体,取下托座销,下放气动绞车,将背钳体放回正常钻进时的位置,插入托座销。

ⓘ 先不要上提背钳体,以便移除上 IBOP 控制装置、主轴和上 IBOP 之间的防松装置。

(3)拆卸上 IBOP 控制装置、滑套,将 IBOP 液缸进行固定,拆卸主轴和上 IBOP 之间的防松装置,如图 3-37 所示。

⚠ 打开上 IBOP 可能有残余钻井液流出。

⚠ 部分顶驱防松装置中有牙板,拆卸的时候防止牙板落井。

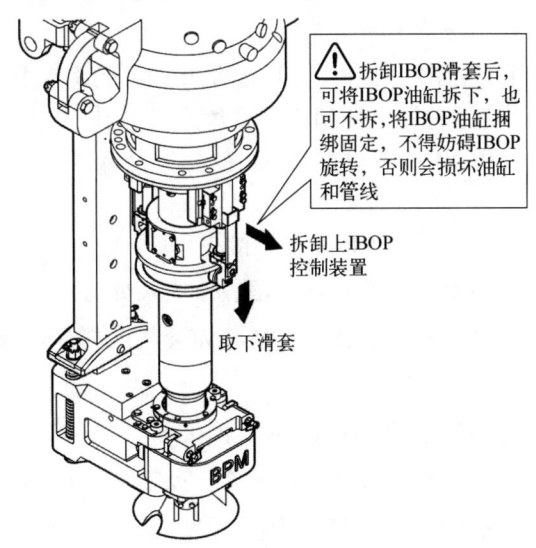

图 3-37 拆卸上 IBOP 控制装置及滑套

(4)打开背钳前钳体,使用气动绞车后提背钳至合适位置,将上 IBOP 滑套和防松装置放置到下部钻杆处,下放气动绞车,重新扣合背钳。

（5）取出托座销，使用气动绞车提升背钳体至能正确夹持上 IBOP 的位置，然后插入托座销，固定背钳体的位置，如图 3-38 所示。

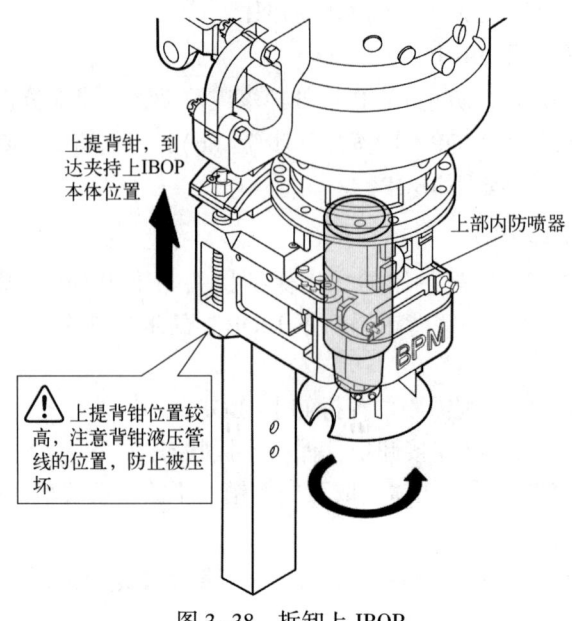

图 3-38　拆卸上 IBOP

（6）操作顶驱背钳夹紧上 IBOP。

（7）操作顶驱进行卸扣、反向旋扣，直到主轴和上 IBOP 分离。

⚠ 旋扣过程中，缓慢上提游车，观察指重表大钩载荷变化，保持载荷等于游车、大钩和顶驱的总体悬重，勿将顶驱的全部重量压在钻柱接头上，以免旋扣时损坏螺纹。

❗ 卸扣时严禁在吊环旋转范围内站人。

（8）释放背钳，松开上 IBOP，此时上 IBOP 下端扣已经旋入下 IBOP 上端扣中。

（9）缓慢上提顶驱到合适位置，使用相应提丝连接上 IBOP 上端，将气动绞车连接到提丝，然后使用链钳将上 IBOP 和下 IBOP 之间的扣完全卸开，上提气动绞车将上 IBOP 移走。

（10）使用相同的方法移走下 IBOP 和保护接头。

⚠ 上 IBOP、下 IBOP 和保护接头可能掉落，造成人员伤害。

❗ 搬运上 IBOP、下 IBOP 和保护接头时，将绳套从内部穿过或者使用专用提丝，严禁直接用绳套捆扎。

3. 使用背钳安装上 IBOP、下 IBOP 和保护接头

（1）检查保护接头、下 IBOP 和上 IBOP 螺纹、密封台肩面是否完好。

（2）在井口钻具内螺纹中均匀涂抹螺纹脂。

（3）将保护接头导入井口钻具内螺纹中，并使用链钳旋紧。

（4）在保护接头上端螺纹均匀涂抹螺纹脂。

（5）将下 IBOP 导入保护接头上端，并使用链钳旋紧。

（6）在下 IBOP 上端螺纹均匀涂抹螺纹脂。

（7）将上 IBOP 导入下 IBOP 上端，并使用链钳旋紧。

（8）在上 IBOP 上端螺纹均匀涂抹螺纹脂。

（9）根据顶驱厂家推荐值，通过司钻操作台设置下 IBOP 和保护接头之间的上扣扭矩值。

（10）缓慢下放顶驱，将主轴下端螺纹导入上 IBOP 上端，操作顶驱正向旋扣。

⚠ 旋入过程中，观察指重表变化，缓慢下放顶驱，以免损坏主轴、IBOP 和保护接头螺纹。

（11）旋扣完成后，使用气动绞车提升背钳体至能正确夹持保护接头的位置，插入托座销，固定背钳体的位置。

（12）操作顶驱背钳，夹紧保护接头。

（13）操作顶驱进行上扣，达到上扣设定扭矩值后上扣完成，释放背钳，松开保护接头。

ⓘ 上扣过程中，应注意观察扭矩表最终显示的扭矩值是否与设定的上扣扭矩值一致。

❗ 上卸扣时严禁在吊环旋转范围内站人。

（14）根据顶驱厂家推荐值，通过司钻操作台设置上 IBOP 和下 IBOP 之间的上扣扭矩值。

（15）使用气动绞车提升背钳体至能正确夹持下 IBOP 的位置，插入托座销，固定背钳体的位置。

ⓘ 不同品牌型号顶驱，背钳的提升和定位方法不同，以对应顶驱技术资料为准。

（16）操作顶驱背钳，夹紧下 IBOP。

（17）操作顶驱进行上扣，达到上扣设定扭矩值后上扣完成，释放背钳，松开下 IBOP。

ⓘ 上扣过程中，应注意观察扭矩表最终显示的扭矩值是否与设定的上扣扭矩值一致。

❗ 上卸扣时严禁在吊环旋转范围内站人。

（18）操作顶驱反向旋扣，使保护接头和井口钻具之间的螺纹松开，上提顶驱，使保护接头和井口钻具完全分开。

（19）用气动绞车稍微上提背钳体，取下托座销，下放气动绞车，将背钳体放回正常钻进时的位置，插入托座销，使背钳重新固定。

（20）打开背钳前钳体，使用气动绞车后提背钳体至合适位置，依次安装滑套、上 IBOP 控制装置和各级防松装置。

ⓘ 确保防松装置正中间与各级螺纹连接的接缝对齐，达到最佳防松效果。

⚠ 安装上 IBOP 滑套和曲柄等装置时，注意滑套上下动作要与 IBOP 开关方向一致，否则会造成上 IBOP 无法开关。

⚠ 气动绞车上提背钳体时，注意人员站位，上提到合适位置后，应该及时将气动绞车制动，并有专人看管，防止背钳摆动伤人。

⚠ 拆装防松装置、钳牙座、扶正环和导向口时，注意手部位置，防止手被挤伤或碰伤。

⚠ 防松装置紧固前可能滑落，造成人身伤害。

(21)下放气动绞车,扣合背钳前钳体,插入固定销轴,安装固定销挡板。

(22)IBOP 更换完毕,清理场地、回收工具、回收旧 IBOP。

(二)使用 B 型钳拆卸 IBOP

背钳不能上提夹持上 IBOP、下 IBOP 时,使用钻台 B 型钳辅助拆卸,按照以下步骤执行。

1. 使用 B 型钳拆卸下 IBOP

(1)按照本节的拆装保护接头操作步骤,使用 B 型钳将保护接头与下 IBOP 连接卸松。

ⓘ 只松扣,但不移走保护接头,保持保护接头与下 IBOP 连接。

(2)拆卸下 IBOP 和上 IBOP 之间的防松装置。

⚠ 部分顶驱防松装置中有牙板,拆卸的时候防止牙板落入井口。

❗ 拆卸或安装防松装置时,严禁将手放置在两片防松装置之间,防止其意外掉落砸伤挤伤。

(3)保持气动绞车上提背钳体至合适位置,便于使用 B 型钳夹紧下 IBOP,如图 3-39 所示。

⚠ 使用气动绞车上提背钳体时,注意人员站位,上提到合适位置后,应该及时将气动绞车制动,并有专人看管,防止背钳摆动伤人。

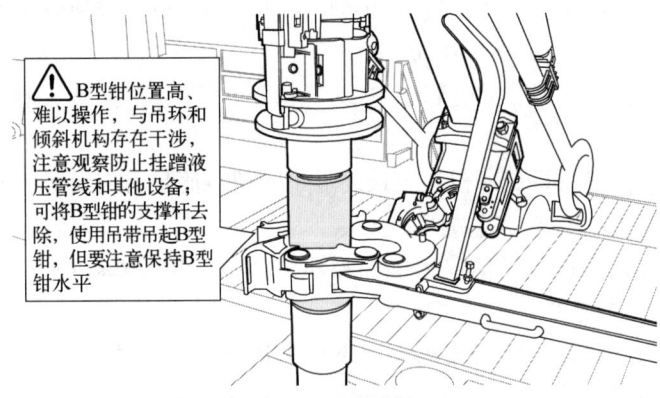

图 3-39 使用 B 型钳拆卸下 IBOP

(4)使用 B 型钳夹紧下 IBOP。

❗ B 型钳夹紧后,人员必须远离井口,防止 B 型钳滑脱或尾绳断裂,造成人员伤害。

(5)操作顶驱进行卸扣、反向旋扣,直到下 IBOP 和上 IBOP 下端螺纹完全松开。

ⓘ 若卸扣时 B 型钳松动,请先停止主轴旋转,再重新将 B 型钳夹紧保护接头。

⚠ 旋扣过程中,缓慢上提游车,观察指重表大钩载荷变化,保持载荷等于游车、大钩和顶驱的总体悬重,勿将顶驱的全部重量压在钻柱接头上,以免旋扣时损坏螺纹。

❗ 卸扣时严禁在 B 型钳工作范围内站人。

(6)移走 B 型钳。

(7)下放背钳体,移走气动绞车提绳。

⚠ 下放背钳体，移走气动绞车提绳以后才能上提顶驱，否则可能损坏顶驱。

（8）上提顶驱，使上 IBOP 下端和下 IBOP 完全脱开。

（9）缓慢上提顶驱到合适位置，使用相应提丝连接下 IBOP 上端螺纹，将气动绞车连接到提丝，用链钳将下 IBOP 和保护接头之间的连接完全卸开，上提气动绞车将下 IBOP 移走。

❗ 搬运下 IBOP 时将绳套从内部穿过或者使用专用提丝，严禁直接用绳套捆扎。

2. 使用 B 型钳拆卸上 IBOP

部分品牌顶驱上下 IBOP 是一体的，将保护接头与下 IBOP 连接松扣之后，移除上 IBOP 控制装置，再参照"使用 B 型钳拆卸下 IBOP"的步骤移除上下 IBOP 整体即可，不需要单独拆卸上 IBOP。

若上下 IBOP 是独立的，则需要单独拆卸上 IBOP：

（1）将下 IBOP 与上 IBOP 连接卸松，保持连接状态。

⚠ 打开上 IBOP 可能有钻井液流出。

⚠ 部分顶驱防松装置中有牙板，拆卸的时候防止牙板落井。

（2）保持气动绞车上提背钳体至合适位置，便于使用 B 型钳夹紧上 IBOP。

⚠ 使用气动绞车提背钳体时，注意人员站位，上提到合适位置后，应该及时将气动绞车制动，并有专人看管，防止背钳摆动伤人。

（3）拆卸上 IBOP 控制装置、滑套，将 IBOP 液缸进行固定，拆卸主轴和上 IBOP 之间的防松装置，将上 IBOP 滑套和防松装置放置到下部钻杆处。

（4）使用 B 型钳夹紧上 IBOP。

⚠ B 型钳位置高，不便于操作，与顶驱吊环装置存在干涉，注意观察防止挂蹭液压管线或其他设备。

❗ B 型钳夹紧后，人员必须远离井口，防止 B 型钳滑脱或尾绳断裂，造成人员伤害。

（5）操作顶驱进行卸扣、反向旋扣，直到主轴和上 IBOP 下端扣完全松开。

ℹ 若卸扣时 B 型钳松动，请先停止主轴旋转，再重新将 B 型钳夹紧保护接头。

⚠ 旋扣过程中，缓慢上提游车，观察指重表大钩载荷变化，保持载荷等于游车、大钩和顶驱的总体悬重，勿将顶驱的全部重量压在钻柱接头上，以免旋扣时损坏螺纹。

❗ 卸扣时严禁在 B 型钳工作范围内站人。

（6）移走 B 型钳。

（7）下放背钳体，移走气动绞车提绳。

⚠ 下放背钳体，移走气动绞车提绳以后才能上提顶驱，否则可能损坏顶驱。

（8）上提顶驱，使主轴下端和上 IBOP 完全脱开。

（9）缓慢上提顶驱至合适位置，使用相应提丝连接上 IBOP 上端螺纹，将气动绞车连接到提丝，用链钳将上 IBOP 和下 IBOP 之间的连接完全卸开，上提气动绞车将上 IBOP 移走。

（10）使用相同的方法移走下 IBOP 和保护接头。

❗ 搬运上 IBOP、下 IBOP 和保护接头时，将绳套从内部穿过或者使用专用提丝，严禁直接用绳套捆扎。

3. 使用 B 型钳安装上 IBOP、下 IBOP 和保护接头

（1）检查保护接头、下 IBOP 和上 IBOP 螺纹、密封台肩面是否完好。

（2）在井口钻具内螺纹中均匀涂抹螺纹脂。

（3）将保护接头导入井口钻具内螺纹中，并使用链钳旋紧。

（4）在保护接头上端螺纹均匀涂抹螺纹脂。

（5）将下 IBOP 导入保护接头上端，并使用链钳旋紧。

（6）在下 IBOP 上端螺纹均匀涂抹螺纹脂。

（7）将上 IBOP 导入下 IBOP 上端，并使用链钳旋紧。

（8）在上 IBOP 上端螺纹均匀涂抹螺纹脂。

（9）根据顶驱厂家推荐值，通过司钻操作台设置下 IBOP 和保护接头之间的上扣扭矩值。

（10）缓慢下放顶驱，将主轴下端螺纹导入上 IBOP 上端，使用气动绞车上提背钳体至合适位置，便于使用 B 型钳夹紧保护接头。

⚠ 使用气动绞车上提背钳体时，注意人员站位，上提到合适位置后，应该及时将气动绞车制动，并有专人看管，防止背钳摆动伤人。

（11）操作顶驱正向旋扣。

⚠ 旋入过程中，观察指重表变化，缓慢下放顶驱，以免损坏主轴、IBOP 和保护接头螺纹。

（12）旋扣完成后，使用 B 型钳夹紧保护接头。

❗ B 型钳夹紧后，人员必须远离井口，防止 B 型钳滑脱或尾绳断裂，造成人员伤害。

（13）操作顶驱进行上扣，直到上扣扭矩值达到设定值。

ⓘ 上扣过程中，应注意观察扭矩表最终显示的扭矩值是否与设定的上扣扭矩值一致。

ⓘ 若上扣时 B 型钳松动，立即停止主轴旋转，再重新将 B 型钳夹紧保护接头。

❗ 上扣时严禁在 B 型钳工作范围内站人。

（14）根据顶驱厂家推荐值，通过司钻操作台设置上 IBOP 和下 IBOP 之间的上扣扭矩值。

（15）上提 B 型钳夹紧下 IBOP。

（16）操作顶驱进行上扣，直到上扣扭矩值达到设定值。

（17）根据顶驱厂家推荐值，通过司钻操作台设置主轴和上 IBOP 之间的上扣扭矩值。

（18）上提 B 型钳夹紧上 IBOP。

（19）操作顶驱进行上扣，直到上扣扭矩值达到设定值。

（20）操作顶驱反向旋扣，卸开保护接头和井口钻具之间连接，上提顶驱，使保护接头和井口钻具完全分开。

⚠ 上提顶驱同时，操作气动绞车同步上提背钳，防止背钳体坠落伤人。

（21）依次安装滑套、上 IBOP 控制装置和各级防松装置。

ⓘ 确保防松装置正中间与各级螺纹连接的接缝对齐，达到最佳防松效果。

⚠ 安装上 IBOP 滑套和曲柄等装置时，注意滑套上下动作要与 IBOP 开关方向一致，否则会造成上 IBOP 无法开关。

⚠ 使用气动绞车上提背钳体时，注意人员站位，上提到合适位置后，应该及时将气动绞车制动，并有专人看管，防止背钳摆动伤人。

⚠ 拆装防松装置、钳牙座、扶正环和导向口时，注意手部位置，防止手被挤伤或碰伤。

⚠ 防松装置紧固前可能滑落，造成人身伤害。

（22）下放气动绞车，扣合背钳前钳体，插入固定销轴，安装固定销挡板。

（23）IBOP 更换完毕，清理场地、回收工具、回收旧 IBOP。

（三）更换后的工作

（1）清理并核对带入作业区域的工具、配件及附件，确保不遗留任何物品在作业区域内。

（2）拆除临时隔离带。

（3）按属地 HSE 管理要求完成作业表单等相关资料。

（4）向属地负责人报告设备可随时投入运行状态。

五、更换滤芯

（一）齿轮油滤芯及液压油滤芯作用

顶驱系统中主要有液压油滤芯和齿轮油滤芯，少部分顶驱有空气滤清器、风道滤网和冷却液滤芯，此处重点对更换液压油滤芯和齿轮油滤芯进行介绍。液压油滤芯负责滤除液压油中的固体颗粒和胶状物质。这些杂质可能是由外部环境侵入，或是在系统内部运行过程中产生的。液压油滤芯的存在，有效地降低了液压油的污染程度，确保机械设备的顺畅运行。在齿轮油系统中，齿轮油滤芯作用是去除减速箱齿轮油中的铁屑和沉淀物等杂质，清洁的齿轮油才能供应给减速箱内的轴承和齿轮，从而发挥其应有的润滑和冷却作用。

各个品牌顶驱齿轮油滤芯和液压油滤芯安装的位置不同。北石 DQ70BSD 顶驱有地面液压站，液压源部分放置在顶驱电控房外。液压源设置有 3 个系统过滤器，具有对液压系统工作介质的两级过滤性能，如图 3-40 所示。

（1）一级过滤，液压源的 2 台轴向柱塞变量泵在油箱吸油口处分别设置了 1 个吸油过滤器，保证了液压系统内介质清洁度。

（2）二级过滤，液压源设置了 1 个回油过滤器，液压控制系统和执行机构的回油经此过滤器回到油箱，保证了油箱内介质清洁度。

（3）回油过滤器对从液压系统外部注入油箱内的工作介质进行过滤净化。

ⓘ 过滤器上装有直读式滤芯污染显示，过滤器使用过程中，通过此装置观察过滤器堵塞情况。

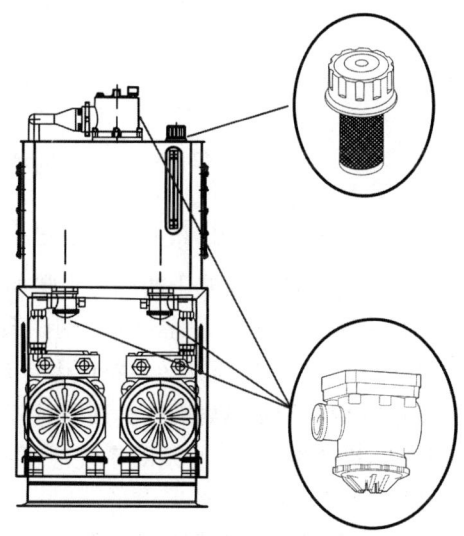

图 3-40 北石 DQ70BSD 顶驱液压油过滤器和呼吸口过滤器

⚠ 过滤器显示接近红区时，应适时停机更换滤芯。

北石 DQ70BSD 顶驱本体齿轮油过滤器（板式滤油器）位于减速箱左侧下部，如图 3-41 所示。

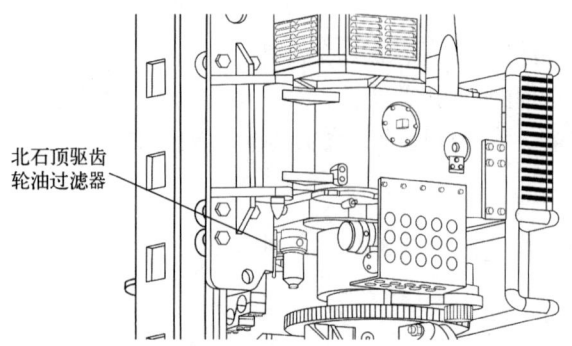

图 3-41　北石 DQ70BSD 顶驱齿轮油过滤器

NOV TDS-11SA 顶驱液压系统集成到顶驱本体上，齿轮油过滤器位于齿轮箱下侧主阀块附近。液压油过滤器位于左电动机后部风道附近，如图 3-42 所示。

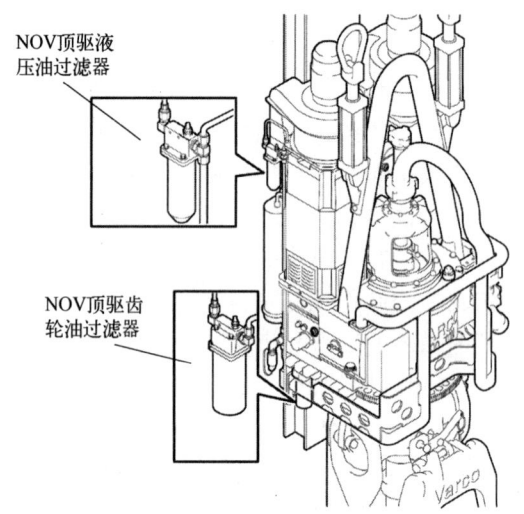

图 3-42　NOV TDS-11SA 顶驱液压油过滤器和齿轮油过滤器

（二）更换齿轮油滤芯及液压油滤芯

更换齿轮油滤芯及液压油滤芯步骤如下：

（1）将顶驱断电，系统泄压，测试系统压力为零。

⚠ 更换滤芯前，顶驱必须停止运转并且切断顶驱系统电源，严禁顶驱带电更换滤芯，做好上锁挂牌、能量隔离措施，顶驱意外启动可能会造成严重的人身伤害。

⚠ 拆卸过滤器前，必须对系统泄压并测试压力为零，严禁带压更换滤芯，以免造成人员伤害。

（2）拆除过滤器外壳固定螺栓，取下滤芯外壳。

ℹ 拆解过滤器的方法以对应顶驱厂家技术资料为准。

⚠ 拆解滤芯可能会有齿轮油（或液压油）泄漏造成污染环境，必须提前做好预防措施。

（3）取出滤芯。

（4）清理滤芯外壳及附件。

ⓘ 将滤芯外壳内的杂质清理干净。

ⓘ 部分顶驱过滤器上可能安装有磁体，吸附齿轮油中的铁屑，安装滤芯前必须将磁体上的铁屑清理干净。

（5）安装新的滤芯，安装外壳。

⚠ 滤芯外壳上装有密封圈，安装滤芯外壳前，必须仔细检查密封圈是否存在磨损和老化现象，及时更换。

（6）将滤芯外壳固定螺栓拧紧，并安装防松锁线。

（7）上电合闸，启动液压泵，运转顶驱，观察过滤器是否漏油。

⚠ 齿轮油（或液压油）可能刺漏，高压流体危害极大。

（三）更换后的工作

（1）清理并核对带入作业区域的工具、配件及附件，确保不遗留任何物品在作业区域内。

（2）拆除临时隔离带。

（3）按属地 HSE 管理要求完成作业表单等相关资料。

（4）向属地负责人报告设备可随时投入运行状态。

六、更换冲管

（一）顶驱冲管简介

冲管安装在鹅颈管与顶驱主轴之间，如图 3-43 所示。冲管不仅实现了静态部件与动态部件的紧密结合，而且提供了有效的动态密封解决方案，确保高压钻井液能够安全、高效地在钻井液循环通道流动，维持钻井作业的连续性和稳定性。

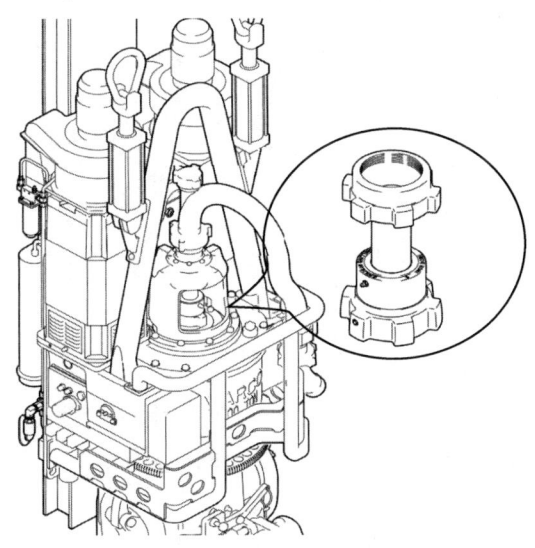

图 3-43　顶驱冲管

冲管主要分为普通冲管和机械冲管两大类。普通冲管以其较低的成本和广泛的应用范围成为市场的主流选择。它由冲管螺母、铁密封圈、橡胶密封圈、冲管中心管和密封盒等部件组成，尽管在高温高压环境下的耐受能力有限，但其经济实用性使其在许多场合仍然是首选。

相比之下，机械冲管在结构和性能上都表现出更高的水平。它主要由上螺母、浮动总成、静止的上密封环、旋转的下密封环和下螺母等部件构成。机械冲管虽然成本更高，但其出色的耐磨性、耐高温性和耐腐蚀性使其在恶劣的工作条件下仍能保持良好的工作状态，从而延长了使用寿命。

（二）普通冲管总成安装与拆卸

1. 普通冲管总成结构

普通冲管总成要由冲管螺母、密封盒、冲管、橡胶密封圈（5支/组）、保持环、保持环上的弹簧卡圈和O形密封圈、上卡圈、中卡圈（2支）、下卡圈、下卡圈上的O形密封圈、固定下卡圈的平头定位螺钉和黄油嘴组成，如图3-44所示。

ⓘ 当冲管使用寿命明显缩短时，需在条件允许时测量、调整顶驱主轴轴向窜动量，具体调整步骤参见对应顶驱技术资料。

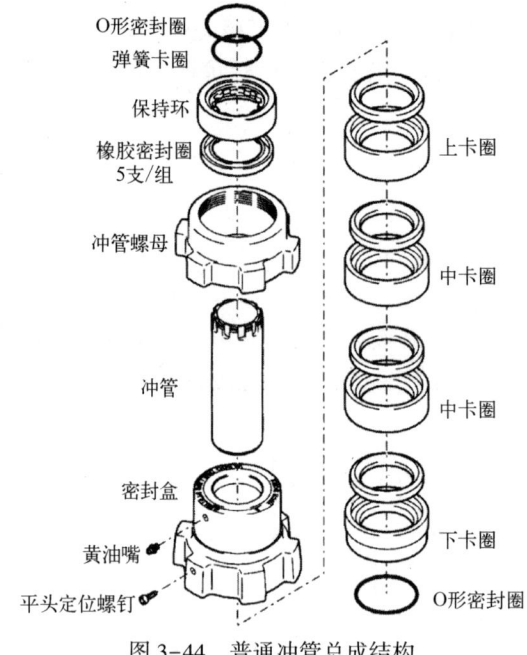

图3-44 普通冲管总成结构

2. 拆卸冲管总成

（1）将顶驱下放至接近钻台面。

（2）停止钻机绞车运转，停止钻井泵，钻井液循环系统泄压。

ⓘ 钻机提升系统和钻井液循环系统进行必要的能量隔离。

（3）停止顶驱主轴运转，启动刹车制动。

ⓘ 必须启动刹车制动，防止顶驱意外转动，造成人员伤害。

(4) 人员乘坐吊篮或者上到顶驱本体拆装冲管。

⚠ 高处作业必须使用安全带,防止人员高空坠落。

⚠ 顶驱周围严禁站人,工具需系防坠绳,防止工具掉落伤人。

(5) 顺时针方向锤击冲管总成上部螺母,直到用手能旋动为止。

(6) 顺时针方向锤击冲管总成下部螺母,直到用手能旋动为止。

⚠ 冲管总成上下连接是反扣螺纹,注意锤击方向。

⚠ 冲管总成下端螺母上有黄油嘴,锤击冲管时勿损坏黄油嘴。

(7) 手动旋开冲管总成上部、下部螺纹连接。

⚠ 拆卸上螺母时,注意手部放置的位置,防止上螺母下滑造成手部夹伤。

(8) 取出冲管总成并移送至钻台面。

⚠ 吊装、搬运过程可能发生坠落,造成人身伤害。

⚠ 使用吊带穿过冲管中心管的方式吊装,以免吊装过程中冲管脱落伤人。

3. 安装冲管总成

(1) 清理主轴上端和鹅颈管下端与冲管连接的螺纹和密封面,并涂抹润滑脂。

(2) 将冲管总成吊装到顶驱上,并放置到主轴上端和鹅颈管下端之间的安装位置。

⚠ 放置过程中要防止两端密封圈脱落或移位。

⚠ 吊装、搬运过程可能发生坠落,造成人身伤害。

⚠ 使用吊带穿过冲管中心管的方式吊装,以免吊装过程中冲管脱落伤人。

(3) 逆时针方向手动旋紧冲管总成上部、下部螺母,然后松开1/4圈。

(4) 卸松密封盒上的定位螺钉。

⚠ 冲管安装完成以后再安装黄油嘴,以免安装过程中损坏黄油嘴。

(5) 释放顶驱刹车。

(6) 转动顶驱主轴1~2圈。

⚠ 转动主轴之前,确保冲管总成周围无工具等物品。

(7) 均匀锤击冲管总成上部、下部螺母。

(8) 启动顶驱刹车,锤击至紧固。

(9) 紧固定位螺钉。

(10) 注入适量润滑脂。

(11) 释放顶驱刹车

(12) 确认立管压力为零,以 50r/min 的转速转动顶驱主轴 1min。

(13) 再次锤击紧固冲管总成上下螺母。

(14) 启动钻井泵,检查冲管应无泄漏。

⚠ 在条件允许的情况下,建议安装完冲管以后,做静压测试,以确保冲管安装到位,无泄漏。

(三) 机械冲管总成安装

1. 机械冲管总成结构

机械冲管总成由多个关键部件组成,包括上螺母、浮动总成、上密封环(静环)、下密封环（动环）、下螺母和配套 O 形密封圈等，如图 3-45 所示。核心部件是上、下密封环，一般由特殊合金、陶瓷、碳石墨、碳化硅等具有良好的耐磨性、耐高温性、耐腐蚀性以及良好的密封性能的材质制作而成。其组件及工作原理如下：

（1）上螺母：安装于鹅颈管下端的接头处，作为浮动总成的上部支撑。

（2）浮动总成：包含浮动法兰、压缩弹簧、丝杆等，通过螺栓固定在上螺母下端，给上下密封环提供压紧力，并补偿主轴旋转时可能出现的轴向或径向运动。当密封端面因磨损或其他原因产生轴向位移时，浮动总成可以推动上密封环沿轴向移动，从而补偿这种位移。

（3）上密封环（静环）：安装于浮动总成下方，具有防转槽设计，与浮动法兰的防转销配合，保持静止状态。

（4）下密封环（动环）：安装在下螺母上方，通过其上的防转槽与下螺母的防转销相匹配，随主轴一同旋转。

（5）下螺母：安装在主轴上端螺纹上，作为下密封环的安装基座；通过其上的防转销锁定下密封环，确保下密封环与主轴保持同步旋转。

（6）机械冲管总成工作时，在浮动总成压缩弹簧预压力和钻井液压力的共同作用下，使得上下密封环的接触端面紧密贴合，形成稳定的端面密封，主轴旋转时形成机械密封摩擦副，且端面维持一层极薄的液膜，既能防止钻井液泄漏，也能减小密封环磨损。

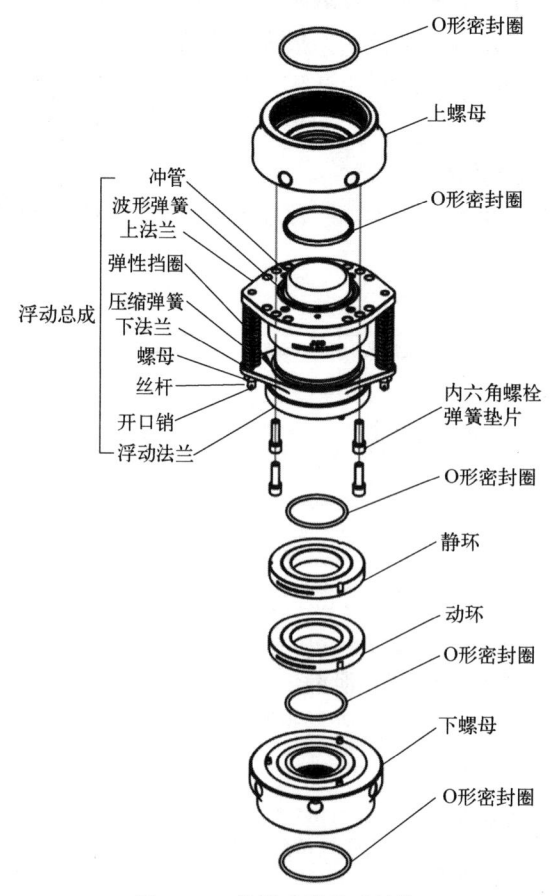

图 3-45　机械冲管总成结构

2. 机械冲管总成安装

1)安装下螺母

下螺母安装如图 3-46 所示。

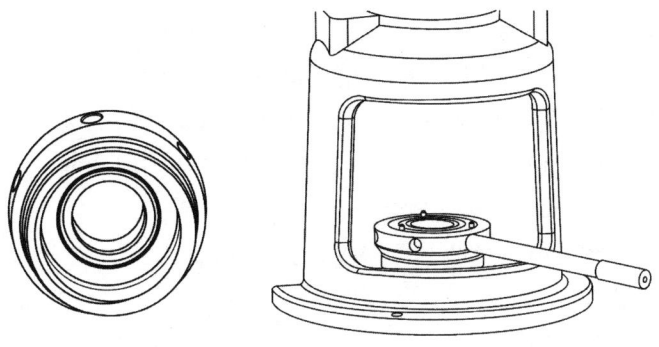

图 3-46　安装下螺母

(1) 清理主轴的密封端面和接头螺纹。
(2) 给主轴螺纹涂抹适量润滑脂。
(3) 清理下螺母螺纹及 O 形密封圈槽。
(4) 给下螺母的螺纹及 O 形密封圈槽涂抹适量润滑脂,然后安装 O 形密封圈。
(5) 将下螺母旋入主轴,最后运用扭力棒上紧下螺母。

ⓘ 冲管下螺母与主轴连接是反扣内螺纹,逆时针旋紧。

ⓘ 安装下螺母时,注意防止密封圈脱落或移位。

⚠ 使用扭力棒安装下螺母,避免使用手锤锤击,防止损伤下螺母。

⚠ 吊装、搬运过程可能发生坠落,造成人员伤害。

2)安装上螺母

上螺母安装如图 3-47 所示。

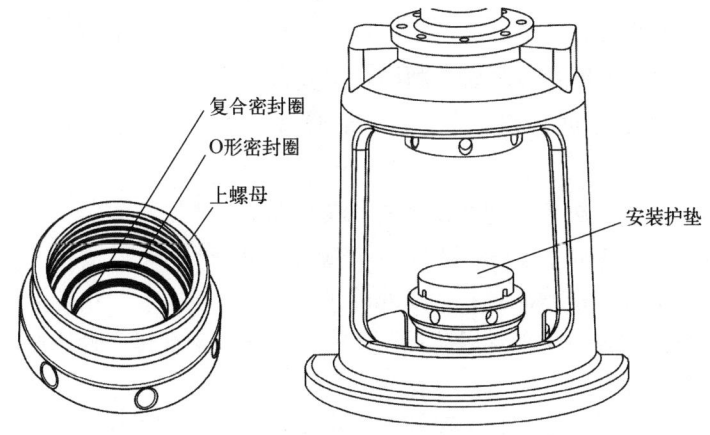

图 3-47　安装上螺母

(1) 清理下螺母的上端面,放上辅助安装护垫。
(2) 清理鹅颈管接头密封端面和接头螺纹,并给螺纹涂抹适量通用润滑脂。

(3) 清理上螺母的螺纹、O形密封圈槽及复合密封槽。

(4) 给上螺母的螺纹、O形密封圈槽及复合密封圈槽涂抹适量通用润滑脂。

(5) 安装O形密封圈和复合密封圈。

(6) 将上螺母旋入鹅颈管接头，只需手动旋紧螺纹即可，暂时不用扭力棒完全上紧。

ⓘ 冲管上螺母与鹅颈管接头连接为反扣螺纹，逆时针旋紧。

ⓘ 安装上螺母时，注意防止密封圈脱落或移位。

⚠ 使用扭力棒安装上螺母，避免使用手锤锤击，防止损伤上螺母。

⚠ 确保下螺母安装完成以后，及时放上辅助安装护垫，用于下一步安装浮动总成时，保护密封面，同时防止零部件落入主轴。

⚠ 吊装、搬运过程可能发生坠落，造成人员伤害。

3) 安装浮动总成

浮动总成安装如图3-48所示。

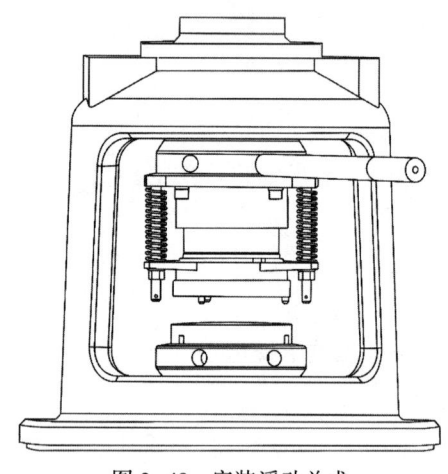

图3-48　安装浮动总成

⚠ 吊装、搬运浮动总成过程中可能发生坠落，造成人员伤害。

(1) 清理上螺母下端面。

(2) 浮动总成的冲管和波形挡圈涂抹适量润滑脂。

(3) 旋紧压缩弹簧丝杆上的螺母，使浮动总成压缩弹簧处于适当压缩状态，然后将浮动总成置于辅助安装盘之上。

(4) 旋松弹簧丝杆上的螺母，使浮动总成弹簧张开，直至浮动总成冲管进入上螺母通孔内，然后调整浮动总成，尽可能使2条弹簧分别处于3点钟方向和9点钟方向（安装人员面对冲管时），同时选择上法兰4个螺栓孔（共12个螺栓过孔）与上螺母4个螺纹孔（共12个螺纹孔）对齐，安装内六角头螺栓。选择孔对齐时，务必保证4个内六角头螺栓安装之后沿圆周均匀分布。

⚠ 调整浮动总成位置时，辅助安装盘可能脱落，导致浮动总成倾倒或坠落，造成人员伤害。

(5) 使用内六角扳手旋入前面2条螺栓（带弹垫）。

(6) 将上螺母转动180°，再旋入另外2条螺栓（带弹垫）。

(7) 然后转动上螺母，轮流拧紧4条螺栓。

(8) 给4条螺栓安装串联钢丝以防掉落。安装时转动上螺母，使串联钢丝将前面和后面2条螺栓全部串联起来。

(9) 运用扭力棒上紧上螺母，上紧扭矩不小于300N·m（220ft·lbf）。

(10) 取下辅助安装盘，留待下一次使用。

4) 安装密封环

(1) 仔细清洁浮动总成下端面及下端面上的O形密封圈槽，在O形密封圈槽内涂抹少量低黏度润滑油（齿轮油或液压油），然后安装 O 形密封圈。

（2）仔细清洁下螺母上端面及上端面上的 O 形密封圈槽，在 O 形密封圈槽内涂抹少量低黏度润滑油（齿轮油或液压油），然后安装 O 形密封圈。

（3）将动环（平面环）从包装盒内取出，仔细清洁环的上下端面，并在上端面（无防转槽）上涂抹少量低黏度润滑油（齿轮油或液压油），然后将其放置于下螺母上，使下螺母上的防转销嵌入动环上的防转槽内。

（4）将静环（台阶环）从包装盒内取出，仔细清洁环的上下端面，并在下台阶端面（无防转槽）上涂抹少量低黏度润滑油（齿轮油或液压油），然后将其放置在动环上，将静环上端面的防转槽和浮动总成下端面的防转销对齐。

（5）用扳手交替拧松 2 条丝杆上的六角螺母，使浮动总成展开，确保浮动总成下端 3 个防转销分别进入静环 3 个防转槽内。

（6）继续旋松丝杆上的 2 个六角螺母，直到六角螺母上端面与下法兰下端面间距不大于 3mm。

5）静压测试

机械冲管总成安装之后，正常运转之前，必须按以下步骤完成对冲管的静压测试。静压测试过程中顶驱主轴静止，不转动。静压测试过程中观察是否存在泄漏。

（1）缓慢加压至 2MPa，然后保持压力 5min，观察是否有泄漏。

（2）缓慢加压至 5MPa，然后保持压力 5min，观察是否有泄漏。

（3）缓慢加压至 21MPa，然后保持压力 5min，观察是否有泄漏。

（4）缓慢加压至 35MPa，然后保持压力 5min，观察是否有泄漏。

⚠ 静压测试过程中，人员必须与顶驱保持合适的安全距离，以免刺漏造成人员伤害。

6）更换密封环

（1）交替拧紧丝杆上的六角螺母，使浮动总成整体压缩，提升至适当高度（有足够空间可顺利取出静环）。

（2）拆除静环和动环。

（3）安装密封环，交替拧松丝杆上的螺母，浮动总成展开。

（4）静压测试。

（四）更换后的工作

（1）清理并核对带入作业区域的工具、配件及附件，确保不遗留任何物品在作业区域内。

（2）拆除临时隔离带。

（3）按属地 HSE 管理要求完成作业表单等相关资料。

（4）向属地负责人报告设备可随时投入运行状态。

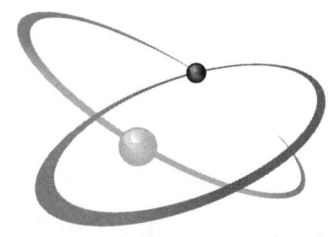

第二部分
安全作业指导

第四章　NOV顶驱安全作业指导

第一节　NOV顶驱技术特点和参数

NOV公司是一家专业的井下工具和钻井设备供应公司。该公司从20世纪60年代开始研制顶驱，已先后开发了10多种不同规格的顶驱。1981年推出TDS-1顶驱概念原型机，1983年成功研制出世界上第一台顶驱。1989年推出世界上首台集成旋转头的顶驱TDS-4S。1991年推出世界上第一台交流驱动的顶驱TDS-7S，后期经过不断改进，1997年又推出TDS-11SA顶驱，如图4-1所示。该型号的顶驱一经推出，很快就成为最畅销的顶驱；至今已经售出2000多套。为了更好适应现代油田发展，NOV公司又推出TDX-1250顶驱；2014年NOV公司发布了TDX-1500顶驱；2017年NOV公司推出了TDS-11SH顶驱，是一种扭矩更高、功能更加强大的顶驱。近两年来，该公司生产的产品已经涵盖150~350t、500t、750~1000t和1000~1500t的顶驱。

图4-1　NOV TDS-11SA顶驱

一、技术特点

（1）模块化设计，结构紧凑。NOV顶驱集成机械、电气和液压系统于一体，具有体积小、结构紧凑等特点，尤其是将液压站集成到顶驱本体上，便于搬家时安装拆卸，节约拆装时间，同时省去了液压游动管线，降低设备维护成本。

（2）结构简单实用，通用性较强。NOV顶驱结构简单、拆装方便、通用性较强，很容易安装在不同井架上，方便现场拆装和替换顶驱。

（3）性能稳定，维护成本低。NOV顶驱通过不断改进完善，可以在现场各种极端工作环境中稳定运行，最大限度保证现场作业连续性，减少设备故障时间，降低设备维护成本。

（4）适用范围广泛，满足各种恶劣环境钻井作业需求。NOV顶驱包括直流和交流顶部驱动钻井系统，可以用于油井或气井作业，可以使用在陆地或海上等极端恶劣环境。

二、技术参数

NOV顶驱各型号产品具体技术参数见表4-1。

表 4-1 NOV 各型号顶驱技术参数

参数	1000~1500t 电动顶驱			750~1000t 电动顶驱			500t 电动顶驱			150~350t 顶驱	
	TDX-1500	TDX-1250	TDX-1000	TDS-1000	TDS-8S	TDS-4S	TDS-11SA	TDS-11SH	TDS-11HD	TDS-10SH	IDS-350PE
额定功率 hp	2×1340	2×1340	2×1150	1×1150	1×1150	1100	2×400	2×550	2×600	1×400	1×1000
传动比	6.1:1	6.1:1	6.9:1	8.5:1	8.5:1	Low: 7.95:1 High: 5.08:1	10.5:1	10.56:1	10.56:1	13.1:1	12.6:1
最高转速 rpm	275	275	250	270	270	Low: 130 High: 205	228	228	228	182	212
最大连续工作扭矩 ft·lbf (kN·m)	105000 (142.36)	105000 (142.36)	91000 (123.38)	62250 (84.40)	62250 (84.40)	45500 (61.69)	37500 (50.84)	51000 (69.15)	58800 (79.72)	22288 (30.22)	37000 (50.17)
最大间歇扭矩下的速度, rpm	130	130	116	95	95	120	110	110	110	85	145
最大间歇工作扭矩 ft·lbf (kN·m)	150000 (203.37)	150000 (203.37)	150000 (203.37)	103000 (139.65)	103000 (139.65)	85000 (115.24)	75000 (101.69)	75000 (101.69)	75000 (101.69)	55000 (74.57)	65000 (88.13)
最大上扣扭矩 ft·lbf (kN·m)	120000 (162.70)	120000 (162.70)	120000 (162.70)	95000 (128.80)	95000 (128.80)	85000 (115.24)	55000 (74.57)	62500 (84.74)	62500 (84.74)	42680 (57.87)	60000 (81.35)
提升载荷 ton (kg)	1500 (1360777)	1250 (1133980)	1000 (907184)	1000 (907184)	750 (680388)	750 (680388)	500 (453592)	500 (453592)	500 (453592)	250 (226796)	350 (317514)
冲管工作压力 psi (bar)	7500 (517)	7500 (517)	7500 (517)	7500 (517)	7500 (517)	5000 or 7500 (344 or 517)	7500 (517)	7500 (517)	7500 (517)	7500 (517)	7500 (517)
钻具夹持范围 in (mm)	3½~6⅝ (88.9~168.2)	3½~6⅝ (88.9~168.2)	3½~6⅝ (88.9~168.2)	3½~6⅝ (88.9~168.2)	3½~6⅝ (88.9~168.2)	3½~6⅝ (88.9~168.2)	3½~6⅝ (88.9~168.2)	3½~6⅝ (88.9~168.2)	3½~6⅝ (88.9~168.2)	2⅞~5 (73~127)	3½~6⅝ (88.9~168.2)
冷却系统	水冷	水冷	水冷	风冷	风冷	风冷	风冷	风冷	风冷	风冷	水冷
工作温度范围 ℃ (℉)	-20~+50 (-4~+122)	-20~+50 (-4~+122)	-20~+50 (-4~+122)	-20~+45 (-4~+113)	-20~+45 (-4~+113)	-20~+45 (-40~+113)	-40~+55 (-40~+131)	-40~+55 (-40~+131)	-40~+55 (-40~+131)	-40~+55 (-40~+131)	-40~+55 (-40~+131)

注：提升载荷单位参照的是现场设备仪表实际标注单位，为方便员工使用，本书没有进行统一。

第二节　NOV 顶驱操作

💡 重要提示

顶驱操作、维护人员以及接近系统设备的其他人员，应当接受钻井操作、钻井安全知识及顶驱安全作业的相关培训。

本章在正文内容中，包含了"说明""注意"以及"警示"等内容。这些内容用于提示相关操作对人身和设备安全可能产生的伤害。具体说明如下：

ⓘ：说明，对于人身或设备安全有关事项的补充说明。

⚠：注意，对可能导致人身或设备伤害的提示。

❗：警示，对极易导致人身或设备伤害的警示。

本章中，文字加【 】符号的，表示其为电气系统的操作元件，例如开关、按钮等。

非专业人员或未经专门培训者，不得进行顶驱的操作、调试和维护工作，否则可能导致设备损坏或人身伤害。

一、司钻操作台说明

通过司钻操作台可以实现顶驱钻井所需的基本操作，设置顶驱的转速、扭矩、操作模式及钻井工况所需的各种辅助操作。顶驱的司钻操作台为正压防爆型，在其侧面装有气源处理元件，内部装有微压开关。只有司钻操作台内部气体压力达到一定值后，才具有正压防爆的作用。

本节以 NOV TDS-11SA 顶驱司钻操作台为例，对该型号顶驱司钻操作台各个按钮和指示灯功能做详细介绍，并对该型号顶驱作业过程中的基本操作做详细说明。NOV TDS-11SA 顶驱的司钻操作台操作面板如图 4-2 所示，各操作按钮元件功能说明见表 4-2。

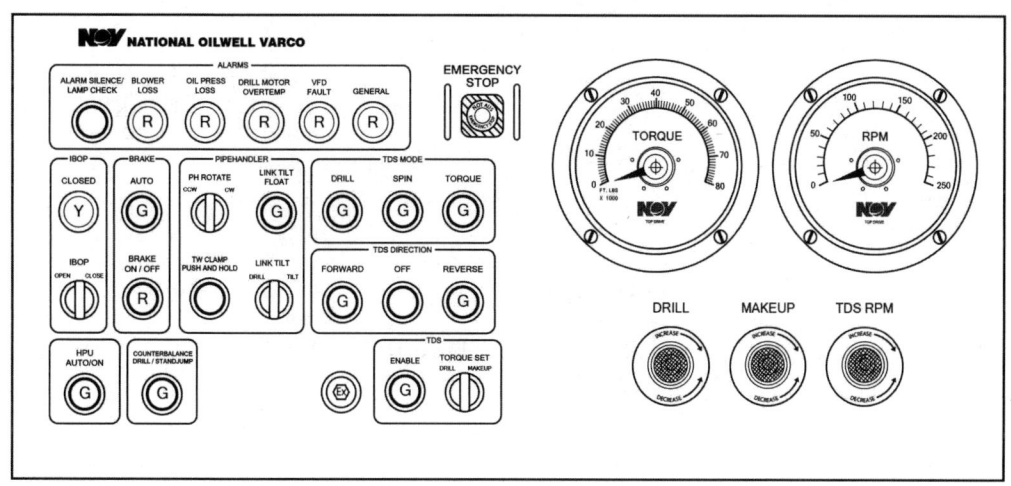

图 4-2　NOV TDS-11SA 顶驱司钻操作台

表 4-2 司钻操作台面板信息表

序号	名称	图标	类型	功能
1	警报静音/指示灯检测 ALARM SILENCE/ LAMPCHECK	ALARM SILENCE/LAMP CHECK	按钮	1. 当任何报警指示灯闪烁且喇叭鸣响时,按下【ALARM SILENCE/LAMP CHECK】按钮使警报静音,故障指示灯将一直点亮,直到故障排除。如果故障未在 5min 内清除,报警喇叭鸣响,指示灯闪烁。 2. 按住按钮 2s 后,进入指示灯测试状态,控制台指示灯全部点亮。按住按钮 4s 后,进入仪表测试状态,【TORQUE】和【RPM】仪表指示满刻度
2	风机失压 BLOWER LOSS	BLOWER LOSS (R)	红色指示灯	当检测到冷却风机风压低故障时,指示灯闪烁并发出警报声。按下警报静音【ALARM SILENCE/LAMP CHECK】按钮警报声停止,而指示灯持续亮直到故障排除
3	油压低 OIL PRESS LOSS	OIL PRESS LOSS (R)	红色指示灯	当检测到齿轮润滑系统油压低时,指示灯闪烁并发出警报声。按下警报静音【ALARM SILENCE/LAMP CHECK】按钮警报声停止,而指示灯持续亮直到故障排除
4	钻井电动机过热 DRILL MOTOR OVERTEMP	DRILL MOTOR OVERTEMP (R)	红色指示灯	当检测到电动机过热时,指示灯闪烁并发出警报声。按下警报静音【ALARM SILENCE/LAMP CHECK】按钮警报声停止,指示灯持续亮直到故障排除
5	变频器故障 VFD FAULT	VFD FAULT (R)	红色指示灯	当检测到驱动故障时,指示灯亮并发出警报。按下警报静音【ALARM SILENCE/LAMP CHECK】按钮警报声停止,指示灯持续亮直到故障排除
6	通用故障 GENERAL	GENERAL (R)	红色指示灯	当任何警报激活时,指示灯闪烁。例如,当检测到 IBOP 关闭压力低时,指示灯闪烁,喇叭鸣响
7	紧急停车 EMERGENCY STOP	EMERGENCY STOP	蘑菇形按钮	紧急停车按钮使用电缆直接连接到变频器。当按下紧急停车按钮【EMERGENCY STOP】: 1. 变频器降低主轴转速,然后主轴停转。 2. 顶驱电源断电。 3. 液压源停止工作。 4. 制动开启。 要重置系统,需将紧急停车按钮【EMERGENCY STOP】拉回到原来位置

续表

序号	名称	图标	类型	功能
8	内防喷阀关闭 IBOP CLOSED	CLOSED (Y)	黄色指示灯	当IBOP关闭时，内防喷器关闭黄色指示灯亮
9	内防喷器 打开/关闭 IBOP OPEN/CLOSE	IBOP OPEN CLOSE	二位开关	打开【OPEN】位，IBOP液缸伸长，打开内防喷器。关闭【CLOSE】位，IBOP液缸收缩，关闭内防喷器
10	自动刹车 BRAKE AUTO	AUTO (G)	绿色指示灯按钮	当按下自动刹车【AUTO】按钮时，绿色指示灯亮，表示当前刹车处于自动模式。在此模式下，转速指令发送至变频器（即【FORWARD】或者【REVERSE】模式），制动松开；当转速指令移除（即【OFF】模式），制动开启
11	刹车 打开/关闭 BRAKE ON/OFF	BRAKE ON / OFF (R)	红色指示灯按钮	任何时候只要制动开启，不论是否按下刹车【BRAKE】按钮，红色指示灯就会亮。当按下刹车【BRAKE】按钮一次，制动开启，红色指示灯亮，当再按一次刹车【BRAKE】按钮，红色指示灯熄灭，表示制动松开
12	管子处理器 旋转头 左/右 PH ROTATE CCW/CW	PH ROTATE CCW CW	三位开关	左右转动这个三位开关，当保持在【CCW】位时，旋转头逆时针旋转；保持在【CW】位时，旋转头顺时针旋转；松开时，开关自动返回中位，旋转头停止转动
13	管子处理器 背钳 TW CLAMP PUSH AND HOLD	TW CLAMP PUSH AND HOLD	按钮	当按下背钳【TW CLAMP】按钮并保持时： 1. 管子处理器旋转头逆时针旋转到合适位置。 2. 管子处理器锁定机构动作，将管子处理器定位。 3. 背钳夹紧完成，就可以执行上卸扣操作。 当松开背钳按钮，背钳释放。 当制动开启，背钳将无法工作。 当吊环未处于浮动状态，背钳将无法工作
14	吊环浮动 LINK TILT FLOAT	LINK TILT FLOAT (G)	绿色指示灯按钮	按下吊环浮动【LINK TILT FLOAT】按钮时，绿色指示灯亮，吊环浮动到中心位置。 只有吊环处于浮动状态，旋转头才能旋转
15	吊环倾斜 钻进/倾斜 LINK TILT DRILL/TILT	LINK TILT DRILL TILT	三位开关	设置为钻进【DRILL】位置时，吊环液缸收缩到标准的钻进位置，此时顶驱可以下降到距离钻台面最接近的位置；设置为倾斜【TILT】位置时，液缸伸长到便于井架工操作的位置；松开时，开关自动返回中位，吊卡保持在当前位置

续表

序号	名称	图标	类型	功能
16	钻进 DRILL	DRILL (G)	绿色指示灯按钮	按下钻进【DRILL】按钮,绿色指示灯亮,表示顶驱处于钻井模式,司钻操作转速手轮和钻井扭矩设定手轮,设置钻井参数
17	旋扣 SPIN	SPIN (G)	绿色指示灯按钮	按下旋扣【SPIN】按钮,绿色指示灯亮,表示顶驱处于旋扣模式,该模式下顶驱以固定的旋扣转速和扭矩运行
18	扭矩 TORQUE	TORQUE (G)	绿色指示灯按钮	按下扭矩【TORQUE】按钮,绿色指示灯亮,表示顶驱处于扭矩模式;该模式用于上扣和卸扣操作。当方向选择【FORWARD】,顶驱转速固定,扭矩逐渐上升到设定的上扣扭矩;当方向选择【REVERSE】,顶驱转速固定,扭矩逐渐上升到顶驱最大输出扭矩或者达到卸开接头所需的扭矩
19	正转 FORWARD	FORWARD (G)	绿色指示灯按钮	按下正转【FORWARD】按钮,绿色指示灯亮,主轴旋转方向设置为正转(顺时针方向),润滑油泵启动,转速上升到设定转速
20	关闭 OFF	OFF (○)	按钮	按下关闭【OFF】按钮,主轴停止转动
21	反转 REVERSE	REVERSE (G)	绿色指示灯按钮	按下反转【REVERSE】按钮,绿色指示灯亮,主轴旋转方向设置为反转(逆时针方向),润滑油泵启动,转速上升到设定转速
22	液压泵 自动/启动 HPU AUTO/ON	HPU AUTO/ON (G)	绿色指示灯按钮	设置为自动【AUTO】位时,通过PLC命令启动液压泵;设置为启动【ON】位时,绿色指示灯亮,无论任何模式下,液压泵都会启动
23	平衡系统 钻进/立柱上跳 COUNTERBALANCE DRILL/STAND JUMP	COUNTERBALANCE DRILL / STANDJUMP (G)	绿色指示灯按钮	在钻进【DRILL】模式,绿色指示灯灭;按下按钮一次,进入立柱上跳【STAND JUMP】模式,绿色指示灯亮;再按一次,指示灯灭,表示已返回钻进模式
24	顶驱系统使能 ENABLE	ENABLE (G)	绿色指示灯按钮	按下使能【ENABLE】按钮,绿色指示灯亮,允许司钻通过顶驱司钻操作台操作顶驱,顶驱润滑油泵和冷却系统工作,液压系统也已经准备就绪

续表

序号	名称	图标	类型	功能
25	扭矩设定 钻进扭矩/上扣扭矩 TORQUE SET DRILL/MAKEUP	TORQUE SET DRILL　MAKEUP	三位开关	转到钻进扭矩【DRILL】位置，通过调节钻井扭矩设定手轮来设置最大允许钻井扭矩。转到上扣扭矩设定【MAKEUP】位置，通过调节上扣扭矩设定手轮设置最大允许上扣扭矩
26	钻井扭矩设定手轮 DRILL	DRILL	手轮	钻井扭矩设定手轮【DRILL】用来设置最大允许钻井扭矩。旋转手轮并观察扭矩表所指示的扭矩值，就是当前设置的扭矩值
27	上扣扭矩设定手轮 MAKEUP	MAKEUP	手轮	上扣扭矩设定手轮【MAKEUP】用来设置最大允许上扣扭矩。旋转手轮并观察扭矩表所指示的扭矩值，就是当前设置的扭矩值
28	顶驱转速设定手轮 TDS RPM	TDS RPM	手轮	控制顶驱转动速度。当前转速在转速仪表上显示
29	扭矩表 0→80000ft·lbf TORQUE 0→80000ft·lbf	TORQUE	仪表 0→10V DC	显示主轴扭矩，单位 ft·lbf
30	转速表 0→250rpm RPM 0→250rpm	RPM	仪表 0→10V DC	显示主轴转速，单位 rpm

二、司钻操作台操作

安全须知

⚠ 操作人员在操作前应仔细阅读厂家说明手册、安全须知和操作规程并遵照执行，否则可能引发人身伤亡或设备损毁。

⚠ 顶驱的操作，应由具备相应资质的人员进行，并经过相关培训后方可上岗操作。非专业人员或未经专业培训者，不得操作顶驱。

❗ 钻井现场工作人员必须整齐穿戴劳动保护用品。

❗ 高处作业穿戴好安全带，作业过程中，安全带必须扣在可靠的地方。所用工具必须有安全绳，小工具要随时放进工作袋，防止高空落物。

⚠ 对设备进行维护和保养时,首先应该将设备停止运转,完全停稳后才可以开始工作。

⚠ 大风天气,严格控制上提和下放游车速度,防止顶驱游动电缆挂蹭和损坏。

⚠ 夜间作业或雨雪、沙尘等视线不佳的条件下,容易引起精神疲劳、注意力不集中,从而引发事故。应严格按照操作规程操作,不得松懈,严格控制上提和下放游车速度,钻台人员注意观察并及时提醒司钻,防止顶驱电缆等与井架及附件发生干涉和挂蹭,造成设备损坏和高空落物伤人。

(一)起下钻作业

1. 下钻

(1)司钻将【ENABLE】使能按钮按下,司钻操作台使能。【HPU】液压泵运行指示灯亮,此时液压泵处于"AUTO"自动状态,左风机和液压泵运转,如图4-3所示。

ⓘ 【HPU】液压泵运行指示灯亮,表示液压泵处于自动状态,长时间不操作顶驱,液压泵会自动停机。按下【HPU】按钮,按钮指示灯亮,液压泵处于手动状态,此时液压泵一直运行。

⚠ 液压泵运行以后,需要检查左风机是否正常运行。左风机为液压系统散热,若左风机不能正常运行,应及时停机检查,以免损坏设备。

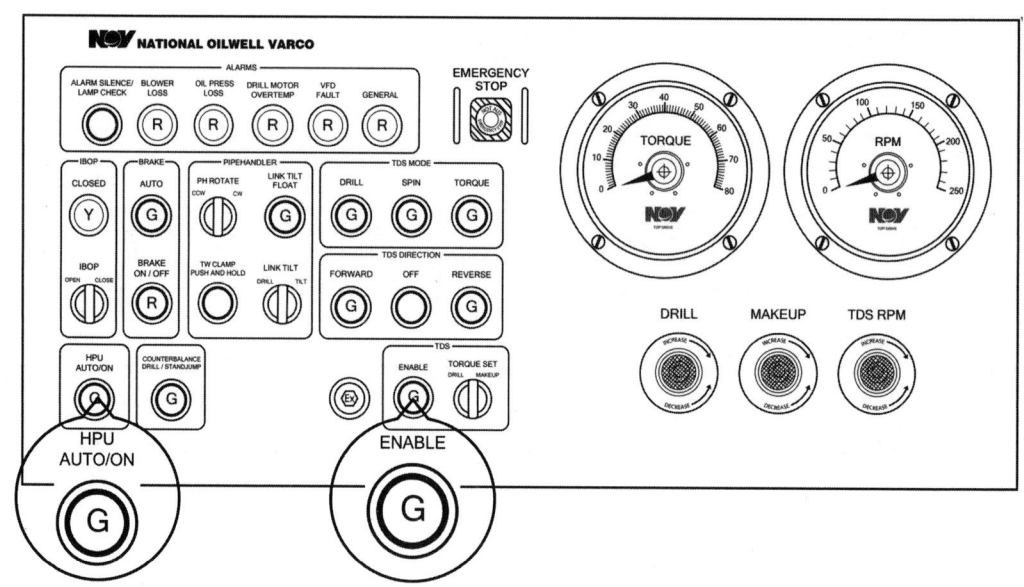

图4-3 使能和液压泵启停按钮

(2)将【IBOP】开关扳至"CLOSE"位置并保持,"CLOSED"黄色指示灯常亮,松开【IBOP】开关,自动回中位,IBOP关闭,如图4-4所示。

ⓘ 关闭IBOP主要是防止水龙带内的钻井液在上提下放顶驱过程中从顶驱主轴流出。

(3)上提游车至二层台以上合适位置,操作【PH ROTATE】旋转头开关,将吊环转到二层台井架工所需要的方向。将【LINK TILT】吊环倾斜开关扳至"TILT"前倾位置,使吊卡靠近二层台所要下放的立柱,井架工将立柱放置到吊卡中并扣好吊卡门闩,如图4-5所示。

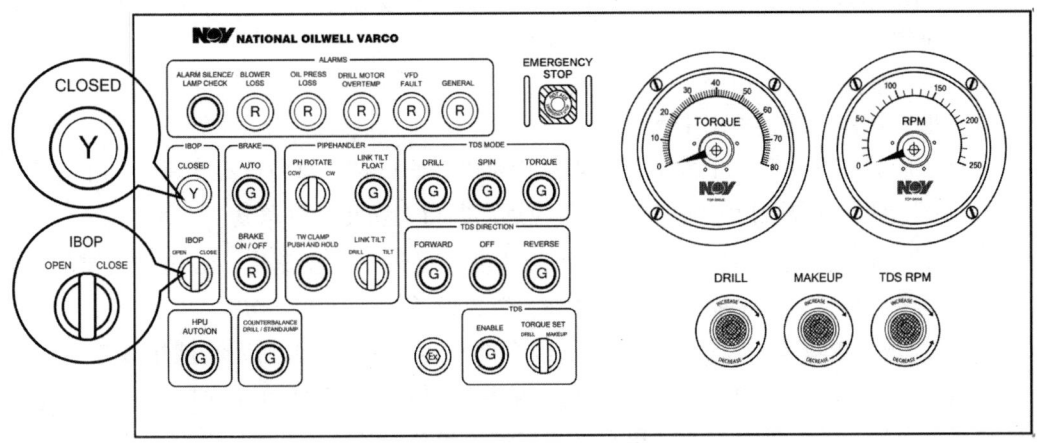

图 4-4　IBOP 关旋钮和 IBOP 关指示灯

⚠ 井架工应待吊卡稳定后再去操作，防止立柱脱出或造成人员伤害。

⚠ 只有"吊环浮动"状态下，才能转动旋转头；否则无法转动旋转头。

⚠ 游车上提、下放过程中，钻台人员应远离井口，防止高处落物伤人。

❗ 禁止吊卡悬吊钻柱时转动旋转头、旋转主轴或旋转钻柱。

❗ 上提顶驱至二层台以上位置时，应提前按下【LINK TILT FLOAT】吊环浮动按钮，使吊环处于中位，防止顶驱上提过程中吊环碰坏二层台。

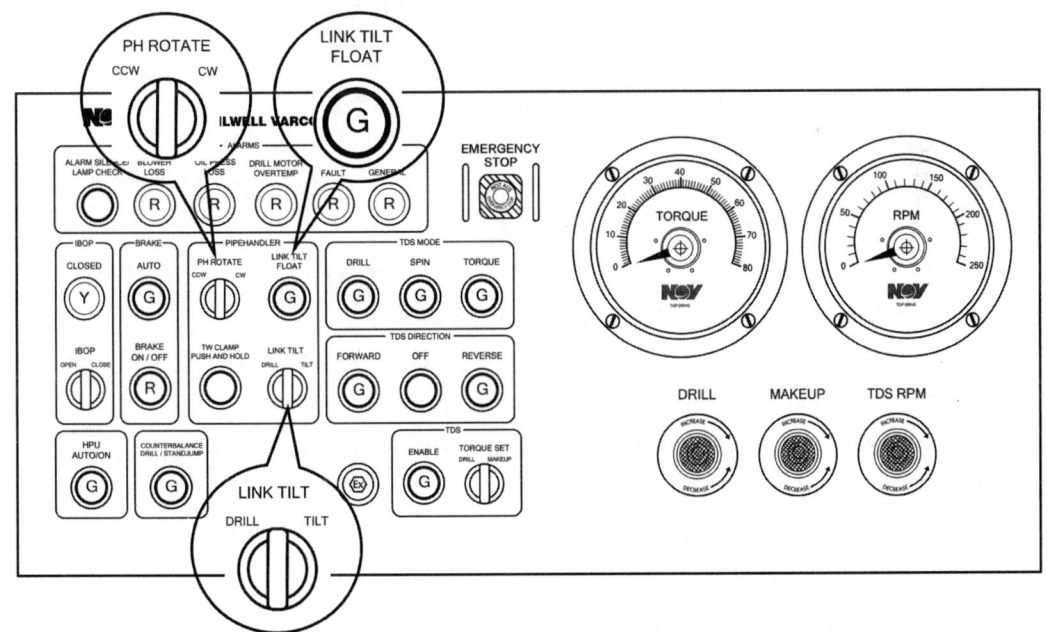

图 4-5　【PH ROTATE】【LINK TILT】和【LINK TILT FLOAT】按钮

（4）提升游车，使立柱下端高于井内钻具的上端面，按下【LINK TILT FLOAT】吊环浮动按钮，使立柱回复到中位。

⚠ 上提游车，立柱回到井口中心位置，在该过程中，钻工应用绳索拦住立柱下端，缓慢释放，防止立柱摆动磕碰损坏立柱接头或造成人员碰伤。

(5) 小幅下放游车，钻工配合将立柱下端引入井内钻具的内螺纹中。

(6) 钻工使用液压大钳完成井口钻柱上扣。

(7) 提升钻柱，钻工提出卡瓦。

(8) 下放钻柱到井口，坐放卡瓦，观察指重表，确认钻具重量已经全部坐到卡瓦上。

⚠ 游车上提、下放过程中，钻台人员应远离井口，防止高处落物。

⚠ 下放钻柱过程中，应控制下放游车的速度，观察指重表变化，防止井内发生卡阻时来不及刹住钻井绞车，导致顶驱压碰钻柱，造成设备损坏和人员伤害。

⚠ 必须观察指重表，确认钻具重量已经全部坐到卡瓦上，否则无法打开吊卡。

ⓘ 从二层台以上位置下放顶驱时，应提前按下【LINK TILT FLOAT】吊环浮动按钮，使吊环处于中位，防止顶驱下放过程中吊环压坏二层台。

(9) 打开吊卡，上提游车至二层台以上合适位置。

⚠ 确认吊卡完全打开才能上提游车。

ⓘ 上提顶驱至二层台以上位置时，应提前按下【LINK TILT FLOAT】吊环浮动按钮，使吊环处于中位，防止顶驱上提过程中吊环碰坏二层台。

(10) 重复上述步骤。

2. 起钻

(1) 司钻将【ENABLE】使能按钮按下，司钻操作台使能。【HPU】液压泵运行指示灯亮，此时液压泵处于"AUTO"自动状态，左风机和液压泵运转。

ⓘ 【HPU】液压泵运行指示灯亮，表示液压泵处于自动状态，长时间不操作顶驱，液压泵会自动停机。按下【HPU】按钮，按钮指示灯亮，液压泵处于手动状态，此时液压泵会一直运行。

⚠ 液压泵运行以后，需要检查左风机是否正常运行。左风机为液压系统散热，若左风机不能正常运行，应及时停机检查，以免损坏设备。

(2) 将【IBOP】开关扳至"CLOSE"位置并保持，"CLOSED"黄色指示灯常亮，松开【IBOP】开关，自动回中位，IBOP 关闭，如图 4-4 所示。

ⓘ 关闭 IBOP 主要是防止水龙带内的钻井液在上提下放顶驱过程中从顶驱主轴流出。如果主轴和水龙带中已经没有钻井液，可以不关闭 IBOP。

ⓘ 若使用顶驱背钳上卸扣，建议关闭 IBOP，IBOP "CLOSED"黄色指示灯闪烁一下，作为背钳夹紧完成的指示。

(3) 下放游车，吊卡扣住钻柱接头。

⚠ 吊卡扣合后，应确认吊卡门闩扣合到位。

(4) 按下【LINK TILTFLOAT】吊环浮动按钮，上提游车，提出卡瓦。

(5) 上提游车至二层台以上合适位置。

⚠ 上提钻柱速度过快，钻柱拉伸和下部钻柱反扭矩传递可能会造成钻柱反转，从而带动旋转头在吊环承载的状态下旋转，损坏旋转头密封和旋转头马达，应控制上提钻柱的速度。

⚠ 游车上提、下放过程中,钻台人员应远离井口,防止高处落物伤人。

(6) 井口坐放卡瓦,适度下放游车,观察指重表,确认钻具重量已经全部坐到卡瓦上。

⚠ 必须观察指重表,确认钻具重量已经全部坐到卡瓦上,否则无法打开吊卡。

(7) 钻工使用液压大钳卸开井口钻柱连接。

(8) 小幅上提游车,使钻柱下端的螺纹完全脱出,将【LINK TILT】吊环倾斜开关扳至"TILT"前倾位置,钻工将立柱底部摆到立柱盒相应位置,下放游车。

⚠ 司钻操作吊环"前倾"或"后倾"功能时,动作应缓慢并观察吊环角度和钻台立柱底部摆动,防止磕碰。

⚠ 如需调整吊卡开口方向,必须先将钻具下端坐放在钻台面,使吊卡不会承受钻具垂直方向的重量,然后按下【LINK TILT FLOAT】吊环浮动按钮,再操作【PH ROTATE】旋转头旋转开关,将吊环转到二层台井架工所需要的方向,如图4-5所示。

(9) 立柱底部摆放到位后,井架工打开吊卡将钻柱推入二层台指梁。

(10) 司钻在观察到井架工将立柱放置到位后,按下【LINK TILTFLOAT】吊环浮动按钮,下放游车,吊卡扣住井口钻柱接头。

⚠ 司钻只有观察到井架工将立柱推入指梁内并放置到位后,才能下放游车。

⚠ 从二层台以上位置下放顶驱时,应提前按下【LINK TILT FLOAT】吊环浮动按钮,使吊环处于中位,防止顶驱下放过程中吊环压坏二层台。

⚠ 大风天气,严格控制上提和下放游车速度,防止顶驱游动电缆挂蹭和损坏。

⚠ 夜间作业或雨雪、沙尘等视线不佳的条件下,容易引起精神疲劳,更需严格控制上提和下放游车速度,钻台人员注意观察并及时提醒司钻,防止顶驱电缆等与井架及附件发生干涉和挂蹭,造成设备损坏。

(11) 重复上述步骤。

(二) 上卸扣

将顶驱与钻杆连接,进行上扣操作;将顶驱与钻杆分离,进行卸扣操作。开始上卸扣操作前,首先检查司钻操作台面板各元件是否处于表4-3中的状态。

表4-3 司钻操作台操作元件初始状态表

位置	操作元件	状态
司钻操作台	【ALARM SILENCE/LAMP CHECK】按钮	自复位位置
	【BLOWER LOSS】风机失压指示灯	红灯灭
	【OIL PRESS LOSS】油压低指示灯	红灯灭
	【DRILL MOTOR OVERTEMP】主电动机过热指示灯	红灯灭
	【VFD FAULT】变频器故障指示灯	红灯灭
	【GENERAL】通用故障指示灯	红灯灭
	【CLOSED】关闭IBOP指示灯	黄灯灭
	【IBOP】IBOP开关	自复位位置,中位

续表

位置	操作元件	状态
司钻操作台	【AUTO】自动刹车指示灯按钮	绿灯灭
	【BRAKE ON/OFF】刹车开/关指示灯按钮	红灯灭
	【PH ROTATE】旋转头旋转开关	自复位位置，中位
	【LINK TILT FLOAT】吊环浮动指示灯按钮	初始状态，绿灯灭
	【LINK TILT】吊环倾斜开关	自复位位置，中位
	【TW CLAMP】背钳按钮	自复位位置
	【DRILL】钻进指示灯按钮	初始状态，绿灯灭
	【SPIN】旋扣指示灯按钮	初始状态，绿灯灭
	【TORQUE】扭矩指示灯按钮	初始状态，绿灯灭
	【FORWARD】正转指示灯按钮	初始状态，绿灯灭
	【OFF】关闭按钮	初始状态
	【REVERSE】反转指示灯按钮	初始状态，绿灯灭
	【HPU AUTO/ON】液压源自动/启动指示灯按钮	初始状态，绿灯灭
	【COUNTERBALANCE】钻进/立柱上跳指示灯按钮	初始状态，绿灯灭
	【ENABLE】使能指示灯按钮	初始状态，绿灯灭
	【TORQUE SET】钻进扭矩/上扣扭矩设定旋钮	自复位位置，中位
	【DRILL】钻井扭矩设定手轮	任意位置，无零位
	【MAKE UP】上扣扭矩设定手轮	任意位置，无零位
	【TDS RPM】顶驱转速设定手轮	任意位置，无零位

1. 立柱上扣

（1）顶驱下放至钻台面，司钻将【ENABLE】使能按钮按下，司钻操作台使能。【HPU】液压泵运行指示灯亮，此时液压泵处于"AUTO"自动状态，左风机和液压泵运转。

ⓘ 【HPU】液压泵运行指示灯亮，表示液压泵处于自动状态，长时间不操作顶驱，液压泵会自动停机。按下【HPU】按钮，指示灯亮，液压泵处于手动状态，此时液压泵会一直运转。

⚠ 液压泵运行以后，需要检查左风机是否正常运行。左风机为液压系统散热，若左风机不能正常运行，应及时停机检查，以免损坏设备。

（2）设定上扣扭矩，将【TORQUE SET】扭矩设定旋钮打到"MAKE UP"上扣扭矩位置并保持，顺时针缓慢调整【MAKE UP】上扣扭矩设定手轮，观察扭矩表达到所需扭矩值，释放【TORQUE SET】扭矩设定旋钮，自动回到中位，如图4-6所示。

⚠ 必须先确认对应钻具的合理上扣扭矩值，然后再设定上扣扭矩。严禁将上扣扭矩值设定超过钻具最大上扣扭矩值，以免损坏保护接头和钻具。

（3）将【IBOP】开关扳至"CLOSE"位置并保持，"CLOSED"黄色指示灯常亮，松开【IBOP】开关，自动回复到中位，IBOP关闭。

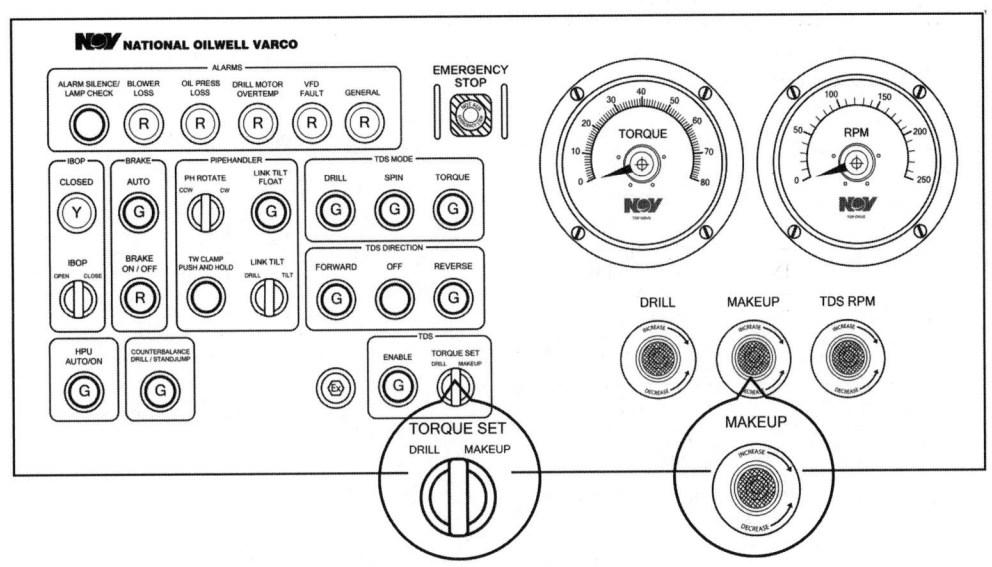

图 4-6 【TORQUE SET】上扣扭矩设定

ⓘ 关闭 IBOP 主要是防止水龙带内的钻井液在上提下放顶驱过程中从顶驱主轴流出。如果主轴和水龙带中已经没有钻井液，可以不关闭 IBOP。

ⓘ 若使用顶驱背钳上卸扣，建议关闭 IBOP，使 IBOP"CLOSED"黄色指示灯闪烁一下，作为背钳夹紧完成的指示。

（4）钻工将螺纹脂均匀涂抹到顶驱保护接头螺纹上。

⚠ 上扣操作前，必须将顶驱保护接头涂抹螺纹脂，防止保护接头和钻具粘扣。

（5）上提游车至二层台以上合适位置。

（6）操作【PH ROTATE】旋转头旋转开关，将吊环转到二层台井架工所需要的方向。

⚠ 吊卡扣入钻具前，首先调整吊卡开口方向到合适位置，严禁吊卡承载的时候转动旋转头。

（7）将【LINK TILT】吊环倾斜开关扳至"TILT"前倾位置，使吊卡靠近二层台所要下放的立柱，井架工将立柱放置到吊卡中并扣好吊卡门闩。

⚠ 井架工应待吊卡稳定后再去操作，防止钻具脱出伤人。

⚠ 只有"吊环浮动"状态下，才能转动旋转头；否则无法转动旋转头。

⚠ 游车上提、下放过程中，钻台人员应远离井口，防止高处落物伤人。

ⓘ 禁止吊卡悬吊钻柱时转动旋转头、旋转主轴或旋转钻柱。

（8）提升游车，使立柱下端高于井内钻具的上端面，按下顶驱【LINK TILT FLOAT】吊环浮动按钮，使立柱回复到中位。

⚠ 上提游车，立柱回到井口中心位置，在该过程中，钻工应用绳索拦住立柱下端，缓慢释放，防止立柱摆动磕碰损坏立柱接头或造成人员碰伤。

（9）小幅下放游车，钻工配合将立柱下端导入井内钻具的内螺纹中。

（10）使用右侧 B 型大钳夹紧在井内钻具的接头，并绷直尾绳。

（11）将"TDS DIRECTION"顶驱转向设定为【FORWARD】正转，此时"TDS

MODE"顶驱模式自动进入【DRILL】钻井模式,如图4-7所示。

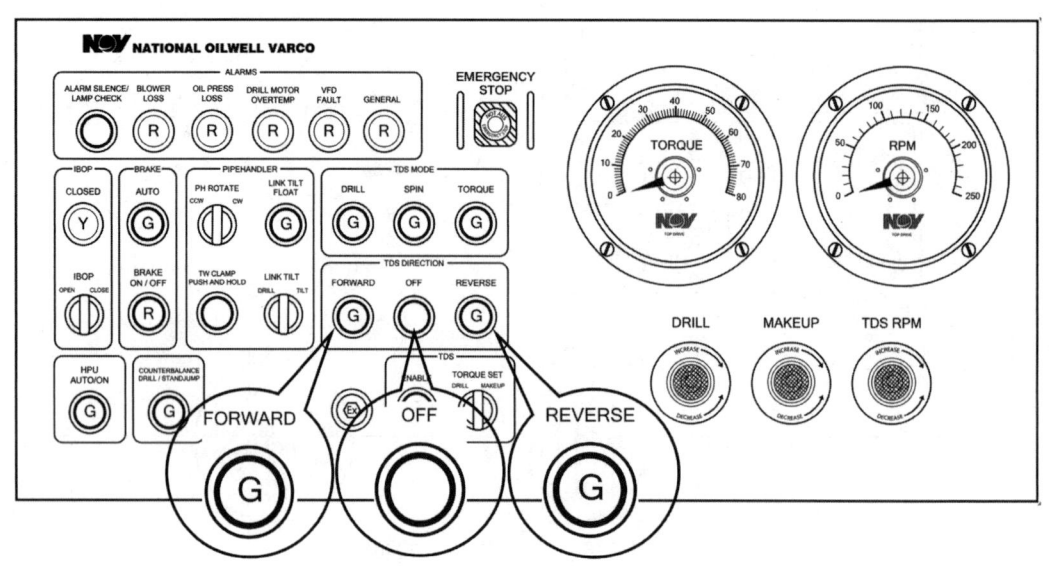

图4-7 TDS DIRECTION 转向设定

(12) 将"TDS MODE"顶驱模式选为【SPIN】旋扣模式,开始正向旋扣。

(13) 缓慢下放顶驱,保护接头缓慢导入立柱上端内螺纹,直到旋扣完成。

⚠ 旋扣过程中,缓慢下放游车,观察指重表大钩载荷变化,保持载荷等于游车、大钩和顶驱的总体悬重,勿将顶驱的全部重量压在钻柱接头上,以免旋扣时损坏螺纹。

⚠ 开始旋扣时,B型吊钳会承受反扭矩旋转并致使钢丝绳拉紧,钻台人员远离井口,司钻注意观察,若B型吊钳打滑松脱,应及时停止顶驱主轴旋转,将"TDS MODE"顶驱模式选为【DRILL】钻井模式,重新夹紧B型吊钳。B型吊钳夹紧后,钻台面人员应该远离井口区域,避免人员伤害。

(14) 小幅下放游车,使钻具不处于拉伸状态,将"TDS MODE"顶驱模式选为【TORQUE】扭矩模式并保持,观察扭矩表上扭矩值到达设定的上扣扭矩值,如图4-8所示。

⚠ 司钻加扭矩上扣的过程中,应注意观察扭矩表最终显示的扭矩值是否与设定的上扣扭矩值一致。

(15) 紧扣完成后,松开【TORQUE】按钮,"TDS MODE"自动回到【DRILL】模式。

(16)【IBOP】开关打到"OPEN"位置并保持,待"CLOSED"指示灯熄灭,IBOP打开,松开【IBOP】开关,自动回中位,此操作至关重要,必须在启动钻井泵之前完成。

❗ 严禁在IBOP关闭状态开启开钻井泵,否则可能造成设备损坏和人员伤害。

(17) 开启钻井泵,建立钻井液循环。

(18) 提升游车,取出卡瓦。

(19) 开始钻进。

2. 上扣

(1) 顶驱下放至钻台面,司钻将【ENABLE】使能按钮按下,司钻操作台使能。【HPU

第四章 NOV顶驱安全作业指导

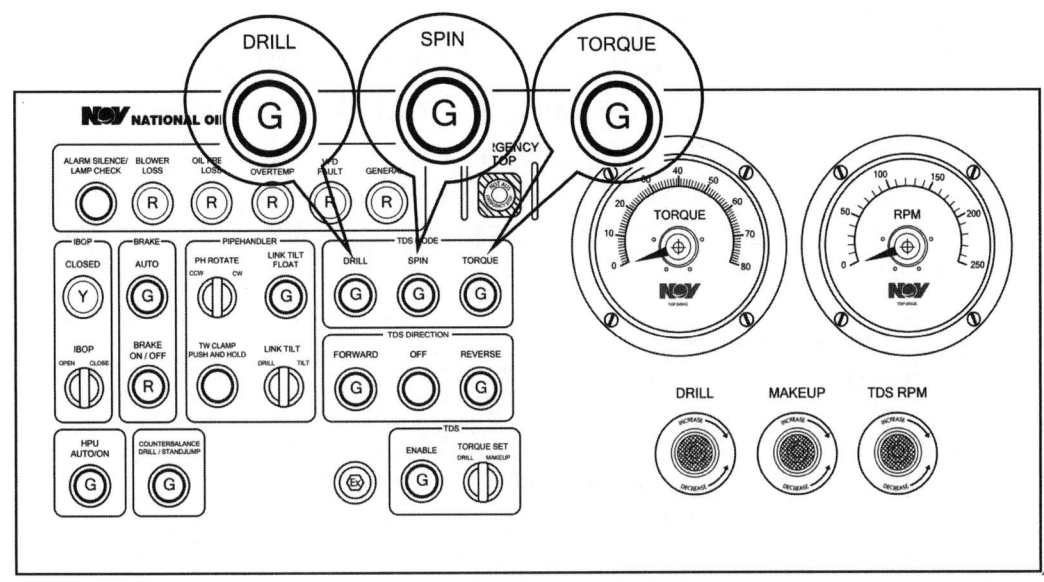

图 4-8 TDS MODE 模式设定

液压泵运行指示灯亮,此时液压泵处于"AUTO"自动状态,左风机和液压泵运转。

⚠ 液压泵运行以后,需要检查左风机是否正常运行。左风机为液压系统散热,若左风机不能正常运行,应及时停机检查,以免损坏设备。

(2) 将【IBOP】开关扳至"CLOSE"位置并保持,"CLOSED"黄色指示灯常亮,松开【IBOP】开关,自动回中位,IBOP 关闭。

ⓘ 关闭 IBOP 主要是防止水龙带内的钻井液在上提下放顶驱过程中从顶驱主轴流出。如果主轴和水龙带中已经没有钻井液,可以不关闭 IBOP。

ⓘ 若使用顶驱背钳上卸扣,建议关闭 IBOP,使 IBOP "CLOSED"黄色指示灯闪烁一下,作为背钳夹紧完成的指示。

(3) 设定上扣扭矩,将【TORQUE SET】扭矩设定旋钮打到"MAKE UP"上扣扭矩位置并保持,顺时针缓慢调整【MAKE UP】上扣扭矩设定手轮,观察扭矩表达到所需扭矩值,释放【TORQUE SET】扭矩设定旋钮,自动回到中位。

⚠ 必须先确认对应钻具的合理上扣扭矩值,然后再设定上扣扭矩。严禁将上扣扭矩值设定超过钻具最大上扣扭矩值,以免损坏保护接头和钻具。

(4) 操作【PH ROTATE】旋转头旋转开关,使顶驱背钳扭矩臂朝向坡道,将【LINK TILT】吊环倾斜开关扳至"DRILL"位置,使吊环摆到最大角度,松开【LINK TILT】吊环倾斜开关,开关自动回到中位。

⚠ 由于井口钻具接头贴近钻台面,一般都需要将吊环摆到最大角度,即"DRILL"位置时,才能下放顶驱对扣,否则可能导致倾斜油缸损坏。

(5) 将"TDS DIRECTION"顶驱转向设定为【FORWARD】正转,此时"TDS MODE"顶驱模式自动进入【DRILL】钻井模式。

(6) 钻工将螺纹脂均匀涂抹到顶驱保护接头螺纹上。

⚠ 上扣操作前,必须将顶驱保护接头涂抹螺纹脂,防止保护接头和钻具粘扣。

(7) 将"TDS MODE"顶驱模式选为【SPIN】旋扣模式,主轴低速旋转。

(8) 缓慢下放顶驱,保护接头缓慢导入立柱上端内螺纹,直到旋扣完成。

⚠ 旋扣过程中,缓慢下放游车,观察指重表大钩载荷变化,保持载荷等于游车、大钩和顶驱的总体悬重,勿将顶驱的全部重量压在钻柱接头上,以免旋扣时损坏螺纹。

(9) 旋扣结束后,按下【LINK TILT FLOAT】吊环浮动按钮,使吊环处于浮动状态,并检查【BRAKE】刹车按钮,使刹车处于松开状态,即红色刹车按钮指示灯熄灭并且"AUTO"自动刹车指示灯也熄灭,如图 4-9 所示。

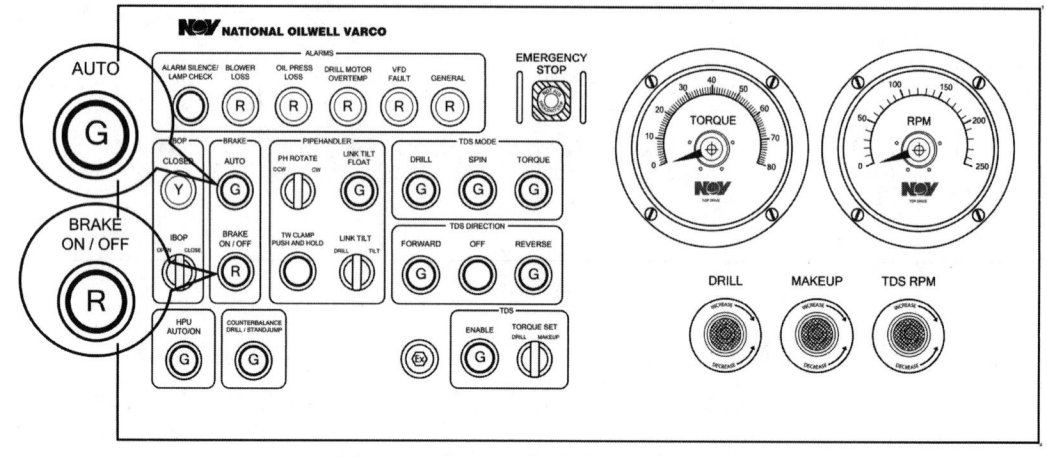

图 4-9　【BRAKE】刹车按钮指示灯

(10) 按下【TW CLAMP】背钳夹紧按钮并保持,观察 IBOP "CLOSED" 黄色指示灯从常亮状态熄灭,此时司钻操作台【GENERAL】红色报警灯闪烁并且发出"嗡嗡嗡"持续报警声,持续 3~5s,【GENERAL】红色报警灯熄灭,报警声停止,IBOP "CLOSED" 黄色指示灯重新亮起,表示背钳夹紧完成,如图 4-10 所示。

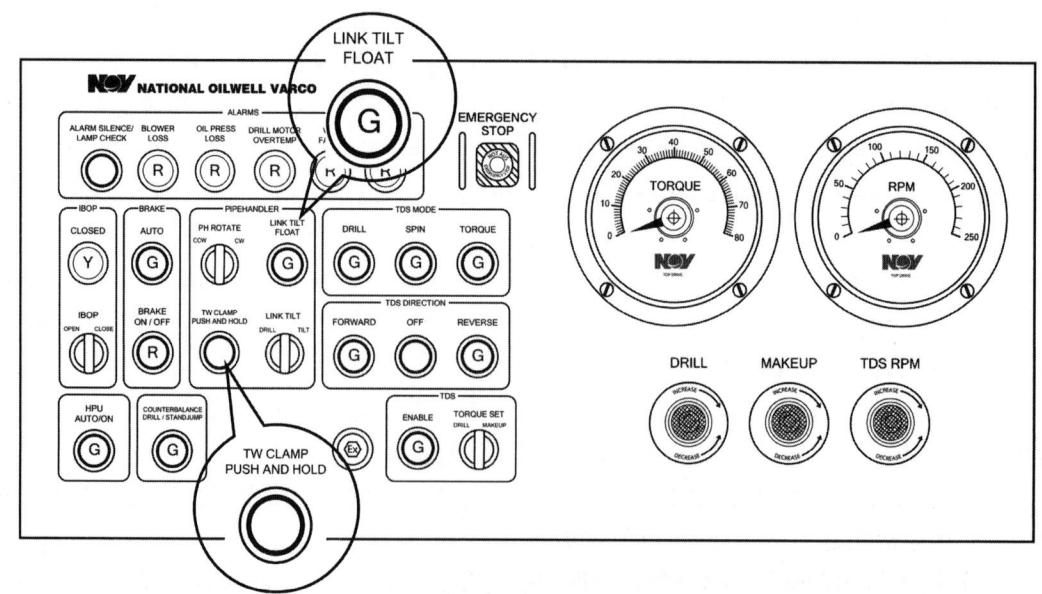

图 4-10　【TW CLAMP】背钳按钮

⚠ 背钳夹紧操作前，必须确保【LINK TILT FLOAT】吊环浮动按钮绿色指示灯亮，即吊环处于浮动状态；【BRAKE】刹车红色按钮指示灯灭并且"AUTO"自动刹车绿色指示灯也熄灭，即刹车处于松开状态。否则背钳无法夹紧。

⚠ 必须观察到 IBOP "CLOSED" 黄色指示灯闪烁一下，表示背钳夹紧完成，严禁背钳未夹紧时加扭，否则将会导致钻具接头和背钳损坏。

（11）将"TDS MODE"顶驱模式选为【TORQUE】扭矩模式并保持，观察扭矩表上扭矩值到达设定的上扣扭矩值。

⚠ 司钻加扭操作上扣的过程中，应注意观察扭矩表最终显示的扭矩值是否与设定的上扣扭矩值一致。

⚠ 主轴旋转时，吊环在倾斜状态下其 360°旋转范围内严禁站人。只有当主轴停止旋转后，相关人员才能靠近顶驱，进行提放卡瓦、保养顶驱等作业。

（12）紧扣完成后，松开【TORQUE】扭矩按钮，自动回到【DRILL】钻井模式。

（13）继续保持按下【TW CLAMP】背钳夹紧按钮，观察扭矩表已无扭矩显示，松开【TW CLAMP】背钳夹紧按钮。

⚠ 必须等待"TDS MODE"顶驱模式自动回到【DRILL】钻井模式，并且扭矩表已经没有扭矩显示才能松开【TW CLAMP】背钳夹紧按钮，否则可能导致顶驱剧烈晃动，并且损坏钻具接头和背钳。

（14）将【LINK TILT】吊环倾斜开关扳至"DRILL"位置，使吊环摆到最大角度，松开【LINK TILT】吊环倾斜开关，开关自动回到中位。

⚠ 上扣完成以后，及时将【LINK TILT】吊环倾斜开关扳至"DRILL"位置，使吊环摆到最大角度，以免上提顶驱时吊卡与钻台面发生剐蹭。

（15）IBOP 开关打到"OPEN"位置，待"CLOSED"指示灯熄灭，松开【IBOP】开关，自动回中位，IBOP 打开，此操作至关重要，必须在启动钻井液泵之前完成。

⚠ 严禁在 IBOP 关闭状态开启开钻井液泵，否则可能造成设备损坏和人员伤害。

3. 卸扣

顶驱和钻柱分离的时候，采用卸扣操作，卸扣操作无须设置卸扣扭矩，卸扣时扭矩自动缓慢增加到连接卸开为止，卸扣最大扭矩为顶驱所能输出的最大扭矩。

（1）将顶驱下放到最低位置，并且坐放卡瓦。司钻将【ENABLE】使能按钮按下，司钻操作台使能。【HPU】液压泵运行指示灯亮，此时液压泵处于"AUTO"自动状态，左风机和液压泵运转。

⚠ 液压泵运行以后，需要检查左风机是否正常运行。左风机为液压系统散热，若左风机不能正常运行，应及时停机检查，以免损坏设备。

（2）将【IBOP】开关扳至"CLOSE"位置，"CLOSED"黄色指示灯常亮，松开【IBOP】开关，自动回中位，IBOP 关闭。

⚠ 必须先确认钻井泵已停止且立管压力为零，然后再关闭 IBOP，否则可能导致憋压损坏 IBOP 和钻井泵。

（3）操作【PH ROTATE】旋转头旋转开关，使顶驱背钳扭矩臂朝向坡道，将【LINK TILT】吊环倾斜开关扳至"DRILL"位置，使吊环摆到最大角度，松开【LINK TILT】吊环倾斜开关,开关自动回到中位。

ⓘ 一般都需要将吊环摆到最大角度,即"DRILL"位置时,才能下放顶驱至靠近钻台面较低位置,适合钻具坐放卡瓦。

(4) 将"TDS DIRECTION"顶驱转向设定为【REVERSE】反转,此时"TDS MODE"顶驱模式自动进入【DRILL】钻井模式。

(5) 按下【LINK TILT FLOAT】吊环浮动按钮,使吊环处于浮动状态,并检查【BRAKE】刹车按钮,使刹车处于松开状态,即红色刹车按钮指示灯熄灭并且"AUTO"自动刹车指示灯也熄灭。

(6) 按下【TW CLAMP】背钳夹紧按钮并保持,观察IBOP"CLOSED"黄色指示灯从常亮状态熄灭,此时司钻操作台【GENERAL】红色报警灯闪烁并且发出持续报警声,持续3~5s,【GENERAL】红色报警灯熄灭,报警声停止。IBOP"CLOSED"黄色指示灯重新亮起,表示背钳夹紧完成,如图4-10所示。

⚠ 背钳夹紧操作前,必须确保【LINK TILT FLOAT】吊环浮动按钮绿色指示灯亮,即吊环处于浮动状态;【BRAKE】刹车红色按钮指示灯灭并且"AUTO"自动刹车绿色指示灯也熄灭,即刹车处于松开状态。否则背钳无法夹紧。

⚠ 必须观察到IBOP"CLOSED"黄色指示灯闪烁一下,表示背钳夹紧完成,严禁背钳未夹紧时加扭,否则将会导致钻具接头和背钳损坏。

(7) 将"TDS MODE"顶驱模式选为【TORQUE】扭矩模式并保持,观察扭矩表上扭矩值缓慢上升,直到扭矩值突然下降,此时螺纹已经卸开,松开【TORQUE】扭矩模式按钮,自动进入【DRILL】钻井模式,再次将"TDS MODE"顶驱模式选为【SPIN】旋扣模式,开始反向旋扣。

ⓘ 司钻加扭矩卸扣的过程中,若卸扣扭矩到达最大值还未卸开,重复以上夹紧背钳卸扣过程,直到卸扣完成。

⚠ 背钳夹紧状态加扭矩卸扣的过程中,严禁上提或下放游车,防止损坏钳牙座总成和背钳装置,造成设备损坏和井口落物。

(8) 松开【TW CLAMP】背钳夹紧按钮,迅速按下【COUNTERBALANCE】立柱上跳按钮,激活"STAND JUMP"立柱上跳功能,顶驱保护接头缓慢从钻柱内螺纹中脱出,司钻缓慢上提顶驱,顶驱保护接头和钻柱内螺纹完全分离,如图4-11所示。

⚠ 旋扣过程中,缓慢上提游车,观察指重表大钩载荷变化,保持载荷等于游车、大钩和顶驱的总体悬重,勿将顶驱的全部重量压在钻柱接头上,以免旋扣时损坏螺纹。

⚠ 连接螺纹松扣后,开始反向旋扣时应立刻松开背钳开关,防止背钳夹紧状态下过多旋扣而损坏钳牙座总成和背钳装置,造成设备损坏和井口落物。

(9) 将【LINK TILT】吊环倾斜开关扳至"DRILL"位置,使吊环摆到最大角度,松开【LINK TILT】吊环倾斜开关,开关自动回到中位。

⚠ 卸扣完成以后,及时将【LINK TILT】吊环倾斜开关扳至"DRILL"位置,使吊环摆到最大角度,以免上提顶驱时吊卡与钻台面发生剐蹭。

(10) 卸扣完成后,"TDS MODE"顶驱模式选为【DRILL】钻井模式,"TDS DIRECTION"顶驱转向设定为【FORWARD】正转,再次按下【COUNTERBALANCE】立柱上跳

按钮，恢复"DRILL"钻进模式设置，卸扣操作完成。

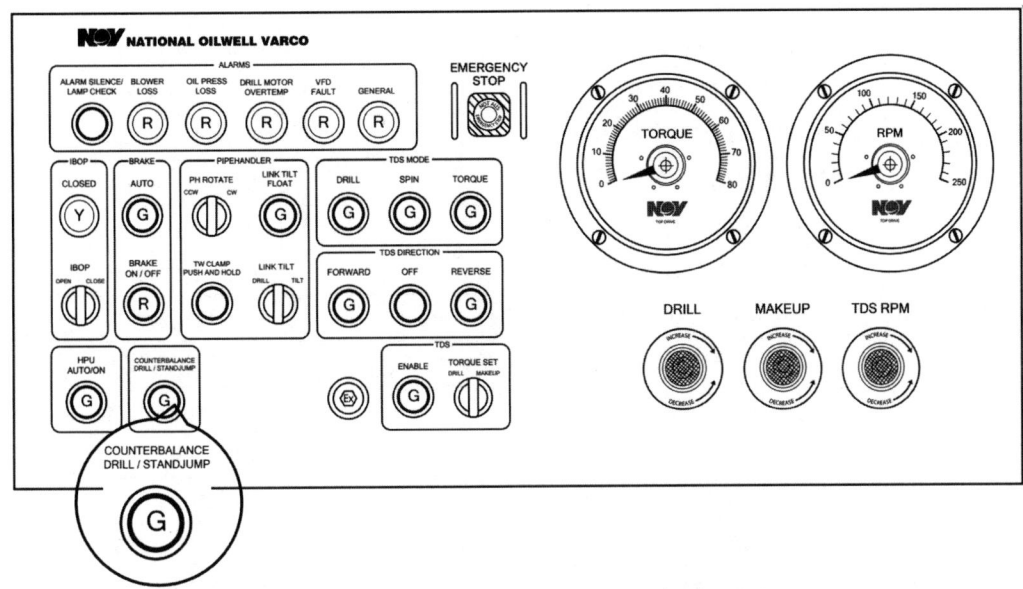

图 4-11 【COUNTERBALANCE】立柱上跳按钮

（三）钻进作业

开始进行钻进操作之前，确认顶驱供电、司钻操作台运行正常，检查司钻操作台面板各开关是否处于如表 4-4 中的状态。

表 4-4 司钻操作台操作元件初始状态表

位置	操作元件	状态
司钻操作台	【ALARM SILENCE/LAMP CHECK】按钮	自复位位置
	【BLOWER LOSS】风机失压指示灯	红灯灭
	【OIL PRESS LOSS】油压低指示灯	红灯灭
	【DRILL MOTOR OVERTEMP】主电动机过热指示灯	红灯灭
	【VFD FAULT】变频器故障指示灯	红灯灭
	【GENERAL】通用故障指示灯	红灯灭
	【CLOSED】关闭 IBOP 指示灯	黄灯灭
	【IBOP】IBOP 开关	自复位位置，中位
	【AUTO】自动刹车指示灯按钮	绿灯灭
	【BRAKE ON/OFF】刹车开/关指示灯按钮	红灯灭
	【PH ROTATE】旋转头旋转开关	自复位位置，中位
	【LINK TILT FLOAT】吊环浮动指示灯按钮	初始状态，绿灯灭
	【LINK TILT】吊环倾斜开关	自复位位置，中位
	【TW CLAMP】背钳按钮	自复位位置

续表

位置	操作元件	状态
司钻操作台	【DRILL】钻进指示灯按钮	初始状态，绿灯灭
	【SPIN】旋扣指示灯按钮	初始状态，绿灯灭
	【TORQUE】扭矩指示灯按钮	初始状态，绿灯灭
	【FORWARD】正转指示灯按钮	初始状态，绿灯灭
	【OFF】关闭按钮	初始状态
	【REVERSE】反转指示灯按钮	初始状态，绿灯灭
	【HPU AUTO/ON】液压源自动/启动指示灯按钮	初始状态，绿灯灭
	【COUNTERBALANCE】钻进/立柱上跳指示灯按钮	初始状态，绿灯灭
	【ENABLE】使能指示灯按钮	初始状态，绿灯灭
	【TORQUE SET】钻进扭矩/上扣扭矩设定旋钮	自复位位置，中位
	【DRILL】钻井扭矩设定手轮	任意位置，无零位
	【MAKE UP】上扣扭矩设定手轮	任意位置，无零位
	【TDS RPM】顶驱转速设定手轮	任意位置，无零位

1. 钻进操作

（1）司钻按下【ENABLE】使能按钮，司钻操作台使能。【HPU】液压泵运行指示灯亮，此时液压泵处于"AUTO"自动状态，左风机和液压泵运转。

（2）设定钻井扭矩值，将【TORQUE SET】扭矩设定旋钮打到"DRILL"钻井扭矩设定位置并保持，顺时针缓慢调整【DRILL】钻井扭矩设置手轮，观察扭矩表达到所需扭矩值，释放【TORQUE SET】扭矩设定旋钮，自动回到中位，如图4-12所示。

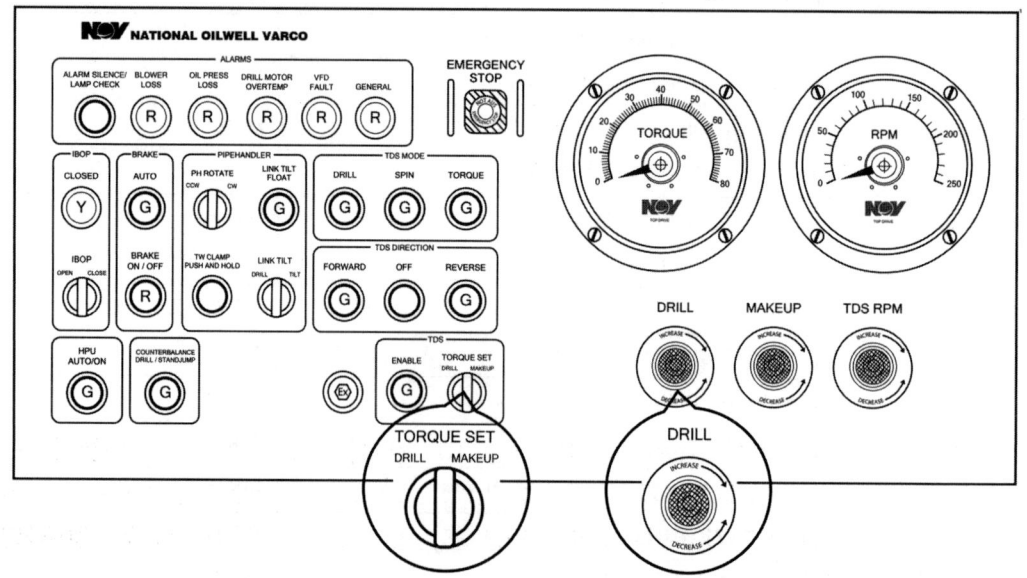

图4-12　【TORQUE SET】钻进扭矩设定旋钮

第四章 NOV顶驱安全作业指导

> ❗ 钻井扭矩限定值在钻进作业过程中可以随时调节,但应按照钻井指令进行设置,严禁私自改动;严禁钻井扭矩限定值超过上扣扭矩限定值,防止损伤顶驱保护接头和钻具螺纹。

(3) 将【IBOP】开关扳至"OPEN"位置并保持,"CLOSED"黄色指示灯常熄灭,松开【IBOP】开关,自动回中位,IBOP 打开。

(4) 将"TDS DIRECTION"顶驱转向设定为【FORWARD】正转,此时"TDS MODE"顶驱模式自动进入【DRILL】钻井模式。

(5)【BRAKE】设定为"AUTO"自动位置。

> ℹ️ 【BRAKE】设定为"AUTO"自动位置时,给定转速,刹车自动松开;转速回零,自动刹车。

(6) 顺时针缓慢调整【TDS RPM】顶驱转速设定手轮,主轴开始顺时针旋转,当转速表上显示的转速达到预设转速值,停止转动手轮,开始钻进作业,如图 4-13 所示。

> ⚠️ 给定转速前,必须确认"BRAKE"刹车状态与钻井扭矩限定值是否正确。钻进作业中,"BRAKE"刹车一般选择"AUTO"自动位置。

> ⚠️ 钻进作业中,应保持吊卡闭合并扣合在钻柱上。

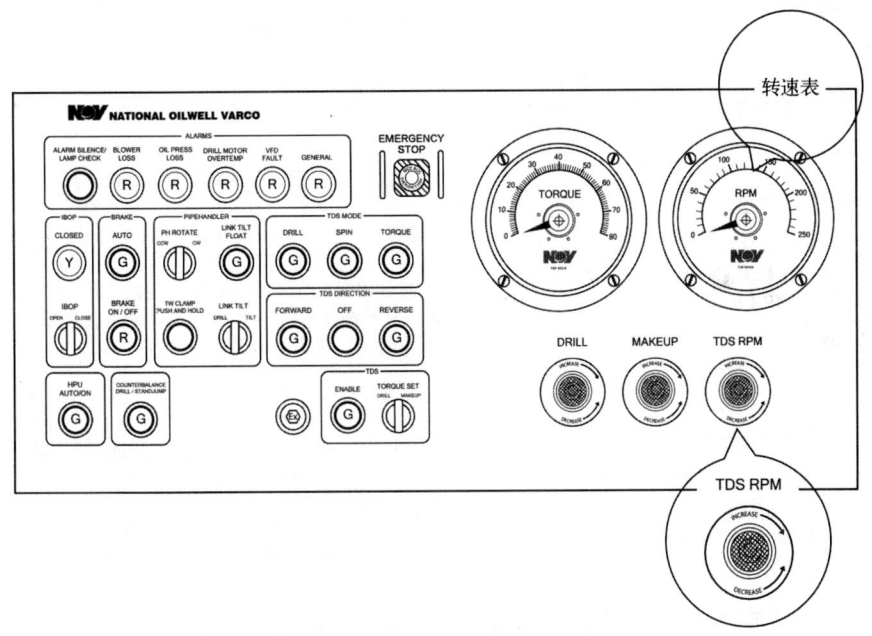

图 4-13 转速表和顶驱转速设定手轮

2. 停止钻进操作

顶驱在旋转钻进工况需要正常停止时,将【TDS RPM】顶驱转速设定手轮逆时针缓慢旋回零位,观察顶驱实际转速和司钻操作台触摸屏显示转速都降为零后,将"TDS DI-RECTION"顶驱转向选择【OFF】;如果【BRAKE】开关处于"AUTO"位置,顶驱转速降低后自动刹车制动。

> ❗ 严禁将转速设定手轮快速旋回零位。

三、不同型号顶驱司钻操作台说明

(一) NOV TDS-8SA 顶驱司钻操作台

NOV TDS-8SA 司钻操作台如图 4-14 所示,司钻操作台上按钮和指示灯功能见表 4-5。

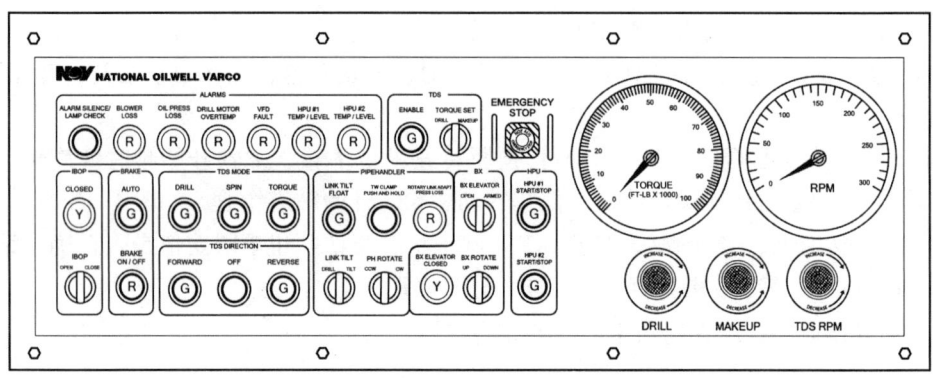

图 4-14 NOV TDS-8SA 顶驱司钻操作台

表 4-5 司钻操作台面板信息表

序号	名称	类型	功能
1	警报静音 /指示灯检测 ALARM SILENCE/ LAMP CHECK	按钮	1. 当任何报警指示灯闪烁且喇叭鸣响时,按下【ALARM SILENCE/LAMP CHECK】按钮使警报静音,故障指示灯将一直点亮,直到故障排除。如果故障未在 5min 内清除,报警喇叭鸣响,指示灯闪烁。 2. 按住按钮 2s 后,进入指示灯测试状态,控制台指示灯全部点亮。按住按钮 4s 后,进入仪表测试状态,【TORQUE】和【RPM】仪表指示满刻度
2	风机失压 BLOWER LOSS	红色指示灯	当检测到冷却风机风压低故障时,指示灯闪烁并发出警报声。按下警报静音【ALARM SILENCE/LAMP CHECK】按钮警报声停止,而指示灯持续亮直到故障排除
3	油压低 OIL PRESS LOSS	红色指示灯	当检测到齿轮润滑系统油压低时,指示灯闪烁并发出警报声。按下警报静音【ALARM SILENCE/LAMP CHECK】按钮警报声停止,而指示灯持续亮直到故障排除
4	钻井电动机过热 DRILL MOTOR OVERTEMP	红色指示灯	当检测到电动机过热时,指示灯闪烁并发出警报声。按下警报静音【ALARM SILENCE/LAMP CHECK】按钮警报声停止,指示灯持续亮直到故障排除
5	变频器故障 VFD FAULT	红色指示灯	当检测到驱动故障时,指示灯亮并发出警报。按下警报静音【ALARM SILENCE/LAMP CHECK】按钮警报声停止,指示灯持续亮直到故障排除
6	液压泵#1 高温/液位低 HPU #1 TEMP/LEVEL	红色指示灯	液压泵#1 运行时,当检测到油温高或者油箱液位低时,指示灯亮并发出警报。按下警报静音【ALARM SILENCE/LAMP CHECK】按钮警报声停止,指示灯持续亮直到故障排除

续表

序号	名称	类型	功能
7	液压泵#2 高温/液位低 HPU #2 TEMP/LEVEL	红色指示灯	液压泵#2运行时，当检测到油温高或者油箱液位低时，指示灯亮并发出警报。按下警报静音【ALARM SILENCE/LAMP CHECK】按钮警报声停止，指示灯持续亮直到故障排除
8	顶驱系统使能 ENABLE	绿色指示灯按钮	按下使能【ENABLE】按钮，绿色指示灯亮，允许司钻通过顶驱司钻操作台操作顶驱，顶驱润滑油泵和冷却系统工作，液压系统也已经准备就绪
9	扭矩设定 钻进扭矩/上扣扭矩 TORQUE SET DRILL/MAKEUP	三位开关	转到【DRILL】位置，通过调节钻井扭矩设定手轮来设置最大允许钻井扭矩。转到上扣扭矩设定【MAKEUP】位置，通过调节上扣扭矩设定手轮设置最大允许上扣扭矩
10	紧急停车 EMERGENCY STOP	蘑菇形按钮	紧急停车按钮使用电缆直接连接到变频器。当按下紧急停车按钮【EMERGENCY STOP】： 1. 变频器降低主轴转速，然后主轴停转。 2. 顶驱电源断电。 3. 液压源停止工作。 4. 制动开启。 要重置系统，请将紧急停车按钮【EMERGENCY STOP】拉回到原来位置
11	内防喷阀关闭 IBOP CLOSED	黄色指示灯	当IBOP关闭时，内防喷器关闭黄色指示灯亮
12	内防喷器 打开/关闭 IBOP OPEN/CLOSE	三位开关	打开【OPEN】位，IBOP液缸伸长，打开内防喷器。关闭【CLOSE】位，IBOP液缸收缩，关闭内防喷器
13	自动刹车 BRAKE AUTO	绿色指示灯按钮	当按下自动刹车【AUTO】按钮时，绿色指示灯亮，表示当前刹车处于自动模式。在此模式下，转速指令发送至变频器（即【FORWARD】或者【REVERSE】模式），制动松开；当转速指令移除（即【OFF】模式），制动开启
14	刹车 打开/关闭 BRAKE ON/OFF	红色指示灯按钮	任何时候只要制动开启，不论是否按下刹车【BRAKE】按钮，红色指示灯就会亮。当按下刹车【BRAKE】按钮一次，制动开启，红色指示灯亮，当再按一次刹车【BRAKE】按钮，红色指示灯熄灭，表示制动松开
15	钻进 DRILL	绿色指示灯按钮	按下钻进【DRILL】按钮，绿色指示灯亮，表示顶驱处于钻井模式，司钻操作转速手轮和钻井扭矩设定手轮，设置钻井参数
16	旋扣 SPIN	绿色指示灯按钮	按下旋扣【SPIN】按钮，绿色指示灯亮，表示顶驱处于旋扣模式，该模式下顶驱以固定的旋扣转速和扭矩运行
17	扭矩 TORQUE	绿色指示灯按钮	按下扭矩【TORQUE】按钮，绿色指示灯亮，表示顶驱处于扭矩模式；该模式用于上扣和卸扣操作。当方向选择【FORWARD】，顶驱转速固定，扭矩逐渐上升到设定的上扣扭矩；当方向选择【REVERSE】，顶驱转速固定，扭矩逐渐上升到顶驱最大输出扭矩或者达到卸开接头所需的扭矩
18	正转 FORWARD	绿色指示灯按钮	按下正转【FORWARD】按钮，绿色指示灯亮，主轴旋转方向设置为正转（顺时针方向），润滑油泵启动，转速上升到设定转速

续表

序号	名称	类型	功能
19	关闭 OFF	按钮	按下关闭【OFF】按钮,主轴停止转动
20	反转 REVERSE	绿色指示灯按钮	按下反转【REVERSE】按钮,绿色指示灯亮,主轴旋转方向设置为反转(逆时针方向),润滑油泵启动,转速上升到设定转速
21	吊环浮动 LINK TILT FLOAT	绿色指示灯按钮	按下吊环浮动【LINK TILT FLOAT】按钮时,绿色指示灯亮,吊环浮动到中心位置。 只有吊环处于浮动状态,旋转头才能旋转
22	管子处理器 背钳 TW CLAMP PUSH AND HOLD	按钮	当按下背钳【TW CLAMP】按钮并保持时: 1. 管子处理器旋转头逆时针旋转到合适位置。 2. 管子处理器锁定机构动作,将管子处理器定位。 3. 背钳夹紧完成,就可以执行上卸扣操作。 当松开背钳按钮,背钳释放。 当制动开启,背钳将无法工作。 当吊环未处于浮动状态,背钳将无法工作
23	ROTARY LINK ADAPT PRESS LOSS	红色指示灯	当检测到旋转头浮动油路压力低,指示灯闪烁并发出警报声。按下警报静音【ALARM SILENCE/LAMP CHECK】按钮警报声停止,指示灯持续亮直到故障排除
24	吊环倾斜 钻进/倾斜 LINK TILT DRILL/TILT	三位开关	设置为钻进【DRILL】位置时,吊环液缸收缩到标准的钻进位置,此时顶驱可以下降到距离钻台面最接近的位置;设置为倾斜【TILT】位置时,液缸伸长到便于井架工操作的位置;松开时,开关自动返回中位,吊卡保持在当前位置
25	管子处理器 旋转头 左/右 PH ROTATE CCW/CW	三位开关	左右转动这个三位开关,当保持在【CCW】位时,旋转头逆时针旋转;保持在【CW】位时,旋转头顺时针旋转;松开时,开关自动返回中位,旋转头停止转动
26	液压泵#1 启动/停止 HPU #1 START/STOP	绿色指示灯按钮	按下【HPU #1】按钮时,绿色指示灯亮,液压泵#1启动
27	液压泵#2 启动/停止 HPU #1 START/STOP	绿色指示灯按钮	按下【HPU #2】按钮时,绿色指示灯亮,液压泵#2启动
28	液压吊卡 打开/扣合 BX ELEVATOR OPEN/ARMED	三位开关	液压吊卡为选装功能。若已选配液压吊卡,左右转动这个三位开关,当保持在【OPEN】位时,液压吊卡打开;当保持在【ARMED】位时,液压吊卡扣合
29	液压吊卡 扣合指示灯 BX ELEVATOR CLOSED	黄色指示灯	液压吊卡为选装功能。若已选配液压吊卡,液压吊卡扣合后,【BX ELEVATOR CLOSED】黄色指示灯亮
30	液压吊卡翻转 上翻/下翻 BX ROTATE UP/DOWN	三位开关	液压吊卡为选装功能。若已选配液压吊卡,左右转动这个三位开关,当保持在【UP】位时,液压吊向上翻转;当保持在【DOWN】位时,液压吊卡向下翻转

续表

序号	名称	类型	功能
31	钻井扭矩设定手轮 DRILL	手轮	钻井扭矩设定手轮【DRILL】用来设置最大允许钻井扭矩。旋转手轮并观察扭矩表所指示的扭矩值，就是当前设置的扭矩值
32	上扣扭矩设定手轮 MAKEUP	手轮	上扣扭矩设定手轮【MAKEUP】用来设置最大允许上扣扭矩。旋转手轮并观察扭矩表所指示的扭矩值，就是当前设置的扭矩值
33	顶驱转速设定手轮 TDS RPM	手轮	控制顶驱转动速度。当前转速在转速仪表上显示
34	扭矩表 0→100000ft·lbf TORQUE 0→100000ft·lbf	仪表 0→10V DC	显示主轴扭矩，单位为 ft·lbf
35	转速表 0→250rpm RPM 0→250rpm	仪表 0→10V DC	显示主轴转速，单位为 rpm

（二）NOV TDS-10SA 顶驱司钻操作台

NOV TDS-10SA 司钻操作台如图 4-15 所示，司钻操作台上按钮和指示灯功能见表 4-6。

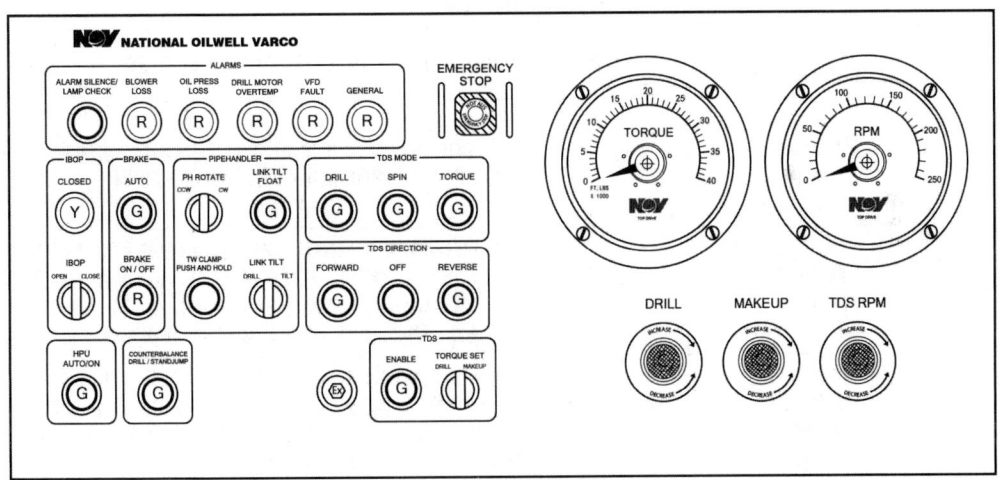

图 4-15　NOV TDS-10SA 顶驱司钻操作台

表 4-6　司钻操作台面板信息表

序号	名称	类型	功能
1	警报静音/指示灯检测 ALARM SILENCE/LAMP CHECK	按钮	1. 当任何报警指示灯闪烁且喇叭鸣响时，按下【ALARM SILENCE/LAMP CHECK】按钮使警报静音，故障指示灯将一直点亮，直到故障排除。如果故障未在 5min 内清除，报警喇叭鸣响，指示灯闪烁。 2. 按住按钮 2s 后，进入指示灯测试状态，控制台指示灯全部点亮。按住按钮 4s 后，进入仪表测试状态，【TORQUE】和【RPM】仪表指示满刻度

续表

序号	名称	类型	功能
2	风机失压 BLOWER LOSS	红色指示灯	当检测到冷却风机风压低故障时,指示灯闪烁并发出警报声。按下警报静音【ALARM SILENCE/LAMP CHECK】按钮警报声停止,而指示灯持续亮直到故障排除
3	油压低 OIL PRESS LOSS	红色指示灯	当检测到齿轮润滑系统油压低时,指示灯闪烁并发出警报声。按下警报静音【ALARM SILENCE/LAMP CHECK】按钮警报声停止,而指示灯持续亮直到故障排除
4	钻井电动机过热 DRILL MOTOR OVERTEMP	红色指示灯	当检测到电动机过热时,指示灯闪烁并发出警报声。按下警报静音【ALARM SILENCE/LAMP CHECK】按钮警报声停止,指示灯持续亮直到故障排除
5	变频器故障 VFD FAULT	红色指示灯	当检测到驱动故障时,指示灯亮并发出警报。按下警报静音【ALARM SILENCE/LAMP CHECK】按钮警报声停止,指示灯持续亮直到故障排除
6	通用故障 GENERAL	红色指示灯	当任何警报激活时,指示灯闪烁。例如,当检测到IBOP关闭压力低时,指示灯闪烁,喇叭鸣响
7	紧急停车 EMERGENCY STOP	蘑菇形按钮	紧急停车按钮使用电缆直接连接到变频器。当按下紧急停车按钮【EMERGENCY STOP】: 1. 变频器降低主轴转速,然后主轴停转。 2. 顶驱电源断电。 3. 液压源停止工作。 4. 制动开启。 要重置系统,请将紧急停车按钮【EMERGENCY STOP】拉回到原来位置
8	内防喷阀关闭 IBOP CLOSED	黄色指示灯	当IBOP关闭时,内防喷器关闭黄色指示灯亮
9	内防喷器 打开/关闭 IBOP OPEN/CLOSE	二位开关	打开【OPEN】位,IBOP液缸伸长,打开内防喷器。关闭【CLOSE】位,IBOP液缸收缩,关闭内防喷器
10	自动刹车 BRAKE AUTO	绿色指示灯 按钮	当按下自动刹车【AUTO】按钮时,绿色指示灯亮,表示当前刹车处于自动模式。在此模式下,转速指令发送至变频器(即【FORWARD】或者【REVERSE】模式),制动松开;当转速指令移除(即【OFF】模式),制动开启
11	刹车 打开/关闭 BRAKE ON/OFF	红色指示灯 按钮	任何时候只要制动开启,不论是否按下刹车【BRAKE】按钮,红色指示灯就会亮。当按下刹车【BRAKE】按钮一次,制动开启,红色指示灯亮,当再按一次刹车【BRAKE】按钮,红色指示灯熄灭,表示制动松开
12	管子处理器 旋转头 左/右 PH ROTATE CCW/CW	三位开关	左右转动这个三位开关,当保持在【CCW】位时,旋转头逆时针旋转;保持在【CW】位时,旋转头顺时针旋转;松开时,开关自动返回中位,旋转头停止转动
13	管子处理器 背钳 TW CLAMP PUSH AND HOLD	按钮	当按下背钳【TW CLAMP】按钮并保持时: 1. 管子处理器旋转头逆时针旋转到合适位置。 2. 管子处理器锁定机构动作,将管子处理器定位。 3. 背钳夹紧完成,就可以执行上卸扣操作。 当松开背钳按钮,背钳释放。 当制动开启,背钳将无法工作。 当吊环未处于浮动状态,背钳将无法工作

续表

序号	名称	类型	功能
14	吊环浮动 LINK TILT FLOAT	绿色指示灯按钮	按下吊环浮动【LINK TILT FLOAT】按钮时,绿色指示灯亮,吊环浮动到中心位置。只有吊环处于浮动状态,旋转头才能旋转
15	吊环倾斜 钻进/倾斜 LINK TILT DRILL/TILT	三位开关	设置为钻进【DRILL】位置时,吊环液缸收缩到标准的钻进位置,此时顶驱可以下降到距离钻台面最接近的位置;设置为倾斜【TILT】位置时,液缸伸长到便于井架工操作的位置;松开时,开关自动返回中位,吊卡保持在当前位置
16	钻进 DRILL	绿色指示灯按钮	按下钻进【DRILL】按钮,绿色指示灯亮,表示顶驱处于钻井模式,司钻操作转速手轮和钻井扭矩设定手轮,设置钻井参数
17	旋扣 SPIN	绿色指示灯按钮	按下旋扣【SPIN】按钮,绿色指示灯亮,表示顶驱处于旋扣模式,该模式下顶驱以固定的旋扣转速和扭矩运行
18	扭矩 TORQUE	绿色指示灯按钮	按下扭矩【TORQUE】按钮,绿色指示灯亮,表示顶驱处于扭矩模式;该模式用于上扣和卸扣操作。当方向选择【FORWARD】,顶驱转速固定,扭矩逐渐上升到设定的上扣扭矩;当方向选择【REVERSE】,顶驱转速固定,扭矩逐渐上升到顶驱最大输出扭矩或者达到卸开接头所需的扭矩
19	正转 FORWARD	绿色指示灯按钮	按下正转【FORWARD】按钮,绿色指示灯亮,主轴旋转方向设置为正转(顺时针方向),润滑油泵启动,转速上升到设定转速
20	关闭 OFF	黑色按钮	按下关闭【OFF】按钮,主轴停止转动
21	反转 REVERSE	绿色指示灯按钮	按下反转【REVERSE】按钮,绿色指示灯亮,主轴旋转方向设置为反转(逆时针方向),润滑油泵启动,转速上升到设定转速
22	液压泵 自动/启动 HPU AUTO/ON	绿色指示灯按钮	设置为自动【AUTO】时,通过PLC命令启动液压泵;设置为启动【ON】位时,绿色指示灯亮,无论任何模式下,液压泵都会启动
23	平衡系统 钻进/立柱上跳 COUNTERBALANCE DRILL/STAND JUMP	绿色指示灯按钮	在钻进【DRILL】模式,绿色指示灯灭,按下按钮一次,进入立柱上跳【STAND JUMP】模式,绿色指示灯亮;再按一次,指示灯灭,表示已返回钻进模式
24	顶驱系统使能 ENABLE	绿色指示灯按钮	按下使能【ENABLE】按钮,绿色指示灯亮,允许司钻通过顶驱司钻操作台操作顶驱,顶驱润滑油泵和冷却系统工作,液压系统也已经准备就绪
25	扭矩设定 钻进扭矩/上扣扭矩 TORQUE SET DRILL/MAKEUP	三位开关	转到【DRILL】位置,通过调节钻井扭矩设定手轮来设置最大允许钻井扭矩。转到上扣扭矩设定【MAKEUP】位置,通过调节上扣扭矩设定手轮设置最大允许上扣扭矩
26	钻井扭矩设定手轮 DRILL	手轮	钻井扭矩设定手轮【DRILL】用来设置最大允许钻井扭矩。旋转手轮并观察扭矩表所指示的扭矩值,就是当前设置的扭矩值
27	上扣扭矩设定手轮 MAKEUP	手轮	上扣扭矩设定手轮【MAKEUP】用来设置最大允许上扣扭矩。旋转手轮并观察扭矩表所指示的扭矩值,就是当前设置的扭矩值

续表

序号	名称	类型	功能
28	顶驱转速设定手轮 TDS RPM	手轮	控制顶驱转动速度。当前转速在转速仪表上显示
29	扭矩表 0→40000ft·lbf TORQUE 0→40000ft·lbf	仪表 0→10V DC	显示主轴扭矩,单位为ft·lbf
30	转速表 0→250rpm RPM 0→250rpm	仪表 0→10V DC	显示主轴转速,单位为rpm

(三) NOV TDS-11SA (西门子电控系统) 顶驱司钻操作台

NOV TDS-11SA (西门子电控系统) 顶驱司钻操作台如图4-16所示,司钻操作台上按钮和指示灯功能见表4-7。

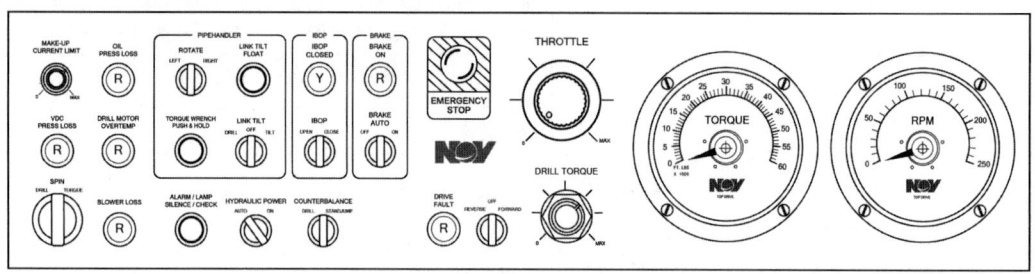

图4-16 NOV TDS-11SA (西门子电控系统) 顶驱司钻操作台

表4-7 司钻操作台面板信息表

序号	名称	类型	功能
1	上扣扭矩电流限制 0→最大 MAKE-UP CURRENT LIMIT 0→MAX	旋钮	设置最大允许上扣扭矩。扭矩可以通过设置刹车和调节上扣扭矩电流限制进行调节;升高或降低扭矩表显示的读数
2	油压低 OIL PRESS LOSS	红色指示灯	当检测到齿轮润滑系统油压低时,指示灯闪烁并发出警报声。按下警报静音【ALARM SILENCE/LAMP CHECK】按钮警报声停止,而指示灯持续亮直到故障排除
3	司钻操作台压力低 VDC PRESS LOSS	红色指示灯	当检测到司钻操作台的气体压力低时,指示灯闪烁并发出警报声。按下警报静音【ALARM SILENCE/LAMP CHECK】按钮警报声停止,而指示灯持续亮直到故障排除
4	钻井电动机过热 DRILL MOTOR OVERTEMP	红色指示灯	当检测到一个电动机过热时,指示灯闪烁并发出警报声。按下警报静音【ALARM SILENCE/LAMP CHECK】按钮警报声停止,指示灯持续亮直到故障排除
5	钻进/旋扣/扭矩 DRILL/SPIN /TORQUE	三位开关	转到钻进【DRILL】位选择钻井模式,旋转速度由转速手轮控制,最大扭矩由钻井扭矩【DRILL TORQUE】旋钮控制;转到旋扣【SPIN】模式是固定速度模式;转到扭矩【TORQUE】模式是上卸扣加扭矩模式,上扣最大扭矩由上扣扭矩【MAKE-UP CURRENT LIMIT】旋钮控制,卸扣最大扭矩为系统额度输出最大扭矩

续表

序号	名称	类型	功能
6	鼓风机失风 BLOWER LOSS	红色指示灯	当检测到冷却风机故障时，指示灯闪烁并发出警报声。按下警报静音【ALARM SILENCE/LAMP CHECK】按钮警报声停止，指示灯持续亮直到故障排除
7	警报静音 /指示灯检测 ALARM SILENCE /LAMP CHECK	按钮	当警报声响时用于警报静音，而指示灯持续亮直到故障排除。如果故障在5min内没有排除，再一次发出警报。当按下【ALARM SILENCE/LAMP CHECK】按钮保持2s，司钻操作台上的所有指示灯亮，可用于检测指示灯
8	液压系统 自动/启动 HYDRAULIC POWER AUTO/ON	二位开关	设置为自动【AUTO】时，通过PLC命令启动液压泵；设置为启动【ON】位时，直接启动液压泵
9	平衡系统 钻进/立柱上跳 COUNTERBALANCE DRILL/STAND JUMP	二位开关	在钻进【DRILL】模式，平衡油缸压力平衡顶驱的重量；在立柱上跳【STAND JUMP】模式，平衡油缸充压提升顶驱，卸扣时保护接头螺纹
10	管子处理器 旋转头 左/右 ROTATE LEFT/RIGHT	三位开关	当保持在【LEFT】位时，旋转头向左旋转；保持在【RIGHT】位时，旋转头向右旋转；松开时，开关自动返回中位，旋转头停止转动
11	管子处理器 吊环浮动 LINK TILT FLOAT	按钮	按下吊环浮动【LINK TILT FLOAT】按钮时，吊环浮动到中心位置。只有吊环处于浮动状态，旋转头才能旋转
12	背钳开关 TORQUE WRENCH PUSH HOLD	按钮	当按下背钳【TORQUE WRENCH】按钮并保持时： 1. 管子处理器旋转头逆时针旋转到合适位置。 2. 管子处理器锁定机构动作，将管子处理器定位。 3. 背钳夹紧完成，就可以执行卸扣操作。 当松开背钳按钮，背钳释放。 当制动开启，背钳将无法工作。 当吊环未处于浮动状态，背钳将无法工作
13	吊环倾斜 钻进/关闭/倾斜 （PIPEHANDLER） LINK TILT DRILL/OFF/TILT	三位开关	设置为钻进【DRILL】位置时，吊环液缸收缩到标准的钻进位置，此时顶驱可以下降到距离钻台面最接近的位置；设置为倾斜【TILT】位置时，液缸伸长到便于井架工操作的位置；设置为关闭【OFF】位置时，吊环保持在当前位置
14	刹车 BRAKE ON	红色指示灯	指示灯亮表示刹车制动开启，指示灯灭表示刹车制动松开
15	刹车 关闭/自动/打开 BRAKE OFF/AUTO/ON	三位开关	设置为打开【ON】时，刹车制动工作，指示灯亮。设置到【AUTO】时，当给定转速时刹车制动松开，指示灯灭。转速回零时，刹车制动工作，指示灯亮。设置为关闭【OFF】位置时，刹车松开，指示灯灭
16	内防喷阀关闭 IBOP CLOSED	黄色指示灯	当IBOP关闭时，内防喷器关闭黄色指示灯亮
17	内防喷器 打开/关闭 IBOP OPEN/CLOSE	二位开关	打开【OPEN】位，IBOP液缸伸长，打开内防喷器；关闭【CLOSE】位，IBOP液缸收缩，关闭内防喷器

续表

序号	名称	类型	功能
18	紧急停车 EMERGENCY STOP	蘑菇形按钮	紧急停车按钮使用电缆直接连接到变频器。当按下紧急停车按钮【EMERGENCY STOP】： 1. 变频器降低主轴转速，然后主轴停转。 2. 顶驱电源断电。 3. 液压源停止工作。 4. 制动开启。 要重置系统，请将紧急停车按钮【EMERGENCY STOP】拉回到原来位置
19	钻井转速手轮 0→最大 THROTTLE 0→MAX	仪表	控制主轴转动速度，转速在转速仪表上显示
20	驱动故障 DRIVE FAULT	红色指示灯	当检测到驱动故障时，指示灯亮并发出警报。按下警报静音【ALARM SILENCE/LAMP CHECK】按钮警报声停止，指示灯持续亮直到故障排除
21	反转/停止/正转 REVERSE/OFF/FORWARD	三位开关	转到正转【FORWARD】位置，主轴旋转方向设置为正转（顺时针方向），转到反转【REVERSE】位置，主轴旋转方向设置为反转（逆时针方向），转到关闭【OFF】位置，主轴停止转动
22	钻井扭矩 0→最大 DRILL TORQUE 0→MAX	旋钮	钻进操作期间，通过设置变频器中的电流限制来设置最大允许钻井扭矩。扭矩可以通过设置制动和调节钻井扭矩仪表进行调节，升高和降低在扭矩表中显示的扭矩值
23	扭矩表 0→60000ft·lbf TORQUE 0→60000ft·lbf	仪表 0→10V DC	显示主轴实际扭矩，单位为 ft·lbf
24	转速表 0→250rpm RPM 0→250rpm	仪表 0→10V DC	显示主轴转速，单位为 rpm。转速通过钻速手轮控制

（四）NOV TDS-11SH 顶驱司钻操作台

NOV TDS-11SH 司钻操作台如图 4-17 所示，司钻操作台上按钮和指示灯功能见表 4-8。

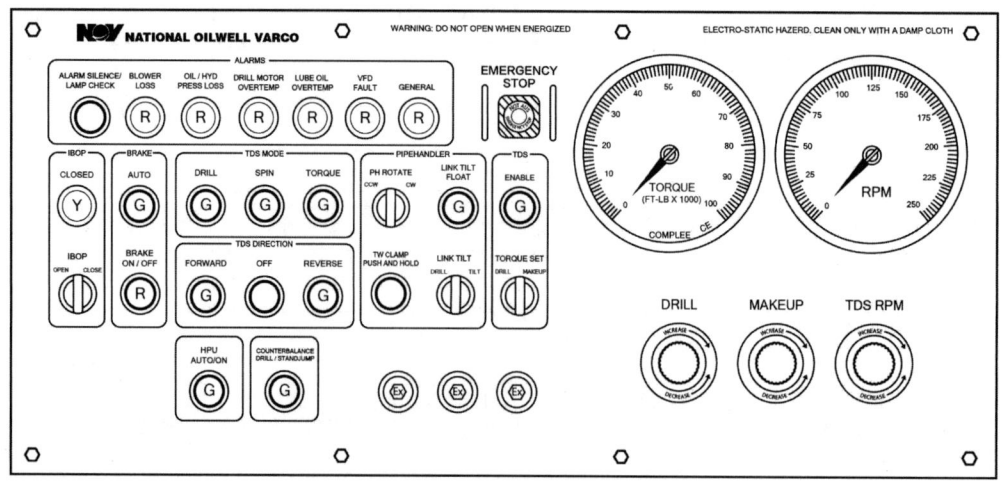

图 4-17　NOV TDS-11SH 顶驱司钻操作台

第四章 NOV顶驱安全作业指导

表 4-8 司钻操作台面板信息表

序号	名称	类型	功能
1	警报静音/指示灯检测 ALARM SILENCE/LAMP CHECK	按钮	1. 当任何报警指示灯闪烁且喇叭鸣响时,按下【ALARM SILENCE/LAMP CHECK】按钮使警报静音,故障指示灯将一直点亮,直到故障排除。如果故障未在 5min 内清除,报警喇叭鸣响,指示灯闪烁。 2. 按住按钮 2s 后,进入指示灯测试状态,控制台指示灯全部点亮。按住按钮 4s 后,进入仪表测试状态,【TORQUE】和【RPM】仪表指示满刻度
2	风机失压 BLOWER LOSS	红色指示灯	当检测到冷却风机风压低故障时,指示灯闪烁并发出警报声。按下警报静音【ALARM SILENCE/LAMP CHECK】按钮警报声停止,而指示灯持续亮直到故障排除
3	油压低 OIL/HYD PRESS LOSS	红色指示灯	当检测到齿轮润滑系统油压低或液压系统油压低时,指示灯闪烁并发出警报声。按下警报静音【ALARM SILENCE/LAMP CHECK】按钮警报声停止,而指示灯持续亮直到故障排除
4	钻井电动机过热 DRILL MOTOR OVERTEMP	红色指示灯	当检测到电动机过热时,指示灯闪烁并发出警报声。按下警报静音【ALARM SILENCE/LAMP CHECK】按钮警报声停止,指示灯持续亮直到故障排除
5	润滑油高温 LUBE OIL OVERTEMP	红色指示灯	当检测到齿轮润滑系统油温高时,指示灯闪烁并发出警报声。按下警报静音【ALARM SILENCE/LAMP CHECK】按钮警报声停止,而指示灯持续亮直到故障排除
6	变频器故障 VFD FAULT	红色指示灯	当检测到驱动故障时,指示灯亮并发出警报。按下警报静音【ALARM SILENCE/LAMP CHECK】按钮警报声停止,指示灯持续亮直到故障排除
7	通用故障 GENERAL	红色指示灯	当任何警报激活时,指示灯闪烁。例如,当检测到 IBOP 关闭压力低时,指示灯闪烁,喇叭鸣响
8	紧急停车 EMERGENCY STOP	蘑菇形按钮	紧急停车按钮使用电缆直接连接到变频器。当按下紧急停车按钮【EMERGENCY STOP】: 1. 变频器降低主轴转速,然后主轴停转。 2. 顶驱电源断电。 3. 液压源停止工作。 4. 制动开启。 要重置系统,请将紧急停车按钮【EMERGENCY STOP】拉回到原来位置
9	内防喷阀关闭 IBOP CLOSED	黄色指示灯	当 IBOP 关闭时,内防喷器关闭黄色指示灯亮
10	内防喷器 打开/关闭 IBOP OPEN/CLOSE	二位开关	打开【OPEN】位,IBOP 液缸伸长,打开内防喷器。关闭【CLOSE】位,IBOP 液缸收缩,关闭内防喷器
11	自动刹车 BRAKE AUTO	绿色指示灯按钮	当按下【AUTO】按钮时,绿色指示灯亮,表示当前刹车处于自动模式。在此模式下,转速指令发送至变频器(即【FORWARD】或者【REVERSE】模式),制动松开;当转速指令移除(即【OFF】模式),制动开启
12	刹车 打开/关闭 BRAKE ON/OFF	红色指示灯按钮	任何时候只要制动开启,不论是否按下刹车【BRAKE】按钮,红色指示灯就会亮。当按下刹车【BRAKE】按钮一次,制动开启,红色指示灯亮,当再按一次刹车【BRAKE】按钮,红色指示灯熄灭,表示制动松开

续表

序号	名称	类型	功能
13	管子处理器 旋转头 左/右 PH ROTATE CCW/CW	三位开关	左右转动这个三位开关，当保持在【CCW】位时，旋转头逆时针旋转；保持在【CW】位时，旋转头顺时针旋转；松开时，开关自动返回中位，旋转头停止转动
14	管子处理器 背钳 TW CLAMP PUSH AND HOLD	按钮开关	当按下背钳【TW CLAMP】按钮并保持时： 1. 管子处理器旋转头逆时针旋转到合适位置。 2. 管子处理器锁定机构动作，将管子处理器定位。 3. 背钳夹紧后，就可以执行上卸扣操作。 当松开背钳按钮，背钳释放。 当制动开启，背钳将无法工作。 当吊环未处于浮动状态，背钳将无法工作
15	吊环浮动 LINK TILT FLOAT	绿色指示灯按钮	按下吊环浮动【LINK TILT FLOAT】按钮时，绿色指示灯亮，吊环浮动到中心位置。只有吊环处于浮动状态，旋转头才能旋转
16	吊环倾斜 钻进/倾斜 LINK TILT DRILL/TILT	三位开关	设置为钻进【DRILL】位置时，吊环液缸收缩到标准的钻进位置，此时顶驱可以下降到距离钻台面最接近的位置；设置为倾斜【TILT】位置时，液缸伸长到便于井架工操作的位置；松开时，开关自动返回中位，吊卡保持在当前位置
17	钻进 DRILL	绿色指示灯按钮	按下钻进【DRILL】按钮，绿色指示灯亮，表示顶驱处于钻井模式，司钻操作转速手轮和钻井扭矩设定手轮，设置钻井参数
18	旋扣 SPIN	绿色指示灯按钮	按下旋扣【SPIN】按钮，绿色指示灯亮，表示顶驱处于旋扣模式，该模式下顶驱以固定的旋扣转速和扭矩运行
19	扭矩 TORQUE	绿色指示灯按钮	按下扭矩【TORQUE】按钮，绿色指示灯亮，表示顶驱处于扭矩模式；该模式用于上扣和卸扣操作。当方向选择【FORWARD】，顶驱转速固定，扭矩逐渐上升到设定的上扣扭矩；当方向选择【REVERSE】，顶驱转速固定，扭矩逐渐上升到顶驱最大输出扭矩或者达到卸开接头所需的扭矩
20	正转 FORWARD	绿色指示灯按钮	按下正转【FORWARD】按钮，绿色指示灯亮，主轴旋转方向设置为正转（顺时针方向），润滑油泵启动，转速上升到设定转速
21	关闭 OFF	黑色按钮	按下关闭【OFF】按钮，主轴停止转动
22	反转 REVERSE	绿色指示灯按钮	按下反转【REVERSE】按钮，绿色指示灯亮，主轴旋转方向设置为反转（逆时针方向），润滑油泵启动，转速上升到设定转速
23	液压泵 自动/启动 HPU AUTO/ON	绿色指示灯按钮	设置为自动【AUTO】时，通过PLC命令启动液压泵；设置为启动【ON】位时，绿色指示灯亮，无论任何模式下，液压泵都会启动
24	平衡系统 钻进/立柱上跳 COUNTERBALANCE DRILL/STAND JUMP	绿色指示灯按钮	在钻进【DRILL】模式，绿色指示灯灭，按下按钮一次，进入立柱上跳【STAND JUMP】模式，绿色指示灯亮；再按一次，指示灯灭，表示已返回钻进模式
25	顶驱系统使能 ENABLE	绿色指示灯按钮	按下使能【ENABLE】按钮，绿色指示灯亮，允许司钻通过顶驱司钻操作台操作顶驱，顶驱润滑油泵和冷却系统工作，液压系统也已经准备就绪

续表

序号	名称	类型	功能
26	扭矩设定 钻进扭矩/上扣扭矩 TORQUE SET DRILL/MAKEUP	三位开关	转到【DRILL】位置，通过调节钻井扭矩设定手轮来设置最大允许钻井扭矩。转到上扣扭矩设定【MAKEUP】位置，通过调节上扣扭矩设定手轮设置最大允许上扣扭矩
27	钻井扭矩设定手轮 DRILL	手轮	钻井扭矩设定手轮【DRILL】用来设置最大允许钻井扭矩。旋转手轮并观察扭矩表所指示的扭矩值，就是当前设置的扭矩值
28	上扣扭矩设定手轮 MAKEUP	手轮	上扣扭矩设定手轮【MAKEUP】用来设置最大允许上扣扭矩。旋转手轮并观察扭矩表所指示的扭矩值，就是当前设置的扭矩值
29	顶驱转速设定手轮 TDS RPM	手轮	控制顶驱转动速度。当前转速在转速仪表上显示
30	扭矩表 0→100000ft·lbf TORQUE 0→100000ft·lbf	仪表 0→10V DC	显示主轴扭矩，单位为 ft·lbf
31	转速表 0→250rpm RPM 0→250rpm	仪表 0→10V DC	显示主轴转速，单位为 rpm

第三节 NOV顶驱安装拆卸

顶驱安装和拆卸工作涉及吊装作业和高处作业，属于高危作业。因此，现场顶驱安装和拆卸人员应该认真做好作业前安全分析工作，并开具作业许可，同时将作业详细步骤以及作业中存在的风险对所有参与作业的人员交底，确保所有参与人员都能明白作业中的风险以及相应预防措施，保证现场工作安全进行。本节以 NOV TDS-11SA 顶驱为例介绍顶驱安装与拆卸步骤。

安全须知

⚠ 安装过程中上提、下放、吊装操作应平稳缓慢，避免发生设备碰撞。

⚠ 高处作业人员按规定使用安全带、防坠落装置。

⚠ 在进行液压系统安装和维护等操作前，切断电力供应，关闭进出口的阀门，释放蓄能器的压力，执行上锁挂牌，并按要求进行泄压、测量。

⚠ 吊装应选择符合标准的吊装索具，吊装点只能选择厂家指定位置。

⚠ 吊装电缆时不得使用钢丝绳直接悬挂电缆。

❗ 高处作业的正下方及其附近区域禁止人员作业、停留和通过。

❗ 吊装作业时人员应远离吊装物，吊臂旋转范围内严禁站人。

⚠ 高处作业所用工具、零部件应系安全绳或装在工具包内防止坠落,工具、零部件禁止上抛、下丢。

⚠ 遇有6级以上(含6级)大风、雷电或暴雨、雾、雪、沙尘暴等恶劣天气,应停止设备吊装、安装、拆卸及高处作业。

⚠ 对顶驱进行安装、拆卸作业,应断开所有动力源,液压系统进行泄压,在任何情况下禁止带电或带压作业。

顶驱安装、拆卸过程中的存在的风险因素见表4-9。

表4-9 顶驱安装、拆卸过程中的风险因素

风险因素	内容
人的因素	1. 不熟悉安装拆卸流程或操作失误; 2. 作业人员沟通不顺畅,配合不佳; 3. 操作速度过快,重点步骤、部位观察监护不力; 4. 违反拆装流程作业
设备因素	1. 绞车、气动绞车、吊车工作不正常; 2. 钢丝绳/吊带、安全带、登梯助力器等不合格或未安装; 3. 吊车、吊篮、滚筒摆放位置不合理,与其他设备互相干扰
环境因素	1. 恶劣天气如大风、沙尘暴、雨雪影响正常作业; 2. 钻台面被钻井液、油泥污染,工具摆放不整齐
管理因素	1. 没有正确使用PTW(作业许可)、JSA(工作前安全分析)等HSE工具; 2. 培训不到位,导致作业人员不了解、不熟悉作业流程及作业风险; 3. 交叉作业,拆装顶驱的时候同时安排其他作业

一、顶驱安装

(一)安装前准备工作

1. 安装条件

(1)清理钻台面。

将钻台面上的液压大钳、B型钳、卡瓦等工具摆放至远离井口的位置,井口、鼠洞用盖板覆盖,防止井口落物、人员跌倒。清理钻台面杂物、积水、油泥等,为后续工作提供安全的环境。

(2)检查工具。

检查所有工具,尤其是双尾绳安全带、登梯速差器、对讲机、防坠绳、人字梯、气动绞车、吊篮、钢丝绳等,确保安全可靠。

(3)顶驱在井架内上下移动的行程应达到35m,从钻台面到天车底部的净空高度不低于43.3m。

(4)立管高度为22m。

(5)水龙带长度为23m。

(6)井架的宽度要保证顶驱本体、电缆和水龙带在有效行程内移动时不和井架及其他物体发生摩擦、碰撞。

(7) 动力电源要求：三相交流电源、电压 575~600V、频率 50Hz。

2. 顶驱安装流程

顶驱安装流程如图 4-18 所示。

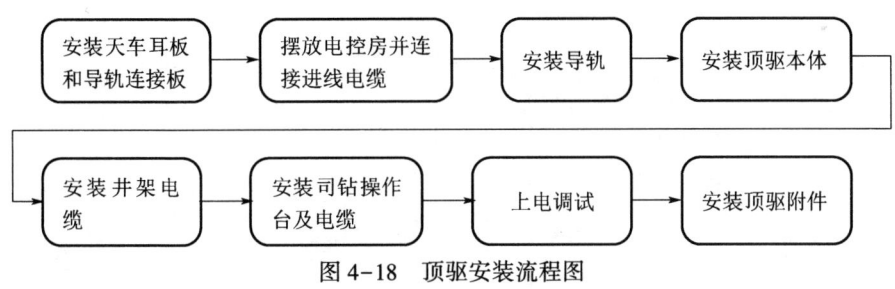

图 4-18　顶驱安装流程图

3. 安装结构立面图

顶驱安装到井架的结构立面图如图 4-19 所示。

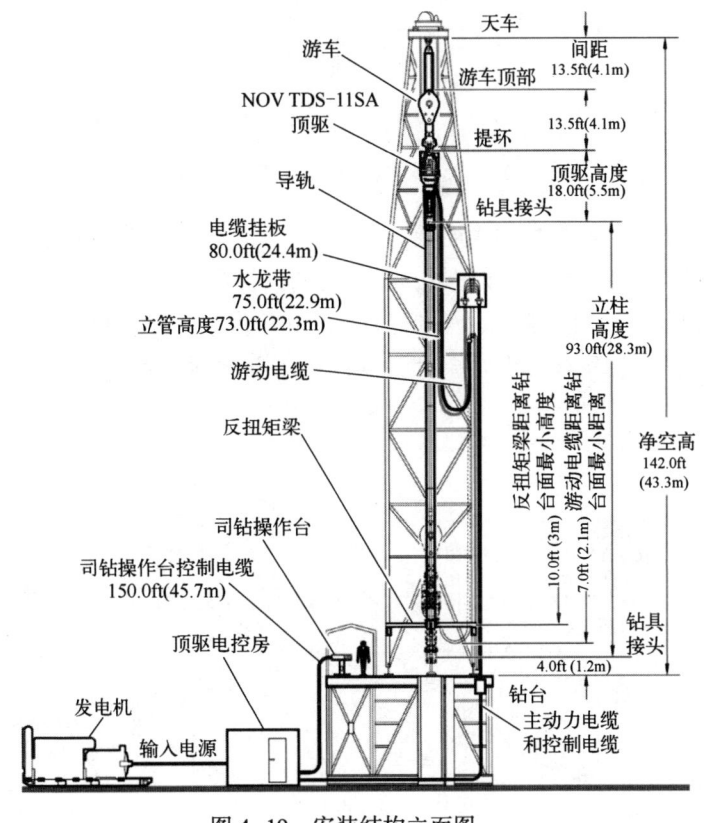

图 4-19　安装结构立面图

4. 安装天车耳板和导轨连接板

（1）起井架前，井队应该提前将天车耳板安装好，具体安装尺寸如图 4-19 和图 4-20 所示。

⚠ 耳板一般使用螺栓连接或焊接连接方式。如果是螺栓连接，应该对连接螺栓探伤，

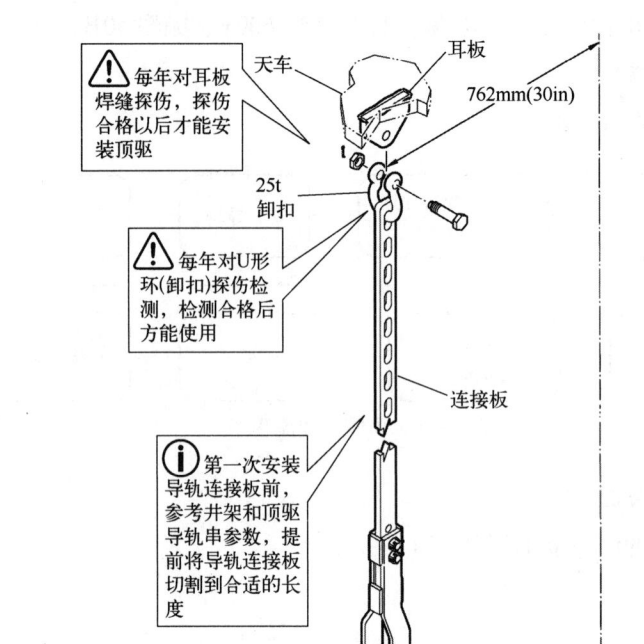

图 4-20　天车耳板和导轨连接板安装示意图

确认合格后才能使用；如果是焊接连接，焊接好以后，需要对焊缝探伤，确认焊缝合格。

⚠ 耳板承载顶驱导轨、本体重量，必须定期探伤检测。

（2）起井架前，使用顶驱配套 U 形环（卸扣）将导轨连接板连接到天车耳板上，并用绳索将导轨连接板固定在井架背梁上，以保证起井架时不与大绳发生干涉，如图 4-21 所示。

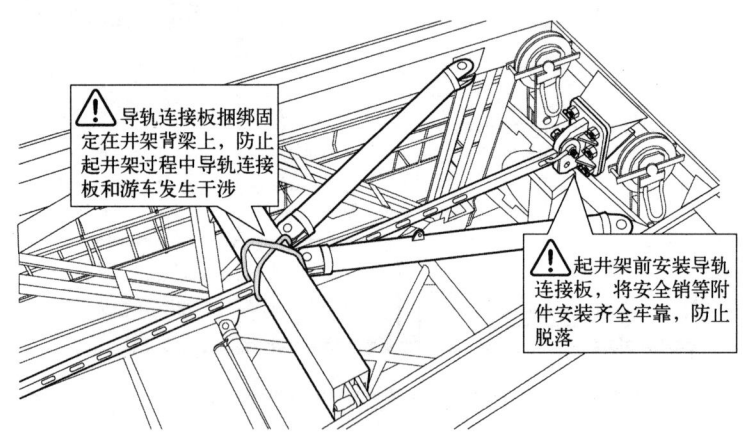

图 4-21　安装导轨连接板并与井架背梁固定

ⓘ 安装导轨连接板前，参考井架和顶驱导轨串参数，提前将导轨连接板切割到合适的长度。

⚠ 安装U形环（卸扣）前，对U形环（卸扣）探伤检测，检测合格后才能使用。

5. 安装导轨中部固定板

（1）井架立起来后，在井架人字梁上端寻找高度适中、方便安装中部固定板的位置，如图4-22所示。

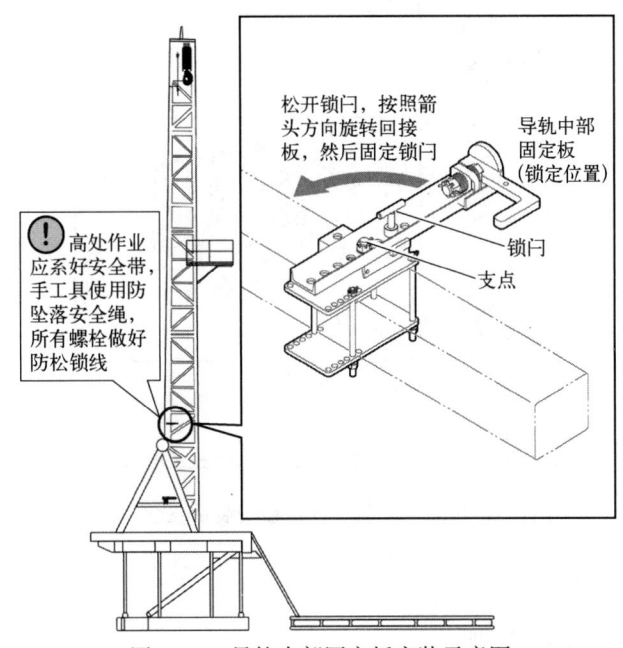

图4-22 导轨中部固定板安装示意图

（2）使用气动绞车将导轨中部固定板吊装到安装位置。

（3）安装导轨中部固定板，松开锁闩，将回接板转动90°后重新安装锁闩。

⚠ 后续安装导轨的过程中，导轨顶端会偏斜靠近井架背梁，中部固定板的回接板在正常位置时会突出于井架背梁，容易与导轨发生刮碰，需将回接板转动90°，与井架背梁平行，防止导轨安装时发生碰撞。

ⓘ 高处作业必须做好防护措施，防止人员、工具及零部件坠落伤害。

ⓘ 吊装作业有专人指挥，使用牵引绳，操作应缓慢平稳；吊装过程中人员应远离作业区域。

6. 安装导轨主固定板

（1）使用吊车将反扭矩梁安装到井架上。

（2）使用气动绞车将顶驱导轨主固定板安装到反扭矩梁上，如图4-23所示。

ⓘ 为便于后续导轨和顶驱本体安装，主固定板的支撑板应尽量向钻机绞车方向收回，待顶驱和导轨安装完成之后再调整反扭矩梁和主固定板的位置。

ⓘ 高处作业必须做好防护措施，防止人员、工具及零部件坠落伤害。

ⓘ 吊装作业有专人指挥，使用牵引绳，操作应缓慢平稳；吊装过程中人员应远离作业区。

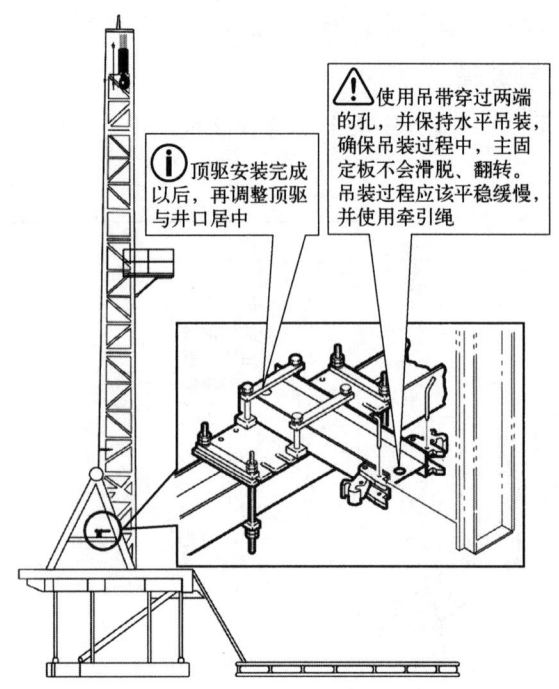

图 4-23　导轨主固定板安装示意图

（二）电控房摆放

电控房摆放位置如图 4-24 所示。

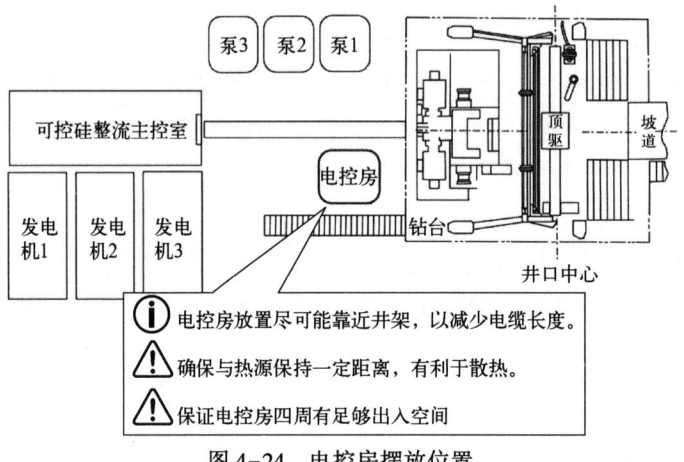

图 4-24　电控房摆放位置

（1）电控房放置尽可能靠近井架以减少电缆长度。
（2）确保与热源保持一定安全距离。
（3）保证电控房四周有足够出入空间。
（4）不要将电控房置于 H_2S 气体环境中。

⚠ 吊装电控房应选择符合标准的钢丝绳和 U 形环（卸扣），4 点起吊，平稳操作，如图 4-25 所示。

第四章 NOV顶驱安全作业指导

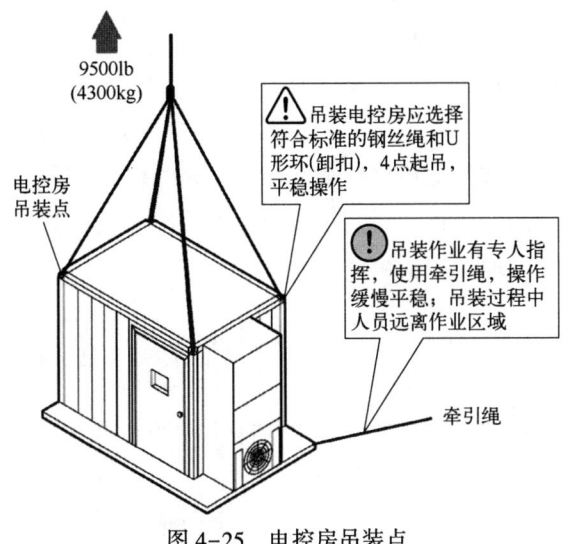

图 4-25 电控房吊装点

⚠ 吊装作业有专人指挥，使用牵引绳，操作缓慢平稳，防止与其他设备发生碰撞。

（三）安装动力电缆

（1）断开井队 SCR/VFD 房内通往顶驱电控房的供电空气开关。

⚠ 务必在断电后验电，确定电源断开后方可接线。严禁带电连接电缆。

（2）清洁所有电缆接头和接线端子。

⚠ 接头触点和接线端子必须清洁干净，否则可能导致接头因接触不良而烧坏。

（3）根据厂家手册的说明连接电缆，如图 4-26 所示。

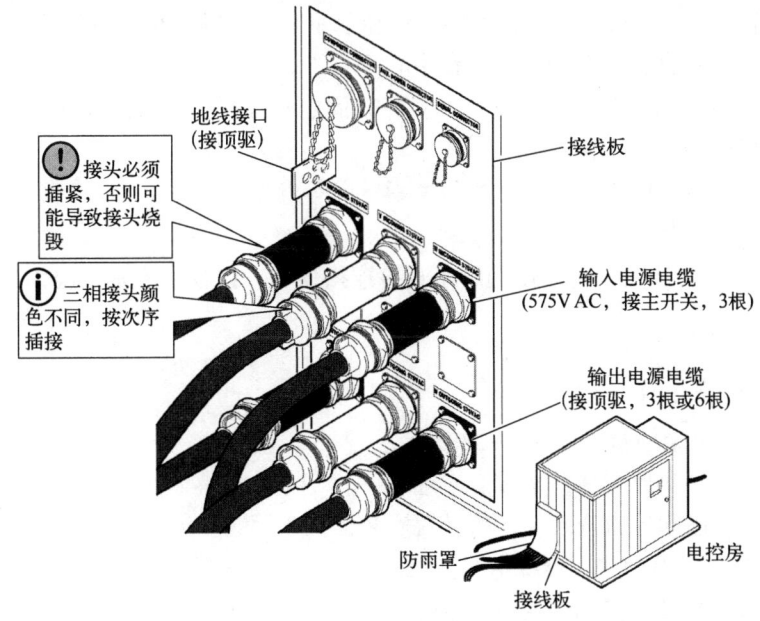

图 4-26 安装动力电缆

（4）用安全绳固定所有接头盖帽。
（5）将顶驱专用接地棒插入地下 1.5m 以上。
（6）将接地棒与电控房相连，如图 4-27 所示。

⚠ 接地棒应插入地下 1.5m 以上，若地层干燥还需浇水，保证接地可靠。
⚠ 接地棒与电控房接线柱应该保持清洁，保证地线接地可靠。
⚠ 地线安装完成以后，应该及时测量接地电阻，确保接地电阻小于 4Ω。
❗ 电控房必须可靠接地，防止触电伤害。

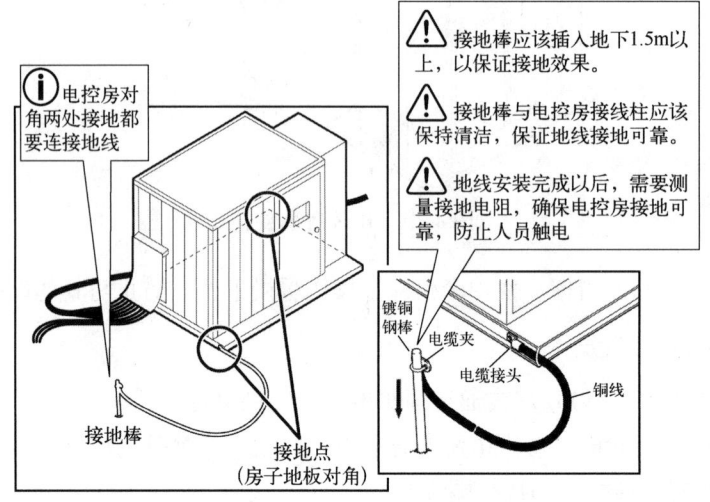

图 4-27　电控房接地

（四）顶驱安装前检查清单

所有安装前期工作完成以后，在安装导轨和顶驱之前，需要检查以下项目：
（1）确保井架垂直，天车中心与转盘中心重合。
（2）井架调整完成（若需要调整）并且导轨固定板和反扭矩梁按要求全部安装完毕。
（3）电控房已经摆放就位。
（4）顶驱安装过程中不会与大钳的悬吊钢丝绳等发生干涉。
（5）大钩已经安装好。
ℹ 大钩不是必要选项，可以使用游车直接连接顶驱，以现场实际情况为准。

（五）安装导轨

1. 吊装第一节导轨

将第一节导轨吊至钻台，如图 4-28 所示。
（1）将第一节导轨放置在井架坡道附近。
（2）使用吊车吊起导轨安装架，将导轨安装架推入第一节导轨顶部。
ℹ 在导轨安装架滑动槽上涂抹适量润滑油，便于推动导轨安装架。
（3）确保第一节导轨顶部锁闩活动正常。
⚠ 在地面检查第一节导轨顶部锁闩上下活动是否顺畅，如有卡阻应该立即处理。导

第四章　NOV顶驱安全作业指导

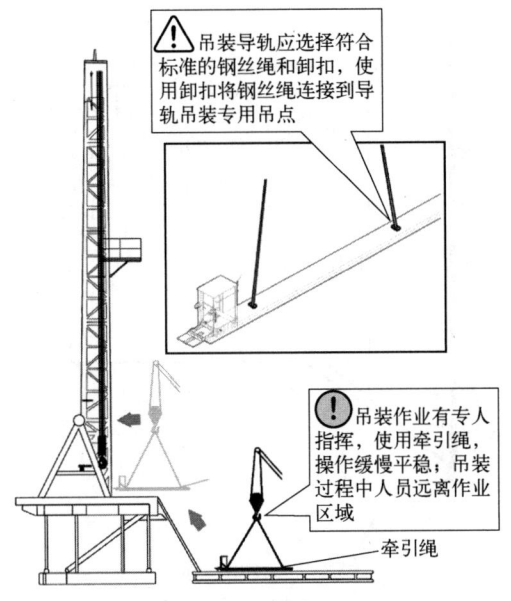

图 4-28　吊装第一节导轨

轨安装架推入第一节导轨顶部卡住挡块时，检查导轨安装架是否可以顺利将第一节导轨顶部的锁闩顶开，检查确认完毕以后才能安装导轨，否则可能导致导轨无法挂到导轨连接板上。

（4）将专用提升钢丝绳连接到导轨安装架的"RIG UP（安装）"位置吊点。

ⓘ 导轨安装架上的吊点有"RIG UP（安装）"和"RIG DOWN（拆卸）"两个位置，分别对应"导轨安装"和"导轨拆卸"两种作业流程，不可装错位置，否则无法正常拆装导轨。

（5）将导轨安装架运输销锁紧。

（6）使用钢丝绳连接导轨专用吊点，使用吊车将第一节导轨吊装至钻台面，吊装过程中使用牵引绳配合。

⚠ 吊装导轨应选择符合标准的钢丝绳和 U 形环（卸扣），使用 U 形环（卸扣）将钢丝绳连接到导轨吊装专用吊点。

ⓘ 吊装作业有专人指挥，使用牵引绳，操作缓慢平稳；吊装过程中人员远离作业区域。

（7）当第一节导轨到达钻台面后，移除导轨上端吊装钢丝绳，保留导轨下端吊装钢丝绳。

2. 起第一节导轨

将大钩连接导轨安装架，立起第一节导轨，如图 4-29 所示。

（1）将导轨拆装专用钢丝绳穿过大钩，然后连接导轨安装架上的"RIG UP（安装）"吊点。

（2）松开导轨安装架运输销。

ⓘ 上提导轨前，务必拆除导轨安装架运输销，否则导轨安装架无法从导轨上移除。

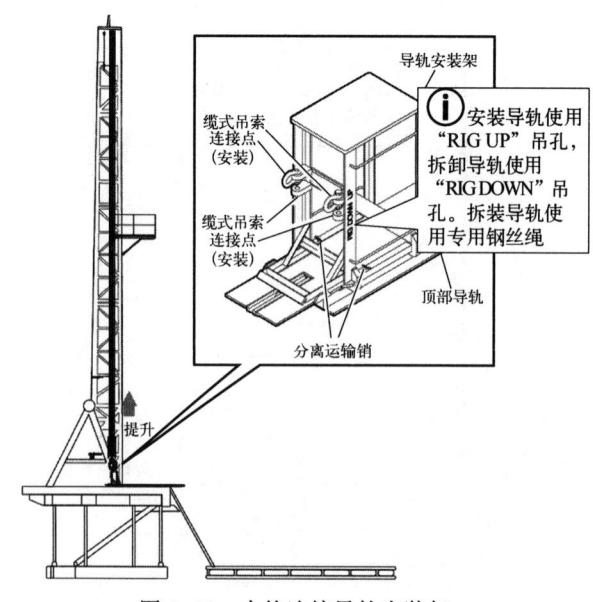

图 4-29 大钩连接导轨安装架

（3）如图 4-30 所示，使用绞车缓慢上提第一节导轨，直到第一节导轨完全立起。

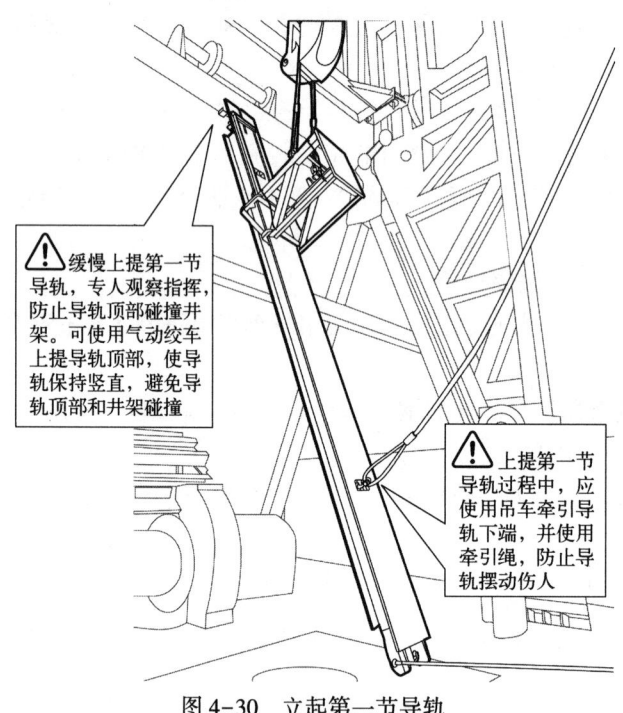

图 4-30 立起第一节导轨

⚠ 缓慢提升导轨过程中，注意导轨顶端是否会与井架发生剐碰，保持用吊车牵引导轨下端。

⚠ 安装导轨过程中，注意人员站位，防止高空落物伤人。

❗ 大风或能见度低的天气可能导致安装导轨过程中，导轨顶部碰到井架背梁而发生事故，应停止导轨安装作业，待天气恢复正常再继续。

⚠ 导轨安装架上严禁站人。

3. 吊装第二节导轨

如图 4-31 所示，吊装第二节导轨。

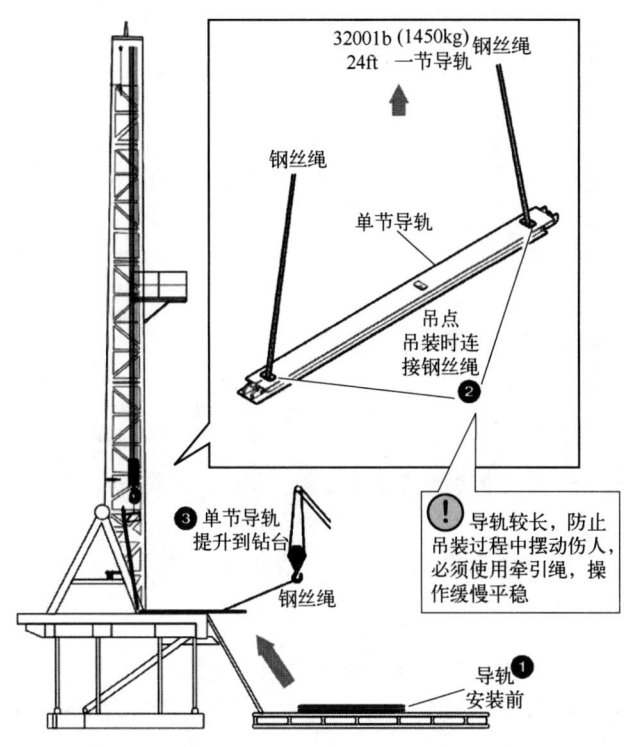

图 4-31　吊装第二节导轨

（1）将剩余导轨移动到井架坡道附近。

（2）将钢丝绳连接到第二节导轨的吊装点。

（3）使用吊车将第二节导轨移至钻台。

⚠ 吊装导轨应选择符合标准的钢丝绳和 U 形环（卸扣），使用 U 形环（卸扣）将钢丝绳连接到导轨吊装专用吊点。

⚠ 吊装作业有专人指挥，使用牵引绳，操作缓慢平稳；吊装过程中人员远离作业区域。

4. 连接第一节导轨和第二节导轨

如图 4-32 所示，将第一节导轨与第二节导轨连接。

（1）将第二节导轨置于第一节导轨下方，摘除导轨上端的吊装钢丝绳，保留下端的吊装钢丝绳。

（2）在两节导轨的销孔内涂抹润滑油。

（3）使第一节导轨下端钩子与第二节导轨顶端的钩销垂直。

（4）缓慢下放第一节导轨，将第一节导轨下端的钩子推入第二节导轨的钩销。

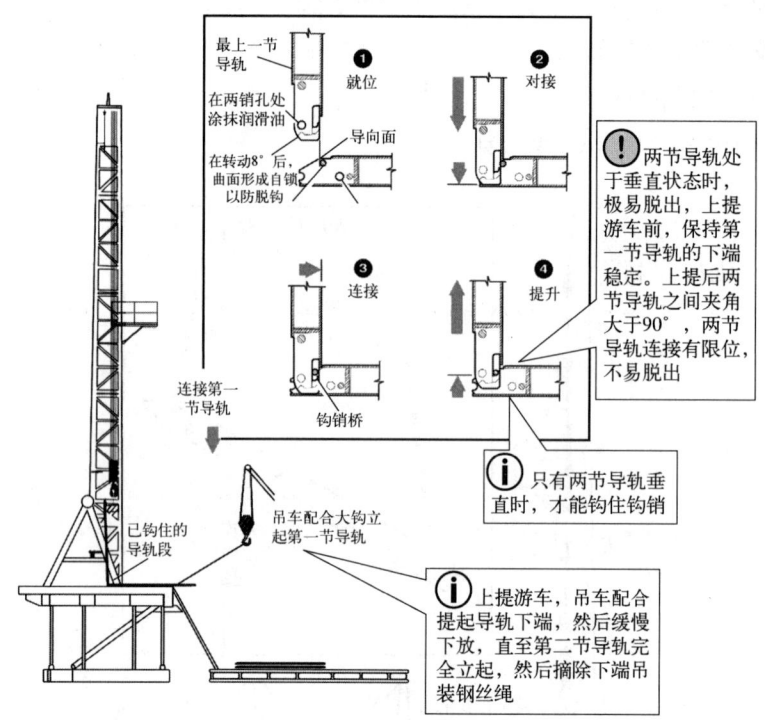

图 4-32 连接第一节导轨和第二节导轨

5. 上提两节导轨

当第一节导轨下端钩子钩住第二节导轨的钩销，缓慢上提游车，吊车配合上提第二节导轨，将两节导轨吊离钻台面，然后继续上提游车并缓慢下放吊车，使第一节导轨、第二节导轨直立，如图 4-33 所示。

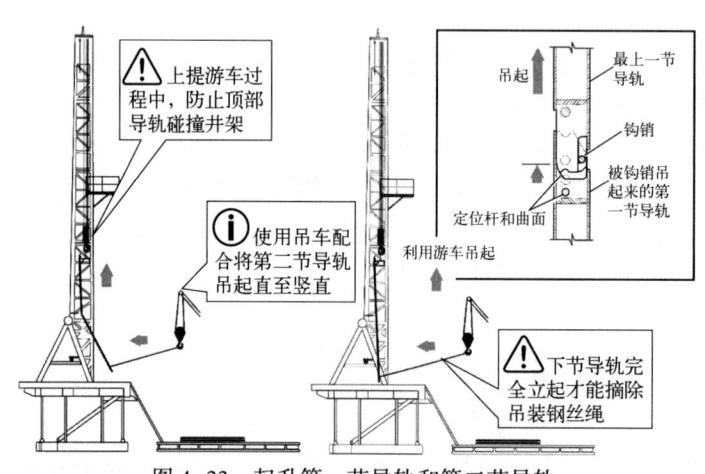

图 4-33 起升第一节导轨和第二节导轨

（1）稍微上提第一节导轨，使第一节导轨下端的钩销座钩住第二节导轨的钩销。

只有当第一节导轨与第二节导轨垂直时，才能钩住钩销。

（2）继续缓慢上提游车，吊车配合缓慢下放第二节导轨，直到两节导轨完全直立。

⊙ 两节导轨处于垂直状态时，极易脱出，因此未上提游车前，钻工要扶稳第一节导轨，当两节导轨之间夹角大于90°，才能保证两节导轨连接牢固，不易脱出。

⊙ 专人指挥吊车及游车上提，使用吊车配合游车将第二节导轨水平吊起，然后继续上提游车，缓慢下放吊车，确保全程两节导轨之间的夹角大于90°，否则可能导致第一节导轨和第二节导轨脱钩掉落而发生危险。

（3）移除第二节导轨下端的吊装钢丝绳。

6. 安装导轨连接销

立起两节导轨后，需要穿入导轨连接销。可以乘坐吊篮到两节导轨连接处安装导轨连接销，也可以取出井口补心，将第一节导轨底端插入井口，人员站在钻台面安装导轨连接销。

1）乘坐吊篮安装导轨连接销

如图4-34所示，当两节导轨完全竖立在钻台面时，安装导轨连接销的位置距离钻台面24ft（7.3m）左右，此时可乘坐载人吊篮（简称吊篮）安装导轨连接销。

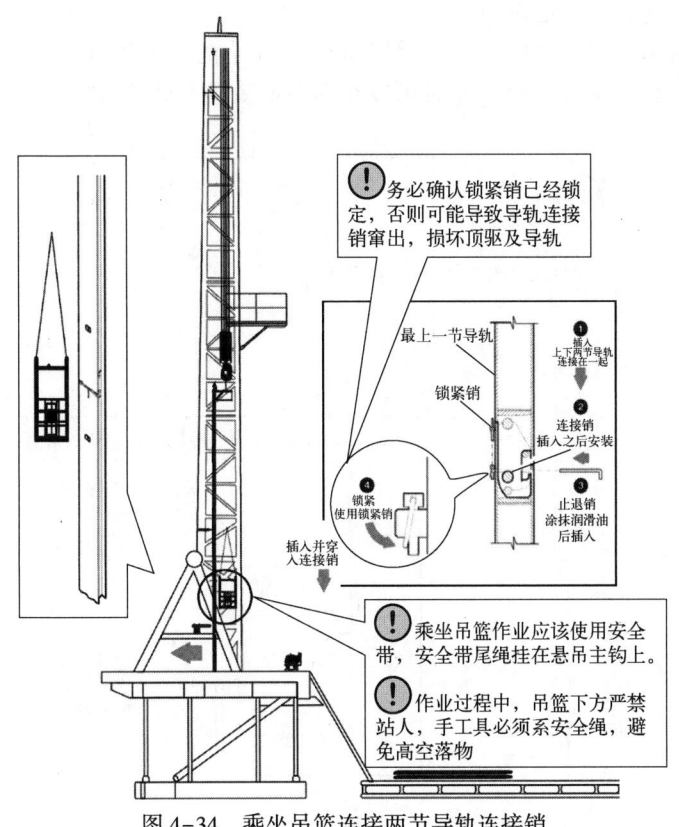

图4-34 乘坐吊篮连接两节导轨连接销

（1）缓慢下放两节导轨，使第二节导轨底端坐到钻台面，继续缓慢下放游车，将上下两节导轨接头处插入对接。

⚠ 若导轨销孔内有单独的轴套，需提前检查轴套是否完好，若轴套脱出或移位，会导致两节导轨接头无法插入对接，轴套在对接过程中也会被损坏。

(2) 乘坐吊篮上升到两节导轨连接处。

⚠ 乘坐吊篮作业应该使用安全带，安全带尾绳应挂到绞车主钩上。

⚠ 作业过程中，吊篮下方严禁站人，工具必须系安全绳，避免高空落物。

(3) 安装导轨连接销。

ⓘ 先清理导轨连接销，然后在导轨连接销上均匀涂抹润滑油，便于安装导轨连接销。

⚠ 安装导轨连接销前，先检查两节导轨销孔是否对齐，通过调整游车上下位置，调节两节导轨销孔对齐，然后穿入导轨连接销。

⚠ 严禁将手指伸进两节导轨连接处的销孔来确认销孔是否对齐。

(4) 安装止退销。

⚠ 导轨连接销必须居中，否则可能无法安装止退销。

(5) 安装止退销的锁紧销。

⚠ 必须安装锁紧销，否则可能导致止退销和导轨连接销窜出，造成导轨脱落或者顶驱损坏。

2) 在钻台面安装导轨连接销

如图 4-35 所示，取出井口补心，缓慢将第二节导轨放入井口，当销孔位置距离钻台面 1.5m 左右时，停止下放导轨，此时可以在钻台面安装导轨连接销。

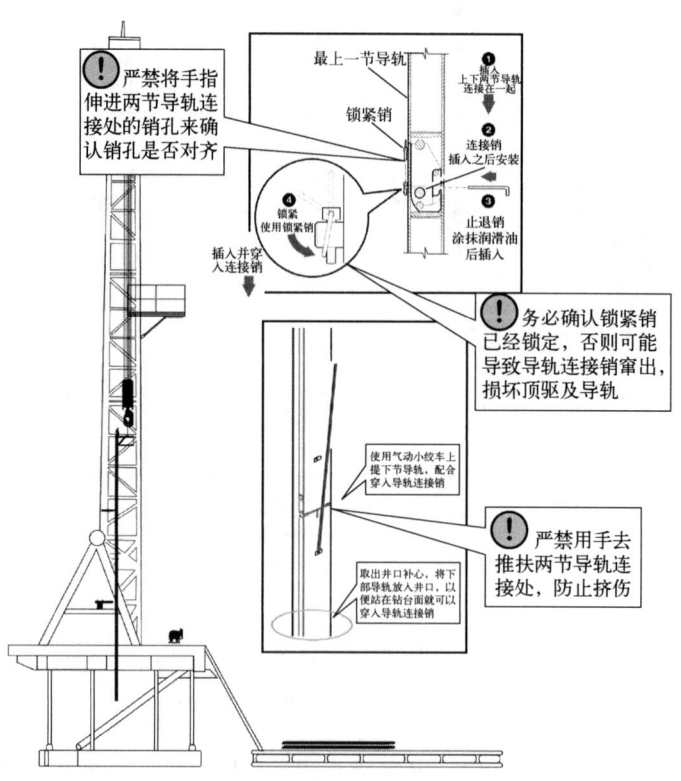

图 4-35 在钻台面安装导轨连接销

(1) 取出井口补心。

(2) 缓慢下放两节导轨，使第二节导轨下端插入井口，继续缓慢下放游车，直至两节导轨连接处接近钻台面,使用气动绞车连接第二节导轨上端专用吊点,如图4-36所示。

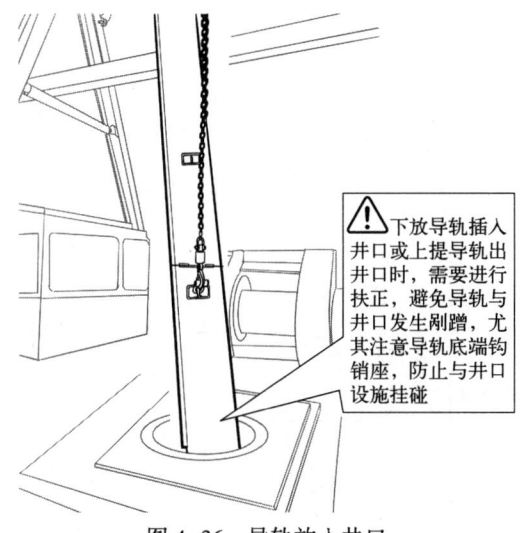

⚠ 下放导轨插入井口或上提导轨出井口时,需要进行扶正,避免导轨与井口发生剐蹭,尤其注意导轨底端钩销座,防止与井口设施挂碰

图4-36 导轨放入井口

(3) 气动绞车缓慢上提,将第二节导轨上端插入第一节导轨下端接头。

⚠ 若导轨销孔内有单独的轴套,需提前检查轴套是否完好,若轴套脱出或移位,会导致两节导轨接头无法插入对接,轴套在对接过程中也会被损坏。

⊘ 严禁将手指伸进两节导轨连接处的销孔来确认销孔是否对齐。

(4) 确认两节导轨销孔对齐,安装导轨连接销。

ⓘ 清理导轨连接销,然后在导轨连接销上均匀涂抹润滑油,便于安装导轨连接销。

⚠ 安装导轨连接销前,先检查两节导轨销孔是否对齐,通过调整游车上下位置,调节两节导轨销孔对齐,然后穿入导轨连接销。

⊘ 严禁将手指伸进两节导轨连接处的销孔来确认销孔是否对齐。

(5) 安装止退销。

⚠ 导轨连接销必须居中,否则可能无法安装止退销。

(6) 安装止退销的锁紧销。

⚠ 必须安装锁紧销,否则可能导致止退销和导轨连接销窜出,造成导轨脱落或者顶驱损坏。

7. 安装剩余导轨

安装完第一节和第二节导轨以后,重复上述安装第二节导轨的步骤,安装剩余导轨,如图4-37所示。

8. 悬挂至导轨连接板

所有导轨连接完成以后,顶驱安装人员

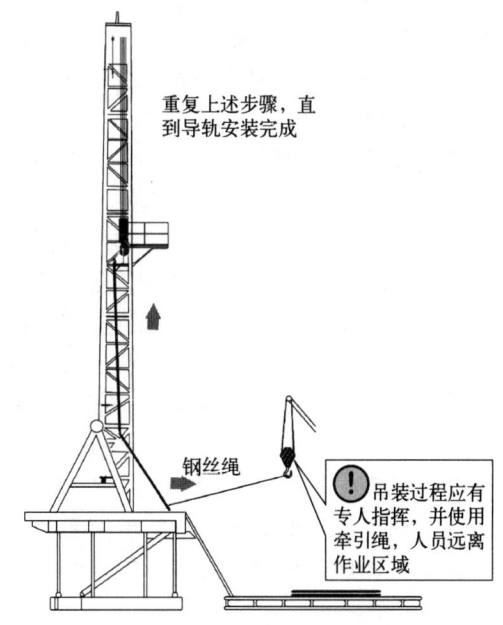

重复上述步骤,直到导轨安装完成

钢丝绳

❗ 吊装过程应有专人指挥,并使用牵引绳,人员远离作业区域

图4-37 依次安装导轨

到天车下导轨连接板处，指挥司钻缓慢上提游车，司钻配合安装人员将导轨串悬挂到连接板上，如图4-38所示。

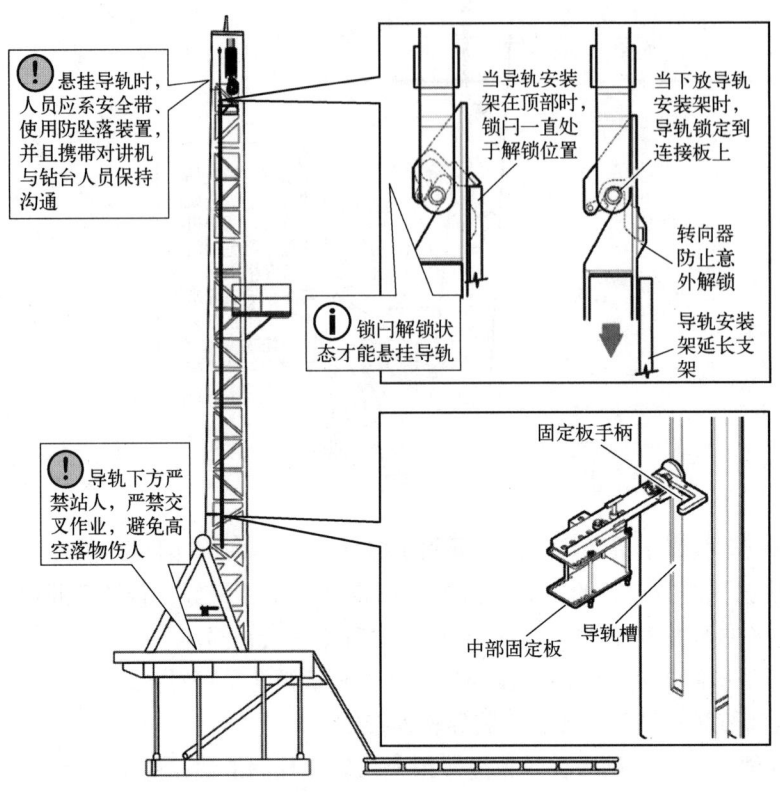

图4-38 悬挂导轨

（1）顶驱安装人员通过对讲机指挥司钻，缓慢上提导轨串，当第一节导轨顶部挂钩略微高于连接板底端销轴时，停止上提导轨串。

⚠ 高处作业人员携带对讲机，保持良好通信，检查工具及安全绳是否完好。

❗ 登高作业人员应系安全带、使用防坠落装置。

❗ 钻台区域禁止站人，防止落物打击伤人。

❗ 安装顶驱过程中，防碰功能一般会解除。顶驱安装人员需要时刻注意游车顶部与天车之间的距离，避免上提过多造成游车顶部碰撞天车的事故。

（2）缓慢下放游车，人员扶持连接板，第一节导轨顶部挂钩挂入连接板底端销轴。

（3）继续下放游车，导轨的重量由连接板承载，导轨顶部锁闩回位上锁。

❗ 必须观察确认导轨顶部锁闩回落到锁止位置，防止导轨意外脱出。

（4）将导轨中部固定板的回接板转动恢复到正常伸出位置，安装回接板锁止螺栓，回接板前端手柄向上转90°，如图4-38所示。

（5）将回接板前端导入导轨后面的凹槽中，手柄下转90°回到正常位置，锁定导轨。

（6）调整固定板的回接板，确保导轨中心距离井口中心30in。

9. 移除导轨安装架

导轨串悬挂完成以后，先将导轨安装架从导轨上移除，才能进行下一步操作，如

图4-39所示。

(1) 缓慢下放导轨安装架至钻台面。

⚠ 下放导轨安装架应该缓慢，以免与导轨发生卡阻。

❗ 导轨下方严禁站人。

(2) 将导轨安装架从钻台移走，放入库房保存，等待搬家拆卸顶驱再使用。

（六）安装顶驱本体

1. 吊装点

顶驱运移架上有6个吊装点，通常吊装顶驱会使用运移架前端和中部的4个吊装点，如图4-40所示。因顶驱水平放置时重心在运移架前部，不影响水平吊装，且可以用较短的钢丝绳达到更大的吊装角度，防止吊装时钢丝绳与顶驱本体部件干涉，也有利于降低吊车主钩将顶驱吊上钻台的起升高度，降低吊装作业风险。

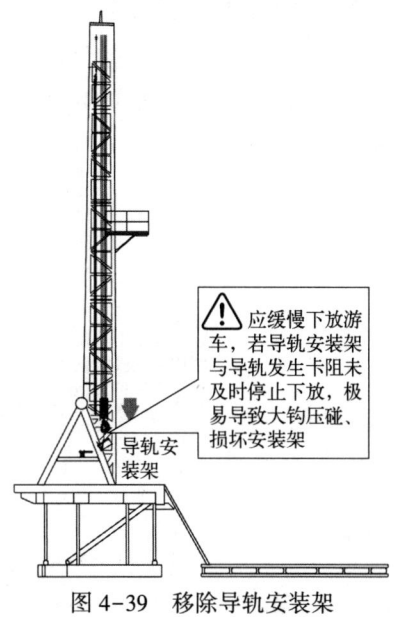

图4-39 移除导轨安装架

运移架上每个吊装点都有两种连接方式，如图4-40所示，可以使用卸扣连接吊装点上的卸扣挂点，使用钢丝绳连接卸扣这种方式连接；也可以使用钢丝绳直接套在吊装点上的钢丝绳挂点这种方式连接。安装顶驱的时候，将顶驱挂到末节导轨上时，需要吊车辅助拉拽顶驱下端的时候，一般使用卸扣连接吊装点上的卸扣挂点，这样可以保证吊车配合拉拽顶驱导轨下端时，钢丝绳不会从吊装点上脱落，安装过程更加安全。

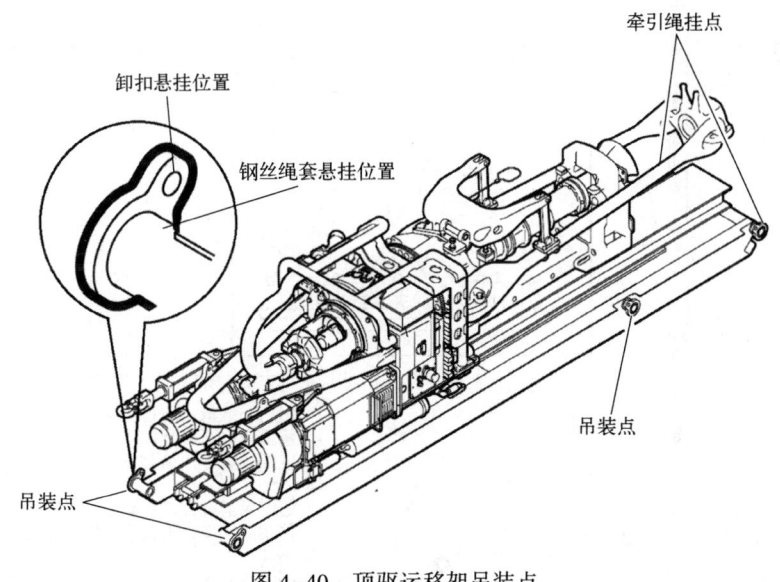

图4-40 顶驱运移架吊装点

2. 将顶驱吊装至钻台

导轨安装完成以后，使用吊车将顶驱本体和运移架一起吊至钻台面，如图 4-41 所示。缓慢调整顶驱位置，使顶驱提环处于大钩正下方，便于下一步连接大钩和提环，如图 4-42 所示。

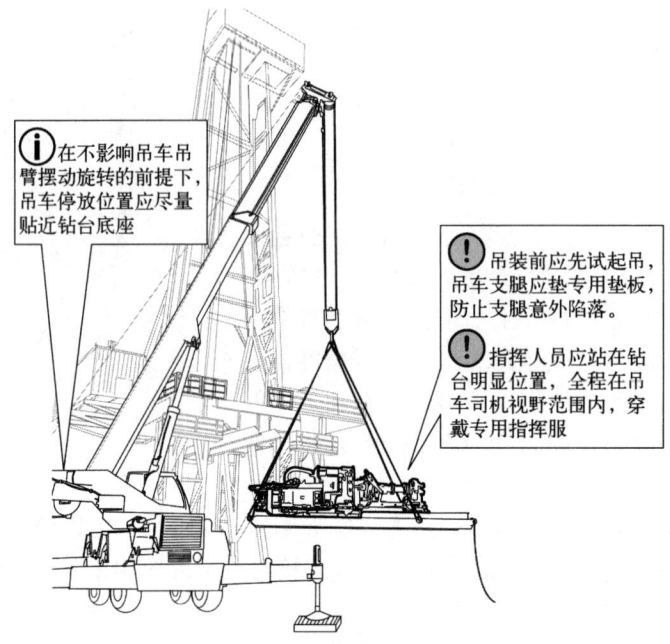

图 4-41 顶驱吊装

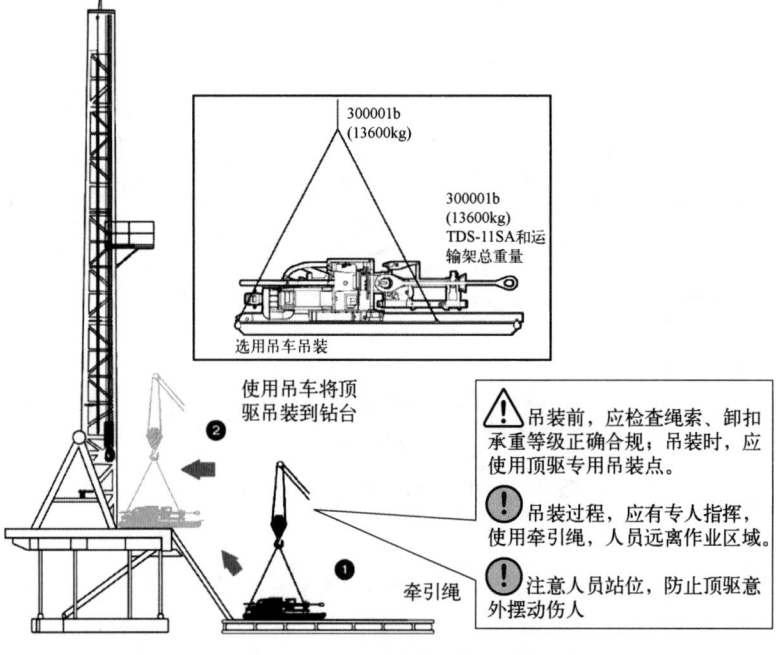

图 4-42 顶驱本体吊至钻台

ⓘ 推荐现场使用50t以上的吊车将顶驱本体和运移架吊装至钻台面。

⚠ 吊装顶驱时，使用牵引绳，并由专人指挥操作。

3. 顶驱与大钩连接

大钩开口方向不一样，顶驱挂到大钩的方式稍有不同。大钩开口方向有两种，一种是开口朝向钻机绞车，另一种是开口朝向井架坡道。

1）大钩开口朝向钻机绞车

大钩开口朝向绞车时，大钩不能直接钩住顶驱提环，必须先使用钢丝绳连接大钩和顶驱提环，在将顶驱立起来，如图4-43所示。

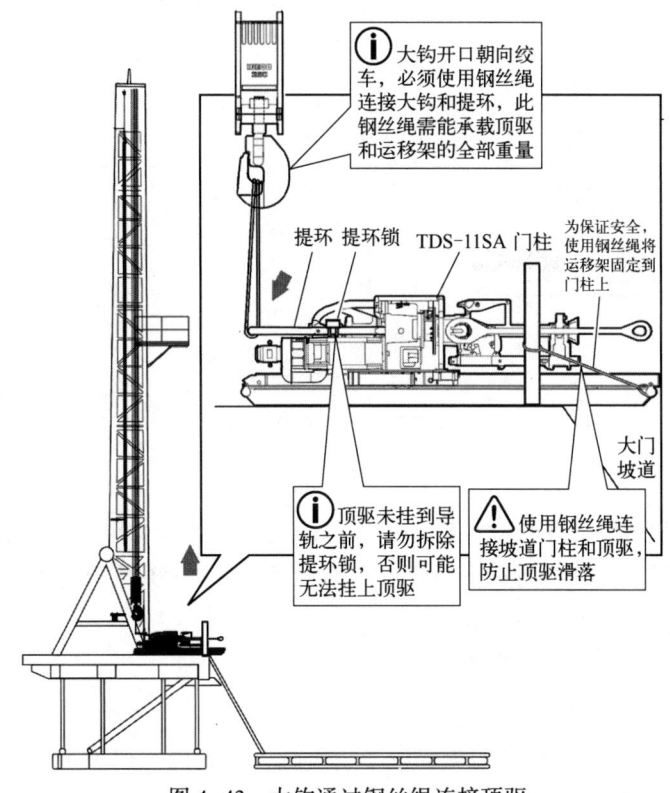

图4-43　大钩通过钢丝绳连接顶驱

（1）用钢丝绳将顶驱运移架末端固定在井架大门门柱上，以防止顶驱沿着大门斜坡向下移动。

（2）缓慢下放游车，使大钩到达提环附近位置，使用钢丝绳连接顶驱提环和大钩。

（3）移除固定到门柱上的钢丝绳。

2）大钩开口朝向坡道

为保证安全，顶驱吊装到钻台面以后，使用钢丝绳将运移架末端吊装点固定到门柱上，如图4-44所示。

（1）使用钢丝绳将运移架末端吊装点固定到门柱上，以防止顶驱向大门坡道方向移动。

（2）缓慢下放游车，使大钩到达提环附近位置，打开大钩锁舌，继续下放大钩，使大

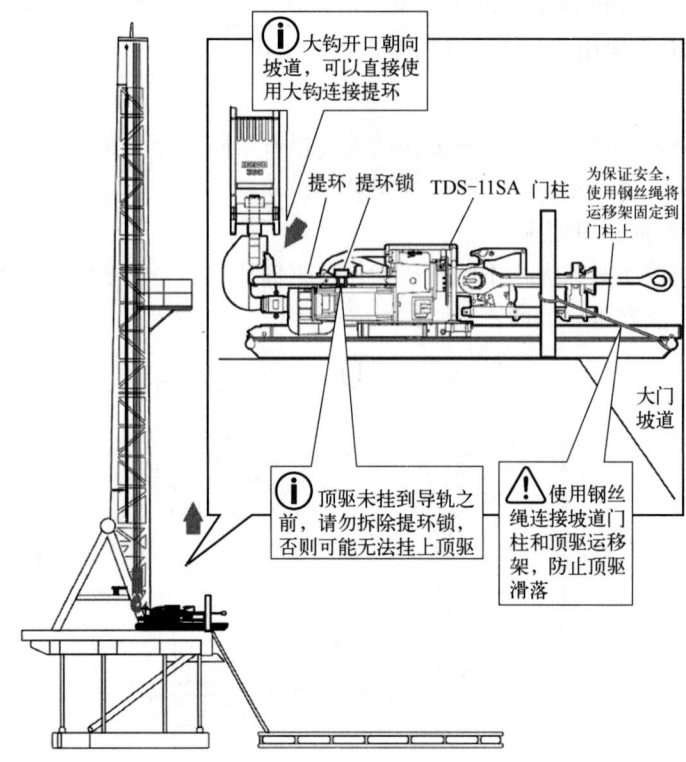

图 4-44 大钩直接连接顶驱

钩挂住顶驱提环。

ⓘ 如果游车和顶驱提环长度允许，提环可以直接连接到大钩或者游车上。

ⓘ 根据现场需求，某些游车下面没有大钩，可以直接使用游车连接顶驱提环。

（3）闭合大钩。

（4）移除固定到门柱上的钢丝绳。

4. 将顶驱提离钻台面

大钩开口朝向不同（大钩开口朝向绞车，大钩开口朝向井架坡道），如图 4-45 所示，立起顶驱的方式基本相同。顶驱连接到大钩以后，使用吊车连接顶驱运移架下端两个吊点，缓慢上提大钩和吊车，使顶驱水平离开钻台面，继续上提大钩，同时吊车缓慢下放，当顶驱运移架下端快要接触钻台面时，吊车停止下放，继续上提大钩，如此反复调整顶驱位置，直至顶驱直立完全由大钩承载。

⚠ 游车上提过程中，应有专人指挥、密切观察、及时与司钻沟通，避免顶驱本体与导轨或井架发生碰撞。

ⓘ 提升顶驱过程中，顶驱下方严禁站人。

5. 连接顶驱和导轨

1）连接末节导轨

顶驱运移架和末节导轨是一体的，下文简称末节导轨。

如图 4-46 所示，"方式 1"（黑色游车大钩）是大钩开口方向朝向绞车时，采用钢丝绳连接大钩和顶驱提环的方式上提顶驱。"方式 2"（灰色游车大钩）是大钩开口朝向坡道时，采用大钩直接连接提环的方式上提顶驱。

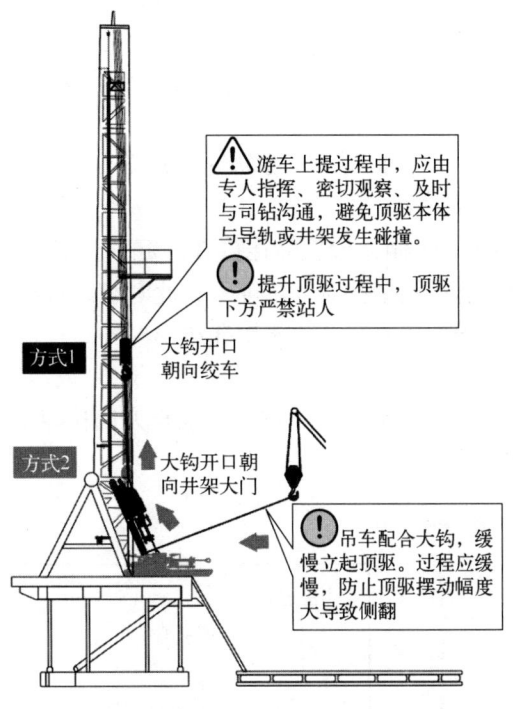

图 4-45　顶驱提离钻台

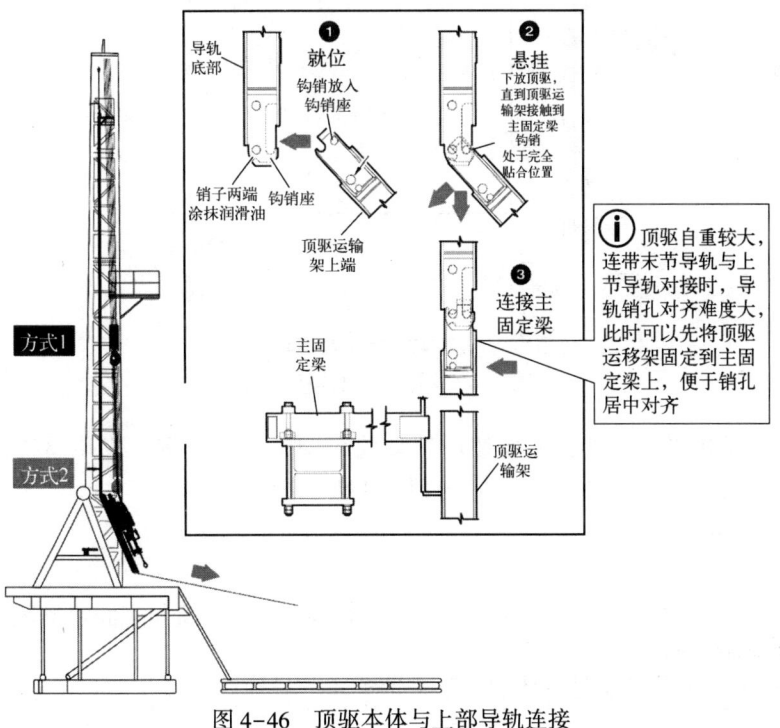

图 4-46　顶驱本体与上部导轨连接

(1) 缓慢上提大钩，使用吊车拉住运移架下端，调整顶驱成为倾斜状态，使末节导轨上端的钩销接近上部已经安装好的导轨最下端钩销座。

⚠ 对接导轨时需要保持倾斜状态，只有两节导轨之间夹角大于90°，才能保证两节导轨连接牢固，不易脱出。

(2) 然后缓慢提放大钩，吊车配合，使上部导轨最下端钩销座钩住末节导轨上端的钩销。

(3) 继续下放大钩和吊车，直到末节导轨完全直立。

(4) 使末节导轨下部接触到主固定梁。

⚠ 运移架与末节导轨为一体，与顶驱连接在一起，自重较大，当末节导轨与已经安装好的导轨对接后，导轨连接销销孔对齐难度大，此时可以将导轨运移架固定到主固定梁上，使得上下两节导轨处于一条直线，便于销孔居中对齐。

2) 连接导轨主固定板

(1) 使用气动绞车连接运移架底端，向钻机绞车方向拉拽，调整运移架位置与导轨主固定梁贴合，如图4-47所示。

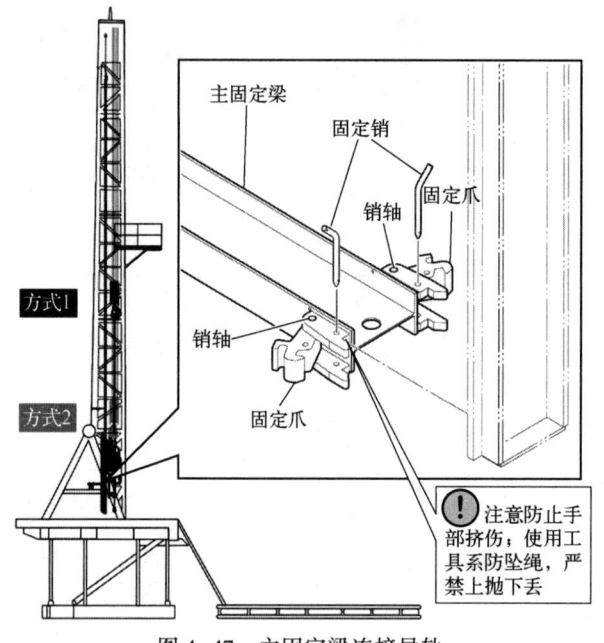

图4-47 主固定梁连接导轨

⚠ 主固定梁扣接运移架，需要使用气动绞车调整顶驱位置，将顶驱拉向绞车方向，注意气动绞车上部钢丝绳的位置，防止与顶驱干涉，损坏设备。

(2) 插入固定销。

(3) 安装固定销安全销。

⚠ 必须安装安全销，否则可能导致固定销窜出，造成导轨与主固定梁脱开。

3) 安装导轨连接销

运移架固定到主固定梁之后，上提顶驱，调整导轨连接销销孔对齐，然后安装导轨连接销、止退销和锁紧销，如图4-48所示。

第四章 NOV顶驱安全作业指导

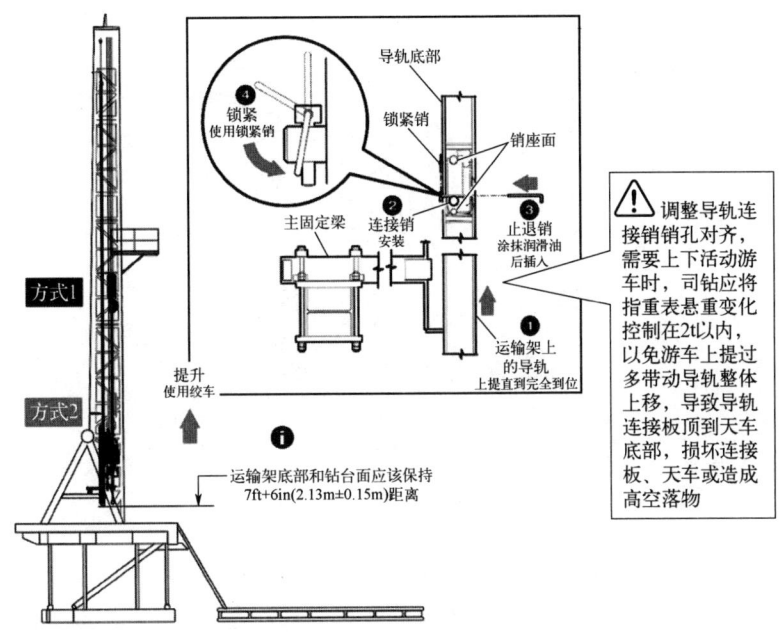

图 4-48 安装末节导轨连接销

（1）缓慢上提顶驱，将两节导轨接头插入对接。

⚠ 上提顶驱注意观察上部导轨，若导轨接头卡阻，上提过多会导致导轨整体上移，可能损坏顶部导轨连接板。

⚠ 上提顶驱注意观察主固定梁固定爪处，末节导轨上移是否顺畅，若固定爪与导轨卡阻，会将反扭矩固定梁向上拉升，导致固定梁变形。

（2）通过游车和气动绞车提放配合，将两节导轨销孔对齐，安装导轨连接销。

ⓘ 清理导轨连接销，然后在导轨连接销上均匀涂抹润滑油，便于安装导轨连接销。

⚠ 调整导轨销孔对齐，需要上下活动游车时，司钻应该将指重表悬重变化控制在 2t 以内，以免游车上提过多带动导轨整体上移，导致导轨连接板顶到天车底部，损坏连接板、天车或造成高空落物。

（3）安装止退销。

⚠ 导轨连接销必须居中，否则可能无法安装止退销。

（4）安装止退销的锁紧销。

⚠ 必须安装锁紧销，否则可能导致止退销和导轨连接销窜出，造成导轨脱落或者顶驱损坏。

4）连接顶驱提环与大钩

大钩开口朝向坡道，大钩已经与顶驱提环连接。

大钩开口朝向绞车，则大钩是通过钢丝绳连接顶驱提环，需要先将钢丝绳移除，然后再将大钩连接到顶驱提环，如图 4-49 所示，操作步骤如下。

（1）缓慢下放大钩到顶驱提环上端，使连接顶驱提环和大钩的钢丝绳处于松弛状态。

（2）移除连接顶驱提环和大钩的钢丝绳。

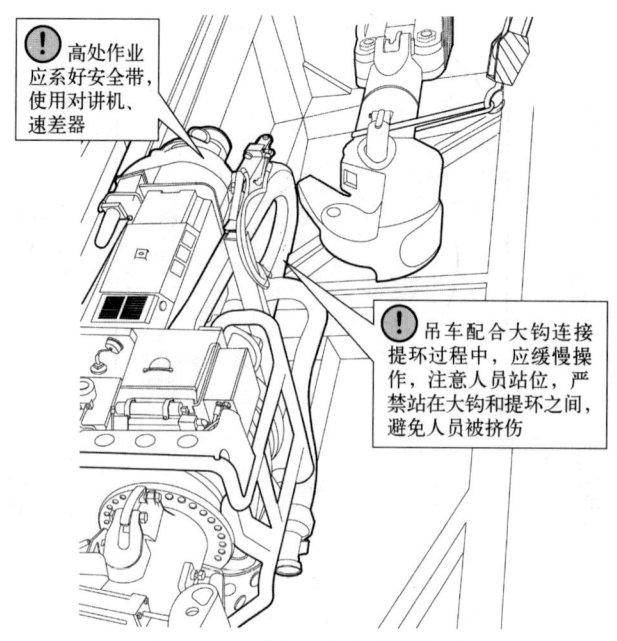

图 4-49 连接大钩与顶驱提环

(3) 打开大钩锁舌，然后使用吊车将大钩向坡道方向拉拽。
(4) 缓慢下放游车，将大钩开口对准顶驱提环。
(5) 吊车缓慢下放，使大钩钩住顶驱提环。
(6) 缓慢上提游车，闭合大钩。

⚠ 大钩与提环连接时，需要用吊车或气动绞车牵引大钩，容易引起大钩晃动，应注意人员站位，防止被大钩挤伤碰伤。

5) 顶驱和运移架分离

顶驱和大钩连接完成后，需要将顶驱和运移架之间的锁定装置解锁，顶驱才能在导轨上滑动，如图 4-50 所示。

⚠ 顶驱和运移架之间的锁定装置未解锁前，严禁上提或下放顶驱，否则会导致设备损坏甚至引发事故。

(1) 稍微下放顶驱，移除锁定装置上部锁闩的固定销，收回上部锁闩，插回固定销，并安装安全销。
(2) 稍微上提顶驱，移除锁定装置下部锁闩的固定销，收回下部锁闩，插回固定销，并安装安全销。

⚠ 解锁顶驱和运移架之间的锁定装置后，必须检查上下锁闩固定销和安全销是否安装到位，否则可能损坏顶驱。

(七) 安装井架电缆

1. 安装井架电缆接线板

安装井架电缆接线板前，需要确定安装位置。接线板的电缆托架位置距离钻台面 25.3m（83ft），如图 4-51 所示。

第四章　NOV顶驱安全作业指导

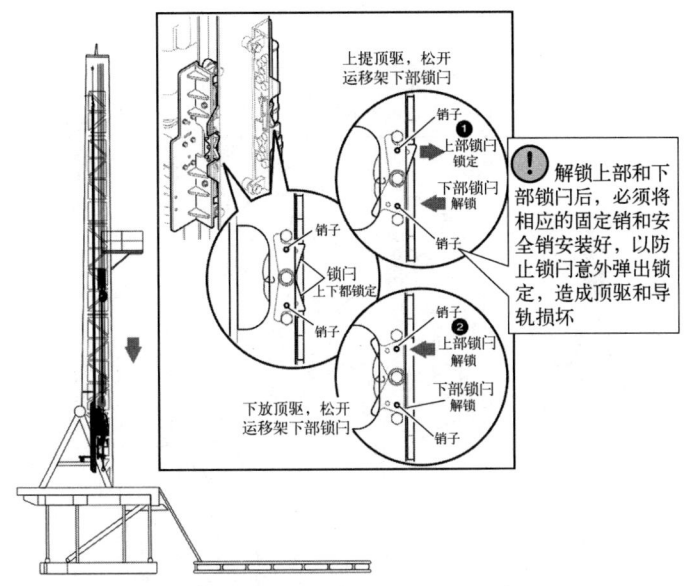

图 4-50　解除顶驱和运移架锁定装置

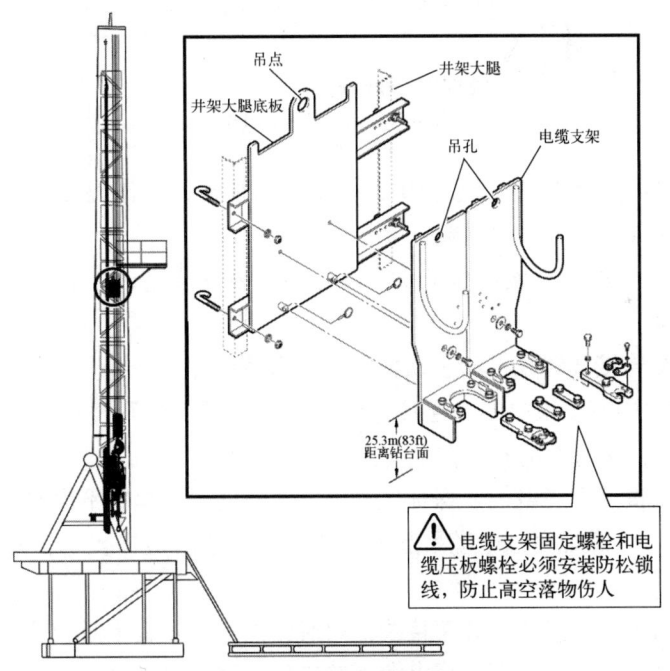

图 4-51　安装电缆接线板

（1）将电缆支架安装在顶驱本体接头侧的井架内侧。

⚠ 接线板的位置应确保电缆与导轨、钳吊绳、扶正台、气绞车绳索等不发生干涉。

（2）尽量远离井眼中心安装，确保电缆最小 914.4mm（36in）的弯曲半径。

⚠ 保持较大的弧度可增加电缆寿命，并可减少电缆的挤压损坏。

2. 安装井架电缆

使用气动绞车将电缆从电缆收纳盒中缓慢吊起，安装到井架电缆接线板，如图 4-52 所示。

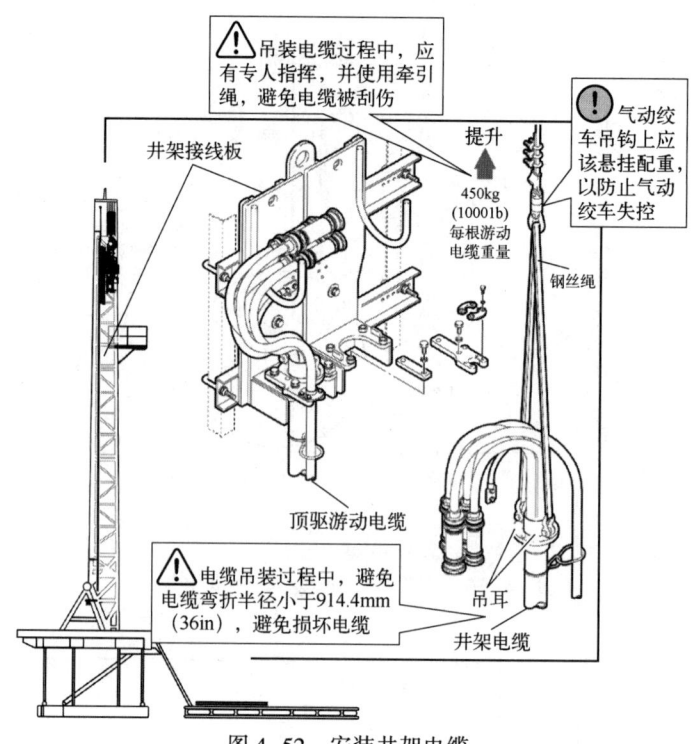

图 4-52　安装井架电缆

⚠ 气动绞车提升电缆和管线过程中，指定专人指挥，操作应缓慢，切勿出现电缆缠绕、扭结和挂蹭现象，避免损坏电缆。

❗ 气动绞车钢丝绳上应该悬挂配重，以确保电缆安装完成以后，下放气动绞车钢丝绳，不会出现失控。

（1）用钢丝绳连接气动绞车和主动力电缆专用吊点。

ⓘ 若是电缆盒内有多根电缆，通过电缆接头类型或者起升过程电缆长度判断是井架电缆还是游动电缆，从而确定安装在电缆接线板的位置。

（2）气动绞车慢速上提电缆，保证主动力电缆在展开过程中不出现缠绕、扭结。

⚠ 专人指挥，注意观察，电缆吊起通过二层台位置时缓慢操作，防止电缆与二层台发生挂蹭、碰撞。

（3）将主动力电缆托盘放入井架接线板内对应位置，安装压板和螺栓。

（4）若是游动段主动力电缆，将电缆下端摆放在钻台面安全位置，防止人员踩踏。

（5）若是井架段主动力电缆，因电缆较长，需用另一个气动绞车配合提起下部电缆，将井架电缆最下端顺下钻台，钻台下方人员接应，摆放进专用电缆槽内。

⚠ 两台气动绞车配合吊起井架段电缆，因其很长，应避免电缆在空中发生扭结、缠绕，防止电缆损坏。

（6）依次安装剩余的主动力电缆，在井架接线板处连接电缆接头。

⚠ 将井架接线板处的电缆接头堵帽取下，收入工具包拿下钻台，妥善保存，若堵帽无法取下，加装固定和防坠落措施，防止造成高空落物。

ⓘ 使用工具包携带使用的手工具等，手工具使用防坠绳。

（7）将综合控制电缆和辅助动力电缆安装到马鞍装置上。

ⓘ 安装在马鞍装置的电缆一般整体安装、拆卸，井间搬迁安装期间无须将电缆从马鞍装置上取下。

（8）用气动绞车缓慢上提马鞍装置，避免上提过程中电缆出现扭结、缠绕现象。

ⓘ 上提马鞍装置的绳套在捆绑、吊装时注意不要挤压、拉扯电缆，防止上提过程中电缆损坏。

（9）用专用钢丝绳把马鞍装置悬挂在井架合适位置。

ⓘ 马鞍装置需加装防坠落措施。

（10）马鞍装置上的电缆游动段一侧放置在钻台面安全的位置，防止人员踩踏。

（11）用另一个气动绞车配合提起井架段接电控房一侧电缆，顺下钻台，钻台下方人员接应，摆放进专用电缆槽内。

⚠ 综合控制电缆和辅助动力电缆相对主动力电缆重量轻，两台气动绞车配合吊起时更容易出现缠绕、扭结现象，且这两种电缆易损坏，操作应更加谨慎缓慢，专人注意观察，防止操作过快造成电缆损坏。

⚠ 电缆安装后不能与井架附件发生摩擦或干涉。

⚠ 必须保证游动电缆具有合适的弯曲半径，否则可能导致电缆损坏。

⚠ 电缆盒应4点吊装，使用牵引绳。

⚠ 作业前检查确认气动绞车功能完好、钢丝绳符合标准，排绳整齐。

⚠ 使用符合标准的绳套和索具进行吊装。

ⓘ 高处作业人员携带对讲机，保持良好通信，检查工具及安全绳是否完好。

ⓘ 钻台人员远离吊装区域，防止落物伤人。

ⓘ 吊起电缆安装到电缆托架之前，气动绞车吊钩应悬挂配重，防止吊钩起升过高无法下放甚至失控。

3. 安装地面段电缆

（1）摆放地面段电缆，与钻台下的井架电缆连接。

（2）连接顶驱本体端电缆。

⚠ 将顶驱本体端电缆接头堵帽取下保存，待到拆卸电缆接头时使用，若无法取下堵帽，需固定并加装防坠落措施，防止造成高空落物。

（3）将地面段电缆与电控房连接。

⚠ 地面电缆摆放整齐，推荐放入电缆槽中，防止人员踩踏，垫高防止雨水浸泡。

ⓘ 电缆连接要按照颜色次序或之前留下的标记连接，不得接错，否则会导致顶驱故障。

（八）安装司钻操作台及电缆

1. 确定司钻操作台安装位置

司钻操作台应该放置在安全并且便于司钻操作的位置，使用螺栓等安装固定，若没有专用安装底座或支架，需单独制作，保证安装固定牢靠。

确定司钻操作台的安装位置应该遵循以下几个原则：

（1）司钻操作绞车的同时也能操作顶驱司钻操作台。

（2）司钻在钻井作业过程中可以清楚观察司钻操作台各仪表。

（3）司钻在光线较暗时操作顶驱也能看得清司钻操作台各个按钮、指示灯及仪表。

2. 安装司钻操作台电缆

（1）确保司钻操作台已摆放到合适位置，并且固定。

（2）确认司钻操作台各开关按钮在初始位置。

（3）摆放司钻操作台电缆，一端连接电控房，另一端连接司钻操作台。

ⓘ 根据电缆两端插头插座类型或者之前留下的标记，提前确定司钻操作台电缆两端的位置。

⚠ 司钻操作台电缆摆放过程中，注意不要缠绕、扭结，避开设备边角、尖锐的位置放置，不得与顶驱主动力电缆、钻机主动力电缆并排一起摆放，防止谐波干扰造成顶驱通信故障。

（4）根据厂家资料说明，连接电控房侧电缆插头，如图4-53所示。

（5）连接司钻操作台侧电缆插头，紧固插头螺母。

（6）在接头堵帽上加装安全绳以防松脱。

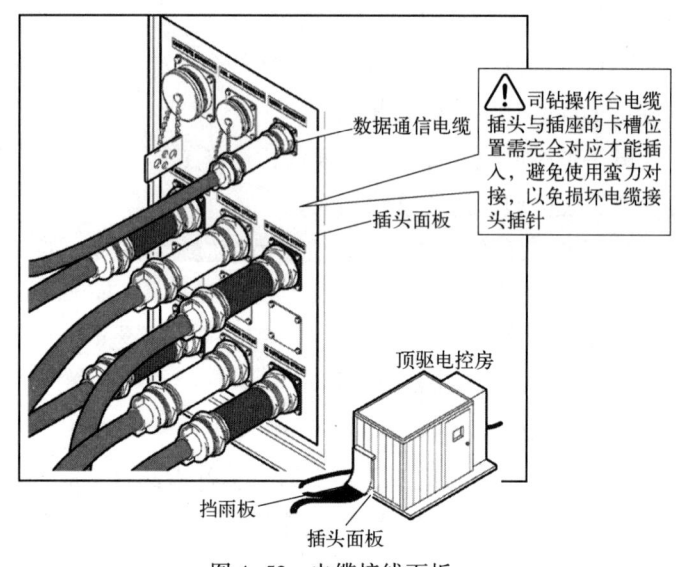

图4-53 电缆接线面板

（九）上电调试

（1）顶驱所有电缆、管线连接完毕，检查并确认没有安装错误和缺陷的情况，按照厂家资料说明，添加齿轮油和液压油至合适的液位。

（2）按照厂家资料说明给顶驱电控房合闸上电，检查风机、液压泵电动机和主轴转向是否正确。

（3）将司钻操作台上的正/反转选择开关由"OFF"位置切换到"FORWARD"位置，

如图 4-54 所示。

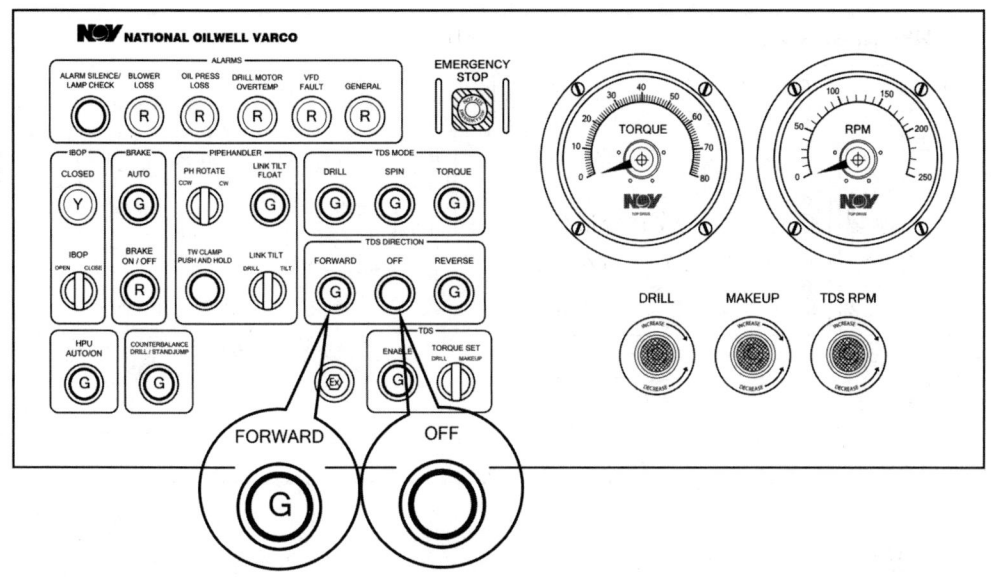

图 4-54　正/反转选择开关

（4）检查冷却电动机和液压泵电动机的旋转方向，如图 4-55 所示。

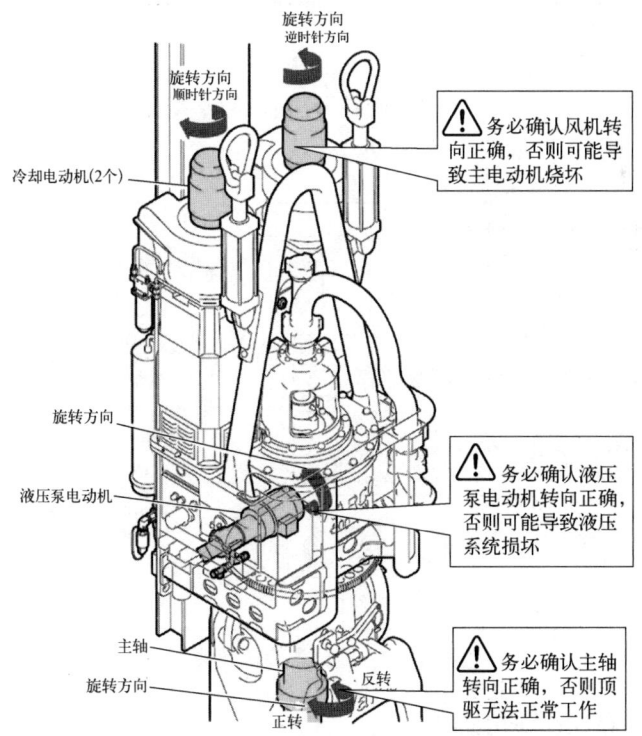

图 4-55　检查风机和液压泵电动机旋转方向

（5）操作司钻操作台上的转速设定手轮转动主轴，观察转向是否正确，如图 4-56 所示。

⚠ 如果上电后出现故障警报或电动机转向错误,应立即停止运行,并查找原因。

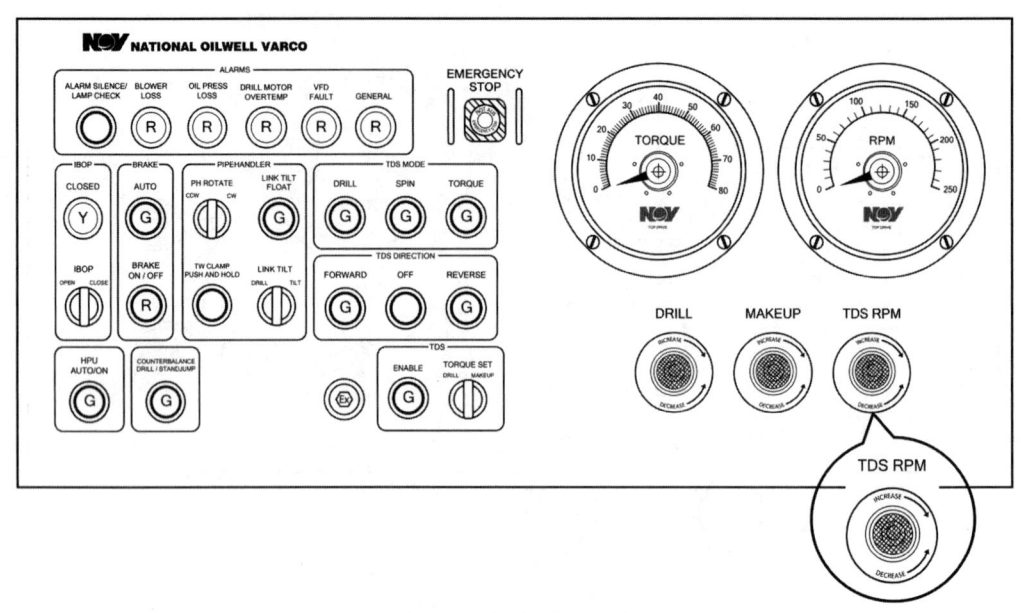

图 4-56 转速设定手轮

(十) 安装顶驱附件

1. 安装吊环和吊卡

(1) 操作司钻操作台上管子处理器旋转开关使旋转头旋转 90°,即将吊环挡闩定位于电动机保护栏正前方下端,如图 4-57 所示。

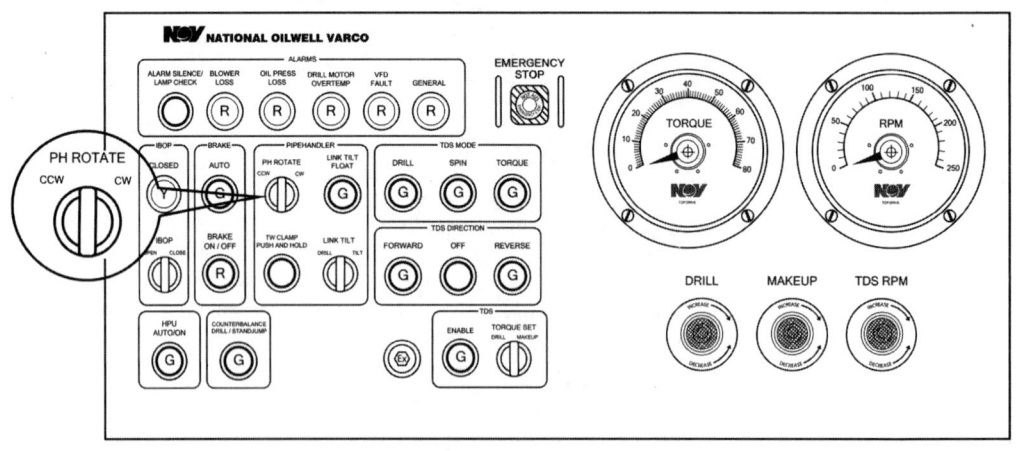

图 4-57 旋转头旋转开关

(2) 用螺纹脂润滑吊环两端耳孔。
(3) 将吊环吊放在吊环适配器上(吊环小耳孔一端向下),如图 4-58 所示。

ⓘ 吊环挂到旋转头耳环时,竖直状态无法直接安装,可摆动吊环底部使吊环倾斜一定的角度,配合气动绞车提放进行安装。

⚠ 安装吊环前,观察吊环两端耳孔的大小和弯曲朝向、倾斜油缸卡箍朝向,以此确定吊环安装的方向。

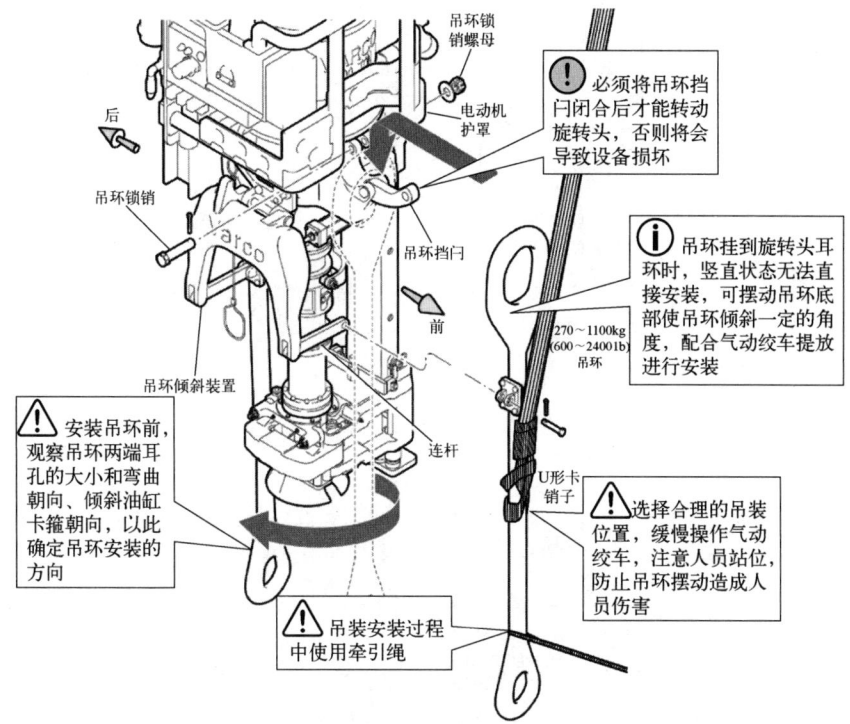

图4-58 安装吊环和吊卡

(4) 用销子和螺母固定吊环挡闩。
(5) 将吊环固定在吊环倾斜装置上。
(6) 将管子处理器转动180°,继续安装另一根吊环。

❗ 必须将吊环挡闩闭合后才能转动旋转头,避免设备损坏。

(7) 安装吊卡。

⚠ 覆盖好井口。

⚠ 按规定使用人字梯,防止滑跌。

⚠ 吊装时按规定选择和使用吊装索具,使用牵引绳。

⚠ 选择合理的吊装位置,缓慢操作气动绞车,注意人员站位,防止吊环摆动造成人员伤害。

2. 安装平衡液缸

(1) 参照厂家说明书中液压回路部分来初始化液压系统。
(2) 在大钩耳环上安装梨形环,如图4-59所示。
(3) 接通顶驱电源。
(4) 将平衡手动阀从"RUN"转动到"RIG-UP"位置,如图4-60所示。
(5) 当平衡油缸到达其全冲程时,连接梨形环,将平衡手动阀转动到"RUN"位置。

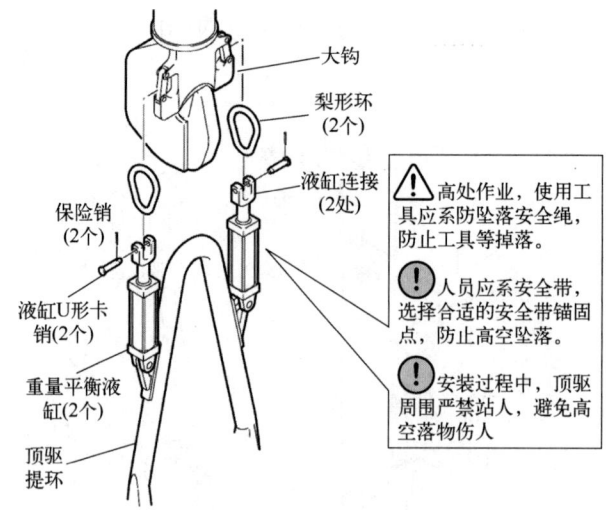

图 4-59 安装梨形环

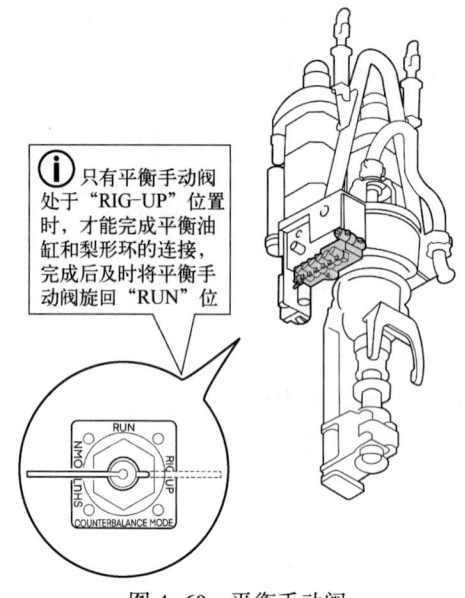

图 4-60 平衡手动阀

（十一）安装完成后验收

安装完成后，根据作业现场验收要求对顶驱进行检查验收，验收内容包括但不限于以下内容，见表 4-10。

表 4-10 NOV TSD-11SA 顶驱安装验收表

序号	项目	标准	结果
一、机械部分			
1	导轨中心到井口距离，mm	762	
2	连接板和卸扣	1. 耳板连接销或使用卸扣为4件套，开口销齐全； 2. 连接板及卸扣磨损正常，安全销可靠安装	

续表

序号	项目	标准	结果
3	导轨	导轨无明显变形,焊缝无开裂	
4	导轨与二层台、大钳绳、防碰绳	无干涉、无擦挂	
5	导轨销、止退销、安全销	导轨销、止退销及安全销齐全、无退出	
6	导轨离钻台面高度,mm	2000~2500	
7	电缆挂架	固定牢靠,螺杆、螺母及防松锁线齐全	
8	水龙带长度,m	23	
9	立管高度,m	22,弯管出口朝前,与游动管线无摩擦	
10	顶驱本体与井架附件是否干涉	本体在井架内全程范围不得有擦挂现象	
11	顶驱本体各处螺栓、连接销	螺栓紧固,防松锁线齐全,各连接销、开口销、安全别针齐全	
12	IBOP—主轴上扣扭矩,ft·lbf	42000;锁紧装置安装规范	
13	上IBOP—下IBOP上扣扭矩 ft·lbf	40000;锁紧装置安装规范	
14	保护接头—下IBOP上扣扭矩 ft·lbf	38000;锁紧装置安装规范	
15	保护接头中心与井口中心误差,mm	≤10	
16	背钳及钳牙	背钳正常,钳牙完好,压板螺栓开口销齐全	
17	液压油	使用手册推荐用油,液位正常	
18	齿轮油	使用手册推荐用油,液位正常	
19	吊卡类型	钻进时必须使用对开式吊卡	
二、液压部分			
1	各处密封	无渗漏	
2	液压管线	无破损,固定可靠,管线之间无直接接触,无渗漏	
3	游动电缆、水龙带	1. 顶驱上下运行过程中无交叉; 2. 顶驱上下运行过程中与井架附件无干涉	
4	液压系统压力,psi	1750~2000	
5	倾斜回路	功能正常	
6	回转回路	功能正常	
7	回转锁紧	功能正常	
8	平衡回路	功能正常	
9	制动回路	功能正常	
10	背钳回路	功能正常	
11	IBOP回路	功能正常	
12	倾斜与回转互锁功能	功能正常	

续表

序号	项目	标准	结果
三、电气部分			
1	输入电源电压	输入 600V AC，电压稳定，波动不超过±5%	
2	主电动机、风机、电缆绝缘检查	绝缘阻值≥4MΩ	
3	电控房放置是否平稳	符合顶驱相关操作要求	
4	各插接件绝缘情况，是否紧固、破损	绝缘正常，安装牢固、无破损	
5	电源相序是否正常	相序正确，风机、液压泵、主轴转向正确	
6	空调制冷、照明	制冷正常、照明正常	
7	扭矩、转速	正常	
8	报警及互锁	功能正常	
9	按钮、开关固定是否可靠、功能是否正常	符合要求	
10	电气设备及接地	无漏电、无干扰，接地电阻≤4Ω	
11	司钻操作台及支架固定情况	固定牢固，司钻操作台观察视线无障碍	
12	钻井、上扣、卸扣扭矩功能	正常	
四、安全防护措施			
1	电缆挂盘	本体及电缆挂架挂盘固定螺栓紧固，防松锁线齐全可靠	
2	顶驱综合电缆挂架	1. 挂架钢丝绳与井架接触部位需加垫胶皮； 2. 螺栓紧固，防松锁线齐全； 3. 使用卸扣为4件套，开口销齐全	
3	冷却风机	1. 螺栓紧固，防松锁线齐全可靠； 2. 冷却风机进风口和出风扣畅通无遮挡	
4	平衡系统	平衡油缸两端的连接销完好，安全销齐全	
5	顶驱盘刹	1. 刹车护罩固定螺栓紧固，防松锁线齐全可靠； 2. 盘刹工作正常，无漏油现象	
6	顶驱本体电控箱门	箱门关闭严实	
7	本体防护栏	螺栓紧固，开口销齐全可靠	
8	齿轮油箱、液压油箱呼吸器及加油孔堵头	安全链齐全、无退扣现象	
9	管子处理器	螺栓紧固，防松锁线齐全可靠	
10	润滑泵/液压泵（含电动机）	螺栓紧固，防松锁线齐全可靠	
11	IBOP 装置	1. 防松装置安装居中、四周间隙均匀、螺栓紧固、防松锁线齐全可靠； 2. 滚轮无破损、偏磨、晃动，滚轮连接销螺母无松动，止退垫齐全有效； 3. IBOP 驱动装置固定螺栓紧固，安全销齐全可靠	
12	倾斜油缸	圆螺母紧固，止动垫圈齐全并固定好，销子无退出	
13	倾斜油缸支撑体	连接U形螺栓、螺母紧固，开口销齐全	

续表

序号	项目	标准	结果
14	背钳挂臂	背钳挂臂连接销安全别针或定位块齐全，螺栓紧固，防松锁线齐全可靠	
15	背钳	1. 钳牙座、压板完好，压板固定螺栓紧固，开口销齐全； 2. 背钳体外部所有连接螺栓紧固，锁线、安全销齐全	
16	背钳导向口	螺栓紧固，防松锁线齐全可靠。防坠安全绳齐全	
17	滑车系统	1. 滑车滚轮无破损、偏磨、晃动； 2. 滑车滚轮连接销螺母无松动，止退垫齐全	
18	反扭矩梁	固定螺栓紧固，安全销齐全、有效，门销完好、无退出	
19	锁紧机构及回转马达	螺栓紧固，防松锁线齐全可靠	
20	灭火器与应急照明措施	消防器材配备齐全、有效，有定期检查记录；应急照明灯工作正常	

二、顶驱拆卸

（一）拆卸流程及拆卸前准备工作

1. 拆卸顶驱流程

顶驱拆卸流程如图4-61所示。

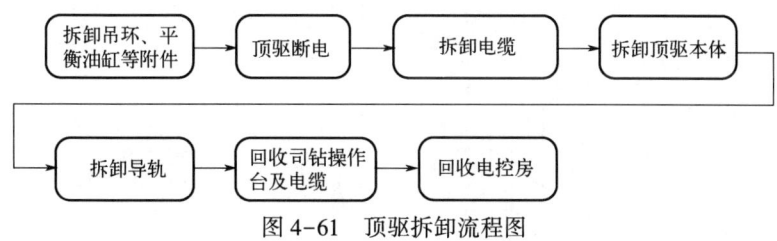

图4-61　顶驱拆卸流程图

2. 拆卸顶驱前的准备工作

将顶驱下放至钻台面，拆掉水龙带和吊环，将平衡手动阀调至"RIG-UP"，如图4-62所示。平衡油缸伸出，拆除平衡油缸与大钩的连接，安装电机出风口盖板。

（1）下放顶驱至钻台面。

（2）拆掉水龙带、吊卡和吊环。

（3）拆吊环时，需要通过操作司钻操作台把旋转头旋转到合适的位置，如图4-63所示。

ⓘ 吊环竖直状态无法从旋转头耳环摘下，可以摆动吊环底部使吊环倾斜一定的角度，配合气动绞车提放进行拆卸。

⚠ 选择合理的吊装位置，缓慢操作气动绞车，注意人员站位，防止吊环摆动造成人员伤害。

ⓘ 必须将吊环挡闩闭合后才能转动旋转头，避免造成设备损坏。

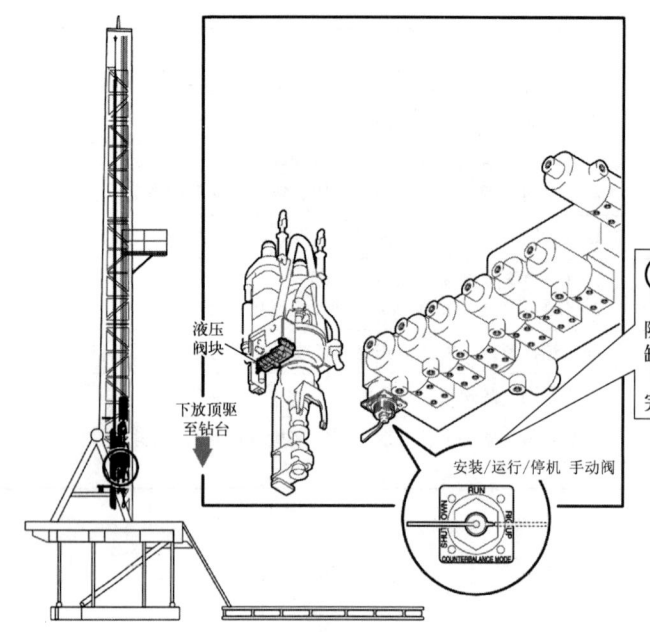

图 4-62 手动阀位置示意图

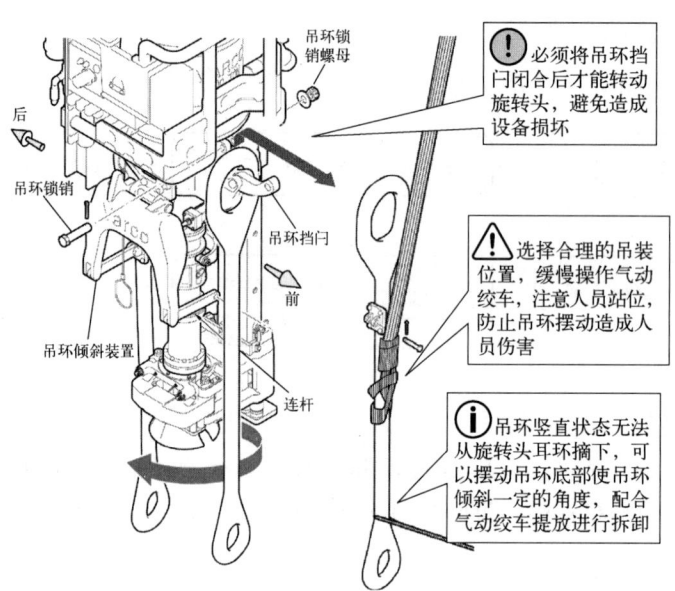

图 4-63 拆卸吊环

（4）找到液压阀汇上的"RIG-UP/SHUTDOWN"平衡手动阀。

（5）启动液压系统，把平衡手动阀调到"RIG-UP"位置并从大钩吊耳上拆掉平衡油缸，如图 4-64 所示。

⚠ 登高作业人员应系安全带、使用防坠落装置。

（6）将平衡手动阀调到"SHUTDOWN"位置，将液压系统泄压，泄压完成后及时调回"RUN"位置。

(7) 安装风动机出风口盖板，如图 4-64 所示。

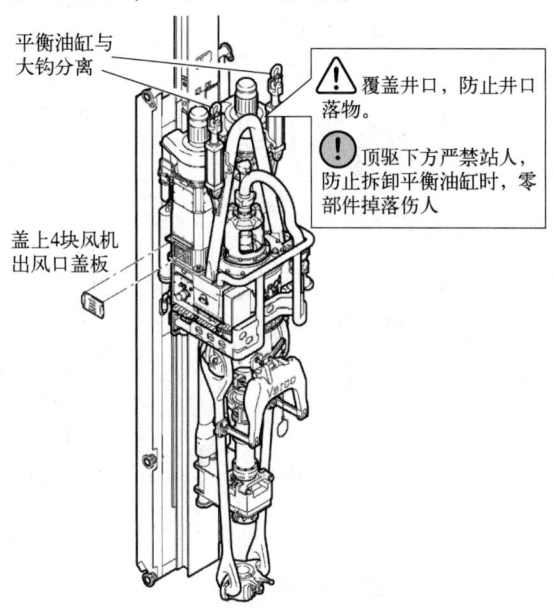

图 4-64　拆卸平衡油缸

(8) 断开井队 SCR/VFD 房内通往顶驱电控房的供电空气开关，并悬挂"禁止合闸"警示牌。

⚠ 覆盖好井口。

⚠ 按规定使用人字梯。

⚠ 吊装作业时按规定选择和使用吊装索具，使用牵引绳，并有专人指挥。

（二）拆卸电缆

⚠ 吊装电缆靠近设备边角等锋利物体时要缓慢谨慎操作，通过坡道时应有足够的空间；过程中电缆最小应有 914.4mm（36in）的弯曲半径。

拆除电控房和顶驱本体上的电缆接头，并盖好电缆接头堵帽，然后使用气动绞车将井架接线板上的动力电缆和马鞍装置上的综合控制电缆依次回收到电缆盒中，如图 4-65 所示。

(1) 将电缆盒放于方便回收电缆的位置。

(2) 拆开电缆在井架接线板和电控房处的接头。

(3) 拆开地面延长段电缆接头（若没有延长段电缆，这一步忽略）。

(4) 拆开顶驱本体侧的电缆接头，盖好所有接头堵帽。

(5) 使用气动绞车，用钢丝绳连接主动力电缆专用吊点，将主动力电缆游动段和井架段依次回收到电缆盒内。

⚠ 电缆盘收过程中，上部电缆接头会随着盘收而旋转，注意观察电缆接头与井架设施、顶驱本体和二层台等不要发生碰撞、挂蹭。

(6) 将马鞍装置上的电缆整体拆下，整体盘收进电缆盒。

⚠ 多芯易损坏的电缆如综合控制电缆应在较重较粗的主动力电缆上部盘收，防止被挤压损坏。

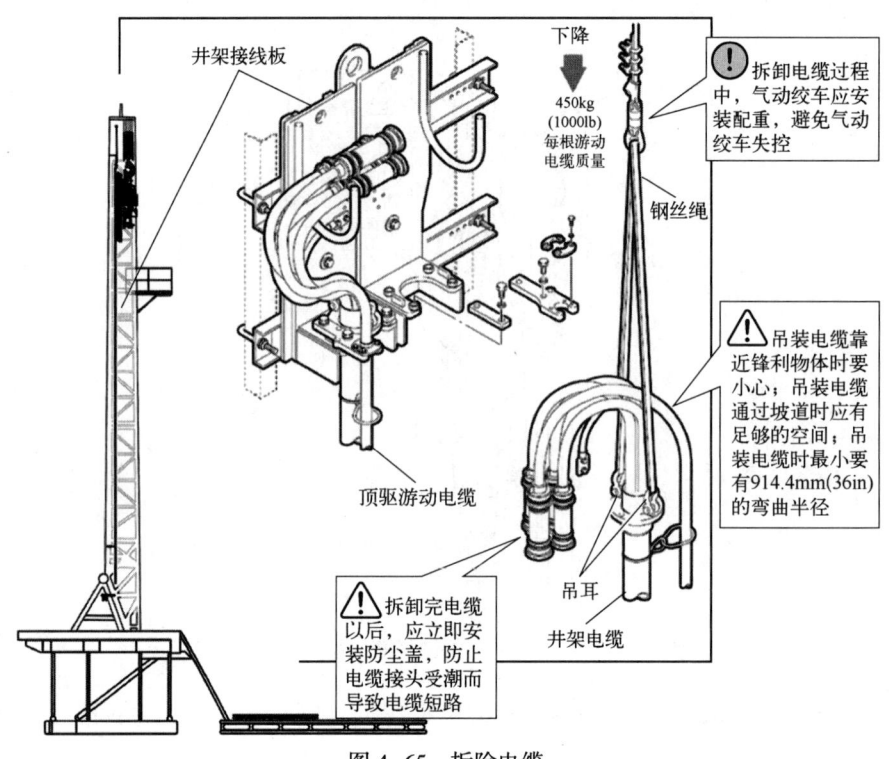

图 4-65 拆除电缆

⚠ 游动电缆和井架电缆的悬挂托盘、马鞍装置是金属材质，与盘收的电缆接触的地方，应垫胶皮隔离，防止损伤电缆外皮。

（7）移走电缆盒。

（8）如需要，拆除井架接线板，或在井架放倒之后再拆除回收。

⚠ 在吊装电缆时使用电缆挂盘处的专用吊装点。

⚠ 电缆盒应 4 点吊装，使用牵引绳。

⚠ 作业前检查确认气动绞车功能完好，钢丝绳符合标准，排绳整齐。

⚠ 使用符合标准的绳套和索具进行吊装。

⚠ 气动绞车提升电缆和管线过程中，指定专人指挥，操作应缓慢，切勿出现缠绕、扭结现象，避免损坏电缆和管线。

⚠ 从电缆托架吊起电缆并下放之前，气动绞车吊钩应悬挂配重，防止吊钩起升过高无法下放甚至失控。

⚠ 高处作业人员，按规定使用安全带、对讲机、水平生命线、速差器等防坠落装置，注意站位和操作姿势，防止高空坠落。

⚠ 钻台人员远离吊装区域，防止落物伤人。

（三）拆卸顶驱本体

1. 顶驱与导轨锁定

（1）安装提环锁。

⚠ 提环固定装置必须安装，确保拆除顶驱时，顶驱本体处于垂直状态。

（2）拆卸顶驱本体时无须排放齿轮油和液压油。

ⓘ 搬家安装期间无须排放齿轮油和液压油，顶驱平放不会有齿轮油和液压油泄漏。如果顶驱需要长时间封存，必须排放齿轮油和液压油。

（3）如图4-66所示，缓慢下放顶驱，将顶驱锁定装置与导轨上对应的锁定卡槽对齐，拆除锁定装置上部锁闩固定销，将上部锁闩推出来，穿入销轴，锁定上部锁闩，并插入安全销；拆除下部锁闩固定销，将下部锁闩推出，穿入销轴，并插入安全销。

❗ 锁闩固定销必须安装安全销，否则可能引发安全事故

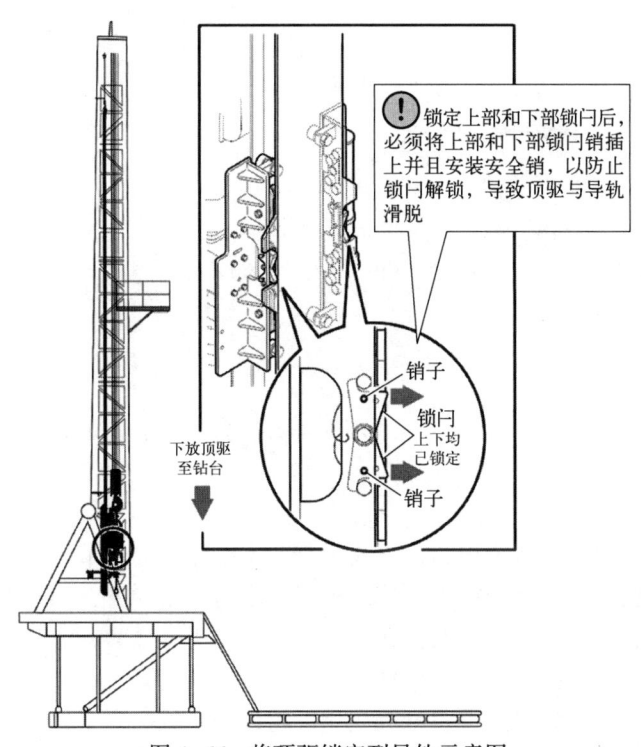

图4-66 将顶驱锁定到导轨示意图

2. 使用钢丝绳连接大钩和提环

如果大钩开口朝向绞车，则需要先将大钩和顶驱提环分开，使用钢丝绳连接大钩和顶驱提环，然后才能拆卸顶驱。如果大钩开口朝向坡道，无须使用钢丝绳连接大钩和提环，进行下一步即可。

（1）小幅下放游车，大钩与顶驱提环脱离接触，此时顶驱重量由导轨承载。

（2）打开大钩锁舌，使用气动绞车或吊车向外牵引大钩，配合游车提升，将大钩和顶驱提环分离。

❗ 作业人员严禁将身体部位置于大钩、提环和顶驱设备的间隙中，防止大钩意外摆动造成人员挤伤。

（3）下放吊车，使用钢丝绳连接大钩和顶驱提环。

（4）上提游车至钢丝绳绷紧，顶驱本体重量由大钩、钢丝绳承载。

3. 拆除导轨主固定梁

松开导轨主固定梁和运移架、导轨之间的固定爪，拆除主固定梁，如图 4-67 所示。

（1）取出固定销。

（2）使用气动绞车连接运移架底端，将运移架和导轨向钻机绞车方向牵引，打开固定爪。

⚠ 使用气动绞车牵引导轨底端，注意上部驱动绞车钢丝绳位置，防止与顶驱本体发生干涉，损坏顶驱设备。

（3）缓慢下放气动绞车，释放顶驱导轨及运移架。

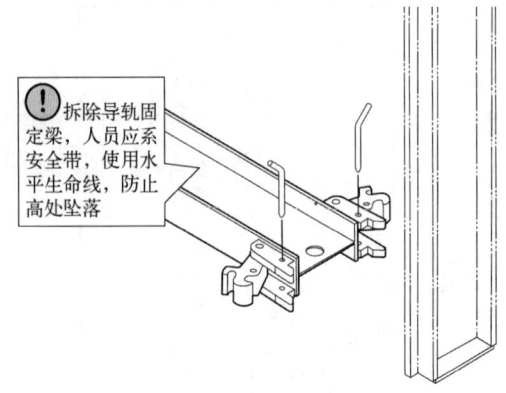

图 4-67　拆除固定梁

4. 将顶驱与导轨分离

缓慢上提顶驱，取出导轨连接销，下放顶驱，末节导轨与上节导轨脱开。吊车配合游车提放，将顶驱向坡道方向缓慢拉出，使顶驱运移架与导轨脱开，然后缓慢下放游车，配合吊车提升和下放，将顶驱平放到钻台面。

1）大钩开口方向朝向坡道（方式 2）

缓慢上提顶驱，司钻观察指重表悬重变化不超过 2t，取出安全销和止退销，然后退出导轨连接销，如图 4-68 所示。

2）大钩开口朝向钻机绞车（方式 1）

（1）缓慢上提顶驱，司钻观察指重表悬重变化不超过 2t，取出安全销和止退销，然后退出导轨连接销，如图 4-68 所示。

（2）缓慢下放顶驱，末节导轨与上节导轨接头脱开。

（3）吊车连接运移架下端吊点，配合游车提放，将顶驱本体向坡道方向缓慢拉出，使顶驱运移架与导轨完全脱开，如图 4-69 所示。

⚠ 吊车配合将顶驱向坡道方向拉出的时候，操作应该缓慢，并有专人指挥作业，指挥吊装作业人员要选择合适的站位，确保司钻和吊车司机都可以同时看清指挥人员的指令。

（4）缓慢下放游车，配合吊车大钩提放，将顶驱和运移架平放到钻台面，如图 4-70 所示。

⚠ 吊车配合将顶驱平放到钻台面时，顶驱容易侧翻，操作应该缓慢平稳，钻台人员注意站位，远离顶驱本体，防止人员伤害。

第四章 NOV顶驱安全作业指导

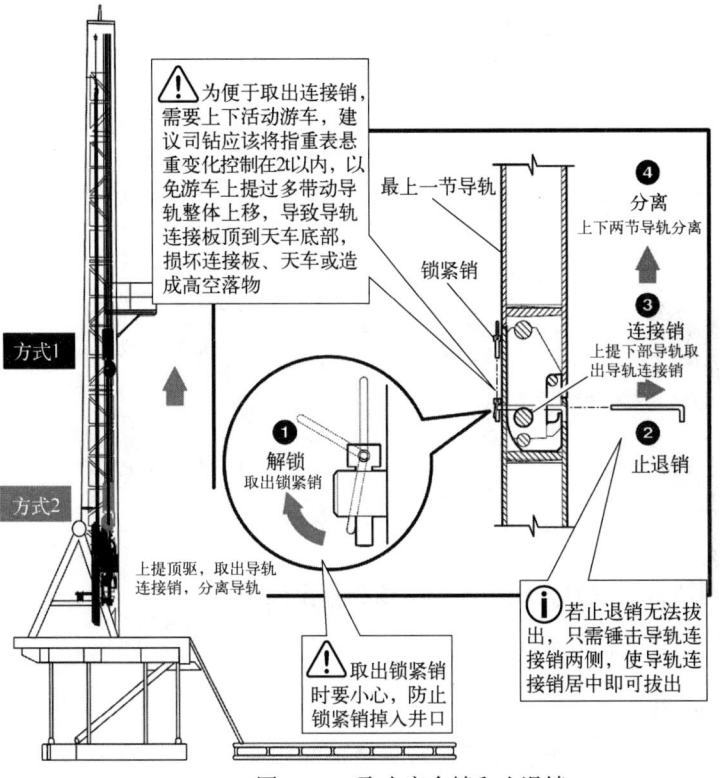

图 4-68 取出安全销和止退销

图 4-69 顶驱与导轨分离

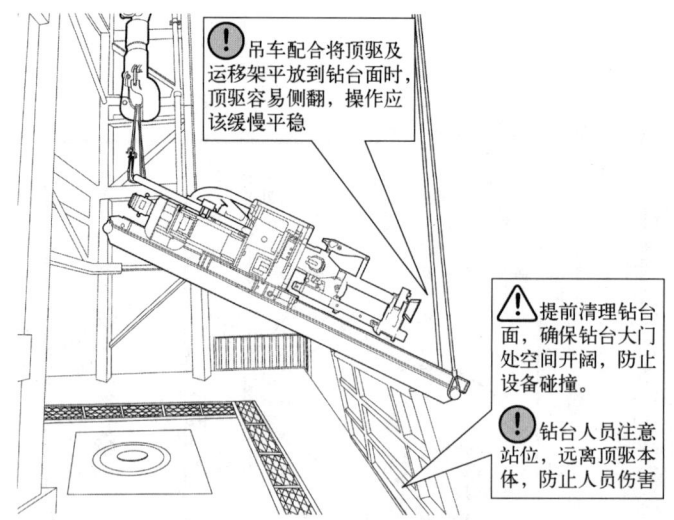

图 4-70 吊车配合大钩放平顶驱

（5）顶驱下放到钻台面以后，使用吊车将顶驱移至地面。

（四）拆卸导轨

1. 安装导轨安装架

先将导轨安装架安装到导轨上，才能进行导轨拆卸作业。

（1）检查并拆除导轨中部固定装置。

（2）将导轨拆装专用钢丝绳安装到导轨安装架的"RIG DOWN"位置，并通过钢丝绳将安装架与大钩连接。

⚠ 拆卸导轨时，必须将专用钢丝绳的U形环（卸扣）安装到"RIG DOWN"位置，否则无法拆卸导轨。

（3）缓慢上提游车，将导轨安装架套入导轨。

⚠ 导轨安装架套入导轨过程中，需要人员乘坐吊篮扶正导轨安装架，人员应系安全带，并携带对讲机与钻台人员沟通。

⚠ 导轨安装架上严禁站人。

2. 分离导轨和导轨连接板

分离导轨和导轨连接板时，当上提导轨安装架到导轨串悬挂位置时，人员使用对讲机与司钻保持密切沟通，指挥司钻缓慢上提导轨安装架，当导轨挂钩与导轨连接板完全分离以后，下放游车，开始拆卸导轨。将导轨连接板捆绑到井架背梁上，方便后续放井架作业。

（1）人员携带对讲机到天车下，指挥司钻缓慢上提导轨安装架。

（2）导轨安装架与最上节导轨承载挡块接触时，导轨锁闩同时被顶开解锁。

（3）继续缓慢上提游车，使导轨挂钩与导轨连接板分离，如图4-71所示。

⚠ 分离顶驱导轨与导轨连接板时，必须有人员在天车附近观察指挥，使用对讲机沟通，防止过度上提游车导致顶天车。

第四章 NOV顶驱安全作业指导

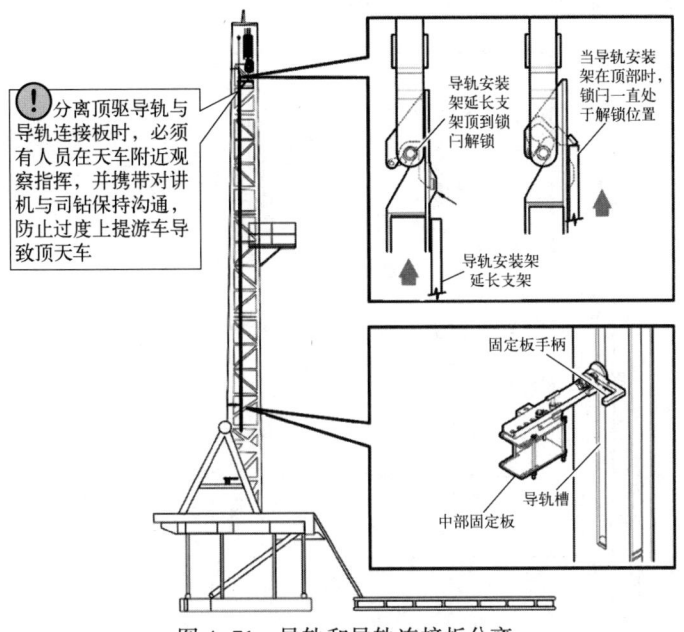

图 4-71 导轨和导轨连接板分离

（4）将导轨连接板捆绑到井架背梁上。

⚠ 导轨连接板必须捆绑到井架背梁上，防止井架放倒时与钻井大绳干涉。

（5）缓慢下放顶驱导轨安装架，开始拆卸导轨。

3. 拆卸顶驱导轨

拆卸导轨，可以乘坐吊篮上到两节导轨连接处，退出导轨连接销，拆卸导轨，也可以将井口补心取出，下放导轨到井口，人员站在钻台面退出导轨连接销。此处以第二种方法说明。

（1）取出井口补心。

（2）缓慢下放导轨至井口，直至人员可以站在钻台面拆卸导轨连接销，使用 U 形环（卸扣）连接导轨上端专用吊点和气动绞车。

（3）缓慢上提气动绞车，使气动绞车钢丝绳绷紧。

（4）拆除止退销和锁紧销。

（5）退出导轨连接销。

（6）缓慢下放气动绞车，两节导轨接头脱开，使井口中的导轨上端钩销坐在上节导轨下端的钩销座上。拆除气动绞车和导轨上端连接。

（7）上提游车，使井口内导轨底端高于钻台面。

（8）使用气动绞车和 U 形环（卸扣）连接底部导轨下端专用吊点。

（9）缓慢下放游车，同时气动绞车缓慢上提，使下端导轨缓慢平放到钻台面，调整下端导轨放平的位置，使放平的导轨与竖直导轨处于垂直状态，如图 4-72 所示。

⚠ 应有专人指挥气动绞车配合游车放平导轨。

⚠ 人员注意站位，避免导轨摆动伤人。

（10）轻微上提或下放游车，调整竖直导轨位置，使竖直导轨悬空，并且竖直导轨下端钩销座与水平导轨钩销分离,如图4-72所示。

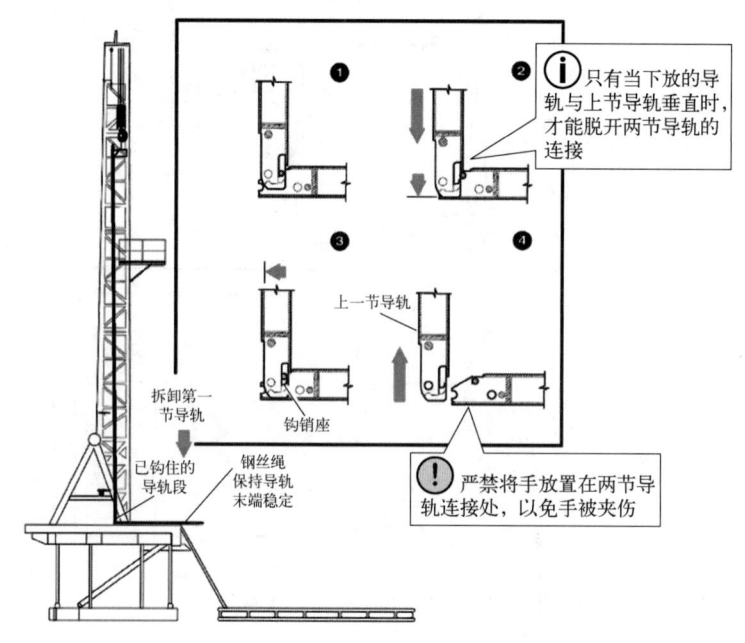

图 4-72　导轨挂钩与钩销分离

（11）钻工扶稳竖直导轨向绞车方向推,使竖直导轨下端钩销座与水平导轨钩销完全脱开。

（12）上提游车,竖直导轨离开钻台面。

⚠ 上提游车时导轨会因重心偏移向井架坡道方向翘起,作业人员不得在导轨朝向坡道一方站立,避免竖直导轨摆动伤人。

（13）使用吊车将平放于钻台面的导轨吊下钻台。

（14）重复以上步骤,拆除剩余导轨。

（五）回收司钻操作台及电缆

（1）回收司钻操作台电缆。

（2）回收司钻操作台。

ⓘ 井间搬迁安装作业,将司钻操作台从托架上拆除回收,避免搬家过程中,司钻操作台从托架上跌落损坏。

（六）回收电控房

（1）确认电控房内各柜门关闭并固定,电控房内零部件固定牢固。

⚠ 电控房内柜门必须固定牢固,防止搬家过程中柜门损坏。

（2）使用吊车将电控房移出,放置在空旷位置。

⚠ 电控房必须4点起吊,使用牵引绳,吊装过程缓慢平稳。

第四节　NOV 顶驱操作考核

一、顶驱理论考核

（1）在起下钻工况时，顶驱刹车（OFF/AUTO/ON）、顶驱正反转模式（REVERSE/OFF/FORWARD）、顶驱液压泵开关（AUTO/ON）以及顶驱立柱上跳开关（DRILL/STANDJUMP）应分别打在什么位置？

答：起下钻过程中，顶驱刹车处于"OFF"位置。正反转开关处于"OFF"位置。液压泵开关处于"ON"位置。立柱上跳开关处于"DRILL"位置。

（2）在正常钻进工况下，顶驱刹车（OFF/AUTO/ON）和顶驱液压泵开关（AUTO/ON）分别打到什么位置？

答：顶驱钻进时，刹车开关处于"AUTO"位置。液压泵开关处于"AUTO"位置。

（3）在使用背钳功能（TW CLAMP PUSH AND HOLD）的时候，IBOP 开关（OPEN/CLOSE）和吊环倾斜开关（DRILL/OFF/TILT）应该处于什么状态？背钳夹紧以后，司钻操作台上会有什么显示？

答：旋转头转动和吊环倾斜功能之间有互锁设定，使用背钳之前，IBOP 开关应该处于"CLOSE"位置，吊环倾斜开关（DRILL/OFF/TILT）应该处于"OFF"状态，吊环应该处于"LINK TILT FLOAT"状态。背钳夹紧以后，"OIL PRESS LOSS"和"GENERAL"报警灯会闪烁一下（先亮后灭），IBOP 关闭灯会由亮熄灭，几秒后再变常亮。

（4）简述 NOV 顶驱旋转头和吊环使用注意事项。

答：NOV 顶驱旋转头为液压浮动，因此在吊环承载状态下严禁转动旋转头或者主轴，否则会损坏设备。吊卡承载超过 1t 钻具时，严禁使用吊环倾斜功能，否则会损坏倾斜油缸。

（5）井底扭矩过大，发生堵转时应该如何处理？

答：发生钻具堵转后，尽量通过上提、下放钻具恢复旋转。如果堵转时钻井扭矩设定值较低，可以根据具体情况在保证设备、人身安全的前提下，缓慢增加钻井扭矩设定值，至钻具克服井底阻力开始旋转，待正常钻进时再将扭矩设定值减小至正常值。当无法恢复旋转且不需要保持扭矩维持堵转时，需要释放堵转扭矩：保持转速手轮不动，非常缓慢地将钻井扭矩设定值减小，以控制钻柱缓慢反转，扭矩也随之减小，直到钻井扭矩设定手轮给定值回零，钻柱反转速度为零，彻底释放钻具反扭矩。然后将转速手轮回到零位，将转向选择开关扳回关位。

（6）钻进过程中，顶驱本体出现非自身原因之外的剧烈晃动，司钻应如何处理？

答：使用大尺寸钻头在表层或某段地层钻进时，出现非顶驱故障原因的剧烈震动，应适当降低转速及钻压，避免顶驱因剧烈震动造成损坏。

（7）定向钻井作业时应该注意哪些方面？

答：在定向钻井作业中，顶驱钻井扭矩设定为动力钻具设定的最大扭矩的 1.2 倍。如果在复合钻井过程中发现顶驱憋停、反转，立即提升游车来减小反扭矩。钻井工艺要求钻具不旋转时，应该将顶驱刹车转到"ON"；钻井工艺要求允许钻具旋转时，刹车均转到"AUTO"位置。需经常检查刹车可靠性，保证顶驱刹车扭矩值大于动力马达的最大输出扭矩值。

（8）简述带顶驱震击解卡作业注意事项。

答：① 任何情况下，禁止带顶驱使用地面震击器进行震击作业。

② 如确需带顶驱进行震击作业，震击器距离井口的深度不得低于1500m；如井深大于1500m，发生卡钻，确需使用顶驱震击作业，严禁顶驱带转速憋扭矩震击。带顶驱震击作业时，钻台面严禁站人，避免顶驱零部件掉落伤人，如果发现顶驱上零部件掉落，应该立即停止震击，检查顶驱。

③ 带顶驱震击作业时，钻具必须与顶驱保护接头连接，严禁使用顶驱吊卡悬挂钻具进行震击。

④ 带顶驱震击作业时，上提负荷要严格按照钻井手册的相关规定进行，严禁发生钻具拉断损伤顶驱的事故。

⑤ 带顶驱震击作业时，每震击2h，必须对顶驱进行检查。

⑥ 如果在解卡过程中，现场作业工况不能满足上述条件或者顶驱受到剧烈冲击或者震击时间超过8h，为避免顶驱设备损坏，需将顶驱旁置或暂时拆甩，待采用其他方式解卡后再恢复作业。

（9）简述顶驱IBOP使用注意事项。

答：① 正常作业时，顶驱上下IBOP处于关闭位置时禁止启动井队钻井泵直至IBOP完全打开；井队钻井泵工作期间严禁关闭顶驱IBOP。

② 顶驱下IBOP需要一天活动一次。

③ 当需要保持顶驱上IBOP为关闭状态时，对于ABB电控系统的NOV顶驱，严禁把司钻操作台上的使能开关切换到"OFF"位置，禁止切断顶驱电控房的总电源。

二、顶驱实操考核

NOV TDS-11SA（ABB电控系统）顶驱司钻实操技能考核表见表4-11。

表4-11　NOV TDS-11SA（ABB电控系统）顶驱司钻实操技能考核表

序号	评分内容	分值	得分
	基本功能操作		
1	检查紧急停车按钮是否按下	1	
2	检查上扣扭矩和钻井扭矩设定值	1	
3	使用ALARM SILENCE/LAMP CHECK，检查各个指示灯和扭矩表、转速表是否正常	1	
4	使用HPU自动（AUTO）模式和HPU常开（ON）模式	1	
5	使用司钻操作台使能（ENABLE）开关	1	
6	打开关闭立柱上跳（STANDJUMP）功能	1	

第四章　NOV顶驱安全作业指导

续表

序号	评分内容	分值	得分
7	将"TDS DIRECTION"设定为"FORWARD"	1	
8	观察报警指示灯是否有报警信息	1	
9	给定转速10rpm，正转	2	
10	旋转头左转和右转	1	
11	吊环前倾和后倾以及吊环浮动	1	
12	IBOP开位和关位	1	
	上扣扭矩及钻井扭矩设定		
1	将"TORQUE SET"旋钮调到"MAKE UP"位并保持，调整"MAKE UP"手轮，观察扭矩表达到所需扭矩值，将"TORQUE SET"旋钮调到中位	1	
2	将"TORQUE SET"旋钮调到"DRILL"位，调整"DRILL"手轮，观察扭矩表达到所需扭矩值，将"TORQUE SET"旋钮调到中位	1	
	立柱钻进		
1	将钻柱钻至最低位置，循环钻井液	0.5	
2	将速度手轮回零，小幅提升游车，缓慢下放坐卡瓦，观察指重表，确认钻具重量已经全部坐到卡瓦上	1	
3	将"TDS DIRECTION"设定为"REVERSE"位，关闭钻井泵	1	
4	将IBOP旋钮调到"CLOSE"位，待"CLOSED"指示灯点亮，松开IBOP旋钮，IBOP关闭	1	
5	按下"TW CLAMP"按钮并保持，等待"OIL PRESS LOSS"和"GENERAL"灯闪烁一次，说明背钳已经夹紧钻具接头	1	
6	将"TDS MODE"选为"SPIN"，然后按下"TORQUE"按钮并保持，观察扭矩表，指针慢慢上升后迅速下降，说明卸扣成功	1	
7	此时松开"TORQUE"按钮，然后松开"TW CLAMP"按钮，"TDS MODE"自动回到"SPIN"，将"COURTERBALANCE"调到"STAND JUMP"	1	
8	小幅提升游车直到顶驱保护接头从钻具中卸出	1	
9	将"TDS MODE"选为"DRILL"，将"COURTERBALANCE"调到"DRILL"	1	
10	提升游车至二层台，使用吊环倾斜功能，配合井架工用吊卡扣住一根立柱	0.5	
11	提升游车，使立柱下端高于井内钻具的上端面，按下顶驱的"FLOAT"按钮，使立柱回复到中位	1	
12	小幅下放游车，将立柱下端导入井内钻具的内螺纹中	1	
13	将右侧B型大钳卡在井内钻具的内螺纹接头上，缓慢下放顶驱	1	
14	将"TDS DIRECTION"设定为"FORWARD"	1	
15	将"TDS MODE"选为"SPIN"，开始旋扣	1	
16	配合旋扣速度，缓慢下放顶驱，直到旋扣完成	0.5	
17	小幅下放游车，使钻具不处于拉升状态，将"TDS MODE"选为"TORQUE"并保持，紧扣到设定的上扣扭矩值	1	
18	紧扣完成后，松开"TORQUE"按钮，将"TDS MODE"选为"DRILL"	0.5	
19	将IBOP开关调到"OPEN"位置，待"CLOSED"指示灯熄灭，松开IBOP旋钮，IBOP打开，此操作至关重要，必须在开泵之前完成	1	

续表

序号	评分内容	分值	得分
20	开启钻井泵,建立钻井液循环	0.5	
21	提升游车,取出卡瓦	0.5	
22	开始钻进	0.5	
倒划眼起钻			
1	循环和顶驱旋转的同时,上提游车,直到出现第三个钻杆接头	0.5	
2	缓慢调节顶驱"TDS RPM"手轮归零,钻工放入卡瓦,司钻缓慢下放顶驱,观察指重表,确认钻具重量已经全部坐到卡瓦上	1	
3	停泵,等待泵压表压力显示"0",将"IBOP"调到"CLOSE"位,将"BRAKE"选为"AUTO",确认"LINK TILT FLOAT"指示灯常亮,吊环处于中位	1	
4	将"TDS DIRECTION"设定为"REVERSE"位	0.5	
5	按下"TW CLAMP"按钮并保持,等待"OIL PRESS LOSS"和"GENERAL"灯闪烁一次,说明背钳已经夹紧钻具接头	1	
6	将"TDS MODE"选为"SPIN",然后按下"TORQUE"按钮并保持,观察扭矩表,指针慢慢上升随之迅速下降,说明卸扣成功	1	
7	此时松开"TORQUE"按钮,然后松开"TW CLAMP"按钮,"TDS MODE"自动回到"SPIN",将"COURTERBALANCE"调到"STAND JUMP"	1	
8	小幅提升游车直到顶驱保护接头从钻具中卸出	0.5	
9	将"TDS MODE"选为"DRILL",将"COURTERBALANCE"调到"DRILL"	1	
10	钻工用液压大钳松开钻杆底部的螺纹,上提顶驱使钻杆底部脱扣,钻工将钻杆底部推入钻杆盒,同时下放顶驱,将"LINK TILT"旋钮调到"TILT"位,将钻杆顶部推给井架工,井架工打开吊卡,将钻杆上端拉入钻具盒,司钻收回吊环,下放顶驱至钻台面	1	
11	钻工给顶驱保护接头涂抹螺纹脂,缓慢下放顶驱,直到保护接头外螺纹进入钻杆内螺纹	1	
12	将"TDS DIRECTION"设定为"FORWARD"	1	
13	将"TDS MODE"选为"SPIN",开始旋扣	1	
14	配合旋扣速度,缓慢下放顶驱,直到旋扣完成	1	
15	小幅下放游车,使钻具不处于拉升状态,将"TDS MODE"选为"TORQUE"并保持,紧扣到设定的上扣扭矩值	1	
16	紧扣完成后,松开"TORQUE"按钮,将"TDS MODE"选为"DRILL"	0.5	
17	将IBOP开关调到"OPEN"位置,待"CLOSED"指示灯熄灭,松开IBOP旋钮,IBOP打开,此操作至关重要,必须在开泵之前完成	1	
18	开启钻井泵,建立钻井液循环	0.5	
19	提升游车,取出卡瓦	0.5	
20	继续倒划眼起钻	0.5	
平台经理: 顶驱工程师: 被考核司钻:		50	

第五章 北石顶驱安全作业指导

第一节 北石顶驱技术特点和参数

北石顶驱由北京石油机械有限公司生产。北京石油机械有限公司原名北京石油机械厂，成立于1955年，最初为北京石油学院的实习工厂，与中国石油相伴而生，现隶属于中国石油集团工程技术研究院。该公司是国内起步较早，生产规模大，产品规格全的顶驱生产制作商，自2003年开始研制顶驱，2004年首台顶驱出厂。至今已研发出8种规格，15个型号的顶驱，满足2000~15000m陆地、车装、海洋等各种钻机石油天然气钻探需要。北石500t顶驱如图5-1所示。

一、技术特点

（1）北石顶驱采用成熟的交流变频驱动技术，转矩和速度控制精确，驱动方式灵活，整流器与逆变器采用一对一驱动，可方便实现单电动机运转，在司钻操作台上可以直接选择。

（2）北石顶驱采用Profibus和Profinet现场总线控制技术、光纤通信，抗电磁干扰能力强。电气控制系统使用工控计算机，专用人机交互界面，可监控顶驱运行信息、查询历史故障记录，便于掌握设备状态和故障处理。

（3）北石顶驱采用PLC技术进行电气自动化控制，系统运行可靠，维护简便，具有数据采集和输出控制、安全互锁、监控、报警等功能。

（4）北石顶驱采用双载荷通道提升系统，正常钻井时的载荷通过主轴直接传递到减速箱内主轴承上，起下钻等工况下吊环载荷作用在旋转头内部的止推轴承上，不通过减速箱主轴承。

（5）北石顶驱采用单独液压站，独立于顶驱本体放置在电控房旁边，使用液压管线与本体相连，后期产品中将单独液压站跟电控房整合在了一起，方便吊装和液压源的维修，减少顶驱振动对液压系统的影响。通过司钻操作台远程控制，也可以在液压站本地控制启停，装有温度和液位传感器，配有蓄能器，提高了液压系统稳定性。

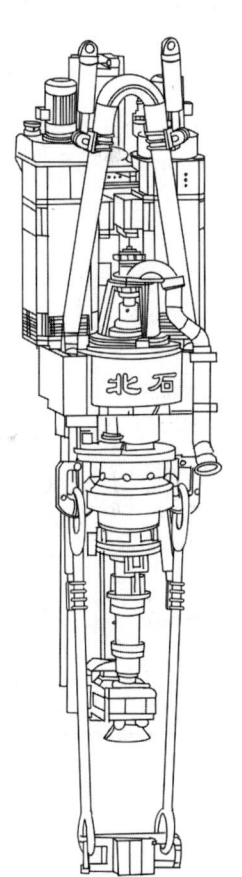

图5-1 北石顶驱

（6）北石顶驱采用分项故障报警指示技术，可以更明确地指示故障内容，更容易判断具体故障点，减少故障排查时间。

（7）北石顶驱可实现多种机械自动化功能，如顶驱本体平衡系统、吊环倾斜、吊环浮动、旋转头旋转、遥控开关内防喷器、背钳夹紧钻杆、主电动机刹车制动等。

二、技术参数

北石各型号顶驱产品具体技术参数见表5-1。

表5-1 北石各型号顶驱技术参数

顶驱型号	额定载荷 kN（tf）	连续钻井扭矩 kN·m	最大卸扣扭矩 kN·m	背钳夹持范围 mm（in）	转速范围 rpm	输出功率 kW	驱动形式
DQ120BSC	9000（1000）	85	136	87~250（$2\frac{7}{8}$~$6\frac{5}{8}$）	0~200	2×450	电驱动
DQ90BSD	6750（750）	85	136	87~220（$2\frac{7}{8}$~$6\frac{5}{8}$）	0~200	2×450	电驱动
DQ90BSC	6750（750）	72	125	87~220（$2\frac{7}{8}$~$6\frac{5}{8}$）	0~200	2×370	电驱动
DQ70BSD	4500（500）	70	108	87~220（$2\frac{7}{8}$~$6\frac{5}{8}$）	0~200	2×370	电驱动
DQ70BSF	4500（500）	60	95	87~220（$2\frac{7}{8}$~$6\frac{5}{8}$）	0~230	2×370	电驱动
DQ70BSC	4500（500）	50	95	87~220（$2\frac{7}{8}$~$6\frac{5}{8}$）	0~220	2×300	电驱动
DQ50BC	3150（350）	40	75	87~220（$2\frac{7}{8}$~$6\frac{5}{8}$）	0~180	370	电驱动
DQ40BCQ	2250（250）	30	55	87~200（$2\frac{7}{8}$~$5\frac{1}{2}$）	0~180	300	电驱动
DQ40Y	2250（250）	30	45	87~200（$2\frac{7}{8}$~$5\frac{1}{2}$）	0~180	400	液压驱动
DQ30Y	1700（190）	22	40	87~200（$2\frac{7}{8}$~$5\frac{1}{2}$）	0~150	360	液压驱动

第二节 北石顶驱操作

 **重要提示**

顶驱操作、维护人员以及接近系统设备的其他人员，应当接受钻井操作、钻井安全知识及顶驱安全作业的相关培训。

第五章 北石顶驱安全作业指导

本章在正文内容中，包含了"说明""注意"以及"警示"等内容。这些内容用于提示相关操作对人身和设备安全可能产生的伤害。具体说明如下：

ⓘ：说明，对于人身或设备安全有关事项的补充说明。

⚠：注意，对可能导致人身或设备伤害的提示。

❗：警示，对极易导致人身或设备伤害的警示。

本章中，文字加【】符号的，表示其为电气系统的操作元件，例如开关、按钮等。

非专业人员或未经专门培训者，不得进行顶驱的操作、调试和维护工作，否则可能导致设备损坏或人身伤害。

一、司钻操作台说明

本节以北石 DQ70BSD 顶驱司钻操作台为例，其操作面板布局如图 5-2 所示，各操作元件的具体信息见表 5-2。

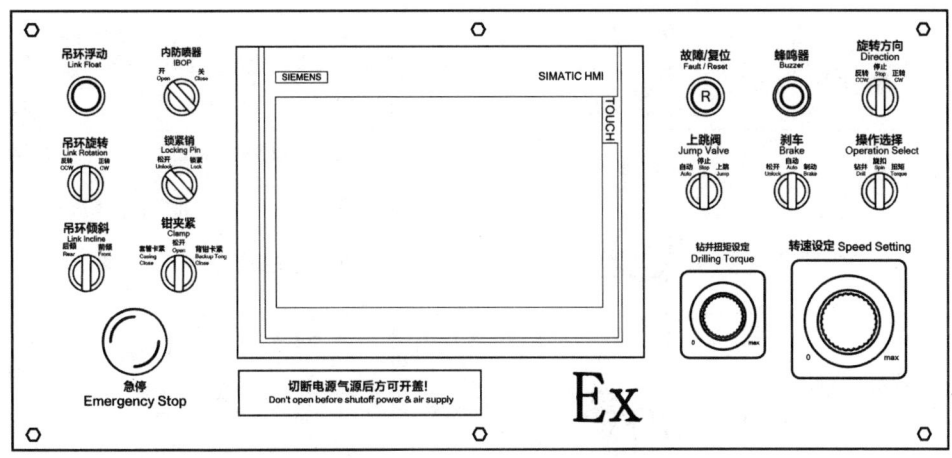

图 5-2　北石 DQ70BSD 顶驱司钻操作台

表 5-2　司钻操作台面板信息表

序号	名称	图标	类型	功能
1	吊环浮动按钮 Link Float	吊环浮动 Link Float	黄色按钮 自复位	1. 弹簧复位按钮。 2. 按下此按钮，吊环处于并保持浮动状态
2	吊环旋转开关 Link Rotation	吊环旋转 Link Rotation 反转 CCW 正转 CW	三位开关 自复位	1. 弹簧复位开关，自动回中位。 2. 控制旋转头正向、反向旋转
3	吊环倾斜开关 Link Incline	吊环倾斜 Link Incline 后倾 Rear 前倾 Front	3 位开关 自复位	1. 弹簧复位开关，自动回中位。 2. 控制倾斜油缸伸出和缩回来推动吊环，带动吊卡前后移动

续表

序号	名称	图标	类型	功能
4	内防喷器开关 IBOP	内防喷器 IBOP 开/锁紧 Open/Close	2位开关	1. 扳到"开"位置，打开内防喷器球阀。 2. 扳到"关"位置，关闭内防喷器球阀
5	锁紧销开关 Locking Pin	锁紧销 Locking Pin 松开/锁紧 Unlock/Lock	2位开关	1. 扳到"锁紧"位置，旋转头锁紧。 2. 扳到"松开"位置，松开旋转头锁
6	背钳夹紧开关 Clamp	钳夹紧 Clamp 套管卡紧/松开/背钳卡紧 Casing Close/Open/Backup Tong Close	3位开关 自复位	1. 弹簧复位开关，自动回中位。 2. 扭矩模式下，扳至"背钳卡紧"位置，背钳夹紧。 3. "套管卡紧"位置用于顶驱下套管工具，一般作业不用此功能
7	急停按钮 Emergency Stop	急停 Emergency Stop	蘑菇状按钮	无论速度手轮处于什么位置，按下此按钮，停止变频系统输出，延时后断开电控房主空气开关
8	故障/复位带灯按钮 Fault/Reset	故障/复位 Fault/Reset R	红色带灯按钮	1. 当故障报警时，蜂鸣器长鸣，指示灯长亮或闪烁，按下此按钮将使蜂鸣器静音。故障或报警消失后，再次按下此按钮，系统复位且此指示灯灭。 2. 按住此按钮超过3s，所有指示灯亮（测试司钻操作台所有灯是否正常）
9	上跳阀 Jump Valve	上跳阀 Jump Valve 自动/停止/上跳 Auto/Stop/Jump	3位开关	1. 开关扳到"上跳"位置，并且"旋转方向"开关处于中位、"转速设定"手轮处于零位时，上跳阀打开，平衡系统充液压油上跳。 2. 开关扳到"停止"位置，上跳阀关闭。 3. 开关扳到"自动"位置，上跳阀根据程序控制自动打开和关闭上跳阀
10	蜂鸣器 Buzzer	蜂鸣器 Buzzer	黑色扬声器	在故障或报警时发出报警声
11	刹车开关 Brake	刹车 Brake 松开/自动/制动 Unlock/Auto/Brake	3位开关	1. 扳到"制动"位置，刹车制动； 2. 扳到"松开"位置，刹车松开。 3. 扳到"自动"位置，刹车按PLC程序工作，转速手轮回零位时刹车制动，转速手轮离开零位时刹车松开。如果变频驱动系统存在故障时，刹车制动
12	旋转方向开关 Direction	旋转方向 Direction 反转/停止/正转 CCW/Stop/CW	3位开关	选择顶驱主轴转向。中位"停止"位置时关闭交流变频系统。当钻进或者上卸扣时，使用"正转"或"反转"位置。当风机开关在"自动"位时，此开关扳至"正转"或"反转"，风机自动启动

续表

序号	名称	图标	类型	功能
13	操作选择开关 Operation Select	操作选择 Operation Select 钻井/旋扣/扭矩 Drill/Spin/Torque	3位开关 右位自复位	1. 开关右位弹簧自复位。 2. 在正常钻进时，开关打在"钻井"模式。"旋扣"模式是给交流电动机固定的电流和转速信号，用于固定且较低扭矩和转速的旋扣。"扭矩"模式是以固定的转速，逐渐增加扭矩到上扣扭矩值或卸扣扭矩值，这个上扣扭矩值在正转模式时，通过触摸屏【上扣扭矩设定】设定；在"反转"模式时，扭矩值持续增加至顶驱功率最大值，直到螺纹被卸开
14	钻井扭矩设定 Drilling Torque	钻井扭矩设定 Drilling Torque	电位器旋钮	1. 设定钻井作业中顶驱输出的最大扭矩值。 2. 顺时针旋转旋钮，将提高钻井扭矩限定。在双电动机模式下，旋钮满量程对应扭矩值为70kN·m
15	转速设定手轮 Speed Setting	转速设定 Speed Setting	电位器手轮	1. 正常钻进操作时，设定钻井转速值。 2. 顺时针旋转手轮，将提高设定转速，到手轮满量程时，设定转速为200rpm
16	触摸屏 Touch Screen		10in触摸屏	实现人机交互功能，显示和设定顶驱参数

触摸屏型号为TP1200，显示布局如图5-3所示。左侧是功能选择区域，选择其中一项后对应不同的界面，图5-3示为"操作"显示界面，是顶驱在常规作业模式的主要交

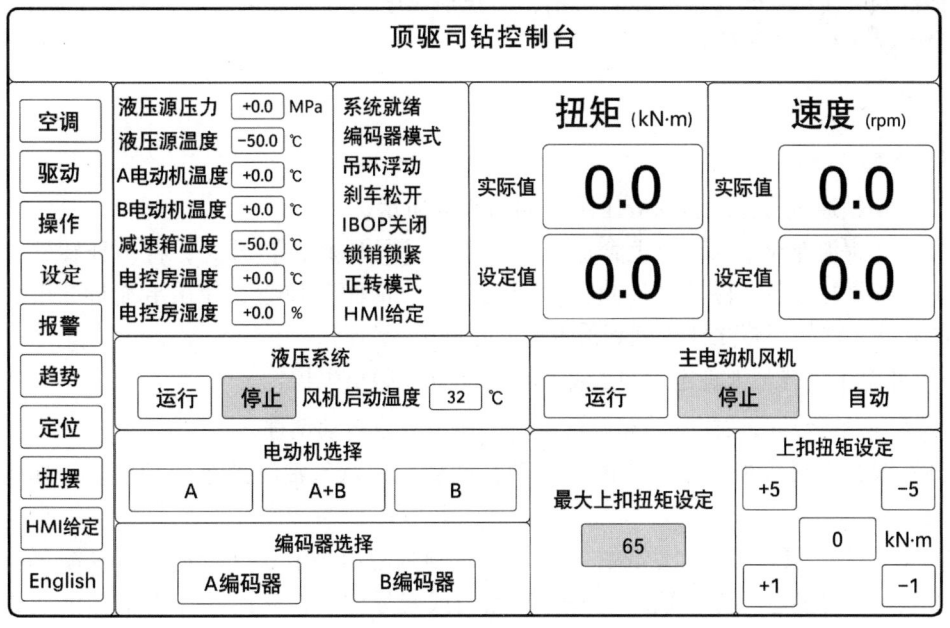

图5-3 触摸屏操作界面

互显示界面。中间上侧是顶驱实时状态显示区域，包括顶驱转速、扭矩信息、液压源、电动机等温度、压力值，以及刹车、锁销、IBOP 等状态。下侧为操作区域，集成了液压泵启停、风机启停、电动机选择、编码器选择、上扣扭矩设定功能，这几项功能没有提供实体开关旋钮，与其他顶驱的司钻操作台操作面板不同。此触摸屏与早期北石其他版本的司钻操作台触摸屏相比，尺寸为 10in，屏幕更大、更便于观察，状态信息显示更丰富，集成了多项可操作的功能，减少了面板上的实体操作按钮数量，使整个司钻操作台面板更简洁。

二、司钻操作台操作

安全须知

⚠ 操作人员在操作前应仔细阅读厂家说明手册、安全须知和操作规程并遵照执行，否则可能引发人身伤亡或设备损毁。

⚠ 顶驱的操作，应由具备相应资质的人员进行，并经过相关培训后方可上岗操作。非专业人员或未经专业培训者，不得操作顶驱。

! 钻井现场工作人员必须整齐穿戴劳动保护用品。

! 高处作业穿戴好安全带，作业过程中，安全带必须扣在可靠的地方。所用工具必须有安全绳，小工具要随时放进工作袋，防止高空落物。

! 对设备进行维护和保养时，首先应该将设备停止运转，完全停稳后才可以开始工作。

! 大风天气，严格控制上提和下放游车速度，防止顶驱游动电缆挂蹭和损坏。

! 在夜间作业或雨雪、沙尘等视线不佳的条件下，容易引起精神疲劳、注意力不集中，从而引发事故，应严格按照操作规程操作，不得松懈，严格控制上提和下放游车速度，钻台人员注意观察并及时提醒司钻，防止顶驱电缆等与井架及附件发生干涉和挂蹭，造成设备损坏和高空落物伤人。

（一）起下钻作业

1. 下钻

（1）司钻通过触摸屏启动液压泵，如图 5-4 所示。

（2）上提游车至二层台以上合适位置，操作【吊环旋转】开关，将吊环转到二层台井架工所需要的方向。将【吊环倾斜】开关扳至"前倾"位置，使吊卡靠近二层台所要下放的立柱，井架工将立柱放置到吊卡中并扣好吊卡门闩。

⚠ 井架工应待吊卡稳定后再去操作，防止立柱脱出失控。

⚠ 禁止吊卡悬吊钻柱时转动旋转头、旋转主轴或转动钻柱。

（3）缓慢上提游车，按下【吊环浮动】按钮，使倾斜油缸处于浮动状态，如图 5-5 所示。

! 顶驱在二层台位置扣住钻柱后，若立柱顶端超出吊卡长度较长，直接按"吊环浮动"收回吊环可能造成立柱顶端磕碰背钳钳门或者导向口，从而损坏设备甚至造成高空落物。

第五章 北石顶驱安全作业指导

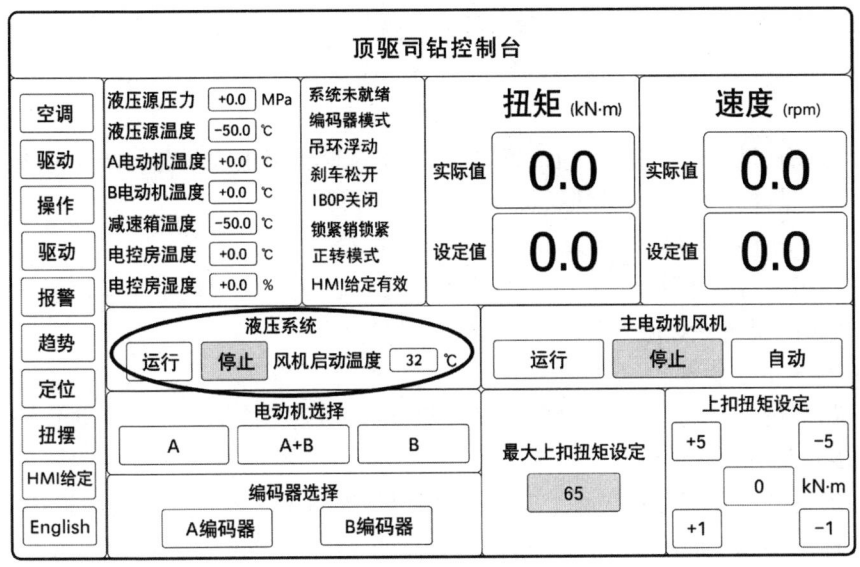

图 5-4 触摸屏液压系统

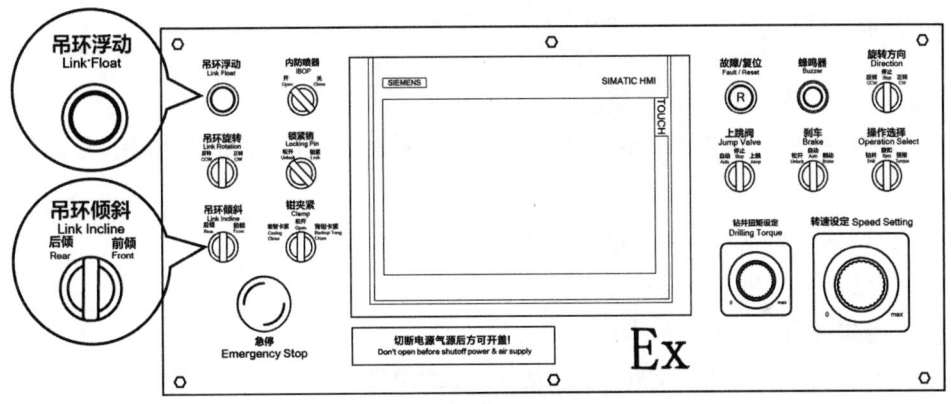

图 5-5 吊环操作开关/按钮

（4）上提游车，立柱回到井口中心位置，在该过程中，钻工应用绳索拉住立柱下端。

⚠ 钻工应用绳索拉住立柱下端并缓慢释放，防止立柱摆动磕碰或挤伤人员，同时保护立柱接头不被损坏。

（5）下放游车，将所提立柱与井口钻柱对接，适度下放游车，使立柱接头与吊卡脱离接触。

⚠ 吊环悬吊立柱即吊环承载的状态下，若直接进行井口钻柱连接上卸扣，转动立柱将带动吊卡、吊环旋转，从而使旋转头在吊环承载状态下旋转，损坏旋转头密封和旋转头马达，甚至造成高空落物，所以井口钻柱连接上卸扣前必须使立柱接头与吊卡脱离接触。

（6）使用液压大钳完成井口钻柱连接。

（7）提升钻柱，钻工提出卡瓦。

⚠ 当顶驱吊卡承载钻柱重量开始上提时，司钻应缓慢上提游车，避免过大的冲击力对顶驱旋转头造成损伤。

（8）下放钻柱到井口，坐放卡瓦。

⚠ 游车上提、下放过程中，钻台人员应远离井口，防止高处落物伤人。

⚠ 顶驱在二层台附近上下移动时，应将吊环及时收回至浮动垂直状态，防止吊环压碰二层台。

❗ 下放钻柱过程中，应控制下放游车的速度，观察指重表变化，防止井内发生卡阻时来不及刹住钻井绞车，导致顶驱压碰钻柱，损坏顶驱或钻柱。

（9）打开吊卡，上提游车至二层台以上合适位置。

❗ 确认吊卡打开才能上提游车，且吊卡通过钻柱接头时上提游车应缓慢，防止吊卡提拉钻柱后瞬间脱离，对顶驱造成冲击，损坏设备。

（10）重复上述步骤。

ⓘ 【吊环旋转】与【吊环倾斜】不能同时操作；只有按下【吊环浮动】按钮后，操作【吊环旋转】开关才能转动旋转头。

ⓘ 在进行【吊环旋转】操作之前，必须确保旋转头锁紧已松开，否则旋转操作无效。

ⓘ 吊环"前倾"角度为30°，"后倾"角度为55°，水平摆动距离与吊环长度有关。

ⓘ 操作【吊环倾斜】开关"前倾""后倾"之间不能直接切换，倾斜操作之后必须按下【吊环浮动】按钮，延时2s之后才能做相反方向的倾斜操作。

⚠ 司钻操作吊环"前倾"或"后倾"功能时，动作应缓慢并观察吊环角度，在此过程中人员应远离吊环和吊卡，以免造成人员伤害。

⚠ 司钻提放游车或操作顶驱过程中，钻台人员注意站位，不要遮挡司钻视线。

2. 起钻

（1）司钻通过司钻操作台触摸屏启动液压泵。

（2）下放游车，吊卡扣住钻柱接头。

⚠ 吊卡扣合后，应确认吊卡门闩扣合到位。

（3）按下【吊环浮动】按钮，上提游车，提出卡瓦。

⚠ 必须确认处于吊环浮动状态才能上提游车提起钻柱，否则会损坏倾斜油缸。

⚠ 当顶驱吊卡扣住钻柱接头开始上提时，司钻应缓慢上提游车，避免过大的冲击力对顶驱旋转头造成损伤。

（4）上提游车至二层台以上合适位置。

⚠ 上提钻柱速度过快，钻柱拉伸和下部钻柱反扭矩传递可能会造成钻柱反转，从而带动旋转头在吊环承载的状态下旋转，损坏旋转头密封和旋转头马达，甚至造成高空落物，应控制上提钻柱的速度。

⚠ 游车上提、下放过程中，钻台人员应远离井口，防止高处落物伤人。

（5）井口钻柱坐放卡瓦，适度下放游车，使钻柱接头与吊卡脱离接触。

⚠ 吊环悬吊钻柱即吊环承载的状态下，直接进行井口钻柱连接上卸扣，转动钻柱将带动吊卡、吊环旋转，从而使旋转头在吊环承载状态下旋转，损坏旋转头密封和旋转头马达，甚至造成高空落物，所以井口钻柱旋扣前必须使钻柱接头与吊卡脱离接触。

❗ 禁止吊环承载时转动旋转头、转动钻柱或旋转顶驱主轴。

（6）钻工使用液压大钳卸开井口钻柱连接螺纹。

（7）上提游车，立柱提离井口钻杆内螺纹，将【吊环倾斜】开关扳至"前倾"位置，吊卡带动立柱靠近二层台，钻工将立柱底部摆到立柱盒相应位置，【吊环倾斜】开关回位，下放游车。

⚠ 司钻操作吊环"前倾"或"后倾"功能时，动作应缓慢并观察吊环角度和立柱底部摆动，防止人员伤害。

（8）立柱底部摆放到位后，井架工打开吊卡，将钻柱推入二层台指梁。

⚠ 井架工应待吊环和吊卡稳定后再靠近操作。

（9）司钻在观察到井架工将立柱放置到位后，按下【吊环浮动】按钮，下放游车，吊卡扣住井口钻柱接头。

⚠ 司钻只有观察到井架工将立柱推入指梁内并放置到位且吊环收回至垂直位置后，才能下放游车。

⚠ 顶驱在二层台附近上下移动时，应将吊环及时收回至浮动垂直状态，防止吊环压碰二层台。

（10）重复上述步骤。

（二）上卸扣

将顶驱与钻杆连接，进行上扣操作；将顶驱与钻杆分离，进行卸扣操作。开始上卸扣操作前，首先检查司钻操作台面板各元件是否处于表5-3中的状态。

表5-3 司钻操作台操作元件初始状态表

位置	操作元件	状态
司钻操作台	【刹车】	自动
司钻操作台	【锁紧销】	松开
司钻操作台	【吊环旋转】	中间位置
司钻操作台	【吊环倾斜】	中间位置
司钻操作台	【IBOP】	开
司钻操作台	【操作选择】	钻井
司钻操作台	【旋转方向】	停止
司钻操作台	【钻井扭矩设定】	零位
司钻操作台	【转速设定】	零位
司钻操作台	【钳夹紧】	松开
司钻操作台	【上跳阀】	停止
PLC/MCC柜门	【液压泵】	远程
PLC/MCC柜门	【冷却风机】	自动

1. 立柱上扣

（1）司钻通过司钻操作台触摸屏启动液压泵和主电动机冷却风机，如图5-6所示。

ⓘ 风机风道处安装有风压开关，若风机未正常启动或异常，司钻操作台及控制系统会发出声光报警，此时应停止顶驱运行，尽快检修，避免造成设备损坏。

ⓘ 【主电动机风机】选择"运行"位置，将直接启动主电动机风机；【主电动机风机】选择"停止"位置，风机停止。

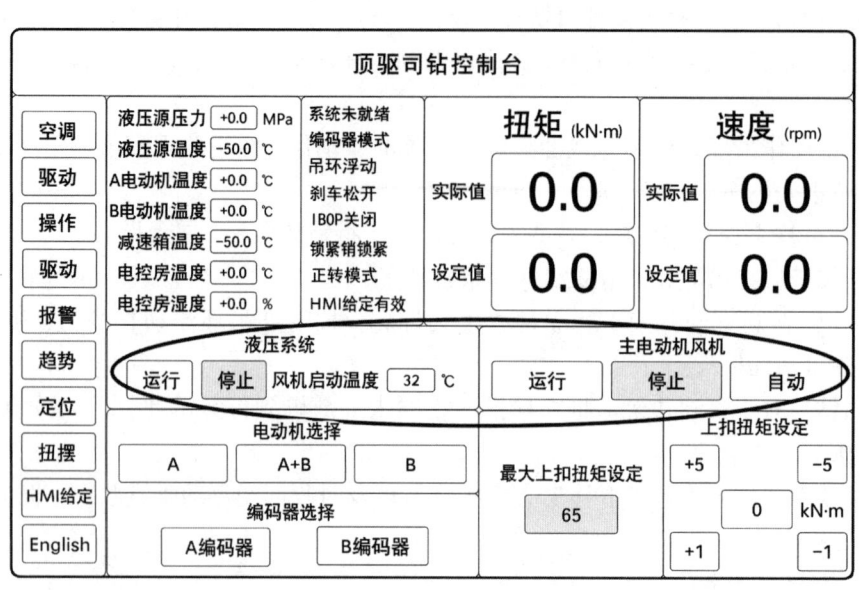

图 5-6 液压系统和风机控制

① 【主电动机风机】选择"自动"位置，顶驱主电动机启动时，自动启动风机；顶驱停止运行后，风机延时后自动停止。

（2）通过触摸屏设置"上扣扭矩设定"，如图 5-7 所示。

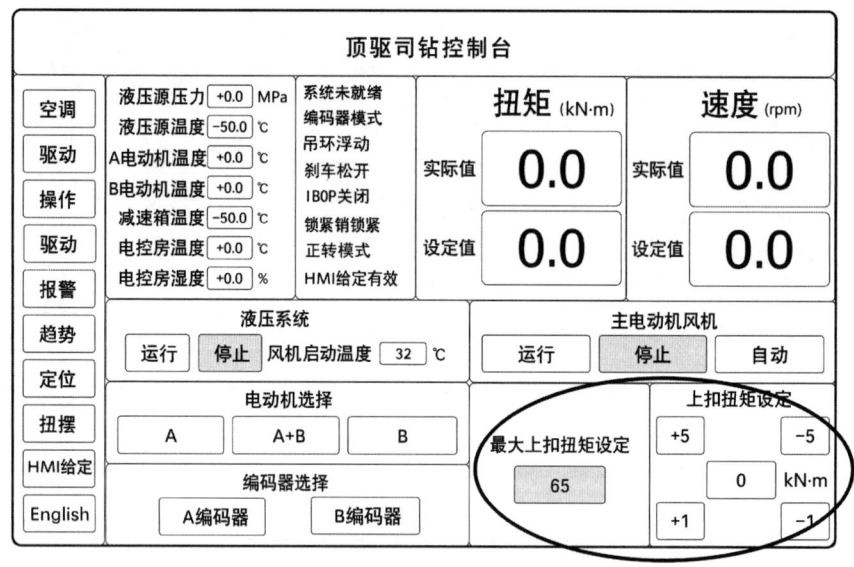

图 5-7 上扣扭矩设定

① 根据作业现场指令和使用钻具类型，设定上扣扭矩限定值，不得超过在用钻具类型的规定上扣扭矩限定值。

（3）通过触摸屏操作，【电动机选择】选择"A+B"位置，选择电动机工作模式为双电动机工作模式。

（4）将【内防喷器】开关扳至"关"位置，触摸屏显示"IBOP 关闭"，如图 5-8

所示。

ⓘ 关闭 IBOP 主要是防止水龙带内的钻井液在上提下放顶驱过程中从顶驱主轴流出。如果主轴和水龙带中已经没有钻井液，可以不关闭 IBOP。

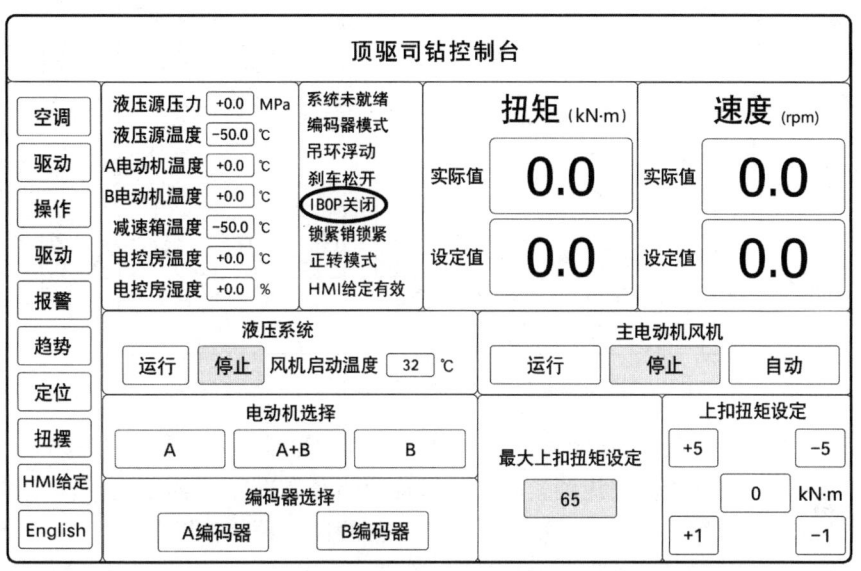

图 5-8　IBOP 关闭指示

（5）操作【吊环旋转】开关，将吊环转到二层台井架工所需要的方向。

（6）将【吊环倾斜】开关扳至"前倾"位置并保持，使吊卡靠近二层台所要下放的立柱，【吊环倾斜】开关回至中位，井架工将立柱放置到吊卡中并扣好吊卡门闩。

（7）提升游车，使立柱下端高于井口钻柱，按下顶驱【吊环浮动】按钮，使立柱回到竖直位置。

（8）小幅下放游车，钻工配合将立柱下端导入井口钻柱的内螺纹中。

（9）使用钻台 B 型吊钳夹紧井口钻柱，拉直钳尾绳。

ⓘ 将 B 型吊钳夹紧钻柱后，钻工远离井口和 B 型吊钳尾绳，司钻操作液压猫头缓慢拉紧钳尾绳，严禁以直接旋转钻柱的方式拉直尾绳，否则容易滑脱造成人员伤害。

（10）将【上跳阀】开关扳至"自动"位置。

（11）将【旋转方向】开关扳至"正转"位置，【操作选择】开关扳至"旋扣"位置，如图 5-9 所示。此时系统切换到正向旋扣模式，系统以固定转速和固定扭矩正向旋转。

（12）缓慢下放游车，顶驱保护接头导入井口钻柱顶部内螺纹，钻柱开始转动，B 型钳承受反扭矩绷紧。

ⓘ【上跳阀】在"自动"位置，【操作选择】开关扳至"旋扣"位置时，平衡系统上跳功能起作用，带动顶驱本体缓慢上移。

⚠ 旋扣过程中，缓慢下放游车，观察指重表大钩载荷变化，保持载荷等于游车、大钩和顶驱的总体悬重，勿将顶驱的全部重量压在钻柱接头上，以免旋扣时损坏螺纹。

❗ 开始旋扣时，B 型吊钳承受反扭矩绷紧，钻台人员远离井口，司钻注意观察，若 B

型吊钳打滑松脱，应及时停止顶驱主轴旋转，将【操作选择】开关扳回"钻井"位置，重新夹紧 B 型吊钳。

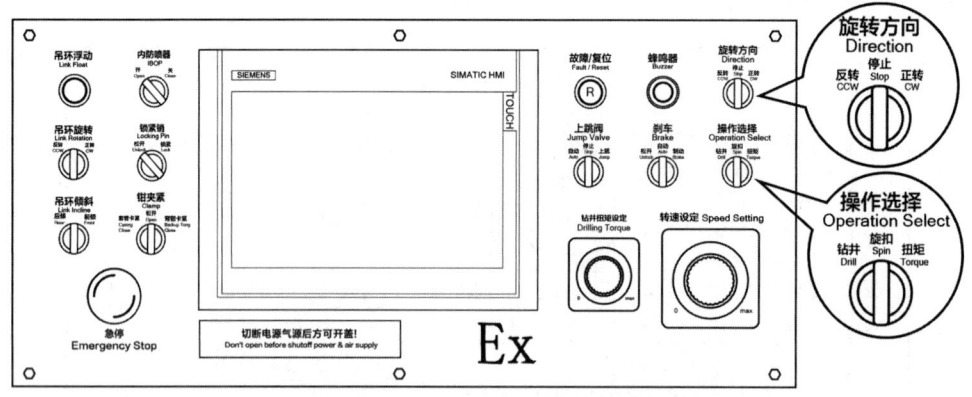

图 5-9　旋转方向开关和操作选择开关

（13）立柱旋扣完成，停止游车下放，顶驱转速降为零，系统保持固定扭矩输出，此时钻台 B 型吊钳保持承受反扭矩绷紧状态。保持顶驱"正转"方向不变，将【操作选择】开关扳至"扭矩"位置并保持，系统将按照上扣扭矩限定值加扭矩紧扣。

（14）观察触摸屏的实际扭矩显示数值，如图 5-10 所示，扭矩上升到设定值后，松开【操作选择】开关，其自动回到"旋扣"位置，观察扭矩降低后，将【操作选择】开关扳至"钻井"位置，上扣操作完成，松开并移走 B 型吊钳。

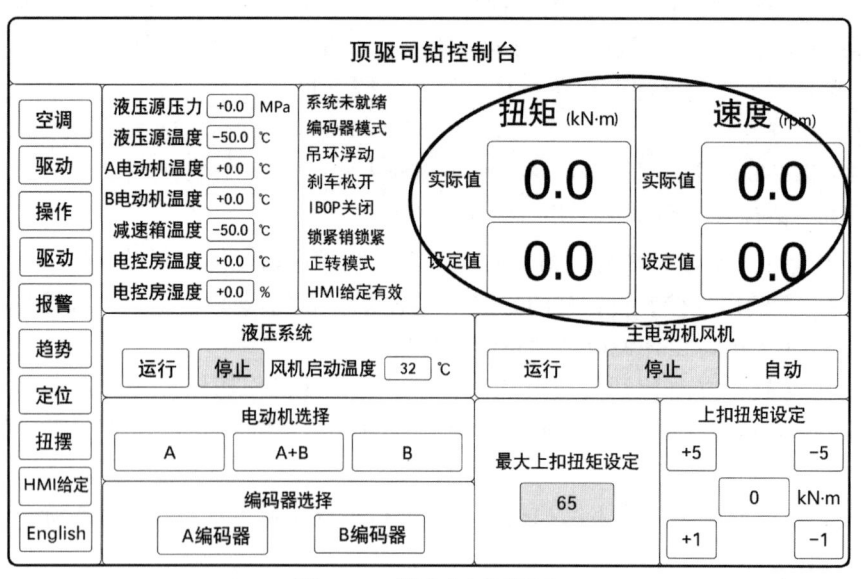

图 5-10　转速和扭矩显示

⚠ 司钻操作旋扣和加扭上扣的过程中，应时刻注意触摸屏上实际扭矩和转速的数值显示，确认实际扭矩达到设定值。

❗ 上卸扣及旋扣动作完成后，应及时将【操作选择】开关扳回至"钻井"位置，防止顶驱处于旋扣模式造成钻柱旋转，尤其在提起卡瓦时顶驱意外旋转会带动卡瓦旋转。

第五章 北石顶驱安全作业指导

⚠ 在顶驱旋扣和加扭矩过程中，人员应远离井口，避免 B 型吊钳因滑脱或尾绳断裂造成人员伤害。

2. 上扣

（1）司钻通过司钻操作台触摸屏启动液压泵和主电动机冷却风机。

（2）通过触摸屏设置"上扣扭矩设定"。

ⓘ 根据作业现场指令和使用钻具类型，设定上扣扭矩限定值，不得超过在用钻具类型的规定上扣扭矩限定值。

（3）将【电机选择】设定为"A+B"位置，选择电动机工作模式为双电动机工作模式。

（4）操作【吊环旋转】开关，使顶驱背钳扭矩臂朝向坡道，将【吊环倾斜】开关扳至"后倾"位置并保持，使吊环摆到最大角度，将【吊环倾斜】开关回至中位。

ⓘ 井口钻具的接头位置接近钻台表面，通常需将吊环摆动至"后倾"的最大角度，以便能下放顶驱至较低位置完成与钻具对接。

（5）钻工将螺纹脂均匀涂抹到顶驱保护接头螺纹上。

⚠ 上扣操作前，顶驱保护接头必须涂抹螺纹脂，防止保护接头和钻具粘扣。

（6）将【上跳阀】开关扳至"自动"位置。

（7）将【旋转方向】开关扳至"正转"位置，【操作选择】开关扳至"旋扣"模式。此时系统切换到正向旋扣模式，系统以固定转速和固定扭矩正向旋转。

（8）缓慢下放游车，顶驱保护接头导入井口钻柱顶部内螺纹，开始旋扣。

⚠ 旋扣过程中，缓慢下放游车，观察指重表大钩载荷变化，保持载荷等于游车、大钩和顶驱的总体悬重，勿将顶驱的全部重量压在钻柱接头上，以免旋扣时损坏螺纹。

（9）旋扣结束后，停止游车下放，按下【吊环浮动】按钮，将【锁紧销】开关扳至"锁紧"位置，如图 5-11 所示。锁紧动作完成后，触摸屏上显示"锁紧销锁紧"，如图 5-12 所示。在进行背钳操作之前，必须完成锁紧操作。

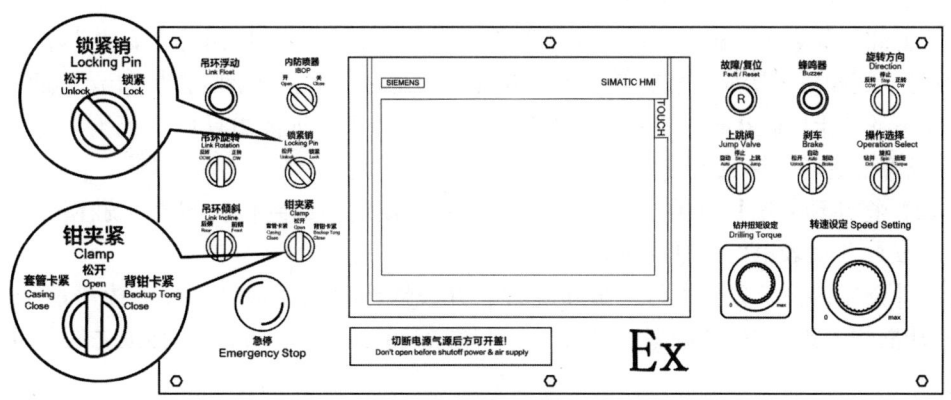

图 5-11 锁紧销和背钳夹紧开关

⚠ 操作【锁紧销】开关锁紧时，为了顺利锁紧，在系统控制下会自动小角度转动旋转头，钻台人员远离吊环旋转范围，防止人员伤害。

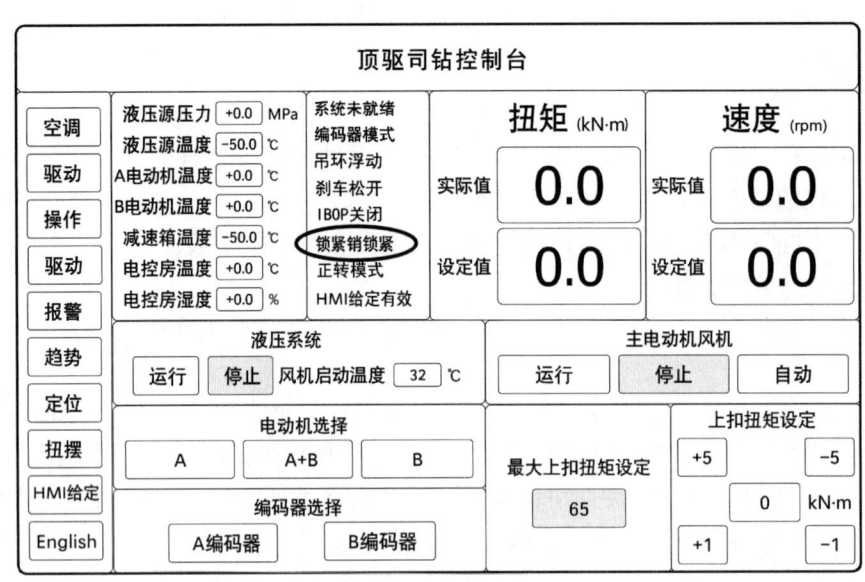

图 5-12　锁紧销锁紧显示

（10）将【钳夹紧】开关扳至"背钳卡紧"位置并保持，如图 5-11 所示，同时将【操作选择】开关扳至"扭矩"位置并保持。此时，系统切换到扭矩模式，按照上扣扭矩限定值进行紧扣。

⚠ 背钳夹紧状态加扭矩紧扣的过程中，严禁上提或下放游车，防止损坏钳牙座总成和背钳装置，造成设备损坏或井口落物。

（11）观察扭矩表达到设定值后，松开【操作选择】开关，其自动回到"旋扣"位置，观察扭矩表扭矩降低后，松开【钳夹紧】开关，将【操作选择】开关扳至"钻井"位置，上扣操作完成。

⚠ 司钻操作旋扣和加扭矩上扣的过程中，应时刻注意触摸屏上转速和扭矩数值变化，上扣时确认实际上扣扭矩达到设定值。

⚠ 上卸扣及旋扣动作完成后，应及时将【操作选择】开关扳回至"钻井"位置，防止顶驱处于旋扣模式造成钻柱旋转，尤其在提起卡瓦时顶驱意外旋转会带动卡瓦旋转。

⚠ 吊环处于后倾状态，旋扣和紧扣过程中，钻台人员远离吊环旋转范围，防止顶驱带动吊环意外旋转，造成人员伤害。

（12）将【锁紧销】开关扳至"松开"位置，锁紧销回到松开状态，触摸屏上显示"锁紧销松开"后表示松开过程完成。

ⓘ 【锁紧销】开关操作与【吊环旋转】开关操作存在互锁：进行旋转锁紧操作时，吊环旋转操作无效；"吊环倾斜"状态下，【锁紧销】开关操作无效，必须先按下【吊环浮动】按钮。

⚠ 使用背钳之前，必须确认旋转头锁紧操作已完成，即触摸屏上显示"锁紧销锁紧"。

3. 卸扣

需要将顶驱与钻柱分离，采取卸扣操作。开始卸扣操作前，首先检查司钻操作台面板各开关是否处于表 5-3 中的状态。

（1）司钻通过触摸屏启动液压泵和主电动机冷却风机。

ⓘ 风机风道处安装有风压开关，若风机未正常启动或异常，司钻操作台及控制系统会发出声光报警，此时应停止顶驱运行，尽快检修，避免造成设备损坏。

（2）【电动机选择】选择"A+B"位置，选择电动机工作模式为双电动机工作模式。

（3）将【上跳阀】开关扳至"自动"位置，如图 5-13 所示。

ⓘ 【上跳阀】开关在"自动"位置，【操作选择】开关扳至"旋扣"时，平衡系统上跳功能起作用，带动顶驱本体缓慢上移。

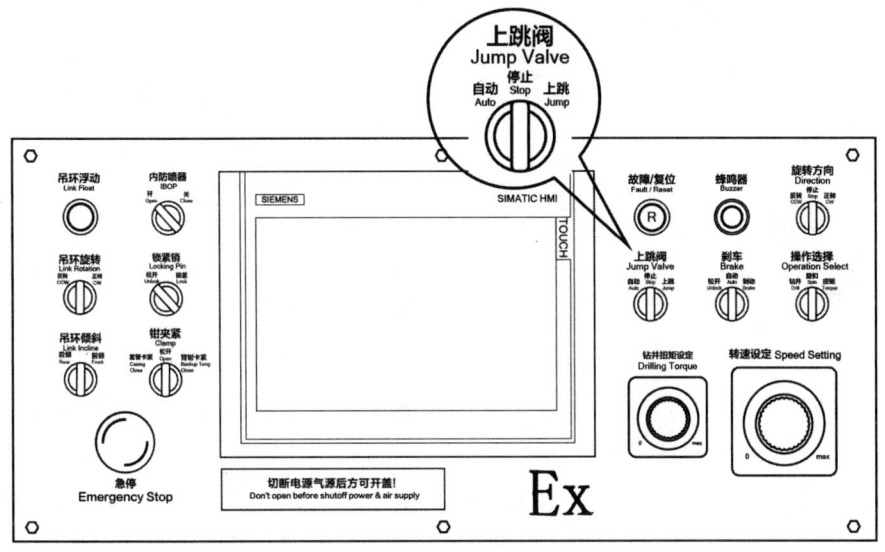

图 5-13　上跳阀开关

（4）按下【吊环浮动】按钮，将【锁紧销】开关扳至"锁紧"位置，如图 5-14 所示。锁紧动作完成后，触摸屏上显示"锁紧销锁紧"。

（5）将【旋转方向】开关扳至"反转"位置。

⚠ 使用背钳之前，必须先确认旋转头锁紧操作已完成，即触摸屏上显示"锁紧销锁紧"。

（6）将【操作选择】开关扳至"旋扣"位置，观察扭矩表上升到固定输出扭矩；将【钳夹紧】开关扳至"背钳卡紧"位置并保持；同时将【操作选择】开关扳至"扭矩"位置并保持。观察触摸屏扭矩数值显示，当扭矩值突然大幅下降时，表示螺纹已松开。

（7）若单次松扣不成功，可重复操作步骤（6），直至松扣完成。

ⓘ 顶驱在扭矩模式运行时，松开【钳夹紧】开关或松开【操作选择】开关，顶驱将自动停止运行。

（8）松开【操作选择】开关，其自动回到"旋扣"位置，同时松开【钳夹紧】开关，此时系统切换到反向旋扣模式，系统以固定转速和固定扭矩反向旋扣。

ⓘ 旋扣时，【旋转方向】开关误操作或发生电气故障，转速和扭矩设定值将降为零，

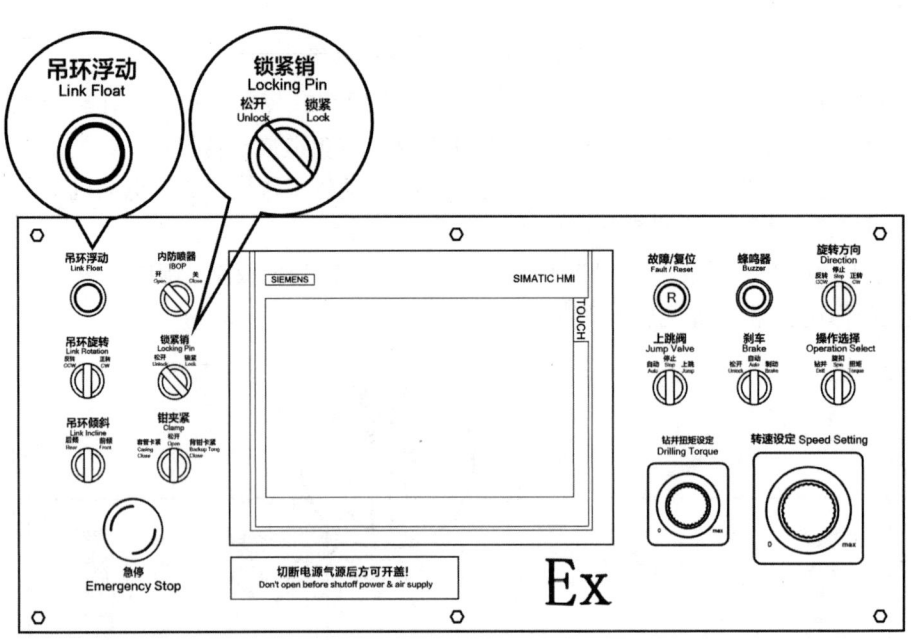

图 5-14　吊环浮动按钮和锁紧销开关

顶驱自动停止运行。

⚠ 背钳夹紧状态加扭矩卸扣的过程中，严禁上提或下放游车，防止损坏钳牙座总成和背钳装置，造成设备损坏和井口落物。

⚠ 连接螺纹松扣后，开始反向旋扣时应立刻松开【钳夹紧】开关，防止背钳夹紧状态下旋扣过多而损坏钳牙座总成和背钳装置，造成设备损坏和井口落物。

⚠ 旋扣过程中，缓慢上提游车，观察指重表大钩载荷变化，保持载荷等于游车、大钩和顶驱的总体悬重，勿将顶驱的全部重量压在钻柱接头上，以免旋扣时损坏螺纹。

（9）缓慢上提游车，当钻柱接头完全松开后，将【旋转方向】开关扳至"停止"位置，【操作选择】开关扳至"钻井"位置，卸扣操作完成。

⚠ 上卸扣及旋扣动作完成后，应及时将【操作选择】开关扳回至"钻井"位置，防止顶驱处于旋扣模式造成钻柱旋转，尤其在提起卡瓦时顶驱意外旋转会带动卡瓦旋转。

（10）将【锁紧销】开关扳至"松开"位置，让锁紧销回到松开状态，触摸屏显示"锁紧销松开"。

❗ 在卸扣过程中顶驱扭矩突变较大，钻台人员应远离顶驱，防止人员伤害。

❗ 吊环处于后倾状态，旋扣、卸扣过程中，钻台人员远离吊环旋转范围，防止顶驱带动吊环意外旋转，造成人员伤害。

（三）钻进作业

开始进行钻进操作之前，确认顶驱供电、司钻操作台运行正常，检查司钻操作台面板各开关是否处于表 5-4 中的状态。

表 5-4　司钻操作台操作元件初始状态表

位置	操作元件	状态
司钻操作台	【刹车】	自动
司钻操作台	【锁紧销】	松开
司钻操作台	【吊环旋转】	中间位置
司钻操作台	【吊环倾斜】	中间位置
司钻操作台	【IBOP】	开
司钻操作台	【操作选择】	钻井
司钻操作台	【旋转方向】	停止
司钻操作台	【钻井扭矩设定】	零位
司钻操作台	【转速设定】	零位
司钻操作台	【钳夹紧】	松开
司钻操作台	【上跳阀】	停止
PLC/MCC 柜门	【液压泵】	远程
PLC/MCC 柜门	【冷却风机】	自动

1. 钻进操作

（1）司钻通过司钻操作台触摸屏启动液压泵和主电动机冷却风机。

（2）确认【转速设定】手轮处于零位，【旋转方向】开关处于"停止"位置，【刹车】开关处于"自动"位置，如图 5-15 所示。

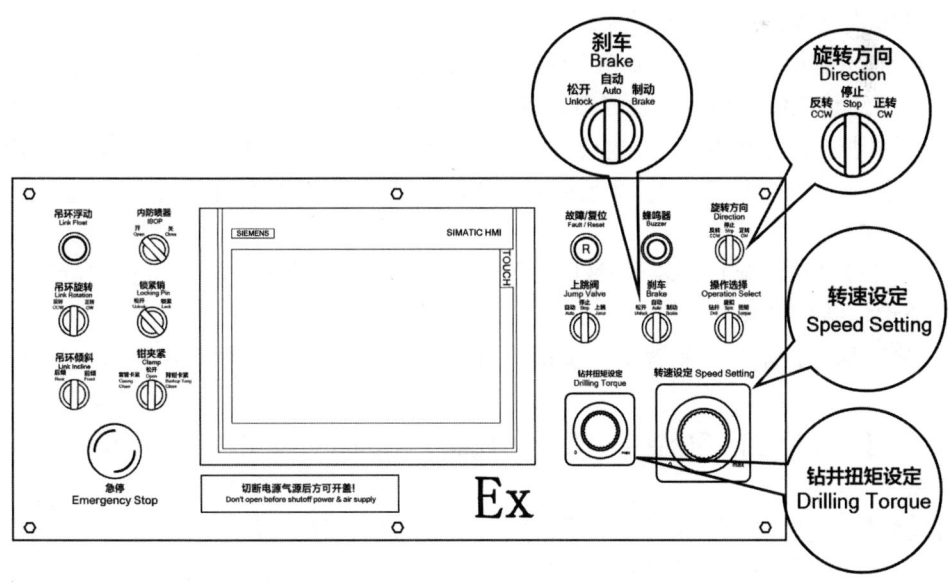

图 5-15　转速设定手轮和刹车开关

（3）【电动机选择】选择"A+B"位置，选择电动机工作模式为双电动机工作模式，如图 5-16 所示。

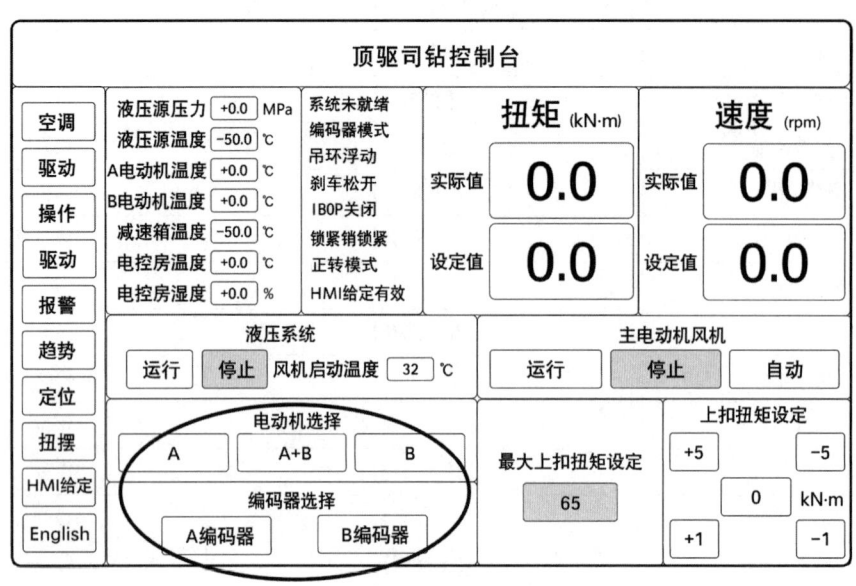

图 5-16　电动机工作模式选择

（4）将【内防喷器】开关扳至"开"位置，触摸屏显示"IBOP 打开"，启动钻井泵。

⚠ 在启动钻井泵之前或正常钻进过程中必须确保 IBOP 处于开启状态，否则将导致 IBOP 损坏、钻井泵憋泵。

（5）将【旋转方向】开关扳至"正转"位置。

（6）将【操作选择】开关扳至"钻井"位置。

⚠ 钻井模式时，"反转"操作无效，如特殊工况需要进行钻井模式的反转操作，按照"钻井模式反转操作"步骤操作。

（7）将【钻井扭矩设定】旋钮顺时针缓慢旋转离开零位，如图 5-15 所示，观察触摸屏幕上"扭矩设定值"显示，设定钻井扭矩限定值。

⚠ 钻井扭矩限定值在钻进作业过程中可以随时调节，但应按照钻井指令和在用钻杆类型进行设置，严禁私自改动；严禁钻井扭矩限定值超过上扣扭矩限定值，防止损伤顶驱保护接头和钻具。

（8）将【转速设定】手轮顺时针缓慢旋转离开零位，顶驱主轴开始正向旋转，根据钻井指令设定钻井转速。

ⓘ 将【转速设定】手轮置于"零位"且系统未运行时，【操作选择】开关动作有效，否则无效。

ⓘ 将【转速设定】手轮置于"零位"且系统未运行时，【旋转方向】开关动作有效，否则无效。

ⓘ 将【转速设定】手轮置于"零位"，【旋转方向】开关置于"停止"位置且系统未运行时，【电动机选择】有效，否则无效。

ⓘ 将【转速设定】手轮、【钻井扭矩设定】旋钮逆时针缓慢旋回零位，是指该手轮或旋钮转到其最左端的位置，此时手轮和旋钮的输出为零。

⚠ 启动主电动机前，必须确认"刹车"状态与钻井扭矩设定值是否正确。

⚠ 钻进作业中，应保持吊卡闭合扣合在钻柱上。

❗ 【转速设定】手轮、【钻井扭矩设定】旋钮和【上扣扭矩设定】的设置操作应缓慢平稳，禁止快速频繁进行操作。

2. 钻井模式反转操作

正常情况下，钻井模式不允许进行反转操作，反转操作无效。但是为了处理复杂工况，例如井下钻柱倒扣，北石顶驱也提供钻井模式下反转操作，需要通过电控房内工控机或者司钻操作台触摸屏进行设置。

开始反转操作之前，检查司钻操作台、液压站各操作开关状态，见表5-4。

（1）司钻通过触摸屏启动液压泵。

（2）顶驱专职服务人员在电控房工控机的 Wincc 监控系统登录，点击【设定画面】中"倒扣模式"选项下的【进入倒扣模式】按钮，设置成功后按钮变为红色，成功进入倒扣模式，如图5-17所示。或者通过司钻操作台触摸屏设置，点击【系统】内的【设定画面】，登录后点击"倒扣模式"选项下的【进入倒扣模式】按钮，设置成功后按钮变为红色，可同样进入倒扣模式，此模式下可以进行钻井模式下的反转，如图5-18所示。

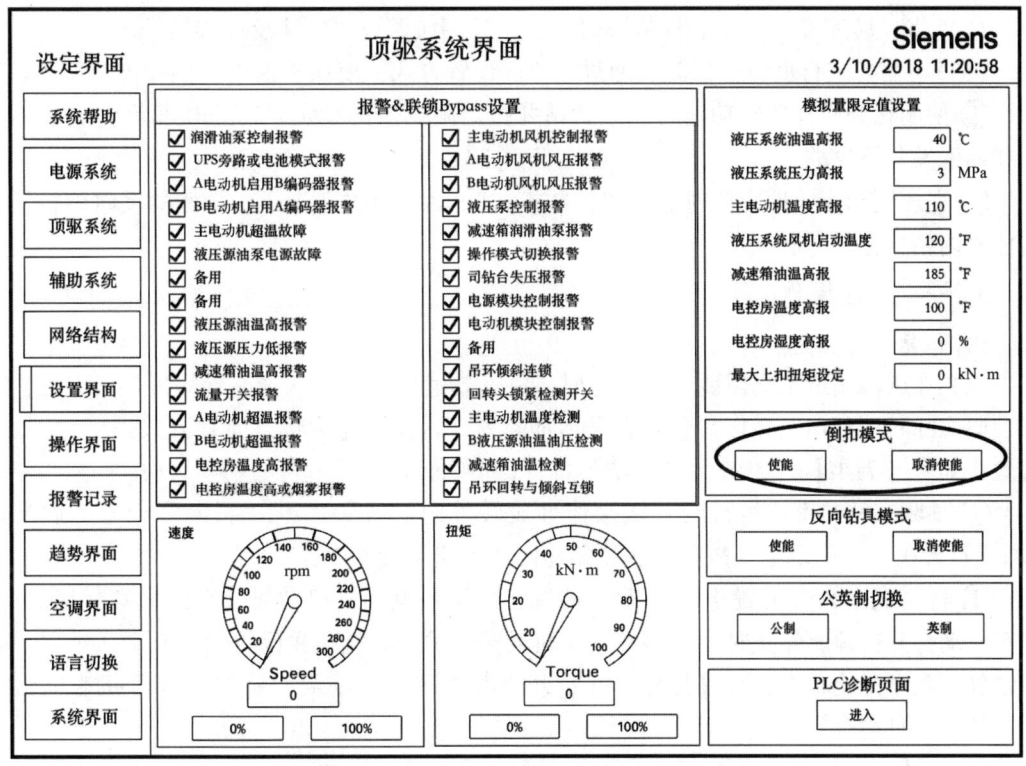

图 5-17 电控房工控机进入倒扣模式界面

（3）司钻通过触摸屏启动主电机冷却风机，将【刹车】开关置于"自动"位置。

（4）【电动机选择】选择"A+B"位置，选择电动机工作模式为双电动机工作模式。

（5）将【钻井扭矩设定】旋钮顺时针缓慢离开零位，设定扭矩限定值。

（6）将【旋转方向】开关扳至"反转"位置。

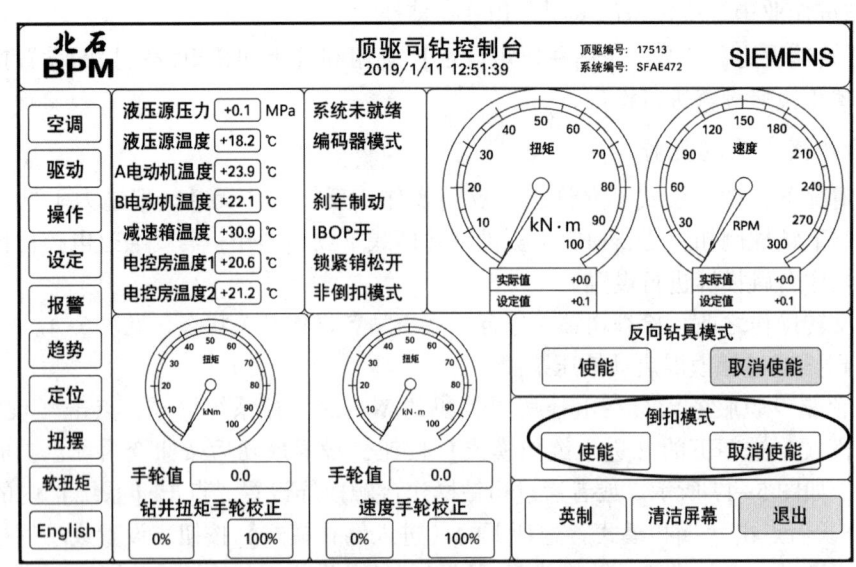

图 5-18　司钻操作台触摸屏进入倒扣模式界面

（7）将【转速设定】手轮缓慢离开零位，顶驱按照设定转速反向旋转。

（8）不需要进行反转操作时，通过同样的设置方式，使顶驱退出"倒扣模式"。

① 使用钻井模式反转功能时，注意钻井扭矩限定值的设定，防止顶驱反转造成钻柱松扣而引发井下事故。

① 完成倒扣作业后应及时退出"倒扣模式"，因为钻井工况下，顶驱的反向旋转容易造成井内钻柱松扣。

3. 停止钻进操作

1）正常停止钻进

顶驱在旋转钻进工况需要正常停止时，将【转速设定】手轮逆时针缓慢旋回零位，观察顶驱实际转速和司钻操作台转速表显示都降为零后，将【旋转方向】开关扳至"停止"位置；如果【刹车】开关处于"自动"位置，顶驱转速降低后自动刹车制动。

① 顶驱在钻井模式运行时，误操作【旋转方向】开关离开"正向"位置，误操作【刹车】开关，或出现电气故障时，顶驱将降速停止运行。

① 将【刹车】开关置于"自动"位置，顶驱主电动机启动时，在建立实际扭矩后，刹车自动打开；顶驱停止时刹车将在顶驱较低转速时自动刹车并保持刹车制动，确保顶驱主轴处于刹车静止状态；将【操作选择】开关由"钻井"扳至"旋扣"或"扭矩"位置时，刹车将自动打开。

① 将【刹车】开关置于"松开"位置时，顶驱可以启动；停止时主电动机将保持零转速，刹车不会夹紧。

① 顶驱主电动机运行状态，将【刹车】开关扳至"制动"位置，顶驱将降速停止，刹车制动。

① 故障急停时，顶驱将快速停止，刹车装置在主电动机转速降低后刹车制动并保持刹车状态。

⚠ 将【刹车】开关置于"松开"位置，不会刹车制动，顶驱连接钻柱停转后，井底钻柱的拉伸、压缩或反扭矩释放不完全会造成顶驱意外旋转，此时人员靠近顶驱进行提放卡瓦或其他作业容易造成人员伤害。

❗ 严禁将转速设定手轮快速旋回零位。

2）堵转工况停止钻进

钻进工况下，当井下负载扭矩不小于钻井扭矩限定值时，会发生堵转现象。首先保持顶驱转速、扭矩输出设定不变，通过上、下活动钻具的方式解除堵转；如不能解除堵转，可按照下述方法来释放钻柱反扭矩并停止顶驱运转：

保持【转速设定】手轮与【刹车】开关位置不变，保证主电动机持续输出扭矩，逆时针缓慢旋转【钻井扭矩设定】旋钮，降低钻井扭矩限定值，使主电动机输出扭矩慢慢减小，钻柱缓慢反转，直到旋钮设定值为零，反向扭矩释放完毕，钻柱反转速度降为零，此时将【转速设定】手轮逆时针缓慢旋回零位，【旋转方向】开关扳至"停止"位置。

❗ 释放反扭矩时存在钻柱连接螺纹被倒开的风险，必须严格按照操作规程进行操作；过程中必须严格控制钻柱反转速度，防止井下事故发生

❗ 释放反扭矩时，逆时针旋转【钻井扭矩设定】旋钮应缓慢平稳，禁止一次性将扭矩限定值降低过多，否则会造成钻柱反转失控，速度过快，导致井下钻具脱扣落井和电控房电气部件损坏。

❗ 钻进过程中发生堵转，在未释放反扭矩时，严禁将【旋转方向】开关直接扳至"停止"位置，严禁将【转速设定】手轮直接逆时针旋回零位，防止造成钻柱不受控地快速反转，引发井下事故和设备损坏。

4. 定向钻井操作

北石 DQ70BSD 顶驱为定向井作业提供了定位旋转功能，可以精确控制顶驱主轴的旋转方向、角度、圈数，大大提高定向井作业的工作效率。根据工况需要，可以在电控房的工控机 Wincc 操作画面（图 5-19）中点击【定位使能】按钮或是在司钻操作台定位控制画面（图 5-20）点击【定位控制使能】按钮来获取定位控制权，然后设置需要旋转的圈数或是度数。

完成上述操作后，按钻井操作程序启动顶驱，顶驱将以设定的圈数或是度数旋转，到达设定位置之后，顶驱刹车制动，变频器停止输出，定位旋转完成。顶驱每次定位旋转的圈数不能超过 32 圈，度数不能超过 11520°。

三、不同型号司钻操作台及说明

（一）北石 DQ70BSC 顶驱司钻操作台

1. 司钻操作台面板和按钮信息介绍

北石 DQ70BSC 顶驱司钻操作台控制面板布局如图 5-21 所示，各操作元件信息见表 5-5。

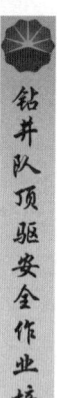

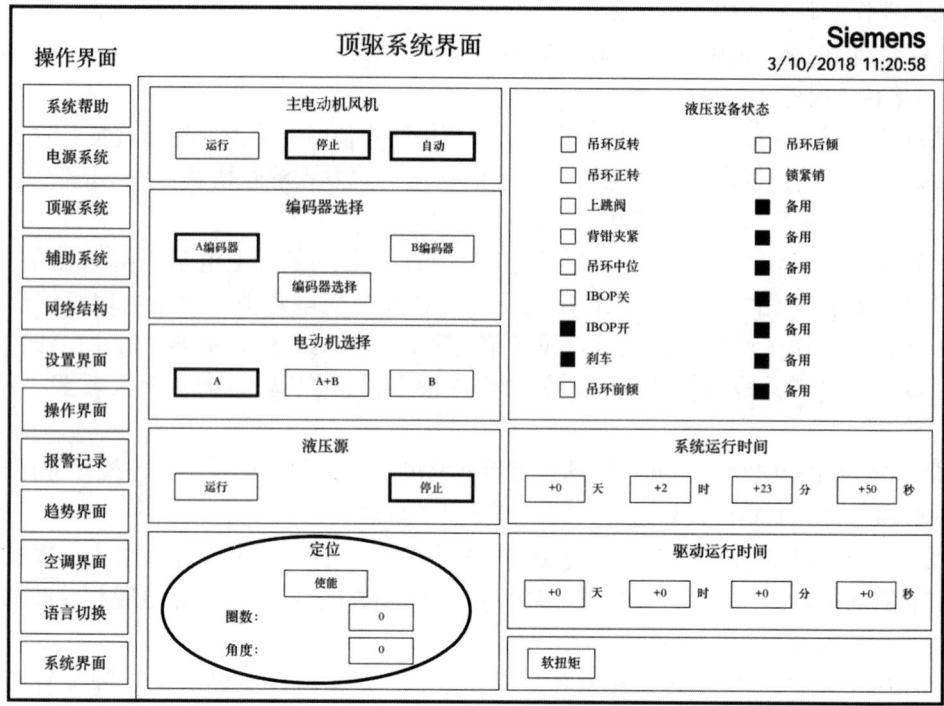

图 5-19 工控机 Wincc 定位控制画面

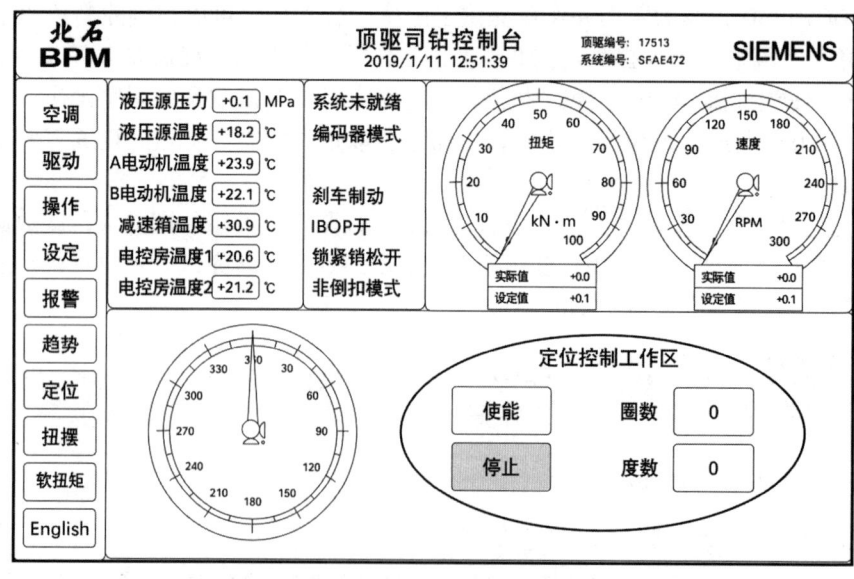

图 5-20 司钻操作台定位控制画面

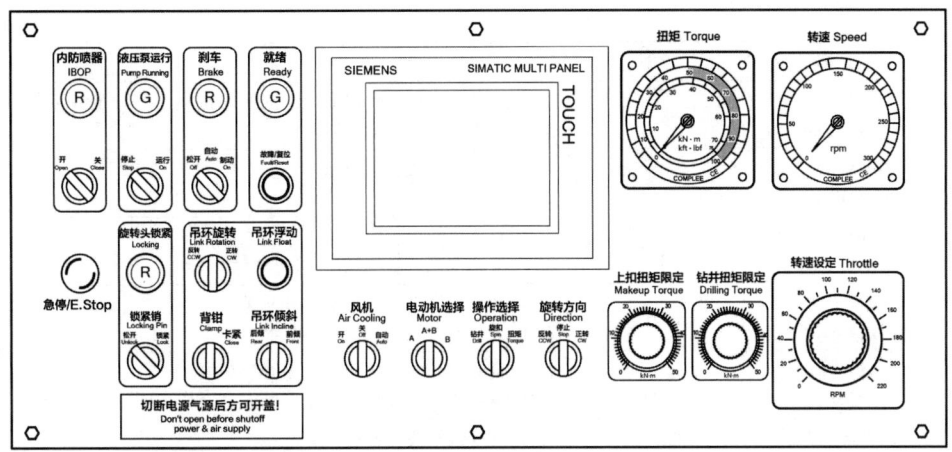

图 5-21　北石 DQ70BSC 顶驱司钻操作台

表 5-5　司钻操作台面板信息表

序号	名称	类型	功能
1	内防喷器 IBOP	红色指示灯	1. 指示灯亮表示内防喷器处于关闭状态。 2. 指示灯灭表示内防喷器处于打开状态
2	液压泵运行 Pump Running	绿色指示灯	1. 通信正常状态下，液压泵运行时灯亮。 2. 压力低于设定压力时闪烁。 3. 通信中断或液压泵停止时，灯灭
3	刹车 Brake	红色指示灯	指示灯亮表示刹车工作，处于刹车制动状态
4	就绪 Ready	绿色指示灯	1. 闪烁表示司钻操作台控制电源接通但电源模块未就绪。 2. 长亮表示系统准备就绪
5	旋转头锁紧 Locking	红色指示灯	1. 进行旋转头锁紧操作时，指示灯闪烁（2Hz）。 2. 传感器检测到锁紧销插好，锁紧完成，该指示灯长亮。若指示灯持续闪烁，则需重新操作旋转头锁紧开关
6	扭矩表 Torque	仪表（4~20mA）	以 kN·m 和 kft·lbf 为单位显示主轴输出的实际扭矩值
7	转速表 Speed	仪表（4~20mA）	以 rpm 为单位显示主轴输出的实际转速值
8	内防喷器开关 IBOP	2 位开关	1. 扳到"开"位置，打开内防喷器球阀。 2. 扳到"关"位置，关闭内防喷器球阀
9	液压泵开关 Pump Running	2 位开关	通信正常状态下，处于液压站的液压泵开关处于自动位置时，司钻操作台此开关扳到"运行"位置，液压泵启动；扳到"停止"位置，液压泵停止运行
10	刹车开关 Brake	3 位开关	1. 扳到"制动"位置，刹车制动。 2. 扳到"松开"位置，刹车松开。 3. 扳到"自动"位置，刹车按 PLC 程序工作，转速手轮回零位时刹车制动，转速手轮离开零位时刹车松开。如果变频驱动系统存在故障时，刹车制动
11	故障/复位 带灯按钮 Fault/Reset	红色带灯按钮	1. 当故障报警时，蜂鸣器长鸣，指示灯长亮或闪烁，按下此按钮将使蜂鸣器静音。故障或报警消失后，再次按下此按钮，系统复位且此指示灯灭。 2. 按住此按钮超过 3s，所有指示灯亮（测试司钻操作台所有灯是否正常）

续表

序号	名称	类型	功能
12	急停按钮 E. Stop	蘑菇状按钮	无论转速手轮处于什么位置，按下此按钮，停止变频系统，延时后断开电控房主空气开关
13	吊环旋转开关 Link Rotation	三位开关 自复位	1. 弹簧复位开关，自动回中位。 2. 控制旋转头正向、反向旋转
14	吊环浮动按钮 Link Float	黑色按钮 自复位	1. 弹簧复位按钮。 2. 按下此按钮，吊环处于并保持浮动状态
15	锁紧销开关 Locking Pin	2位开关	1. 扳到"锁紧"位置，旋转头锁紧。 2. 扳到"松开"位置，松开旋转头锁紧。
16	背钳开关 Clamp	2位开关 自复位	1. 弹簧复位开关，自动回"松开"位置。 2. 扭矩模式下，扳至"卡紧"位置，背钳夹紧
17	吊环倾斜开关 Link Incline	3位开关 自复位	1. 弹簧复位开关，自动回中位。 2. 控制倾斜油缸伸出和缩回来推动吊环，带动吊卡前后移动
18	风机开关 Air Cooling	3位开关	1. 控制主电动机冷却风机启停。 2. 扳到"自动"位置，由PLC根据系统运行状态控制主电动机冷却风机启停。 3. 扳到"开"位置，冷却风机启动。 4. 扳到"关"位置，冷却风机停止运行
19	电动机选择开关 Motor	3位开关	1. 选择驱动主电动机的模式。 2. 扳到"A"位置，只能A电动机单独运转。 3. 扳到"B"位置，只能B电动机单独运转。 4. 扳到"A+B"位置，A、B电动机同时工作
20	操作选择开关 Operation	3位开关 右位自复位	1. 开关右位弹簧自复位。 2. 在正常钻进时，开关置于"钻井"模式。"旋扣"模式是给交流电动机固定的电流和转速信号，以固定且较低扭矩和转速旋扣。"扭矩"模式是以固定的转速，逐渐增加扭矩到上扣扭矩值或卸扣扭矩值，这个扭矩值在正转模式时，通过【上扣扭矩限定】旋钮设定；在"反转"模式时，扭矩值持续增加至顶驱功率最大值，直到螺纹被卸开
21	旋转方向开关 Direction	3位开关	选择顶驱主轴转向。中位"关"位置时关闭交流变频系统。当钻进或者上卸扣时，使用"正转"或"反转"位置。当风机开关在"自动"位时，此开关扳至"正转"或"反转"，风机自动启动
22	上扣扭矩限定 Makeup Torque	电位器旋钮	1. 设定上扣允许的最大扭矩限定值。 2. 最大上扣扭矩限定值可在司钻操作台的"设定画面"进行设定，允许范围与"上扣扭矩限定"旋钮量程一致。在该设定下，顺时针旋转旋钮，将提高限定扭矩，在双电动机模式下，旋钮满量程对应扭矩值为65kN·m
23	钻井扭矩限定 Drilling Torque	电位器旋钮	1. 设定钻井作业中顶驱输出的最大扭矩值。 2. 顺时针旋转旋钮，将提高钻井扭矩限定。在双电动机模式下，旋钮满量程对应扭矩值为50kN·m
24	转速设定手轮 Throttle	电位器手轮	1. 正常钻进操作时，设定钻井转速值。 2. 顺时针旋转手轮，将提高设定转速，到手轮满量程时，设定转速为220rpm
25	触摸屏 Touch Screen	8in触摸屏	实现人机交互功能，显示和设定顶驱参数

2. 司钻操作台触摸屏介绍

北石DQ70BSC顶驱司钻操作台中间装有西门子多功能触摸屏，作为人机交互界面，可以监控顶驱运行状态,实现定位模式控制和倒扣模式控制。触摸屏分为两部分,上部分显示顶驱各部分参数和状态,下部分根据选择的不同功能会显示不同的画面。

(1)主页。该页面是司钻操作台供电启动后初始显示界面。

(2)定位控制页面。在该页面可以获取定位控制权,设置定位控制的圈数和角度,定位到达后,画面会给出提示。此功能可以精确控制顶驱主轴转动的圈数和角度,便于定向钻井作业中的精准控制。

(3)驱动页面。该页面显示顶驱电控房内电源模块和电动机模块的运行状态以及输出数据。

(4)报警页面。系统出现报警时,触摸屏会出现报警提示窗口,在此页面能够查看到当前和之前出现的故障和报警信息。

(5)趋势页面。该页面反馈显示顶驱运行的基本状态,包括液压源运行状态、电动机运行状态、顶驱实时和限定转速、扭矩显示及曲线。

(6)系统页面。在系统页面有四个子菜单,分别是"设定画面""英制(公制)""退出系统""清洁屏幕";进入"设定画面""退出系统""清洁屏幕"这三个子菜单需要输入用户名和密码,进入这三个子菜单建议由专职维护人员进行操作。

(二)北石DQ50BC顶驱司钻操作台

北石DQ50BC顶驱司钻操作台控制面板布局如图5-22所示,各操作元件信息见表5-6。本司钻操作台没有配备人机交互触摸屏。

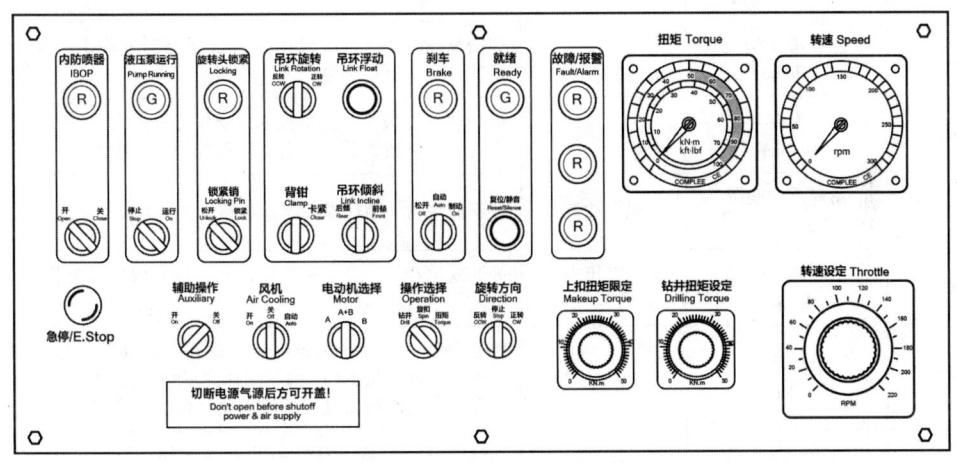

图5-22 北石DQ50BC顶驱司钻操作台

表5-6 司钻操作台面板信息表

序号	名称	类型	功能
1	内防喷器 IBOP	红色指示灯	指示灯亮表示内防喷器处于关闭状态。指示灯灭表示内防喷器处于打开状态
2	液压泵运行 Pump Running	绿色指示灯	通信正常状态下,液压泵运行时灯亮。压力低于设定压力时闪烁。通信中断或液压泵停止时,该灯不亮
3	旋转头锁紧 Locking	红色指示灯	进行旋转头锁紧操作时,指示灯闪烁(2Hz)。传感器检测到锁紧销插好的信号,该指示灯亮

续表

序号	名称	类型	功能
4	刹车 Brake	红色指示灯	指示灯亮时表明PLC发出电动机刹车指令
5	就绪 Ready	绿色指示灯	闪烁表示司钻操作台控制电源接通但电源模块未就绪。长亮表示系统总起且一切就绪
6	故障/报警 Fault/Alarm	红色指示灯	通过亮、灭、闪烁三种状态组合,分类显示故障或报警信息
7	扭矩表 Torque	仪表	以 kN·m 和 kft·lbf 为单位显示主轴输出的实际扭矩值
8	转速表 Speed	仪表	以 rpm 为单位显示主轴输出的实际转速值
9	液压泵开关 Pump Running	2位开关	通信正常状态下,液压站液压泵位于"远程"位置时,司钻操作台扳到"运行"位置,启动液压泵。扳到"停止"位置,液压泵停止运行
10	急停按钮 E. Stop	蘑菇状按钮	按下此按钮,将紧急停止驱动装置,延时后断开主空气开关
11	锁紧销开关 Locking Pin	2位开关	扳到"锁紧"位置,锁紧旋转头。扳到"松开"位置,松开旋转头。旋转头锁紧后,吊环旋转操作无效
12	吊环旋转开关 Link Rotation	3位开关 自复位	弹簧复位开关,自动回浮动位置。控制旋转头正向、反向旋转
13	背钳开关 Clamp	2位开关 自复位	弹簧复位开关,自动回中位。扭矩控制方式下,扳到"卡紧"位置,背钳夹紧
14	辅助操作开关 Auxiliary	2位开关	扳到"开"位置,辅助控制台操作有效,此时司钻台相同操作无效;扳到"关"位置,辅助控制台操作无效
15	吊环浮动按钮 Link Float	黑色按钮	按下此按钮,吊环保持浮动状态
16	吊环倾斜开关 Link Incline	3位开关 自复位	弹簧复位开关,自动回浮动位置。控制倾斜油缸推动吊环,带动吊卡前后移动
17	风机开关 Air Cooling	3位开关	控制主电动机冷却风机启停。扳到"自动"位置,由PLC根据系统运行状态控制主电动机冷却风机启停。扳到"开"位置,启动冷却风机。扳到"关"位置,冷却风机停止运行
18	内防喷器开关 IBOP	2位开关	扳到"开"位置,打开内防喷器球阀。扳到"关"位置,关闭内防喷器球阀
19	电动机选择开关 Motor	3位开关	该开关虽然为三位,但是放在其中任一位置都是单电动机运行模式
20	刹车开关 Brake	3位开关	扳到"制动"位置,刹车工作。扳到"松开"位置,刹车松开。扳到"自动"位置,刹车按照PLC程序工作
21	操作选择开关 Operation	3位开关 右位自复位	选择顶驱操作模式。初始位置为"钻井"
22	复位/静音带灯按钮 Reset/Silence	黄色按钮	当蜂鸣器鸣声时,按下此按钮将蜂鸣器静音。故障或者报警消失后,再按下此按钮将故障或报警复位。按下此按钮超过3s,所有指示灯点亮(灯测试)

续表

序号	名称	类型	功能
23	旋转方向开关 Direction	3位开关	旋转顶驱转向。初始位置为"停止"
24	上扣扭矩限定 Makeup Torque	电位器旋钮	设定上扣允许的最大扭矩值。顺时针旋转旋钮,将提高限定扭矩,在双电动机模式下,旋钮满量程对应扭矩值为50kN·m
25	钻井扭矩设定 Drilling Torque	电位器旋钮	设定钻井作业中顶驱输出的最大扭矩值。顺时针旋转旋钮,将提高限定扭矩。在双电动机模式下,手轮满量程对应扭矩值为50kN·m
26	转速设定手轮 Throttle	电位器手轮	正常钻井操作时,设定钻井转速值。顺时针旋转手轮,将提高设定转速,到手轮满量程时,设定转速为180rpm

第三节　北石顶驱安装拆卸

顶驱安装和拆卸涉及吊装作业和高处作业等高风险作业,现场参与人员应接受相关安全培训并严格遵守HSE规章制度,顶驱专业服务人员应将详细步骤以及作业中存在的风险对全员交底,指派专人现场监督和指挥吊装,保证拆装工作安全进行。本节内容以北石DQ70BSD顶驱为例。

安全须知

⚠ 安装过程中上提、下放、吊装操作应平稳缓慢,避免发生设备碰撞。

⚠ 高处作业人员按规定使用安全带、防坠落装置。

⚠ 在进行液压系统安装和维护等操作前,切断电力供应,关闭进出口的阀门,释放蓄能器的压力,执行上锁挂牌,并按要求进行泄压、测量。

⚠ 吊装应选择符合标准的吊装索具,吊装点只能选择厂家指定位置。

⚠ 吊装电缆时不得使用钢丝绳直接悬挂电缆。

❗ 高处作业的正下方及其附近区域禁止人员作业、停留和通过。

❗ 吊装作业时人员应远离吊装物,吊臂旋转范围内严禁站人。

❗ 高处作业所用工具、零部件应系安全绳或装在工具包内防止坠落,工具、零部件禁止上抛、下丢。

❗ 遇有6级以上(含6级)大风、雷电或暴雨、雾、雪、沙尘暴等恶劣天气,应停止设备吊装、安装、拆卸及高处作业。

❗ 对顶驱进行安装、拆卸作业,应断开所有动力源,液压系统进行泄压,在任何情况下禁止带电或带压作业。

顶驱安装、拆卸过程中的存在的风险因素见表5-7。

表 5-7 顶驱安装、拆卸过程中的风险因素

风险因素	内容
人的因素	1. 不熟悉安装拆卸流程或操作失误； 2. 作业人员沟通不顺畅，配合不佳； 3. 操作速度过快，重点步骤部位观察监护不力； 4. 违反拆装流程作业
设备因素	1. 绞车、气动绞车、吊车工作不正常； 2. 钢丝绳/吊带、安全带、登梯助力器等不合格或未安装； 3. 吊车、吊篮、滚筒摆放位置不合理，与其他设备互相干扰
环境因素	1. 恶劣天气如大风、沙尘暴、雨雪影响正常作业； 2. 钻台面被钻井液、油泥污染，工具摆放不整齐
管理因素	1. 没有正确使用 PTW、JSA 等 HSE 工具； 2. 培训不到位，导致作业人员不了解、不熟悉作业流程及作业风险； 3. 交叉作业，拆装顶驱的同时安排其他作业

一、顶驱安装

顶驱安装流程如图 5-23 所示。

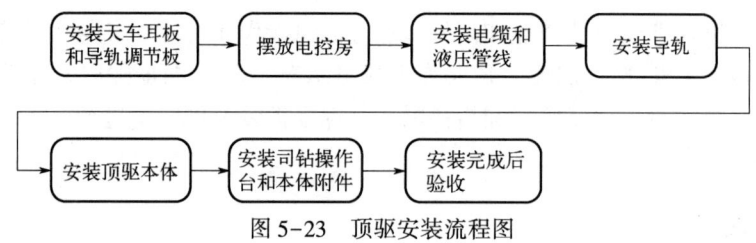

图 5-23 顶驱安装流程图

（一）安装前的准备工作

1. 安装条件

（1）清理钻台面。

将钻台面上的液压大钳、B 型钳、卡瓦等工具摆放至远离井口的位置，井口、鼠洞用盖板覆盖，防止井口落物、人员跌倒。清理钻台面杂物、积水、油泥等，为后续工作提供安全的环境。

（2）检查工具。

检查所有工具，尤其是双尾绳安全带、登梯速差器、对讲机、防坠绳、人字梯、气动绞车、吊篮、钢丝绳等，确保安全可靠。

（3）顶驱在井架内上下移动的行程达到 35m，从钻台面到天车底部的净空高度应不低于 43.3m。

（4）立管高度推荐 22m。

（5）水龙带长度推荐 23m。

（6）井架的宽度要保证顶驱本体、电缆和水龙带在有效行程内移动时不和井架及其他物体发生摩擦、干涉。

(7) 动力电源要求：三相交流电源、电压 575~600V、频率 50Hz。

2. 顶驱吊装点

吊装顶驱，必须使用顶驱专用吊装点，如图 5-24 所示。

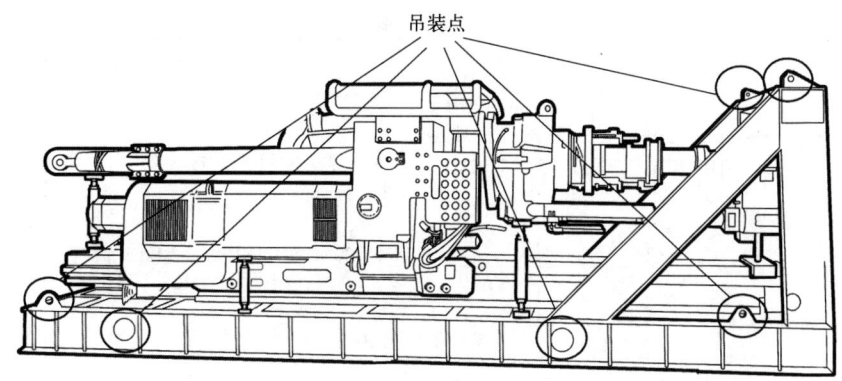

图 5-24　顶驱吊装点

3. 安装结构立面图

顶驱安装完成后的结构立面图如图 5-25 所示。

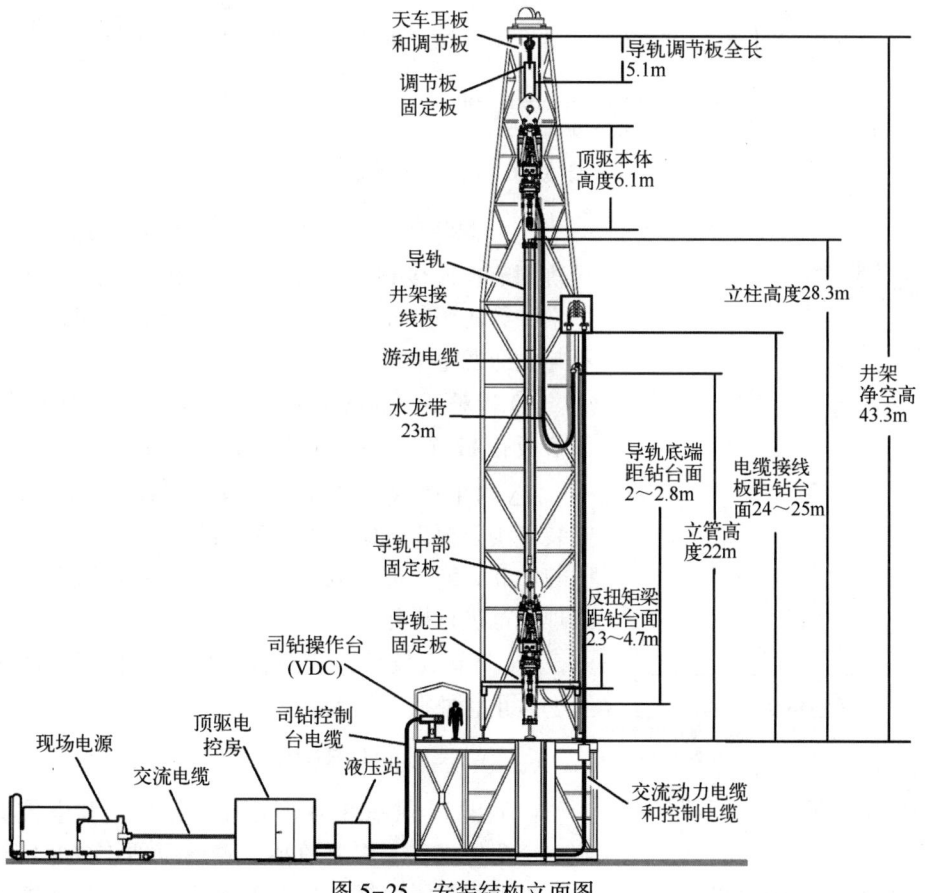

图 5-25　安装结构立面图

4. 安装天车耳板和导轨调节板

（1）起井架前，顶驱导轨天车耳板确认已经被固定在天车下面，且固定牢靠，耳板规格需要能承载顶驱本体、导轨、游动电缆等的全部重量。如图 5-26 所示。

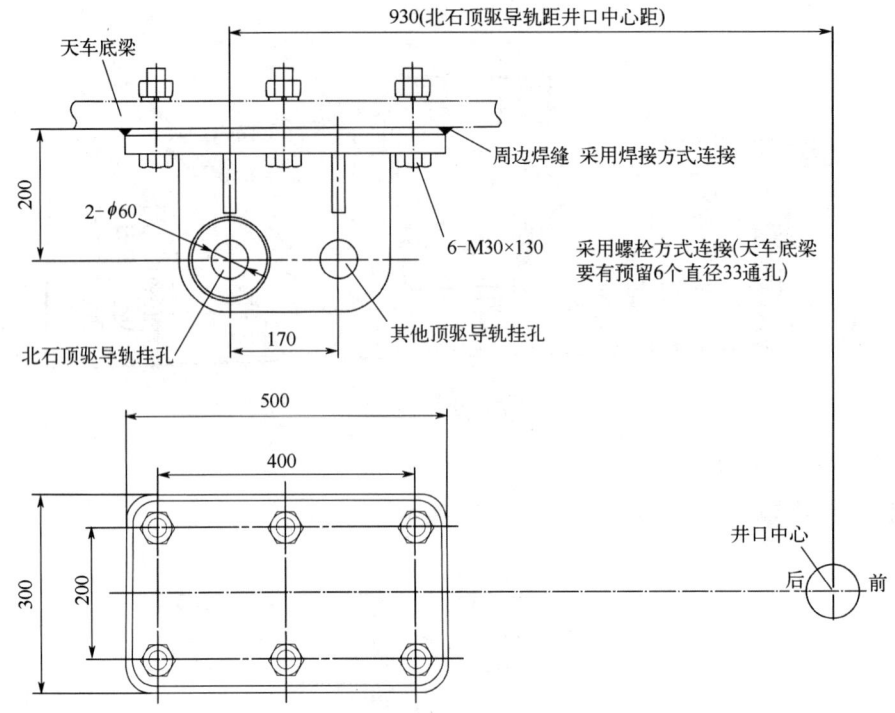

图 5-26　天车耳板安装

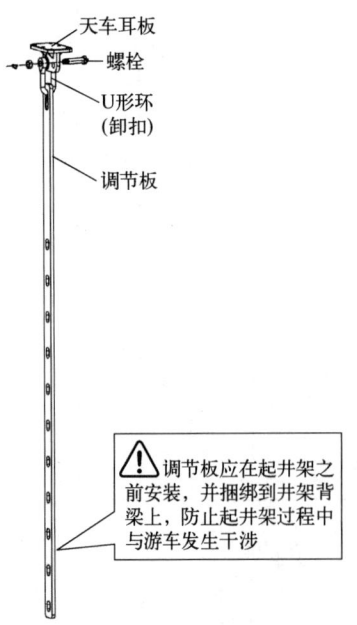

图 5-27　导轨调节板安装

（2）起井架前，使用厂家提供的U形环（卸扣）将导轨调节板连接到天车耳板上，如图 5-27 所示，并用绳索将导轨调节板固定在井架背梁上，以保证起井架时不与大绳发生干涉。

ⓘ 针对不同高度的井架选择对应的调节板安装孔。调节板有 11 个安装孔，间距 0.4m，调整量 4m。

⚠ 天车耳板、导轨调节板必须在起井架之前完成安装，调节板需固定在井架背梁处，防止在起井架过程中与钻井大绳干涉，调节板安装和固定应按照高处作业管理规范进行操作。

⚠ 调节板较长，选择合适的吊装位置，使用牵引绳，防止意外摆动伤人。

（二）摆放顶驱电控房

（1）北石 DQ70BSD 型顶驱，液压站与电控房集成到一个房体内，不需要单独放置液压站。按井场总体布置，把电控房需要摆放位置的地面垫平。从运输车辆上吊起电控房（包含液压站）放到规划位置上。注意进出电缆位置，便于摆放电缆。电控房放置在井架左后侧。电控房摆放位置如图 5-28 所示。

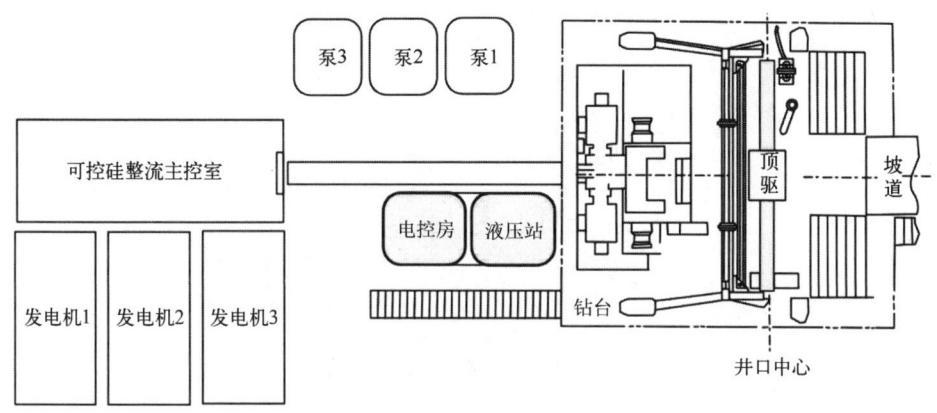

图 5-28　电控房摆放位置

（2）在电控房相对的两个角安装接地棒。将接地棒按要求钉入地面，接地棒与接地电缆连接，接地电缆的另一端与电控房进线面板上接地端子、房体连接，如图 5-29 所示，需对角两处接地。

ⓘ 电控房房体必须充分可靠接地，一般为 2 处接地，接地阻值小于 4Ω，以保证人身和设备安全。

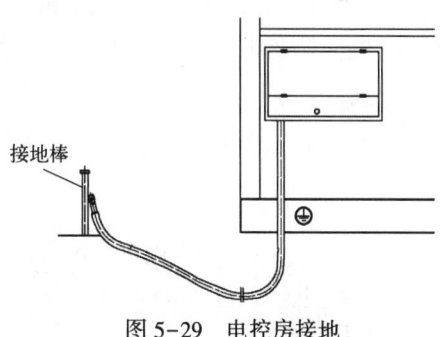

图 5-29　电控房接地

ⓘ 电控房和液压站应与热源保持一定距离，通风良好，有利于散热。

ⓘ 在现场条件允许的情况下可以在电控房和液压站底部垫钢木基础，防止雨水、钻井液浸泡，减少腐蚀。

ⓘ 电缆和液压管线在地面铺设，应使用专用电缆槽，下铺上盖，减少地面接触和人员踩踏。

ⓘ 电控房和液压站四周要保持足够的出入空间。

⚠ 接地电缆与接地棒、电控房的连接必须可靠、紧固。

⚠ 电控房和液压站吊装，选择专用吊装点，4 点起吊，必须使用牵引绳，防止与其他设备发生碰撞。

⚠ 吊装作业有专人指挥，使用牵引绳，操作缓慢平稳，吊装过程中人员远离作业区域。

（三）安装电缆和液压管线

1. 安装井架电缆和液压管线托架

将顶驱井架电缆和液压管线托架安装在井架背梁或侧梁上，如图 5-30 所示。

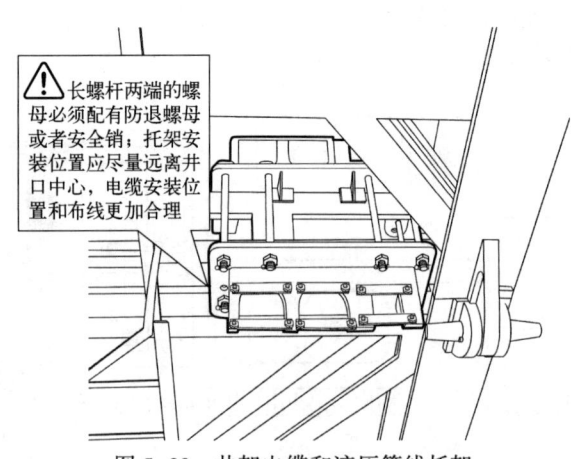

⚠ 长螺杆两端的螺母必须配有防退螺母或者安全销；托架安装位置应尽量远离井口中心，电缆安装位置和布线更加合理

图 5-30　井架电缆和液压管线托架

⚠ 托架的安装高度要确保顶驱在井架有效空间内上下移动时，顶驱电缆和管线不与钻台面、井架及附件发生摩擦或干涉，并且要确保电缆的弯曲半径不小于1m，推荐安装位置距离钻台面 24~25m。

⚠ 托架安装后，长螺杆两端的螺母必须配有防退螺母或者安全锁，托架与井架之间安装相应的防坠落钢丝绳，防止高空落物。

2. 安装动力电缆

（1）将电缆盒吊至钻台，摆放至方便吊装电缆的位置。

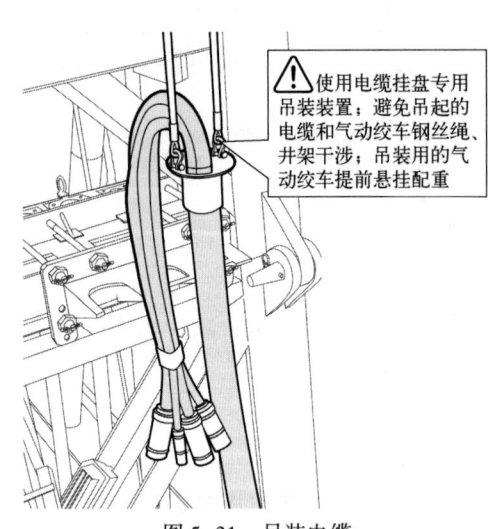

⚠ 使用电缆挂盘专用吊装装置；避免吊起的电缆和气动绞车钢丝绳、井架干涉；吊装用的气动绞车提前悬挂配重

图 5-31　吊装电缆

（2）用吊带或专用钢丝绳依次吊起动力电缆垂直段（或称"井架电缆"）有挂盘一端。

（3）用气动绞车或吊车缓慢上提井架电缆，如图 5-31 所示，避免电缆在打开过程中扭结。

⚠ 气动绞车提升电缆和管线过程中，指定专人指挥，操作应缓慢，切勿出现电缆缠绕、扭结和挂蹭现象，避免损坏电缆和管线。

（4）将井架电缆通过挂盘安装到井架电缆托架上（外侧），安装压板和螺栓，安装防松锁线，如图 5-32 所示，井架电缆下端向下延伸到地面摆放整齐。

（5）用同样方法把动力电缆游动段（简称"游动电缆"）安装到井架电缆托架上（内侧），安装压板和螺栓，安装防松锁线。

ⓘ 注意电缆接头类型，判断好游动电缆上下端，防止安装错误。

⚠ 有专人指挥，注意观察，电缆吊起通过二层台位置时缓慢操作，防止电缆与二层台发生挂蹭、碰撞。

第五章 北石顶驱安全作业指导

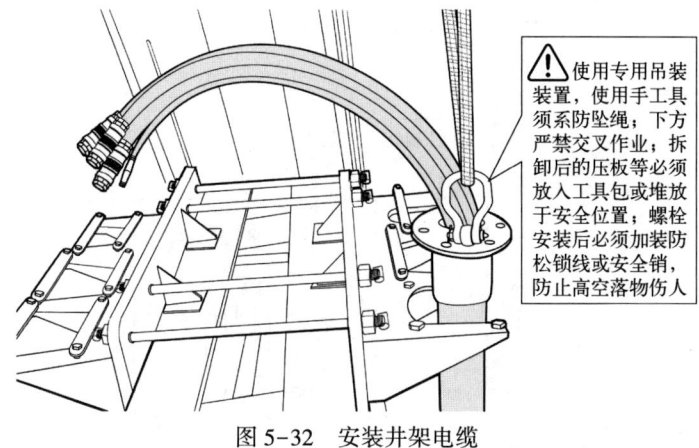

⚠ 使用专用吊装装置，使用手工具须系防坠绳；下方严禁交叉作业；拆卸后的压板等必须放入工具包或堆放于安全位置；螺栓安装后必须加装防松锁线或安全销，防止高空落物伤人

图 5-32　安装井架电缆

（6）把游动电缆与井架电缆快速接头连接好，另一端暂时摆放在钻台安全的地方，避免人员踩踏和重物拖压，等安装完顶驱本体后再连接本体端电缆。

⚠ 将电缆托架处的电缆接头堵帽取下，收入工具包拿下钻台，妥善保存，若堵帽无法取下，加装固定和防坠落措施，防止高空落物。

❗ 使用工具包携带使用的手工具、零部件等，手工具使用防坠绳。

（7）摆放地面电缆，与井架电缆连接，待顶驱本体端电缆连接完成后再与电控房连接。

ⓘ 确保游动电缆具有合适的弯曲半径（≥1m）。

⚠ 电缆安装后不得与井架附件发生摩擦或干涉。

⚠ 电缆接头连接完成后做好防水措施。

⚠ 地面电缆摆放整齐，推荐放入电缆槽中，防止人员踩踏，垫高防止雨水浸泡。

3. 安装液压管线

（1）按照安装动力电缆的方法把井架液压管线悬挂在井架电缆托架上（外侧）。

（2）用同样的方法把游动液压管线悬挂在井架电缆托架上（内侧），如图5-33所示。

（3）将井架液压管线软管与游动液压管线软管的快速接头连接，安装好快速接头的防松装置；游动段下端摆放在钻台面安全的地方，避免人员踩踏和重物拖压，等安装完顶驱本体后再连接。

（4）将地面液压管线向下延伸到液压站，在地面摆放整齐，与液压站连接。

⚠ 电缆和液压管线在地面铺设，应使用专用电缆槽，下垫上盖，减少地面接触和人员踩踏，防止泥水浸泡。

4. 安装控制电缆

（1）把控制电缆通过挂盘安装到控制电缆安装架上并按次序连接好。

（2）用气动绞车缓慢上提安装架，如图5-34所示，避免电缆在打开过程中出现扭结、缠绕现象。

（3）用专用钢丝绳把安装架悬挂在井架合适位置，如图5-33所示。

（4）辨别电缆接头形式或按照以前的标记，把控制电缆连接电控房一端顺下钻台，连

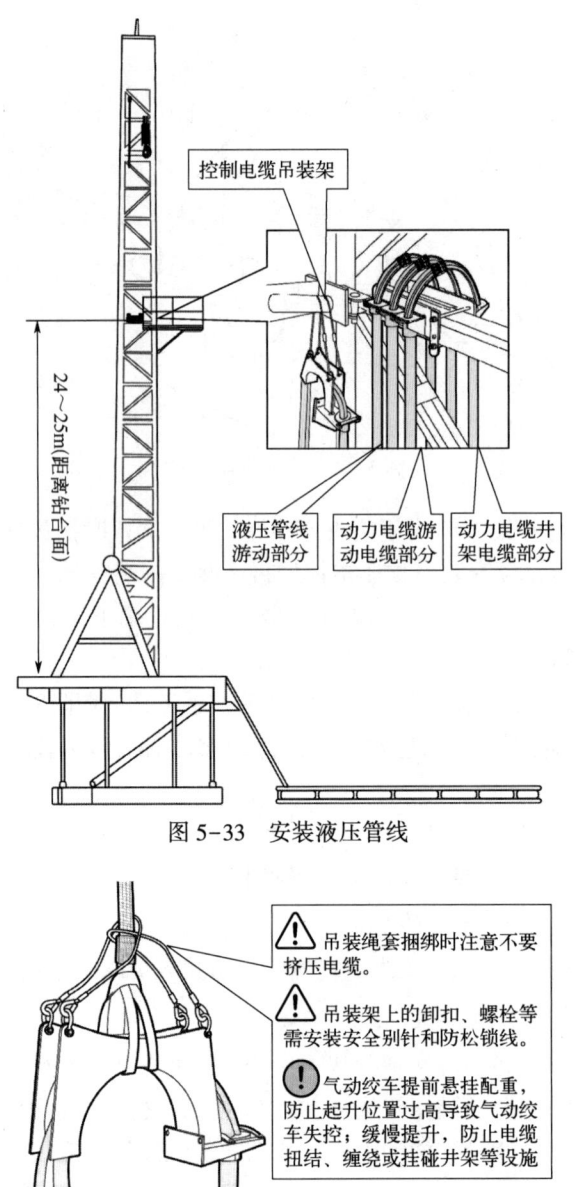

图 5-33 安装液压管线

图 5-34 提升控制电缆安装架

接顶驱本体一端摆放在钻台面安全的地方,避免人员踩踏和重物拖压,等安装完顶驱本体后再连接。

(5) 将空电缆盒吊离钻台,如图 5-35 所示。

ⓘ 安装在控制电缆安装架上的电缆一般整体安装、拆卸,井间搬迁安装期间无须将电缆安装架上取下。

⚠ 控制电缆安装架与井架之间安装相应的防坠落钢丝绳,防止高空落物。

⚠ 吊起电缆安装到电缆托架之前,气动绞车吊钩应悬挂配重,防止吊钩起升过高无法下放甚至失控。

⚠ 作业前检查确认气动绞车功能完好,钢丝绳符合标准、排绳整齐。

⚠ 使用符合标准的绳套和索具进行吊装。
⚠ 高处作业人员携带对讲机,保持良好通信,检查工具及安全绳是否完好。
❗ 钻台人员远离吊装区域,严禁交叉作业,防止高空落物伤人。

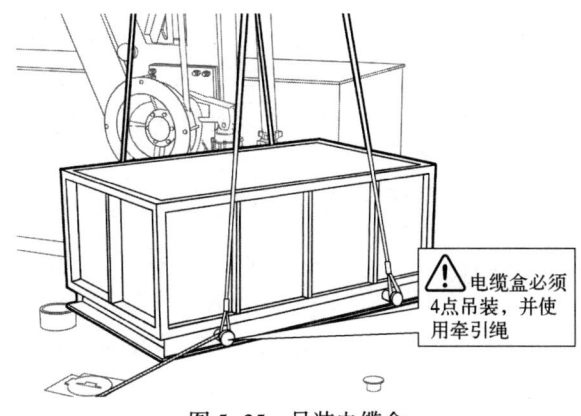

⚠ 电缆盒必须4点吊装,并使用牵引绳

图 5-35　吊装电缆盒

(四) 安装导轨

1. 安装导轨准备工作

在安装导轨和本体之前,先确认以下内容是否达到要求,未达到要求需进行整改。
(1) 井架垂直,且游车居于转盘中心正上方。
(2) 导轨调节板和井架反扭矩横梁已安装完成。
(3) 控制电缆安装架和井架电缆安装托架已安装完成。
(4) 顶驱电控房已放置到位。
(5) 井架内的吊钳等悬吊绳索在顶驱本体安装完成后上下移动过程中不发生干涉。
(6) 大钩已安装完成,大钩开口朝向钻机绞车。

2. 安装第一节导轨

(1) 使用导轨专用吊环螺钉和卸扣,通过吊车将第一节导轨吊至钻台,如图 5-36 所示。

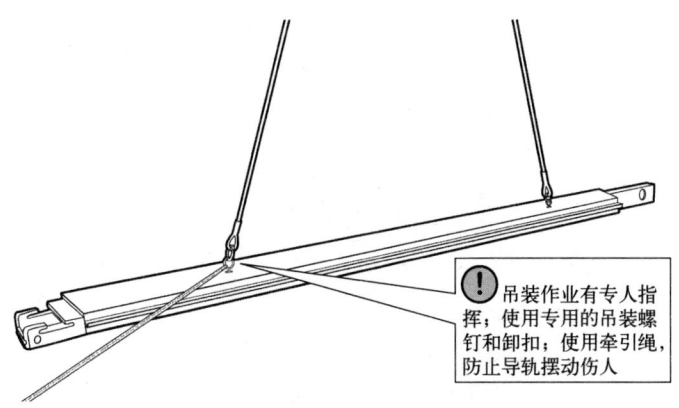

❗ 吊装作业有专人指挥;使用专用的吊装螺钉和卸扣;使用牵引绳,防止导轨摆动伤人

图 5-36　吊装第一节导轨

(2) 将导轨安装架安装到第一节导轨上, 安装架的钢丝绳悬挂在大钩吊耳上, 如图 5-37 所示。

(3) 缓慢上提游车, 使导轨安装架和第一节导轨限位挡块接触, 继续上提, 如图 5-38 所示, 将第一节导轨提离钻台面, 上提过程中注意观察导轨顶端与井架是否干涉。

3. 安装第二至第六节导轨

(1) 第一节导轨保持竖直, 将第二节导轨吊至钻台面; 第二节导轨保持水平, 顶部挂到第一节导轨挂钩上。

(2) 缓慢上提游车, 如图 5-39 所示, 至第二节导轨离开钻台面呈竖直状态。

⚠ 提起第二节导轨过程中, 控制速度, 注意观察第一节导轨顶端, 防止与井架碰撞损坏导轨; 保持吊车或者气动绞车悬吊第二节导轨下端, 防止其意外摆动或脱落, 配合将第二节导轨上提至竖直状态后, 取走下端钢丝绳。

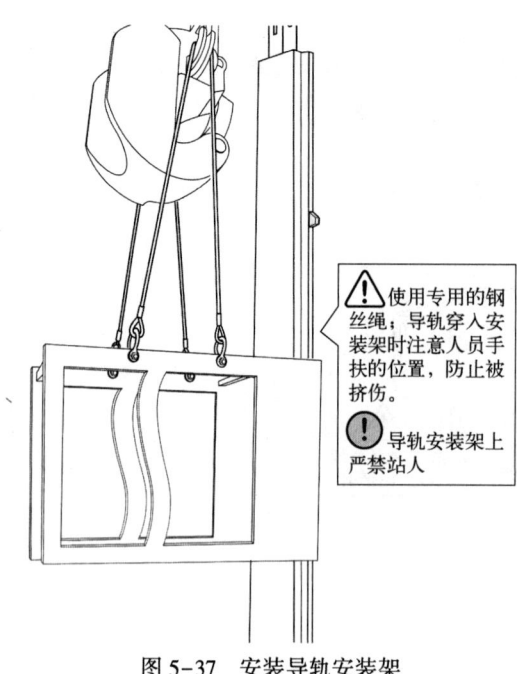

图 5-37 安装导轨安装架

⚠ 使用专用的钢丝绳; 导轨穿入安装架时注意人员手扶的位置, 防止被挤伤。

⚠ 导轨安装架上严禁站人

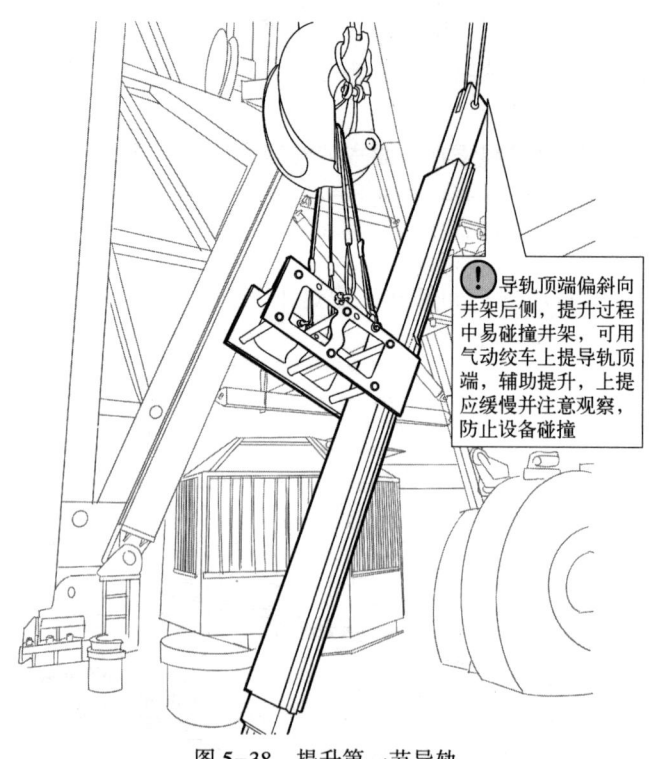

图 5-38 提升第一节导轨

⚠ 导轨顶端偏斜向井架后侧, 提升过程中易碰撞井架, 可用气动绞车上提导轨顶端, 辅助提升, 上提应缓慢并注意观察, 防止设备碰撞

第五章 北石顶驱安全作业指导

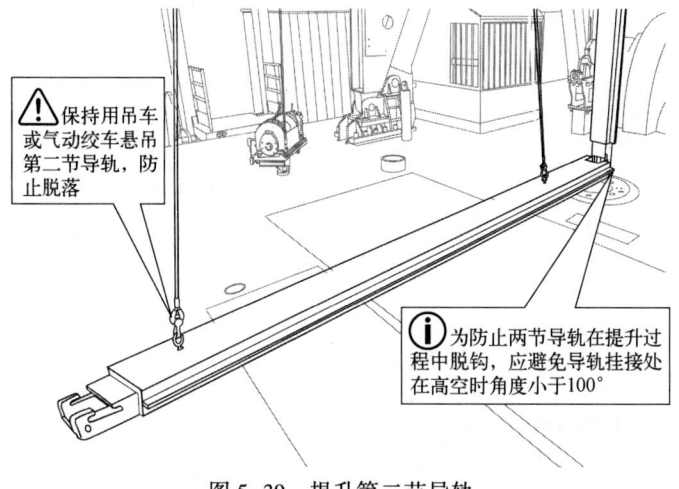

图 5-39 提升第二节导轨

（3）取出井口补心，然后下放游车将第二节导轨底端插入井口内，保持两节导轨一条直线，下放导轨，在第二节导轨合适的孔位插入铁杠，将第二节导轨架在井口，继续下放，使第一节导轨插入第二节导轨顶端，如图 5-40 所示。

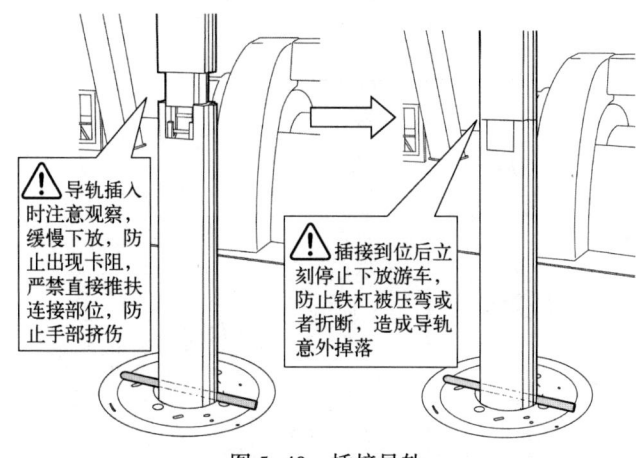

图 5-40 插接导轨

（4）然后按顺序穿入导轨销、锁销和别针。导轨连接流程的具体细节如图 5-41 所示。

（5）上提游车，取出铁杠，至第二节导轨高于钻台面，然后吊起第三节导轨至钻台，按照上述方法安装，直至安装完第六节导轨。

⚠ 两节导轨连接后提升，在相对旋转 10°后完成自锁（即夹角 100°~180°为两节导轨的安全范围）。因此在安装或拆卸过程中，为防止脱钩，应避免两节导轨在高空时角度小于 100°。

⚠ 导轨在提升过程中，应保持用吊车或气动绞车牵引下节导轨底部，保持导轨提升过程平稳。

⚠ 安装导轨销过程中，注意操作姿势和人员站位，手部严禁碰触销孔等危险部位，应使用专用工具穿接销轴。

⚠ 导轨提升过程中注意观察，避免导轨顶端与井架发生碰撞。

4. 导轨与调节板固定

(1) 安装完所有导轨后，上提游车至第一节导轨顶端接近于调节板底端，拆掉调节板与井架固定的绳索，使调节板保持竖直。

(2) 继续上提游车，调节板插入导轨背部固定板，按照当前导轨串底端距钻台面高度选择合适的连接孔位，用专用销轴连接导轨和调节板，并安装好螺母和安全别针，如图 5-42 所示。

ⓘ 调节板上共有 11 个安装孔，高度调节范围为 4m，选择安装孔以第六节导轨底端距离钻台面 8m 左右为宜，全部安装完成后导轨底端距离钻台面 2~2.8m 为宜。

(3) 下放游车把导轨安装架放到钻台面，并吊离钻台。

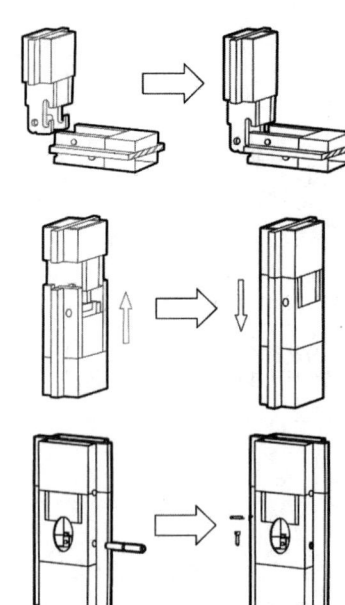

图 5-41 导轨连接流程

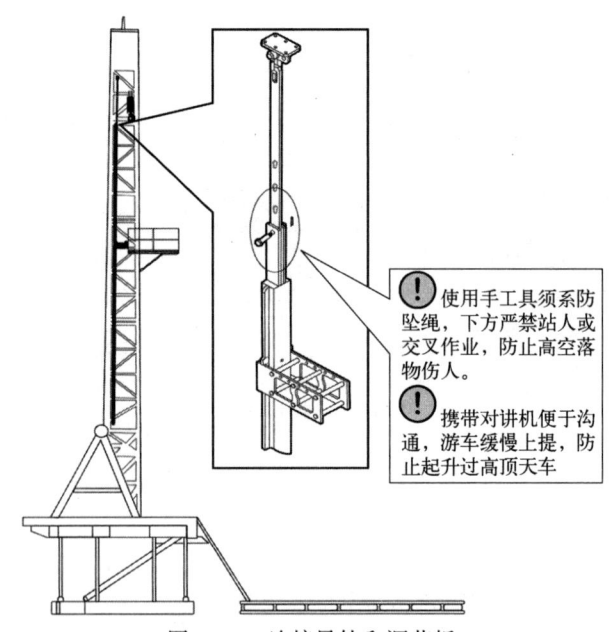

图 5-42 连接导轨和调节板

⚠ 沿着导轨下放安装架过程中注意观察，防止安装架和导轨卡阻，若不及时停止下放，大钩会压坏安装架，甚至造成导轨剧烈摆动。

(4) 把井口补心装回，遮盖好井口。

⚠ 使用专用钢丝绳吊装，软绳套、U 形环（卸扣）等吊具应符合标准。

第五章　北石顶驱安全作业指导

⚠ 吊装过程中有专人指挥，使用牵引绳。

⚠ 游车上提下放应缓慢，气动绞车操作应平稳。

⚠ 高处作业应按规定使用安全带和防坠落装置。

❗ 检查确认载人吊篮功能完好、钢丝绳符合标准，提升、下放应保持缓慢、平稳，禁止2人以上同时在载人吊篮内作业。

❗ 特级高处作业（30m以上），人员必须佩戴对讲机，保持良好通信。

5. 安装导轨反扭矩连接梁

将导轨反扭矩连接梁安装到井架反扭矩横梁上，安装压板和固定螺栓，如图5-43所示。

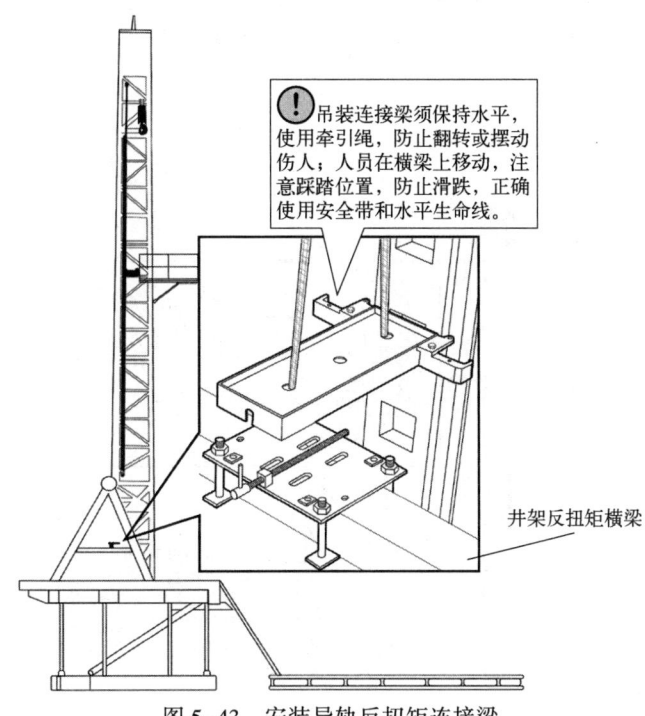

图5-43　安装导轨反扭矩连接梁

（五）安装顶驱本体

1. 移顶驱本体到钻台面

（1）拆掉运移架上顶驱提环、主电动机、旋转头和背钳的支撑，如图5-44所示。

（2）北石DQ70BSD顶驱连同运移架约20t，需要用两台50t以上的吊车或者一台75t以上吊车将顶驱本体连同运移架吊至钻台面。为降低作业风险，建议使用75t以上的吊车，如图5-45所示。

⚠ 若使用两台吊车共同吊起顶驱，属于特殊吊装作业，风险较大，必须严格遵守吊装作业管理规范，专人指挥，指挥人员要站在两台吊车司机目视范围内，配备对讲机，指挥语言清晰、动作规范。

⚠ 顶驱吊上钻台前，提前清理钻台面并将游车上提至高空中合适高度。拆掉钻台坡道一侧的护栏，确保空间开阔，防止顶驱吊上钻台时造成设备碰撞。

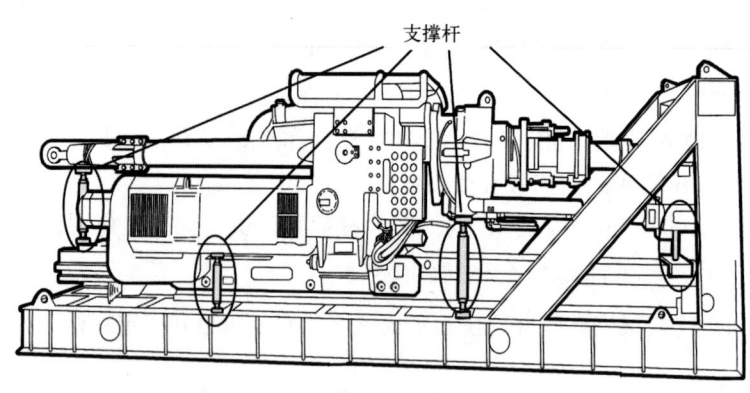

图 5-44　顶驱与运移架支撑

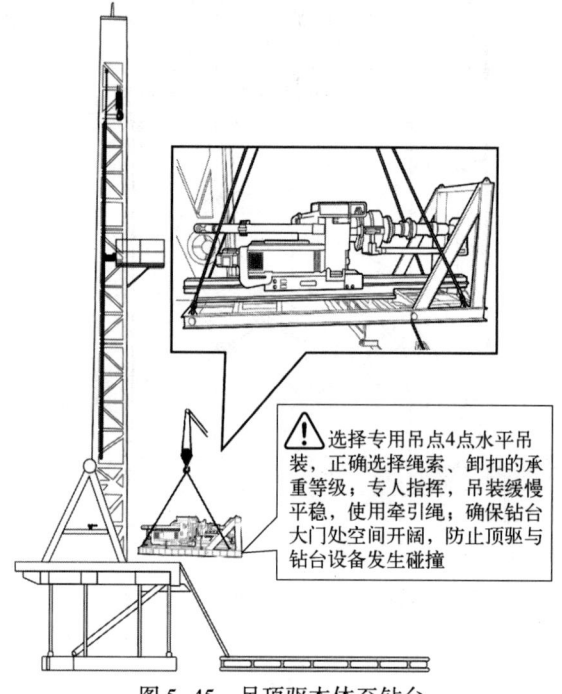

图 5-45　吊顶驱本体至钻台

（3）用两根钢丝绳和 U 形环（卸扣）将大钩两侧挂耳与顶驱运移架顶部两个吊点分别连接，吊车悬吊运移架下方上角两个吊点做牵引，吊车配合游车大钩提升，将顶驱连同运移架立起，如图 5-46 所示，立起后放置在钻台转盘处。

ⓘ 为便于后续大钩悬挂顶驱以及其他安装流程，立起后的顶驱运移架应尽量贴近反扭矩梁放置。

⚠ 将顶驱连同运移架立起，吊车悬吊下部两个吊点只起扶正作用，大钩连接运移架顶部吊点的两根钢丝绳和卸扣要承受顶驱本体与运移架总重量，应选择合适的规格，以确保整个提升操作的安全性与稳定性。

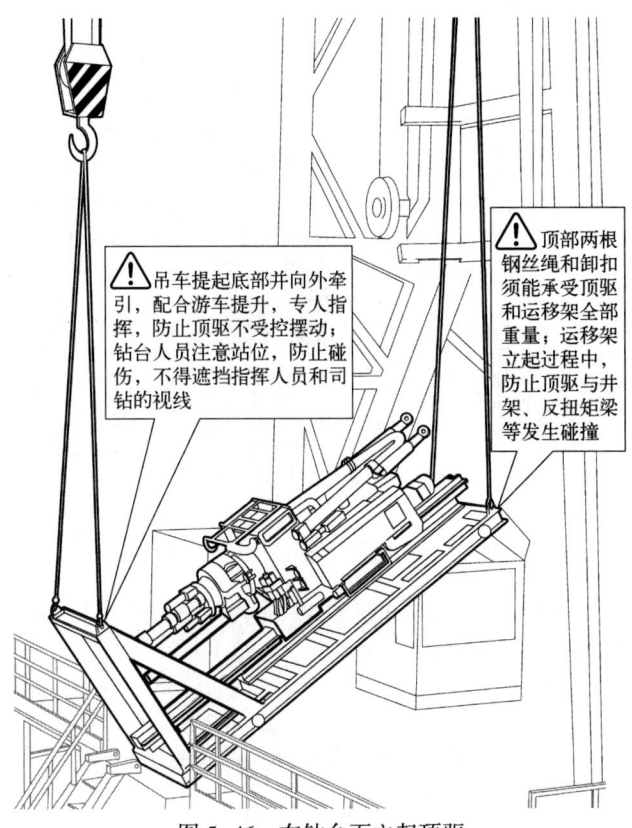

图 5-46　在钻台面立起顶驱

2. 顶驱本体与运移架分离

（1）拆掉大钩与运移架上部吊点的钢丝绳连接，改用气动绞车上提运移架上部吊点，防止立起的运移架摆动。

（2）下放游车，打开大钩锁舌，使用吊车或气动绞车将大钩向坡道方向牵引，配合下放游车，将大钩扣住顶驱本体的提环，如图 5-47 所示。

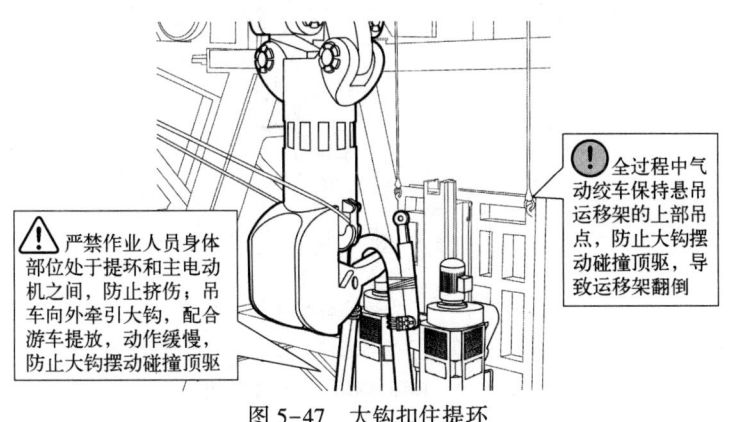

图 5-47　大钩扣住提环

（3）拆掉顶驱导轨与运移架的连接销，如图 5-48 所示。

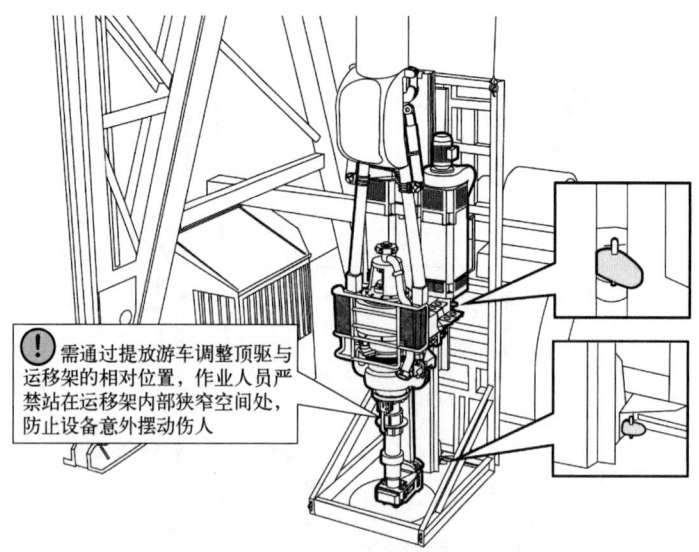

图 5-48 顶驱导轨和运移架连接销

（4）将顶驱本体与运移架分离，如图 5-49 所示。使用吊车做辅助牵引，配合游车上提顶驱，直到不影响移动下方运移架。

图 5-49 顶驱本体与运移架脱开

⚠ 防止顶驱连接的导轨与上方安装好的导轨发生碰撞，需将顶驱用吊车牵引向钻台坡道方向，避免设备损坏。

⚠ 游车上提过程中，应由专人指挥、密切观察、及时与司钻沟通，避免顶驱本体等与导轨或井架发生碰撞。

（5）使用吊车和气动绞车配合将运移架放倒，平放至钻台面，然后用吊车将运移架移下钻台，如图5-50所示。

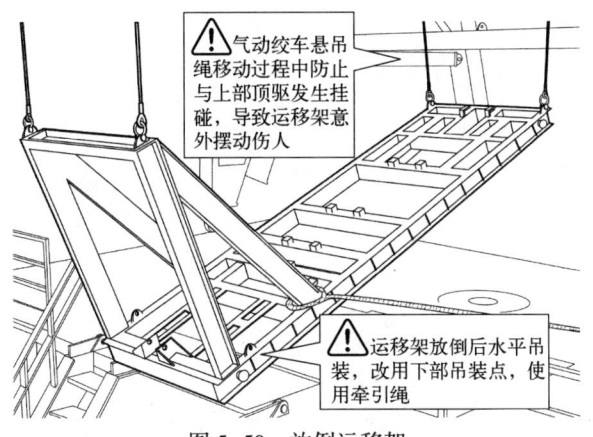

图5-50　放倒运移架

3. 连接末节导轨

（1）下放游车，顶驱本体连接的末节导轨挂接在已经在井架安装好的第六节导轨的下接头处，如图5-51所示。

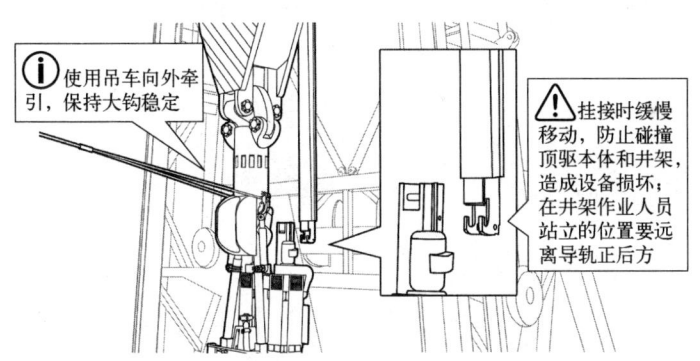

图5-51　导轨挂接

（2）用气动绞车拉住末节导轨背面的销孔并绷紧，配合游车缓慢下放，直到两节导轨在一条竖直直线上。

（3）缓慢上提游车至末节导轨和第六节导轨连接销孔重合，如图5-52所示，安装连接销轴、安全销和别针。

⚠ 因末节导轨与顶驱连接在一起，自重较大，存在偏斜，末节导轨上提与安装好的上节导轨相挂接后销孔容易存在偏斜，此时需用气动绞车向钻机绞车方向拉拽末节导轨，和游车配合上提下放进行调整将销孔居中对齐；游车上提时应有专人观察上部连接好的导轨，游车上提过多将使上部导轨整体上移，防止将导轨连接板顶到天车底部，损坏连接板、天车或造成高空落物。

图 5-52　末节导轨连接

⚠ 末节导轨（与顶驱本体连接在一起）与第六节导轨安装时，两者均处于竖直状态，结构上无自锁，对接时防止导轨脱出。

⚠ 使用气动绞车拉拽末节导轨的同时上提游车，要适度下放气动绞车绳索，防止因游车上提的力度过大损坏气动绞车。

⚠ 游车上提、下放应缓慢，气动绞车操作应缓慢平稳。

❗ 高处作业携带工具必须使用安全绳。

（4）使用气动绞车拉住末节导轨背面的销孔，调节末节导轨的位置，将反扭矩连接梁和导轨扣接固定，安装固定销轴和安全销，如图 5-53 所示。

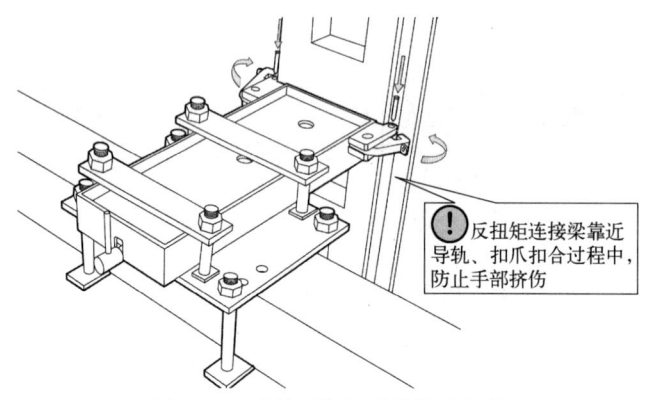

图 5-53　连接反扭矩连接梁和导轨

（5）用反扭矩连接梁后部的正反丝杠调整前后位置，使顶驱主轴与钻台井口对正。

⚠ 人员在反扭矩梁上作业，按规定正确使用安全带、速差器等防坠落装置，若安全带尾绳没有合适的挂点，可提前在相应位置安装速差器或者安装专门用于横向移动挂安全带尾绳的水平生命线。

❗ 高处作业携带工具应使用安全绳，严禁工具上抛下丢。

（6）北石顶驱随机配置了两套反扭矩连接梁总成，两套同时安装使用有助于顶驱主轴与井口中心对正，扶正顶驱本体重心不居中造成的顶驱偏斜，可以延长导轨、滑车总成、保护接头、内防喷器的等器件的使用寿命。第二套反扭矩连接梁应支撑末节导轨的上端，在现场条件允许的情况下（井架有合适的安装位置或制作辅助安装设备），应将两套反扭矩梁总成全部安装。

4. 安装平衡系统

（1）平衡系统带有专用 U 形环，将 U 形环连接到大钩两侧的吊耳处，如图 5-54 所示。

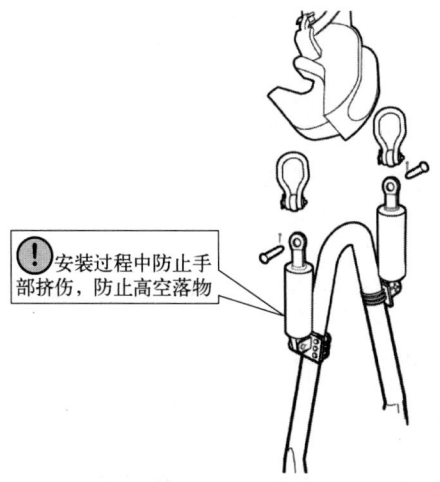

图 5-54　安装平衡系统

（2）安装好平衡系统后，拆除顶驱滑车和导轨的连接销轴，如图 5-55 所示。

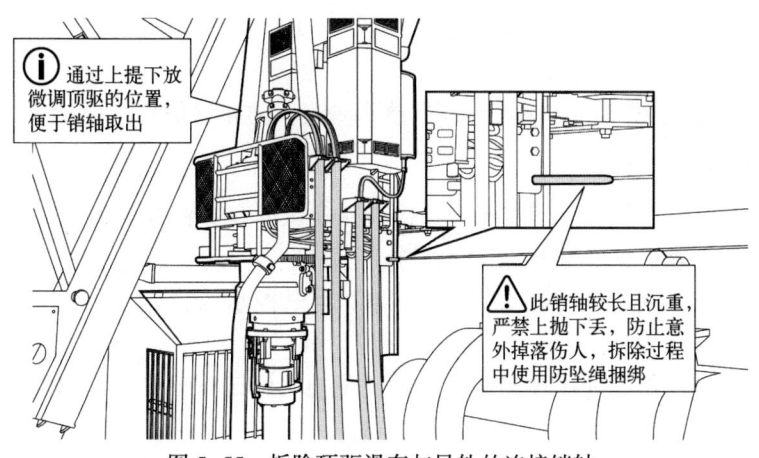

图 5-55　拆除顶驱滑车与导轨的连接销轴

5. 连接顶驱本体管线和电缆

（1）下放游车，顶驱可自由沿导轨移动，将顶驱下放至接近钻台面，便于连接电缆等工作。

（2）将游动电缆、液压管线、控制电缆的电缆挂盘安装在顶驱减速箱旁边的托架上，安装时注意管线不要交叉，并将电缆、管线接头正确插接，如图 5-56 所示。

⚠ 顶驱本体 A、B 电动机电缆连接顺序要与电控房出线端顺序一致，并确保连接到位，接头虚接会造成发热量大甚至烧毁。

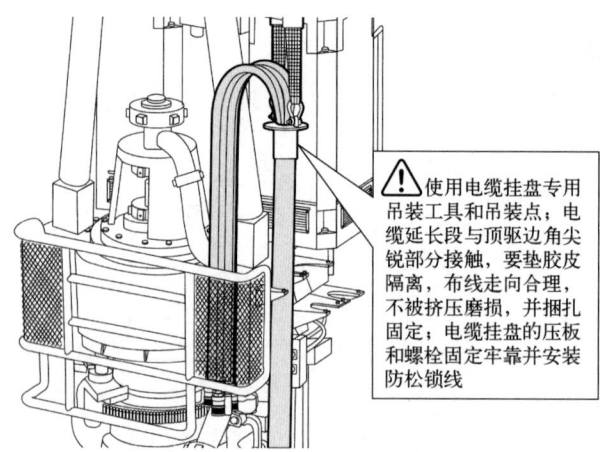

⚠ 使用电缆挂盘专用吊装工具和吊装点；电缆延长段与顶驱边角尖锐部分接触，要垫胶皮隔离，布线走向合理，不被挤压磨损，并捆扎固定；电缆挂盘的压板和螺栓固定牢靠并安装防松锁线

图 5-56　连接顶驱本体电缆和管线

（六）安装司钻操作台和本体附件

1. 安装司钻操作台和电缆

（1）将司钻操作台安装至司钻房合适位置，固定牢靠。

（2）安装司钻操作台电缆。

⚠ 司钻操作台位置要便于司钻操作和观察，且不与其他设备等干涉。

⚠ 司钻操作台电缆纤细，尤其通信电缆容易损坏，安装过程中不要过度扭结弯折，避开设备边角、尖锐的位置放置。

⚠ 司钻操作台电缆不与主动力电缆摆放到一起，防止通信被干扰。

2. 安装吊环和吊卡

（1）顶驱所有电缆、管线连接完毕，检查并确认没有安装错误和缺陷的情况，按照厂家指导文件，添加齿轮油和液压油至合适的液位。

（2）按照厂家说明手册中的规定程序给顶驱电控房合闸上电，启动液压泵，调试顶驱。

（3）操作司钻操作台【吊环旋转】开关使旋转头旋转 90°，即将吊环挡闩位于顶驱正前方（朝向钻台坡道方向）。

（4）使用螺纹脂润滑吊环两端孔的内侧。

（5）使用气动绞车将吊环安装在旋转头耳环上，如图 5-57 所示。

（6）转动旋转头到合适位置，继续安装另一侧吊环。

⚠ 安装吊环前，观察吊环两端耳孔的大小和弯曲朝向、倾斜油缸卡箍朝向，以此确定吊环安装的方向。

⚠ 吊环挂到旋转头耳环时，竖直状态无法直接安装，可摆动吊环底部使吊环倾斜一定的角度，配合气动绞车提放进行安装。

第五章 北石顶驱安全作业指导

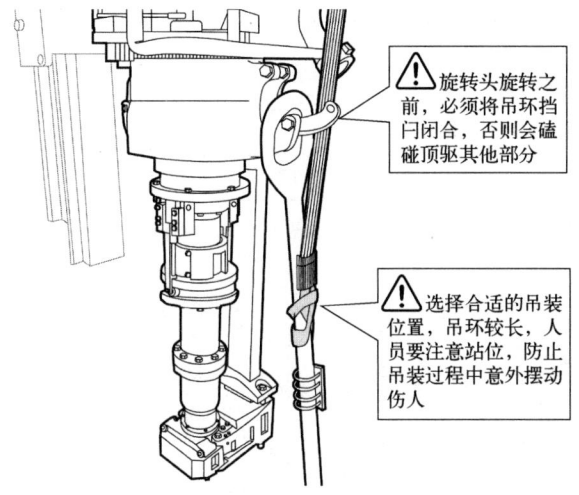

> ⚠ 旋转头旋转之前，必须将吊环挡闩闭合，否则会磕碰顶驱其他部分

> ⚠ 选择合适的吊装位置，吊环较长，人员要注意站位，防止吊装过程中意外摆动伤人

图 5-57 安装吊环

⚠ 必须将吊环挡闩闭合后才能转动旋转头，避免设备损坏。

（7）用专用卡箍将吊环与倾斜油缸连接固定。

⚠ 覆盖好井口。

⚠ 按规定使用人字梯，防止滑跌。

⚠ 吊装时按规定选择和使用吊装索具，使用牵引绳。

⚠ 选择合适的吊装位置，缓慢操作气动绞车，注意人员站位，防止吊环摆动造成人员伤害。

（8）安装吊卡。

（七）安装完成后验收

安装完成后，根据作业现场验收要求对顶驱进行检查验收，验收内容包括但不限于表 5-8 中的内容。

表 5-8 北石顶驱安装验收表

序号	项目	标准	结果
一、机械部分			
1	导轨中心到井口距离，mm	930	
2	耳板、调节板、导轨连接卸扣、螺栓	安全销可靠安装，螺栓安装防松锁线	
3	导轨	连接可靠，无裂纹、无变形	
4	导轨与支梁、大钳绳、防碰绳	无干涉、无擦挂	
5	导轨销、锁销和别针	导轨销、锁销及别针齐全、无退出	
6	导轨离钻台面高度，mm	2000～2800	
7	电缆挂架	1. 固定牢靠，螺杆螺帽及保险销齐全； 2. 电缆挂架距离钻台面 24～25m	

续表

序号	项目	标准	结果
8	本体最前端与猴台距离，mm	≥250	
9	水龙带长度，m	23	
10	立管高度，m	19.5~21；弯管出口朝前，与游动管线无摩擦	
11	顶驱本体与井架附件是否干涉	本体在井架内全程范围不得有擦挂现象	
12	顶驱本体各处螺栓、连接销	螺栓紧固，防松线齐全，各连接销、开口销、安全别针齐全	
13	IBOP—主轴上扣扭矩 kN·m	55；锁紧装置安装规范	
14	上 IBOP—下 IBOP 上扣扭矩，kN·m	55；锁紧装置安装规范	
15	保护接头—下 IBOP 上扣扭矩，kN·m	50；锁紧装置安装规范	
16	保护接头中心与井口中心误差，mm	≤10	
17	背钳及钳牙	背钳正常，钳牙完好，压板防松锁线齐全完好	
18	液压油	使用手册推荐用油	
19	齿轮油	使用手册推荐用油	
20	吊卡类型	钻进时必须使用对开式吊卡	
二、液压部分			
1	各处密封	不漏油	
2	液压管线	无破损，固定可靠，无渗漏	
3	游动电缆、水龙带及液压管线	顶驱上下运行过程中无交叉	
4	液压系统压力，MPa	14~16	
5	倾斜回路	功能正常	
6	回转回路	功能正常	
7	回转锁紧	功能正常	
8	平衡回路	功能正常	
9	制动回路	功能正常	
10	背钳回路	功能正常	
11	IBOP 回路	功能正常	
12	倾斜与回转互锁功能	功能正常	
三、电气部分			
1	输入电源电压	输入 600V AC，电压稳定，波动不超过±5%	
2	主电动机、风机、电控房绝缘检查	绝缘电阻≥4MΩ，无绝缘故障	

续表

序号	项目	标准	结果
3	变压器、电控房放置是否平稳	符合顶驱相关操作要求	
4	各插接件绝缘情况,是否破损	无绝缘故障	
5	电源相序是否正常	相序正确,风机转向正确	
6	空调制冷、照明	制冷正常、照明正常	
7	扭矩、转速	正常	
8	报警及互锁	功能正常	
9	按钮、开关	功能正常	
10	电气设备及接地	无漏电、无干扰,符合防爆要求,接地电阻≤4Ω	
11	司钻操作台及支架固定	固定牢固,司钻操作台观察视线无障碍	
12	钻井、上扣、卸扣扭矩功能	正常	
13	双电动机运转情况	双电动机运转正常	
四、安全防护措施			
1	顶驱导轨及调节板	1. 耳板连接销或U形环有安全销,可靠有效。 2. 导轨与调节板连接可靠,安全销齐全,卸扣必须使用4件套。 3. 导轨无明显变形,焊缝无开裂	
2	导轨销	导轨销无退出现象,锁销及别针齐全	
3	电缆挂架	挂架固定螺栓安全销齐全、有效	
4	电缆挂盘	本体及电缆挂架法兰盘固定螺栓紧固,防松锁线齐全可靠	
5	顶驱综合电缆挂架	1. 挂架钢丝绳与井架接触部位需加垫胶皮。 2. 螺栓紧固,防松锁线齐全。 3. 使用卸扣为4件套,开口销齐全	
6	冷却风机电动机	1. 螺栓紧固,防松锁线齐全可靠。 2. 电动机加装防坠钢丝绳。 3. 风机护罩壳加装防坠钢丝绳	
7	平衡系统	1. 平衡系统的销子完好,安全销齐全。 2. 平衡油缸支撑体连接螺栓紧固,安全销齐全,支撑体本体无裂纹	
8	顶驱盘刹	刹车护罩固定螺栓紧固,防松锁线齐全可靠	
9	顶驱本体电控箱门	柜门关闭严实	
10	本体防护栏	1. 加装防坠安全绳。 2. 螺栓紧固,防松锁线齐全可靠	
11	齿轮油箱、液压油箱呼吸器及加油孔堵头	安全链齐全、无退扣现象	
12	管子处理器	螺栓紧固,防松锁线齐全可靠	
13	润滑泵/液压泵(含电动机)	1. 螺栓紧固,防松锁线齐全可靠。 2. 润滑泵/液压泵(电动机)加装防坠安全绳,螺栓紧固,防松锁线齐全可靠	

续表

序号	项目	标准	结果
14	IBOP 装置	1. 防松装置螺栓紧固，防松锁线齐全可靠。 2. 滚轮无破损、偏磨、旷动；滚轮连接销螺母无松动，止退垫齐全有效。 3. 执行机构盖板固定螺栓紧固，防松锁线齐全可靠	
15	倾斜油缸	圆螺母紧固，止动垫圈齐全并固定好，销子无退出	
16	倾斜油缸支撑体	连接 U 形螺栓螺母紧固，开口销齐全	
17	背钳挂臂	背钳挂臂连接销安全别针或定位块齐全，螺栓紧固，防松锁线齐全可靠。加装防坠安全绳	
18	背钳	1. 钳牙座、压板完好，压板固定螺栓紧固，锁线齐全。 2. 背钳体外部所有连接螺栓紧固，锁线、安全销齐全	
19	背钳导向口	螺栓紧固，防松锁线齐全可靠。加装防坠安全绳	
20	滑车系统	1. 滑车滚轮无破损、偏磨、旷动。 2. 滑车滚轮连接销螺母无松动，止退垫齐全有效。 3. 滑车固定销螺母紧固，安全销齐全（适用于北石顶驱）	
21	反扭矩梁	1. 固定螺栓紧固，安全销齐全、有效，门销完好无退出。 2. 是否安装 2 套反扭矩梁	
22	锁紧机构及回转马达	螺栓紧固，防松锁线齐全可靠。加装防坠安全绳	
23	灭火器与应急照明措施	消防器材配备齐全、有效，有定期检查记录；应急照明灯工作正常	

二、拆卸顶驱

顶驱拆卸流程如图 5-58 所示。

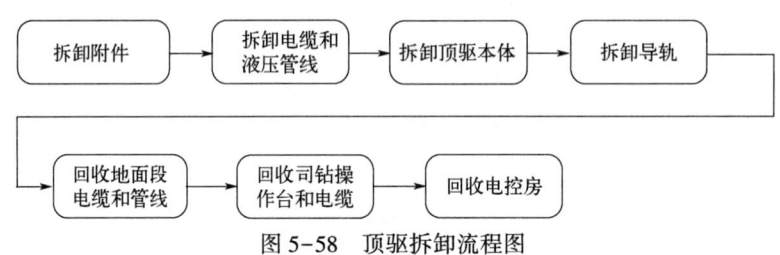

图 5-58　顶驱拆卸流程图

（一）拆卸附件

（1）下放游车至顶驱接近钻台面。

（2）拆掉水龙带、吊卡和吊环。

⚠ 拆吊环时，需要通过司钻操作台操作，将旋转头转到合适的位置。

⚠ 吊环竖直状态无法从旋转头耳环摘下，可以摆动吊环底部使吊环倾斜一定的角度，配合气动绞车提放进行拆卸。

❗ 必须将吊环挡闩闭合后才能转动旋转头，避免造成设备损坏。

（3）使用专用连接销把顶驱本体滑车与最下面一节导轨连接固定，并加装安全销。

⚠ 此销轴沉重，严禁上抛下丢，防止意外掉落伤人，安装过程中使用防坠绳捆绑。

（4）适度下放游车，从大钩两侧吊耳上拆掉平衡油缸 U 形环。

（5）停止液压系统运行，泄压，确认泄压完成后，关闭液压系统所有阀门。

（6）顶驱电控房内全部断电，断开井队 SCR/VFD 房内通往顶驱电控房的供电空气开关，并悬挂"禁止合闸"警示牌。

（7）提前准备容器，将减速箱内齿轮油全部放出，正确存放，防止污染环境。

ⓘ 因北石减速箱构造原因，平放后齿轮油会溢出，需要提前放空减速箱，放油过程中及时收纳，完成后清理钻台面，防止污染环境。

⚠ 覆盖好井口。按规定使用人字梯。

⚠ 选择合适的吊装位置，缓慢操作气动绞车，注意人员站位，防止吊环摆动造成人员伤害。

（二）拆卸电缆和液压管线

1. 拆卸所有电缆、管线连接

（1）拆卸顶驱本体端连接的所有电缆、液压管线的接头，盖好堵帽，拆下电缆挂盘固定压板螺栓，取下顶驱本体端所有电缆和液压管线，暂时摆放在钻台面安全的地方，避免人员踩踏和重物拖压。

（2）拆开电控房侧电缆接头，拆开液压站的管线接头。

⚠ 确保井队 SCR/VFD 房对顶驱的供电开关断开并悬挂"禁止合闸"警示牌，防止触电伤人。

⚠ 拆卸液压管线时，确保泄压已经完成，液压设备以及液压油温度可能很高，防止烫伤。

2. 拆卸、回收井架电缆和液压管线

（1）将电缆盒吊上钻台面，放置于方便回收电缆的位置。

ⓘ 电缆盒应 4 点吊装，使用牵引绳；摆放位置应尽量靠近需拆卸的电缆的正下方，方便电缆下放和盘收。

（2）拆开动力电缆、液压管线在井架托架上的接头，盖好所有接头堵帽，并拆卸托架上电缆挂盘压板固定螺栓。

⚠ 高空作业，使用对讲机便于上下沟通，下方严禁站人或交叉作业，拆开的压板和螺栓使用工具袋妥善放置，防止形成高空落物。

（3）用气动绞车或吊车依次将井架电缆和井架液压管线、游动电缆和游动液压管线从电缆托架上取下并盘收到电缆盒内。

（4）重复以上步骤，盘收完所有井架电缆、游动电缆和管线。

（5）用气动绞车吊起控制电缆安装架，拆开悬挂钢丝绳 U 形环（卸扣）连接，整体下放并盘收进电缆盒内。

ⓘ 安装在控制电缆安装架的电缆一般整体安装、拆卸，井间搬迁安装期间无须将电缆从安装架上取下。

（6）将电缆盒移至地面电缆回收的位置，盘收地面所有电缆和管线。

（7）将电缆盒存放到安全位置。

⚠ 在吊装电缆时使用电缆挂盘处的专用吊装装置,使用符合标准的绳套和索具进行吊装。

⚠ 气动绞车提升电缆和管线过程中,有专人指挥,操作应缓慢,切勿出现缠绕、扭结现象,避免损坏电缆和管线。

⚠ 电缆盘收过程中,上部电缆接头会随着盘收而旋转,注意观察电缆接头与井架设施、顶驱本体和二层台等不要发生碰撞、挂蹭。

⚠ 多芯易损坏的电缆如综合控制电缆,应在较重较粗的主动力电缆上部盘收,防止被挤压损坏。

⚠ 游动电缆和井架电缆的悬挂托盘、控制电缆安装架是金属材质,与盘收的电缆接触的地方,应垫胶皮隔离,防止损伤电缆外皮。

⚠ 作业前检查确认气动绞车功能完好,钢丝绳符合标准、排绳整齐。

❗ 高处作业人员携带对讲机,保持良好通信,检查工具及安全绳是否完好。

❗ 钻台人员远离吊装区域,防止高空落物伤人。

❗ 从电缆托架吊起电缆并下放之前,气动绞车吊钩应悬挂配重,防止吊钩起升过高无法下放甚至失控。

❗ 高处作业人员,按规定使用安全带、水平生命线、速差器等防坠落装置,注意站位和操作姿势,防止高空坠落。

(三)拆卸顶驱本体

1. 顶驱本体与导轨分离

(1)用气动绞车拉住末节导轨背面的销孔,调整导轨位置,以方便打开最下面一节导轨和反扭矩连接梁之间的连接。

⚠ 人员在反扭矩梁上作业,按规定正确使用安全带、速差器等防坠落装置,若安全带尾绳没有合适的挂点,可提前在相应位置安装速差器或者安装专门用于横向移动挂安全带尾绳的钢丝绳。

⚠ 携带工具应使用防坠安全绳,严禁工具上抛下丢。

(2)缓慢适度移动游车,以方便取出最下部两节导轨之间连接销为准。

⚠ 上提游车过程中司钻注意观察悬重变化,钻台人员注意观察导轨顶部调节板情况,防止导轨整体上移过多导致顶部调节板变形损坏。

(3)依次取下两节导轨连接处的别针、锁销和导轨连接销,如图5-59所示。

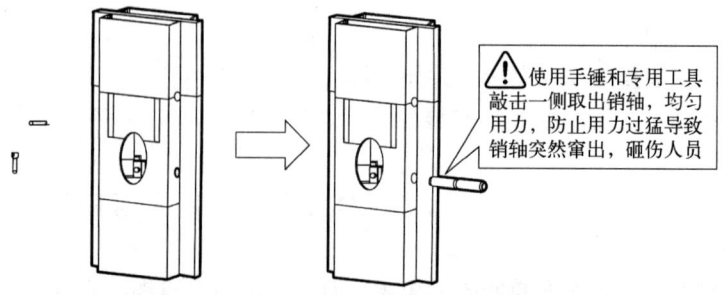

图5-59 拆卸导轨连接销、锁销和别针

⚠ 导轨锁销不易取出，可以用手锤敲击连接销两侧，使连接销完全居中，便于取出导轨锁销。

（4）缓慢下放游车，至顶驱本体连接的导轨悬挂在上一节导轨的挂钩上。

（5）使用吊车做辅助牵引，配合游车缓慢上提，使顶驱本体从上一节导轨底端挂钩上脱开。

ⓘ 两节导轨脱开过程中可能发生卡阻，导致顶驱晃动，人员远离此处；吊车向外牵引需配合游车提放，有专人指挥，缓慢操作，防止两节导轨发生碰撞损坏设备。

（6）上提游车至顶驱本体高于上一节导轨底端，方便在钻台面放置顶驱运移架。

（7）用吊车将顶驱运移架吊至钻台，配合气动绞车将运移架立起并在井口中心处，为便于和顶驱连接，运移架应尽量贴近反扭矩梁，如图5-60所示。

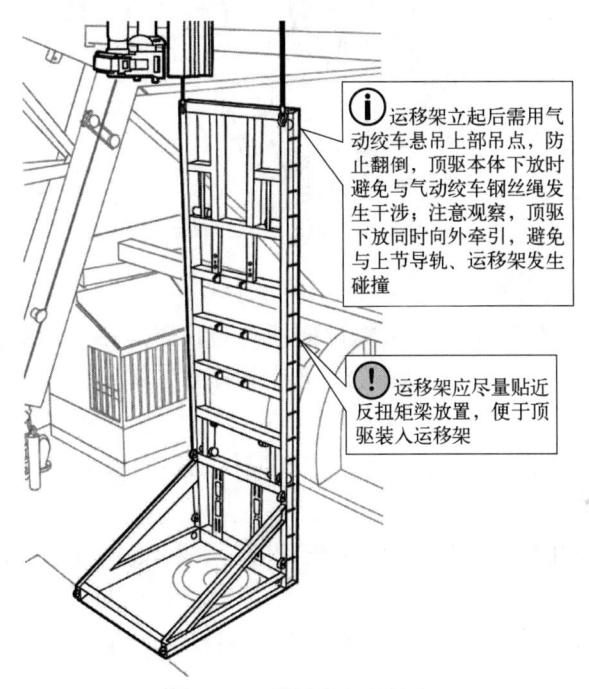

ⓘ 运移架立起后需用气动绞车悬吊上部吊点，防止翻倒，顶驱本体下放时避免与气动绞车钢丝绳发生干涉；注意观察，顶驱下放同时向外牵引，避免与上节导轨、运移架发生碰撞

ⓘ 运移架应尽量贴近反扭矩梁放置，便于顶驱装入运移架

图5-60 吊运移架上钻台

⚠ 游车上提过程中，应由专人指挥、密切观察，避免顶驱本体与导轨或井架发生碰撞。

⚠ 高处作业必须按规定使用安全带和防坠落装置。

2. 顶驱装回运移架

（1）缓慢下放游车，将顶驱本体装入顶驱运移架，如图5-61所示。

（2）安装好顶驱本体导轨和运移架的上下2个固定销，如图5-61所示。

⚠ 安装固定销轴，注意操作姿势和人员站位，严禁站到运移架内狭窄空间处，手部严禁碰触销孔等危险部位，应使用加长工具穿接销轴。

（3）继续缓慢下放游车，顶驱和运移架平稳立放于钻台面，大钩与提环脱离接触。

（4）打开大钩锁舌，用气动绞车或吊车向外牵引大钩，配合游车缓慢移动，使大钩和

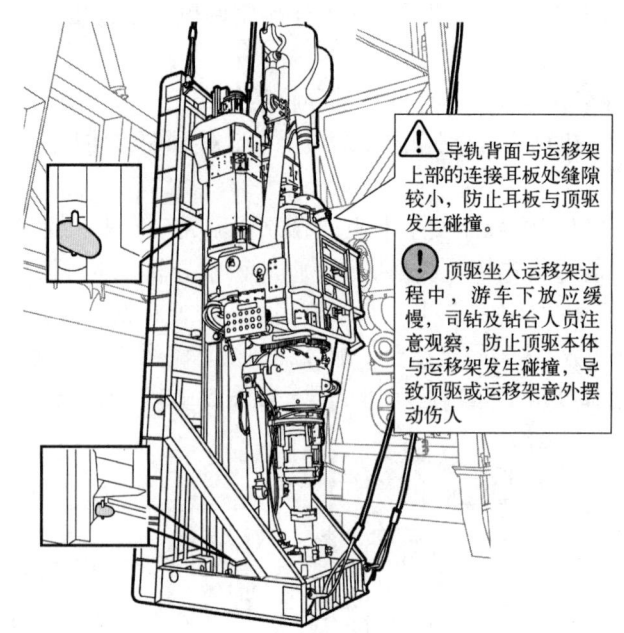

图 5-61 顶驱放入运移架

顶驱提环脱开。

（5）用两根钢丝绳和 U 形环将大钩两侧挂耳与顶驱运移架顶部两个吊点分别连接，吊车悬吊运移架下方两个吊点，吊车配合游车大钩提升，将顶驱连同运移架放倒，平放在钻台面。

ⓘ 顶驱连同运移架平放在钻台面时，位置应尽量朝向坡道方向放置，便于吊车将顶驱移下钻台。

⚠ 大钩与提环脱开时，需要用吊车或气动绞车牵引大钩，注意人员操作姿势和站位，避免人员伤害。

⚠ 应提前将钻台坡道旁一侧的护栏拆掉，空间更开阔，便于顶驱放置，防止设备刮碰。

⚠ 将顶驱连同运移架放倒，吊车悬吊下部两个吊点只起扶正作用，大钩连接运移架顶部吊点的两根钢丝绳和卸扣要承受顶驱本体与运移架总重量，应选择合适的规格，以确保整个提升操作的安全性与稳定性。

3. 顶驱吊离钻台

用两台 50t 以上的吊车或者一台 75t 以上吊车将顶驱本体连同运移架移出钻台，放置在地面；为降低作业风险，建议使用一台 75t 以上吊车吊装顶驱。

⚠ 若使用两台吊车共同吊起顶驱，属于特殊吊装作业，风险较大，必须严格遵守吊装作业管理规定，做到专人指挥，指挥人员要站在两台吊车司机目视范围内，配备对讲机，指挥语言清晰、动作规范。

⚠ 由专人指挥，选择指定吊装点，吊装过程中使用牵引绳，吊装时人员远离作业区域。

⚠ 确保钻台空间开阔,防止顶驱移动过程中与钻台设备发生碰撞。

4. 安装顶驱各部位支撑

安装好顶驱提环、电动机、旋转头和背钳处的支撑。

(四) 拆卸导轨

1. 拆卸导轨与调节板的连接

(1) 将导轨安装架吊至钻台面,使用专用钢丝绳挂接到大钩上。

(2) 缓慢上提游车,使导轨安装架从导轨最下端套装到导轨上,如图5-62所示。

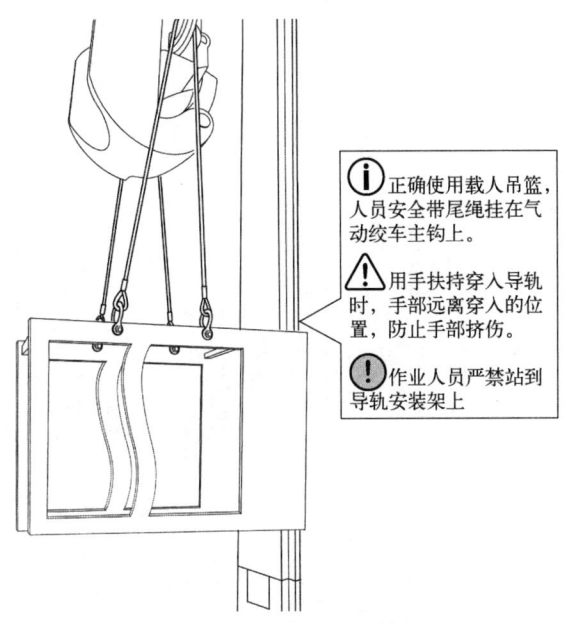

图 5-62 安装导轨安装架

⚠ 导轨安装架套装导轨时位置较高,且导轨安装架容易摆动,位置不稳,操作应缓慢;作业人员进行扶正应乘坐载人吊篮,安装架穿入导轨时注意手扶位置,防止挤伤。

(3) 缓慢上提游车,至导轨安装架上移到最上端第一节导轨的限位挡块处。

⚠ 游车带动导轨安装架上提过程中应缓慢,并应由专人观察,防止安装架沿导轨滑动过程中发生卡阻,若不及时停止游车上提,会造成安装架变形或者导轨整体上移,损坏导轨调节板和天车。

(4) 再适度上提游车,使导轨整体不再由导轨顶部调节板承重。

(5) 拆卸导轨和调节板之间的连接螺栓。

(6) 下放游车使得导轨和导轨调节板分离。

(7) 将调节板用绳索捆绑固定在井架背梁上。

⚠ 为避免井架放倒时,导轨调节板与钻井大绳干涉,必须将调节板固定到井架背梁上。

⚠ 游车上提下放应缓慢,气动绞车操作应平稳。

⚠ 高处作业应按规定使用安全带和防坠落装置。

⚠ 高处作业携带工具应使用安全绳。

⚠ 检查确认载人吊篮功能完好、钢丝绳符合标准，提升、下放应保持缓慢、平稳。

❗ 特级高处作业（30m 以上），人员必须佩戴对讲机，保持良好通信。

2. 逐节拆卸导轨

（1）取出井口补心，缓慢下放游车，将导轨串底端插入井口内，最下节导轨适当位置插入铁杠。

（2）铁杠随着导轨下放至接触钻台面时停止下放游车，如图 5-63 所示。

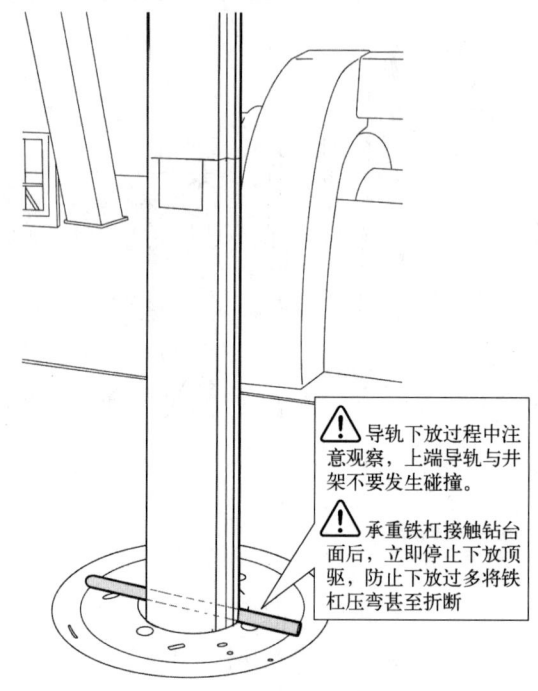

图 5-63 导轨放入井口

⚠ 下放导轨过程中，司钻注意观察指重表的悬重变化，下放游车过多会使导轨与井架发生碰撞。

（3）依次拆除最下部两节导轨间连接的安全别针、锁销和导轨连接销。

（4）缓慢上提游车至最下节导轨悬挂在上一节导轨的挂钩上，取出铁杠，继续上提游车，至最下节导轨高于钻台面。

（5）利用气动绞车或吊车将最下节导轨下端吊起，缓慢下放游车。

⚠ 下放过程中，两节导轨处于挂接状态，夹角 100°～180° 为两节导轨的安全自锁范围，因此在安装或拆卸过程中，为防止脱钩，应避免两节导轨在高空时夹角小于 100°。

⚠ 导轨销轴取出后，下放导轨过程中，应保持用吊车或气动绞车牵引导轨底部，使导轨下放过程平稳。

⚠ 导轨下放及拆卸过程中，顶部会向井架后侧倾斜，注意观察，避免与井架发生碰撞。

⚠ 取出导轨销过程中，注意操作姿势和人员站位，手部严禁碰触销孔等危险部位，应使用加长工具取出连接销轴。

（6）下放游车，将下节导轨平放在钻台面，两节导轨连接处夹角接近90°，用游车调整位置，向钻机绞车方向推动上部导轨，两节导轨脱开，如图5-64所示。

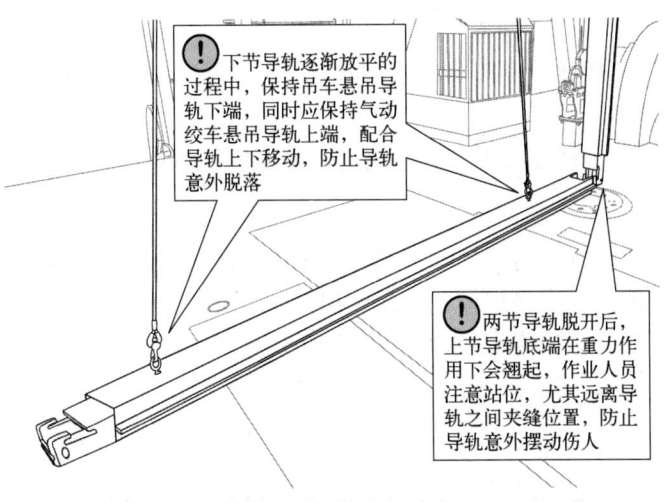

图5-64　两节导轨分离

（7）在下节导轨吊耳处安装吊装绳套和索具，保持下节导轨水平。

⚠ 使用导轨吊装专用的M24mm吊环螺钉和卸扣。

（8）用吊车缓慢吊起下节导轨，使该节导轨与上一节导轨的挂钩脱开，将下节导轨移至地面。

（9）重复上述步骤，直至只剩下第一节导轨。

3. 回收导轨安装架

（1）下放第一节导轨至导轨安装架接近井口，使用气动绞车吊住第一节导轨上端，使其保持竖直。

（2）下放游车，将导轨安装架坐放到井口，拆卸安装架与大钩连接的专用钢丝绳，游车上提离开井口处。

（3）上提气动绞车，将第一节导轨上提，与安装架分离，并分别移至地面。

（4）待井架放倒之后，从天车耳板处拆下导轨调节板，与顶驱其他设备放置到一起。

（5）如有必要，待井架放倒之后，将导轨反扭矩连接梁、电缆托架拆下并回收。

（五）回收电控房和地面电缆

1. 回收地面段电缆和管线

（1）若有地面加长段电缆和液压管线，断开与电控房和液压站的出线连接，逐根回收进电缆盒。

（2）断开井队SCR房至顶驱电控房的电缆，逐根回收进电缆盒。

⚠ 断开电控房出线接头之前，必须再次确认电控房内相应的空气开关已断开，电控房已断电完成。

⚠ 断开井场 SCR 房连接电缆接头之前，必须用万用表再次检测确认给顶驱供电的空气开关已断电隔离，防止触电。

2. 回收司钻操作台和电缆

（1）回收司钻操作台电缆。

（2）回收司钻操作台。

⚠ 井间搬迁安装作业，将司钻操作台从托架上拆除回收，避免运输过程中，司钻操作台从托架上跌落损坏。

⚠ 司钻操作台电缆纤细，尤其通信电缆容易损坏，回收过程中不要过度扭结弯折。

3. 回收电控房

（1）确认电控房内各柜门关闭并上锁，容易掉落翻倒的器件进行固定。

（2）拆接地电缆，拔出接地棒，收入库房。

（3）使用吊车，将电控房移出，放置在安全环境当中。

⚠ 电控房必须 4 点起吊，吊装过程应缓慢平稳。

第四节　北石顶驱操作考核

一、顶驱理论考核

（1）在起下钻工况时，顶驱刹车开关（松开/自动/制动）、顶驱正反转开关（反转/停止/正转）、顶驱液压泵开关（停止/运行）应该分别调到什么位置？

答：起下钻过程中，顶驱刹车开关放在"松开"位置。正反转开关放在"停止"位置。液压泵开关放在"运行"位置。

（2）在正常钻进工况下，顶驱刹车开关（松开/自动/制动）和顶驱液压泵开关（停止/运行）分别调到什么位置？

答：用顶驱钻进时，刹车开关放在"自动"位置；液压泵开关放在"运行"位置。

（3）北石顶驱在使用旋转头旋转功能时，吊环必须先处于什么状态？

答：旋转头转动和吊环倾斜功能之间有互锁设定，使用旋转头旋转功能之前，需按【吊环浮动】按钮，使吊环处于浮动状态。

（4）操作背钳夹紧之前，应确认锁紧销（Locking Pin）处于什么状态？上卸扣操作完成后，锁紧销（Locking Pin）处于什么状态？

答：将"锁紧销"开关置于"锁紧"位置，触摸屏显示"锁紧销锁紧"；上卸扣操作完成后，应将"锁紧销"开关回到"松开"位置，触摸屏显示"锁紧销松开"。

（5）操作"吊环前倾"后直接将"吊环倾斜"开关扳至"后倾"，吊环是否会直接后倾，原因是什么？

答：吊环不会动作。操作【吊环倾斜】开关"前倾""后倾"之间不能直接切换，倾斜操作之后必须按下【吊环浮动】按钮，延时 2s 之后才能做相反方向的倾斜操作。

（6）简述卸扣操作步骤。

答：① 顶驱转速手轮回零，停止顶驱旋转钻进，刹车制动，井口坐卡瓦，缓慢下放游车至指重表指示为空载悬重。

② 将【上跳阀】扳至自动位置。

③ 按下【吊环浮动】按钮；将【锁紧销】开关扳至"锁紧"位置，锁紧动作完成后，触摸屏上显示"锁紧销锁紧"。

④ 将【旋转方向】开关扳至"反转"位置。

⑤ 将【操作选择】开关扳至"旋扣"位置，观察扭矩表上升到固定输出扭矩；将【钳夹紧】开关扳至"卡紧"位置并保持；同时将【操作选择】开关扳至"扭矩"位置并保持。观察触摸屏扭矩数值显示，扭矩值快速上升后突然下降，顶驱开始反转，螺纹已松开。

⑥ 松开【操作选择】开关，其自动回到"旋扣"位置，此时系统切换到反向旋扣模式，系统以固定转速和固定扭矩反向旋扣；松开【钳夹紧】开关。观察指重表，保持空载悬重，缓慢上提游车。

⑦ 当顶驱保护接头完全脱离钻柱内螺纹后，停止上提游车，将【旋转方向】开关扳至"停止"位置，【操作选择】开关扳至"钻井"位置，卸扣操作完成。

⑧ 将【锁紧销】开关扳至"松开"位置，让锁紧销回到松开状态，触摸屏显示"锁紧销松开"。

（7）简述北石顶驱旋转头和吊环使用注意事项。

答：吊环承载超过 1t 的钻具，必须使吊环处于浮动状态，即吊环油缸处于无油压状态，严禁使用吊环倾斜功能，否则会损坏倾斜油缸；吊环承载时，严禁旋转顶驱旋转头；吊环倾斜与旋转头旋转存在互锁，必须使吊环处于浮动状态才能转动旋转头。

（8）井底扭矩过大，发生堵转时应该如何处理？

答：发生钻具堵转后，尽量通过上提、下放钻具恢复旋转。如果堵转时钻井扭矩设定值较低，可以根据具体情况在保证设备、人身安全的前提下，缓慢增加钻井扭矩设定值，至钻具克服井底阻力开始旋转，待正常钻进时再将扭矩设定值减小至正常值。当无法恢复旋转且不需要保持扭矩维持堵转时，需要释放堵转扭矩：保持转速手轮不动，非常缓慢地将钻井扭矩设定值减小，以控制钻柱缓慢反转，扭矩也随之减小，直到钻井扭矩设定手轮给定值回零，钻柱反转速度为零，彻底释放钻具反扭矩。然后将转速手轮回到零位，将转向选择开关扳回关位。

（9）简述顶驱 IBOP 使用注意事项。

答：正常作业时，顶驱上、下 IBOP 处于关闭位置时禁止启动井队钻井泵；井队钻井泵工作期间严禁关闭顶驱 IBOP；每天至少活动下 IBOP 一次。

（10）当顶驱主轴处于什么状态时，钻工才能在井口进行提放卡瓦或其他工作？

答：当顶驱主轴完全停止且钻柱反扭矩释放完全后，钻工才能在井口进行提放卡瓦或其他工作。

（11）钻进过程中，顶驱本体出现非自身原因的剧烈晃动，司钻应如何处理？

答：使用大尺寸钻头在表层或某段地层钻进时，出现非顶驱故障原因的剧烈振动时，应适当降低转速，避免顶驱因剧烈振动造成损坏。

（12）简述带顶驱震击解卡作业注意事项。

答：① 任何情况下，禁止带顶驱使用地面震击器进行震击作业。

② 如确需带顶驱进行震击作业，震击器距离井口的深度不得低于1500m；如井深大于1500m，发生卡钻，确需使用顶驱震击作业，严禁顶驱带转速憋扭矩震击。带顶驱震击作业时，钻台面严禁站人，避免顶驱零部件掉落伤人，如果发现顶驱上零部件掉落，应该立即停止震击，检查顶驱。

③ 带顶驱震击作业时，钻具必须与顶驱保护接头连接，严禁使用顶驱吊卡悬挂钻具进行震击。

④ 带顶驱震击作业时，上提负荷要严格按照钻井手册的相关规定进行，严禁发生钻具拉断损伤顶驱。

⑤ 带顶驱震击作业时，每震击2h，必须对顶驱进行检查。

⑥ 如果在解卡过程中，现场作业工况不能满足上述条件或者顶驱受到剧烈冲击或者震击时间超过8h，为避免顶驱设备损坏，需将顶驱旁置或暂时拆甩，待采用其他方式解卡后再恢复作业。

（13）定向作业时应该注意哪些方面？

答：在定向钻井作业中，顶驱钻井扭矩设定为动力钻具设定的最大扭矩的1.2倍，如果在复合钻井过程中发现顶驱反转，立即提升游车来减小反扭矩。钻井工艺要求钻具不旋转时，应该将顶驱液压源开关调到"ON"位，刹车开关转到"ON"；钻井工艺要求允许钻具旋转时，刹车开关转到"AUTO"位置。需经常检查刹车可靠性，保证顶驱刹车扭矩值大于动力马达的最大输出扭矩值。

二、顶驱实操考核

北石 DQ70BSD 顶驱司钻实操技能考核表见表 5-9。

表 5-9　北石 DQ70BSD 顶驱司钻实操技能考核表

序号	评分内容	分值	得分
	基本功能操作		
1	将"旋转方向"开关（反转/停止/正转）扳至"正转"位置	1	
2	观察显示屏和故障指示灯是否有报警信息	1	
3	给定钻井扭矩值 2kN·m，给定转速 10rpm，正转	1	
4	打开液压泵，打开主电动机风机，观察有无报警信息	1	
5	旋转头左转和右转	1	
6	吊环前倾和后倾以及吊环浮动	1	
7	IBOP 开位和关位	1	
	接立柱钻进		
1	将"刹车"开关（松开/自动/制动）扳至"自动"位置，缓慢调节顶驱'转速手轮'归零，触摸屏显示"刹车制动"，钻工放入卡瓦，司钻缓慢下放顶驱，观察指重表，确认钻具重量已经全部坐到卡瓦上	1	

第五章 北石顶驱安全作业指导

续表

序号	评分内容	分值	得分
2	停钻井泵等待泵压表压力显示"0",按下"吊环浮动"按钮复位吊环,立柱上跳阀开关处于"自动"位置,操作锁紧销开关到"锁紧"位置,进行锁紧操作,触摸屏显示"锁紧销锁紧"。在进行背钳操作前,必须完成锁紧操作	1	
3	将"旋转方向"开关(反转/停止/正转)扳至"反转"位置	1	
4	左手把"钳夹紧"开关旋到"背钳卡紧"位置,同时右手操作"操作选择"开关到"扭矩"位置。此时注意观察背钳液缸应该伸出夹紧钻具内螺纹端接头	2	
5	注意观察扭矩表,扭矩表显示扭矩值快速上升,然后突然下降,此时顶驱主轴开始反向转动	1	
6	此时左手松开"钳夹紧"开关使其复位到"松开"位置,同时右手松开"操作选择"开关使其到"旋扣"位置	2	
7	顶驱主轴以固定的转速自动旋扣,观察指重表指针,缓慢上提游车,尽量保持游车悬重为空载悬重,观察顶驱小幅度上升,顶驱保护接头与钻具脱扣	3	
8	把"操作选择"开关扳至"钻井"位置,把"旋转方向"开关扳至"停止"位置	1	
9	上提顶驱,钻工给顶驱保护接头涂抹螺纹脂,把"锁紧销"开关扳到"松开"位置,继续上提顶驱到二层台,当吊卡到达井架工位置时,操作"吊环旋转"开关,把吊卡开口转到适当位置	1	
10	将"吊环倾斜"开关(前倾/中位/后倾)扳至"前倾"位置,把吊卡倾斜到井架工方便操作的位置,井架工放好钻具并扣合吊卡	1	
11	稍微上提顶驱,按下"吊环浮动"按钮复位吊环,让立柱回到井口位置	1	
12	钻工清洗立柱下端外螺纹并涂抹螺纹脂,把"旋转方向"开关(反转/停止/正转)扳至"正转"位置,缓慢下放顶驱,将立柱下端和井口中钻具对扣,再将立柱上部和顶驱保护接头对扣,直到保护接头外螺纹进入钻杆内螺纹	1	
13	确认转盘锁已经锁定,钻工将B型钳夹紧井口钻柱并拉紧钳尾绳,将"操作选择"开关扳至"旋扣"位置开始旋扣。顶驱以固定转速旋扣,观察指重表指针,缓慢下放顶驱,当顶驱主轴停止时,旋扣完成	3	
14	确认上扣扭矩值设置正确,将"操作选择"开关扳至"扭矩"位置保持,开始紧扣,观察扭矩表的扭矩值达到设定紧扣扭矩值后,松开"操作选择"开关自动回复到"旋扣"位置,把"操作选择"开关打到"钻井"位置。移走B型钳	2	
15	上提游车,钻工提出卡瓦,开泵循环,确认设置好钻井扭矩限定值,调节顶驱"转速设定"手轮,给定转速,开始钻进	1	
	倒划眼起钻		
1	循环和顶驱旋转的同时,上提游车,直到出现第三个钻杆接头	1	
2	缓慢调节顶驱"转速设定"手轮归零,钻工放入卡瓦,司钻缓慢下放顶驱,观察指重表,确认钻具重量已经全部坐到卡瓦上	1	
3	停泵等待泵压表压力显示"0",将"刹车"开关(松开/自动/制动)扳至"松开"位置,按下"吊环浮动销"按钮复位吊环,立柱"上跳阀"开关处于"自动"位置,操作"锁紧销"开关到"锁紧"位置,进行锁紧操作,触摸屏显示"锁紧销锁紧"。在进行背钳操作前,必须完成锁紧操作	1	
4	将"旋转方向"开关(反转/停止/正转)扳至"反转"位置	1	
5	左手把"钳夹紧"开关旋到"背钳卡紧"位置,同时右手将"操作选择"开关扳至"扭矩"位置。此时注意观察背钳液缸应该伸出夹紧钻具内螺纹端接头	2	
6	注意观察扭矩表,扭矩表显示扭矩值快速上升,然后突然下降,此时顶驱主轴开始反向转动	1	

续表

序号	评分内容	分值	得分
7	此时左手松开"钳夹紧"开关使其复位到"松开"位置，同时右手松开"操作选择"开关使其到"旋扣"位置	2	
8	顶驱主轴以固定的转速自动旋扣，观察指重表指针，缓慢上提游车，尽量保持游车悬重为空载悬重，观察顶驱小幅度上升，顶驱保护接头与钻具脱扣	3	
9	把"操作选择"开关扳至"钻井"位置，把"旋转方向"开关（反转/停止/正转）扳至"停止"位置。把"锁紧销"开关扳至"松开"位置	1	
10	钻工用液压大钳松开钻杆底部的螺纹，上提顶驱使钻杆底部脱开，钻工将钻杆底部推入钻杆盒，同时下放顶驱，使用"吊环倾斜"开关（前倾/中位/后倾）的"前倾"，将钻杆顶部推给井架工，井架工打开吊卡，将钻杆上端拉入钻具盒，司钻收回吊环，下放顶驱至钻台面	1	
11	钻工给顶驱保护接头涂抹螺纹脂，缓慢下放顶驱，直到保护接头外螺纹进入钻杆内螺纹	1	
12	确认转盘锁已经锁定，按下"吊环浮动"按钮复位吊环，操作"锁紧销"开关到"锁紧"位置，进行锁紧操作，旋转头锁紧指示灯常亮表示锁紧操作完成。把"旋转方向"开关（反转/停止/正转）扳至"正转"位置，将"操作选择"开关扳至"旋扣"位置，顶驱以固定转速旋扣，观察指重表指针，缓慢下放顶驱，当顶驱主轴停止时，旋扣完成	3	
13	确认上扣扭矩设置正确，左手把"钳夹紧"开关扳至"背钳卡紧"位置，同时右手将"操作选择"开关扳至"扭矩"位置，开始紧扣，观察扭矩表的扭矩值达到设定上扣扭矩值后，左手松开"钳夹紧"开关使其复位到"松开"位置，同时右手松开"操作选择"开关使其回到"旋扣"位置。将"操作选择"开关扳至"钻井"位置	2	
14	确认"刹车"开关（松开/自动/制动）处于"自动"位置，钻工提出卡瓦，开泵循环，缓慢调节顶驱"转速设定"手轮，给定转速，继续倒划眼	1	
	平台经理：　　　　　顶驱工程师：　　　　　被考核司钻：	50	

第六章 Tesco 顶驱安全作业指导

第一节 Tesco 顶驱技术特点和参数

Tesco 顶驱由加拿大 Tesco 公司生产,在 1990 年设计生产出额定载荷 100t 的液压顶驱 100HS,然后在 1992 年和 1996 年推出 350/500HS 和 500HC。由于电动顶驱相对于液压顶驱具有更优异的钻井性能,为适应市场需求,Tesco 公司从 1996 年开始生产电动顶驱,先后生产出 500/650ECI(1996)、250EMI(2001)、150/250EMI(2005)、350EXI(2006)、750ECIX(2009)、500ESI(2010)。同时也推出新型号的液压顶驱 150/250HMI(1997)、500/650HCI(1999)、250HXI(2007)。Tesco 公司于 2017 年被 NABORS 公司收购,所有产品归至附属公司 Canrig 顶驱旗下,成为 Canrig 公司的 T 系列产品。

一、技术特点

Tesco 顶驱分为电驱动顶驱和液压驱动顶驱,尽管驱动方式不同,但它们结构上仍然有许多相似之处。与其他品牌的顶驱相比,Tesco 顶驱具有独特的设计和功能。

(1) Tesco 顶驱拥有顶驱本体平移机构,如图 6-1 所示。与顶驱的吊环倾斜功能类似,Tesco 顶驱的平移机构通过两个液缸的伸缩推动顶驱本体在井口和小鼠洞的范围之间移动,增加了钻井的灵活性。

(2) Tesco 顶驱导轨滑车机构采用高分子聚氨酯塑料耐磨板。耐磨板直接固定在滑车内侧,当顶驱沿着导轨上下活动时,耐磨板在导轨和滑车之间起到缓冲保护的作用。此方式日常无须维护,只需定期更换磨损的耐磨板即可。

(3) Tesco 顶驱液压系统采用独立的液压站(HPU)设计。根据钻机型号,液压站位置可灵活布置,无论是安放在地面还是在钻台上,均有利于液压站的检查与维修。

(4) Tesco 顶驱具有遥控背钳升降功能。根据需要,背钳位置可在上下一定范围内可调,对于保护接头和 IBOP 的上卸扣十分方便。

(5) Tesco 顶驱配备绞车安全互锁和 IBOP 安全互锁功能。绞车安全互锁可防止在背钳夹紧的情况下上下活动绞车;IBOP 安全互锁可以避免在 IBOP 关闭的情况下打开钻井泵,减少人员的误操作,从而提高钻井作业的安全性。

早期的 Tesco 顶驱未配备顶驱刹车功能,最新的 500ESI 型号出现后改变了设计,增加了刹车制动功能。与如今广泛采用的集成式水龙头设计不同,部分早期 Tesco 产品需要将传统的独立水龙头与顶驱连接构成完整的钻井液通道,如图 6-2 所示,从游车依次而下分别是水龙头、转换接头和顶驱本体。

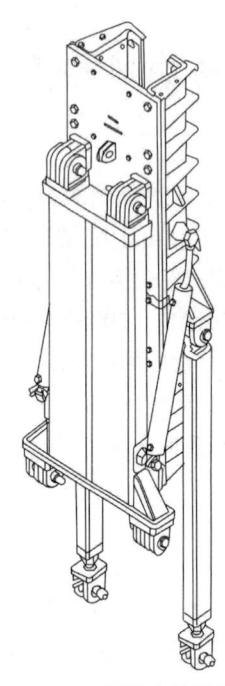
图 6-1 Tesco 顶驱本体平移机构

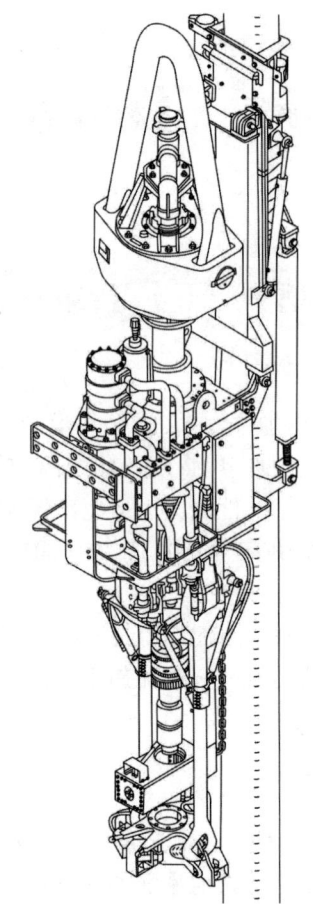
图 6-2 使用独立水龙头的 Tesco 顶驱

二、技术参数

Tesco 电动顶驱型号及主要技术参数见表 6-1；Tesco 液压顶驱型号及技术参数见表 6-2。

表 6-1 Tesco 各型号电动顶驱技术参数

型号	额定载荷 kN（tf）	连续钻井扭矩 kN·m（ft·lbf）	最大卸扣扭矩 kN·m（ft·lbf）	转速范围 rpm	输入功率 kW（hp）
250EMI400	2250（250）	28（21000）	43（32000）	0~200	300（400）
350EXI600	3150（350）	41（30000）	61（45000）	0~220	450（600）
500/650ECI900	4500/5900（500/600）	50（36700）	76（56000）	0~193	670（900）
500/650ECI1350	4500/5900（500/600）	79（58000）	114（84000）	0~193	1010（1350）
750ECIX1350	6750（750）	79（58000）	114（84000）	0~193	1010（1350）
500ESI1000	4500（500）	71（52000）	106（78000）	0~220	750（1000）

表 6-2 Tesco 各型号液压顶驱技术参数

型号	额定载荷 kN（tf）	连续钻井扭矩 kN·m（ft·lbf）	最大卸扣扭矩 kN·m（ft·lbf）	转速范围 rpm	输入功率 kW（hp）
250HMI475	2250（250）	28（21000）	32（23500）	0~170	350（475）
250HXI700	2250（250）	33（24000）	43（32000）	0~200	520（700）
500/650HCI750	4500/5900（500/650）	60（44600）	63（50150）	0~160	560（750）
500/650HCI1205	4500/5900（500/650）	72（52800）	81（59400）	0~210	900（1205）
500/650HS750	4500/5900（500/650）	62（45500）	69（51200）	0~150	560（750）
500/650HS1100	4500/5900（500/650）	62（45500）	69（51200）	0~150	820（1100）

第二节 Tesco 顶驱操作

重要提示

顶驱的使用，应由具备相应资质的人员进行，顶驱操作、维护人员以及接近系统设备的其他人员，应当接受钻井操作和钻井安全知识的培训，按规定使用合格的防护用品。

本章在正文内容中，包含了"说明""注意"以及"警示"等内容。这些内容用于提示相关操作对人身和设备安全可能产生的伤害。具体说明如下：

ⓘ：说明，对于人身或设备安全有关事项的补充说明。

⚠：注意，对可能导致人身或设备伤害的提示。

❗：警示，对极易导致人身或设备伤害的警示。

本章中，文字加【】符号的，表示其为电气系统的操作元件，例如开关、按钮等。

非专业人员或未经专门培训者，不得进行顶驱的操作、调试和维护工作，否则可能导致设备损坏或人身伤害。

一、司钻操作台说明

Tesco 顶驱分为电驱动和液压驱动两种类型，每个类型的顶驱都有其独特的地方。在此就电驱动顶驱和液压驱动顶驱分别说明。

（一）Tesco 电驱动顶驱

Tesco 电驱动顶驱各型号的司钻操作台无论是外观、旋钮位置，还是操作方式，基本上都相同，区别在于旋钮或指示灯数量。因此，这里以司钻操作台功能比较齐全的 Tesco 350EXI600 为例，介绍 Tesco 电驱动顶驱的司钻操作台。

其司钻操作台布局如图 6-3 所示。

各个旋钮/指示灯的功能见表 6-3。

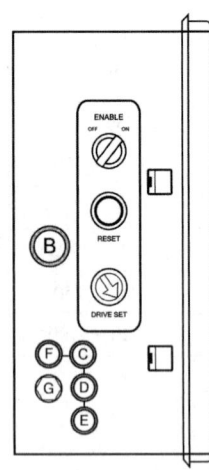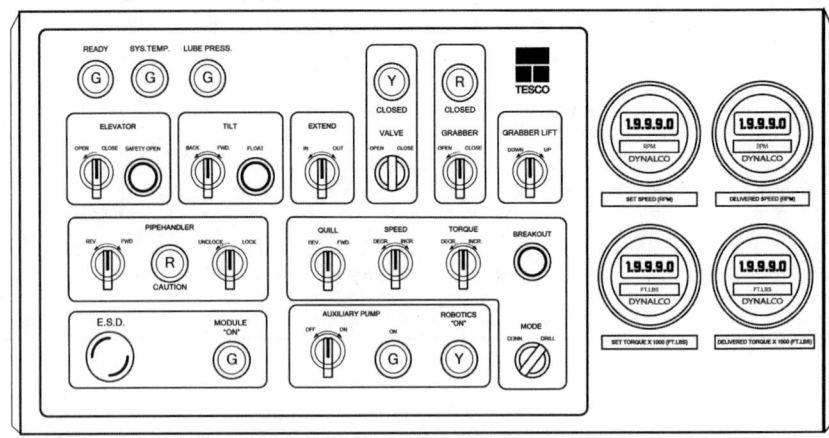

图 6-3 Tesco 350EXI600 顶驱司钻操作台

表 6-3 司钻操作台面板信息表

序号	名称	图例	类型	功能
1	系统准备 READY	READY	绿色指示灯	常亮：表示系统工作正常，可以使用
2	主电动机温度 SYSTEM TEMPERATURE	SYS.TEMP.	绿色指示灯	1. 常亮：主电动机温度正常； 2. 缓慢闪烁：散热风机风压丢失； 3. 每秒闪烁 3 次：主电动机温度超过 155℃； 4. 熄灭：主电动机温度超过 175℃
3	减速箱润滑 LUBE PRESS	LUBE PRESS.	绿色指示灯	减速箱润滑油压丢失，指示灯首先闪烁 2min，然后熄灭
4	液压吊卡开/关 ELEVATOR OPEN/CLOSE	OPEN CLOSE	三位开关	1. OPEN 位置：与 SAFETY OPEN 按钮一起操作打开液压吊卡，松开以后开关自动回到中位； 2. CLOSE 位置：关上液压吊卡，松开以后开关保持在 CLOSE 位置
5	液压吊卡安全打开 ELEVATOR SAFETY OPEN	SAFETY OPEN	按钮	与 ELEVATOR OPEN 开关一起操作打开液压吊卡

第六章 Tesco顶驱安全作业指导

续表

序号	名称	图例	类型	功能
6	吊卡前/后倾斜 TILT BACK/FWD	BACK FWD.	两位开关	1. FWD 位置：向前方倾斜吊环（以旋转头正面为前方）； 2. BACK 位置：向后方倾斜吊环
7	吊环浮动 FLOAT	FLOAT	按钮	按下以后，吊环回到竖直位置
8	顶驱本体伸出 EXTEND IN/OUT	IN OUT	三位开关	1. OUT 位置：顶驱本体远离导轨，松开以后开关自动回到中位； 2. IN 位置：顶驱本体接近导轨，松开以后开关自动回到中位
9	钻井液阀关闭 VALVE CLOSED	Y CLOSED	黄色指示灯	1. 指示灯常亮：钻井液阀上球阀关闭； 2. 指示灯熄灭：钻井液阀上球阀打开
10	钻井液阀 OPEN/CLOSE	OPEN CLOSE	三位开关	1. OPEN 位置：打开钻井液阀上球阀，松开以后开关自动回到中位； 2. CLOSE 位置：关闭钻井液阀上球阀，松开以后开关自动回到中位
11	背钳夹紧 GRABBER CLOSED	R CLOSED	黄色指示灯	1. 指示灯常亮：背钳已经夹紧； 2. 指示灯熄灭：背钳已经松开
12	背钳 GRABBER OPEN/CLOSE	OPEN CLOSE	三位开关	1. OPEN 位置：打开背钳，松开以后开关自动回到中位； 2. CLOSE 位置：夹紧背钳，松开以后开关保持在 CLOSE 位置
13	背钳升降 GRABBER LIFT UP/DOWN	DOWN UP	三位开关	1. UP 位置：提升背钳，松开以后开关自动回到中位； 2. DOWN 位置：向下移动背钳，松开以后开关自动回到中位

续表

序号	名称	图例	类型	功能
14	旋转头正反转 PIPE HANDLER REV/FWD	REV FWD.	三位开关	1. FWD 位置：顺时针转动旋转头，松开以后开关自动回到中位； 2. REV 位置：逆时针转动旋转头，松开以后开关自动回到中位
15	旋转头锁定 PIPE HANDLER CAUTION	R CAUTION	红色指示灯	1. 指示灯常亮：旋转头未锁定； 2. 指示灯熄灭：旋转头锁定
16	旋转头 PIPE HANDLER LOCK/UNLOCK	UNLOCK LOCK	三位开关	1. LOCK 位置：锁定旋转头使之无法正反转，松开以后开关保持在 LOCK 位置； 2. UNLOCK 位置：解除旋转头锁定，松开以后开关自动回到中位
17	主轴 QUILL REV/FWD	REV. FWD.	三位开关	1. REV 位置：设定顶驱逆时针转动，松开以后开关保持在 REV 位置； 2. FWD 位置：设定顶驱顺时针转动，松开以后开关保持在 FWD 位置
18	转速 SPEED DECR/INCR	DECR. INCR.	三位开关	1. DECR 位置：减小顶驱设定转速，松开以后开关自动回到中位； 2. INCR 位置：增大顶驱设定转速，松开以后开关自动回到中位
19	扭矩 TORQUE DECR/INCR	DECR. INCR.	三位开关	1. DECR 位置：减小顶驱设定钻进扭矩，松开以后开关自动回到中位； 2. INCR 位置：增大顶驱设定钻进扭矩，松开以后开关自动回到中位
20	卸扣 BREAKOUT	BREAKOUT	按钮	按下并保持：控制系统输出最大反向扭矩
21	急停 E.S.D	E.S.D.	蘑菇按钮	按下：断开顶驱 VFD 房内变频器电源

续表

序号	名称	图例	类型	功能
22	变频系统工作正常 MODULE ON	MODULE "ON" (G)	绿色指示灯	1. 指示灯常亮：变频系统工作正常； 2. 指示灯熄灭：变频系统报故障
23	液压泵 AUXILIARY PUMP OFF/ON	OFF ON	三位开关	1. OFF 位置：关闭液压泵，松开以后开关自动回到中位； 2. ON 位置：打开液压泵，松开以后开关自动回到中位
24	液压泵已打开 AUXILIARY PUMP ON	ON (G)	绿色指示灯	1. 指示灯常亮：液压泵已打开； 2. 指示灯熄灭：液压泵已关闭
25	液压功能 ROBOTICS "ON"	ROBOTICS "ON" (Y)	黄色指示灯	1. 指示灯常亮：液压系统高压； 2. 指示灯熄灭：液压系统低压
26	模式 MODE CONN/DRILL	MODE CONN. DRILL	两位开关	1. CONN 位置：设定顶驱模式为上卸扣，松开以后开关保持在 CONN 位置； 2. DRILL 位置：设定顶驱模式为钻进，松开以后开关保持在 DRILL 位置
27	设定转速显示表 SET SPEED	1.9.9.9.0 RPM DYNALCO SET SPEED (RPM)	数字显示表	显示设定转速
28	实际转速显示表 DELIVERED SPEED	1.9.9.9.0 DYNALCO DELIVERED SPEED (RPM)	数字显示表	显示顶驱的实际转速
29	设定扭矩显示表 SET TORQUE	1.9.9.9.0 FT.LBS DYNALCO SET TORQUE X 1000 (FT.LBS)	数字显示表	显示设定扭矩

续表

序号	名称	图例	类型	功能
30	实际扭矩显示表 DELIVERED TORQUE		数字显示表	显示顶驱的实际扭矩
31	使能 ENABLE OFF/ON		两位开关	1. ON 位置：司钻操作台接收转速/扭矩信号，松开以后开关保持在 ON 位置； 2. OFF 位置：司钻操作台不接收转速/扭矩信号，松开以后开关保持在 OFF 位置
32	复位 RESET		按钮	按下并保持：复位顶驱系统错误
33	设置 DRIVE SET OFF/ON		两位开关	1. OFF 位置：退出设置； 2. ON 位置：与 ENABLE 配合设置转速和扭矩的最大值，松开以后开关自动回到 OFF 位置

（二）Tesco 液压驱动顶驱

Tesco 液压驱动顶驱经多年发展，产品型号多次改进，但顶驱司钻操作台的主要功能没有太大的变化。这里以 Tesco 500HCI1205HP 顶驱为例介绍司钻操作台，如图 6-4 所示，各个旋钮/指示灯的作用见表 6-4。其他型号顶驱以此为参考。

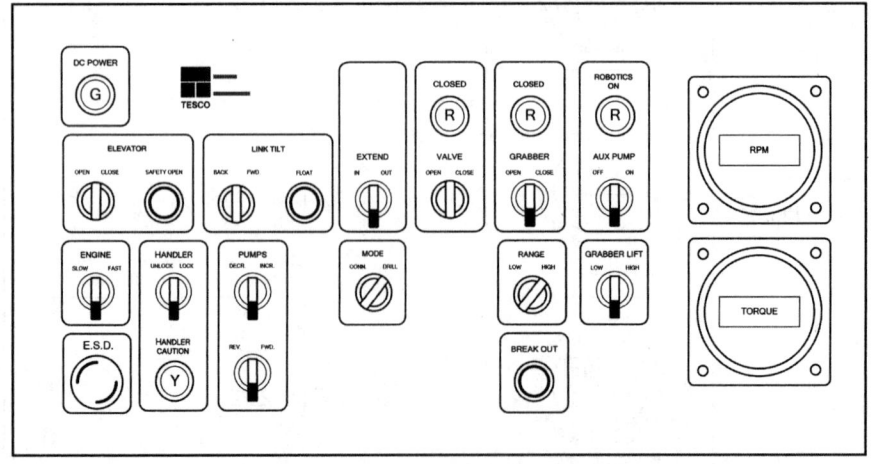

图 6-4　Tesco 500HCI1205HP 顶驱司钻操作台

表 6-4 司钻操作台面板信息表

序号	名称	图标	类型	功能
1	电源指示灯 DC POWER	DC POWER (G)	绿色指示灯	1. 常亮：司钻操作台已得到 24V 控制电源； 2. 常灭：司钻操作台失去 24V 控制电源
2	钻井液阀指示灯 VALVE CLOSED	CLOSED (Y)	橙色指示灯	1. 常亮：钻井液阀上球阀处于关位； 2. 常灭：钻井液阀上球阀处于开位
3	背钳指示灯 GRABBER CLOSED	CLOSED (R)	红色指示灯	1. 常亮：背钳处于夹紧状态； 2. 常灭：背钳处于开启状态
4	液压泵指示灯 ROBOTICS ON	ROBOTICS ON (Y)	橙色指示灯	1. 常亮：辅助液压系统压力到 800psi 以上； 2. 常灭：辅助液压系统压力低于 800psi 或液压泵处于关闭状态
5	吊卡开/关 ELEVATOR OPEN/CLOSE	OPEN CLOSE	两位开关 自复位	1. CLOSE 位置：关闭液压吊卡； 2. OPEN 位置：与吊卡安全开启按钮连锁，两者同时动作，打开液压吊卡
6	吊卡安全开启 ELEVATOR SAFETY OPEN	SAFETY OPEN	黑色按钮 自复位	见吊卡开启功能说明
7	吊环前/后倾斜 LINK TILT BACK/FWD	BACK FWD.	三位开关	1. BACK 位置：吊环后倾； 2. FWD 位置：吊环前倾
8	浮动 FLOAT	FLOAT	黑色按钮 自复位	按下此按钮将会释放倾斜油缸间的压力；当压力释放完，吊环将会回到中位（井眼中心）

续表

序号	名称	图标	类型	功能
9	伸展前/后 EXTEND IN/OUT	IN OUT	三位开关	1. 使用此开关将顶驱本体支出至鼠洞上方，或者将顶驱本体回到初始位； 2. OUT 位置：向鼠洞方向运动； 3. IN 位置：向井口方向运动
10	钻井液阀开/关 VALVE OPEN/CLOSE	OPEN CLOSE	三位开关 弹簧自复位	1. OPEN 位置：打开钻井液液阀上球阀； 2. CLOSE 位置：关闭钻井液液阀上球阀
11	背钳开/关 GRABBER OPEN/CLOSE	OPEN CLOSE	三位开关	1. OPEN 位置：打开背钳； 2. CLOSE 位置：夹紧背钳，为了使背钳夹紧达到最大压力，应当将开关置于背钳关闭位
12	液压泵开/关 AUX PUMP ON/OFF	OFF ON	两位开关	1. OFF 位置：关闭辅助液压泵； 2. ON 位置：打开辅助液压泵
13	转速表 RPM	RPM	数字表	显示主轴的正/反转转速（rpm），且给录井或其他第三方提供了一组转速输出信号
14	柴油机低/高速 ENGINE SLOW/FAST	ENGINE SLOW FAST	三位开关	1. SLOW 位置：柴油机工作在低速模式； 2. FAST 位置：柴油机工作在高速模式； 3. 中间位置：柴油机转速自动变化：在 DRILL 模式，柴油机高速模式；在 CONN 模式，柴油机低速模式
15	管子处理器 锁定/松开 HANDLER UNLOCK/LOCK	HANDLER UNLOCK LOCK	三位开关	1. UNLOCK 位置：解锁管子处理器； 2. LOCK 位置：锁定管子处理器

续表

序号	名称	图标	类型	功能
16	泵增/减速 PUMPS DECR/INCR	PUMPS DECR. INCR.	三位开关 自复位	1. 通过调整闭环系统泵的出口流量控制在钻井正/反转模式下转速的增/减; 2. DECR 位置:降低顶驱转速; 3. INCR 位置:增加顶驱转速
17	钻井/上卸扣模式 MODE CONN/DRILL	MODE CONN. DRILL	三位开关	1. DRILL 位置:自动生成柴油机高速;高/低速选择;系统能达到的最小扭矩(无论是设定扭矩还是最大扭矩)。 2. CONN 位置:自动生成柴油机急速;顶驱低速(低转速大扭矩);设定扭矩;当前泵输出(通常工厂已设置)
18	模式高/低速 RANGE LOW/HIGH	RANGE LOW HIGH	三位开关	1. LOW 位置:顶驱低速模式旋转,低速意味着转速更低,但可以提供更高的扭矩值; 2. HIGH 位置:顶驱高速模式旋转,高速意味着转速更高,但提供的扭矩值会降低
19	背钳升降 升/降 GRABBER LIFT UP/DOWN	DOWN UP	三位开关	1. DOWN 位置:降低背钳高度; 2. UP 位置:提高背钳高度
20	扭矩表 TORQUE	TORQUE	数字表	显示顶驱实际扭矩值
21	急停按钮 E.S.D	E.S.D.	蘑菇按钮 需旋转复位	1. 按钮动作时动力单元(柴油机单元)因燃油被切断会停机; 2. 再次启动柴油机前需要首先将柴油机控制面板上的急停按钮复位后再启动
22	管子处理器锁紧 HANDLER CAUTION	HANDLER CAUTION Y	黄色按钮/指示灯 自复位	当需要转动旋转头时,提醒司钻注意旋转头是否处于未锁定状态,且是控制旋转头的按钮
23	正/反转 REV/FWD	REV. FWD.	三位开关	1. 设定闭环回路里液压油流动的方向从而改变主轴旋转方向; 2. REV 位置:主轴反转; 3. FWD 位置:主轴正转

续表

序号	名称	图标	类型	功能
24	卸扣 BREAK OUT	BREAK OUT	黑色按钮	按下此按钮，将旁通反转设定扭矩阀，从而使得整个闭环系统压力达到最大
25	最大扭矩 MAX TORQUE	MAX TORQUE	黑色按钮	该按钮位于司钻操作台的侧面，使用它会直接越过设定扭矩值，通常最大扭矩值会比设定扭矩值大15%左右
26	钻井最大扭矩开/关 DRILL MAX TORQUE ON/OFF	DRILL MAX TORQUE OFF ON	两位开关	当且仅当钻井最大扭矩开关打到开位时，最大扭矩才起作用
27	钻井最大扭矩模式 DRILL MAX TORQUE RANGE LOW/HIGH	DRILL MAX TORQUE RANGE LOW HIGH	两位开关	钻井最大扭矩模式选择，高速/低速
28	录井隔离开关 MUD LOGGER ISLOATOR ON/OFF	MUG LOGGER IOSLATOR OFF ON	两位开关	为录井或其他第三方提供转速/扭矩隔离开关选择，开/关

液压驱动顶驱司钻操作台上的扭矩表，其显示值是将正反转液压马达回路的压差通过一个压力变送器转送为数字信号显示在扭矩表上，同时还预留了为录井或第三方的信号。此外，还配备一块机械式的液压表作为备份，当且仅当数字扭矩表失效时，该表才会被使用；使用时需对照操作手册中的压力对应扭矩值，且只作为参考。

在司钻操作台左侧单独有一个【COLD CLIMATE】的蘑菇开关，其作用是当顶驱处于寒冷环境下或重启时，拍下此开关，液压油在闭环回路进行大循环，此时顶驱无论处于何种模式，主轴均不能旋转。

当液压顶驱被按下急停按钮后，其恢复程序如下：

（1）若按下柴油机动力单元面板上的急停按钮，此时需要重新启动动力单元（柴油机），启动之前需要将面板上的急停按钮复位，否则柴油机动力单元将无法启动。

（2）若按下司钻操作台的急停按钮，启动动力单元（柴油机）前除了需要将司钻操作台的急停按钮、柴油机控制面板上的急停按钮复位之外，还需要复位柴油机的进气阀，否则柴油机依旧无法启动。

二、司钻操作台操作

安全须知

⚠ 操作人员在操作前应仔细阅读厂家说明手册、安全须知和操作规程并遵照执行,否则可能引发人身伤亡或设备损毁。

⚠ 顶驱的操作,应由具备相应资质的人员进行,并经过相关培训后方可上岗操作。非专业人员或未经专业培训者,不得操作顶驱。

! 钻井现场工作人员必须整齐穿戴劳动保护用品。

! 高处作业穿戴好安全带,作业过程中,安全带必须扣在可靠的地方。所用工具必须有安全绳,小工具要随时放进工作袋,防止高空落物。

! 对设备进行维护和保养时,首先应该将设备停止运转,完全停稳后才可以开始工作。

! 大风天气,严格控制上提和下放游车速度,防止顶驱游动电缆挂蹭和损坏。

! 夜间作业或雨雪、沙尘等视线不佳的条件,容易引起精神疲劳、注意力不集中,从而引发事故,应严格按照操作规程操作,不得松懈,严格控制上提和下放游车速度,钻台人员注意观察并及时提醒司钻,防止顶驱电缆等与井架及附件发生干涉和挂蹭,造成设备损坏和高空落物伤人。

(一) Tesco 电驱动顶驱

以 Tesco 350EXI600 电驱动顶驱为例。

1. 起下钻作业

1) 下钻

下面操作的前提是顶驱保护接头未与井口钻具连接。

(1) 确认顶驱液压泵已启动,【AUXILIARY PUMP ON】指示灯长亮,如不是,将司钻操作台【AUXILIARY PUMP OFF/ON】开关扳至"ON"位置,打开液压泵,观察【AUXILIARY PUMP ON】指示灯点亮,确认液压泵已启动,然后将开关扳至中间位置。

! 确认吊环/吊卡是否在浮动垂直位置,如不是,操作司钻操作台【TILT FLOAT】按钮,确保上提游车经过二层台时,吊环/吊卡不会与二层台发生撞击。

(2) 上提游车至二层台以上合适位置,观察吊卡开口方向是否合适,如需调整,将司钻操作台【PIPE HANDLER UNLOCK/LOCK】扳至"UNLOCK"位置,如图 6-5 所示,当【PIPE HANDLER CAUTION】指示灯点亮即解锁旋转头,立即松开然后顺时针或者逆时针操作【PIPE HANDLER REV/FWD】开关转动旋转头,将吊环/吊卡转到二层台井架工所需要的方向,然后将【PIPE HANDLER UNLOCK/LOCK】扳至"LOCK"位置锁紧旋转头,直至【PIPE HANDLER CAUTION】指示灯熄灭即锁定旋转头。将【TILT BACK/FWD】扳至"FWD"位置,使吊卡靠近二层台所要下放的立柱,井架工将立柱放置到吊卡中并扣好吊卡门闩。相关按钮、开关如图 6-5 所示。

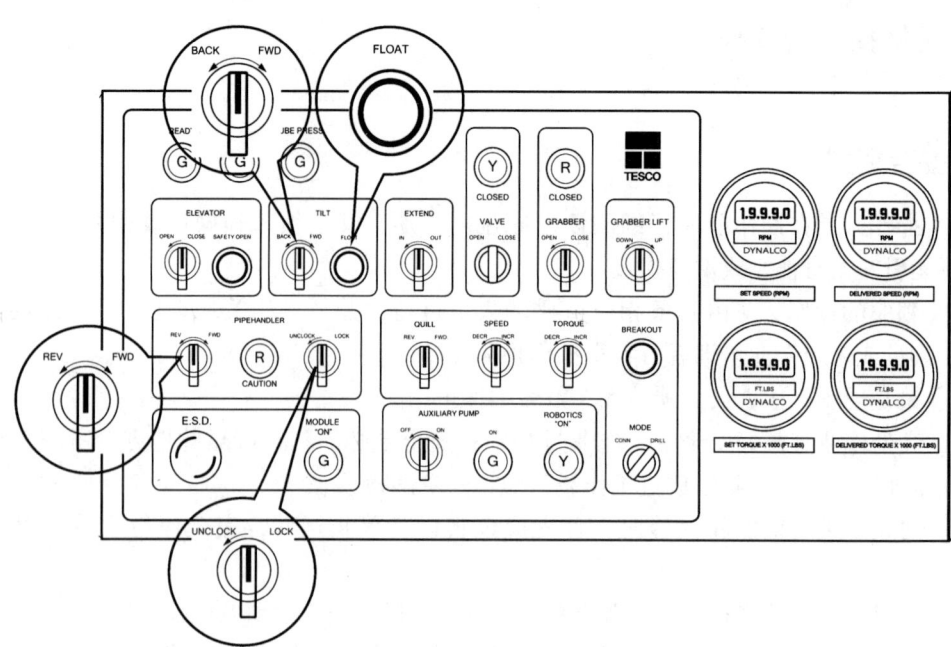

图 6-5　旋转头、吊环操作按钮和开关

⚠ 井架工需待吊卡稳定后再去操作门闩扣合，需再次检查确认，防止立柱脱出或造成人员伤害。

⊘ 禁止吊卡悬吊钻柱时转动旋转头、旋转主轴或旋转钻柱。

⊘ 吊环倾斜时禁止转动旋转头。

（3）按下【TILT FLOAT】按钮，使吊环/吊卡处于浮动状态。

⚠ 上提游车之前确认吊环/吊卡在浮动状态，并且钻台人员需要用绳索牵引立柱底部。如无牵引，在上提游车的时候，立柱底部会快速回到井口中心，撞击井口钻具或者人员。

（4）缓慢上提游车，同时钻工配合用绳索拦住立柱下端，使立柱慢慢回到井口中心位置。

（5）慢慢下放游车，同时钻工配合将所提立柱与井口钻具对接，适度下放游车，使立柱顶部接箍与吊卡脱离接触。

⊘ 吊环/吊卡悬挂立柱即吊卡承载的状态下，若直接进行井口钻柱连接上卸扣，液压大钳旋动立柱将带动吊卡/吊环旋转，从而使旋转头在吊环/吊卡承载状态下旋转，可能会损坏旋转头密封和旋转头马达，甚至造成高空落物，因此井口钻柱连接上卸扣前必须使立柱接头与吊卡脱离接触。

（6）使用液压大钳旋紧立柱与井口钻具连接螺纹。

（7）缓慢上提游车提升钻柱，同时钻工配合提出井口卡瓦。

⚠ 当顶驱吊卡承载钻柱重量开始上提时，司钻应缓慢上提游车，避免过大的冲击力对顶驱旋转头造成损伤。

⚠ 钻工在井口操作的时候注意站位，不要遮挡司钻的视线。

(8) 下放钻具到井口，然后钻工坐放卡瓦。

⚠ 游车上提、下放过程中，钻台人员应远离井口，避免高处落物伤人。

⚠ 下放钻柱过程中，应控制下放游车的速度，观察指重表变化，避免因井内发生卡阻且不能及时刹住钻井绞车等意外情况，导致顶驱压碰钻柱，损坏顶驱或造成高空落物伤人。

(9) 稍微下放游车使吊卡离开钻具卡箍位置，以便钻工打开吊卡，然后缓慢上提游车至二层台以上合适位置。

⚠ 确认吊卡完全打开后才能上提游车，并且吊卡通过钻柱接箍位置时上提游车应缓慢经过，防止吊卡提拉钻柱后瞬间脱离，对顶驱造成冲击，损坏顶驱或造成高空落物。

❗ 顶驱在二层台附近上下移动时，应提前将吊环收回至浮动垂直状态，防止吊环压碰二层台。

(10) 重复上述步骤。

❗ 旋转头正反转与吊环倾斜动作不要同时操作，首先操作"吊环浮动"功能确保吊环/吊卡回到垂直位置，然后再转动旋转头；旋转头转速推荐为4rpm。

❗ 吊环"前倾"角度为30°，"后倾"角度为55°；操作"吊环倾斜"开关"前倾""后倾"时，中间需按下"吊环浮动"按钮，延时2s之后再做相反方向的倾斜操作。

⚠ 操作旋转头正反转功能之前，必须确保旋转头锁紧已经解除，背钳在打开位置，否则旋转操作无效。

⚠ 操作吊环"前倾"或"后倾"功能时，动作应缓慢并观察吊环角度，在此过程中提醒钻台人员应远离吊环和吊卡，以免造成人员伤害。

❗ 不能使用旋转头正反转功能转动钻具，当吊环/吊卡在承载状态时，不得使用旋转头正反转功能。

❗ 上提下放游车或操作顶驱过程中，提醒钻台人员注意站位，不要遮挡司钻视线。

2）起钻

以下操作的前提是顶驱保护接头未连接井口钻具。

(1) 确认顶驱液压泵已启动，【AUXILIARY PUMP ON】指示灯长亮，如不是，将司钻操作台【AUXILIARY PUMP OFF/ON】开关扳至"ON"位置，打开液压泵，观察【AUXILIARY PUMP ON】指示灯点亮，确认液压泵已启动，然后将开关扳至中间位置。

(2) 下放游车至钻台面附近，观察吊卡开口方向是否合适。如需调整，将司钻操作台【PIPE HANDLER UNLOCK/LOCK】扳至"UNLOCK"位置并注意观察【PIPE HANDLER CAUTION】指示灯，解锁旋转头以后，操作【PIPE HANDLER REV/FWD】开关转动旋转头，将吊环/吊卡转到合适的方向，将【PIPE HANDLER UNLOCK/LOCK】扳至"LOCK"位置再锁紧旋转头。然后缓慢下放游车，并操作【TILT BACK/FWD】开关，如图6-5所示，使吊卡扣住钻具接箍位置。

❗ 吊卡扣合后，应检查确认吊卡门闩扣合到位。

(3) 按下【TILT FLOAT】按钮，上提游车，同时钻工配合提出卡瓦。

⚠ 当吊卡扣住钻柱接头开始上提时，应缓慢上提游车，避免过大的冲击力对顶驱旋转头造成损伤。

（4）上提游车，直至第三根单根接头提到钻台面以上。

⚠ 上提钻柱速度过快，钻柱拉伸和下部钻柱反扭矩传递可能会造成钻柱反转，从而带动旋转头在吊环承载的状态下旋转，损坏旋转头密封和旋转头马达，甚至造成高空落物，应控制上提钻柱的速度。

⚠ 游车上提、下放过程中，钻台人员应远离井口，防止高处落物伤人。

（5）内外钳工井口坐放卡瓦，司钻适度下放游车使钻柱接头与吊卡脱离接触。

ⓘ 禁止吊环承载时转动旋转头、旋转钻柱或旋转顶驱主轴。

ⓘ 吊环悬吊钻柱即吊环承载的状态下，直接进行井口钻柱连接上卸扣时，液压大钳转动钻柱将带动吊卡、吊环旋转，从而使旋转头在吊环承载状态下旋转，损坏旋转头密封和旋转头马达，甚至造成高空落物，所以井口钻柱连接上卸扣前必须使钻柱接头与吊卡脱离接触。

（6）钻工使用液压大钳卸开井口钻柱连接螺纹。

（7）上提游车，钻工配合将立柱底部推到立柱盒相应位置，同时司钻配合下放游车，将立柱底部摆放在钻台上摆放钻具区域。

ⓘ 操作吊环"前倾"或"后倾"功能时，动作应缓慢并观察吊环角度和钻台立柱底部摆动，避免人员伤害。

⚠ 对于钻铤立柱，考虑到钻铤立柱较重，需要用气动绞车牵引钻铤立柱底部，同时游车配合下放将钻铤底部摆放在钻台面上，否则在下一步倾斜吊环的时候可能会损伤倾斜液缸。

（8）立柱底部摆放到位后，司钻操作【TILT BACK/FWD】向井架工方向推动立柱顶部，井架工打开吊卡将钻柱推入二层台指梁。

ⓘ 吊环倾斜的时候，司钻应通过二层台的摄像头观察吊卡相对于二层台的位置。

ⓘ 井架工应待吊环和吊卡稳定后再靠近操作。

⚠ 吊环在承载超过1t情况下，禁止使用吊环前后倾功能，否则可能会损坏倾斜液缸。

（9）司钻通过摄像头观察到井架工将立柱放置到位后，按下【TILT FLOAT】按钮并确认吊环/吊卡回到垂直位置，然后下放游车。

⚠ 通过摄像头观察确认井架工将立柱推入二层台指梁内并放置到位后，才能下放游车。

⚠ 顶驱在二层台附近上下移动时，应将吊环及时收回至浮动垂直状态，以免吊环/吊卡压碰二层台。

ⓘ 上提下放游车或操作顶驱过程中，提醒钻台人员注意站位，不要遮挡司钻视线。

（10）重复上述步骤。

ⓘ 大风天气，严格控制上提和下放游车速度，防止顶驱游动电缆挂蹭和损坏。

2. 上卸扣

下钻完毕，准备循环钻井液或者钻进，需将顶驱与钻柱连接，进行上扣操作；钻进完毕，需将顶驱与钻柱分离，进行卸扣操作。

开始上卸扣操作前,首先检查司钻操作台面板各元件是否处于表6-5中的状态,确认【READY】【SYS. TEMP.】【MODULE "ON"】指示灯常亮。

表6-5 司钻操作台操作元件初始状态表

位置	操作元件	状态
司钻操作台	【ENABLE OFF/ON】	ON
	【ELEVATOR OPEN/CLOSE】	中间位置
	【TILT BACK/FWD】	中间位置
	【EXTEND IN/OUT】	中间位置
	【VALVE OPEN/CLOSE】	中间位置
	【GRABBER OPEN/CLOSE】	中间位置
	【PIPE HANDLER REV/FWD】	中间位置
	【PIPE HANDLER UNLOCK/LOCK】	中间位置
	【QUILL REV/FWD】	中间位置
	【SPEED DECR/INCR】	中间位置
	【TORQUE DECR/INCR】	中间位置
	【MODE CONN/DRILL】	DRILL
	【AUXILIARY PUMP OFF/ON】	中间位置

1) 立柱上扣

顶驱在高空与立柱上扣有两种方式,一种是不使用背钳,另一种是使用背钳。不使用背钳的方式是将顶驱、立柱和井口钻柱同时用顶驱旋紧。此种方式需要钻台B型钳夹住立柱底部或者井内钻柱有足够的重量坐在卡瓦上且锁紧转盘,确保钻柱不在转盘中间旋转。使用背钳的方式是将立柱底部与井口钻柱先使用钻台液压大钳旋紧,然后用背钳夹紧立柱顶部再旋紧顶驱和立柱。

Tesco顶驱在上扣之前,需要提前设置上扣的最大扭矩值,其操作步骤如下:

(1) 将司钻操作台使能【ENABLE OFF/ON】开关扳至"OFF"位置,然后将钥匙插入【DRIVE SET】并顺时针转到"SET"位置并保持。相关按钮、开关如图6-6所示。

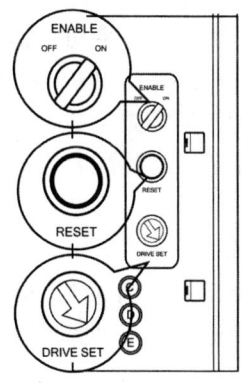
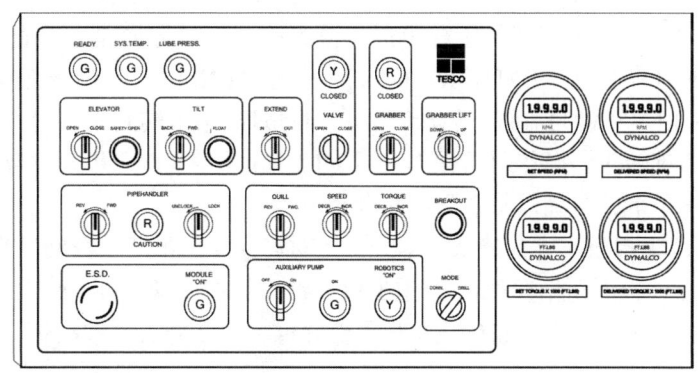

图6-6 使能开关、复位按钮和设置开关

(2) 将司钻操作台【MODE CONN/DRILL】扳至"CONN"位置,【QUILL REV/

FWD】扳至"FWD"位置。相关开关如图6-7所示。

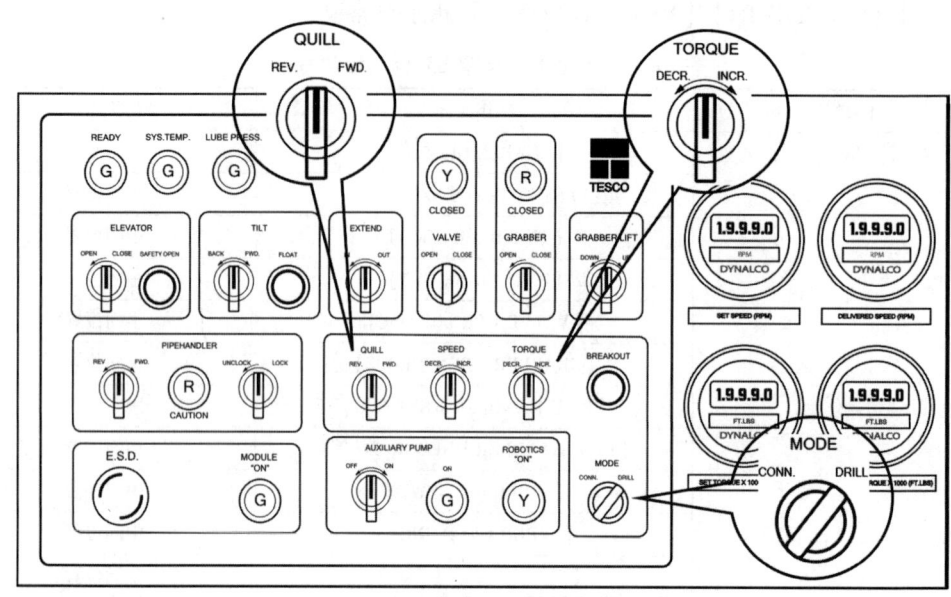

图6-7 钻井模式、主轴方向和扭矩设置

（3）转动【TORQUE DECR/INCR】开关并观察【SET TORQUE】显示表直到设定值。

（4）松开【DRIVE SET】钥匙。

（5）按下【RESET】并保持5s，然后松开，将【ENABLE OFF/ON】扳至"ON"位置。

ⓘ Tesco顶驱除了可以设置上扣时的最大扭矩值，也可以设置上扣时的最大转速。另外，Tesco顶驱也可以设置正向钻进最大扭矩、反向钻进最大扭矩和最大钻速以及反向旋扣最大扭矩和最大转速。

上扣最大扭矩设定完成，开始上扣操作，步骤如下：

（1）确认顶驱液压泵已启动，【AUXILIARY PUMP ON】指示灯长亮，如不是，将司钻操作台【AUXILIARY PUMP OFF/ON】开关扳至"ON"，打开液压泵，观察【AUXILIARY PUMP ON】指示灯点亮，确认液压泵已启动，然后将开关扳至中间位置。

（2）上提游车至二层台附近，检查吊卡开口方向是否合适，如需调整将司钻操作台【PIPE HANDLER UNLOCK/LOCK】扳至"UNLOCK"解锁旋转头，操作【PIPE HANDLER REV/FWD】旋钮转动旋转头，将吊环/吊卡转到二层台井架工所需要的方向，然后再锁紧旋转头。操作司钻操作台【TILT BACK/FWD】开关，与井架工互相配合将一根立柱扣进吊卡，并确保吊卡门闩扣合到位。

ⓘ 上提游车之前确认吊卡开口正对着立柱，吊环在浮动垂直位置。

（3）按下司钻操作台【TILT FLOAT】按钮浮动吊环/吊卡，钻工配合用绳索拦住立柱下端，防止立柱摆动磕碰或挤伤人员并保护立柱接头不被损坏，使立柱慢慢回到井口中心位置。

⚠ 只有在井架工发出吊卡扣合到位可以起升的手势后，方可按下浮动按钮。

（4）缓慢下放游车，司钻与内外钳工配合将立柱底部外螺纹插入井口钻柱内螺纹内，然后用液压大钳上紧。

⚠ 内外钳工注意不要遮挡司钻视线。

⚠ 在使用液压大钳旋扣之前,稍微下放游车使立柱接头与吊卡脱离接触。

(5) 确认【PIPE HANDLER CAUTION】指示灯在熄灭状态,如不是,将【PIPE HANDLER UNLOCK/LOCK】扳至"LOCK"位置,确保【PIPE HANDLER CAUTION】指示灯熄灭即锁定旋转头。开关和指示灯如图6-8所示。

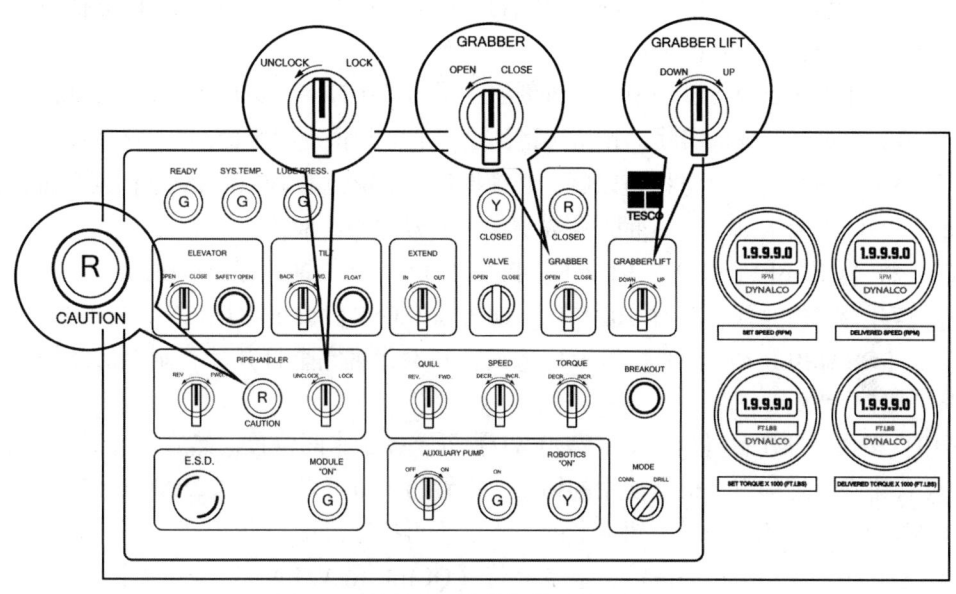

图6-8 旋转头和背钳操作开关、指示灯

ⓘ 由于旋转头与主轴存在互锁,必须确认旋转头在锁定状态,即【PIPE HANDLER CAUTION】指示灯熄灭,主轴才可以转动。

(6) 将司钻操作台【MODE CONN/DRILL】扳至"CONN"位置,【QUILL REV/FWD】扳至"FWD"位置,然后缓慢下放游车并通过二层台摄像头观察,确保立柱进入背钳后,观察指重表并缓慢下放游车直至顶驱与立柱旋紧。

⚠ 旋扣过程中,缓慢下放游车,观察指重表大钩载荷变化,保持载荷等于游车、大钩和顶驱的总体悬重,勿将顶驱的全部重量压在钻柱接头上,以免旋扣时损坏螺纹。

⚠ 旋扣过程中,如果【SYS. TEMP.】【LUBE FLOW】指示灯闪烁不停或者熄灭,即表示顶驱存在故障,需要立即停止作业进行检查。

(7) 操作司钻操作台【GRABBER LIFT UP/DOWN】将背钳提升到行程最高点,此时背钳正好在钻具内螺纹合适位置,然后将【GRABBER OPEN/CLOSE】扳至"CLOSE"位置并保持,观察【GRABBER CLOSED】指示灯点亮。

ⓘ Tesco背钳可以在上下一定范围活动,这个行程的最高点通过一个手动开关阀是可以调整的,当手动开关阀关闭以后,行程的最高点和最低点是固定的。这个行程的最高点不得设置过高/过低,以免顶驱在高空接钻具需要夹紧背钳时由于顶驱操作人员无法目视背钳,无法准确定位背钳在钻具内螺纹位置。实际使用中,建议以背钳上端面对齐于保护接头螺纹台阶面为宜。

⚠ 背钳夹紧状态下加扭紧扣的过程中，严禁上提或下放游车，以免损坏钳牙座总成和背钳装置，造成设备损坏和井口落物。

ⓘ 背钳夹紧的时候，将【GRABBER CLOSE/OPEN】扳至"CLOSE"位置并保持6~8s，直至【GRABBER CLOSED】指示灯点亮，确保背钳在最大压力下夹紧，然后再上卸扣，否则背钳无法完全夹紧钻具，导致上卸扣时钻具与钳牙磨损。

（8）操作司钻操作台【TORQUE DECR/INCR】并观察【DELIEVERED TORQUE】显示表显示值至设定扭矩，等待5~6s，然后操作【TORQUE DECR/INCR】降低设定扭矩值，逐步将顶驱输出扭矩降为0。

ⓘ 旋扣和增加扭矩的过程中，应时刻注意司钻操作台实际扭矩和转速的变化。

ⓘ 增加扭矩时，确认实际上扣扭矩达到设定的上扣扭矩限定值。

⚠ 当实际扭矩达到设定扭矩以后，必须操作【TORQUE DECR/INCR】逐步将顶驱输出扭矩降为0，避免在提起卡瓦的时候钻具意外转动造成事故。

（9）将【GRABBER OPEN/CLOSE】扳至"OPEN"位置，打开背钳。

⚠ 打开背钳的时候，将【GRABBER OPEN/CLOSE】扳至"OPEN"位置并保持6~8s，直至【GRABBER CLOSED】指示灯熄灭，确保背钳完全打开，否则在后续操作中可能损坏背钳钳牙座。

（10）将司钻操作台【QUILL REV/FWD】开关扳至中间位置，然后进行下一步操作。

⚠ 背钳夹紧过程中，根据使用的钻具，设置的压力可以从最低2500psi（3½in钻具）到最大5000psi（5in钻具）。背钳夹紧时，人员不得接近背钳。

⚠ 上卸扣及旋扣动作完成后，应及时将【QUILL REV/FWD】开关扳回至中间位置，以免顶驱处于旋扣模式造成钻柱旋转，尤其在提起卡瓦时顶驱意外旋转会带动卡瓦旋转，造成人员伤害。

2）上扣

单根上扣就是将小鼠洞内一根单根钻具连接到井口钻具上并与顶驱保护接头相连。

对于未配备顶驱本体平移功能的顶驱而言，就是利用吊环前后倾功能将吊卡送到小鼠洞位置并扣住单根钻具，具体步骤如下：

（1）确认顶驱液压泵已启动，【AUXILIARY PUMP ON】指示灯长亮，如不是，将司钻操作台【AUXILIARY PUMP OFF/ON】开关扳至"ON"，打开液压泵，观察【AUXILIARY PUMP ON】指示灯点亮，确认液压泵已启动，然后将开关扳至中间位置。

（2）缓慢上提顶驱，然后按下【TILT FLOAT】按钮浮动吊环，检查吊卡开口方向是否对着小鼠洞，如不是，操作【PIPE HANDLER UNLOCK/LOCK】至"UNLOCK"位置，也就是解除旋转头锁定，这时【PIPE HANDLER CAUTION】指示灯点亮，然后操作【PIPE HANDLER REV/FWD】转动旋转头，使吊卡开口对着小鼠洞，然后再锁定旋转头，另外确保吊卡已打开。

（3）缓慢下放顶驱，并操作【TILT BACK/FWD】将吊卡倾斜至小鼠洞单根钻具，直至吊卡扣住单根。

⚠ 利用【TILT BACK/FWD】功能扣住单根以后，检查吊卡门闩是否闩紧。

ⓘ 提前用钻具螺纹脂涂抹顶驱保护接头外螺纹和小鼠洞单根钻具内螺纹。

(4) 缓慢上提顶驱，将单根钻具从小鼠洞中提出，然后按下【TILT FLOAT】按钮，使钻具回到井口中心。

⚠ 按下浮动按钮以后，单根钻具可能会晃动，钻台人员注意站位。

(5) 待单根钻具稳定在井口中心以后，涂抹螺纹脂。然后钻工扶住单根钻具底部同时下放游车，将单根钻具坐入井口钻具，此时需要适度下放游车使吊卡与钻具脱离接触。接着用液压大钳旋紧两者。

ⓘ 钻工在井口时注意站位，不要遮挡司钻视线。

(6) 将司钻操作台【MODE CONN/DRILL】扳至"CONN"位置、【QUILL REV/FWD】扳至"FWD"位置，然后缓慢下放游车，直至单根钻具上部进入导向器。然后司钻边观察指重表边缓慢下放游车，直至顶驱保护接头和单根旋扣完毕。

ⓘ 在单根钻具插入顶驱导向器的时候，由于顶驱在半空中，司钻无法直接观察，需要钻工指挥。必要时，可以通过【TILT BACK/FWD】或者【EXTEND IN/OUT】调整单根钻具，使之对齐导向器。

⚠ 下放过程中，司钻需缓慢操作，注意指重表的悬重变化，保持悬重是游车、大钩和顶驱的总体悬重，不可将顶驱的全部重量压在单根钻具上，以免压弯单根钻具或者损坏螺纹。

(7) 操作司钻操作台【GRABBER LIFT UP/DOWN】，将背钳提升到行程最高点，此时背钳正好在钻具内螺纹合适位置，然后将【GRABBER OPEN/CLOSE】扳至"CLOSE"位置夹紧背钳，并观察【GRABBER CLOSED】指示灯点亮。

⚠ 如未安装绞车—背钳互锁装置，背钳夹紧状态下加扭紧扣的过程中，严禁上提或下放游车，防止损坏钳牙座总成和背钳装置，造成设备损坏和井口落物。

ⓘ 背钳夹紧的时候，将【GRABBER CLOSE/OPEN】扳至"CLOSE"位置并保持6~8s，直至【GRABBER CLOSED】指示灯点亮，确保背钳在最大压力下夹紧，然后再上卸扣，否则背钳可能无法完全夹紧钻具，导致上卸扣时钻具与钳牙磨损。

(8) 操作司钻操作台【TORQUE DECR/INCR】并观察【DELIEVERED TORQUE】显示表显示数值至设定扭矩，然后松开【TORQUE DECR/INCR】，等待5~6s后操作【TORQUE DECR/INCR】，逐步将顶驱输出扭矩降为0。

ⓘ 旋扣和增加扭矩的过程中，应时刻注意司钻操作台扭矩和转速的变化。

ⓘ 增加扭矩时，确认实际上扣扭矩达到设定的上扣扭矩限定值。

⚠ 当实际扭矩达到设定扭矩以后，必须操作【TORQUE DECR/INCR】，逐步将顶驱输出扭矩降为0，避免在提起卡瓦的时候钻具意外转动造成事故。

(9) 将【GRABBER OPEN/CLOSE】扳至"OPEN"位置，打开背钳。

ⓘ 打开背钳的时候，将【GRABBER OPEN/CLOSE】扳至"OPEN"位置并保持6~8s，直至【GRABBER CLOSED】指示灯熄灭，确保背钳完全打开，否则在后续操作中可能损坏背钳钳牙座。

(10) 将司钻操作台【QUILL REV/FWD】开关扳至中间位置，然后进行下一步操作。

3) 卸扣

以在钻台面顶驱与井口钻具卸扣为例，开始卸扣操作前，首先检查司钻操作台面板各开关是否处于表 6-5 中的状态。

（1）确认顶驱液压泵已启动，【AUXILIARY PUMP ON】指示灯长亮，如不是，将司钻操作台【AUXILIARY PUMP OFF/ON】开关扳至"ON"，打开液压泵，观察【AUXILIARY PUMP ON】指示灯点亮，确认液压泵已启动，然后将开关扳至中间位置。

（2）然后操作【TILT BACK/FWD】将吊环倾斜到最大角度，下放顶驱至钻台面附近。

ⓘ 下放顶驱时，注意吊环不要与周围设备互相干扰。

（3）操作司钻操作台【SPEED DECR/INCR】至"DECR"位置，使顶驱停止转动，与钻工配合坐好钻具卡瓦，然后继续下放游车，直至指重表的显示值为顶驱和游车大钩的重量之和。

⚠ 卸扣之前，必须确保将钻具的重量转移到卡瓦上。

（4）停止钻井泵并观察立管压力降为 0 以后，操作司钻操作台【VALVE OPEN/CLOSE】至"CLOSE"位置，关闭钻井液阀上球阀。

⚠ 必须先停止钻井泵，再关闭钻井液阀上球阀。

（5）确认【PIPE HANDLER CAUTION】指示灯在熄灭状态。如不是，操作【PIPE HANDLER UNLOCK/LOCK】至"LOCK"位置，确保【PIPE HANDLER CAUTION】指示灯熄灭，也就是锁定旋转头。

ⓘ 由于旋转头与主轴存在互锁，必须确认旋转头在锁定状态，即【PIPE HANDLER CAUTION】指示灯熄灭，主轴才可以转动。

（6）操作司钻操作台【GRABBER LIFT UP/DOWN】，将背钳提升到行程的最高点，此时背钳正好在钻具内螺纹合适位置，然后操作司钻操作台【GRABBER OPEN/CLOSE】至"CLOSE"位置，夹紧背钳并观察【GRABBER CLOSED】指示灯点亮。

⚠ 背钳夹紧状态加扭紧扣的过程中，严禁上提或下放游车，防止损坏钳牙座总成和背钳装置，造成设备损坏和井口落物。

ⓘ 背钳夹紧的时候，操作【GRABBER CLOSE/OPEN】并保持 6~8s，直至【GRABBER CLOSED】指示灯点亮，确保背钳在最大压力下夹紧，然后再上卸扣，否则背钳无法完全夹紧钻具，导致上卸扣时钻具与钳牙磨损。

（7）将【MODE CONN/DRILL】扳至"CONN"位置，【QUILL REV/FWD】扳至"REV"位置。

（8）按下司钻操作台【BREAKOUT】按钮并保持，观察【DELIVERED TORQUE】显示表，当扭矩值突然大幅下降或者观察顶驱主轴开始反转即表示扣已松开，立即松开【BREAKOUT】按钮，此时系统切换到反向旋扣模式，系统以固定转速和固定扭矩反向旋扣。

ⓘ 若单次松扣不成功，可重复操作步骤（8），如尝试多次仍然无法松扣，立即停止操作。使用钻台 B 型钳分别夹紧钻具和保护接头的方式松扣。

（9）将【GRABBER OPEN/CLOSE】扳至"OPEN"位置，打开背钳，观察指重表并缓慢提升游车直至顶驱与钻具完全分离。

ⓘ 打开背钳的时候，将【GRABBER OPEN/CLOSE】扳至"OPEN"位置并保持 6~8s，直至【GRABBER CLOSED】指示灯熄灭，确保背钳完全打开，否则在后续操作中可

能损坏背钳钳牙、钳牙座。

⚠ 背钳夹紧状态加扭卸扣的过程中，严禁上提或下放游车，防止损坏钳牙座总成和背钳装置，造成设备损坏和井口落物。

⚠ 连接螺纹松扣后，开始反向旋扣时应立刻打开背钳，防止背钳夹紧状态下过多旋扣而损坏钳牙座总成、背钳装置和背钳提升液缸，造成设备损坏和井口落物。

ⓘ 旋扣过程中，缓慢上提游车，观察指重表大钩载荷变化，保持载荷等于游车、大钩和顶驱的总体悬重，勿将顶驱的全部重量压在钻柱接头上，以免旋扣时损坏螺纹。

ⓘ 司钻在卸扣和旋扣的过程中，应时刻注意司钻操作台扭矩表和转速表的变化。

（10）将司钻操作台【QUILL REV/FWD】开关扳至中位，然后进行下一步操作。

⚠ 在卸扣过程中顶驱扭矩变化较大，钻台人员应远离井口。

3. 钻进作业

钻进在钻井现场可以分为常规钻进、定向钻进和复合钻进。常规钻进是指由顶驱带动钻具转动，钻具的实际转速由顶驱司钻操作台的给定转速决定；定向钻进就是由井下动力钻具提供转速钻进，顶驱则保持转速为零；当顶驱和井下动力钻具同时输出转速则就是复合钻进。

首先确认司钻操作台运行正常，检查司钻操作台面板各元件是否处于表 6-6 中的状态，确认【READY】【SYS. TEMP.】【MODULE "ON"】指示灯常亮。

表 6-6 司钻操作台操作元件初始状态表

位置	操作元件	状态
司钻操作台	【ENABLE OFF/ON】	ON
	【ELEVATOR OPEN/CLOSE】	中间位置
	【TILT BACK/FWD】	中间位置
	【EXTEND IN/OUT】	中间位置
	【VALVE OPEN/CLOSE】	中间位置
	【GRABBER OPEN/CLOSE】	中间位置
	【PIPE HANDLER REV/FWD】	中间位置
	【PIPE HANDLER UNLOCK/LOCK】	中间位置
	【QUILL REV/FWD】	中间位置
	【SPEED DECR/INCR】	中间位置
	【TORQUE DECR/INCR】	中间位置
	【MODE CONN/DRILL】	DRILL
	【AUXILIARY PUMP OFF/ON】	中间位置
	【SPEED DECR/INCR】	中间位置

在开始钻井操作之前，首先需要设置钻井最大扭矩限定值，具体步骤如下：

（1）将司钻操作台【ENABLE OFF/ON】扳至"OFF"，将钥匙插入【DRIVE SET】并扳至"SET"位置并保持。

（2）将【MODE CONN/DRILL】扳至"DRILL"，【QUILL REV/FWD】扳至"FWD"。

（3）转动【SPEED DECR/INCR】并观察【SET SPEED】显示表直到设定值。

ⓘ 钻井模式的正转转速设定值可根据实际工况来确定，若不设置，则默认为最大转速220rpm。

（4）转动【TORQUE DECR/INCR】并观察【SET TORQUE】显示表直到设定值。

⚠ 钻井扭矩限定值应按照钻井指令和在用钻杆类型进行设置，严禁私自改动；严禁钻井扭矩限定值超过上扣扭矩限定值，防止损伤顶驱保护接头和钻具。

（5）松开【DRIVE SET】钥匙。

（6）按下【RESET】并保持5s然后松开，将【ENABLE OFF/ON】扳至"ON"。

1）钻进操作

（1）按照"立柱上扣"或者"上扣"操作步骤完成上扣，确认【QUILL REV/FWD】【TORQUE DECR/INCR】【SPEED DECR/INCR】在中间位置。确认钻井扭矩限定值设置完毕。

（2）将【VALVE OPEN/CLOSE】扳至"OPEN"位置并保持，直至【VALVE CLOSED】指示灯熄灭后再松开，将钻井液阀上球阀打开。

❗ 必须在开泵之前打开钻井液阀，否则会造成钻井泵憋泵，严重情况下会损伤钻井泵液力端、活塞缸套等。

（3）将【MODE CONN/DRILL】扳至"DRILL"位置，【QUILL REV/FWD】扳至"FWD"位置。根据钻井指令，操作【TORQUE DECR/INCR】并观察【SET TORQUE】显示表，一旦达到预设值立刻松开。

ⓘ 钻井扭矩限定值在钻进过程中可以随时调节，但应按照钻井指令进行设置，严禁私自改动；严禁钻井扭矩限定值超过上扣扭矩限定值，防止损伤顶驱保护接头和钻具螺纹。

⚠ 当存在井下动力钻具时，钻井扭矩限定值不得低于井下动力钻具输出的最大扭矩，防止钻具倒转，造成事故。

ⓘ 操作【TORQUE DECR/INCR】设定所需转速和扭矩值，建议采用"扳动开关—回到中间位置—观察扭矩显示值"，如果没有达到设定值重复这样操作，不要一次增加太多。

（4）根据钻井指令，操作【SPEED DECR/INCR】增大转速并观察【SET TORQUE】显示表，此时主轴开始转动，一旦达到预设值立即松开。

ⓘ 启动主电动机前，必须确认钻井扭矩限定值是否正确。

ⓘ 钻进作业中，可以将吊卡闭合扣在钻柱上，避免顶驱保护接头与钻具由于意外情况脱扣造成钻具脱落事故。

（5）根据钻井指令开始钻进。

❗ 在钻进或者划眼的情况下，当井下负载扭矩大于钻井扭矩限定值时，会发生堵转现象。遇到此种情况，首先保持顶驱转速、扭矩输出设定不变，通过上下活动钻具的方式解除堵转。如不能解除堵转，可按照下述方法来释放钻柱反扭矩并停止顶驱运转：保持设定转速与刹车旋钮位置不变，保证主电动机持续输出扭矩，操作【TORQUE DECR/INCR】开关，降低钻井扭矩限定值，使主电动机输出扭矩慢慢减小，钻柱缓慢反转，直到钻井扭矩设定值为零，反向扭矩释放完毕，钻柱反转速度降为零。此时操作【SPEED DECR/IN-

CR】开关将设定转速降为零,然后将【QUILL REV/FWD】扳至中间位置。释放反扭矩时存在钻柱连接螺纹被倒开的风险,必须严格按照操作规程进行操作;过程中必须严格控制钻柱反转速度,避免井下事故发生。

ⓘ 由于钻井液阀开/关与顶驱转轴旋转互锁,在钻进时不得操作【VALVE OPEN/CLOSE】开关。如果在顶驱旋转的时候意外打开/关闭钻井液阀,顶驱将会停转。在这种情况下,首先要将【QUILL REV/FWD】开关扳至中间位置,然后重新按照操作顺序恢复之前的顶驱工况。

ⓘ 顶驱出现紧急情况需要急停时,操作人员可按下司钻操作台的急停【E.S.D.】按钮停止变频器。一旦按下急停按钮,需要按下列步骤操作:检查设定转速和扭矩,如不为零,操作【TORQUE DECR/INCR】【SPEED DECR/INCR】,将扭矩和转速都降为0;然后将【QUILL REV/FWD】扳至中间位置,【ENABLE OFF/ON】扳至"OFF"位置;专人检查排除紧急情况后,复位急停按钮;电控房内重启变频器,按下"RESET"后保持5s;将【ENABLE OFF/ON】扳至"ON"位置。

ⓘ 顶驱钻井液阀采用双球阀设计,Tesco推荐其中位于上方的液压控制的球阀仅用于关闭钻井液通道,下方手动操作的球阀用于井控。

⚠ 在开/关钻井液阀的时候,不得转动顶驱主轴,避免损坏钻井液阀执行器旋转密封。

2) 定向井操作

在定向钻进过程中,因没有单独的主电动机刹车装置,为保持钻具不转动,Tesco 350EXI顶驱需要将背钳开关保持在夹紧位置,即【GRABBER CLOSED】指示灯在点亮状态。如需调整工具面,按以下操作步骤操作:

(1) 将【MODE CONN/DRILL】扳至"DRILL"位置,【QUILL REV/FWD】扳至"FWD"位置,操作【SPEED DECR/INCR】,设置转速为2rpm。

(2) 操作【TORQUE DECR/INCR】缓慢增加设定扭矩值,并同时观察顶驱背钳,一旦背钳有轻微转动,立即将【GRABBER OPEN/CLOSE】扳至"OPEN"位置。

ⓘ 增加设定扭矩的时候,一定要缓慢操作,注意观察显示的数值,扭矩增加不要太快。

(3) 如果需要顺时针转动钻具,转操作步骤(4),如果需要逆时针转动钻具,转操作步骤(5)。

(4) 需要顺时针转动钻具时,操作【TORQUE DECR/INCR】缓慢增加设定扭矩,直至钻具开始顺时针缓慢转动,一旦达到需要的工具面,立即减小设定扭矩,直至井口钻具停止转动,然后转操作步骤(6)。

ⓘ 增加设定扭矩的时候,一定要缓慢操作,扭矩增加不要太快,防止顶驱转动过快超过预定的工具面。

(5) 需要逆时针转动钻具时,操作【TORQUE DECR/INCR】缓慢减小设定扭矩,直至钻具开始逆时针缓慢转动,一旦达到需要的工具面,立即增大设定扭矩,直至井口钻具停止转动。

ⓘ 减小设定扭矩的时候,一定要缓慢操作,扭矩减小不要太快,防止顶驱转动过快超过预定的工具面。

（6）一旦钻具停止转动，立即将【GRABBER OPEN/CLOSE】扳至"CLOSE"位置。

ⓘ 在实际钻进过程中，在背钳夹紧以后，需要将背钳开关【GRABBER OPEN/CLOSE】扳至中间位置，以免背钳长时间在夹紧位置造成液压油过热；每隔一段时间，再次夹紧背钳，使背钳始终保持在最大夹紧力。

（7）将【QUILL REV/FWD】扳至中间位置，然后开始定向钻进。

（二）Tesco 液压驱动顶驱

以 Tesco 500 HCI（S）1205HP 液压驱动顶驱为例。

开始起、下钻作业之前，首先需要转动旋转头调整吊环/吊卡的角度以便井架工进行操作。

相对其他品牌的顶驱，Tesco 液压顶驱转动旋转头比较复杂，具体操作步骤如下：

（1）确保吊环处于浮动状态，井口周围无人员，确保井口安全。

（2）提升背钳至保护接头本体或 IBOP 位置合适高度。

（3）将【GRABBER OPEN/CLOSE】背钳开关扳至"CLOSE"位置，夹紧背钳，待背钳指示灯变为红色即背钳已经夹紧到位之后，将开关置于中位。

（4）将【HANDLER UNLOCK/LOCK】开关扳至"UNLOCK"位置，确保旋转头处于未锁定状态。

（5）根据二层台钻具排列选择旋转头要旋转的方向，然后将【PUMPS REV/FWD】扳至"REV"或"FWD"位，然后按下【HANDLER CAUTION】按钮并保持，将吊环旋转至井架工所需位置。相关操作开关如图 6-9 所示。

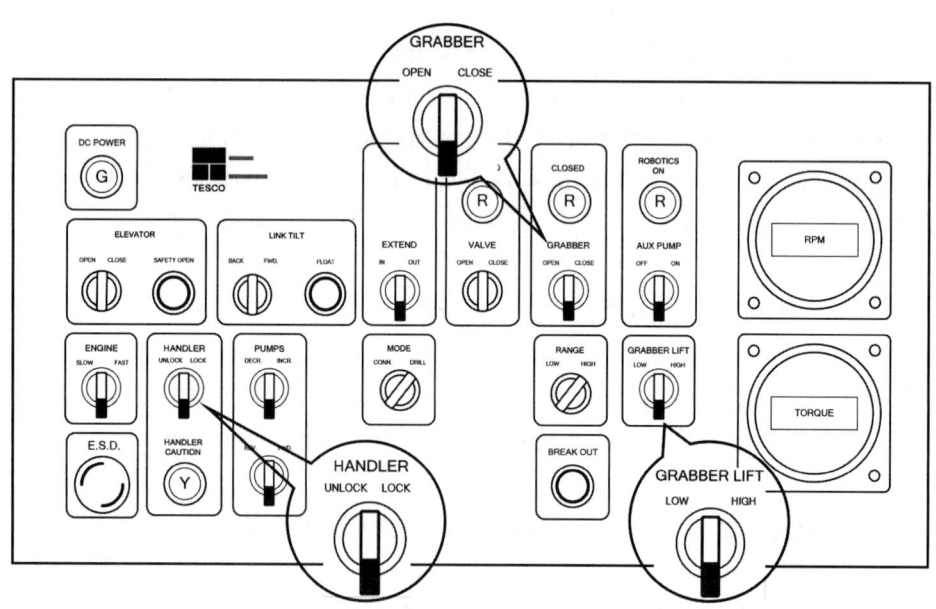

图 6-9　旋转头和背钳操作开关

（6）操作结束后进行复位。将【PUMPS CONN/DRILL】模式开关置于中位，将【HANDLER UNLOCK/LOCK】开关置于"LOCK"位，待旋转头锁定后扳至中位；将【GRABBER OPEN/CLOSE】置于"OPEN"位，待背钳指示灯熄灭以后扳至中位；最后操作背钳升降按钮，将背钳置于正常钻井的位置。

1. 起下钻作业

1）下钻

（1）将顶驱司钻操作台【AUX PUMP OFF/ON】开关置于"ON"位置，确保顶驱液压泵已启动，上提游车至二层台以上合适位置。将【LINK TILT BACK/FWD】开关扳至"FWD"位置，使吊卡靠近二层台所要下放的立柱，井架工将立柱放置到吊卡中并扣好吊卡门闩。相关操作开关如图6-10所示。

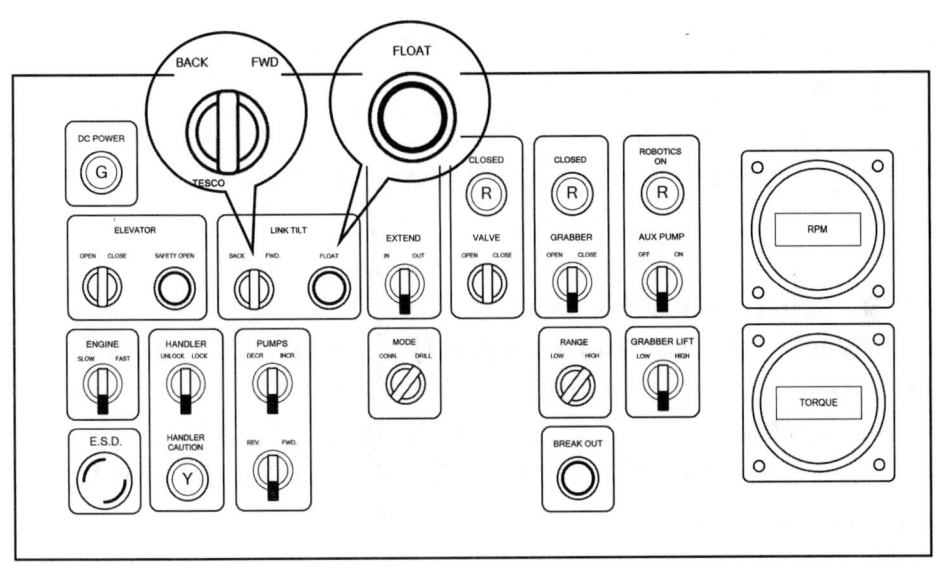

图6-10 吊环操作开关

⚠ 井架工应待吊卡稳定后再去操作，防止立柱脱出或人员伤害。

❗ 严禁吊卡悬吊钻柱时转动旋转头、旋转主轴或旋转钻柱。

⚠ 司钻需通过摄像头密切注意二层台井架工的状态或观察井架工的手势，配合密切，以免顶驱吊卡压二层台。

（2）按下【LINK TILT FLOAT】按钮，使倾斜油缸处于浮动状态。

（3）上提游车，立柱回到井口中心位置。

ℹ 该过程中，钻工应用绳索拦住立柱下端，缓慢释放，防止立柱摆动磕碰或挤伤人员，同时保护立柱接头不被损坏。

（4）下放游车，将所提立柱与井口钻柱对接，适度下放游车，使立柱接头与吊卡脱离接触。

（5）使用液压大钳或铁钻工旋紧井口钻柱连接螺纹。

⚠ 若立柱接头和吊卡接头未脱离，此处可能会带动顶驱旋转头一并转动并对旋转头造成机械损伤。

（6）提升钻柱，钻工提出卡瓦。

ℹ 当顶驱吊卡承载钻柱重量开始上提时，司钻应缓慢上提游车，避免过大的冲击力对顶驱旋转头造成损伤。

(7) 下放钻柱到井口，坐放卡瓦。

(8) 打开吊卡，上提游车至二层台以上合适位置。

⚠ 确认吊卡完全打开才能上提游车，且吊卡通过钻柱接头时上提游车应缓慢，防止吊卡提拉钻柱后瞬间脱离，对顶驱造成冲击，损坏顶驱或造成高空落物。

(9) 重复上述步骤。

2) 起钻

(1) 将司钻操作台【AUX PUMP OFF/ON】开关置于"ON"位置，确认顶驱液压泵已启动。

ⓘ 若顶驱液压泵未启动，顶驱的任何辅助液压动作都是无效的。

(2) 下放游车，吊卡扣住钻柱接头。

⚠ 吊卡扣合后，应确认吊卡门闩扣合到位。

(3) 按下【LINK TILT FLOAT】按钮，上提游车，提出卡瓦。

(4) 上提游车至二层台以上合适位置。

(5) 井口坐放卡瓦，适度下放游车，使钻柱接头与吊卡脱离接触。

(6) 钻工使用液压大钳卸开井口钻柱连接接头。

(7) 上提游车，将【LINK TILT BACK/FWD】开关扳至"FWD"前倾位置，吊卡带动立柱靠近二层台，钻工将立柱底部摆到立柱盒相应位置，下放游车。

(8) 立柱底部摆放到位后，井架工打开吊卡将钻柱推入二层台指梁。

(9) 司钻在观察到井架工将立柱放置到位后，按下【LINK TILT FLOAT】按钮，下放游车，吊卡扣住井口钻柱接头。

⚠ 司钻需通过摄像头密切注意二层台井架工的状态或观察井架工的手势，配合密切，以防顶驱吊卡压二层台。

(10) 重复上述步骤。

2. 上卸扣

1) 立柱上扣

上扣之前，首先确保以下工作均已完成：

(1) 顶驱的扭矩和转速设定和钻具匹配。

(2) 顶驱保护接头的扣型和钻具相匹配。

(3) 有足量且合适的钻具螺纹脂。

(4) 司钻操作台所有模式开关均回到中位。

然后按照下列步骤操作：

(1) 将【MODE CONN/DRILL】模式开关扳至"CONN"（上卸扣）模式。

(2) 将【PUMPS REV/FWD】开关置于"FWD"（正转）位置。

ⓘ 此时顶驱会按照预先设定的上扣转速正向旋转。

(3) 用 B 型钳夹紧单根或立柱的下端。

ⓘ 如果接立柱或单根，需要将 B 型钳夹紧立柱的下端，如果只是接顶驱，则不需要用 B 型钳，只需用顶驱的背钳即可，如图 6-11 所示。

(4) 缓慢下放游车，确保钻杆进入背钳，同时监控指重表；至指重表上的读数有波动，

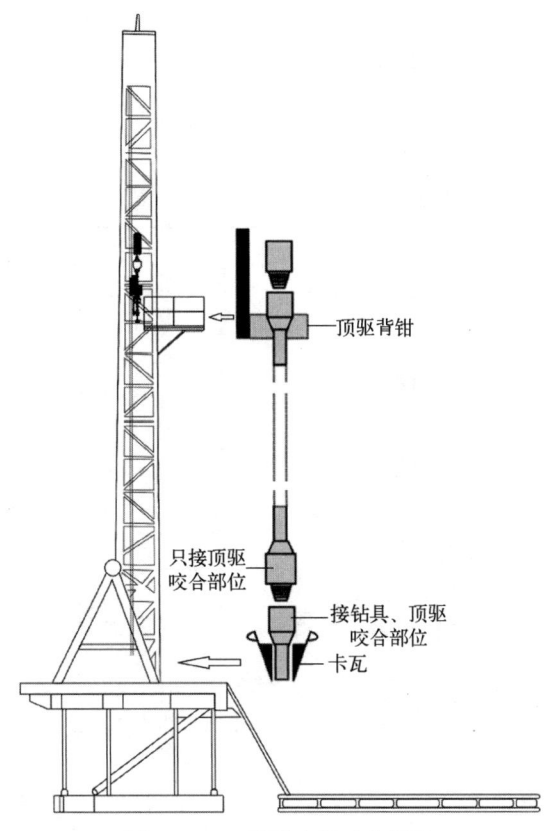

图 6-11　B 型钳夹紧咬合部位

（5）继续缓慢下放游车，适度增加悬重，不可将游车、大钩和顶驱本体重量全都加在钻具接头上，否则会损坏钻具或保护接头螺纹。

（6）继续正转，监控扭矩，当扭矩达到设定扭矩时，转速会降为 0，此时将【PUMPS REV/FWD】开关扳至中位。

（7）当扭矩值显示为 0 时，撤走 B 型钳或打开背钳（如果使用）。

2）上扣

当需要单根钻进时，按以下步骤操作：

（1）将单根钻具放入鼠洞，并在钻具螺纹处涂抹螺纹脂。

（2）将【EXTEND IN/OUT】开关扳至"OUT"位。

（3）将顶驱本体移至鼠洞的正上方。

（4）将【LINK TILT BACK/FWD】开关置于"BACK"位，此时吊卡将后倾，如图 6-12 所示。

（5）缓慢下放顶驱，至保护接头和钻具螺纹大约 1in 距离。

（6）将【MODE CONN/DRILL】开关扳至"CONN"（上、卸扣）模式。

（7）将【PUMPS REV/FWD】开关置于"FWD"（正转）位。相关操作开关如图 6-13 所示。

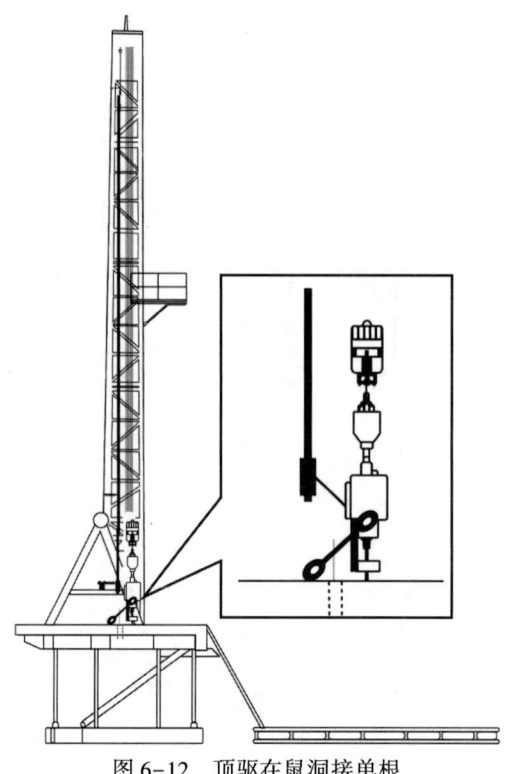

图 6-12 顶驱在鼠洞接单根

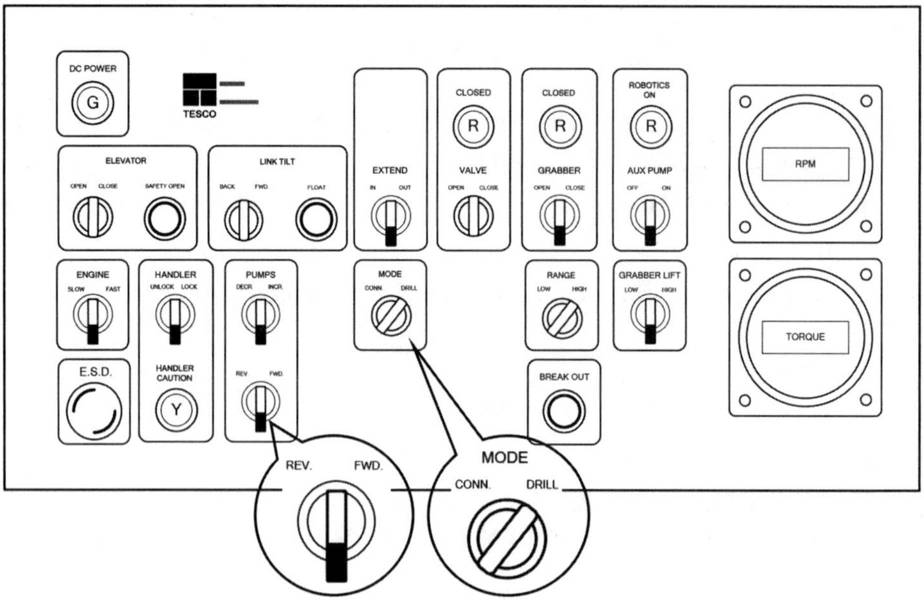

图 6-13 上卸扣和钻进操作开关

（8）缓慢下放顶驱，至顶驱保护接头和钻具相连接。继续缓慢下放游车，适度增加悬重。

⊙ 不可将游车、大钩和顶驱本体重量全都加在钻具接头上，那样会损坏钻具螺纹。

（9）继续正转，监控扭矩，当扭矩达到设定扭矩时，转速会降为0，此时将【PUMPS REV/FWD】开关扳至中位。

3）卸扣

卸扣具体步骤如下：

（1）停钻井泵，待泵压降为0后，将【PUMPS INCR/DECR】开关扳至"DECR"（降低）位置，至顶驱转速降为0；待反扭矩释放完毕之后，将【PUMPS REV/FWD】开关扳至中位，钻井液阀【VALVE OPEN/CLOSE】开关扳至"CLOSE"（关闭）位，最后将【MODE CONN/DRILL】开关扳至"CONN"（上卸扣）模式，此时柴油机为怠速模式运行。

（2）调整背钳至合适的高度，至背钳正好能夹住钻具内螺纹的位置。

⚠ 该操作会用到【GRABBER LIFT DOWN/UP】开关，确保背钳不会夹住保护接头的任何一部分或钻具的耐磨带部分。

（3）确保【HANDLER UNLOCK/LOCK】开关处于"LOCK"（锁定）状态。

⚠ 若管子处理器锁处于未锁定状态，就可能会出现旋转头旋转，带动吊环旋转，造成伤人甚至亡人事故。

（4）将【GRABBER OPEN/CLOSE】开关扳至"CLOSE"（关闭）位，此时背钳会夹紧。

（5）将【MODE CONN/DRILL】开关扳至"CONN"（上卸扣）模式。

（6）将【PUMPS REV/FWD】开关扳至"REV"（反转）模式。

ⓘ 此时，扭矩表会显示倒扣扭矩设定值。

（7）按下【BREAK OUT】按钮并保持，此时扭矩就达到系统的最大扭矩值。

（8）当卸扣完成，立即松开【BREAK OUT】按钮并快速地将【PUMPS REV/FWD】开关回到中位。

（9）将【GRABBER OPEN/CLOSE】开关扳至"OPEN"（打开）位，此时背钳将会打开。

（10）再次将【PUMPS REV/FWD】开关扳至"REV"（反转）模式，并缓慢上提游车，至顶驱保护接头完全从钻具内螺纹里脱开。

3. 钻进作业

该程序默认已卸扣完毕，准备接下一立柱。

1）钻进操作

（1）将顶驱钻井液阀【VALVE OPEN/CLOSE】开关扳至"OPEN"位。

ⓘ IBOP打开的实际动作有5s的延迟。

（2）开启钻井泵。

（3）选择【RANGE LOW/HIGH】的HIGH/LOW模式，其中"HIGH"对应的是顶驱高转速小扭矩模式，"LOW"对应于低转速大扭矩模式。

（4）将【MODE CONN/DRILL】开关扳至"DRILL"（钻井）模式，此时柴油机将会是高速模式运行。

（5）将【PUMPS REV/FWD】开关扳至"FWD"（正转）位。

(6) 将【PUMPS INCR/DECR】开关扳至"INCR"(增加)位置,至顶驱达到需要的转速;开始钻进,严密监视顶驱转速、扭矩、钻压、泵压等参数变化。

⚠ 若需要停止钻进,先停钻井泵,待泵压降为 0 后,将【PUMPS INCR/DECR】开关扳至"DECR"(减少)位置,直至顶驱转速降为 0;待反扭矩释放完毕之后将【PUMPS REV/FWD】开关扳至中位,钻井液阀【VALVE OPEN/CLOSE】开关扳至"CLOSE"(关闭)位,最后将【MODE CONN/DRILL】开关扳至"CONN"(上卸扣)模式,此时柴油机为怠速模式运行。

2) 定向钻井中摆工具面

顶驱在钻台面且接着钻具,钻具需摆工具面时,按下列步骤操作,相关操作开关如图 6-14 所示。

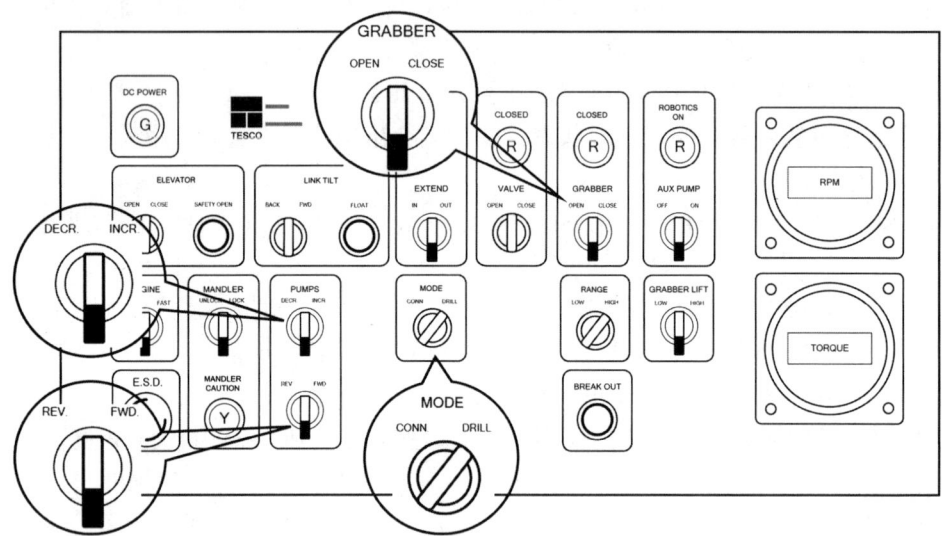

图 6-14 摆工具面相关操作开关

(1) 将【MODE CONN/DRILL】开关扳至"DRILL"(钻井)模式。

(2) 将【PUMPS REV/FWD】开关扳至"FWD"(正转)位。

(3) 将【PUMPS INCR/DECR】开关扳至"DECR"(减小)挡位,至顶驱转速降为 0,之后缓慢增加转速同时密切关注背钳,直至背钳轻微偏转。

(4) 将【GRABBER OPEN/CLOSE】开关扳至"OPEN"(打开)位。

ⓘ 若钻柱的反扭矩和顶驱扭矩相匹配,此刻打开背钳,顶驱会处于静止状态,不会旋转。

(5) 按照以下方法重新摆工具面。

(6) 顺时针旋转钻柱,将【PUMPS INCR/DECR】开关扳至"INCR"(增加)挡位,缓慢增加扭矩。增加扭矩的目的是克服井底动力马达的反扭矩,顺时针缓慢转动钻柱。

ⓘ 当达到满意的工具面后,立即夹紧背钳,同时适当地减少顶驱的扭矩。

(7) 逆时针旋转钻柱,将【PUMPS INCR/DECR】开关扳至"DECR"(降低)挡,缓慢降低扭矩。减小扭矩后,井下动力马达克服掉顶驱的扭矩使钻柱逆时针缓慢旋转。

ⓘ 当达到满意的工具面后,立即夹紧背钳,同时适当增加顶驱的扭矩。

3）定向钻井中记录钻柱扭矩

定向钻进（钻具底带动力马达），且钻头是在井底的工况下，按照以下步骤操作：
（1）调整背钳高度至保护接头位置，然后夹紧背钳。
（2）将【MODE CONN/DRILL】开关扳至"DRILL"（钻井）模式。
（3）将【PUMPS REV/FWD】开关扳至"FWD"（正转）位。
（4）将【PUMPS INCR/DECR】开关扳至"DECR"挡位，至顶驱转速降为0。
（5）将【PUMPS INCR/DECR】开关扳至"INCR"挡位，逐渐增加扭矩。
（6）当背钳发生侧偏转时，记录下当前扭矩。该扭矩即为当前钻柱扭矩。
ⓘ 在定向钻井过程中应当不时地测试并记录该扭矩值。

三、不同型号顶驱司钻操作台说明

（一）Tesco 电驱动顶驱

Tesco 电驱动顶驱除了 350EXI600 之外，比较典型的还有 250EMI400、500ESI1000、500ECI900 等型号。各型号司钻操作台大部分开关/按钮和指示灯位置、功能都相同，只有少部分开关/按钮和指示灯在各型号上稍有区别。各型号顶驱司钻操作台分别如图 6-15 至图 6-17 所示。

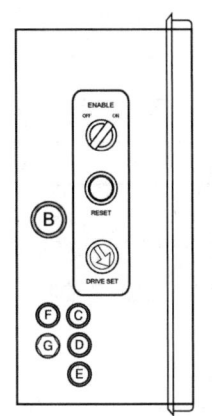
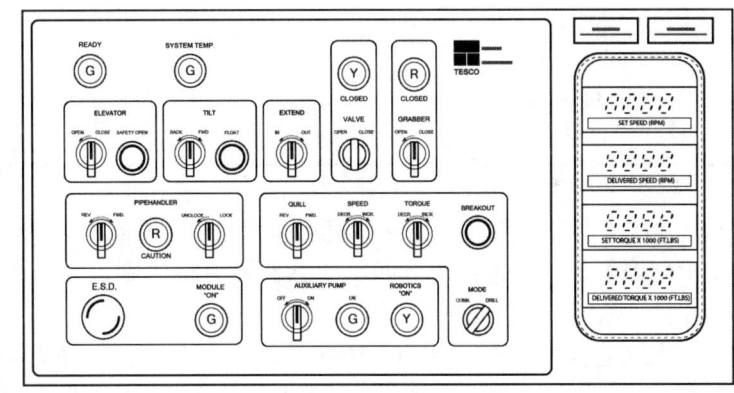

图 6-15　Tesco 250EMI400 顶驱司钻操作台

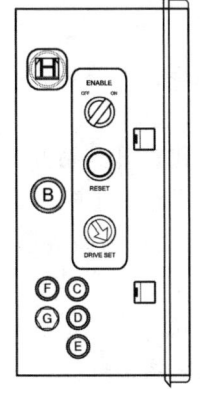
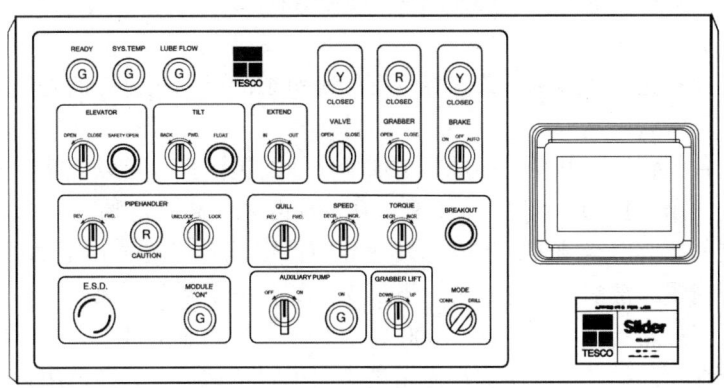

图 6-16　Tesco 500ESI1000 顶驱司钻操作台

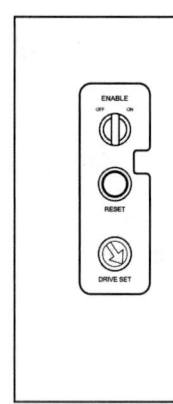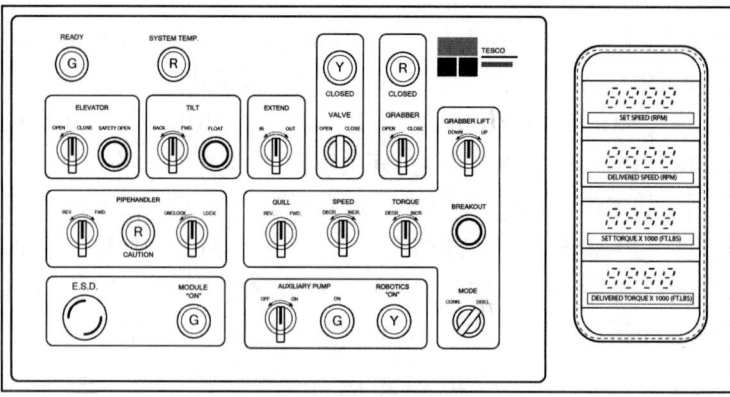

图 6-17　Tesco 500ECI900 顶驱司钻操作台

观察对比各型号顶驱操作台可以发现，各型号顶驱操作台的区别主要集中在刹车、背钳提升、齿轮油压指示以及转速/扭矩显示这几个功能上，见表 6-7。

表 6-7　Tesco 各型号顶驱司钻操作台对比

项目	250EMI400	350EXI600	500ECI900	500ESI1000
【LUBE FLOW】		√	√	√
【BRAKE ON/OFF/AUTO】				√
【BRAKE ON】				√
【ROBOTICS "ON"】	√	√	√	
【GRABBER LIFT UP/DOWN】		√	√	√
Speed/Torque 显示方式	指示表	指示表	指示表	触摸屏

注：打"√"即表示配备，未打"√"表示未配备。

【LUBE FLOW】指示灯用于指示减速箱润滑状态，常态下指示灯点亮表示减速箱润滑良好，指示灯熄灭表示减速箱润滑油压传感器没有检测到压力，此时顶驱主轴将无法转动，只有在排除故障以后才能恢复正常。

在液压系统运行的时候，【ROBOTICS "ON"】指示灯点亮表示液压站工作在高压状态，熄灭表示液压站工作在低压状态，通常在操作液压动作后随着液压站工作在高压状态指示灯会点亮。需要说明的是【AUXILIARY PUMP "ON"】指示灯点亮仅仅表示液压站已经开启。

转速和扭矩的显示方式，尽管有的是单独的指示表，有的是触摸屏，但对顶驱实际操作影响不大。

配备了背钳提升功能的顶驱增加了作业的灵活性，可以直接将背钳提升到钻井液阀高度位置，用于拆卸/旋紧钻井液阀，但同时也多了高空落物的隐患。因此对于配备背钳提升功能的顶驱，必须加强检查，确认导向器以及背钳与背钳上部支架之间的锁链连接好，避免背钳提升液缸损坏导致背钳下部支架部分高空坠落伤人。

对于最新的 Tesco 500ESI1000 顶驱而言，与之前型号最大的不同就是增加了盘式刹车装置，在定向钻井过程中直接使用盘式刹车固定钻具，无须再用背钳夹紧钻具。

（二）Tesco 液压驱动顶驱

Tesco 液压驱动顶驱除了 500HCI1205 之外，比较典型的还有 250HMIS475 等型号。各型号司钻操作台大部分开关/按钮和指示灯位置、功能都相同，只有少部分开关/按钮和指示灯稍有区别。Tesco 250HMIS475 顶驱司钻操作台如图 6-18 所示。

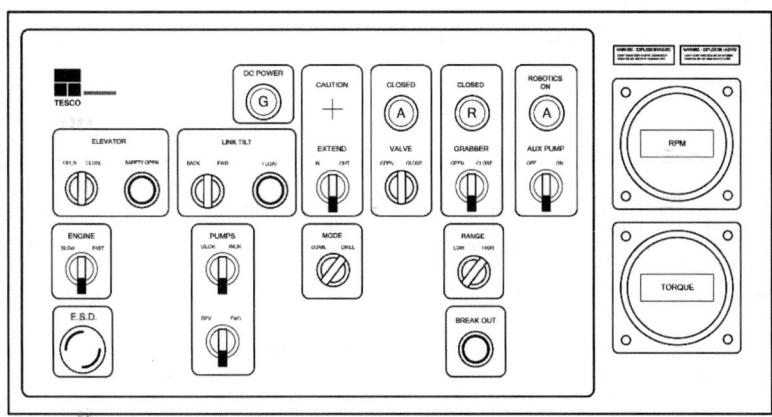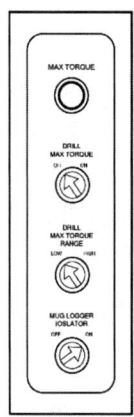

图 6-18　Tesco 250HMIS475 顶驱司钻操作台

将图 6-18 与图 6-4 对比可以看出，250HMIS475 只是比 500HCI1205HP 缺少【HANDLER UNLOCK/LOCK】开关、【HANDLER CAUTION】指示灯以及【GRABBER LIFT UP/DOWN】开关。因为 250HMIS475 顶驱本体结构中没有设计旋转头和背钳上下移动的结构，吊环只能前倾/后倾动作，无法围绕主轴做 360°旋转。

第三节　Tesco 顶驱安装拆卸

顶驱安装和拆卸涉及吊装作业和高处作业等高风险作业，现场参与人员应接受相关安全培训并严格遵守 HSE 规章制度，顶驱专业服务人员应将详细步骤以及作业中存在的风险对全员交底，指派专人现场监督和指挥吊装，保证拆装工作安全进行。

安全须知

⚠ 吊装应选择符合标准的吊装索具。

⚠ 顶驱只能由司钻、顶驱管理人员或经过专业培训的人员进行操作。

⚠ 在进行液压系统安装和维护等操作前，切断电力供应，执行上锁挂牌，并按要求进行泄压、测量；关闭进出口的阀门，释放蓄能器的压力。

⚠ 遇有6级以上（含6级）大风、雷电或暴雨、雾、雪、沙尘暴等能见度小于30m时，应停止设备吊装、安装、拆卸及高处作业。

⚠ 对顶驱进行安装、拆卸作业，应断开所有动力源，在任何情况下禁止带电或带压作业。

⚠ 吊装电缆时不能使用钢丝绳直接悬挂电缆。
⚠ 吊装点只能选择厂家指定位置。
⚠ 安装拆卸过程中上提下放、搬运操作应平稳缓慢，避免发生设备碰撞。
⚠ 顶驱操作有疑问时应咨询相关人员再操作。
⚠ 所有安装、拆卸工作应按照相关标准、规范等文件的要求执行。
❗ 作业人员必须按规定穿戴合格的劳动保护用品。
❗ 高处作业人员按规定使用安全带、防坠落装置。
❗ 高处作业所用工具、零部件应系安全绳或装在工具袋内防止坠落，工具、零部件禁止上抛、下扔。
❗ 高处作业的正下方及其附近区域禁止人员作业、停留和通过。
❗ 吊装作业时人员应远离吊装物，吊臂旋转范围内严禁站人。

Tesco 350EXI 顶驱安装拆卸的风险按照"人、物、法、环"分析，见表 6-8。

表 6-8　Tesco 350EXI 顶驱安装、拆卸风险因素表

风险因素	内容
人的因素	1. 不熟悉安装拆卸流程或操作失误； 2. 作业人员沟通不顺畅，配合不佳； 3. 操作速度过快，重点步骤安全监护不力； 4. 违反拆装操作流程作业
设备因素	1. 绞车、气动绞车、吊车工作不正常； 2. 钢丝绳/吊带、安全带、登梯助力器等不合格或未安装； 3. 吊车、吊篮、电缆爬犁等摆放位置不合理，与其他设备互相干扰
环境因素	1. 恶劣天气如大风、沙尘暴、雨雪影响正常作业； 2. 钻台面被钻井液、油泥污染，工具摆放不整齐
管理因素	1. 没有正确使用 PTW、JSA 等 HSE 工具； 2. 培训不到位，导致作业人员不了解、不熟悉作业流程及作业风险； 3. 交叉作业，拆装顶驱的时候同时安排其他作业

Tesco 电驱动顶驱和液压驱动顶驱尽管驱动方式和司钻操作方式上存在区别，但是其导轨、导轨滑车等结构类似，两者的安装/拆卸方式并没有太大的区别。以 Tesco 350EXI600 为例，其标准结构如图 6-19 所示。

Tesco 350EXI600 顶驱与 NOV TDS-11SA、北石 DQ70BSC 顶驱进行对比，虽然顶驱的各部分结构存在差异，但是基本结构是相同的。Tesco 350EXI600 顶驱安装/拆卸方式类似前述顶驱品牌，可参考 NOV 顶驱、北石顶驱各章节内容。需要单独说明的是其他品牌顶驱在运输期间会将所有电缆/液压管线盘好放在专用的电缆爬犁内，而 Tesco 顶驱的电缆/液压管线在运输期间则是缠绕在液压驱动的滚筒上。在安装拆卸过程中，直接将电缆/液压管线从滚筒上抽出或者缠绕在滚筒上。

⚠ 无论是将电缆/液压管线从滚筒上抽出或者缠绕在滚筒上，在用气动绞车吊着电缆/液压管线的时候，气动绞车和滚筒速度必须保持同步，确保电缆/液压管线不会被过度拉扯而损伤。

与其他品牌顶驱相比，Tesco 公司的特点是为客户提供定制服务。Tesco 公司根据客户

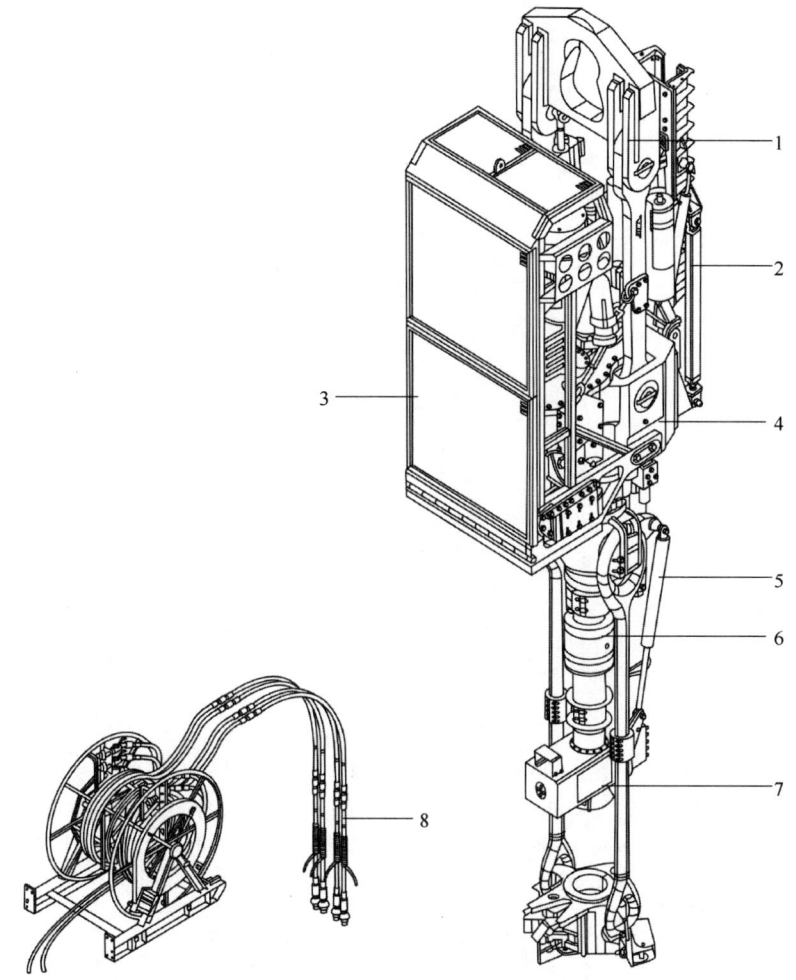

图 6-19 Tesco 350EXI600 顶驱标准结构

1—提环及平衡系统（Yoke/Link/Counterbalance System）；2—导轨滑车（Torque Bushing）；
3—顶驱护罩（Guard Assembly）；4—减速箱（Gearbox）；5—倾斜液缸（Link Tilt）；
6—钻井液阀及执行器（Mudsaver and Actuator）；7—背钳（Grabber）；8—电缆/液压管线滚筒

提供的钻机，通过重新设计部分顶驱结构使顶驱与钻机集成，以应对钻机快速搬家的要求。

同样以 Tesco 350EXI600 顶驱为例，与钻机集成后的顶驱结构如图 6-20 所示。

对比图 6-19 和图 6-20 可以发现，两者之间最大的区别在于导轨滑车，标准的 Tesco 350EXI600 顶驱配备独立的导轨，导轨悬挂在天车上并自上而下延伸到钻台上方 2~3m 的高空，导轨滑车沿着导轨上下活动并将钻进时的扭矩通过导轨传递到井架上，这种方式对钻机井架没有特殊要求，只要保证足够的内部空间即可。而定制顶驱的导轨则集成到钻机井架上，这种方式井架本身就是导轨，顶驱滑车沿着井架上下活动并将钻进时的扭矩直接传递到井架上，因此对于钻机井架和顶驱导轨，在设计之初就要考虑两者互相集成的问题。

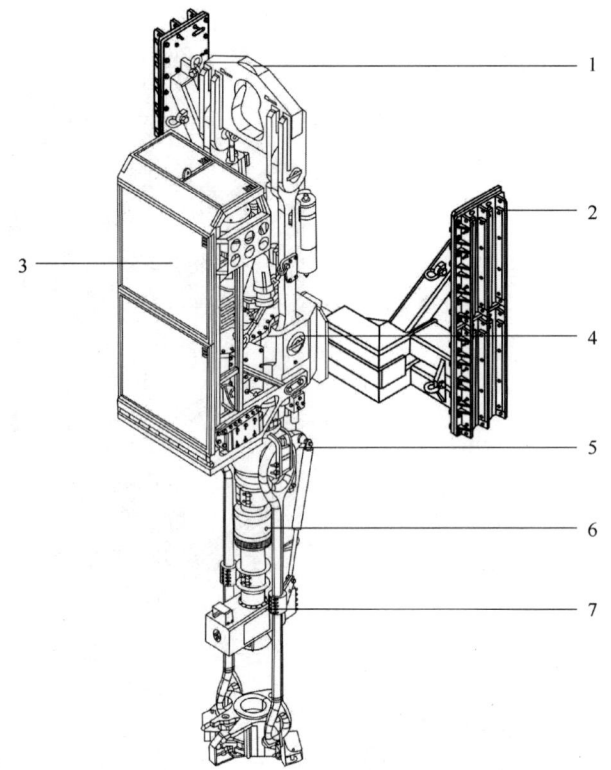

图 6-20　Tesco 350EXI600 定制顶驱结构

1—提环及平衡系统（Yoke/Link/Counterbalance System）；2—导轨滑车（Torque Bushing）；
3—顶驱护罩（Guard Assembly）；4—减速箱（Gearbox）；5—倾斜液缸（Link Tilt）；
6—钻井液阀及执行器（Mudsaver and Actuator）；7—背钳（Grabber）

以下重点介绍 Tesco 350EXI600 定制顶驱的安装/拆卸流程。

一、顶驱安装

顶驱安装流程如图 6-21 所示。

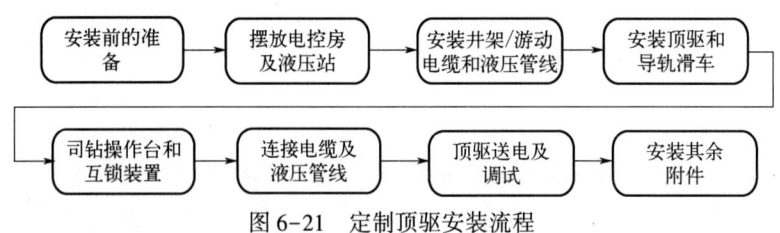

图 6-21　定制顶驱安装流程

（一）安装前的准备

1. 清理钻台面

将钻台面上的液压大钳、B 型钳、卡瓦等工具摆放至远离井口的位置，井口用盖板覆盖，避免意外情况。清理钻台面如雨水、油泥、钻井液等易造成人员摔倒的污染物等，为后续工作提供安全的工作环境。

2. 检查工具

检查所有工具,尤其是双尾绳安全带、登梯速差器、对讲机、防坠绳、人字梯、气动绞车、吊篮、钢丝绳等,确保使用时安全可靠。

3. 数据调查确认

在正式开始安装之前,需要调查的数据以及各种资料如下:

(1)根据钻机井场布置图,确定顶驱电控房、液压站摆放位置。

(2)确认电源要求:600V AC、1000A、60Hz,如果是 50Hz,需要顶驱厂家提供一个辅助机构。

(3)确认立管高度。

(4)确认水龙带长度。

(5)确认井架宽度/高度,保证顶驱本体、电缆、液压管线和水龙带在有效行程范围内移动时不与井架及其他设施发生刮碰。

(6)根据钻机井架结构,确定游动电缆支架的安装位置。

与钻机集成的 Tesco 350EXI600 顶驱安装的时候,由于结构的问题,顶驱正面对着井架背梁方向,这一点与其他顶驱安装完成以后正面对着坡道方向正好相反。因此从井架背梁方向观察,顶驱安装结构立面图如图 6-22 所示。

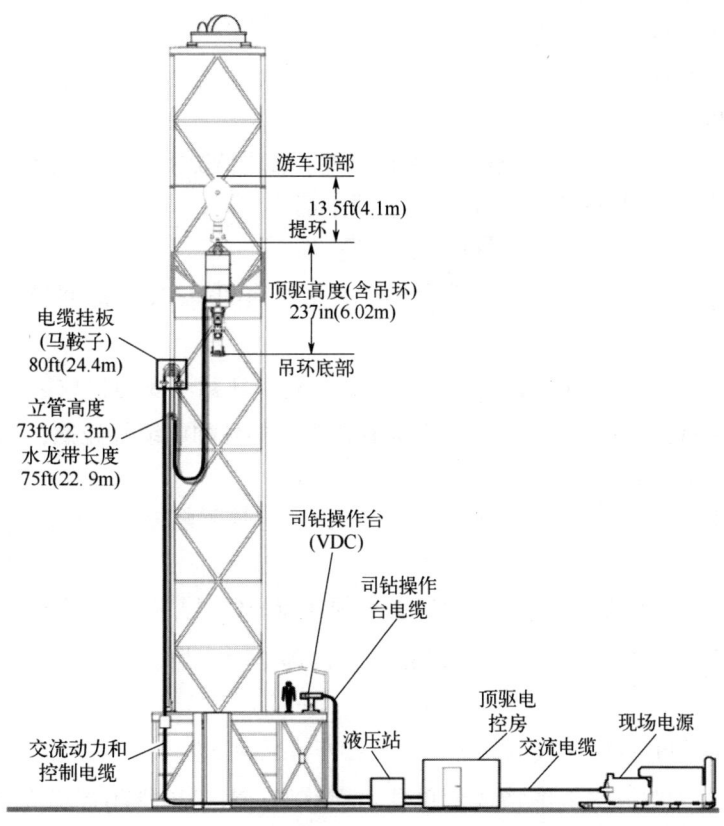

图 6-22 集成顶驱安装结构立面图

（二）摆放电控房及液压站

电控房和液压站推荐摆放位置如图 6-23 所示。

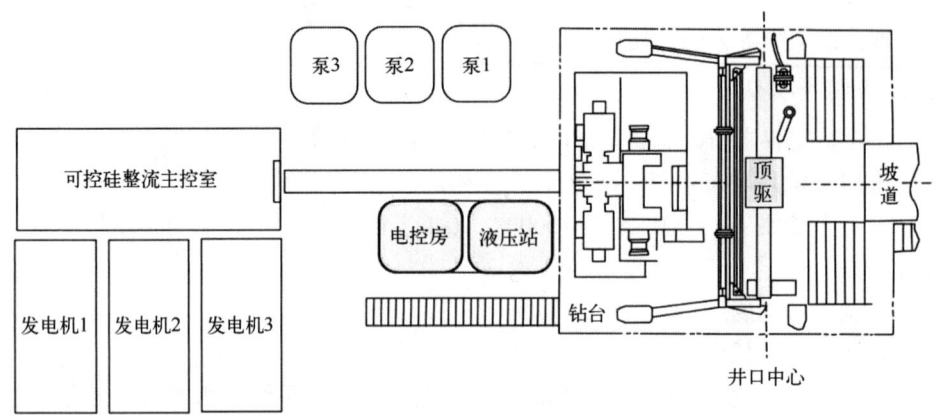

图 6-23　摆放顶驱电控房和液压站

推荐按图 6-23 所示摆放电控房和液压站（液压 Tesco 顶驱对应动力单元），但各个钻机的结构、布置都不一样，现场可根据实际情况加以调整。为适应快速搬家的需求，定制顶驱适配的钻机通常在钻机中预留了顶驱电控房、液压站的位置。

实际摆放位置从以下几个方面加以考虑：
（1）电控房的进线/出线电缆长度。
（2）电控房和液压站之间的电缆长度。
（3）电控房门和接线处的方向。
（4）电控房摆放位置是否平整、是否有积水，必要情况下可以铺钢木基础。
（5）电控房与周围设备留有一定距离，便于巡检。
（6）电控房空调外机与热源保持一定距离。

⚠ 吊装电控房和液压站应选择符合标准的钢丝绳和卸扣，4 点起吊，并用牵引绳控制电控房姿态。

⚠ 吊装作业应有专人指挥，吊装操作缓慢平稳，注意不要与摆放区域周围其他设备如钻井泵、钻台梯子、钻机电缆盒，尤其是裸露在外的各种电缆等碰撞；吊装过程中周围无关人员远离作业区域。

电控房和液压站摆放好以后，连接井队 VFD 房与顶驱电控房之间的进线电缆以及液压站的进线电缆。

⚠ 井队 VFD 房为顶驱供电的空气开关必须在断开位置并有"禁止合闸"的标志。

ⓘ 连接电缆接插件之前，检查电缆接插件内部是否干燥、有无污染并清理，确保良好的导电性。

ⓘ 电控房必须有良好的接地装置，避免意外情况的发生。

ⓘ 地面电缆需摆放进电缆槽或者单独的运移架，对于不得不裸露在地面上的部分，必须垫高，避免人员踩踏，更不得浸泡在积水里。

（三）安装井架/游动电缆和液压管线

标准的 Tesco 350EXI600 顶驱采用 Tesco 标准的滚筒收纳、安装井架电缆和液压管线，而定制的顶驱则采用传统的电缆夹板装置和马鞍装置悬挂井架电缆和游动电缆，如图 6-24 所示。

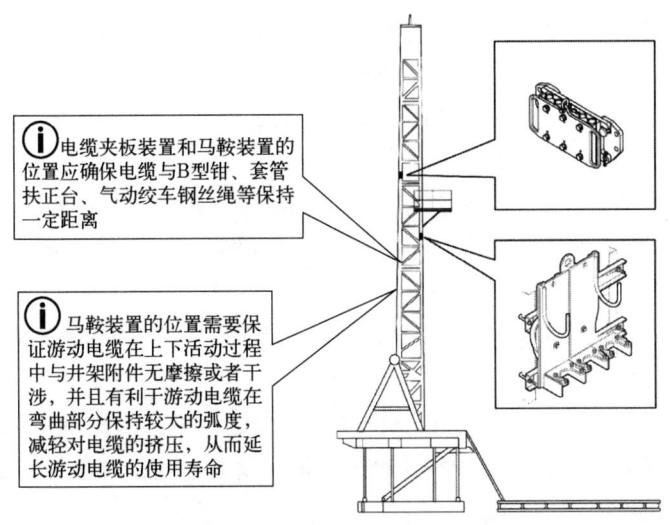

图 6-24　安装井架电缆和游动电缆

（1）在起井架之前首先将悬挂游动电缆/液压管线的马鞍装置固定到井架上预定的位置。

（2）将井架电缆和液压管线固定到电缆夹板装置上，如图 6-25 所示。

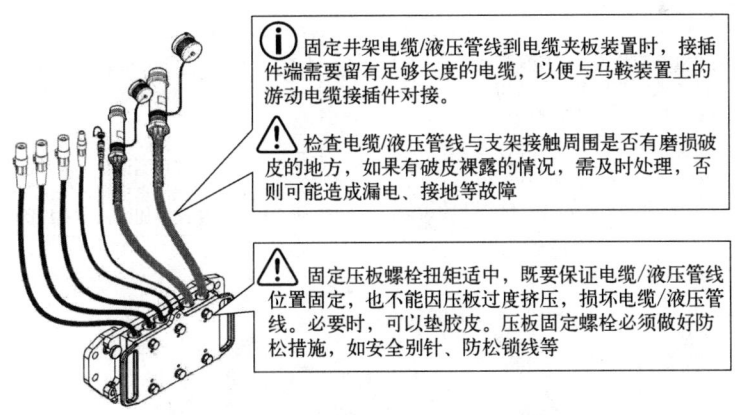

图 6-25　电缆夹板装置夹紧电缆/液压管线

（3）用气动绞车或者吊车吊装电缆夹板装置至预定的悬挂位置，井架工攀登井架至合适位置，然后将电缆夹板装置上的钢丝绳悬挂到位。此外，为增加安全性可以另外加一备用安全绳。

ⓘ 气动绞车在提升之前必须增加足够的配重，否则当井架电缆悬挂到位以后，气动绞车可能失控无法下放。缓慢提升气动绞车，并注意观察电缆/液压管线、电缆夹板装置

是否与井架或者其他附件有干涉，防止管缆损坏。

! 悬挂电缆夹板装置属于三级高处作业，井架工必须使用双尾绳安全带并固定到井架上合适的锚固点，随身工具必须有防坠措施，并使用对讲机与钻台保持良好通信。

! 作业人员在井架高处作业时，正下方严禁站人，防止高空落物伤人。

（4）用气动绞车分别将3根游动电缆/管线（主电动机电缆、综合控制电缆、液压管线）缓慢提升至井架二层台附近的马鞍装置处，然后井架工和气动绞车操作人员互相配合将电缆坐进安装位置，最后将固定压板用螺栓上紧。

⚠ 3根游动电缆/管线上端固定到马鞍装置上之后，将下端摆放在钻台安全区域，避免在后续工序中被挤压碰撞损坏。

⚠ 吊装游动电缆必须使用电缆挂盘处的卸扣作为吊点，避免使用钢丝绳直接缠绕电缆的方式吊装。用钢丝绳缠绕电缆的吊装方式容易损伤电缆内部的芯线，尤其是多芯的综合控制电缆。

⚠ 气动绞车吊装之前必须要有足够的配重，如使用25t卸扣等，避免气动绞车失控而无法下放到钻台面上。

⚠ 有专人指挥气动绞车，提升电缆和液压管线过程中，使用牵引绳控制姿态，缓慢提升/下放，如出现电缆缠绕、扭结和挂蹭等现象，及时处理，避免损坏电缆。

（四）安装顶驱和导轨滑车

（1）提升游车至半空中，然后用吊车将顶驱本体及运移架吊运至钻台面，注意吊点位置，如图6-26所示。

ⓘ 提前清理钻台面并将游车上提至高空中合适高度，如有必要可拆除钻台一侧护栏，保证空间开阔，防止设备碰撞。

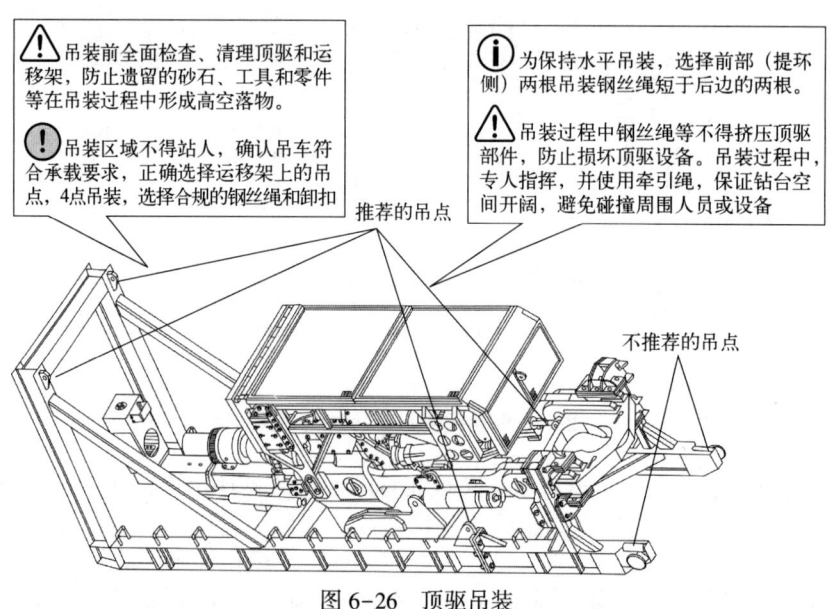

图6-26 顶驱吊装

（2）将顶驱及运移架摆放在钻台合适位置，此时顶驱提环朝向坡道。移除运移架下端的吊装钢丝绳，保留吊车悬吊提环侧一端的两根吊装钢丝绳。然后下放游车，使用钢丝绳将运移架下端的吊点与游车连接。接着游车和吊车互相配合，将运移架及顶驱立起放在钻台面，如图6-27所示。

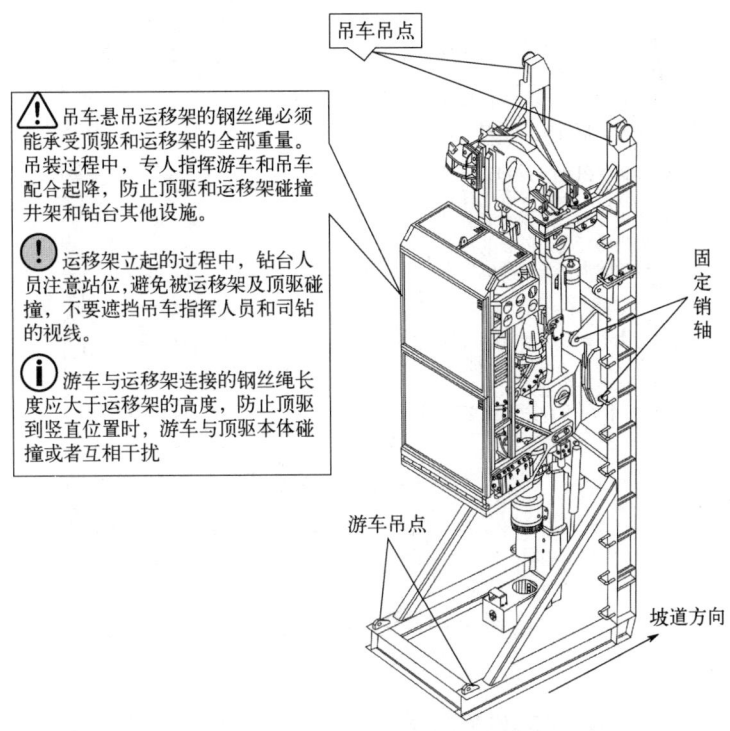

图6-27　运移架及顶驱立在钻台面

（3）摘除所有钢丝绳和卸扣，使用气动绞车悬吊运移架顶部吊点。将游车下放至提环附近，然后将顶驱提环悬挂到游车上。

⚠ 推荐将顶驱提环直接悬挂到游车上。

⚠ 气动绞车保持悬吊运移架的上部吊点，防止游车、顶驱摆动碰撞，导致运移架翻倒。

! 下放游车的时候，控制下放速度并有专人指挥司钻，直至游车平稳停在提环附近。过程中顶驱本体上方及周围不得站人。

! 由于顶驱本体上方位置狭窄，作业人员在顶驱本体上移动必须使用全身式安全带，安全尾绳挂在合适的锚固点。

（4）移除主电动机和背钳扭矩架的支撑，并打开提环锁，如图6-28所示。

（5）移除顶驱与运移架之间的固定销轴。

（6）缓慢上提游车，慢慢提升顶驱直至顶驱与运移架完全分离。继续上提顶驱至半空中，放下气动绞车，改用吊车悬吊运移架上部两个吊点，将运移架吊离钻台。

⚠ 分离顶驱和运移架时，缓慢提升，防止顶驱上提过程中与运移架、井架碰撞，防止与气动绞车悬吊运移架的钢丝绳干涉挂蹭。

⚠ 在将顶驱上提至半空中的时候，有专人指挥游车，注意观察顶驱与井架背梁是否

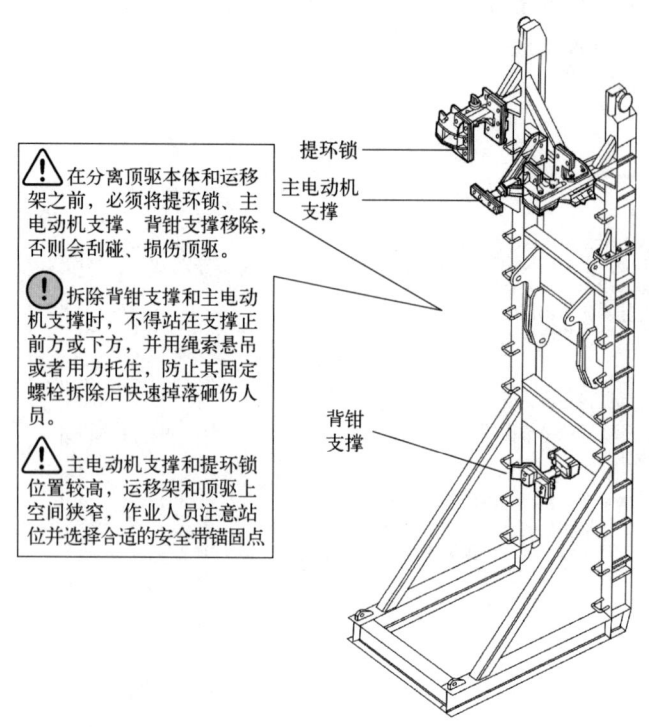

图 6-28 移除各部位支撑

有刮碰。

⚠ 采用上部两个吊点将运移架吊离钻台面时会左右晃动，钻台人员必须远离，同时使用牵引绳控制运移架姿态。

（7）下放游车，拆除顶驱齿轮箱背后的运移架连接装置，如图 6-29 所示。

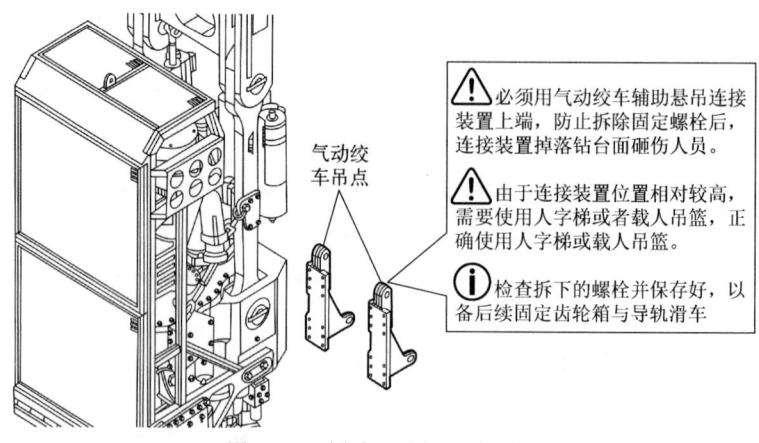

图 6-29 拆除运移架连接装置

（8）将导轨滑车吊至钻台面并对接井架，如图 6-30 所示。

（9）当导轨滑车完全进入井架以后，缓慢下放游车，将导轨滑车上的螺栓孔与齿轮箱背后的螺栓孔对齐，安装固定螺栓。

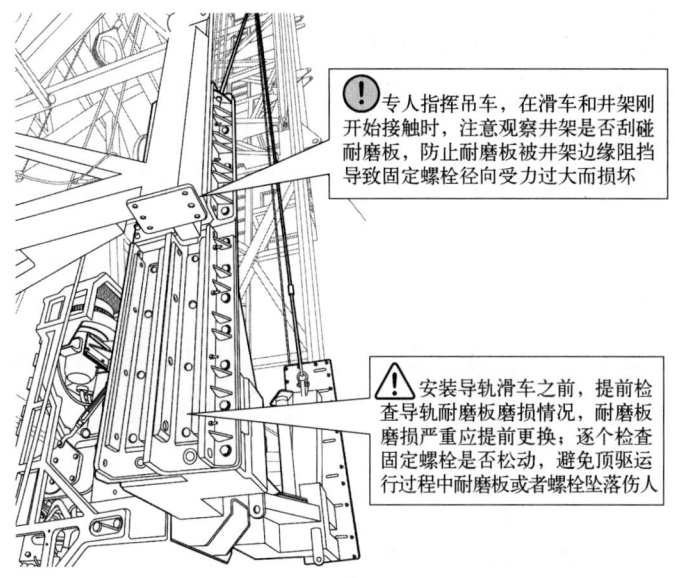

图 6-30　吊装导轨滑车并对接井架

⚠ 由于顶驱本体（不带导轨滑车）的重心不居中，向主电动机方向倾斜，导致齿轮箱背部和导轨滑车接触位置上下间隙不一致。为便于对齐螺栓孔，需要使用气动绞车牵引顶驱本体下端，使其保持在竖直状态。

（五）安装司钻操作台和互锁装置

（1）摆放司钻操作台并连接控制电缆。在司钻房合适位置放置司钻操作台，并根据钻机结构将司钻操作台控制电缆摆放进电缆槽，将电缆两端分别与电控房和司钻操作台连接。

ⓘ 提前检查控制电缆内部各线芯的通断。在布置控制电缆走线的时候注意与其他动力电缆分开，避免动力电缆与控制电缆之间的电磁干扰；同时由于控制电缆较细，布线的时候不得生拉硬扯，远离尖锐物体边缘。

ⓘ 司钻操作台摆放位置既要固定牢靠，也要方便司钻操作、观察转速及扭矩。

（2）安装互锁装置。由顶驱服务人员（厂家服务人员/顶驱服务工程师/钻井队电气师、机械师）根据钻机结构安装连接互锁装置。

ⓘ 安装互锁装置需要考虑顶驱系统以及钻机系统之间的技术接口搭配情况以及可能的互相干扰。

（六）连接电缆和液压管线

需要连接的电缆/液压管线包括：

（1）电控房与钻井队供电端之间的进线电缆。
（2）电控房与井架电缆之间连接。
（3）电控房与液压站之间的电缆。
（4）液压站与井架液压管线连接。
（5）井架二层台高度处井架电缆/液压管线与游动电缆/液压管线连接。

（6）游动电缆/液压管线钻台端与顶驱本体接线。

（7）根据录井要求，连接顶驱电控房和录井之间的转速和扭矩信号线。

ⓘ 建议在连接电缆之前检查电缆通断、短路以及绝缘性能。对于多芯电缆，重点检查电缆芯的短路、断路现象；对于主电动机的动力电缆，重点检查电缆的绝缘性能。

ⓘ 在连接电缆接插件的时候，检查电缆接插件内部是否干净、干燥，确保接插件连接以后具有良好的导电性。

ⓘ 连接液压管线的时候，检查液压管线接头是否干净，避免砂粒等脏东西进入液压系统。

⚠ 顶驱电控房输出的转速和扭矩信号分为电压型和电流型，必须提前与录井工程师沟通确定信号类型。

（七）顶驱送电及调试

当以上部件都安装、连接完毕以后，由顶驱管理人员检查确认，然后送电进行调试。调试顶驱时，将顶驱下放在井口附近，确保周围无人，单独测试每个功能。

ⓘ 顶驱如长时间在潮湿环境下放置，调试之时建议首先启用主电动机的加热功能，以提高主电动机的绝缘性能。

⚠ 送电之前检查司钻操作台除【ENABLE OFF/ON】之外的各元件状态是否处于表 6-5 中的状态，【ENABLE OFF/ON】在"OFF"位置，避免在送电后发生意外。

⚠ 送电之前，根据电控房内的温度和湿度情况，首先运行空调将电控房内的湿度控制在合理区间。

⚠ 在测试顶驱的背钳夹紧功能的时候，必须确保背钳内部有与背钳钳牙座搭配的钻具，避免损坏背钳液缸。

（八）安装其余附件

（1）安装鹅颈管。用气动绞车提升鹅颈管上的吊装点至顶驱减速箱上的钟形罩安装位置，如图 6-31 所示，对齐钟形罩和支撑柱的螺栓孔，逐个紧固所有螺栓后再摘除气动绞车。

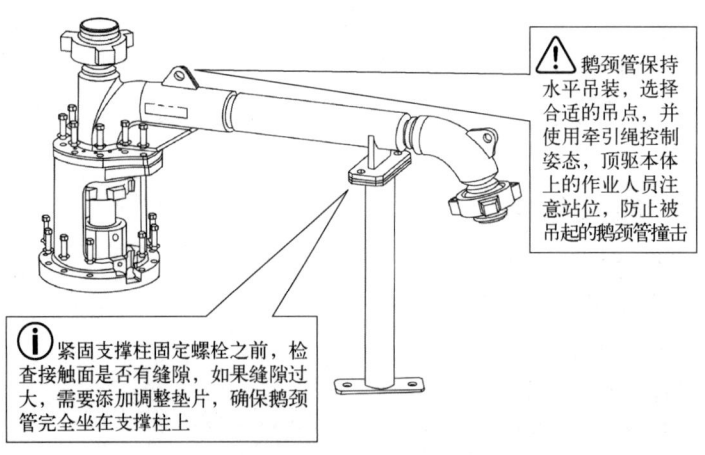

图 6-31 安装鹅颈管

第六章　Tesco顶驱安全作业指导

ⓘ 在安装鹅颈管之前检查冲管转换接头（在鹅颈管和钟形罩之间）以及固定螺栓，若固定螺栓松动或不齐全，在砸紧/松开冲管上部活接头的过程中，将会造成冲管转换接头转动或螺栓断裂，导致冲管上部活接头无法与冲管转换接头分开。

（2）安装冲管总成。

ⓘ 冲管和鹅颈管的顺序不能颠倒，因为冲管上部活接头连接到鹅颈管上的冲管转换接头。

⚠ 冲管与传统水龙头上的冲管结构基本相同，安装方法类似，只是需要注意的是，由于Tesco顶驱冲管与钟形罩之间的间隙非常小，在安装过程中注意手指不要被夹伤；同时人员在顶驱本体上移动，必须使用全身式安全带并注意站位。

（3）安装吊环，将吊环悬挂到旋转头两侧的吊耳上，如图6-32所示。

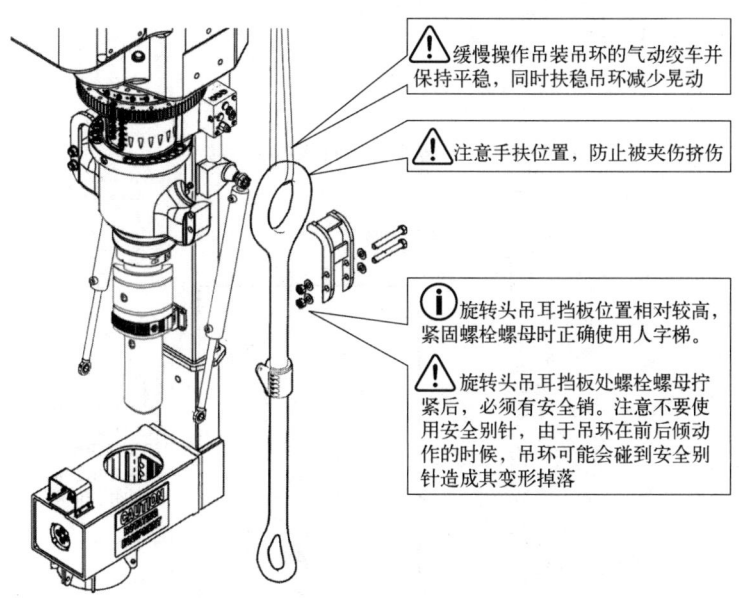

图6-32　吊装吊环

⚠ 梯子使用前应检查结构是否牢固，登高时严禁使用存在安全隐患的梯子，作业时必须有专人扶持。

⚠ 现场尽量使用人字梯，人字梯应有坚固的铰链和限制跨度的拉链，踏步间距不得大于300mm，用人字梯时脚距梯子顶端不得少于2步；禁止踏在梯子顶端工作。

⚠ 如使用靠梯，靠梯必须放置稳固，与地面夹角以60°~70°为宜，梯子顶端应与顶驱靠牢，靠梯的靠点应避开顶驱的旋转部件。用靠梯时，脚距梯子顶端不得少于4步，靠梯的高度如超过6m，应在中间设支撑加固。在平滑面上使用的梯子，应采取端部套绑防滑胶皮等防滑措施。严禁两人同时站在同一梯子上作业。

⚠ 梯子上有人时，严禁移动梯子；作业人员进行作业时，严禁司钻上提或下放顶驱。

（4）安装背钳导向器及保护接头，尤其是背钳导向器的安全锁链，如图6-33所示。

（5）移除提环与齿轮箱之间的正反丝杠，如图6-34所示。

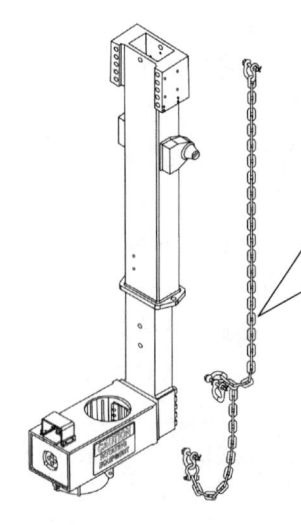

图 6-33　安装背钳导向器和保护接头

> ⚠ 安装导向器以后，必须用安全锁链将背钳导向器、背钳下部扭矩架及上部扭矩架连接，避免钻井作业过程中背钳提升液缸活塞杆断裂造成背钳下部扭矩架坠落，造成高空落物伤人。
>
> ⚠ 安装保护接头以后，不得在没有接钻具的情况下操作背钳夹紧功能，以免损伤保护接头的螺纹

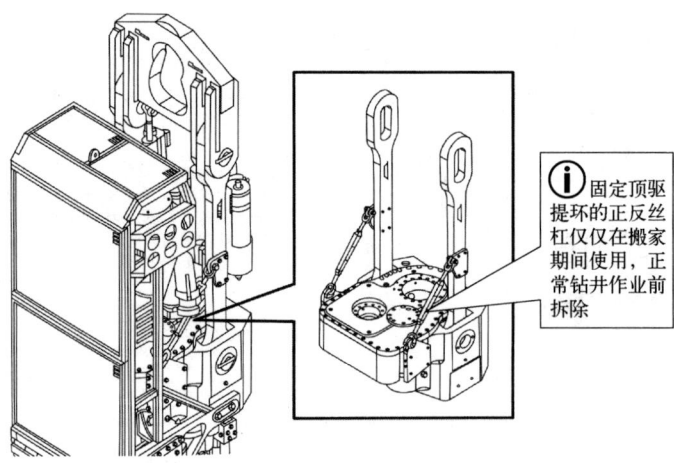

图 6-34　移除提环与齿轮箱之间的正反丝杠

> ℹ 固定顶驱提环的正反丝杠仅在搬家期间使用，正常钻井作业前拆除

（九）安装完成后验收

安装完成后，根据作业现场验收要求对顶驱进行检查验收，验收内容包括但不限于表 6-9 中的内容。

表 6-9　Tesco 顶驱安装验收表

序号	项目	标准	结果
一、机械部分			
1	导轨滑车与齿轮箱之间调整垫片	调整垫片厚度满足顶驱井口对正要求	
2	电缆挂架	固定牢靠，螺栓螺母及保险销齐全	

续表

序号	项目	标准	结果
3	水龙带长度	长度满足顶驱上下游动要求	
4	立管高度	高度满足顶驱上下游动要求，与游动电缆液压管线无摩擦	
5	顶驱本体与井架附件是否干涉	本体在井架内全程范围不得有刮碰现象	
6	顶驱本体各处螺栓、连接销	螺栓紧固，防松锁线齐全，各连接销、开口销、安全别针齐全	
7	钻井液阀—主轴上扣扭矩	根据厂家手册	
8	保护接头—钻井液阀上扣扭矩	根据厂家手册	
9	背钳及钳牙	背钳正常，钳牙完好，压板防松锁线齐全完好	
10	液压油	根据厂家手册	
11	齿轮油	根据厂家手册	
12	吊卡类型	钻进时必须使用对开式吊卡	
二、液压部分			
1	各处密封	不漏油	
2	液压管线	无破损，固定可靠，无渗漏	
3	游动电缆、水龙带及液压管线	顶驱上下运行过程中无交叉	
4	液压系统压力	正常	
5	倾斜回路	功能正常	
6	回转回路	功能正常	
7	回转锁紧	功能正常	
8	平衡回路	功能正常	
9	制动回路	功能正常	
10	背钳回路	功能正常	
11	钻井液阀回路	功能正常	
三、电气部分			
1	输入电源电压	输入600V，电压稳定，波动不超过±5%	
2	主电动机、风机、电控房绝缘检查	无绝缘故障	
3	变压器、电控房放置是否平稳	符合顶驱相关操作要求	
4	各插接件绝缘情况，是否破损	无绝缘故障	
5	电源相序是否正常	相序正确，风机转向正确	

续表

序号	项目	标准	结果
6	空调制冷、照明	制冷正常、照明正常	
7	扭矩、转速	正常	
8	报警及互锁	功能正常	
9	按钮、开关固定可靠、功能正常	符合功能	
10	电气设备及接地	无漏电、无干扰，符合防爆要求，接地电阻≤4Ω	
11	司钻操作台及支架固定情况	固定牢固，司钻操作台观察视线无障碍	
12	钻井扭矩、上扣扭矩、卸扣扭矩功能	正常	
13	电动机运转情况	电动机运转正常	
四、安全防护措施			
1	导轨滑车	导轨滑车与齿轮箱之间的连接螺栓齐全，防松锁线完好、无断裂	
2	滑车耐磨板	1. 滑车耐磨板无磨损； 2. 所有耐磨板固定螺栓紧固无缺失； 3. 滑车固定销螺母紧固，安全销齐全	
3	电缆挂架	挂架固定螺栓安全销齐全、有效	
4	电缆法兰盘	本体及电缆挂架法兰盘固定螺栓紧固，防松锁线齐全可靠	
5	顶驱综合电缆挂架	1. 挂架钢丝绳与井架接触部位需加垫胶皮； 2. 螺栓紧固，防松锁线齐； 3. 使用卸扣为4件套，开口销齐全	
6	冷却风机电动机	1. 螺栓紧固，防松锁线齐全可靠； 2. 电动机加装防坠钢丝绳； 3. 风机护罩壳加装防坠钢丝绳	
7	平衡系统	1. 平衡梁系统的销子完好，安全销齐全； 2. 平衡油缸支撑体连接螺栓紧固，安全销齐全，支撑体本体无裂纹	
8	顶驱本体电控箱门	柜门关闭严实	
9	本体防护栏	螺栓紧固，防松锁线齐全可靠	
10	齿轮油箱、液压油箱呼吸器及加油孔堵头	安全链齐全、无退扣现象	
11	管子处理器	螺栓紧固，防松锁线齐全可靠	
12	润滑油泵	1. 螺栓紧固，防松锁线齐全可靠； 2. 润滑油泵加装防坠安全绳，螺栓紧固，防松锁线齐全可靠	

续表

序号	项目	标准	结果
13	钻井液阀装置	1. 防松装置螺栓紧固，防松锁线齐全可靠； 2. 执行机构旋转密封无漏油现象	
14	倾斜油缸	圆螺母紧固，止动垫圈齐全并固定好，销子无退出	
15	倾斜油缸吊环卡箍	吊环卡箍位置合适、紧固，防松锁线齐全	
16	背钳挂臂	安全锁链固定牢固，背钳提升液缸固定销紧固	
17	背钳	1. 钳牙座、压板完好，压板固定螺栓紧固，防松锁线齐全； 2. 背钳体外部所有连接螺栓紧固，防松锁线、安全销齐全	
18	背钳导向器	螺栓紧固，防松锁线齐全可靠，安全锁链固定牢固	
19	锁紧机构及旋转头马达	螺栓紧固，防松锁线齐全可靠	
20	灭火器与应急照明措施	消防器材配备齐全、有效，有定期检查记录；应急照明灯工作正常	

二、顶驱拆卸

顶驱拆卸流程如图 6-35 所示。

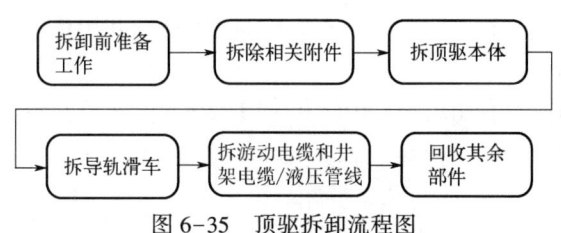

图 6-35　顶驱拆卸流程图

（一）拆卸前准备工作

（1）拆除背钳导向器、拆除保护接头。拆除导向器、保护接头的目的是确保顶驱本体能完全坐入运移架。

（2）将背钳提升到活动行程的最高点，同样是为了确保顶驱本体能完全坐入运移架。

拆卸顶驱时，打开控制背钳提升的手动开关阀，然后将背钳提升到行程最高点。这个最高点与钻井时背钳行程的最高点是不一样的。钻井时背钳行程的最高点是在手动开关阀关闭的情况下的最高点，低于手动阀打开后的背钳行程最高点。

（3）清理钻台面并拆除井架下部的延伸段。将钻台面上的液压大钳、B 型钳、卡瓦等工具摆放至远离井口的位置，井口用盖板覆盖，防止意外情况。钻台面如有雨水、钻井液等易造成人员摔倒的污染物等，必须要清理干净，为后续工作提供安全的工作环境。

另外，拆除井架下部延伸段，以便有足够的高度让导轨滑车从井架上滑出，如图 6-36 所示。

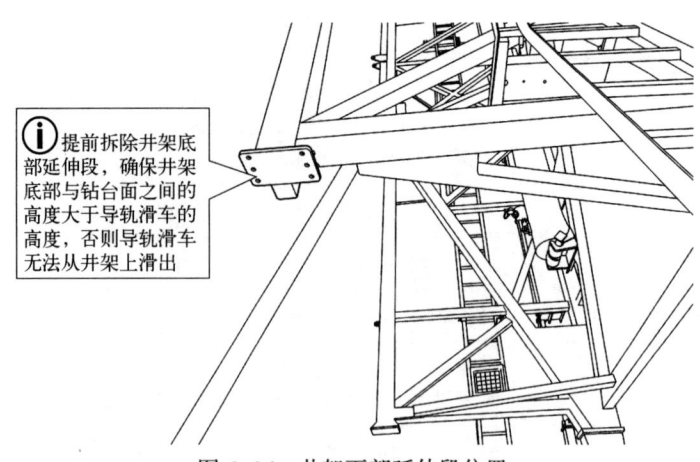

图6-36 井架下部延伸段位置

(4) 检查工具。检查所有工具，尤其是双尾绳安全带、登梯速差器、对讲机、防坠绳、人字梯、气动绞车、载人吊篮、钢丝绳等，确保使用时安全可靠。

（二）拆除相关附件

(1) 拆除吊环、吊卡以及吊环与倾斜液缸之间固定的销轴。

转动旋转头使吊卡面对井架背梁方向，然后将吊环向钻机坡道方向倾斜，如图6-37所示。接着用气动绞车提着吊卡以便拆下吊卡。在甩下吊卡以后，缓慢下放游车，将吊环下端轻轻坐在钻台面上，接着拆除吊环与倾斜液缸之间的固定销轴，可以操作【TILT BACK/FWD】方便取出销轴。然后用气动绞车拆除吊环，并用棕绳将倾斜液缸固定到背钳支架上，防止晃动损坏。

(2) 操作司钻操作台【PIPE HANDLER FWD/REV】开关，转动旋转头使背钳和顶驱

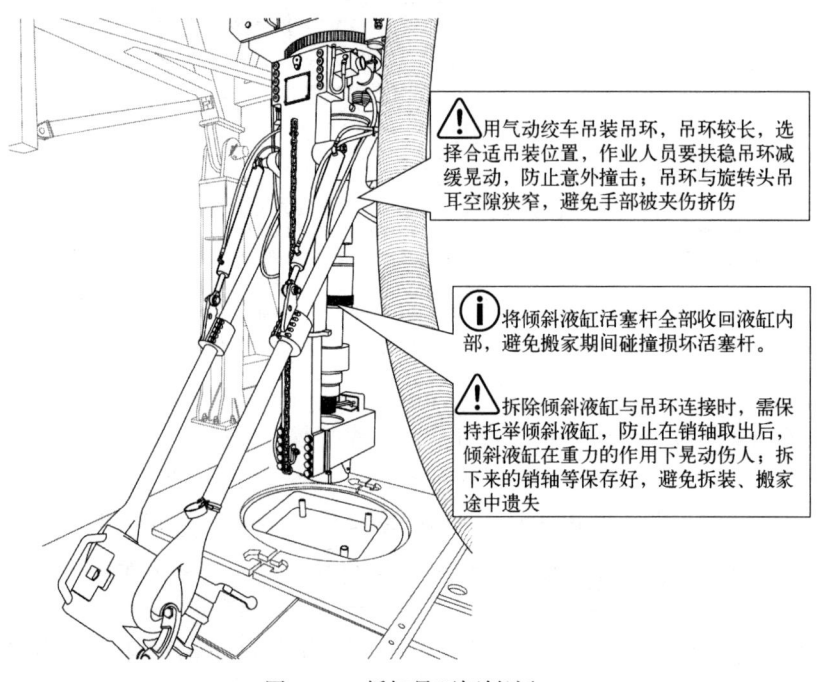

图6-37 拆卸吊环倾斜液缸

护罩保持在同一方向并锁定旋转头；然后拆除水龙带、冲管、鹅颈管。

ⓘ 断电之前，必须将旋转头方向调整到位，以便顶驱坐入运移架以后，利用背钳支撑柱支撑背钳扭矩架。

ⓘ 由于水龙带与鹅颈管接触位置较高，在用大锤砸两者之间的活接头时，要选择合适的站位，例如用气动绞车吊着吊篮，站在吊篮中。

（3）用专用正反丝杠将提环与齿轮箱固定。

ⓘ 由于顶驱本体（不带导轨滑车）的重心较高且偏向主电动机方向，在分离顶驱本体和导轨滑车之前，必须提前将提环固定，否则在拆除两者之间的固定螺栓的时候，顶驱本体会向主电动机方向倾斜，导致上下两排的螺栓受力不均，损伤螺栓及螺栓孔。

（4）顶驱断电。当完井后进入搬家拆卸程序时，由顶驱管理人员按照操作流程断电。

ⓘ 断电之前检查司钻操作台除【ENABLE OFF/ON】之外的各开关状态是否为表6-5中的状态，【ENABLE OFF/ON】在"OFF"位置，防止在送电后发生意外。

（5）断开顶驱本体处的电缆/液压管线连接。

⚠ 作业之前，确认所有电源开关已经断开。

ⓘ 拆下电缆接插件和液压接头以后，必须将所有的护帽装好，做好防护工作，不要让砂砾、雨水进入电缆接插件内部。

⚠ 由于顶驱本体空间有限，作业人员在顶驱本体上作业的时候，必须使用双尾绳安全带，同时所使用的工具和零件必须做好防坠措施，避免意外掉落。

⚠ 拆下来的游动电缆一端的电缆接插件和液压接头必须摆放在钻台上安全区域，避免被压坏或挤伤。

（6）断开液压站处的液压管线连接和电控房处的电缆连接。

⚠ 作业之前，确认所有电源开关已经断开，液压系统压力降为零。

ⓘ 电缆接插件和液压接头必须装好护帽，防止被砂砾、雨水污染。

（三）拆除顶驱本体和导轨滑车

（1）下放游车直至顶驱接近钻台面，用吊车吊起导轨滑车两边的吊点，将导轨滑车的重量转移到吊车大钩上，然后拆除导轨滑车与顶驱齿轮箱之间的固定螺栓。

ⓘ 由于顶驱本体（不带导轨滑车）的重心不居中，顶驱本体有向主电动机方向倾斜的趋势，导致上下两排的螺栓受力不均，容易损伤螺栓及螺栓孔。因此在拆螺栓的过程中，可以使用气动绞车牵引顶驱本体下半部分，使顶驱本体保持在垂直位置，以保护螺栓和螺栓孔。

ⓘ 检查并保存好拆下的螺栓以备后用。

（2）当顶驱本体与导轨滑车分离以后，吊车缓慢下放直至导轨滑车从井架上滑出，并吊至地面。

⚠ 顶驱本体上提过程中，专人指挥并注意观察顶驱本体与井架背梁是否有碰撞。

（3）慢慢下放游车直至顶驱接近钻台面，然后用气动绞车吊装运移架连接装置至齿轮箱背后位置，并用之前拆下来的螺栓将运移架连接装置固定到齿轮箱上。

ⓘ 运移架连接装置的上下位置不要颠倒，否则顶驱将无法固定到运移架上。

⚠ 所有螺栓必须紧固到位，不得有缺失，防止在吊装顶驱/运移架的时，两者分离发生意外。

（4）缓慢上提游车至合适高度，然后用吊车将顶驱运移架吊至钻台并放在顶驱本体正下方，缓慢下放游车使顶驱进入运移架，并将运移架连接装置与运移架上的销孔对齐，然后插入4个固定销轴，如图6-38所示。

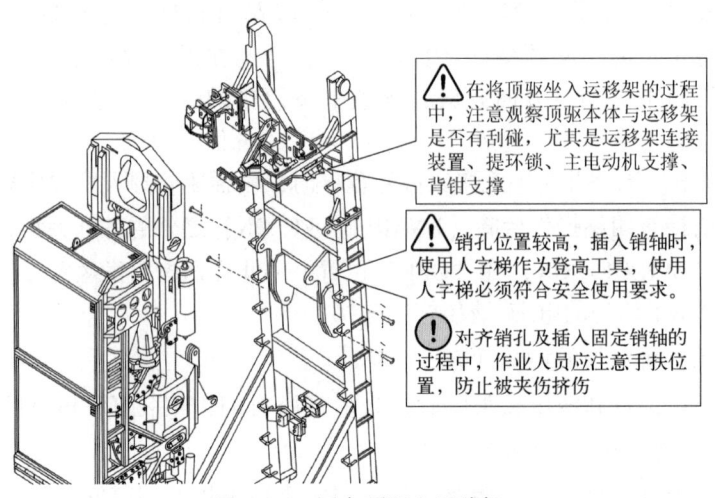

⚠ 在将顶驱坐入运移架的过程中，注意观察顶驱本体与运移架是否有刮碰，尤其是运移架连接装置、提环锁、主电动机支撑、背钳支撑

⚠ 销孔位置较高，插入销轴时，使用人字梯作为登高工具，使用人字梯必须符合安全使用要求。

ⓘ 对齐销孔及插入固定销轴的过程中，作业人员应注意手扶位置，防止被夹伤挤伤

图6-38 固定顶驱和运移架

（5）固定主电动机支撑、背钳扭矩架支撑和提环锁。

（6）将游车和顶驱提环分离。

ⓘ 高空作业的时候，作业人员注意站位并正确使用安全带，拆卸游车销轴的时候注意手部位置，避免夹伤挤伤，同时做好防坠措施，防止销轴掉落。周围无关人员远离。

（7）将游车通过钢丝绳悬挂运移架下方吊点，吊车悬挂运移架上方吊点，两者互相配合将顶驱平放在钻台面上；然后上提游车至半空中合适高度，用吊车将顶驱本体和运移架一起吊至地面。

⚠ 由于使用这种集成导轨的钻机钻台面积有限，游车和吊车配合将顶驱/运移架平放在钻台上的时候，晃动的顶驱/运移架很容易会碰撞到钻台周围设备和人员。因此，必须专人指挥游车和吊车，保持顶驱平稳放至水平，周围人员注意站位，不得遮挡司钻视线。

（8）第二种方式，可以用吊车直接吊装顶驱上部吊点，然后将顶驱/运移架在竖直状态吊至地面，在地面用两台吊车配合放平顶驱/运移架。

⚠ 由于顶驱重心不居中，采用第二种方式在竖直状态下直接吊装顶驱/运移架至地面时，顶驱/运移架在离开钻台面的瞬间会发生晃动，状态不稳定，周围人员必须远离，同时使用牵引绳控制顶驱/运移架姿态。

（四）拆除游动电缆和井架电缆/液压管线

（1）用吊车吊装电缆爬犁至钻台面备用，断开二层台井架处的电缆接插件和液压管线

接头，拆除电缆支架总成上的固定压板。

⚠ 作业人员必须穿戴全身式安全带，随身携带的工具必须带有防坠绳，同时作业区域下方不得站人。

ⓘ 断开的电缆接插件和液压接头必须装好护帽，防止被砂砾、雨水污染。

⚠ 保管好拆下来的压板和固定螺栓，避免高空落物。

（2）将吊装游动段电缆/液压管线的吊带或钢丝绳连接到气动绞车上，然后提升至电缆支架总成处。用卸扣连接吊带/钢丝绳和法兰盘上的吊点，然后缓慢上提气动绞车，确保电缆法兰盘顺利从电缆支架座中脱出。

ⓘ 气动绞车起升之前必须提前安装合适的配重。

⚠ 作业人员应使用对讲机与钻台气动绞车操作人员保持沟通。

（3）缓慢下放气动绞车，同时将游动电缆摆放进电缆爬犁。

⚠ 摆放的时候，注意弯曲半径不要过小，防止损伤造成电缆芯虚接、断芯。

⚠ 下放气动绞车的时候，注意观察游动电缆与井架、气动绞车钢丝绳等是否有挂蹭，电缆是否有打结等现象，如有及时处理。

ⓘ 摆放电缆的时候，建议将电缆接插件露在外面，方便后续的检修工作。

（4）按照同样的方法将剩余两根游动段电缆/液压管线拆下并摆放进爬犁。

（5）在井架电缆/液压管线下半部分位置固定好吊带，然后悬挂到气动绞车上，缓慢起升气动绞车，将钻台至地面的延伸端全部吊起至电缆爬犁上方，然后摆放进爬犁。

ⓘ 由于井架电缆/液压管线相对于游动段比较长，必须提前将下半部分摆放进爬犁，然后再摆放上半部分。

⚠ 吊装电缆的时候不得使用钢丝绳缠绕电缆吊装。用钢丝绳缠绕电缆的吊装方式容易损伤电缆内部的芯线，尤其是多芯的综合控制电缆。

（6）提升气动绞车至井架电缆/液压管线压板处，并连接压板上的吊装钢丝绳/吊带，稍微起升气动绞车将所有重量转移到吊装钢丝绳套上后，拆除悬挂钢丝绳。然后缓慢下放气动绞车，将剩余井架电缆/液压管线摆放进爬犁。

ⓘ 气动绞车起升之前必须提前安装合适的配重。

⚠ 下放气动绞车的时候，注意观察游动电缆与井架、气动绞车钢丝绳等是否有刮碰，电缆是否有打结等现象，如有及时处理。

（7）吊车将电缆爬犁吊至地面，摆放在远离井口区域。

⚠ 按照4点起吊的方式吊装，并用牵引绳控制姿态。

（五）回收其余部件

1. 司钻操作台

（1）拆下司钻操作台与电控房之间的控制电缆并回收。

⚠ 控制电缆接头必须装好护帽，避免油泥、雨水污染内部针芯。

⚠ 控制电缆较细，回收的时候不得生拉硬扯，避免被尖锐物体损伤。

（2）拆除绞车—背钳、钻井液阀—钻井泵互锁装置。

⚠ 拆除互锁装置之前，必须先断开电源和气源。

（3）根据现场实际情况，决定是否需要移除司钻操作台。

⚠ 如果不拆除司钻操作台，检查确认司钻操作台固定是否牢固，避免搬家过程中摔落。

⚠ 对于拆下的司钻操作台，必须妥善保管在合适位置如电控房内部，司钻操作台正面尤其需要注意。

2. 电控房和液压站

将电控房收拾整洁，内部工具零件应合理摆放，需要固定的做好固定措施，防止搬家运输途中损坏，如柜体的柜门、附在墙体上的控制柜等。

在吊装电控房和液压站时，选用合适的钢丝绳、卸扣以及正确的吊点，且使用牵引绳。吊装时注意不得与周围其他设备发生碰撞。

3. 地面电缆

地面电缆包括从发电房至顶驱电控房的进线电缆、地线和接地棒等。

⚠ 按照摆放游动电缆的要求将所有电缆摆放进爬犁。

第四节　Tesco顶驱操作考核

一、顶驱理论考核

（1）在起下钻工况时，顶驱正反转开关【QUILL REV/ FWD】、顶驱液压泵开关【AUXILIARY PUMP OFF/ON】和旋转头锁定开关【PIPE HANDLER UNLOCK/LOCK】该如何操作？

答：起下钻过程中【QUILL REV/ FWD】放在中间位置。【AUXILIARY PUMP OFF/ON】放在"ON"位置。【PIPE HANDLER UNLOCK/LOCK】放在"LOCK"位置。

（2）在正常钻进工况下，旋转头锁定开关【PIPE HANDLER UNLOCK/LOCK】和顶驱液压泵开关【AUXILIARY PUMP OFF/ON】该如何操作？

答：用顶驱钻进时，【PIPE HANDLER UNLOCK/LOCK】放在"LOCK"位置，且【PIPE HANDLER CAUTION】指示灯为熄灭状态。【AUXILIARY PUMP OFF/ON】放在"OFF"位置，且【AUXILIARY PUMP ON】指示灯熄灭。

（3）在使用背钳的时候，旋转头锁定开关【PIPE HANDLER UNLOCK/LOCK】、钻井液阀开关【VALVE OPEN/CLOSE】、吊环倾斜开关【TILT BACK/FWD】和吊环浮动按钮【TILT FLOAT】该如何操作？背钳夹紧以后，司钻操作台上会有什么显示？

答：旋转头转动和吊环倾斜功能之间没有互锁，使用背钳之前，将旋转头锁定开关【PIPE HANDLER UNLOCK/LOCK】扳至"LOCK"位置，使【PIPE HANDLER CAUTION】指示灯熄灭，然后松开；将钻井液阀开关【VALVE OPEN/CLOSE】扳至"CLOSE"位置，使【VALVE CLOSED】指示灯点亮，然后松开；将吊环倾斜开关【TILT BACK/FWD】放在中间位置，按下【TILT FLOAT】按钮，背钳夹紧以后，【GRABBER CLOSED】指示灯会点亮。

（4）简述 Tesco 顶驱旋转头和吊环使用注意事项。

答：Tesco 顶驱旋转头为机械浮动，严禁在吊环承载状态下转动旋转头或者主轴，否则会损坏设备；吊卡承载超过 1t 钻具时，严禁使用吊环倾斜功能，否则会损坏倾斜油缸。

（5）井底扭矩过大，发生堵转时应该如何处理？

答：发生钻具堵转后，尽量通过上提、下放钻具恢复旋转。如果堵转时钻井扭矩设定值较低，可以根据具体情况在保证设备、人身安全的前提下，缓慢增加钻井扭矩设定值，至钻具克服井底阻力开始旋转，待正常钻进时再将扭矩设定值减小至正常值。当无法恢复旋转且不需要保持扭矩维持堵转时，需要释放堵转扭矩：保持转速设定手轮不动，非常缓慢地将钻井扭矩设定值减小，以控制钻柱缓慢反转，扭矩也随之减小，直到钻井扭矩手轮给定值回零，钻柱反转速度为零，彻底释放钻具反扭矩。然后将转速设定手轮回到零位，将转向选择开关扳回关位。

（6）简述带顶驱震击解卡作业注意事项。

答：① 任何情况下，禁止带顶驱使用地面震击器进行震击作业。

② 如确需带顶驱进行震击作业，震击器距离井口的深度不得低于 1500m；如井深大于 1500m，发生卡钻，确需使用顶驱震击作业，严禁顶驱带转速憋扭矩震击。带顶驱震击作业时，钻台面严禁站人，避免顶驱零部件掉落伤人，如果发现顶驱上零部件掉落，应该立即停止震击，检查顶驱。

③ 带顶驱震击作业时，钻具必须与顶驱保护接头连接，严禁使用顶驱吊卡悬挂钻具进行震击。

④ 带顶驱震击作业时，上提负荷要严格按照钻井手册的相关规定进行，严禁发生钻具拉断损伤顶驱的事故。

⑤ 带顶驱震击作业时，每震击 2h，必须对顶驱进行检查。

⑥ 如果在解卡过程中，现场作业工况不能满足上述条件或者顶驱受到剧烈冲击或者震击时间超过 8h，为避免顶驱设备损坏，需将顶驱旁置或暂时拆甩，待采用其他方式解卡后再恢复作业。

（7）简述顶驱钻井液阀使用注意事项。

答：① 正常作业时，顶驱钻井液阀上下球阀处于关闭位置时，禁止启动钻井队钻井泵，直至钻井液阀球阀完全打开；井队钻井泵工作期间严禁关闭顶驱钻井液阀。

② 顶驱钻井液阀下球阀需要一天活动一次。

（8）定向作业时应该注意哪些方面？

答：对于未配备刹车的顶驱，进行定向钻井作业，背钳应夹持在保护接头上，当背钳完全夹紧后，把背钳开关恢复到中间位置，以避免液压系统过热。在定向作业中，顶驱正向钻井扭矩设定值设定为井下动力钻具设定的最大扭矩的 1.2 倍。如果在复合钻井过程中发现顶驱憋停或反转，立即上提游车来减小反扭矩。当进行长时间的滑动钻井时，每小时把背钳开关置于"ON"位一次，然后回到中位，确保背钳回路保持最大压力。对于配备刹车的顶驱，定向钻进时将刹车开关扳至"ON"位置。

二、顶驱实操考核

Tesco 350EXI 顶驱司钻实操技能考核表见表 6-10。

表 6-10 Tesco 350EXI600 顶驱司钻实操技能考核表

序号	评分内容	分值	得分
	基本功能操作		
1	将【QUILL REV/FWD】扳至"FWD"位置	1	
2	观察报警指示灯是否有报警信息	1	
3	给定转速 10rpm，正转	2	
4	旋转头左转和右转	1	
5	吊环前倾和后倾以及吊环浮动	1	
6	钻井液阀开/关	1	
	接立柱钻进		
1	顶驱钻进到钻台面附近，观察吊环/吊卡方向，如方向不合适，转动旋转头调整方向，然后倾斜吊环/吊卡至最大角度	1	
2	钻进至井底后，上提钻柱使钻头离开井底 0.5m 左右，缓慢调节转速开关【SPEED DECR/INCR】，使设定转速归零，释放扭矩后，钻工放入卡瓦；司钻缓慢下放顶驱，观察指重表，确认钻具重量已经全部坐到卡瓦上	2	
3	停止钻井泵，待泵压降为 0 后，将钻井液阀开关【VALVE OPEN/CLOSE】扳至"CLOSE"位置，确保【VALVE CLOSED】指示灯点亮，然后松开	1	
4	操作【GRABBER LIFT DOWN/UP】，调整背钳高度，保证背钳夹持钻具内螺纹位置；将【PIPE HANDLER UNLOCK/LOCK】扳至"LOCK"位置，确保【PIPE HANDLER CAUTION】指示灯熄灭，将【GRABBER OPEN/CLOSE】扳至"CLOSE"位置，确保【GEABBER CLOSED】指示灯点亮	2	
5	将【MODE CONN/DRILL】扳至"CONN"位置；将【QUILL REV/FWD】扳至"REV"位置	2	
6	按住【BREAK OUT】按钮，注意观察实际扭矩，待主轴回转半圈以上时，松开该按钮，同时把【GRABBER OPEN/CLOSE】扳至"OPEN"位置；顶驱自动处于旋扣状态；这时司钻要注意操作好刹把，缓慢上提，控制好悬重；待保护接头完全脱扣后上提顶驱，钻工给顶驱保护接头涂抹螺纹脂；操作【QUILL REV/FWD】回到中间位置	2	
7	按下吊环浮动按钮【TILT FLOAT】，然后用【PIPE HANDLER UNLOCK/LOCK】解除旋转头锁定，并操作【PIPE HANDLER REV/FWD】调整吊卡开口至适当位置，然后上提顶驱到二层台	1	
8	操作【TILT BACK/FWD】倾斜吊环/吊卡，并与井架工配合将一根立柱扣进吊卡，确认井架工锁紧吊卡门闩；操作时，要注意吊环/吊卡倾斜幅度，不要刮碰二层台	1	
9	按下【TILT FLOAT】按钮浮动吊环/吊卡，再稍微上提顶驱，与钻工配合让立柱回到井口位置	1	

续表

序号	评分内容	分值	得分
10	钻工清洗立柱下端的外螺纹并涂抹螺纹脂，缓慢下放顶驱，将立柱下端和井口中钻具对扣，再将立柱上部和顶驱保护接头对扣，直到保护接头外螺纹进入钻杆内螺纹；用液压大钳把下部钻具接头接好	1	
11	将【PIPE HANDLER UNLOCK/LOCK】扳至"LOCK"位置，确认【PIPE HANDLER CAUTION】指示灯点亮，即旋转头锁紧，然后松开开关	1	
12	将【MODE CONN/DRILL】扳至"CONN"位置，【QUILL REV/FWD】扳至"FWD"位置，主轴按设定转速旋扣，待旋满扣后主轴停止转动	1	
13	操作【GRABBER LIFT UP/DOWN】，确保背钳在立柱内螺纹位置；将【GRABBER OPEN/CLOSE】扳至"CLOSE"位置，确认【GRABBER CLOSED】指示灯点亮，即背钳夹紧	2	
14	操作【TORQUE DECR/INCR】增加顶驱输出扭矩，直至【DELIEVERED TORQUE】显示表达到最大上扣扭矩，保持2~3s；然后减小顶驱输出扭矩，直至【DELIEVERED TORQUE】显示表降到最小值，开关回到中间位置	1	
15	将【GRABBER OPEN/CLOSE】扳至"OPEN"位置，确认【GRABBER CLOSED】指示灯熄灭，即背钳松开；将【QUILL REV/FWD】扳至中间位置；将【MODE CONN/DRILL】扳至"DRILL"位置	1	
16	上提顶驱，钻工配合提出卡瓦；司钻将顶驱【VALVE OPEN/CLOSE】扳至"OPEN"位置，确认【VALVE CLOSED】指示灯熄灭，即钻井液阀打开，然后松开开关，开泵循环	1	
17	将【QUILL REV/FWD】扳至"FWD"位置，操作【SPEED DECR/INCR】增加顶驱转速，直至【SET SPEED】显示表显示值达到钻井指令要求	1	
倒划眼起钻			
1	循环和顶驱旋转的同时，上提游车，直到出现第三个钻杆接头	1	
2	上提钻具直至钻头离开井底0.5m左右，操作【SPEED DECR/INCR】减小转速直至为零，释放扭矩后，钻工放入卡瓦；缓慢下放顶驱并观察指重表，确认钻具重量已经全部坐到卡瓦上	1	
3	停止钻井泵，待泵压降为0后，将【VALVE OPEN/CLOSE】扳至"CLOSE"位置并确认【VALVE CLOSED】指示灯点亮，即钻井液阀关闭	2	
4	操作【GRABBER LIFT DOWN/UP】调整背钳高度，保证背钳夹持钻具合适位置；将【PIPE HANDLER UNLOCK/LOCK】扳至"LOCK"位置，确认【PIPE HANDLER CAUTION】指示灯点亮，即旋转头锁紧；将【GRABBER OPEN/CLOSE】扳至"CLOSE"位置，确认【GRABBER CLOSED】指示灯点亮，即背钳夹紧	2	
5	将【MODE CONN/DRILL】扳至"CONN"位置，【QUILL REV/FWD】扳至"REV"位置	1	
6	按住【BREAK OUT】按钮，注意观察扭矩表，待主轴回转半圈以上时，松开该按钮，同时将【GRABBER OPEN/CLOSE】扳至"OPEN"位置，确认【GRABBER CLOSED】指示灯熄灭，即背钳松开，顶驱自动处于旋扣状态；这时要注意操作好刹把，缓慢上提，控制悬重；待保护接头完全脱扣后上提顶驱，将【QUILL REV/FWD】扳至中间位置	2	

续表

序号	评分内容	分值	得分
7	将【PIPE HANDLER UNLOCK/LOCK】扳至"UNLOCK"位置，确认【PIPE HANDLER CAUTION】指示灯熄灭，即旋转头锁紧解除；按下吊环浮动按钮【TILT FLOAT】，操作【PIPE HANDLER REV/FWD】转动旋转头，调整吊卡开口至井架工需要的方向		
8	钻工用液压大钳卸开立柱底部的螺纹，然后上提顶驱，钻工配合将立柱底部推入钻杆盒，同时下放顶驱，操作【TILT BACK /FWD】将立柱顶部推给井架工，井架工打开吊卡，将立柱上端拉入钻具盒，操作【TILT BACK /FWD】收回吊环，按下【TILT FLOAT】按钮，下放顶驱至钻台面	2	
9	将【PIPE HANDLER UNLOCK/LOCK】扳至"LOCK"位置，确认【PIPE HANDLER CAUTION】指示灯点亮，即旋转头锁紧；钻工给顶驱保护接头涂抹螺纹脂	1	
10	将【MODE CONN/DRILL】扳至"CONN"位置，【QUILL REV/FWD】扳至"FWD"位置，主轴按设定转速旋扣；缓慢下放顶驱，当保护接头外螺纹进入钻杆内螺纹并旋满后主轴停止转动	2	
11	操作【GRABBER LIFT DOWN/UP】调整背钳高度，保证背钳能合理夹持钻具；将【GRABBER OPEN/CLOSE】扳至"CLOSE"位置，确认【GRABBER CLOSED】指示灯点亮，即背钳夹紧	2	
12	操作【TORQUE DECR/INCR】增加顶驱输出扭矩并观察【DELIEVERED TORQUE】显示表达到设定扭矩，保持2~3s，然后逐步减小顶驱输出扭矩以释放反扭矩	2	
13	将【GRABBER OPEN/CLOSE】扳至"OPEN"位置，确认【GRABBER CLOSED】指示灯熄灭，即背钳松开；将【QUILL REV/FWD】扳至中间位置；将【MODE CONN/DRILL】扳至"DRILL"位置	1	
14	上提顶驱，钻工提出卡瓦；将【VALVE OPEN/CLOSE】扳至"OPEN"位置并确认【VALVE CLOSED】指示灯熄灭，即钻井液阀打开，开泵循环	1	
15	将【QUILL REV/FWD】扳至"FWD"位置，操作【TORQUE DECR/INCR】设定钻进扭矩，操作【SPEED DECR/INCR】设定转速，继续倒划眼	1	
平台经理：	顶驱工程师： 被考核司钻：	50	

第七章　Canrig 顶驱安全作业指导

第一节　Canrig 顶驱技术特点和参数

Canrig 是一家全球领先的石油钻井设备制造商，成立于 1988 年，总部位于美国得克萨斯州休斯敦。Canrig 的顶驱产品广泛应用于陆地和海上石油钻井作业中，Canrig 顶驱具有强大的扭矩和稳定的高转速，能够适应各种复杂的钻井环境和要求，其产品线包括多种型号和规格，以满足不同的钻井需求，顶驱的安装设计也不断进行改进，使其具有灵活耐用、方便拆卸、安装等优点。Canrig 顶驱本体如图 7-1 所示。

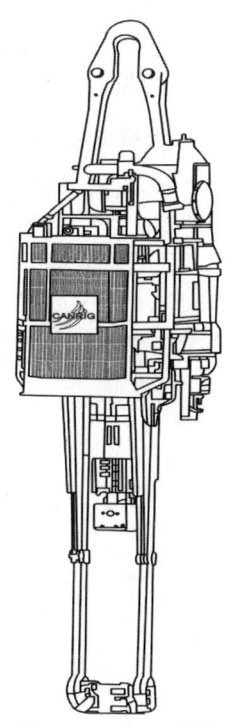

图 7-1　Canrig 顶驱

一、技术特点

（1）Canrig 顶驱大部分采用一体化折叠导轨，在搬家安装顶驱过程中缩短了顶驱安装时间。

（2）液压管线、电缆预安装在导轨侧面，与其他品牌顶驱相对比，无须重新装配电缆，缩短了电缆安装时间，并降低了高空连接电缆人员的高处作业风险。

（3）独特的液压驱动增扭器，可在主电动机不工作情况下缓慢正反转活动钻具，并提供24000ft·lbf扭矩。

（4）管子处理器采用液压缸升降，上下行程位置可随意控制，缩短了更换上下IBOP及保护接头的时间。

（5）天车与顶驱上部导轨安装采用独特鱼叉设计，鱼叉插入导轨顶部后可以自动落扣，不需要任何销轴，使安装拆卸顶驱更便捷。

（6）独有的冲管中心管浮动功能，可实现顶驱卸扣时上下浮动8in，可保护钻具螺纹并具有减振的作用。

（7）采用独立液压站模式，将液压动力源置于地面，由液压管线与顶驱本体上液压执行元件相连，为执行元件提供动力。

（8）液压站采用双电动机提供液压动力的设计，交换使用液压电动机，提高了液压系统动力源稳定性。

二、技术参数

Canrig生产的部分顶驱型号及技术参数见表7-1。

表7-1 Canrig各型号顶驱技术参数

顶驱型号	额定载荷 kN（tf）	连续钻具扭矩 kN·m(ft·lbf)	最大间隙扭矩 kN·m(ft·lbf)	转速范围 rpm	输出功率 kW(hp)	驱动方式
1165E	5900（650）	47（34.7）	53（39.1）	0~230	840（1130）	直流电驱
		51（37.6）	57（42.1）	0~212		
		55（40.6）	62（45.8）	0~195		
		58（42.8）	65（48）	0~185		
61050E	4500（500）	41（30.3）	45（33.3）	0~265	840（1130）	直流电驱
		58（42.8）	64（47.4）	0~185		
8035E	3150（350）	41（30.3）	45（33.2）	0~265	840（1130）	直流电驱
6027E	2500（275）	33（24.4）	45（33.2）	0~205	450（600）	直流电驱
		23（17）	33（24.4）	0~240		
		29（21.4）	33（24.4）	0~200		
		27（19.9）	27（19.9）	0~235		
1275AC	6750（750）	70（51.7）	97（71.6）	0~256	860（1150）	交流变频
8050AC	4500（500）	53（39.1）	71（52.4）	0~228	600（800）	交流变频
1250AC	4500（500）	70（51.7）	97（71.6）	0~256	860（1150）	交流变频
6027AC	2500（275）	41（30.3）	41（30.3）	0~205	450（600）	交流变频
4017AC	1600（175）	31（22.9）	41（30.3）	0~205	300（400）	交流变频

第二节　Canrig 顶驱操作

💡 重要提示

顶驱操作人员、维护人员以及接近系统设备的其他人员，应当接受钻井操作、钻井安全知识及顶驱安全作业的相关培训。

本节正文内容中包含了"说明""注意"以及"警示"等内容，这些内容用于提示相关操作对人身和设备安全可能产生的伤害，具体说明如下：

ⓘ：说明，对于人身或设备安全有关事项的补充说明。

⚠：注意，对可能导致人身或设备伤害的提示。

❗：警示，对极易导致人身或设备伤害的警示。

本节中，文字加【】符号的，表示其为电气系统的操作元件，例如开关、按钮等。

非专业人员或未经专门培训者，不得进行顶驱的操作、调试和维护工作，否则可能导致设备损坏或人身伤害。

一、司钻操作台说明

以 Canrig 1250AC-681 典型司钻操作台（图 7-2）为例对司钻操作台进行说明。

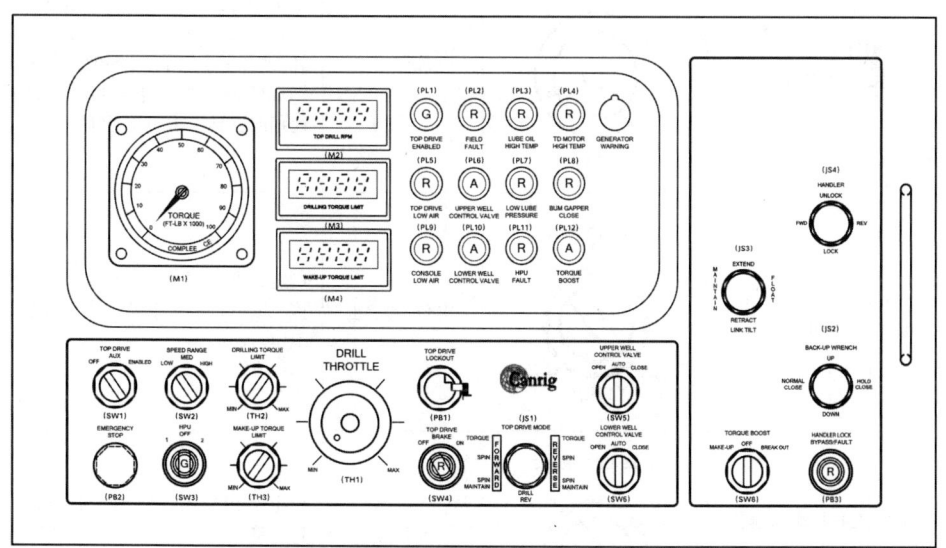

图 7-2　典型司钻操作台

（一）司钻操作台面板信息

Canrig 1250AC-681 典型操作面板信息见表 7-2。

表 7-2　司钻操作台面板信息表

序号	名称	图标	类型	功能
1	PB1 顶驱停机开关 TOP DRIVE LOCKOUT	(PB1) TOP DRIVE LOCKOUT	按钮开关 自复位	按下切断顶驱电源，并禁止所有功能使用。弹出需要司钻操作台恢复初始状态，SCR 断路器重新合闸
2	PB2 顶驱急停按钮 EMERGENCY STOP	(PB2) EMERGENCY STOP	按钮开关 自复位	顶驱停止运转，禁止所有司钻操作台上使用功能。拉出按钮，功能即可恢复
3	SW1 使能开关 TOP DRIVE AUX	(SW1) TOP DRIVE AUX OFF ENABLED	三位旋钮开关	"OFF" 位时司钻操作台禁止任何操作；"AUX" 位置时辅助功能启动，可使用顶驱液压功能；"ENABLE" 位时顶驱使能启动，FVD（Flux Vector Drive）启动，顶驱风机、润滑油泵电动机启动，如果 FVD 正确启用，【TOP DRIVE ENABLE】灯会持续亮起，【TOP DRIVE ENABLE】灯闪烁表明使能启动故障
4	TH1 转速手轮 DRILL THROTTLE	(TH1) DRILL THROTTLE MIN MAX	电位器手轮	正常钻进操作时，设定钻井转速值，顺时针旋转手轮，将提高设定转速。TH1 转速手轮在 "SPIN" 和扭矩 "TORQUE" 模式下不可用，升扭器在使用时，转速手轮不可用
5	TH2 钻井扭矩限定 DRILLING TORQUE LIMIT	(TH2) DRILLING TORQUE LIMIT MIN MAX	电位器旋钮	设定钻井作业中顶驱输出的最大扭矩值，顺时针旋转手轮，将提高钻井扭矩限定
6	TH3 上扣扭矩限制值 MAKE-UP TORQUE LIMIT	(TH3) MAKE-UP TORQUE LIMIT MIN MAX	电位器旋钮	设定上扣最大扭矩值，顺时针旋转手轮，将提高上扣扭矩限定。当顶驱增扭器和顶驱主电动机同时工作时，设置时需要考虑 24000ft·lbf 由增扭器提供

续表

序号	名称	图标	类型	功能
7	SW3 液压泵开关 HPU	(SW3) HPU OFF 1 2	三位旋钮开关（带指示灯）	"OFF"位时液压站电动机不启动；"1""2"位置时分别启动不同的液压电动机。液压泵电动机工作旋钮【HPU】上的指示灯会亮起。如果检测到【HPU】故障，SW3 旋钮上指示灯和【HPU】故障灯"HPU FAULT"会闪烁
8	SW4 顶驱刹车开关 TOP DRIVE BRAKE	(SW4) TOP DRIVE BRAKE OFF ON	三位旋钮开关（带指示灯）	刹车制动【BRAKE】指示灯会亮起，当需要刹车功能时，顶驱液压功能必须提前开启。如刹车功能使用错误，【BRAKE】指示灯会闪烁。例如在执行顶驱上卸扣操作时，顶驱刹车工作【BRAKE】指示灯持续闪烁
9	SW5 上 IBOP 控制开关 UPPER WELL CONTROL VALVE	(SW5) UPPER WELL CONTROL VALVE OPEN AUTO CLOSE	三位旋钮开关	属于顶驱井控装置，"OPEN"打开钻井液通道，"OFF"关闭钻井液通道，"AUTO"位置表示当钻井泵停止且立管压力小于 250psi（1725kPa）时 IBOP 自动关闭。钻井泵启动后 IBOP 阀门自动开启
10	SW8 增扭器开关 TORQUE BOOST	(SW8) TORQUE BOOST MAKE-UP OFF BREAK OUT	三位旋钮开关	增扭器是一个高扭矩、低转速的独立液压单元，可用于上卸扣操作。"MAKE-UP"位置时，顶驱用液压驱动正向旋转，最大扭矩为 24000ft·lbf；"BREAK-OUT"位置时，顶驱用液压驱动反向旋转，最大扭矩为 37500ft·lbf。当增扭器与顶驱电动机同时工作时，必须先施加增扭器扭矩，然后再驱动顶驱主电动机运转。顶驱在主电动机驱动下运转时不可以使用增扭器
11	PB3 机械手锁定旁路开关、旋转头锁定故障灯 HANDLER LOCK BYPASS/FAULT	(PB3) HANDLER LOCK BYPASS/FAULT	按钮开关（带指示灯）	指示灯常亮代表旋转头锁销旁路，默认 30s 内可进行上卸扣操作；灯熄灭代表锁紧销已经锁定。按下 PB3 按钮，启动计时器，锁紧销旁路，默认有 30s 时间允许上卸扣操作，通常在锁紧销传感器出现故障时使用
12	PL1 顶驱使能指示灯 TOP DRIVE ENABLED	(PL1) TOP DRIVE ENABLED	指示灯	常亮代表顶驱使能启动正常；闪烁代表顶驱使能失败，存在系统故障

续表

序号	名称	图标	类型	功能
13	PL3 润滑油高温指示灯 LUBE OIL HIGH TEMP	(PL3) Ⓡ LUBE OIL HIGH TEMP	指示灯	润滑油温度超过 175℉时会闪烁；正常温度状态指示灯显示熄灭
14	PL4 顶驱电动机 高温指示灯 TD MOTOR HIGH TEMP	(PL4) Ⓡ TD MOTOR HIGH TEMP	指示灯	正常工作状态指示灯熄灭；当主电动机温度超过 275℉时会持续闪烁
15	PL5 顶驱冷却 风压报警灯 TOP DRIVE LOW AIR	(PL5) Ⓡ TOP DRIVE LOW AIR	指示灯	正常工作状态指示灯熄灭；当系统检测冷却风压力不足时，指示灯闪烁
16	PL6 顶驱上 IBOP 关闭状态指示灯 UPPER WELL CONTROL VALVE	(PL6) Ⓐ UPPER WELL CONTROL VALVE	指示灯	灯熄灭，代表 IBOP 在"OPEN"开位，钻井液通道打开；指示灯亮起，代表 IBOP 处于关闭状态，钻井液通道关闭；指示灯闪烁，表示 IBOP 工作异常或没有开启顶驱液压功能，导致 IBOP 不能开启或关闭
17	PL7 润滑油压力 低压指示灯 LOW LUBE PRESSURE	(PL7) Ⓡ LOW LUBE PRESSURE	指示灯	正常工作状态指示灯熄灭，当润滑油压力小于 15psi 时，指示灯闪烁
18	PL8 背钳工作指示灯 BUW GAPPER CLOSE	(PL8) Ⓡ BUM GAPPER CLOSE	指示灯	背钳打开时，指示灯熄灭；背钳夹紧时，指示灯闪烁

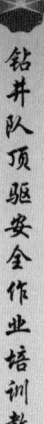

钻井队顶驱安全作业培训教程

第七章　Canrig顶驱安全作业指导

续表

序号	名称	图标	类型	功能
19	PL9 司钻操作台气压低指示灯 CONSOLE LOW AIR	(PL9) R CONSOLE LOW AIR	指示灯	气压正常时，指示灯熄灭；当司钻操作台空气供应不足或不工作时，指示灯闪烁
20	PL11 液压故障指示灯 HPU FAULT	(PL11) R HPU FAULT	指示灯	未选择液压功能或液压功能正常时，指示灯熄灭；当液压油油量过低，液压油温度过高（>75℃）或者选择的液压电未工作时，指示灯闪烁
21	PL12 增扭器工作指示灯 TORQUE BOOST	(PL12) A TORQUE BOOST	指示灯	不使用增扭器指示灯熄灭；使用增扭器SW8时，指示灯常亮。当顶驱主电动机运转时误操作使用增扭器，指示灯会持续闪烁
22	M1 扭矩表 TORQUE （FT-LB×1000）	(M1)	机械表盘	模拟显示顶驱的扭矩输出，单位为1000ft·lbf，如果增扭器和顶驱主电动机共同用于上扣操作，则顶驱的实际输出将比扭矩表读数高24000ft·lbf；如果增扭器和顶驱主电动机共同用于卸扣，则顶驱的实际输出将比扭矩表读数高37500ft·lbf
23	M2 顶驱转速表 TOP DRIVE RPM	(M2)	数字表	数字显示顶驱的旋转速度，单位为转每分钟
24	M3 钻进扭矩设置值显示表 DRILLING TORQUE LIMIT	(M3)	数字表	数字显示顶驱在钻井"DRILL"模式下的扭矩限值，显示单位为ft·lbf×1000。钻进扭矩限值可以通过钻进扭矩限值旋钮【TH2】调节
25	M4 上扣扭矩设置值显示表 WAKE-UP TORQUE LIMIT	(M4)	数字表	数字显示顶驱在扭矩"TORQUE"模式下的上扣扭矩限值，单位为1000ft·lbf。上扣扭矩限值可以通过上扣扭矩限值旋钮【TH3】调节。如果增扭器和顶驱主电动机共同使用，设定时应将想要的上扣扭矩限值减去24000ft·lbf

（二）顶驱司钻操作台喇叭指示音功能

Canrig1250AC-681 典型司钻操作台喇叭指示见表 7-3。

表 7-3　顶驱喇叭指示音功能

反复长音	旋转头未锁定
短促蜂鸣音	启用【ENABLE】时报警测试 5s
	润滑油压力过低；顶驱使能时润滑油泵不工作
	主电动机温度过高
	润滑油温度过高
	顶驱风压报警；顶驱使能时风机不工作
	在旋扣"SPIN"或扭矩"TORQUE"模式下刹车进行制动
	启动液压站电动机但没有运转
	液压油温度过高，超过 175 ℉
	液压油液面过低
	在顶驱转速大于 1rpm 时切换到旋扣"SPIN"或扭矩"TORQUE"模式
	在旋扣"SPIN"或扭矩"TORQUE"模式下使用增扭器
	在增扭器和主电动机同时工作时，先关闭了增扭器
	以错误旋转方向使用顶驱主电动机和增扭器一起上卸扣
	在顶驱旋转的情况下，使用背钳夹紧功能
	在旋转头未锁定"UNLOCK"状态下闭合背钳

（三）操作杆使用说明

JS1 顶驱模式操纵杆【TOP DRIVE MODE】的所有挡位均会自动回弹，除非标有"保持（Maintain）""SPIN"位置限制速度为 30rpm，扭矩限值为 3000ft·lbf。其位置功能如图 7-3 所示。

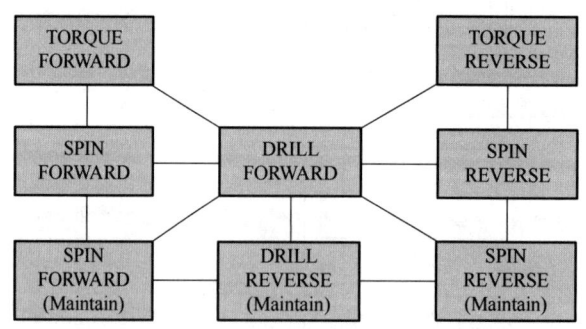

图 7-3　JS1【TOP DRIVE MODE】位置功能图

JS2 是顶驱背钳操纵杆【BACK-UP WRENCH】，操纵位置如图 7-4 所示，四周挡位都可自动弹至"OPEN"位。背钳默认"OPEN"开位，"UP/DOWN"可上下调节背钳夹紧高度，方便司钻更换上下 IBOP 和保护接头。

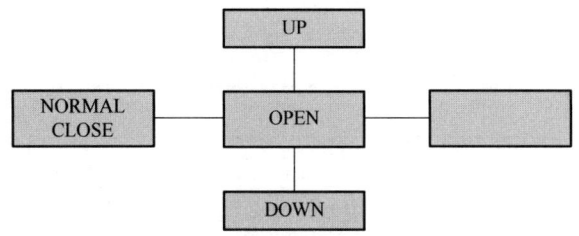

图 7-4　JS2【BACK-UP WRENCH】位置功能图

JS3 吊环操纵杆【LINK TILT】如图 7-5 所示。"EXTEND"位置液压缸伸长，吊环前倾；"RETRACT"位置倾斜液压缸收缩，吊环后倾；"FLOAT（Maintain）"位置，浮动保持当前状态；"NEUTRAL"位置是中间位。

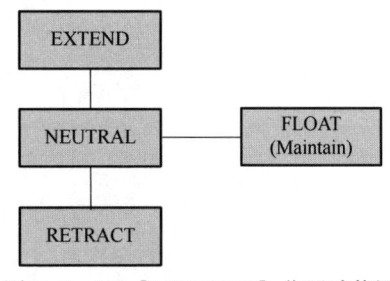

图 7-5　JS3【LINK TILT】位置功能图

JS4 旋转头方向操作杆【HANDLER】如图 7-6 所示。操纵杆扳至"LOCK"位置时旋转头被锁定；扳至"UNLOCK FORWARD"位置时旋转头顺时针旋转；扳至"UNLOCK REVERSE"位置时旋转头逆时针旋转；扳至"LOCK FORWARD"位置是顺时针旋转后锁定，即旋转头顺时针旋转，当旋转头锁销插入最近的销孔内自动锁定；扳至"LOCK REVERSE"位置是逆时针旋转后锁定，即旋转头逆时针旋转，当旋转头锁销插入最近的销孔内自动锁定。

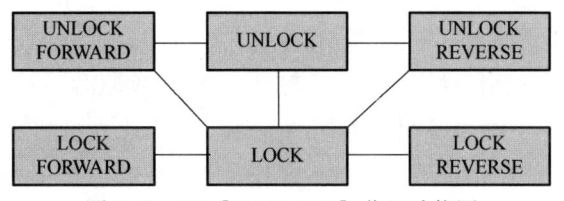

图 7-6　JS5【HANDLER】位置功能图

（四）显示屏指示说明

Canrig 顶驱显示屏主要显示顶驱当前的顶驱操作箱按钮运行位置及顶驱此时运行状态，同时记录不同时段顶驱通信控制节点的通断状态，并记录相关故障报警，可以为操作人员和顶驱维修人员提供参考信息。如顶驱操作不当报警或顶驱出现故障屏幕上会有相应提示，如 AC Drive NOT Enabled（主电动机不能启动），Top Drive Low air pressure—check blower and air intake（顶驱风压低—检查风机及入风口），Comm Fault at console—check wiring Inside Console（司钻操作台通信故障—检查控制台内部接线）。这些相应提示为顶驱故障解决和钻进工况时顶驱状态提供可靠依据。如图 7-7 所示。

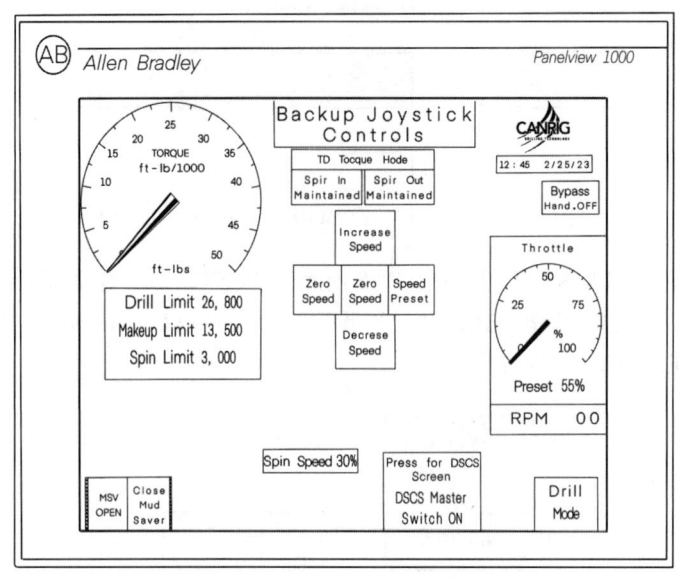

图 7-7　CANRIG 显示屏

二、司钻操作台操作

安全须知

⚠ 操作人员在操作前应仔细阅读厂家说明手册、安全须知和操作规程并遵照执行，否则可能引发人身伤亡或设备损毁。

⚠ 顶驱的操作，应由具备相应资质的人员进行，并经过相关培训后方可上岗操作。非专业人员或未经专业培训者，不得操作顶驱。

❗ 大风天气，严格控制上提和下放游车速度，防止顶驱游动电缆刮蹭和损坏。

❗ 夜间作业或雨雪、沙尘等视线不佳的条件下，作业人员容易精神疲劳，注意力不集中，从而引发事故，应严格按照操作规程操作，不得松懈，严格控制上提和下放游车速度，钻台人员注意观察并及时提醒司钻，防止顶驱电缆等与井架及附件发生干涉和刮蹭，造成设备损坏和高空落物伤人。

（一）起下钻作业

1. 下钻

（1）将司钻操作台【TOP DRIVE】使能开关 SW1 扳至"ENABLE"位置，此时 PL1 指示灯和 PL6【UPPER WELL IBOP】指示灯同时亮起，然后操作 SW3 旋钮启动"HPU1"号或"HPU2"号液压泵，SW3 旋钮指示灯也一同亮起，如图 7-8 所示。

（2）上提游车至二层台以上合适位置，操作 JS4【HANDLER】旋转头方向操作杆，

第七章 Canrig顶驱安全作业指导

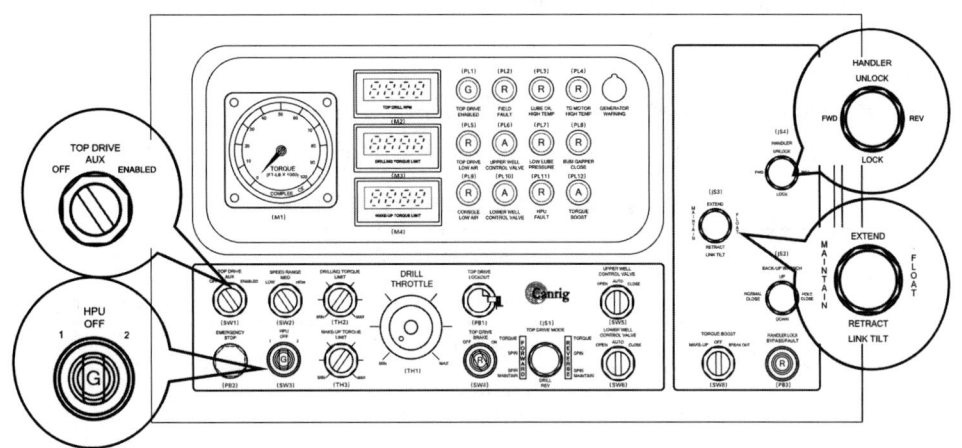

图 7-8 使能、液压泵、旋转头和吊环倾斜开关

将吊环转到二层台井架工所需要的合适方位。

（3）将 JS3 吊环倾斜操作杆扳至"ETRACT"位置，使吊卡前倾靠近二层台，井架工将立柱放置到吊卡中并扣好吊卡门闩。

（4）将 JS3 操作杆扳至"FLOAT"位置，吊环浮动，此时在重力作用下吊环吊卡处于浮动状态。

⚠ 吊环承载超过 2t 时禁止使用吊环倾斜功能，以免损坏倾斜油缸。

（5）上提游车，立柱回到井口中心位置，缓慢下放游车，将所提立柱与井口钻具对接，直到立柱接头与吊卡脱离接触。

（6）使用井队液压大钳对井口钻具进行上扣操作。

（7）上提立柱的同时，钻工提出卡瓦，下放游车使钻柱到井口，坐放卡瓦，打开吊卡，完成顶驱下钻顶驱操作。

2. 起钻

（1）将司钻操作台【TOP DRIVE】使能开关 SW1 扳至"ENABLE"位置，此时 PL1 指示灯和 PL6【UPPER WELL IBOP】指示灯同时亮起，然后操作 SW3 旋钮启动"HPU1"号或"HPU2"号液压泵，SW3 旋钮指示灯也一同亮起。

（2）缓慢下放游车，同时将 JS3 顶驱倾斜【LINK TILT】扳至"EXTEND"位置，使吊卡后倾小角度离开中心位置。

（3）当吊卡下放到钻具接头位置时，将 JS3 吊环操作杆扳至【LINK TILT】"RETRACT"位置，使吊卡扣住钻具接头。

（4）将 JS3 操作杆【LINK TILT】扳至"FLOAT"位置，然后上提游车，钻工提出卡瓦。

（5）上提游车至二层台以上合适位置，井口在钻柱接箍位置坐放卡瓦，缓慢下放游车，使吊卡与钻具接头脱离接触。

（6）钻台使用液压大钳对钻具进行卸扣操作，上提游车，将 JS3 吊环操作杆【LINK TILT】打前倾"RETRACT"，吊卡带动钻柱缓慢靠近二层台井架工。钻台面钻工把立柱底部推到立柱盒相应位置，井架工打开吊卡，将钻柱推入二层台指梁，顶驱 JS3 吊环操作杆

【LINK TILT】打"FLOAT"浮动，完成顶驱起钻操作。

（二）上卸扣

连接顶驱与钻杆进行上扣操作，分离顶驱与钻杆进行卸扣操作。开始上卸扣操作前，首先检查司钻操作台面板各元件是否处于表 7-4 中的状态。

表 7-4　司钻操作台操作元件初始状态表

位置	操作元件	状态
司钻操作台	【TOP DRIVE】	ENABLE
	【BRAKE】	OFF
	【HPH】	1 or 2
	【HANDLER】	LOCK
	【LINK TILT】	FLOAT
	【UPPER VELL CONTROL VALVE】	OPEN
	【TOP DRIVE MODE】	DRIVE FORWARD
	【DRILLING TORQUE LIMIT】	MIN 0
	【MAKE-UP TORQUE LIMIT】	MIN 0
	【DRILLING THROTTLE】	MIN 0
	【BACK-UP WRENCH】	NORMAL CLOSE
	【TORQUE BOOST】	OFF

1. 上扣

（1）将司钻操作台【TOP DRIVE】使能开关 SW1 扳至"ENABLE"位置，此时 PL1 指示灯和 PL6【UPPER WELL IBOP】指示灯同时亮起，然后操作 SW3 旋钮启动"HPU1"号或"HPU2"号液压泵，SW3 旋钮指示灯也一同亮起。

（2）使用 TH3 上扣扭矩设定旋钮【MAKE-UP TORQUE LIMIT】设定需要的钻柱上扣扭矩值，在 M4 上显示所设定的数值，如图 7-9 所示。

⚠ 上扣扭矩设定值要大于钻进扭矩设定值，否则司钻使用首轮给定顶驱转速时顶驱无动作。

⚠ 禁止用背钳提升功能夹紧除保护接头、IBOP 以外的任何零件，以免损坏背钳钳牙。

（3）将 JS3 倾斜操作杆【LINK TILT】扳至"FLOAT"浮动位置。缓慢下放游车，立柱接头会沿着背钳导向套缓慢进入背钳内。

（4）在缓慢下放游车过程中，将 JS1 操作手杆【TOP DRIVE MODE】扳至正转旋扣位置"SPIN FORWARD"，顶驱低速转动。

（5）当顶驱保护接头与钻柱接头对接后，操作 JS1 操作手杆【TOP DRIVE MODE】使顶驱停止转动，然后使用 JS2 操作杆上下调节背钳高度，使背钳达到钻杆最佳位置。当到达合适位置后，打到"NORMAL CLOSE"位置背钳夹紧钻杆，此时背钳指示灯 PL8 亮起。

第七章　Canrig顶驱安全作业指导

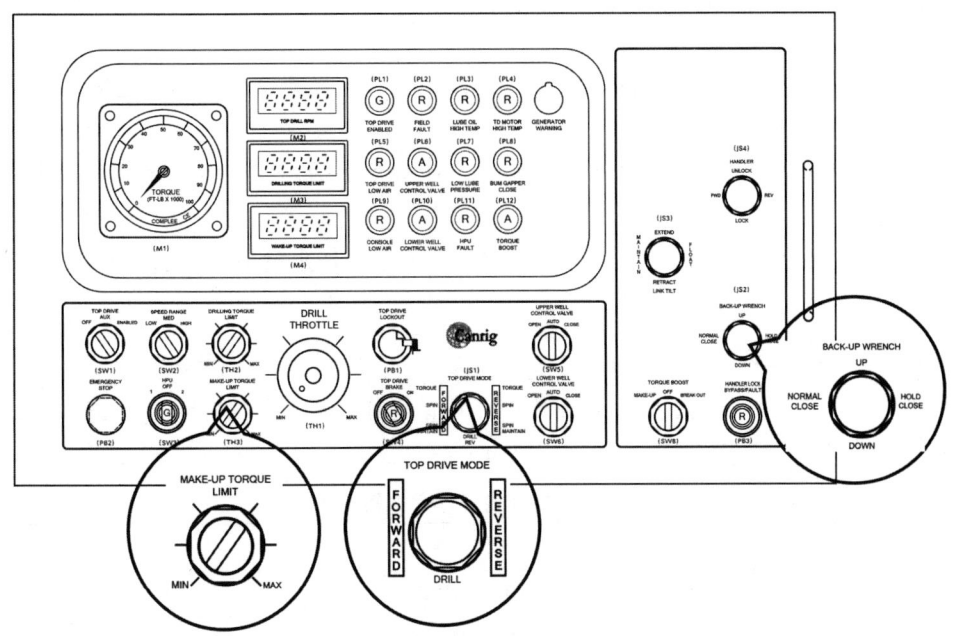

图 7-9　上扣扭矩设定、顶驱模式和背钳开关

⚠ 在用背钳上扣时，确保钻台人员在吊卡和吊环摆动的范围之外。

⚠ 背钳上下功能需要用 L 销限位和背钳上部螺母限位，保障背钳向上调节不碰触保护接头法兰，向下调节避免背钳工作在 18°提升台肩。

(6) 将【TOP DRIVE MODE】上卸扣手杆 JS1 扳至"FORWARD SPIN MAINTAIN"位置，此时顶驱缓慢转动。扭矩表 M1 显示 3000ft·lbf 时，将操作杆扳至"FORWARD TORQUE"位置，观察实际扭矩表盘，完成上扣操作。

⚠ 上扣扭矩限制值显示的是主电动机输出的设定扭矩值，如果使用增扭器，设定时应将想要的紧固扭矩限值减去 24000 ft·lbf。司钻要时刻注意，以免损伤钻具，造成事故。

⚠ 增扭器和顶驱主电动机一起使用时，必须先施加增扭，使增扭器离合器先啮合，顶驱主电动机在运转时不得啮合增扭器离合器。

2. 卸扣

(1) 司钻使【TOP DRIVE】使能开关 SW1 处于"ENABLE"位置，此时，司钻操作台 PL1 指示灯亮起，【UPPER WELL IBOP】指示灯 PL6 同时亮起，IBOP 钻井液阀关闭；操作 SW3 旋钮启动"HPU1"号或"HPU2"号液压泵，同时"SW3"旋钮指示灯也一同亮起。

(2) 使 JS3 倾斜操作杆【LINK TILT】顶驱在"FLOAT"浮动位置。

(3) 用 JS2 操作杆【BACK-UP WRENCH】上下调节背钳高度，使背钳达到钻杆最佳位置，同时打到"CLOSE"位置，背钳夹紧钻杆，此时"BUW"指示灯"PL8"亮起。

(4) 使【TOP DRIVE MODE】上卸扣手杆"JS1"处于"REVERSE SPIN MAINTAIN"状态，扭矩表"M1"显示 3000ft·lbf 时，再使手杆处于"REVEREE Torque"

位置状态。观察实际扭矩表盘，当扭矩持续缓慢上升后突然快速大幅度下降时，表示完成卸扣操作。

⚠ 司钻在上卸扣过程中要目测旋转头是否锁定，并提醒钻台面钻工远离吊环旋转半径范围，以免造成人员伤害。

⚠ 顶驱在完成方保和钻具之间的卸扣后，在游车上提之前，需要先打开背钳，避免损坏背钳钳牙。

⚠ 司钻在使用顶驱对钻柱上下一起紧扣时，如果钻柱重量不足以承担卡瓦中的扭矩，应在卡瓦中的钻杆工具接头上使用背钳。

（三）钻进作业

开始进行钻进操作之前，确认顶驱供电、司钻操作台运行正常，检查司钻操作台面板各开关是否处于表7-5中的状态。

表7-5　司钻操作台操作元件初始状态表

位置	操作元件	状态
司钻操作台	【TOP DRIVE】	ENABLE
	【BRAKE】	OFF
	【HPH】	1 or 2
	【HANDLER】	LOCK
	【LINK TILT】	FLOAT
	【UPPER VELL CONTROL VALVE】	OPEN
	【TOP DRIVE MODE】	DRIVEFORWARD
	【DRILLING TORQUE LIMIT】	MIN 0
	【MAKE-UP TORQUE LIMIT】	MIN 0
	【DRILLING THROTTLE】	MIN 0
	【BACK-UP WRENCH】	NORMAL CLOSE
	【TORQUE BOOST】	OFF

（1）司钻使【TOP DRIVE】使能开关"SW1"处于"ENABLE"位置，此时司钻操作台"PL1"指示灯亮起，"UPPER WELL" IBOP 指示灯"PL6"熄灭，IBOP 钻井液阀打开，"SW4"旋钮【TOP DRIVE BRAKE】在"OFF"位，如图7-10所示。

ⓘ 如果 HPU 液压电动机没有运转阻止了 IBOP 的使用，那么 UWCV（上内防喷器）关闭灯将会闪烁，且喇叭会鸣叫。

（2）调节【DILLING TORQUE LIMIT】钻进扭矩设定旋钮 TH2 设定所需要的钻进扭矩值，数值显示在司钻操作台上的数字表 M3 上。

（3）使【TOP DRIVE MODE】操作杆 JS1 在"DRILL FORWARD"中位。

（4）调节【DRILL THROTTLE】速度手轮 TH1，将在 RPM 转速表 M2 上显示相应速度值。根据钻井指令，使用手轮设定转速。

ⓘ 司钻应在背钳不使用时上提背钳，使背钳上下伸缩油缸保持油缸杆缩回状态，避

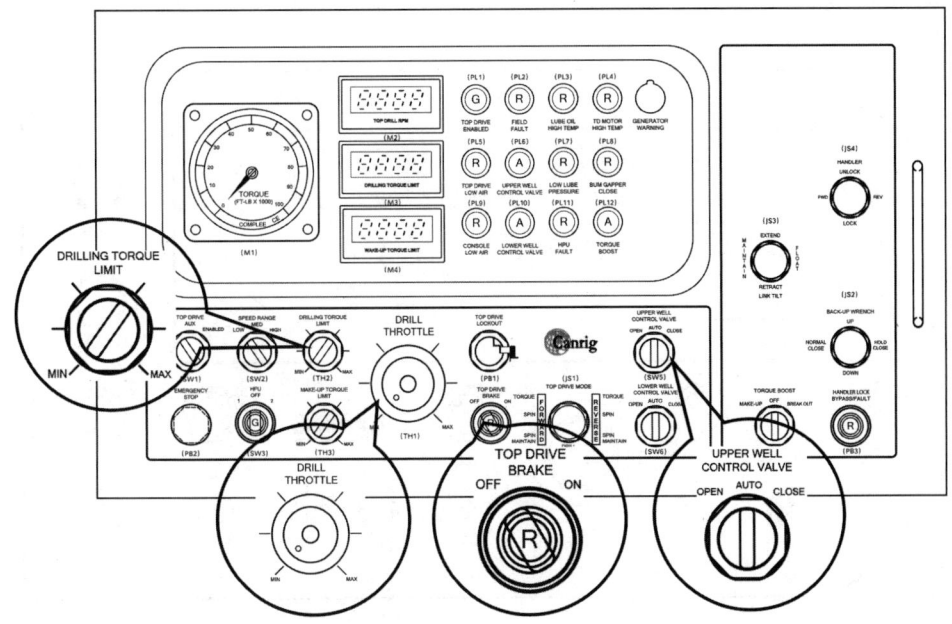

图 7-10 钻进扭矩设定、转速、刹车和 IBOP 开关

免钻进时晃动加快液压缸磨损。

⚠ 在使用背钳夹紧功能用于保护接头更换时,要避免【HPU】液压泵关闭或顶驱使能开关【TOP DRIVE】SW1 扳到了关闭位置,否则会造成背钳打开,方保接头掉落。

ⓘ 钻井工况如只需要顶驱液压功能时,可以将顶驱使能开关【TOP DRIVE】SW1 扳到"AUX"位置,可使顶驱液压功能单独工作。

⚠ 为了避免旋转头意外旋转导致人员受伤,大部分时间应该将旋转头控制【HANDLER】JS4 放在"UNLOCK"锁定位置。

三、不同型号顶驱司钻操作台说明

(1) Canrig 1050E-712 直流顶驱司钻操作台预留了【SW2】速度选择开关,和【PL2】励磁系统故障报警灯。"LOW"位置励磁电流 60A 对应最大转速 150rpm,"MED"位置 40A 对应最大转速 170rpm,"HIGH"位置对应 30A 最大转速 200rpm。励磁电流缺失或与开关选择不相符,励磁故障 FIELD FAULT 灯将会闪烁,喇叭会鸣叫。下 IBO 液压控制开关【SW6】。【PL10】下 IBOP 关闭状态指示灯根据用户需求选装,其指示功能与【PL6】相同。

(2) Canrig 交流变频顶驱部分采用另一种典型司钻操作台,控制按钮及布局位置发生变化,司钻操作逻辑方式没有变化。

(3) 另一种典型司钻操作台如图 7-11 所示,简化了指示灯数量,只保留顶驱使能指示灯、顶驱风机低风压指示灯、内防喷器指示灯、主电动机高温报警灯、齿轮油高温报警指示灯、齿轮油低油压报警灯,取消液压单元故障指示灯、增扭器工作指示灯、直流驱动顶驱励磁故障灯、刹车指示灯等。这些指示灯都已在按钮开关上装有报警显示功能。

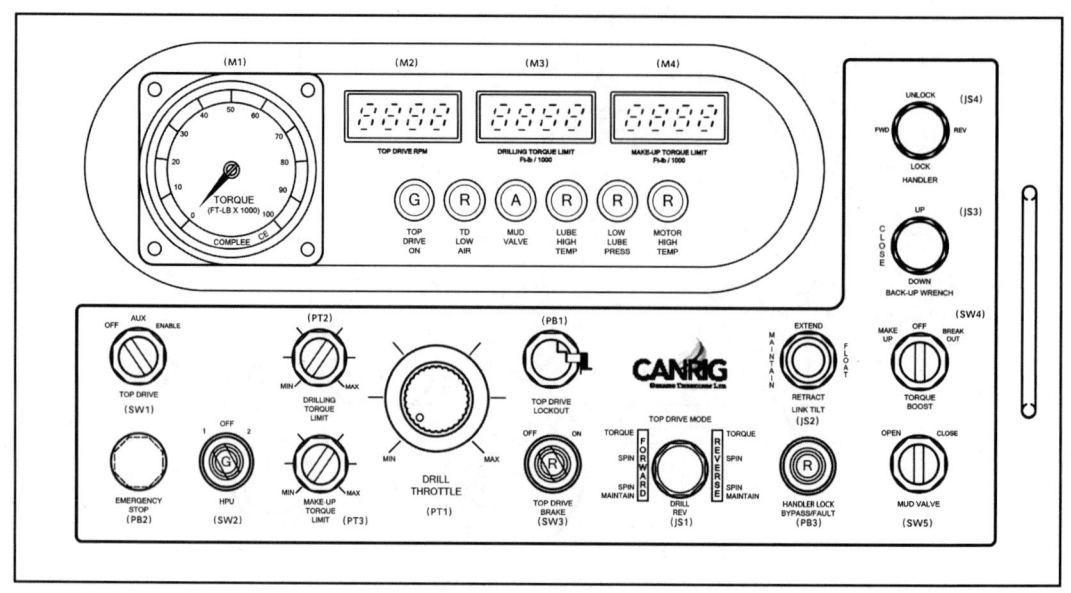

图 7-11　典型司钻操作台

第三节　Canrig 顶驱安装与拆卸

安全须知

⚠ 吊装应选择符合标准的吊装索具。

⚠ 顶驱只能由司钻、顶驱工程师或经过专业培训的人员进行操作。

⚠ 在进行液压系统安装和维护等操作前，应切断电力供应，执行上锁挂牌，并按要求进行泄压、测量，关闭进出口的阀门，释放蓄能器的压力。

⚠ 遇六级以上（含六级）大风、雷电或暴雨、雾、雪、沙暴等能见度小于 30m 的天气时，应停止设备吊装、安装、拆卸及高处作业。

⚠ 对顶驱进行安装、拆卸作业时，应断开所有动力源，在任何情况下禁止带电或带压作业。

⚠ 吊装电缆时不能使用钢丝绳直接悬挂电缆。

⚠ 吊装点只能选择厂家指定位置。

⚠ 安装过程中上提、下放、搬运操作应平稳缓慢，避免发生设备碰撞。

⚠ 顶驱操作有疑问时应咨询顶驱工程师后再操作。

⚠ 所有安装、拆卸工作应按照有关标准、规范的要求执行。

第七章　Canrig顶驱安全作业指导

⚠ 作业人员必须按规定穿戴合格的劳动保护用品。

⚠ 高处作业人员应按规定使用安全带、防坠落装置。

⚠ 高处作业所用工具、零部件应系安全绳或装在工具袋内防止坠落，禁止上抛、下扔工具、零部件等。

⚠ 高处作业的正下方及其附近区域禁止人员作业、停留和通过。

⚠ 吊装作业时人员应远离吊装物，吊臂旋转范围内严禁站人。

顶驱安装、拆卸过程中的存在的风险因素见表 7-6。

表 7-6　安装拆卸风险因素表

风险因素	内容
人的因素	1. 不熟悉安装拆卸流程或操作失误； 2. 作业人员沟通不顺畅，配合不佳； 3. 操作速度过快，重点步骤部位观察监护不力； 4. 违反拆装流程作业
设备因素	1. 绞车、气动绞车、吊车工作不正常； 2. 钢丝绳/吊带、安全带、登梯助力器等不合格或未安装； 3. 吊车、吊篮、滚筒摆放位置不合理，与其他设备互相干扰
环境因素	1. 恶劣天气（如大风、沙尘暴、雨雪）影响正常作业； 2. 钻台面被钻井液、油泥污染，工具摆放不整洁
管理因素	1. 没有正确使用 PTW、JSA 等 HSE 工具； 2. 培训不到位导致作业人员不了解、不熟悉作业流程及作业风险； 3. 交叉作业，拆装顶驱时同时安排其他作业

一、顶驱安装

顶驱安装流程如图 7-12 所示。

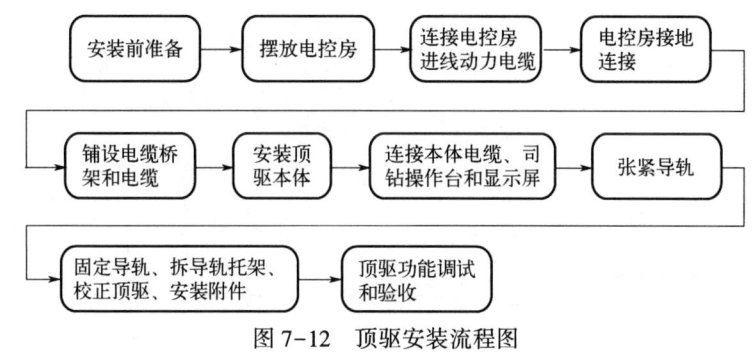

图 7-12　顶驱安装流程图

（一）安装前准备

（1）清理钻台面。

将钻台面上的液压大钳、B 型钳、卡瓦等工具摆放至远离井口的位置，井口用盖板覆盖，防止物品掉落、人员踩空等情况发生；清理钻台面雨水、油泥、钻井液等易造成人员摔倒的污染物，为后续工作提供安全的工作环境。

（2）检查工具。

检查所有工具，尤其是双尾绳安全带、登梯速差器、对讲机、防坠绳、人字梯、气动绞车、吊篮、钢丝绳等，确保使用时安全可靠。

（3）井架和动力电源必须满足以下条件：

① 钻台面到天车底部的净空高度不低于41.5m（136ft），立管升高至22m（73ft），使用23m（75ft）长水龙带，如图7-13所示。

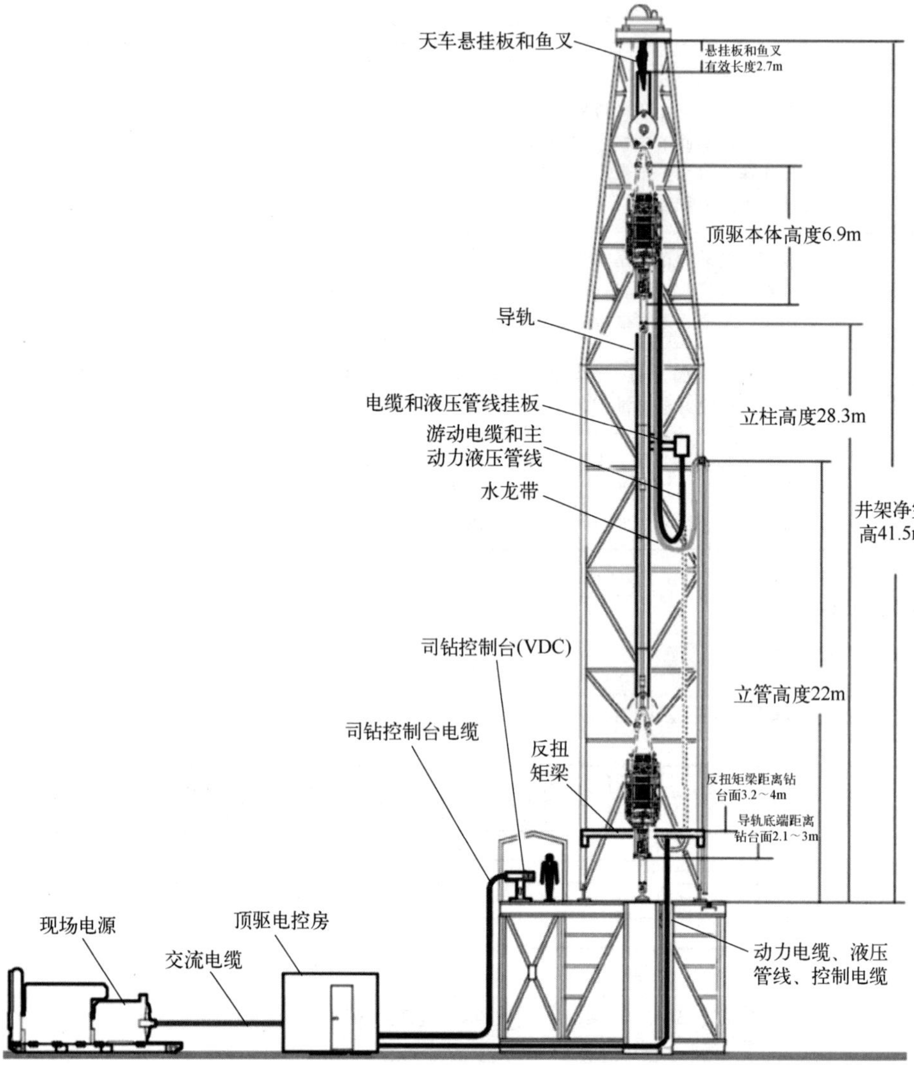

图 7-13　安装结构立面图

② 井架的宽度要保证顶驱本体、电缆和水龙带在有效行程内运动时在任何位置都不与井架及其他设施或附属设施发生摩擦。动力电源要求：700kV·A，电压为575~600V AC、频率为50Hz/60Hz。

③ 天车提前安装天车悬挂板和悬挂鱼叉装置，如图7-14所示。

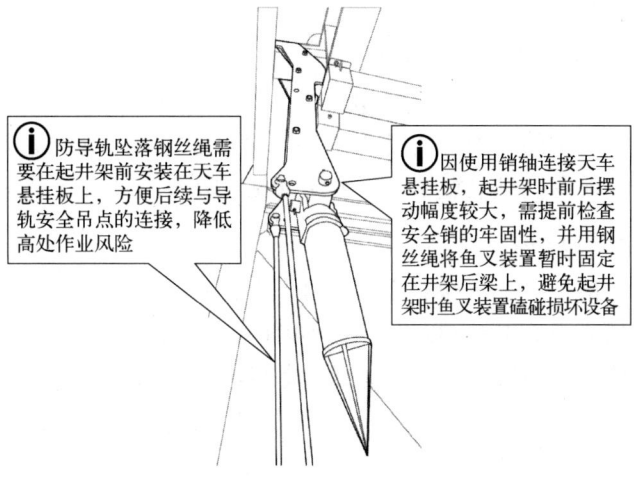

图 7-14 天车悬挂板和鱼叉装置连接示意图

ⓘ 鱼叉动作部分每次安装前需要涂抹黄油，以防止生锈，保持机械润滑，方便井架工在鱼叉处的安装操作。

⚠ 天车悬挂板及鱼叉连接鱼叉斜面朝向井架背面，否则安装时无法插入导轨。

⚠ 鱼叉可前后摆动，须在起升井架前将鱼叉用钢丝绳捆绑在井架后侧横梁上，防止磕碰。

（二）摆放电控房

（1）电控房摆放如图 7-15 所示，电控房与井队 Z 形电缆槽架的地面部分（靠井架侧）平齐，优化缩短使用电缆长度。

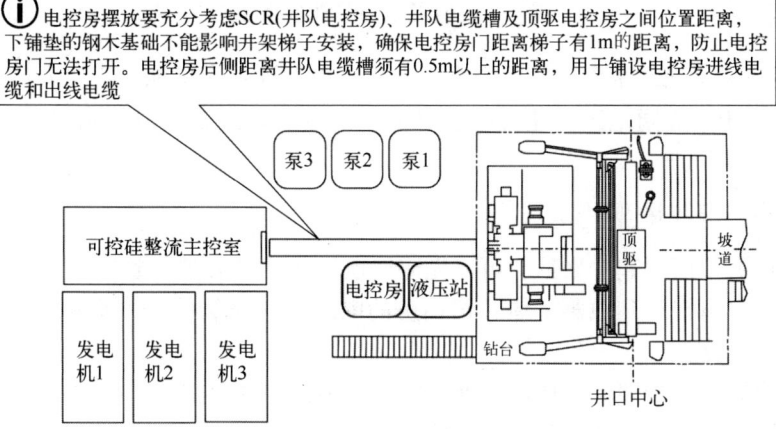

图 7-15 电控房摆放位置示意图

（2）确保电控房与热源保持一定安全距离。
（3）保证电控房四周有合适的出入活动空间。
（4）严禁将电控房置于硫化氢气体环境中。

（三）连接电控房进线动力电缆

（1）清洁 SCR 房顶驱进线端子和顶驱电控房所有端子、线鼻子及电缆插头的接触面。
（2）铺设 SCR 房到顶驱电控房进线电缆于井队电缆槽内。
（3）根据电路手册中的线路图连接 SCR 房与顶驱电控房之间的电缆。
（4）将多余的电缆盘绕进电缆槽内，确保电缆之间无任何缠绕干涉。

（四）电控房接地连接

（1）选取标准接地棒，选取标准接地线和接线端子。
（2）将接地棒插入地面 1.5m 以上（接地电阻小于 4Ω）。
（3）连接接地棒与电控房（接触部分必须保持清洁），如图 7-16 所示。

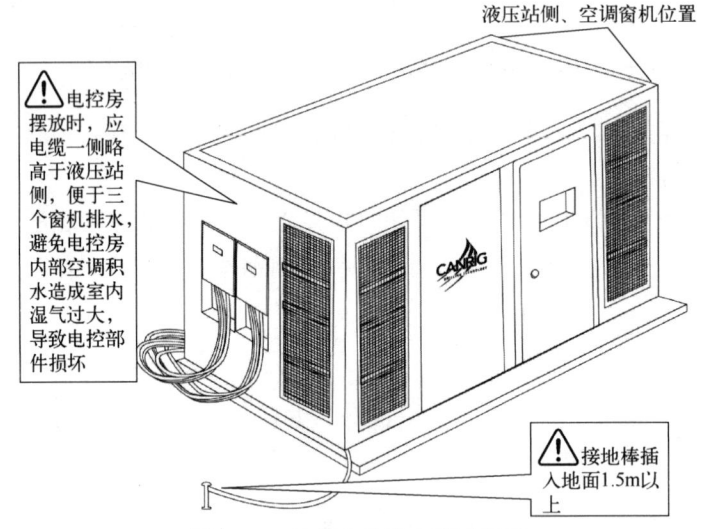

图 7-16　连接电控房电缆示意图

ⓘ 接地棒可以挖蓄水槽，泼洒低密度盐水，以保证可靠接地，避免人员伤害。
ⓘ 沙漠及干旱少雨地区，建议电控房再连接一条地线至井口，确保电控房接地电阻值小于 4Ω。

（五）铺设电缆桥架和电缆

（1）井队井架底座起升之后，可以先连接顶驱电控房出线电缆。
（2）从顶驱电控房到顶驱本体和司钻房的电缆及液压管线与井队的 Z 形电缆槽架共用，需要提前铺设。
（3）铺设钻台面到顶驱本体电缆架的电缆槽架，一共由三节连接在一起，在未安装顶驱之前，需要提前铺设，以节省安装时间。
（4）安装第二段电缆槽时要先固定第一段电缆槽使其不能转动，防止摆动造成后期安装困难。
（5）将液压进油和回油管线铺设在电缆槽架中。
（6）连接顶驱电控房到司钻操作台的电源及通信电缆。
（7）将主动力电缆及辅助控制电缆铺设在电缆槽架中。

（8）将监控器的通信电缆出线通过井架背梁铺设到电缆槽架，以便后期连接到顶驱导轨处电缆箱。

ⓘ 电缆在电缆槽中排列要规整，避免后期连接导轨接线箱信号线与主动力线发生干扰。

（六）安装顶驱本体

1. 起升导轨和顶驱

（1）提前移除猫道、坡道及井架前侧梯子。

（2）将牵引钢丝绳套用卸扣固定在导轨拖架的前端两侧挂点上，注意两根钢丝绳的连接位置。

ⓘ 在提升前确认顶驱止动销（4个）没有缺少且安装牢固。

ⓘ 较短的一根钢丝绳接在拖架的左侧耳板上，因为顶驱及导轨的重心在左侧。

（3）将顶驱本体及导轨吊装到背车或者拖车上，如图7-17所示。

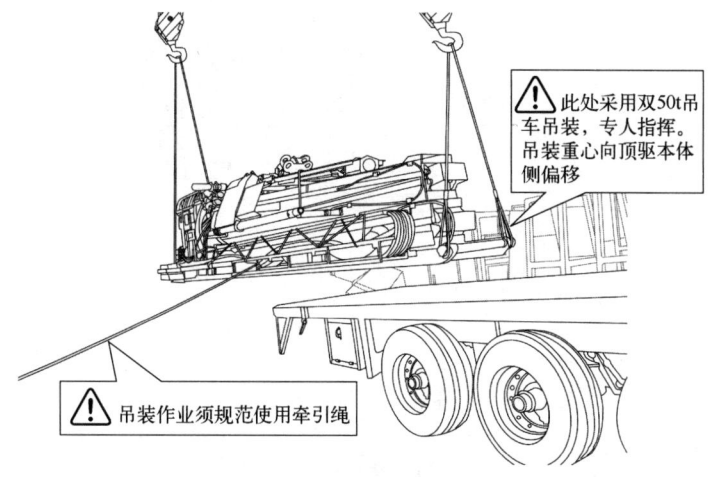

图7-17 顶驱吊装示意图

（4）定位拖车或背车，使得导轨的顶端距离井架底座0.6~0.9m。

（5）将牵引钢丝绳环连接到拖车或背车的绞盘。

⚠ 应盘点安装附件、工具及相关设备，保证齐全且完好，确保提升组件及钢丝绳无损坏。

⚠ 安装顶驱前召开安全会议，确保所有相关人员掌握安装步骤和作业风险防控措施。

⚠ 指定唯一吊装指挥人员，并配备多名观察员，确保提升导轨时与井架不发生干涉。

⚠ 顶驱安装时钻台面作业人员须站在安全区域，防止高空落物伤人。

⚠ 确保相关人员之间能够实时沟通，可以采用对讲机、手势或信号灯等方式。

⚠ 保证天车和鱼叉装置、钻台、坡道一侧的井架底座、顶驱折叠导轨、井架后围梁等作业区域具备充分的照明。

⚠ 确认安全销安装在提升钩的止动块上，安全销可以防止提升钩从导轨中滑脱。

⚠ 确认上部滑架止动销安装在导轨上，防止吊车提升第一节导轨时滑架脱出。

（6）安装游车 U 形环及适配器，以方便安装提升钢丝绳套。

（7）用双气动绞车将导轨吊起，缓慢提升导轨，展开第一节和第二节导轨直到游车可以连接到提升钢丝绳，如图 7-18 所示。

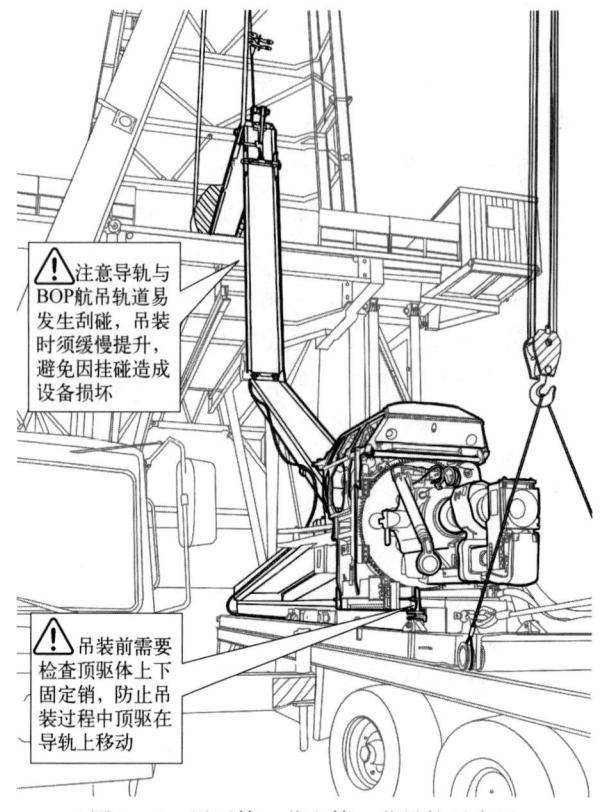

图 7-18　展开第一节和第二节导轨示意图

（8）如果有必要将第 3 节导轨保持在部分打开的位置。

（9）转动电缆架丝杠，使其尽量靠近第 3 节导轨。

ⓘ 这一步骤只在井架开挡较小的情况下进行。

（10）用吊车将导轨缓慢放置在钻台面，将左右猫头钢丝绳连接到导轨第一排吊耳，拆除吊车吊索。

ⓘ 将左右猫头钢丝绳连接到导轨第一排吊耳是为了防止导轨突然从钻台面滑落造成事故。

（11）使用气动绞车向坡道方向拉拽游车到合适位置，连接适配器与主提升钢丝绳，如图 7-19 所示；连接适配器与上滑车之间的两根辅助提升钢丝绳。

（12）提升游车，拉紧提升钢丝绳，并将上部滑架止动销拆除。

（13）开始用游车提升导轨，直到第一节和第二节导轨伸直，如图 7-20 所示。

（14）继续提升，直到所有的导轨都打开，在这个过程中需要前后移动拖车以帮助打开导轨的各个部分，必要时可以使用叉车协助展开导轨，如图 7-21 所示。

（15）继续提升导轨，当所有的导轨都展开时，缓慢释放长拖车上的绞盘钢丝绳，这时导轨拖架下部的辊子沿着拖车表面滚动。图 7-22 为导轨拖架结构图。

第七章 Canrig顶驱安全作业指导

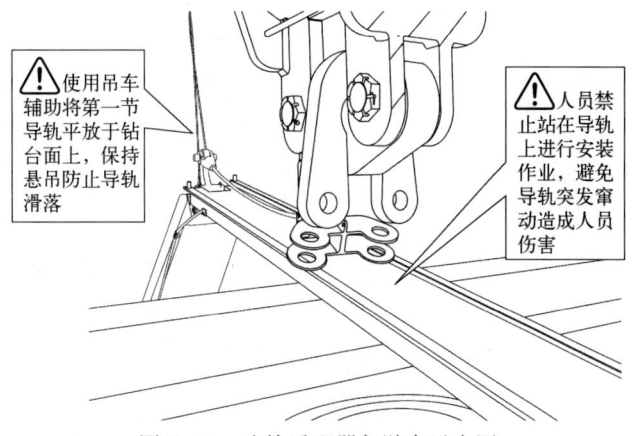

图 7-19 连接适配器与游车示意图

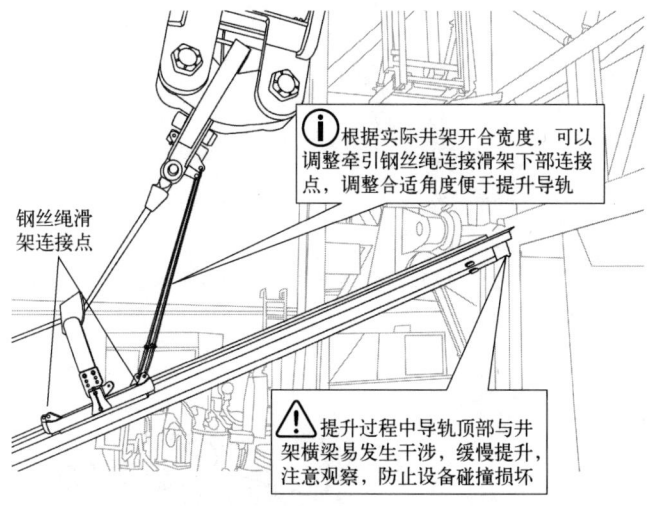

图 7-20 游车提升伸直第一节与第二节导轨示意图

ⓘ 必须用吊车辅助提升导轨拖架底部的牵引钢丝绳，配合游车，保证提升的稳定性。

（16）继续提升导轨，保证提升过程中导轨和井架底座之间有一定的安全距离。

（17）当导轨拖架底部到达钻台面时，继续从拖车绞盘放线，直到导轨垂直且完全进入井架之中，如图 7-23 所示。

ⓘ 为了保证稳定性和安全，在立起的过程中，导轨拖架的传动辊端应当尽量靠近钻台面。

⚠ 用双气动绞车吊装导轨时，需要平稳操作，必须专人指挥，缓慢上提到钻台面；避免磕碰钻台面，特别是钻台下面突出的 BOP 行吊轨道。

⚠ 导轨顶端放在钻台面时，导轨前端禁止站人，避免导轨磕碰人字梁，且下放过程中需缓慢以防止磕碰绞车挡板。

⚠ 导轨到钻台面后，禁止人员站在导轨上连接游车，此时吊车应吊装导轨提升架下端，防止游车连接提拉钢丝绳时导轨滑落到地面造成人员伤亡。

⚠ 当游车靠近二层台时，需要缓慢上提，同时拖车尽可能靠近钻台底部，缓慢平稳

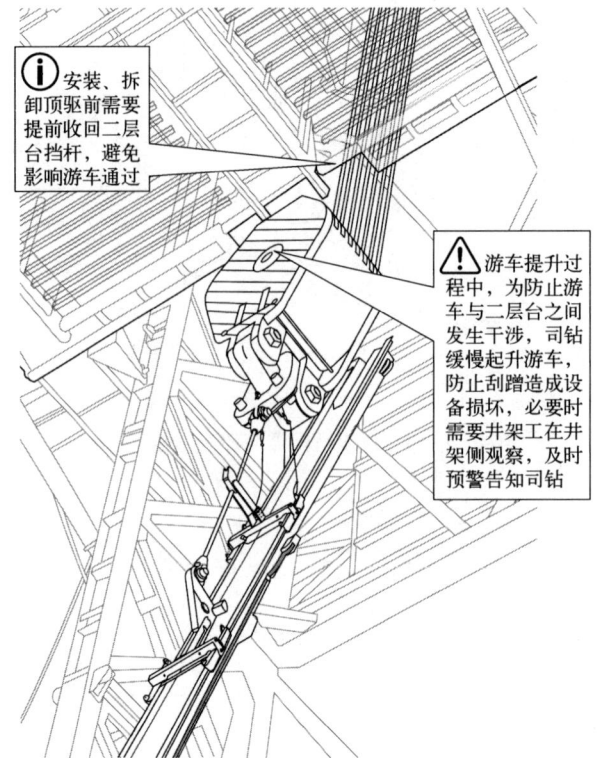

图 7-21　提升导轨游车到二层台位置示意图

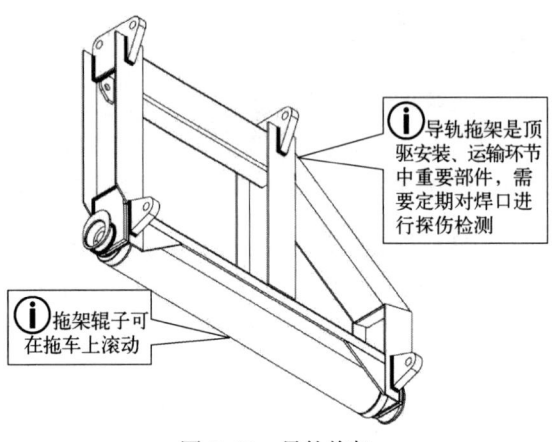

图 7-22　导轨拖架

使游车通过二层台，避免刮蹭造成设备损坏。在提导轨过程中二层台禁止站人，人员只能在井架侧面观察指挥游车缓慢上提。

⚠ 上提导轨过程中，需时刻观察顶驱电缆，防止在上提过程中顶驱电缆刮蹭造成设备损坏。

⚠ 顶驱被提上转台时，拖车钢丝和吊车吊装顶驱前端都不能使钢丝松懈，以免顶驱磕碰绞车或在转台处发生旋转。

第七章　Canrig顶驱安全作业指导

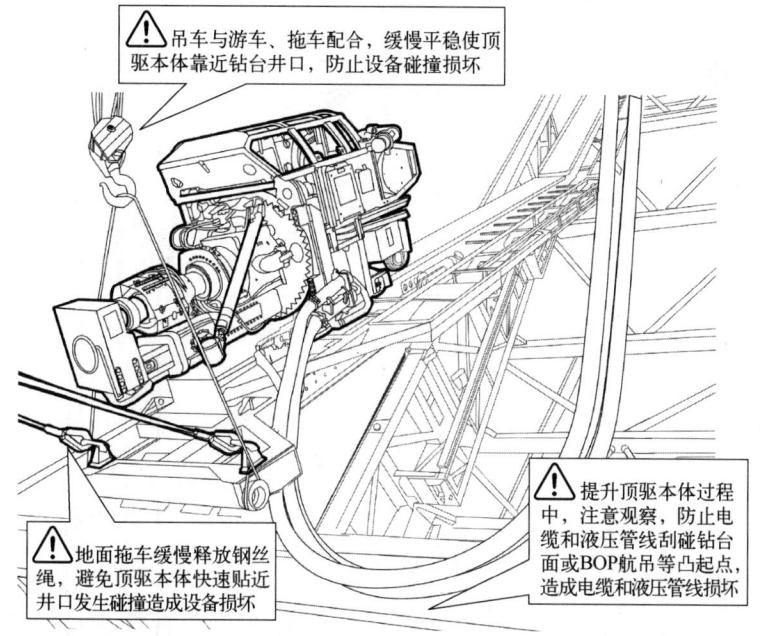

图7-23　提升导轨过程——顶驱本体到钻台示意图

2. 连接鱼叉装置

（1）继续提升导轨直到鱼叉装置插入导轨中。注意观察指重表，提升重量应接近游车、大钩、导轨及顶驱总成的全部重量。

（2）当导轨完全展开并起升到井架天车位置之后，继续缓慢提升游车直到鱼叉装置进入导轨顶部的开口处。此时鱼叉装置进入开口处，拉动控制钢丝绳使鱼叉装置的挂耳向内旋转，允许导轨经过，导轨通过之后，松开钢丝绳，挂耳会向外转回原来的位置。

ⓘ 在挂耳处充分润滑后无须手动操作，导轨开口会推动挂耳向内侧旋转，当通过后，挂耳会自动向外转回原位阻止导轨下落，完成鱼叉与导轨连接。

（3）缓慢下放游车，将导轨坐在鱼叉装置挂耳上。

（4）将T形板安全绳的自由端用销子固定在导轨的吊耳上。安装安全绳时，目视检查确认鱼叉装置挂耳完全打开。

⚠ 鱼叉连接导轨时，需井架工在天车横梁处操作，要携带对讲机指挥司钻操作游车上提下放，井架工须做好高空作业防护措施。此时司钻需要最大限度上提游车，因提前拆除了防碰撞报警装置，此时司钻需缓慢操作，同时观察悬重。

3. 拆卸提升组件、安装顶驱提环

（1）井架工需攀爬井架或使用载人气动绞车到导轨提升挂钩所在的位置。

⚠ 由于提升高度较高须加配重。

（2）取下锁紧装置中的1/2in的锁销。

（3）取出提升钩下滑架定位销，展开滑车，使滑车脱离导轨。

（4）缓慢提升游车，并转动锁紧操作手柄直到闩锁到解锁位置。

（5）下放游车使提升挂钩下移从提升槽中脱出。继续下放游车，直到导轨提升组件位于顶驱本体的正上方，拆甩提升组件。提升组件结构如图 7-24 所示。

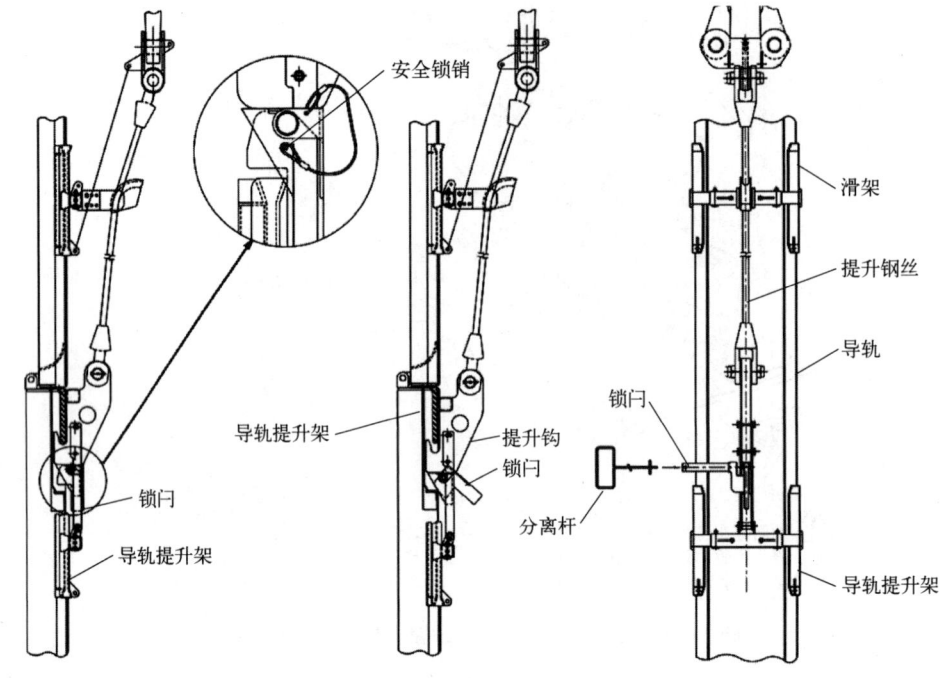

图 7-24　提升组件结构

（6）取下提升钢丝绳适配器及连接销。

（7）连接顶驱提环，如图 7-25 所示。下放游车，使得 U 形环可以用销子连接到顶驱提环上，确保连接销和安全销都可靠连接。

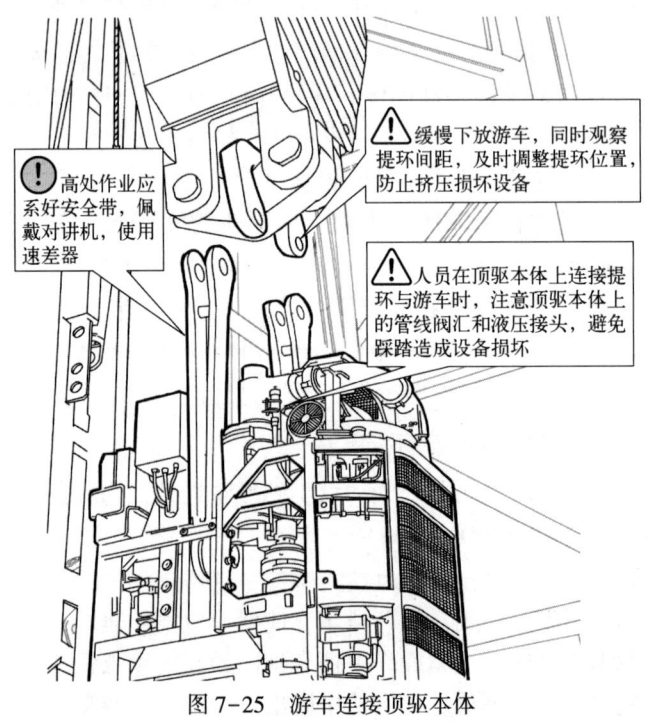

图 7-25　游车连接顶驱本体

第七章　Canrig顶驱安全作业指导

⚠ 顶驱安装需要连贯，在保证安全的前提下，尽可能快速安装，避免长时间由提升钢丝或鱼叉承受导轨和顶驱所有重量，以免发生坠落事故。

（七）连接本体电缆、司钻操作台和显示屏

（1）将电缆槽架连接到导轨右侧的电缆架上。
（2）连接电缆槽内铺设好的电缆至顶驱第五节导轨下端接线盒。
（3）将液压进油和回路管线从电控房液压站连接到导轨电缆槽架上。
（4）确保司钻操作台已摆放好。
（5）在主开关处于"OFF"位置时，连接电源电缆。
（6）根据已提供的电路图连接电缆。
（7）上紧进线接头螺母。
（8）在接头螺母上加安全绳以防松脱。

⚠ 司钻操作台安装在视野清晰、操作方便的位置。

⚠ 安装位置必须保证司钻在钻井作业时能够清楚看到各个仪表参数和指示。

（八）张紧导轨

（1）操作司钻操作台或电控房液压站手动液压泵开关，开启 HPU。
（2）操作液压阀，伸出液压缸，连接液缸与绷紧钢丝绳，如图 7-26 所示。

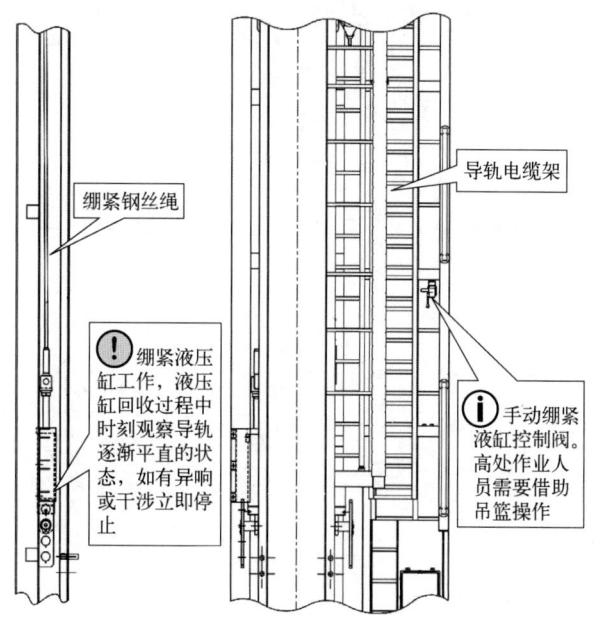

图 7-26　导轨绷紧装置

（3）操作液压阀，缩回液压缸，使钢丝绳绷紧，这时导轨应该平直、无弯折。
（4）图 7-26 中导轨电缆架上的手动绷紧液压缸控制阀的阀门压力已经由 Canrig 公司提前预设。
（5）关闭 HPU 液压站。

ⓘ 人员须乘坐吊篮在手动液控阀处操作，操作时要仔细观察每节导轨的连接部位，

避免发卡致使钢丝绳断裂。液压缸绷紧时，保证液压缸连接处正确连接，避免顶驱上下移动刮碰液压缸造成绷紧钢丝绳断裂。

（九）固定导轨、拆导轨托架、校正顶驱、安装附件

（1）取下顶驱本体与导轨处运输上部止动销。

（2）缓慢提升顶驱，使顶驱本体与导轨处下部运输止动销脱离。

（3）取下顶驱本体与导轨处下部运输止动销。

（4）将顶驱提升到一定的高度，使得导轨与导轨滑车完全接触。

（5）调节导轨滑车调整螺栓直到其与导轨两侧角铁接触，滑车与导轨角铁之间允许存在1/8in的缝隙，但不要过度靠近，否则容易导致滑车耐磨板使用寿命缩减，如图7-27所示。

图7-27 导轨调节螺栓

（6）调节三个反扭矩梁丝杠，校正井口中心，调整完毕之后锁紧调节螺母，如图7-28所示。

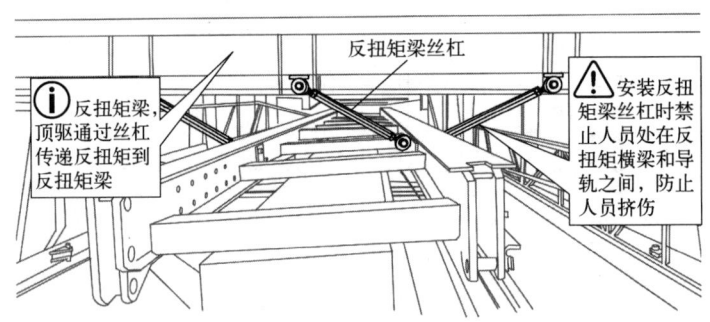

图7-28 井口校正丝杠

⚠ 调节反扭矩梁丝杠时，注意不要超出调节范围，避免突然释放挤压电缆架造成设备损害。调节丝杠矫正井口时，禁止人员在反扭矩横梁和导轨之间，防止导轨瞬间贴合反扭矩横梁造成人员挤压事故。

（7）安装吊环和吊卡。定位吊环卡子使得吊环前倾时不会超过顶驱护栏。

（8）安装水龙带及安全绳。

（9）调节电缆伸展架，使其与二层台同高的电缆伸展架缓慢打开到合适位置，保证顶驱上下滑动通畅，并且与液压大钳悬挂钢丝绳不干涉。

（10）缓慢提升顶驱直到第一节导轨，检查有无干涉。继续缓慢上提，当接近电缆伸展架和天车顶部时要特别注意与电缆架是否有刮蹭，及时调整电缆伸展架开合角度。

（十）顶驱功能调试和验收

（1）把司钻操作台上的使能开关 SW1【TOP DRIVE】由"OFF"位置切换到"AUX"位置，将液压泵选择开关 SW3【HPU】由"OFF"位置切换到"1"位置或者"2"位置。

（2）检查两台液压泵的旋转方向，通过检查顶驱本体的进油压力表、回油压力表的数值来确定。

（3）将司钻操作台上的使能开关 SW1【TOP DRIVE】由"AUX"位置切换到"ENABLE"位置。

（4）检查风机和润滑油泵的旋转方向，通过检查顶驱本体的润滑油压力表数值及出风口出风量来确定。

（5）操作司钻操作台上的调速手轮转动主轴，观察转向是否正确。

（6）使用吊环前倾/后倾、正反向调节旋转头、夹紧背钳、打开/关闭 IBOP，操作增扭器使顶驱缓慢旋转、等顶驱功能测试，至此完成顶驱安装调试。

（7）安装完成后，根据作业现场验收要求对顶驱进行检查验收，验收内容包括但不限于表 7-7 中的内容。

表 7-7 Canrig 顶驱安装验收表

序号	项目	标准	结果
一、机械部分			
1	顶驱主轴与井口中心	主轴正对井口中心位置	
2	天车悬挂板、鱼叉	安全销可靠安装，螺栓安装防松锁线	
3	导轨	连接可靠，无裂纹，无变形	
4	导轨与支梁、大钳绳、防碰绳	无干涉、无擦刮	
5	导轨销及锁销	导轨销、锁销及别针齐全、无退出	
6	导轨离钻台面高度，mm	2000~2500	
7	电缆槽架	固定牢靠，螺杆、螺母及保险销齐全，与绞车无干涉	
8	本体最前端与猴台距离，mm	≥250	
9	水龙带长度，m	23	
10	立管高度，m	19.5~21；弯管出口朝前与游动管线无摩擦	
11	顶驱本体与井架附件	全程范围无刮挂现象	
12	顶驱本体各处螺栓、连接销	螺栓紧固，防松线齐全，各连接销、开口销、安全别针齐全	
13	上 IBOP-主轴上扣扭矩，ft·lbf	40000；锁紧装置安装规范	

续表

序号	项目	标准	结果
14	上IBOP-下IBOP上扣扭矩，ft·lbf	35000；锁紧装置安装规范	
15	保护接头-下IBOP上扣扭矩，ft·lbf	30000；锁紧装置安装规范	
16	保护接头中心与井口中心误差，mm	≤10	
17	背钳及钳牙	背钳正常，钳牙完好，压板防松锁线齐全完好	
18	液压油	使用手册推荐用油	
19	齿轮油	使用手册推荐用油	
20	吊卡类型	钻进时必须使用对开式吊卡	
二、液压部分			
1	各处密封	不漏油	
2	液压管线	无破损，固定可靠，无渗漏	
3	游动电缆、水龙带及液压管线	顶驱上下运行过程中无交叉	
4	液压系统压力，psi	2350	
5	倾斜回路	功能正常	
6	回转回路	功能正常	
7	回转锁紧	功能正常	
8	平衡回路	功能正常	
9	制动回路	功能正常	
10	背钳回路	功能正常	
11	IBOP回路	功能正常	
12	倾斜与回转互锁功能	功能正常	
三、电气部分			
1	输入电源电压	输入600V，电压稳定，波动不超过±5%	
2	主电动机、风机、电控房绝缘检查	无绝缘故障	
3	变压器、电控房放置	符合顶驱相关操作要求	
4	各插接件绝缘	无绝缘故障	
5	电源相序	相序正确，风机转向正确	
6	空调制冷、照明	制冷、照明正常	
7	扭矩、转速	正常	
8	报警及互锁	功能正常	
9	按钮、开关	符合功能要求	
10	电气设备及接地	无漏电、无干扰，符合防爆要求，接地电阻≤4Ω	

续表

序号	项目	标准	结果
11	司钻操作台及支架固定	固定牢固，司钻操作台视线无障碍	
12	钻井、上扣、卸扣扭矩功能	正常	
13	全部电动机运转情况	全部电动机运转正常	
四、安全防护措施			
1	顶驱导轨	1. 鱼叉与导轨安全销可靠有效。 2. 导轨张紧钢丝紧贴导轨牢靠、无弯折。 3. 导轨无明显变形，焊缝无开裂	
2	导轨销	导轨销无退出现象，安全销齐全	
3	电缆架部分	挂架固定螺栓安全销齐全、有效	
4	顶驱盘刹	刹车护罩固定螺栓紧固，防松锁线齐全可靠	
5	顶驱本体电控箱门	柜门关闭严实	
6	本体防护栏	1. 加装防坠安全绳。 2. 螺栓紧固，防松锁线齐全可靠	
7	齿轮油箱、液压油箱呼吸器及加油孔堵头	安全链齐全、无退扣现象	
8	管子处理器	螺栓紧固，防松锁线齐全可靠	
9	润滑泵/液压泵（含电动机）	1. 螺栓紧固，防松锁线齐全可靠。 2. 润滑泵/液压泵（电动机）加装防坠安全绳，螺栓紧固，防松锁线齐全可靠	
10	IBOP 装置	1. 防松装置螺栓紧固，防松锁线齐全可靠。 2. 执行机构盖板用固定螺栓紧固，防松锁线齐全可靠	
11	倾斜油缸	圆螺母紧固，止动垫圈齐全并固定好，销子无退出	
12	倾斜油缸支撑体	连接 U 形螺栓、螺母紧固，开口销齐全	
13	背钳	1. 钳牙座、压板完好，压板固定螺栓紧固，锁线齐全。 2. 背钳体外部所有连接螺栓紧固、锁线、安全销齐全	
14	背钳导向口	螺栓紧固，防松锁线齐全可靠；加装防坠安全绳	
15	反扭矩梁	固定螺栓紧固，安全销齐全、有效，门销完好无退出	
16	锁紧机构及回转马达	螺栓紧固，防松锁线齐全可靠	
17	灭火器与应急照明措施	消防器材配备齐全、有效，有定期检查记录；应急照明灯工作正常	

二、顶驱拆卸

整个拆卸流程如图 7-29 所示。

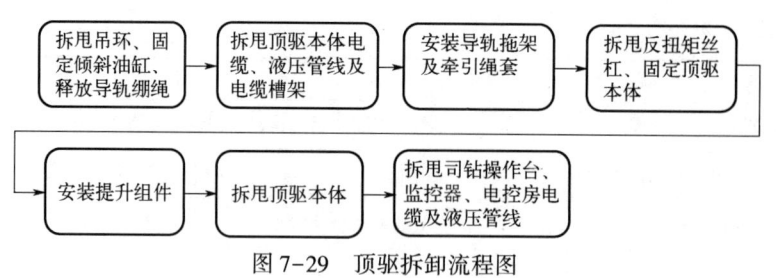

图 7-29 顶驱拆卸流程图

（一）拆甩吊环、固定倾斜油缸、释放导轨绷绳

（1）拆掉吊环与倾斜油缸连接销。
（2）上提顶驱到合适位置，使吊环处于悬空无卡滞状态。
（3）操作司钻操作台【HANDLER LOCK】手柄，将旋转头旋转到合适位置。
（4）吊带和气动绞车配合拆甩吊环。
（5）将液缸固定装置安装在背钳提升臂上。
（6）将倾斜液缸固定在环形卡箍内，如图 7-30 所示。

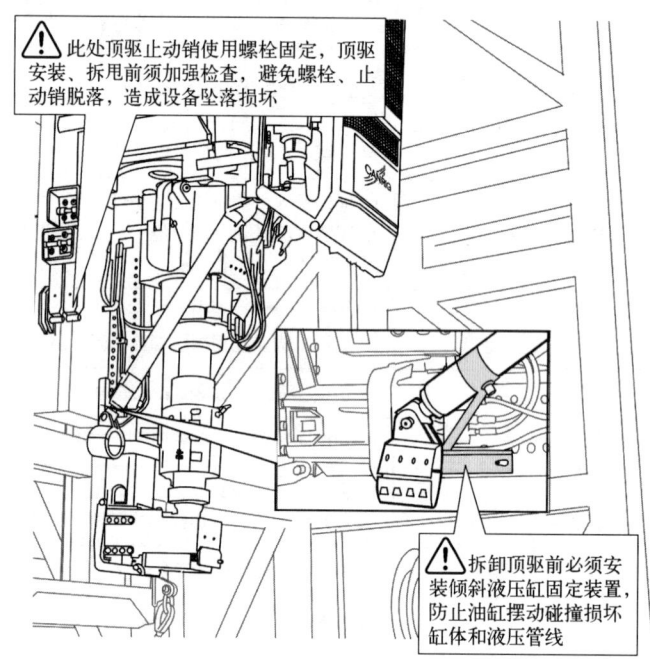

图 7-30 倾斜液缸固定安装示意图

⚠ 吊装顶驱本体时要注意钢丝绳位置，避免与液压缸干涉导致吊装时损坏液压缸或液压管线。

（7）操作导轨电缆槽架上的操作手柄使绷紧液压缸伸出，释放绷紧钢丝绳。
（8）拆掉绷紧钢丝绳与液缸的连接。
（9）使用麻绳固定绷紧钢丝绳。

⚠ 绷紧钢丝绳必须进行捆绑，特别是吊到拖车或者钻台面时，顶驱本体易挤压钢丝绳头，造成设备损坏。

第七章 Canrig顶驱安全作业指导

⚠ 在拆甩顶驱时，绷紧液压缸也应进行捆绑，避免顶驱拆甩或运输产生晃动，损坏液压缸缸体。

（二）拆甩顶驱本体电缆、液压管线及电缆槽架

（1）断开顶驱电控房主开关以及 SCR 房的顶驱主进线开关。

ⓘ 关闭顶驱电控房后，观察电控房液压站压力表，确保电控房压力表回零后再进行相关拆甩作业，避免人身伤害事故，且液压管线中有少许压力也会造成液压插件插拔困难。

（2）乘坐吊篮到顶驱导轨右下侧接线箱位置，拆掉主动力电缆和控制通信电缆。

（3）提升吊篮到液压管线安装位置，拆掉主进油、回油管线。

（4）将所有电缆存入井队 Z 形电缆桥架。

（5）使右侧气动绞车钢丝绳穿过井架背梁，挂上吊带，轻微提升电缆槽架。

（6）乘坐吊篮到顶驱导轨下侧接线箱位置，拆掉电缆槽架与顶驱导轨侧槽架的连接螺栓。

（7）下放气动绞车，拆甩电缆槽架。

（三）安装导轨拖架及牵引绳套

（1）将左右两侧气动绞车钢丝绳挂在导轨拖架两侧的吊耳上，提升气动绞车，对正安装位置。

（2）安装拖架与导轨的连接销和止动片。

（3）安装牵引钢丝绳套。

ⓘ 注意拖架两根钢丝绳的连接位置，较短的一根钢丝绳接在拖架的左侧耳板上，因为顶驱及导轨的重心在左侧，如图 7-31 所示。

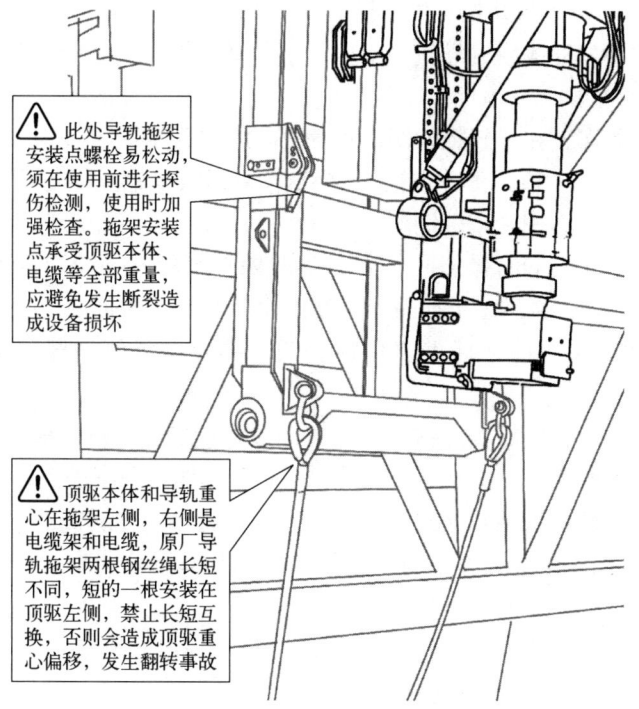

图 7-31 导轨拖架及牵引绳套示意图

（四）拆甩反扭矩丝杠、固定顶驱本体

（1）使用气动绞车向坡道方向轻微拉拽牵引钢丝绳套，以便拆卸反扭矩丝杠。

（2）拆掉反扭矩丝杠与顶驱导轨的连接。

（3）使用麻绳将丝杠固定在反扭矩梁上。

（4）上提顶驱，错开导轨下部固定销孔，安装两个较长的止动销。

（5）缓慢下放顶驱，错开导轨上部固定销孔，安装两个较短的止动销。

（五）安装提升组件

（1）缓慢下放游车到合适位置，拆开 U 形环与顶驱提环的连接。

（2）将提升组件适配器安装到 U 形环上。

（3）将拆卸顶驱的提升组件连接到适配器上，注意上滑架的两根辅助提升钢丝绳的位置。

（4）上提游车，直到主提升架的钩环钩住第二节导轨中间的槽孔，用安全销锁定钩环的锁杈，防止钩环滑脱。

（5）安装上下滑架，并安装上滑架止动销。

（六）拆甩顶驱本体

（1）拆掉天车 T 形板与第一节导轨连接的安全钢丝绳。

（2）上提游车，直至导轨脱离鱼叉 5cm 左右，拉动挂耳控制钢丝绳，将两个挂耳收入鱼叉本体内（挂耳处中空），下放游车，直至导轨脱离鱼叉。

ⓘ 天车位置需要两个人配合，分别站位在鱼叉左右侧，须佩戴通信设备。

ⓘ 拆甩时确保顶驱不与井架发生碰撞。

（3）用吊车向井架外侧提升导轨下部的牵引钢丝绳套，同时缓慢下放游车，直到顶驱本体探出钻台面。

（4）继续下放游车，在导轨拖架距离地面 2m 的位置停下。

（5）摆正拖车位置（顶驱正下方），连接拖车液压绞盘钢丝绳与顶驱牵引绳套。

（6）操作液压绞盘，绷紧牵引钢丝绳。

（7）继续下放游车，同时操作拖车液压绞盘收回钢丝绳，此时，导轨拖架下部辊子沿着拖车上表面缓慢滚动，直到最下面一节导轨完全接触拖车表面。

ⓘ 顶驱本体放到拖车面之后需要将顶驱两个提环向外侧张开，避免导轨下放挤压提环。

（8）继续下放游车，同时指挥拖车前后移动以方便折叠导轨。折叠导轨时注意不要压住电缆，第四节导轨折叠后一定要垫上木方，防止与顶驱提环干涉。

（9）待第一节导轨接近钻台面时，指挥拖车前后移动，使其能够平放在钻台面上。

（10）将左右猫头钢丝绳挂在第一节导轨两侧的吊耳上作为安全绳使用，防止导轨滑出钻台面。

（11）断开游车 U 形环与提升组件的连接，并上提游车到二层台位置以免干涉吊车支臂。

（12）将吊车钢丝绳套挂在第一节导轨的中间吊耳上，吊起导轨串，使其离开钻台面。

（13）继续下放导轨，同时指挥拖车前后移动以方便折叠导轨。

⚠ 折叠导轨时注意不要压住电缆。

（14）导轨折叠完毕之后，拆下吊车绳套，把游动电缆盘在轨道右侧的电缆槽架上并捆绑电缆。

⚠ 注意不要使电缆过度弯折，以免造成线路损坏。

（15）将游动电缆架收起。

⚠ 收起顶驱游动电缆架时，建议使用叉车进行协助。向内侧使用收缩花篮螺栓收起，利用叉车微抬会便于工作完成。顶驱游动电缆架需要捆绑，以防止吊装运输时意外打开造成电缆损坏。

⚠ 提升组件在导轨落位后需要进行捆绑，防止吊装运输时掉落。

（七）拆甩司钻操作台、监控器、电控房电缆及液压管线

（1）拆除所有的连接电缆，注意连接电缆的颜色，最好在拆除时做好记号。

（2）拆除到司钻操作台的两根控制电缆。

（3）拆除监控器的电源及通信电缆。

至此顶驱拆卸完毕。

第四节　Canrig 顶驱操作考核

一、顶驱理论考核

（1）正常钻进作业时，顶驱使能旋钮【TOP DRIVE】、顶驱功能模式手柄【TOP DRIVE MODE】、刹车旋钮【TOP DRIVE BRAKE】、上 IBOP 开关旋钮【UPER WELL CONTROL VALVE】】分别处在什么位置？

答：正常钻进作业时，顶驱使能旋钮在"ENABLE"位，功能模式手柄在"DRILL FORWARD"位，刹车旋钮在"OFF"位，上 IBOP 开关旋钮在"OPEN"位。

（2）当顶驱使能旋钮在"ENABLE"位和"AUX"位时，风机电动机、润滑油泵电动机处在什么工作状态？

答：顶驱使能旋钮在"ENABLE"位时，风机电动机、润滑油泵电动机均处于运转状态；在"AUX"位时，风机电动机和润滑油泵电动机均未运转。

（3）如何启动液压泵电动机？

答：司钻操作台操作面板上有液压泵电动机启停旋钮【HPU】，该旋钮有"1""OFF""2"三个挡位。顶驱电控房空调室外机右侧安装有两台液压泵电动机，分别是 1 号液压泵电动机和 2 号液压泵电动机，液压泵电动机启停旋钮处于"1"表明开启 1 号液压泵电动机，处于"2"表明开启 2 号液压泵电动机，处于"OFF"表明两台液压泵电动机均关闭。

（4）使用背钳功能进行上卸扣作业前，旋转头动作手柄【HANDLER】、上 IBOP 开关旋钮【LOWER WELL CONTROL VALVE】、刹车旋钮【TOP DRIVE BRAKE】应处于什么位置？使用背钳的注意事项有哪些？

答：使用背钳功能上卸扣作业前，旋转头动作手柄应处于"LOCK"位，上 IBOP 开关旋钮应处于"OPEN"位，刹车旋钮应处于"OFF"位。

使用背钳的注意事项：背钳夹紧后，背钳闭合指示灯【BACK-UP WRENCH CLOSED】会闪烁，这时严禁提升闭合的背钳。

（5）增扭器旋钮【TORQUE BOOST】的作用是什么？使用增扭器的注意事项有哪些？

答：增扭器是一个高扭矩、低转速的液压单元，用于紧固和卸扣。

使用增扭器的注意事项：顶驱主轴在转动时，禁止使用增扭器。

（6）倾斜功能手柄【LINK TILT】在"MAINTAIN"位和"FLOAT"位时的作用分别是什么？

答：在"MAINTAIN"位，表示倾斜油缸保持在当前的位置；在"FLOAT"位，表示倾斜油缸处于自由浮动位置。

（7）【FIELD FAULT】、【LOW LUBE PRESSURE】、【TOP DRIVE LOW AIR】、【TD MOTOR HIGH TEMP】、【HPU FAULT】、【LOWER WELL CONTROL VALVE】、【BUW GRIPPER CLOSE】、【TORQUE BOOST】指示灯的含义分别是什么？

答：FIELD FAULT——励磁故障报警灯；LOW LUBE PRESSURE——润滑油低压报警灯；TOP DRIVE LOW AIR——风压低报警灯；TD MOTOR HIGH TEMP——主电动机高温报警灯；HPU FAULT——液压故障报警灯；LOWER WELL CONTROL VALVE——上 IBOP 关闭指示灯，当上 IBOP 处于关位时，该灯会亮；BUW GRIPPER CLOSE——背钳夹紧指示灯，当背钳处于夹紧状态时，该灯会亮；TORQUE BOOST——增扭器啮合指示灯，当增扭器啮合时，该灯会亮。

（8）司钻操作台操作面板上【TOP DRIVE LOCKOUT】与【EMERGENCY STOP】开关的功能是什么？

答：【TOP DRIVE LOCKOU】与【EMERGENCY STOP】均为顶驱停机开关，按下其中任一个均会切断顶驱的所有电源，禁止顶驱的所有功能。

（9）CANRIG 顶驱旋转头和吊环使用时的注意事项有哪些？

答：在吊环承载的情况下，严禁操作旋转头动作手柄；当吊环承载超过 2t 或使用长吊环作业时，严禁使用吊环倾斜功能。

（10）带顶驱震击解卡作业的注意事项有哪些。

答：任何情况下，禁止带顶驱使用地面震击器进行震击作业；如确需带顶驱进行震击作业，震击器与井口的距离不得小于 1500m；如距离大于 1500m 时发生卡钻，若确需使用顶驱进行震击作业，严禁顶驱带转速憋扭矩震击。带顶驱震击作业时，钻台面严禁站人，以避免顶驱零部件掉落伤人，如果发现顶驱零部件掉落，应该立即停止震击，检查顶驱；带顶驱震击作业时，钻具必须与顶驱保护接头连接，严禁使用顶驱吊卡悬挂钻具进行震击；带顶驱震击作业时，上提负荷要严格按照钻井手册的相关规定执行，严禁发生钻具拉断损伤顶驱的事故；带顶驱震击作业时，每震击 2h，必须对顶驱进行检查；如果在解卡过程中，现场作业工况不能满足上述条件，或者顶驱受到剧烈冲击，或者震击时间超过 8h，为避免顶驱设备损坏，须将顶驱旁置或暂时拆甩，待采用其他方式解卡后再恢复作业。

（11）顶驱 IBOP 的使用注意事项有哪些？

答：正常作业时，顶驱上下 IBOP 处于关闭位置时禁止启动井队钻井泵直至 IBOP 完全打开；井队钻井泵工作期间严禁关闭顶驱 IBOP；顶驱下 IBOP 需要一天活动一次。

（12）定向作业时应该注意哪些方面？

答：在定向钻井作业中，顶驱钻井扭矩设定为动力钻具设定的最大扭矩的 1.2 倍；如果在复合钻井过程中发现顶驱憋停、反转，应立即提升游车来减少反扭矩；钻井工艺要求钻具不旋转时，应该将顶驱刹车转到"ON"；需经常检查刹车可靠性，保证顶驱刹车扭矩值大于动力马达的最大输出扭矩值。

二、顶驱实操考核

Canrig 顶驱司钻实际操作技能考核见表 7-8。

表 7-8　Canrig 顶驱司钻实操技能考核表

序号	评分内容	分值	得分
基本功能操作			
1	给定主轴 20rpm，正转	1	
2	给定主轴 20rpm，反转	1	
3	启动液压泵电动机、风机电动机、润滑油泵电动机	1	
4	打开和关闭上 IBOP	1	
5	左转和右转旋转头	1	
6	前倾和后倾吊环	1	
7	观察司钻操作台各指示灯，并说明是否有报警信息	1	
8	观察司钻操作台面板，说出当前情况下顶驱的实际转速、扭矩值，说出钻井扭矩设定值、上扣扭矩设定值	1	
接立柱钻进			
1	将钻具下放至钻台面，将顶驱转速手轮打回"零位"，停止钻具旋转	1	
2	小幅起升顶驱，钻工放入卡瓦。司钻缓慢下放顶驱，观察指重表，确认钻具重量已经全部坐到卡瓦上	1	
3	关闭钻井泵	1	
4	将顶驱上 IBOP 开关旋钮【LOWER WELL CONTROL VALVE】扳到"CLOSE"位	2	
5	右手将背钳操纵手柄【BACK-UP WRENCH】扳至"NORMAL CLOSE"位不放，使背钳夹住钻具接头	2	
6	左手将顶驱功能模式手柄【TOP DRIVE MODE】扳至"TORQUE REVERSE"位，松扣	2	
7	松扣后，将顶驱功能模式手柄【TOP DRIVE MODE】扳至"SPIN REVERSE"位旋扣	2	
8	右手松开背钳操纵手柄【BACK-UP WRENCH】，挡位自动弹回到"OPEN"位，背钳松开	2	

续表

序号	评分内容	分值	得分
9	小幅提升游车，直至顶驱保护接头从钻具中卸出	1	
10	将顶驱功能模式手柄【TOP DRIVE MODE】扳至"DRILL FORWARD"位	1	
11	钻工为顶驱保护接头涂抹螺纹脂，上提顶驱到二层台位置，当吊卡到达井架工位置时，用旋转头动作手柄【HANDLER】将吊卡开口转到适当位置	2	
12	用倾斜功能手柄【LINK TILT】的"EXTEND"挡位将吊卡倾斜到井架工操作方便的位置，井架工放好钻具并扣好吊卡	1	
13	提升游车，使立柱下端高于井内钻具的上端面；将倾斜功能手柄【LINK TILT】扳至"FLOAT"位，使立柱回到中位	1	
14	缓慢下放顶驱，将立柱下端和井口中钻具对扣，再将立柱上端和顶驱保护接头对扣，直到保护接头外螺纹进入钻杆内螺纹	1	
15	确认转盘锁已经锁定，将顶驱功能模式手柄【TOP DRIVE MODE】扳至"SPIN FORWARD"位旋扣	1	
16	确认上扣扭矩值设置正确，将顶驱功能模式手柄【TOP DRIVE MODE】扳至"TORQUE FORWARD"位保持，紧扣，观察扭矩表，待扭矩显示值达到设定值后，将功能模式手柄【TOP DRIVE MODE】扳至"DRILL FORWARD"位	1	
17	钻工提出卡瓦，司钻将上IBOP开关旋钮【LOWER WELL CONTROL VALVE】扳到"OPEN"位，开泵循环，调节转速手轮，给定转速，开始钻进	1	
倒划眼起钻			
1	缓慢匀速上提钻具，开始倒划眼	1	
2	当钻具上提至足够高度后，按下浮动按钮，吊环回中位（注：必须按下浮动按钮，以避免上提钻具时，吊卡刮碰二层台）	2	
3	继续匀速上提钻具，直到出现第三个钻具连接头	1	
4	缓慢调节顶驱转速手轮【THROTTLE】至"零"位，钻工放入卡瓦，司钻缓慢下放顶驱，观察指重表，确认钻具重量已全部坐到卡瓦上	1	
5	关闭钻井泵	1	
6	将顶驱上IBOP开关旋钮【LOWER WELL CONTROL VALVE】扳到"CLOSE"位	1	
7	右手将背钳操纵手柄【BACK-UP WRENCH】扳至"NORMAL CLOSE"位不放，使背钳夹住钻具接头	1	
8	左手将顶驱功能模式手柄【TOP DRIVE MODE】扳至"TORQUE REVERSE"位，松扣	1	
9	松扣后，将顶驱功能模式手柄【TOP DRIVE MODE】扳至"SPIN REVERSE"位旋扣	1	
10	右手松开背钳操纵手柄【BACK-UP WRENCH】，挡位自动弹回到"OPEN"位，背钳松开	1	
11	小幅提升游车，直到顶驱保护接头从钻具中卸出	1	
12	将顶驱功能模式手柄【TOP DRIVE MODE】扳至"DRILL FORWARD"位	1	
13	钻工用液压大钳松开立柱底部的扣，上提顶驱使立柱底部脱扣，钻工将立柱底部推入钻杆盒，同时下放顶驱，使用倾斜功能手柄【LINK TILT】的"EXTEND"挡位将立柱上端推给井架工，井架工打开吊卡，将立柱上端拉入钻具盒，司钻收回吊环，下放顶驱至钻台面	2	

第七章 Canrig顶驱安全作业指导

续表

序号	评分内容	分值	得分
14	钻工给顶驱保护接头涂抹螺纹脂,缓慢下放顶驱,直到保护接头外螺纹进入钻杆内螺纹	1	
15	确认转盘锁已经锁定,将顶驱功能模式手柄【TOP DRIVE MODE】扳至"SPIN FORWARD"位旋扣	1	
16	确认上扣扭矩值设置正确,将顶驱功能模式手柄【TOP DRIVE MODE】扳至"TORQUE FORWARD"位保持,紧扣,观察扭矩表,待扭矩显示值达到设定值后,将功能模式手柄(TOP DRIVE MODE)扳至"DRILL FORWARD"位	1	
17	钻工提出卡瓦,司钻将上IBOP开关旋钮【UPPER WELL CONTROL VALVE】扳到"OPEN"位,开泵循环,调节转速手轮,给定转速,继续倒划眼起钻	1	
平台经理: 顶驱工程师: 被考核司钻:		50	

第八章　景宏顶驱安全作业指导

第一节　景宏顶驱技术特点和参数

黑龙江景宏石油设备制造有限公司（又名景宏钻采）2007年开始研制顶驱设备，2009年第一台顶驱出厂。景宏公司可为用户提供电动、液压两个系列多款型号的顶驱。

景宏顶驱（图8-1）结合钻井过程中的操作要求，进行了精心设计和制造，产品具有结构新颖、工作可靠、性能完善、制造容易、维护方便等优点，可以满足现场工艺要求，适用于复杂地质条件下的深井、超深井钻井。

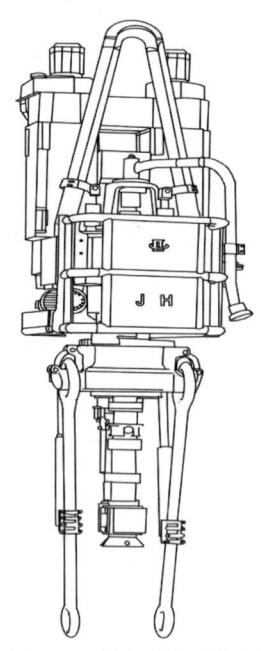

图8-1　景宏顶驱示意图

一、技术特点

（1）双油缸对夹式背钳，不需要定位锁紧回转头就可以实现上卸扣功能，适用性强，操作方便、简单。

（2）液控IBOP机构采用齿轮齿条机构，结构简单、开放，传动可靠。

（3）导轨采用滑插式可折叠的结构，安装拆卸快捷、方便。

(4) 减速箱主轴密封采用倒油杯结构，运行过程中润滑油不会因主轴油封失效而漏油。

(5) 采用双负荷通道的提升系统：正常钻井作业时，负荷通过主轴及主轴承传递到减速箱箱体；起下钻或下套管作业时，吊环的提升负荷通过旋转头内部的止推轴承直接传递给减速箱，不再通过主轴及主轴承。

(6) 采用下置式平衡系统。

(7) 顶驱主电动机采用三轴承、双层硬绕组结构。

(8) 顶驱可选择配置转速扭矩控制钻井系统，内嵌于顶驱控制系统，可自主选择开启或关闭。

(9) 顶驱液压系统集成于顶驱本体，无须现场安装和拆卸管线，降低了液压系统被污染的概率，提高了液压系统的可靠性；但顶驱本体钢制液压管线安装紧凑，损坏后不利于更换与维修。

(10) 顶驱液压系统重要控制油路内置于液压缸内。

(11) 顶驱司钻操作台配有触摸屏，方便实时了解设备运行状态及故障点。

(12) 采用单牙板防松机构，承扭能力大，安装拆卸方便。

(13) 双PLC控制系统，互为备份，提高顶驱可靠性。

(14) 电缆均采用整体防护，增加了机械强度，提高使用可靠性。

二、景宏顶驱技术参数

不同型号景宏顶驱的技术参数见表8-1。

表8-1 景宏各型号顶驱技术参数

顶驱型号	额定载荷		最大连续钻具扭矩		最大卸扣扭矩		转速范围 rpm	输出功率		驱动方式
	公制 kN	英制 ton	公制 kN·m	英制 ft·lbf	公制 kN·m	英制 ft·lbf		公制 kW	英制 hp	
DQ150BS-JH	11250	1250	158	116535	205	151200	0~260	2×1100	2×1500	交流变频
DQ120BS-JH	9000	1000	122	89982	158	116535	0~260	2×850	2×1155	交流变频
DQ90BS-JH	6750	750	78	57530	120	88507	0~220	2×450	2×600	交流变频
DQ90BSQⅡ-JH	6750	750	85	62693	120	88507	0~220	2×500	2×670	交流变频
DQ50BQⅢ-JH	3150	350	68	50154	102	75231	0~220	800	1070	交流变频
DQ70BS-JH	4500	500	55	40566	82	60480	0~220	2×315	2×422	交流变频
DQ70BSQ-JH	4500	500	65	47941	100	73756	0~220	2×375	2×500	交流变频

续表

顶驱型号	额定载荷		最大连续钻具扭矩		最大卸扣扭矩		转速范围 rpm	输出功率		驱动方式
	公制 kN	英制 ton	公制 kN·m	英制 ft·lbf	公制 kN·m	英制 ft·lbf		公制 kW	英制 hp	
DQ70BSQⅡ-JH	4500	500	76	56055	120	88507	0~220	2×450	2×600	交流变频
DQ50B-JH	3150	350	40	29502	60	44254	0~180	375	500	交流变频
DQ50BQ-JH	3150kN	350	48	35403	72	53104	0~180	450	600	交流变频
DQ40BQ-JH	2250	250	40	29502	60	44254	0~180	375	500	交流变频
DQ40B-JH	2250	250	33	24339	50	36878	0~180	315	422	交流变频
DQ30B-JH	1800	200	26	19177	39	28765	0~180	250	333	交流变频
DQ20B-JH	1350	150	26	19177	39	28765	0~180	250	333	交流变频
DQ50BT-JH	3150	350	48	35403	72	53104	0~190	450	600	交流变频
DQ40BT-JH	2250	250	40	29502	60	44254	0~180	375	500	交流驱动
DQ40YA-JH	2250	250	35	25815	49	36140	0~180	400	540	液压驱动

第二节　景宏顶驱操作

💡 **重要提示**

顶驱操作、维护人员以及接近系统设备的其他人员，应当接受钻井操作、钻井安全知识及顶驱安全作业的相关培训。

本节正文内容中包含了"说明""注意"以及"警示"等内容，这些内容用于提示相关操作对人身和设备安全可能产生的伤害，具体说明如下：

ⓘ：说明对于人身或设备安全有关事项的补充说明。

⚠：注意对可能导致人身或设备伤害的提示。

❗：警示对极易导致人身或设备伤害的警示。

本节中，文字加【】符号的，表示其为电气系统的操作元件，例如开关、按钮等。

第八章　景宏顶驱安全作业指导

非专业人员或未经专门培训者，不得进行顶驱的操作、调试和维护工作，否则可能导致设备损坏或人身伤害。

一、司钻操作台说明

景宏顶驱经多年发展，产品型号多次改进，顶驱司钻操作台（简称司控箱）的型号也几经改变，形式略有不同，现以景宏电驱顶驱 DQ70BSQⅡ-JH 司钻操作台（图 8-2）为例进行说明，其他电驱型号的顶驱司钻操作台差别较小，可以此为参考。液压顶驱司钻操作台差异较大，在本节后面予以说明。

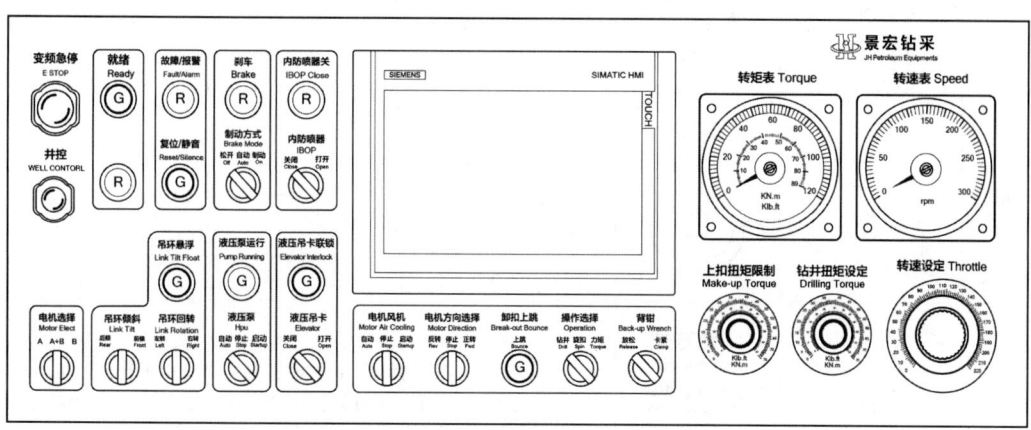

图 8-2　景宏 DQ70BSQⅡ-JH 顶驱司钻操作台

（一）司钻操作台面板说明

司钻操作台面板上的指示灯和操作按钮/旋钮的功能见表 8-2。

表 8-2　司钻操作台面板信息表

序号	名称	图标	类型	功能
1	变频急停 E STOP		自锁按钮	当变频器或主电动机发生故障时，按该按钮可停止变频器运行，故障消除后，应及时复位（顺时针旋转）
2	井控 WELL CONTROL	井控 WELL CONTORL	红色按钮	当发生井喷时，按该按钮与其他设备联锁
3	就绪 Ready	就绪 Ready G	绿色指示灯	当系统做好一切开机准备工作后，该指示灯亮

续表

序号	名称	图标	类型	功能
4	故障/报警 Fault/Alarm	故障/报警 Fault/Alarm Ⓡ	红色指示灯	当系统出现报警时,每秒闪动一次;故障时,指示灯常亮
5	复位/静音 Reset/Silence	复位/静音 Reset/Silence Ⓖ	绿色按钮	按下此按钮,可进行故障复位和静音
6	刹车 Brake	刹车 Brake Ⓡ	红色指示灯	指示灯亮时,表明刹车制动器工作
7	制动方式 Brake Mode	制动方式 Brake Mode 松开 自动 制动 Off Auto On	三位旋钮	在"制动"位置时,制动电磁阀工作,开始刹车,刹车指示灯亮;在"自动"位置时,由PLC系统控制自动刹车;在"松开"位置时,电磁阀松开复位,顶驱主轴可自由旋转
8	内防喷器关 IBOP Close	内防喷器关 IBOP Close Ⓡ	红色指示灯	当内防喷器阀关闭时灯亮
9	内防喷器 IBOP	内防喷器 IBOP 关闭 打开 Close Open	二位旋钮	在"关闭"位时,液压阀关闭内防喷器,钻井液循环通道关闭
10	电机选择 Motor Elect	电机选择 Motor Elect A A+B B	三位旋钮	通过此开关来选择驱动电动机:M1、M1+M2或M2

续表

序号	名称	图标	类型	功能
11	吊环悬浮 Link Tilt Float	吊环悬浮 Link Tilt Float G	按钮	控制吊环中位电磁阀,当按下该按钮时,吊环浮动至垂直位置
12	吊环倾斜 Link Tilt	吊环倾斜 Link Tilt 后倾 前倾 Rear Front	三位旋钮（自动回中位）	弹簧复位旋钮,自动回中间位置。在中间位时锁住油缸;前倾位置时,倾斜油缸推动吊环吊伸向鼠洞或二层台;后倾时,背钳底部尽可能接近钻台面
13	吊环回转 Link Rotation	吊环回转 Link Rotation 左转 右转 Left Right	三位旋钮（自动回中位）	弹簧复位旋钮,自动回中间位置。在左转位置时,回转头向左旋转;在右转位置时,回转头向右旋转;放开自动返回中间位置,回转头停止
14	液压泵运行指示灯 Pump Running	液压泵运行 Pump Running G	绿色指示灯	当液压泵正常运行时灯亮
15	液压泵 HPU	液压泵 Hpu 自动 停止 启动 Auto Stop Startup	三位旋钮	在"停止"位置时,液压泵停止运行;在"启动"位置时液压泵运行;在"自动"位置时,按PLC逻辑运算结果动作
16	液压吊卡联锁 Elevator Interlock	液压吊卡联锁 Elevator Interlock G	绿色按钮	当按下此按钮时,确认吊卡动作
17	液压吊卡 Elevator	液压吊卡 Elevator 关闭 打开 Close Open	二位旋钮	控制吊卡的打开与关闭
18	电机风机 Motor Air Cooling	电机风机 Motor Air Cooling 自动 停止 启动 Auto Stop Startup	三位旋钮	用于控制主电动机冷却风机的运行。在"启动"位置时,风机启动;在"停止"位置时,风机停止;在"自动"位置时,根据PLC输出逻辑启停

续表

序号	名称	图标	类型	功能
19	电机方向选择 Motor Direction	电机方向选择 Motor Direction 反转 停止 正转 Rev Stop Fwd	三位旋钮	确定主电动机的旋转方向。旋钮选择正转和反转位置时为变频器提供使能信号
20	卸扣上跳 Break-out Bounce	卸扣上跳 Break-out Bounce 上跳 Bounce G	绿色按钮	当按下此按钮时,液压泵给平衡油缸二次增压,使顶驱上约7cm,防止损坏顶驱保护接头和钻具连接螺纹
21	操作选择 Operation	操作选择 Operation 钻井 旋扣 力矩 Drill Spin Torque	三位旋钮	右位开关自复位;正常钻进时,开关在"钻井"模式;"旋扣"模式是以固定且较低的扭矩和转速进行旋扣;"力矩"模式是以固定的转速,逐渐增加扭矩至上扣或卸扣扭矩值,上扣扭矩值在正转模式时,通过【上扣扭矩限定】旋钮设定;在"反转"模式时,扭矩值持续增加至顶驱功率最大值,直到扣被卸松
22	背钳 Back-up Wrench	背钳 Back-up Wrench 放松 卡紧 Release Clamp	二位旋钮	自动回左位,配合模式开关上卸扣。向右旋转并保持时,启动背钳装置夹紧钻具;松开时自动回放松位置,背钳释放
23	转矩表 Torque	转矩表 Torque KN.m Klb.ft	计量表	指示顶驱主轴输出的转矩值,单位为 kN·m 或 ft·lbf
24	转速表 Speed	转速表 Speed rpm	计量表	指示顶驱主轴输出的转速值,单位为 rpm
25	上扣扭矩限制 Make-up Torque	上扣扭矩限制 Make-up Torque Klb.ft KN.m	电位器	上扣操作时,设置变频器当前极限值,设定上扣允许的最大转矩

续表

序号	名称	图标	类型	功能
26	钻井扭矩设定 Drilling Torque	钻井扭矩设定 Drilling Torque Klb.ft KN.m	电位器	钻井作业时，设置变频器当前转矩极限值，设定钻具允许的最大转矩
27	转速设定 Throttle	转速设定 Throttle	电位器	正常钻井操作时，设置变频器当前转速值，设定钻具允许的最大转速

（二）手轮和触摸屏功能说明

1. 转速设定手轮

转速设定手轮用于设定正常钻井操作时变频器转速值，以驱动主电动机，带动钻具旋转允许的最大转速。手轮刻度为设定转速值，逆时针旋转手轮，将降低转速设定，到极限位置时速度为零；顺时针旋转手轮，将提高设定转速，极限位置时速度为220rpm；顶驱额定转速为主轴输出转速的额定值，其值为110rpm。

2. 钻井扭矩设定手轮

钻井扭矩设定手轮刻度为系统设定扭矩值。逆时针旋转手轮，将降低限定扭矩，到极限位置时限定扭矩为零；顺时针旋转手轮，将提高限定扭矩，到极限位置时限定扭矩为额定扭矩（76kN·m）。手轮满刻度量程对应于主轴扭矩额定值76kN·m（出厂设定值）。

3. 上扣扭矩限制手轮

上扣扭矩限制手轮刻度为设定扭矩值。逆时针旋转手轮，将降低限定扭矩，到极限位置时限定扭矩为零；顺时针旋转手轮，将提高限定扭矩，到极限位置时限定扭矩为额定扭矩（76kN·m）。手轮满刻度量程对应于主轴额定扭矩值76kN·m（出厂设定值）。

4. 触摸屏

触摸屏内的各种操作界面可分为三个区域，分别显示不同的信息：

（1）工具栏：位于屏幕下方，工具栏内有画面切换的按钮及当前日期和时间。

（2）显示区：位于屏幕中部，画面显示为监视及控制操作的区域。

（3）标题栏：显示名称。

在工具栏上可以单击相应的画面按钮进入以下监控画面。

1）主画面

主画面显示顶驱本体主轴的转矩、主轴的转速、主电动机的参数以及辅助电动机运行状态（主电动机转速、电动机电流、电动机转矩、电动机功率、电动机温度、变频器运行、变频器故障、风机运行和润滑泵等），如图8-3所示。

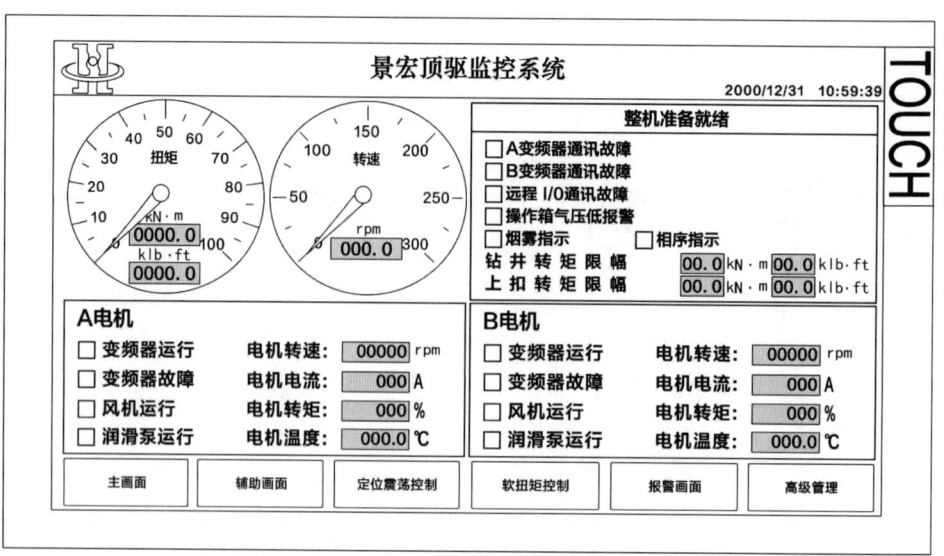

图 8-3 触摸屏主画面

2）辅助画面

辅助界面显示吊环系统、液压系统、润滑油系统、其他系统的信息指示，如图 8-4 所示。其中：

（1）吊环系统包括吊环左转、吊环右转、吊环前倾、吊环后倾、吊环中位、液压吊卡的指示。

（2）液压系统包括液压泵运行、液位低、高温预警、高温故障以及液压油温度的指示。

（3）润滑系统包括润滑泵运行、压力低、流量低、高温报警、高温故障和润滑油温度的指示。

（4）其他系统中包括：IBOP 阀门开、IBOP 阀门关、背钳夹紧、背钳放松、刹车、平衡阀门的指示，此外，还有顶驱系统的工作状态的指示。

图 8-4 触摸屏辅助画面

3）报警画面

报警画面可以记录本次运行所产生的报警记录，如图 8-5 所示。

图 8-5　报警界面

4）高级管理画面

高级管理画面需要用户名和密码登录。登录后如图 8-6 所示。当点击菜单上的"允许调试""允许反转"后，菜单上的"当前状态"显示为绿色时，以及点击菜单上"解锁"，"解锁"显示绿色时，用户可以选择是否进行温度检测调试、是否允许反转及吊环联锁控制等。

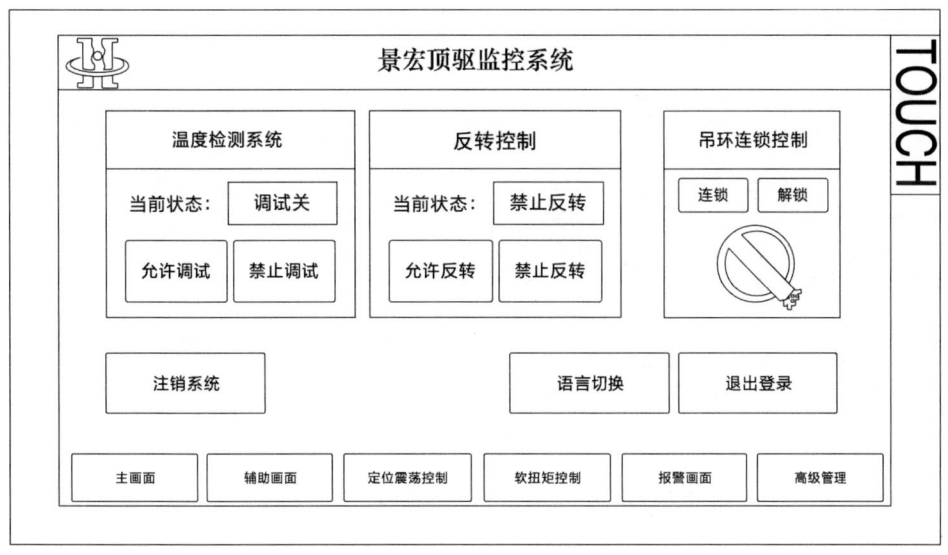

图 8-6　高级管理界面

二、司钻操作台操作

安全须知

⚠ 操作人员在操作前应仔细阅读厂家说明手册、安全须知和操作规程并遵照执行，否则可能引发人身伤亡或设备损毁事故。

⚠ 顶驱的操作应由具备相应资质的人员进行，且经过相关培训后方可上岗操作。非专业人员或未经专业培训者，不得操作顶驱。

! 钻井现场工作人员必须整齐穿戴劳动保护用品。

! 高处作业时，应穿戴好安全带，作业过程中，安全带必须扣在可靠的地方。所用工具必须有安全绳，小工具要随时放进工作袋，防止高空落物。

! 对设备进行维护和保养时，首先应使设备停止运转，设备完全停稳后才可以开始工作。

! 大风天气，严格控制上提和下放游车的速度，防止刮蹭和损坏顶驱游动电缆。

! 夜间作业或雨雪、沙尘等视线不佳的条件，容易引起精神疲劳、注意力不集中，从而引发事故，应严格按照操作规程操作，不得松懈，严格控制上提和下放游车速度，钻台人员注意观察并及时提醒司钻，防止顶驱电缆等与井架及附件发生干涉和刮蹭，造成设备损坏和高空落物伤人。

（一）起下钻作业

1. 下钻

（1）将顶驱司钻操作台的【液压泵】开关置于"启动"位置，观察液压泵运行指示灯，当指示灯常亮后再进行下一步操作，如图 8-7 所示。

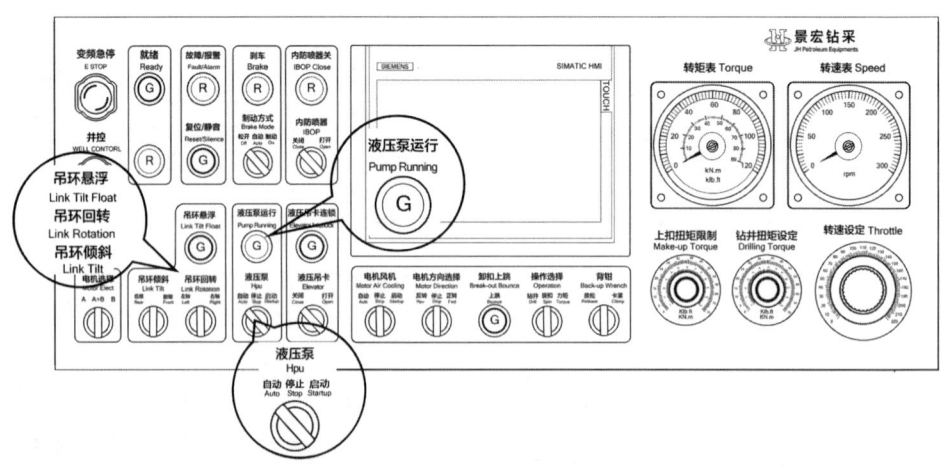

图 8-7 液压泵和吊环操作开关

! 下钻结束后如不需要其他液压功能，应把【液压泵】开关置于"自动"位置，如

果长时间不使用顶驱，应把【液压泵】开关置于"停止"位置，长时间运行液压泵可能造成电动机寿命变短。

（2）上提游车至二层台以上合适位置，操作司钻操作台【吊环回转】开关，根据需要调整吊卡方向。把【吊环倾斜】开关扳至"前倾"位置，使吊卡前倾靠近二层台所要下放的立柱，井架工将立柱放置到吊卡中并扣好吊卡门闩。

⚠ 司钻在操作倾斜功能时要确认井架工站位，防止人员伤害。

⚠ 井架工应待吊卡稳定后再操作，防止立柱脱出造成设备损坏和人员伤害；确认扣好吊卡门闩后，司钻方可进行下一步操作。

⚠ 禁止吊卡悬吊钻柱时转动旋转头、旋转主轴或旋转钻柱。

（3）缓慢上提游车，按下司钻操作台【吊环悬浮】按钮（图8-7），使倾斜油缸处于浮动状态，使所需立柱从钻杆盒移至井口中心位置。

⚠ 立柱摆至井口中心过程中，钻工应用绳索拦住立柱下端，缓慢释放，以防磕碰钻杆接头。

⚠ 上提过程中司钻观察钻工站位，且上提游车要缓慢，防止伤人或损坏设备。

（4）下放游车，将所提立柱下端接头与井口钻柱连接，适度下放游车，使立柱上部接头与吊卡脱离接触。

❗ 禁止吊环承载时转动旋转头、旋转钻柱或旋转顶驱主轴。若吊环悬吊立柱直接进行井口钻柱上卸扣连接，立柱转动将带动吊卡、吊环回转，从而使旋转头旋转，会损坏旋转头密封和旋转头马达，甚至造成高空落物，因此井口钻柱上卸扣前必须使立柱接头与吊卡脱离接触。

（5）井口钻工使用液压大钳对井口钻柱进行旋扣并紧扣。

（6）上提连接完毕的钻柱，同时井口钻工将卡瓦从井口提出。

⚠ 当顶驱吊卡承载钻柱重量开始上提前，必须按下【吊环悬浮】按钮，避免误操作导致倾斜液缸损坏；缓慢上提，避免过大的冲击力对顶驱旋转头造成损伤。

（7）下放钻柱到井口，钻工坐放井口卡瓦。

⚠ 游车上提、下放过程中，钻台人员应远离井口，防止高处落物伤人。

⚠ 顶驱在二层台附近上下移动时，应将吊环及时收回至浮动垂直状态，防止吊环压碰二层台。

⚠ 下放钻柱过程中，应控制下放游车的速度，观察指重表变化，防止井内发生卡阻时来不及刹住钻井绞车导致顶驱压碰钻柱，损坏顶驱或造成高空落物伤人。

（8）钻工打开吊卡，上提游车至二层台以上合适位置。

⚠ 确认吊卡完全打开才能上提游车，且吊卡通过钻柱接头时应缓慢上提游车，防止吊卡提拉钻柱后瞬间脱离对顶驱造成冲击，损坏顶驱或造成高空落物。

⚠ 在接钻铤立柱下钻时，由于钻铤立柱一般比钻杆立柱长，钻铤立柱上还配有提升短节，导致有时上提游车过程中需解除防碰天车，司钻在上提时要缓慢，要时刻确认游车高度，避免发生顶天车事故。

（9）重复步骤（2）~（8）。

ℹ 吊环"前倾"最大角度为30°，"后倾"最大角度为50°；【吊环回转】与【吊环倾斜】设有互锁，不能同时操作；只有按下【吊环悬浮】按钮，操作【吊环回转】开关才能转动旋转头；如遇到特殊情况倾斜后需要旋转回转头，可在触摸屏高级管理中更改 PLC 联锁设置，当操作完成后，需尽快恢复至出厂设置，防止吊环倾斜旋转伤人或造成事故。

⚠ 司钻操作吊环进行"前倾"或"后倾"时，动作应缓慢并观察吊环角度，在此过程中人员应远离吊环和吊卡，以免造成人员伤害。

2. 起钻

（1）将顶驱司钻操作台的【液压泵】开关置于"启动"位置，观察液压泵运行指示灯，当指示灯常亮后再进行下一步操作，如图 8-7 所示。

ⓘ 起钻结束后如不需要其他液压功能，应把【液压泵】开关置于"自动"位置，如果长时间不使用顶驱，应把【液压泵】开关置于"停止"位置，长时间运行液压泵可能造成电动机寿命变短。

（2）下放游车，待顶驱接近钻台面时，操作【吊环倾斜】开关稍微后倾，待吊卡通过钻具接箍位置后按下【吊环浮动】，井口钻工将吊卡扣住钻柱接头。

ⓘ 操作【吊环回转】开关，使吊卡活门方向朝向大门坡道。

⚠ 须确认吊卡门闩扣合到位。

（3）上提游车，井口钻工将卡瓦提出井口。

⚠ 起钻前要按下【吊环浮动】按钮，确保吊环在浮动状态，避免顶驱倾斜损坏液缸。

⚠ 当顶驱吊卡扣住钻柱接头开始上提时，司钻应缓慢上提游车，避免过大的冲击力对顶驱旋转头造成损伤；司钻注意观察指重表变化，发现异常立即停止上提动作。

⊘ 禁止吊环承载时转动旋转头，避免造成旋转头损坏。

（4）上提游车至二层台以上合适位置。

⚠ 控制上提钻柱的速度，防止损坏旋转头密封和旋转头马达，甚至造成高空落物。游车上提、下放过程中，钻台人员应远离井口，防止高处落物伤人。

⚠ 在进行钻铤立柱起钻时，由于钻铤立柱较长，有时需要解除天车防碰，当顶驱上提超过二层台时，要时刻确认游车高度，避免发生顶天车事故。

（5）井口坐放卡瓦，适度下放游车，使钻柱上部接头与吊卡脱离接触。

⊘ 禁止吊环承载时转动旋转头、旋转钻柱或旋转顶驱主轴。若吊环悬吊立柱直接进行井口钻柱上卸扣连接，立柱转动将带动吊卡、吊环回转，从而使旋转头旋转，会损坏旋转头密封和旋转头马达，甚至造成高空落物，因此井口钻柱上卸扣前必须使立柱接头与吊卡脱离接触。

（6）钻工使用液压大钳对井口钻柱进行卸扣。

（7）上提游车，将【吊环倾斜】开关扳至"前倾"位置（图8-7），吊卡带动立柱靠近二层台，钻工将立柱底部摆到立柱盒相应位置，下放游车。

⚠ 当钻柱质量超过 2.5t 时，不允许直接使用倾斜功能。使用吊环"前倾"或"后倾"功能时，动作应缓慢并观察吊环角度和钻台立柱底部摆动，防止人员受伤害。

ⓘ 起加重钻杆/钻铤立柱时，首先确认立柱底部在立柱盒内摆放到位，再使用"吊环倾斜"功能，避免倾斜油缸过载损坏或造成人员伤害。

（8）立柱底部摆放到位后，井架工打开吊卡将钻柱推入二层台指梁。

⚠ 井架工应待吊环和吊卡稳定后再靠近操作。

（9）司钻在观察到井架工将立柱放置到位后，按下【吊环悬浮】按钮（图8-7），下放游车，吊卡扣住井口钻柱接头。

ⓘ 吊卡活门要调整转向大门坡道方向。

⚠ 顶驱在二层台附近上下移动时，应将吊环及时收回至浮动垂直状态，防止吊环压碰二层台。

⚠ 司钻确认井架工将立柱推入指梁内并放置到位且吊环收回至垂直位置后，方能下放游车。

⚠ 司钻提放游车或操作顶驱过程中，钻台人员注意站位，不要遮挡司钻视线。

（10）重复步骤（2）~（9）。

（二）上卸扣

根据钻井作业工况，准备循环钻井液及旋转钻进时，须连接顶驱与钻柱进行上扣操作；准备起钻或接立柱等时须分离顶驱与井内钻柱的作业时，进行卸扣操作。

开始上卸扣操作前，首先检查司钻操作台面板各元件是否处于表8-3中的状态。

表8-3 司钻操作台操作元件初始状态表

操作元件	状态	说明
【制动方式】	自动	由PLC自动控制刹车
【液压泵】	自动或启动	"自动"位由PLC自动控制液压泵启动；"启动"位液压系统工作
【吊环回转】	中间位置	自动回中位，回转头处于非动作状态
【吊环倾斜】	中间位置	自动回中位，吊环处于非倾斜状态
【内防喷器】	关闭	正常钻井时，循环通道处于打开位置
【操作选择】	钻井	自动回中位，该开关自身初始位置
【电机方向选择】	停止	该开关的初始位置
【电机选择】	A+B	双电动机
【上扣扭矩限制】	零位	上扣操作前设定此扭矩限定值
【钻井扭矩设定】	零位	钻井操作前设定此扭矩限定值
【转速设定】	零位	钻井操作前设定此转速值
【背钳】	放松	自动回左位，该开关自身初始位置
【电机风机】	自动/启动	"自动"位置时，风机根据主电动机运转状态以及主电动机、液压油和润滑油温度自动控制启停；"启动"位置时，风机运行
【变频急停】	松开	急停按钮为常闭触点（未按下）

ⓘ 【转速设定】未归零或【电机方向选择】不在停止位时，【操作选择】开关动作无效（系统无法切换为旋扣工作模式）。

ⓘ 旋扣运行时，【转速设定】给定数值或【电机方向选择】开关误操作，驱动系统

转速和转矩给定值自动降为零。

ⓘ 无风压信号时，主电动机无法启动；主电动机运行状态下失风，系统将报警。

⚠ 在顶驱连接井口钻具后准备开泵前，必须确保【内防喷器】处于"打开"位置。

上扣包括在井口的钻柱接顶驱上扣，还包括接单根上扣、接双根上扣和接立柱上扣等，因景宏顶驱设置程序联锁，不夹紧背钳无法加扭矩上卸扣，所以上扣操作基本相同，下面以立柱上扣为例进行说明。

1. 立柱上扣

立柱上扣指的是井口钻柱已坐在井口，钻井泵处于停止状态，顶驱将立柱从钻杆盒悬提到井口，立柱下螺纹对入井口钻柱螺纹，然后将顶驱、立柱、井口钻柱逐一旋紧。立柱与井口钻柱上扣使用液压大钳，顶驱与立柱上扣使用顶驱背钳装置。紧扣操作应在旋扣完毕主轴停止旋转时进行，此时顶驱主轴转速为零，输出扭矩为旋扣额定输出 6kN·m。

立柱上扣操作步骤：

（1）适度下放游车，缓慢下放顶驱，使上部钻柱接头与吊卡脱离接触。

（2）井口钻工使用液压大钳将井口钻柱紧扣后移开液压大钳。

ⓘ 钻工注意站位，勿遮挡司钻视线，工作完成后，远离井口至安全区域。

（3）继续缓慢下放顶驱，将立柱上端导入顶驱导向口与顶驱保护接头对接，【电机方向选择】开关选择"正转"（图 8-8）。

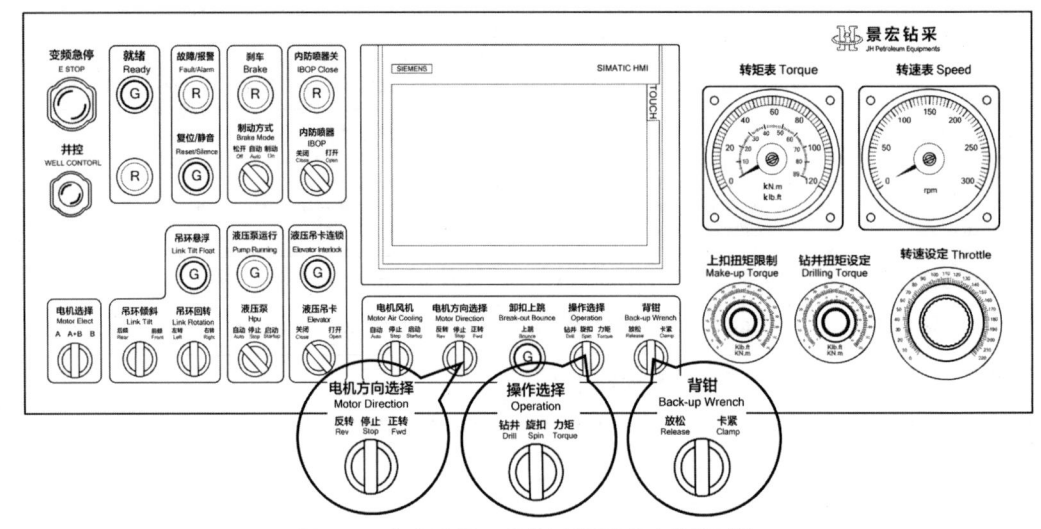

图 8-8　方向选择、操作选择开关及背钳开关

（4）【操作选择】开关选择顶驱系统为"旋扣"（图 8-8），系统将切换到正向旋扣模式，以固定转速 15rpm、固定扭矩 6kN·m 的状态旋转。转矩表达到 6kN·m 后，顶驱主轴会保持堵转状态。

ⓘ 【转速设定】手轮不在零位，旋扣操作无效。

⚠ 旋扣过程中，缓慢下放游车，观察指重表大钩载荷变化，保持载荷等于游车、大钩和顶驱的总体悬重，不要将顶驱的全部重量压在钻柱接头上，以免旋扣时损坏螺纹。

⚠ 顶驱主轴旋转时，人员应远离井口，避免人员伤害。

⚠ 旋扣时,【转速设定】给定数值或【电动机方向选择】开关误操作,驱动系统转速和转矩给定值自动降为零。当未完成旋扣,主轴仍在旋转时,不得进行紧扣操作,避免旋转的主轴对钳牙造成损坏。

(5) 旋转【上扣扭矩限制】手轮设定为需要的上扣扭矩,如图 8-9 所示。

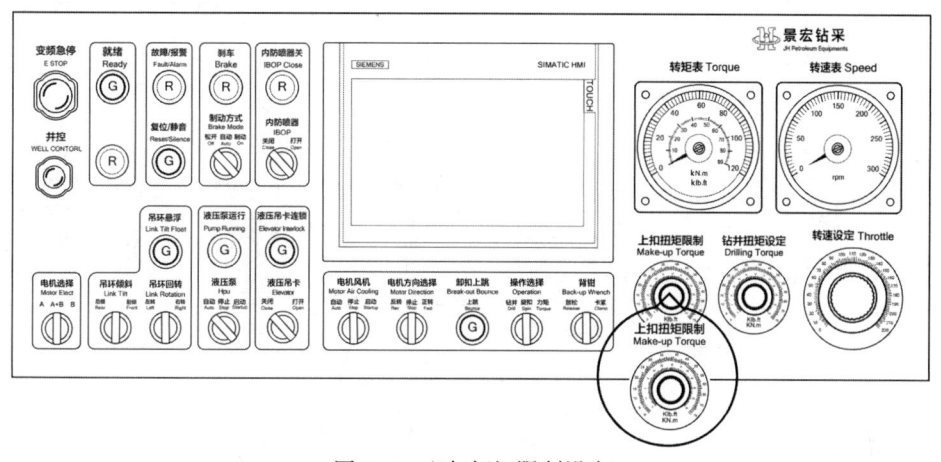

图 8-9　上扣扭矩限制设定

ⓘ 根据作业现场指令和使用钻具类型设定上扣扭矩限定值,不得超过在用钻具类型的规定上扣扭矩限定值。

(6) 立柱旋扣完成,顶驱转速降为零,系统保持固定扭矩输出,输出扭矩为旋扣额定输出扭矩（6kN·m）。保持顶驱"正转"方向不变,右手顺时针旋转【背钳】旋钮至"卡紧"位置并保持,约 6s 后确认背钳已夹紧钻柱接头,左手将【操作选择】开关打到"力矩"位置（图 8-8）并保持,系统以手轮给定的上扣扭矩值正向旋转,达到限定扭矩后输出会保持。

⚠ 背钳夹紧过程中,不要旋转主轴,否则极易损坏钳牙或钻具。

⚠ 上扣时需先操作【背钳】旋钮至"卡紧"位置并保持,再将【操作选择】开关打到"力矩"位置并保持,确保背钳夹紧主轴后再进行上扣,避免损坏主轴。

(7) 观察司钻操作台扭矩表,扭矩上升到限定值后,松开【操作选择】开关,开关会自动回复到"旋扣"位置,扭矩降为旋扣输出扭矩,观察扭矩降至 6kN·m 后,将【操作选择】开关扳至"钻井"位置,同时松开【背钳】旋钮,将【电动机方向选择】开关扳到"停止"位置（图 8-8）,上扣操作完成。

⚠ 上扣操作结束后,及时将【操作选择】开关打到"钻井"位置,防止顶驱处于旋扣模式导致钻柱意外旋转,造成人员伤害;扭矩表指针归零时再松开【背钳】开关,避免扭矩变化大造成主轴剧烈摆动,损坏设备。

2. 卸扣

需要将顶驱与钻柱分离时,采取卸扣操作。开始卸扣操作前,应先将被卸开钻具进行支撑（坐放卡瓦）,防止卸开后钻具脱落造成事故。然后停钻井泵,泵压为零后,检查司钻操作台面板各开关是否处于表 8-3 中的状态。

(1)【电机方向选择】开关扳至"反转"位置。
(2)按下【卸扣上跳】按钮,如图8-10所示。

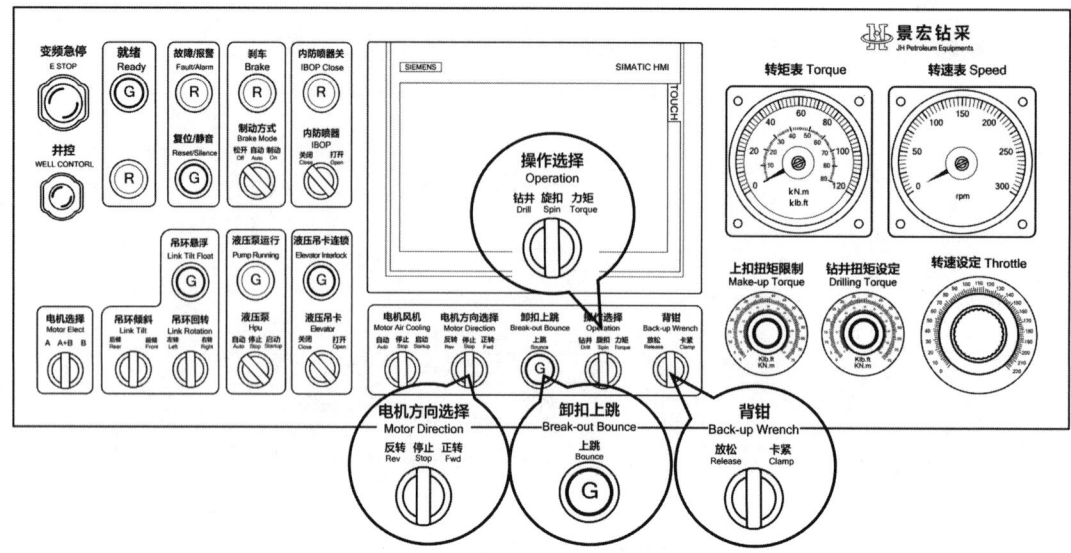

图8-10 卸扣操作相关操作开关

⚠ 顶驱上跳功能只能保持60s,为保证卸扣上跳有效,当松扣完成时,松开【操作选择】开关后再操作【卸扣上跳】按钮,将重新激活60s。

(3)右手旋转【背钳】开关至"卡紧"位置并保持,约6s后确认背钳已夹紧,左手旋转【操作选择】开关到"力矩"位置(图8-10)并保持,系统将以最大输出扭矩值(出厂设定的最大变频器输出扭矩值)反转,观察转矩表显示,扭矩值快速上升后突然下降,顶驱主轴开始以固定转速6rpm反转,表明螺纹已松开。

(4)松开【操作选择】开关,开关自动回至"旋扣"位置,同时松开【背钳】旋钮,保持空载悬重,缓慢上提游车。

⚠ 卸扣时,先旋转【背钳】旋扭至"卡紧"位置并保持,并将【操作选择】开关打到"力矩"位置并保持,确保背钳夹紧主轴后再卸扣;卸扣结束后,先松开【操作选择】开关,使其回到"旋扣"位置,再松开【背钳】开关,避免设备损坏。

⚠ 松扣后,反向旋扣时应立刻松开【背钳】开关,防止背钳夹紧状态下过多旋扣而损坏钳牙座总成和背钳装置,造成设备损坏和井口落物。

⚠ 旋扣时,司钻缓慢上提游车,观察指重表大钩载荷变化,保持载荷等于游车、大钩和顶驱的总体悬重,不要将顶驱的全部重量压在钻柱接头上,以免旋扣时损坏螺纹。

(5)主轴(保护接头)与钻柱内螺纹完全脱离后,将【操作选择】开关扳回"钻井"位置,【电机方向选择】开关扳至"停止"位置(图8-10),完成卸扣操作。

ⓘ 系统切换到旋扣或上卸扣工作方式,刹车将自动打开,且不受【制动方式】开关控制,刹车不会关闭。

⚠ 卸扣时输出的最大扭矩为顶驱的最大输出扭矩,若达到最大扭矩仍不能卸开,不能长时间(不超过1min)保持卸扣状态,应及时采取其他方式卸扣。

⚠ 上卸扣及旋扣动作完成后,应及时将【操作选择】开关扳回至"钻井"位置,防止顶驱处于旋扣模式导致钻柱意外旋转,造成人员伤害。

⚠ 在卸扣过程中顶驱扭矩突变较大,钻台人员应远离井口,防止人员伤害。

(三)钻进作业

开始进行钻进操作之前,应确认顶驱供电正常,司钻操作台就绪,检查司钻操作台面板各开关是否处于表 8-3 中的状态。

1. 钻进操作

(1)确认司钻操作台【液压泵】开关位置在"自动"位,【制动方式】开关位置根据钻进要求设定,如图 8-11 所示。

ⓘ 【制动方式】开关在"自动"位置,正常钻进,需停转主轴时,手轮缓慢旋回零位,转速降至 3rpm 时,将刹车制动。如遇特殊钻井工况,井底反扭矩若大于钻井限定扭矩,此时手轮虽未回零位,但主轴会迅速反转。当反转速度升高到-3rpm 时,将刹车制动。当按下变频急停按钮时,系统发出停止使能信号,无论顶驱处于何种状态,将刹车制动。故障停机时,刹车动作与正常停机相同。

ⓘ 【制动方式】开关在"制动"位置时,在停机状态下,刹车制动主轴,主轴无法转动;主轴运行状态下,如果旋钮打到"制动"位置,制动过程需按急停操作进行。

ⓘ 【制动方式】开关在"松开"位置时,刹车松开,【操作选择】不论在何位置,顶驱系统均无刹车,井控除外。

⚠ 故障急停时,系统将快速刹车,非特殊情况,禁止将急停功能用于正常刹车。

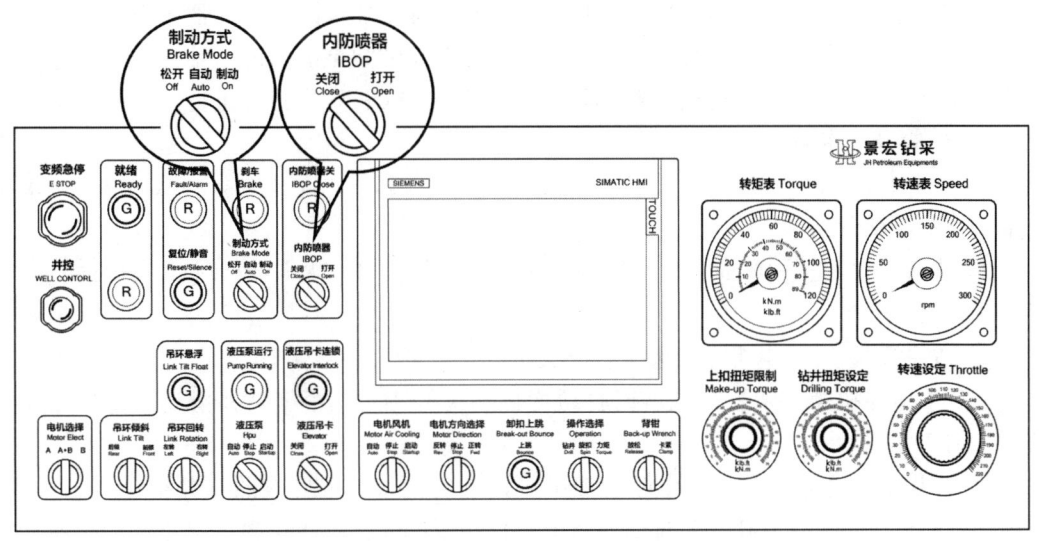

图 8-11 制动刹车和 IBOP 开关

(2)将【电机风机】开关扳至"自动"或"启动"位置。

ⓘ 【电机风机】开关在"自动"位置,风机根据 PLC 输出逻辑启停:顶驱主电动机启动时,风机自动启动;主电动机温度超过 38℃,液压油温度和润滑油温度超过 28℃,任何一个条件满足风机将自动启动;顶驱停止运行后,主电动机温度/液压油温度/润滑油

温度三个温度同时低于23℃，风机自动停止运行。开关在"启动"位置，将直接启动主电动机风机；当没有风压信号时，主电动机不能启动；主电动机运行状态下失风，系统将报警，此时应停止顶驱运行，尽快检修。

（3）将【操作选择】开关选择为"钻井"位置，如图8-10所示。

ⓘ【制动方式】在"自动"位置时，【操作选择】在"钻井"模式下转速降低至3rpm时自动刹车制动，在【旋扣】和【上卸扣】时不会自动刹车。在"钻井"模式下，一般将【制动方式】置于"自动"位置。

ⓘ 在定向复合钻进时，若定向钻进时间较短（40min以下），将【操作选择】置于"钻井"模式，【制动方式】旋至"自动"位置；若定向钻进时间较长（40min以上），【电机方向选择】应旋至"停止"位置，【制动方式】置于"制动"位置。此时变频器无使能信号，主电动机没有扭矩输出。

ⓘ 将【制动方式】置于"制动"位置时有刹车信号，液压泵间歇工作，此时【操作选择】开关不改变制动状态。

（4）将【电机选择】开关置于所需要的电动机工作方式（A电动机、A+B电动机、B电动机）。

ⓘ 正常工况选择A+B电动机。

（5）将【内防喷器】开关扳至"打开"位置，"内防喷器关"指示灯亮熄灭，如图8-11所示，启动钻井泵。

⚠ 在启动钻井泵之前或正常钻进过程中必须确保IBOP处于开启状态，否则将导致IBOP损坏、钻井泵憋泵。

⚠ 必须先打开防喷器，后开启钻井泵；禁止在钻井泵未停止、立管压力不为零的情况下操作内防喷器开和关。若发生未打开IBOP而启动钻井泵的情况，钻井液通道憋压后应首先关闭钻井泵并通过立管管汇阀门泄压，严禁将IBOP直接打开进行泄压，否则会造成IBOP球阀开关卡阻甚至损坏。

（6）将【电机方向选择】开关选择"正转"，这时如果手轮在"零"位且变频器准备正常，就绪灯就会亮。

ⓘ【转速设定】手轮在零位，且【电机方向选择】在"停"位，【电机选择】开关操作才有效。

ⓘ 钻井模式下，【电机方向选择】开关选择"反转"旋转无效。

（7）【钻井扭矩设定】旋钮顺时针缓慢旋转离开零位，根据钻井指令设定扭矩设定值，如图8-12所示。

⚠ 钻井扭矩设定值在钻进作业过程中可以随时调节，但应按照钻井指令进行设置，严禁私自改动；严禁钻井扭矩设定值超过上扣扭矩限制值，以防止损伤顶驱保护接头和钻具螺纹。

（8）【转速设定】手轮顺时针缓慢旋转离开零位，顶驱主轴开始正向旋转，根据钻井指令设定钻井转速，如图8-12所示。

ⓘ 当司钻操作台出现报警灯闪烁时，如果按复位键，顶驱主轴会停止运行。

⚠【转速设定】手轮、【钻井扭矩设定】和【上扣扭矩限制】旋钮的旋转操作应缓慢平稳，禁止快速频繁进行旋转操作。

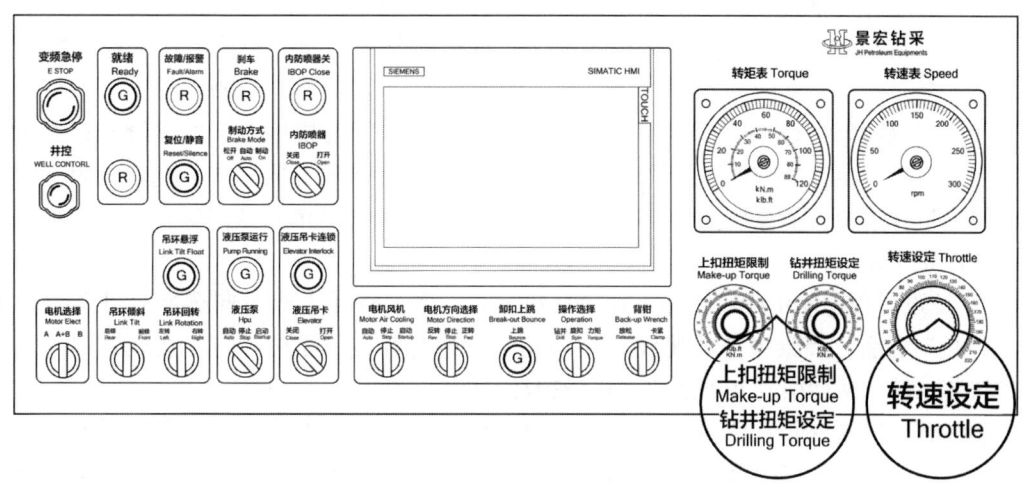

图 8-12　上扣扭矩设定和转速设定示意图

2. 停止钻进操作

顶驱旋转钻进需要正常停止时，将【转速设定】手轮逆时针缓慢旋回零位；观察顶驱实际转速和司钻操作台转速表显示都降为零后，将【电机方向选择】开关扳至"停止"位置；如果【制动方式】开关处于"自动"位置，顶驱转速降低后自动刹车制动，如图 8-11 所示。

3. 反扭矩释放

正常钻井工况下，当井下负载扭矩大于钻井扭矩设定值时，会出现堵转现象。当发生堵转时，首先应采取上下活动钻具的方法来释放钻具储存扭矩。因为释放反向扭矩时存在钻具被倒开的危险，当上下活动无法释放反扭矩时，必须严格按照规程进行操作，严格控制钻具反转速度，防止发生事故。

反扭矩释放可采取以下两种方法。

1) 第一种方法

【转速设定】手轮缓慢旋至 5~10rpm，保证主电动机持续输出扭矩，【制动方式】开关由"自动"旋至"松开"，逆时针缓慢旋转【钻井扭矩设定】手轮，逐渐降低扭矩设定值，使主电动机输出扭矩慢慢减小，钻具缓慢反转，直到【钻井扭矩设定】手轮给定值为零，钻具反转速度降为零。松开刹把，提起钻具，将【制动方式】开关旋至自动位置，重新设定【钻井扭矩设定】。具体步骤如下：

（1）【钻井扭矩设定】手轮不动，【转速设定】手轮缓慢旋至 5~10rpm（不可快速降低转速设定手轮）

（2）将【制动方式】开关旋至"松开"位置。顶驱一直处于就绪状态，保持【钻井扭矩设定】的钻井扭矩输出，若井下钻具反扭矩高于【钻井扭矩设定】，顶驱反转，这部分能量由制动电阻以热能的方式释放。当井下反扭矩等于【钻井扭矩设定】时，顶驱处于堵转状态。

（3）缓慢降低【钻井扭矩设定】手轮，观察主轴反转速度，若反转速度过快时，降低【钻井扭矩设定】手轮的反转速度，直至【钻井扭矩设定】为零。

（4）反扭矩释放完毕后，上提钻具，将【制动方式】开关旋至"自动"位置，【转速设定】手轮旋至零位，若需重新加扭矩旋转，重新设定【钻井扭矩设定】手轮和【转速设定】手轮。

⚠ 这种软释放方式下，顶驱一直处于就绪状态，井下反扭矩大于顶驱给定钻井扭矩时，主电动机反转时会产生较高的回馈电压，变频器制动单元介入工作，制动电阻产生热能，将能量释放掉，须观察制动电阻温升状态，以免导致制动单元高温保护，进而造成逆变系统停止工作。

⚠ 钻进过程中发生堵转，在未释放反扭矩时，严禁将【电机方向选择】开关直接扳至"停止"位置，严禁将【转速设定】手轮直接逆时针旋回零位，防止造成钻柱不受控制的快速反转，从而引发井下事故和设备损坏。

⚠ 操作【钻井扭矩设定】旋钮、【上扣扭矩限制】旋钮和【转速设定】手轮，动作要缓慢平稳，禁止快速频繁进行旋转操作。禁止【钻井扭矩设定】一次性将扭矩设定值降低过多，否则会造成钻柱反转失控，速度过快，进而导致井下钻具脱扣落井和电控房电气部件损坏。

2）第二种方法

当顶驱不能正常工作时，可按照以下步骤操作：

【钻井扭矩设定】手轮不动，将【制动方式】开关旋至"制动"，使系统刹车；【转速设定】手轮缓慢回到零位；【制动方式】开关旋至"松开"，钻具开始反转，司钻根据反转速度选择合适时机操作【制动方式】开关至"制动"位，以保证钻具接头不被甩开。重复上述过程，直到钻具反转速度降为零；松开刹把，提起钻具，将【制动方式】开关旋至自动位置。

（1）【钻井扭矩限定】手轮不动，将【制动方式】开关扳至"制动"使系统刹车。

（2）使【转速设定】手轮缓慢回到零位，将【电机方向选择】开关置于"停止"位。

（3）【制动方式】开关至"松开"位，钻具开始反转，司钻根据反转速度选择合适时机操作【制动方式】开关至"制动"位，制动后保证顶驱主轴不再旋转，再将【制动方式】开关扳至"松开"位。反复以上操作，直至钻具不再旋转。

（4）松开刹把，提起钻具，将【制动方式】开关旋至"自动"位置。

⚠ 此种方式对刹车制动性能要求高，主轴容易高速反转失控，导致井底钻具脱扣或电气系统损坏，仅推荐在顶驱不能正常输出钻井扭矩、变频系统故障的情况下使用。

⚠ 用刹车释放反扭矩，刹车片、刹车盘磨损严重，易导致刹车液缸密封因高温传导而损坏，须及时检查刹车片磨损情况，确保刹车正常工作。

三、不同型号顶驱司钻操作台说明

景宏液压顶驱司钻操作台与电驱顶驱司钻操作台有较大区别，景宏液压顶驱DQ40YA-JH司钻操作台如图8-13所示。该司钻操作台具有钻井所需的基本操作功能和辅助功能，可以设置顶驱的转速、转矩、操作模式等，此处只对液压顶驱的上卸扣操作和钻井工况进行说明；其他操作可以参照电动顶驱的司钻操作台操作；景宏其他型号液压顶驱司钻操作台差别不大，司钻操作台操作可以此参考。

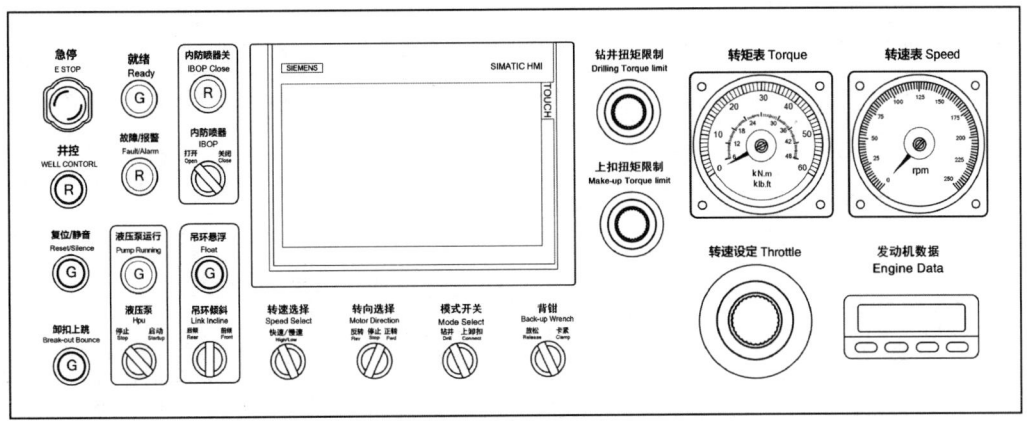

图 8-13　DQ40YA-JH 顶驱司钻操作台示意图

（一）DQ40YA-JH 顶驱司钻操作台面板说明

DQ40YA-JH 顶驱司钻操作台面板安装的指示灯和操作按钮/旋钮的功能见表 8-4。

表 8-4　司钻操作台面板信息表

序号	名称	类型	功能
1	变频急停	自锁按钮	当液压系统发生故障时，按下该按钮，可停止系统的运行
2	就绪	绿色指示灯	当系统做好一切开机准备工作后，该指示灯亮
3	故障/报警	红色指示灯	当系统出现报警时，每秒钟闪动一次；故障时，指示灯常亮
4	内防喷器关	红色指示灯	当内防喷器阀关闭时，灯亮
5	内防喷器	二位旋钮	打到"关闭"位置时，液压阀关闭内防喷器，使钻井液循环系统关闭
6	井控	红色按钮	当发生井喷时，按该按钮与其他设备联锁
7	复位/静音	绿色按钮	当发生报警或故障时，按此按钮可静音，当报警或故障解除后，按此按钮可复位，且按此按钮保持 3s，可检测所有指示灯的好坏
8	液压泵运行	绿色指示灯	当液压泵正常运行时灯亮
9	液压泵	二位旋钮	开关在"停止"位置时，液压泵停止运行；在"启动"位置时，液压泵运行
10	吊环悬浮	1SB4 按钮	控制吊环中位电磁阀，当按下该按钮时，吊环浮动到井眼位置
11	吊环倾斜	三位旋钮（自动回中位）	弹簧复位旋钮，自动回中间位置。在中间位时锁住油缸，"前倾"位置时，倾斜油缸可推动吊环吊卡伸向鼠洞或二层台；"后倾"时，使吊卡在钻井时与钻具脱离接触
12	电机方向选择	三位旋钮	确定液压马达的旋转方向
13	操作选择	二位旋钮	选择操作形式，用于对最大扭矩限定值进行不同的设置
14	背钳	二位旋钮	向右旋转时，启动背钳卡紧装置；向左旋转时，背钳释放

续表

序号	名称	类型	功能
15	上扣扭矩限制	电位器	上扣操作时，设置变频器当前极限值，设定上扣允许的最大转矩
16	钻井扭矩设定	电位器	钻井作业时，设置变频器当前转矩极限值，设定钻具允许的最大转矩
17	转速设定	电位器	正常钻井操作时，设置变频器当前转速值，设定钻具允许的最大转速
18	转矩表	计量表	指示本体主轴输出的实际转矩值，单位为kN·m
19	转速表	计量表	指示主轴输出的转速值，单位为rpm
20	快速/慢速	二位旋钮	向右旋转时，马达慢速运行；向左旋转时，马达快速运行
21	卸扣上跳	绿色按钮	当按下此按钮时，液压泵给平衡油缸二次增压，使顶驱上提约7cm，防止损坏钻杆连接螺纹

（二）手轮和触摸屏功能说明

1. 转速设定手轮

转速设定手轮是调整主轴转速的主要工具，辅助调整转速还有发电机转速调节手柄和高慢速选择开关。手轮刻度线仅为参考数值，实际转速以转速传感器检测到的数值为准。逆时针旋转手轮，将降低设定转速，到极限位置时转速为零；顺时针旋转手轮，将提高设定转速，最大设定速度为180rpm。

2. 钻井扭矩设定手轮

钻井扭矩设定手轮刻度为系统设定扭矩值，逆时针旋转手轮，将降低限定扭矩，到极限位置时限定扭矩为零；顺时针旋转手轮，将提高限定扭矩，到极限位置时限定扭矩为额定扭矩（35kN·m）。手轮满刻度量程对应于主轴扭矩额定值35kN·m（出厂设定值）。钻井扭矩限定只有【模式】开关在"钻井"位置时调整有效，在"上卸扣"位置时调整无效。

3. 上扣扭矩限制手轮

上扣扭矩限制手轮刻度为设定扭矩值，逆时针旋转手轮，将降低限定扭矩，到极限位置时限定扭矩为零；顺时针旋转手轮，将提高限定扭矩，到极限位置时限制扭矩为额定扭矩（35kN·m）。手轮满刻度量程对应于主轴额定扭矩值35kN·m（出厂设定值）。上扣扭矩限制为上卸扣时的限定扭矩值，正常上扣时，此数值直接控制比例式溢流阀限定闭式回路压力；卸扣时，当所有卸扣条件满足后，系统将以最大扭矩（49kN·m）输出反转扭矩20s，20s后卸扣扭矩降至上扣扭矩限制值，再次触发卸扣条件，20s的卸扣扭矩重新计时。

4. 触摸屏

触摸屏显示各种操作的界面，可大体上分为以下的3个区域，分别显示不同的信息。

（1）工具栏：位于屏幕下方，工具栏内有画面切换的按钮及当前日期和时间。

（2）显示区：位于屏幕中部，画面显示为监视及控制操作的区域。

（3）标题栏：显示名称。

在工具栏上可以单击相应的画面按钮进入以下监控画面。

1）主画面

主画面主要显示顶驱本体的转矩、本体的转速以及各个主马达的基本参数（包括液压马达工作方式、主马达进出口压力、顶驱系统的工作状态、液压马达的运行、故障、风机运行的指示等），如图8-14所示。

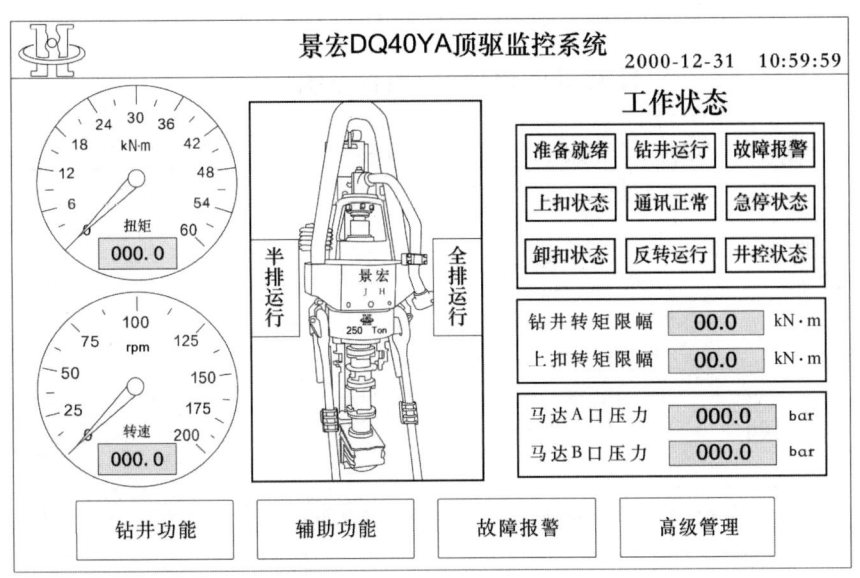

图 8-14　触摸屏主画面

2）辅助画面

辅助画面包括液压系统、润滑油系统、其他系统的信息指示，如图8-15所示。

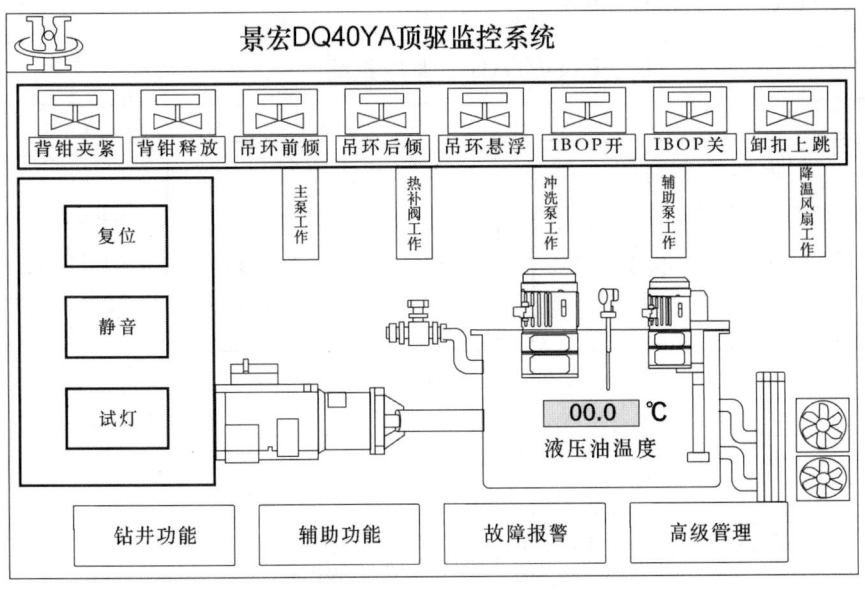

图 8-15　触摸屏辅助画面

吊环系统包括吊环前倾、吊环后倾、吊环悬浮的指示。

液压系统包括液压泵运行、热补阀加热以及液压油温度的指示。

马达冲洗回路包括冲洗泵运行、热补阀加热和液压油温度的指示。

其他系统包括 IBOP 开、IBOP 关、背钳夹紧、背钳释放，以及顶驱系统工作状态的指示。

3）报警画面

报警画面可以记录本次运行所产生的报警记录，如图 8-16 所示。

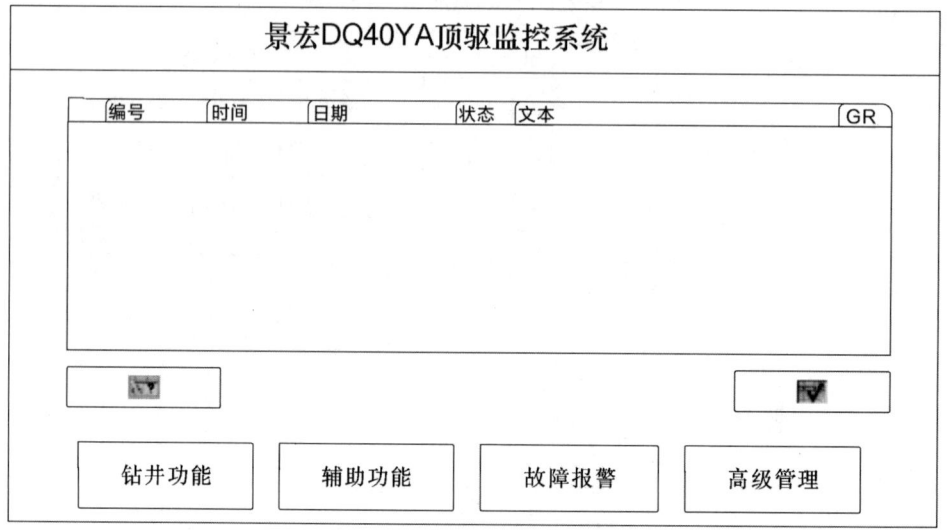

图 8-16 触摸屏报警画面

4）高级管理画面

高级管理画面需要用户名和密码登录。登录后如图 8-17 所示。用户可以选择是否进行温度检测调试、是否允许反转等。

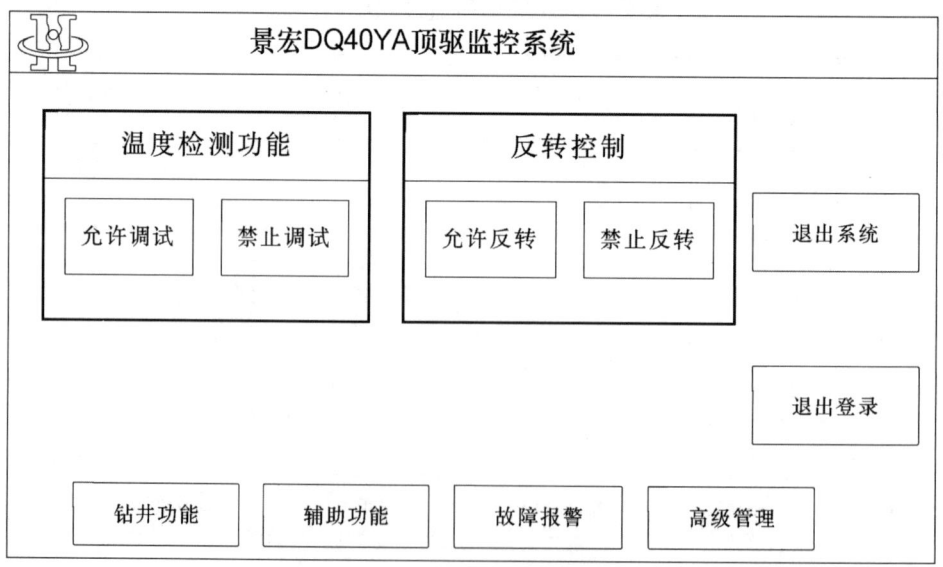

图 8-17 触摸屏高级管理画面

第三节　景宏顶驱安装、拆卸

顶驱安装和拆卸涉及吊装作业和高处等高风险作业，现场参与人员应接受相关安全培训并严格遵守 HSE 规章制度，顶驱专业服务人员应将详细步骤及作业中存在的风险对全员交底，指派专人现场监督和指挥吊装，保证拆装工作安全进行。本节内容以景宏 DQ70BSQⅡ-JH 顶驱为例进行介绍。

安全须知

⚠ 作业人员必须按规定穿戴合格的劳动保护用品。

⚠ 安装、拆卸过程中上提、下放、搬运操作应平稳缓慢，避免发生设备碰撞。

⚠ 高处作业人员应按规定使用安全带、防坠落装置。

⚠ 吊装电缆时不得使用钢丝绳直接悬挂电缆。

⚠ 吊装应选择符合标准的吊装索具，吊装点必须选择厂家指定位置。

❗ 高处作业所用工具、零部件应系安全绳或装在工具袋内防止坠落，工具、零部件禁止上抛、下扔。

❗ 高处作业的正下方及其附近区域禁止人员作业、停留和通过。

❗ 吊装作业时人员应远离吊装物，吊臂旋转范围内严禁站人。

❗ 在进行液压系统安装和维护等操作前，应切断电力供应，执行上锁挂牌，并按要求进行泄压、测量；关闭进出口的阀门，释放蓄能器的压力。

❗ 遇有六级以上（含六级）大风、雷电或暴雨、雾、雪、沙暴等能见度小于 30m 的天气时，应停止设备吊装、安装、拆卸及高处作业。

❗ 对顶驱进行安装、拆卸作业，应断开所有动力源，在任何情况下禁止带电或带压作业。

顶驱安装、拆卸过程中的存在的风险因素见表 8-5。

表 8-5　安装拆卸风险因素表

风险因素	内容
人的因素	1. 不熟悉安装、拆卸流程或操作失误； 2. 作业人员沟通不顺畅，配合不佳； 3. 操作速度过快，重点步骤部位观察监护不力； 4. 违反拆装流程作业
设备因素	1. 绞车、气动绞车、吊车工作不正常； 2. 钢丝绳/吊带、安全带、登梯助力器等不合格或未安装； 3. 吊车、吊篮、滚筒摆放位置不合理，与其他设备互相干扰
环境因素	1. 恶劣天气（如大风、沙尘暴、雨雪）影响正常作业； 2. 钻台面被钻井液、油泥污染，工具摆放不整洁

续表

风险因素	内容
管理因素	1. 没有正确使用 PTW、JSA 等 HSE 工具； 2. 培训不到位，导致作业人员不了解、不熟悉作业流程及作业风险； 3. 交叉作业，拆装顶驱的同时安排其他作业

一、顶驱安装

安装流程如图 8-18 所示。

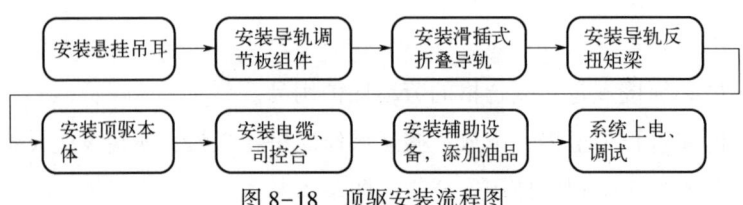

图 8-18　顶驱安装流程图

顶驱安装到井架的立面结构如图 8-19 所示。

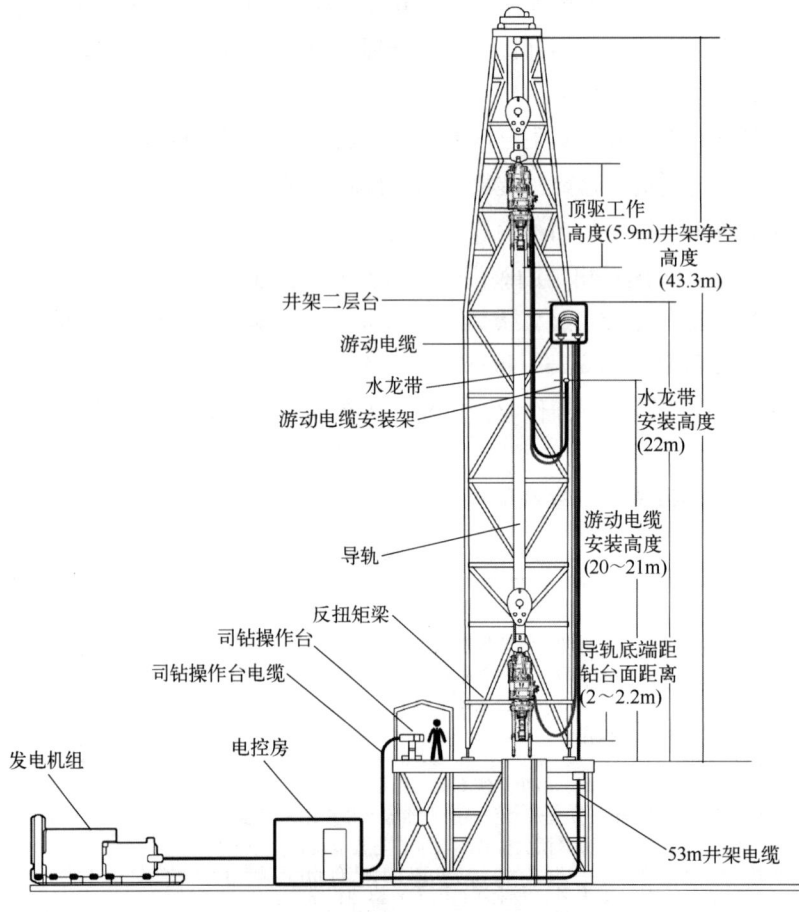

图 8-19　顶驱安装到井架结构立面图

第八章　景宏顶驱安全作业指导

（一）安装前准备

1. 井架和动力电源要求

（1）清理钻台面。

将钻台面上的液压大钳、B 型钳、卡瓦等工具摆放至远离井口的位置，井口、鼠洞用盖板覆盖，防止井口落物、人员跌倒；清理钻台面杂物、积水、油泥等，为后续工作提供安全的环境。

（2）检查工具。

检查所有工具，尤其是双尾绳安全带、登梯速差器、对讲机、防坠绳、人字梯、气动绞车、吊篮、钢丝绳等，确保安全可靠。

（3）顶驱在井架内上下移动的行程应达到 35m，从钻台面到天车底部的净空高度不低于 43.3m。

（4）水龙带安装高度为 22m。

（5）水龙带长度为 23m。

（6）井架的宽度要保证顶驱本体、电缆和水龙带在有效行程内移动时不与井架及其他物体发生摩擦、碰撞。

（7）动力电源要求：三相交流电源、电压为 575~600V、频率为 50Hz。

（8）导轨需要一根反扭矩横梁传导钻井时的反扭矩，若井架无该横梁，需要提前在距离钻台面 3~5m 处安装一根横梁。

2. 井场布置要求

（1）电控房安放地面应平整。

ⓘ 电控房安放地面必须垫高或垫钢木基础；电控房房体必须充分可靠接地，以保证人身和设备安全。

（2）将电控房、井架电缆盒摆放在钻台的左后侧。

⚠ 吊装电控房应选择符合标准的钢丝绳和 U 形环（卸扣），四点起吊，平稳操作；吊装作业由专人指挥，使用牵引绳，操作应缓慢平稳；吊装过程中人员应远离作业区域。

（3）根据井场的实际布置，将顶驱本体（及其运移架）导轨（及其运移架）、游动电缆盒摆放在安装时便于吊装的位置。

3. 井架辅助设备安装

（1）测量安装反扭矩梁的井架横梁，根据井架横梁的宽度将随机配备的"卡块"焊接在反扭矩梁组件的压板上。

（2）将游动电缆和井架电缆安装托架在井架上安装到位，如图 8-20 所示。

ⓘ 建议在起井架之前安装，电缆托架的安装高度要确保顶驱在井架有效空间内上下移动时顶驱电缆不与钻台面、井架及附件发生摩擦或干涉，并且要确保电缆的弯曲半径不小于 1m。

⚠ 托架安装后，长螺杆两端的螺母必须配有防退螺母或者安全别针，托架与井架之间安装相应的防坠落钢丝绳，防止高空落物。

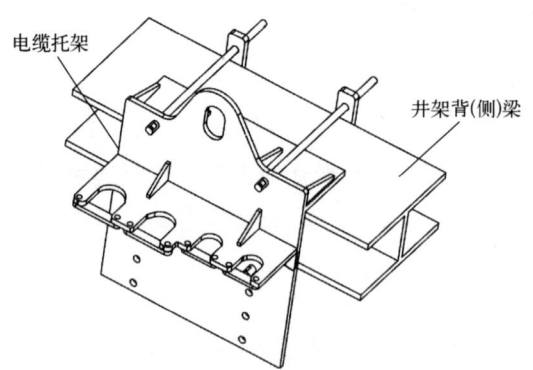

图 8-20 电缆托架安装示意图

(二) 安装悬挂吊耳

起井架前，确认顶驱导轨天车耳板（悬挂吊耳）已固定在天车下。如果是首次安装顶驱，则需要将悬挂吊耳安装在井架天车底，一般采用焊接连接，悬挂吊耳材料为 Q345B，焊接悬挂吊耳时要注意方向，吊耳与井口中心距为 925mm，如图 8-21 所示。

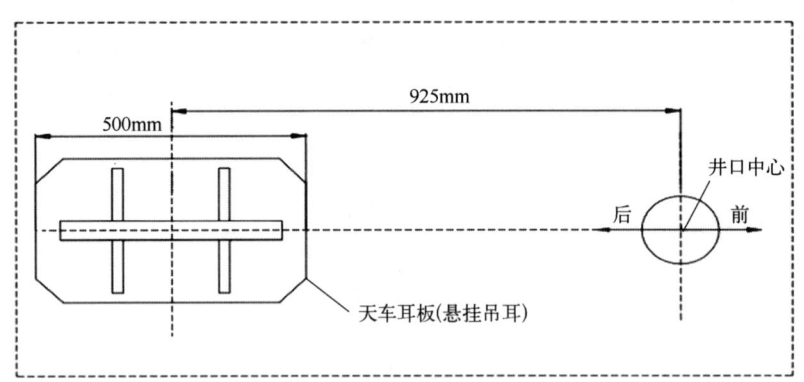

图 8-21 天车耳板安装示意图

⚠ 焊接作业人员须具有焊接执业资格，焊接后须进行检测。顶驱天车耳板焊接必须牢固可靠，防止发生断脱事故。

(三) 安装导轨调节板组件

根据井架的实际高度、导轨的实际长度、悬挂吊耳的焊接位置，计算导轨调节板的安装尺寸并连接好导轨调节板。

ⓘ 起井架前，用 U 形环（卸扣）将导轨调节板组件连接到天车耳板上，并在连接销尾部穿上别针（图 8-22），并用绳索将导轨调节组件固定在井架背梁上，以保证起井架时不与大绳发生干涉。调节板安装和固定应遵守高处作业管理规范。

ⓘ 导轨调节背板上每两组调节孔之间的距离是 200mm，总计调节量为 1200 mm，导轨底端距钻台面距离推荐为 2~2.2m，通过连接不同的定位点来满足不同井架的高度要求。

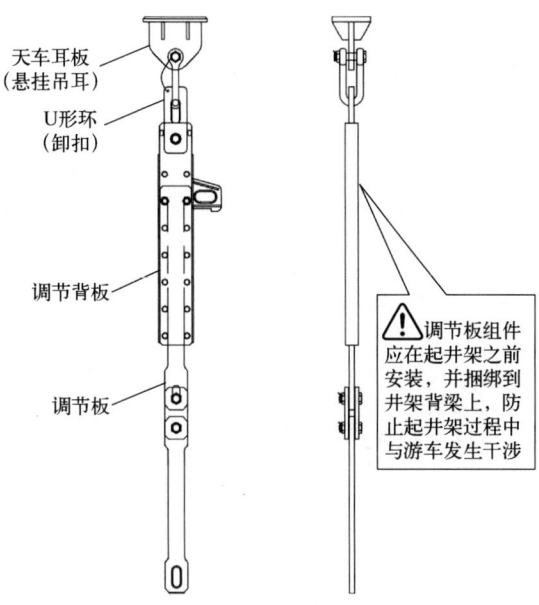

图 8-22　调节板组件与天车耳板连接示意图

（四）安装滑插式折叠导轨

1. 安装要求

在安装导轨和本体之前，先确认以下内容是否达到要求，未达到要求需进行整改：

（1）井架垂直，且游车居于转盘中心正上方。

（2）反扭矩横梁位置便于安装反扭矩总成，且不与导轨干涉。

（3）导轨调节板组件和反扭矩梁横梁已安装到位。

ⓘ 若井架高度过低或游车总长度过长，可根据需要提前调整导轨安装小车孔位置，增大游车与天车的安全距离。

ⓘ 若现场不是较大风沙的环境，导轨折叠处表面可涂抹薄薄一层润滑脂，起到润滑与防腐的作用。

ⓘ 检查导轨折叠接头处各棱角表面是否光滑，若发现不光滑处，及时打磨处理，确保导轨连接头缩进时不遇阻。

（4）井架内的吊钳等悬吊绳索待顶驱安装后不与顶驱本体干涉。

2. 安装导轨

（1）使用吊车把导轨和运移架吊到钻台上，摆放在游车大钩的下方适宜导轨安装的位置，与调节板连接的导轨顶端朝向钻机绞车方向，如图 8-23 所示。

ⓘ 在导轨安装前，须在各节导轨连接折叠部位涂抹润滑油脂。

⚠ 导轨摆放钻台面时，作业人员脚部必须远离导轨运输架底部。若再次调整导轨朝向和位置，钻台人员手部应远离吊装钢丝绳贴靠导轨的位置。

⚠ 吊装过程由专人指挥，使用牵引绳，导轨 4 根吊装钢丝绳依次挂到吊车吊钩上，作业人员远离吊装半径，缓慢起升将导轨运输架平稳吊至钻台面，防止碰撞钻台设备。

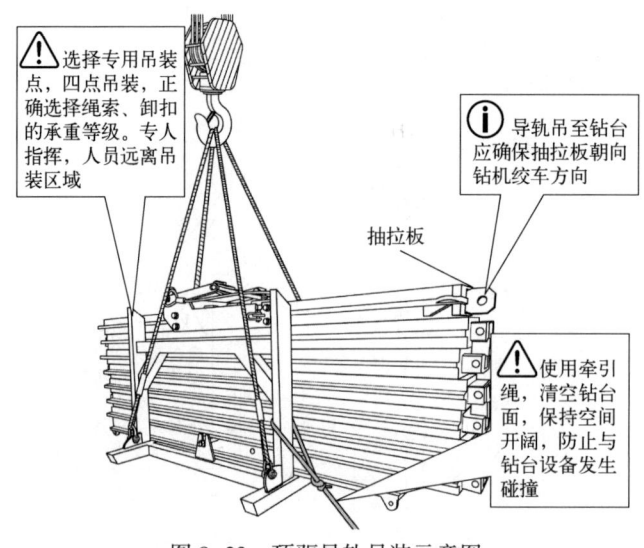

图 8-23　顶驱导轨吊装示意图

（2）将安装小车的吊装锁具和专用安全钢丝绳与游车或大钩连接，缓慢上提将导轨提升并展开，如图 8-24 所示。

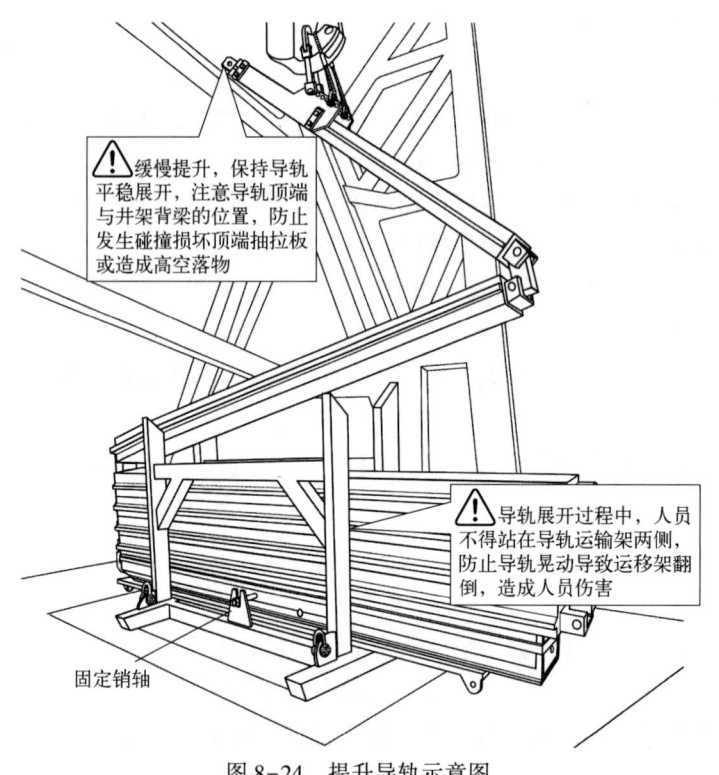

图 8-24　提升导轨示意图

⚠ 游车上提之前，检查将与调节板连接的抽拉板组件各个螺母是否锁紧，各螺杆安全别针有无变形、断裂及弹性是否正常。

第八章 景宏顶驱安全作业指导

⚠ 导轨上提过程中存在与井架背梁碰撞的风险，操作应缓慢，发现导轨靠近井架时及时停止，待导轨稳定并与井架背梁有安全距离时，再次提升游车。

（3）第七至第二节导轨全部提升后，使用吊车通过钢丝绳悬吊第一节导轨（末节导轨）底部，与游车同步缓慢上提，保持底部导轨呈水平状态，待导轨与运输架固定点脱离后停止上提，取出固定销轴。

（4）吊车配合游车缓慢上提，待第一节导轨离开运移架后，缓慢下放导轨底部悬吊钢丝绳，直至底部导轨呈竖直状态，停止游车上提，移除导轨底部吊装钢丝绳。

⚠ 保持吊车悬吊底部导轨下端，使其平稳摆至竖直状态，防止意外摆动伤人。

（5）将七节导轨全部吊起，导轨顶部到达调接板的下方。

（6）移走导轨运输架。

（7）缓慢上提游车，待导轨抽拉板可与调节板组件进行对接时停止游车上提，使用专用U形环连接导轨抽拉板与调节板，安装螺杆和螺母，安装安全别针或开口销，如图8-25所示。

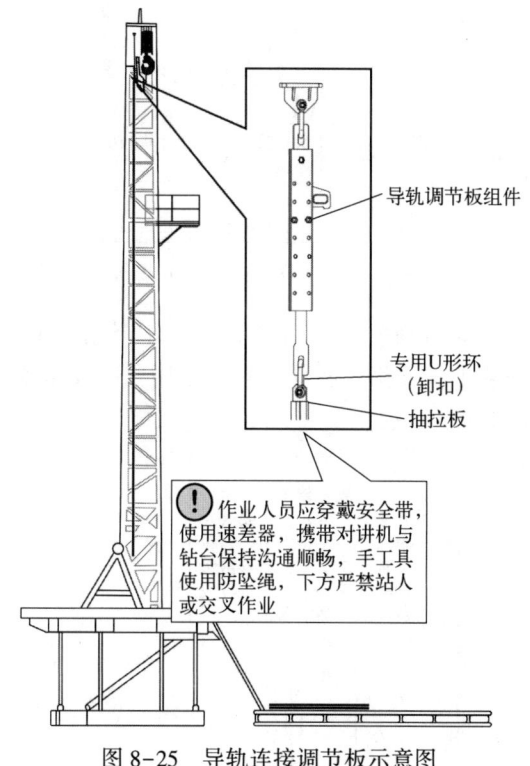

图8-25 导轨连接调节板示意图

⚠ 安装人员在调节板对接处通过对讲机与司钻保持沟通，观察导轨上提状态和游车与天车底部的距离，防止游车顶天车。

⚠ 钻台面作业人员必须远离井口，站在安全区域，防止高空落物伤人。

⚠ 导轨上提时，需缓慢平稳操作，防止发生磕碰撞击损坏设备设施。

❗ 高处作业应按规定使用安全带和防坠落装置，作业人员必须佩戴对讲机，保持良好通信。

(8)缓慢下放游车,安装小车下移,使导轨调节板承受导轨的重量。此时导轨利用自身的重力向下滑动,导轨接头缩进导轨内部,全部导轨对接呈直线状态,如图8-26所示。

⚠ 下放游车应缓慢,观察每节导轨接头缩进情况,发现异常及时停止下放。

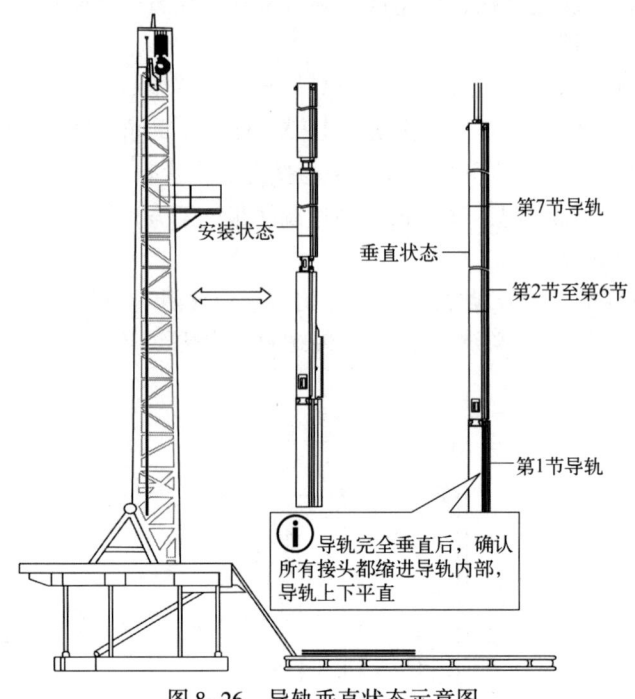

图8-26 导轨垂直状态示意图

(9)待导轨垂直后,测量导轨安全距离(导轨底端至钻台平面距离为2~2.2m),合格后继续下放游车,使安装小车下移至底部导轨,使用气动绞车和钢丝绳等辅助设备将安装小车拆卸并移走,如图8-27所示。

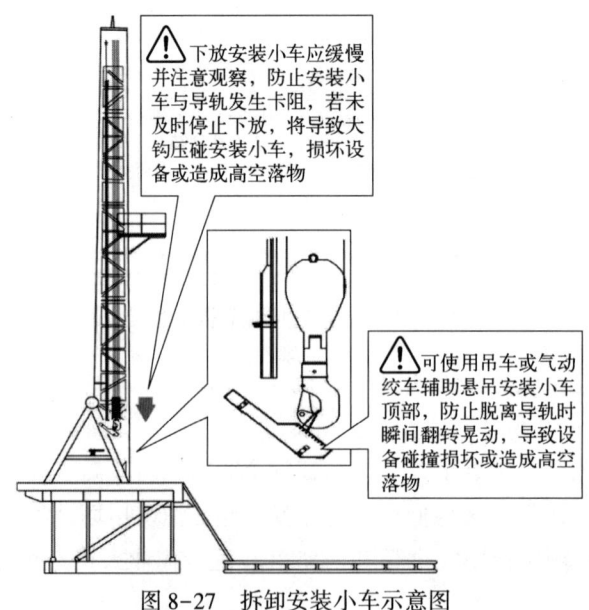

图8-27 拆卸安装小车示意图

⚠ 安装小车与导轨脱离接触时会因重力作用快速变成倾斜状态，可使用气动绞车或吊车进行辅助悬吊保持其姿态稳定，防止其与井架发生碰撞。

⚠ 游车上提下放应缓慢，气动绞车操作应平稳。

⚠ 高处作业应按规定使用安全带和防坠落装置；载人吊篮功能应完好、吊索具符合标准，提升、下放应保持缓慢、平稳；特级高处作业（30m 以上）时，人员必须佩戴对讲机，保持良好通信。

（五）安装导轨反扭矩梁

（1）首先连接反扭支座与井架反扭矩横梁，将导轨反扭矩架安装到井架反扭矩支座上，安装压板和固定螺栓，如图 8-28 所示。

ⓘ 此时所有连接螺栓暂时不需要锁紧，待调整井口中心后再锁紧。

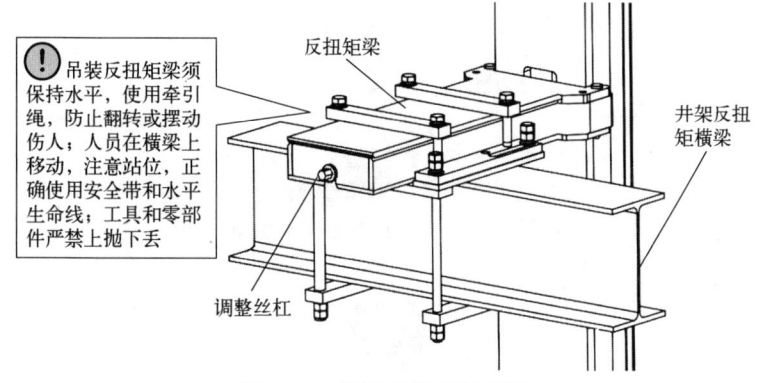

图 8-28　固定导轨反扭矩梁

（2）使用气动绞车拉住末节导轨背面的销孔，调节末节导轨的位置，连接并固定反扭矩架和导轨，安装固定销轴、螺栓并加装安全绳。

（3）通过调整丝杠来调节反扭矩架前后伸缩距离。

ⓘ 应将反扭矩架调整到比较靠后的位置，预留出底部导轨向后调节的距离（30cm）。

❗ 人员在反扭矩梁上作业时，按规定使用安全带、水平生命线、速差器等防坠落装置，携带工具使用安全绳，严禁工具上抛下丢。

（六）安装顶驱本体

顶驱本体及运移架吊装作业如图 8-29 所示。

（1）使用吊车将顶驱吊至钻台，放置于导轨前方，如图 8-30 所示。

⚠ 使用专用钢丝绳吊装，钢丝绳应符合标准，使用牵引绳，顶驱提环朝向钻机绞车。

⚠ 顶驱吊上钻台前，确保钻台空间开阔，防止顶驱吊上钻台时造成设备损坏或人员伤害。

⚠ 本体进入钻台面进行摆放时，安装人员双手远离吊装钢丝绳，双脚远离运移架底部，避免出现压伤、划伤等人身伤害。

⚠ 因顶驱本体重量较重，钻台面较高，吊车司机视线不畅，需要专人指挥，以保证顶驱平稳安全进入钻台面。

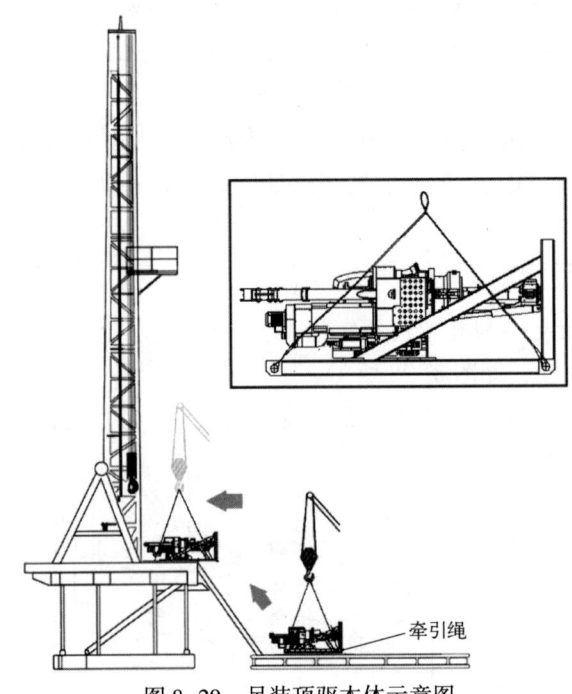

图 8-29　吊装顶驱本体示意图

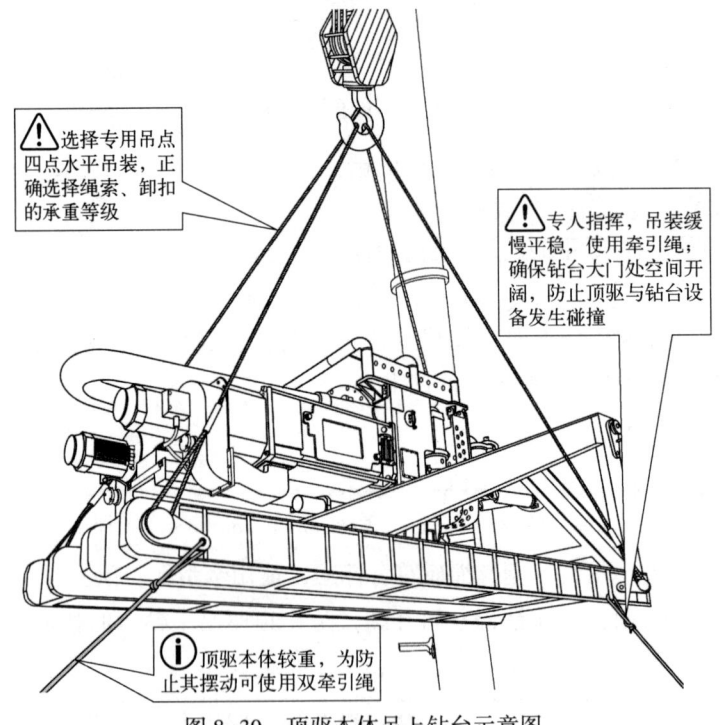

图 8-30　顶驱本体吊上钻台示意图

（2）拆下底部导轨定位销，调整底部导轨丝杆，使底部导轨向后（反扭矩梁方向）调整，如图 8-31 所示。

第八章 景宏顶驱安全作业指导

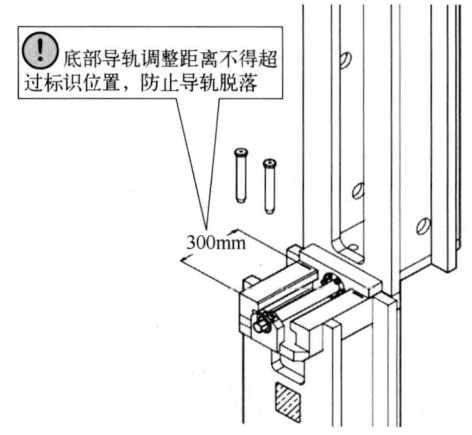

图 8-31 调节调整丝杆示意图

⚠ 底部导轨向后调整时，在反扭矩梁处作业人员注意避开反扭矩支架与导轨连接处，因此时反扭矩梁的固定螺栓没有紧固，防止其晃动导致人员坠落。

⚠ 底部导轨调整距离不得超过标度所标识位置（此处距离若大于 300mm，存在底部移动导轨坠落的风险）。

（3）下放大钩到适宜的高度。使用钢丝绳采用三点与大钩连接（顶驱运移架顶部 2 点、提环 1 点）；吊车悬挂顶驱运移架底部两个吊点。

ⓘ 大钩三点连接提环和运移架便于立起顶驱后控制顶驱姿态，保持竖直稳定，防止向前倾倒，方便调整放置的位置贴近底部导轨；使用出厂配备的专用钢丝绳；大钩连接提环的钢丝绳短于连接运移架吊点的钢丝绳。

（4）游车大钩与吊车二者配合缓慢立起运移架，如图 8-32 所示。

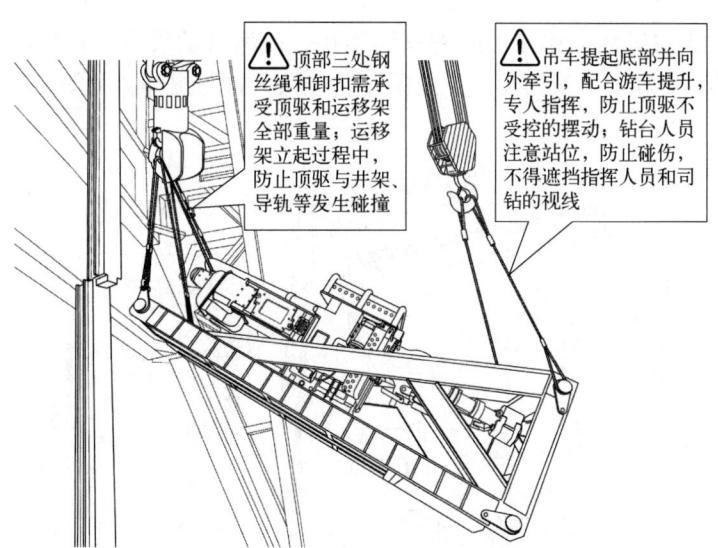

图 8-32 立起顶驱本体和运移架示意图

⚠ 顶驱安装架立起作业中，吊车与大钩必须相互协调动作，保持顶驱稳定，防止设备摆动、碰撞造成设备损坏；钻台人员注意站位，防止碰伤，不得遮挡指挥人员和司钻的视线。

⚠ 运移架立起时，应缓慢提升，专人指挥，注意观察，防止顶驱与井架、导轨等发生碰撞。

（5）运移架立起后尽量贴近已向后调整位置的底部导轨，上部导轨进入安装架的开口，下放游车将运移架平稳立放在钻台转盘处，如图8-33所示，确保运移架内顶驱固定导轨与上部导轨在同一垂直面。

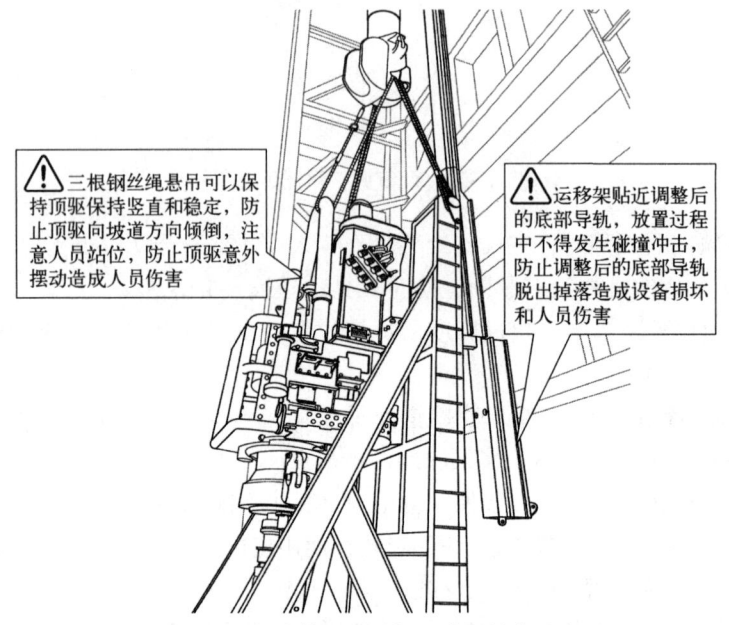

图 8-33　顶驱本体和运移架立放于钻台示意图

（6）拆掉大钩与运移架和提环的钢丝绳连接，改用气动绞车上提悬吊运移架上部吊点，防止立起的顶驱和运移架摆动。下放游车，连接大钩与提环，如图8-34所示。

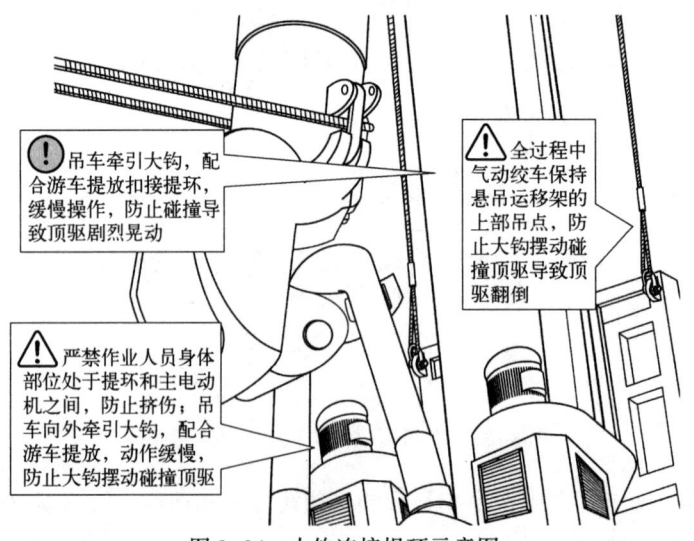

图 8-34　大钩连接提环示意图

⚠ 大钩与吊车配合作业时,须有专人指挥;大钩与提环连接时,需要用吊车或气动绞车向坡道方向牵引大钩,注意人员操作姿势和站位,避免人员伤害。

(7)小幅度上提,顶驱由大钩承重,拆下导轨滑车锁销,解除运移架与顶驱本体连接,如图 8-35 所示。

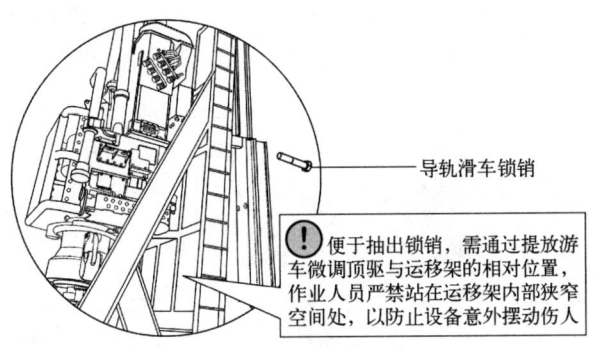

图 8-35　拆除导轨滑车锁销示意图

(8)缓慢上提游车,顶驱滑车滑入上部导轨,如图 8-36 所示。

⚠ 在顶驱滑轮没有完全进入上部导轨之前,必须保持顶驱本体处于竖直状态,可以使用气动绞车辅助牵引;使用气动绞车时要有专人指挥,操作要缓慢平稳;游车上提、下放应缓慢。

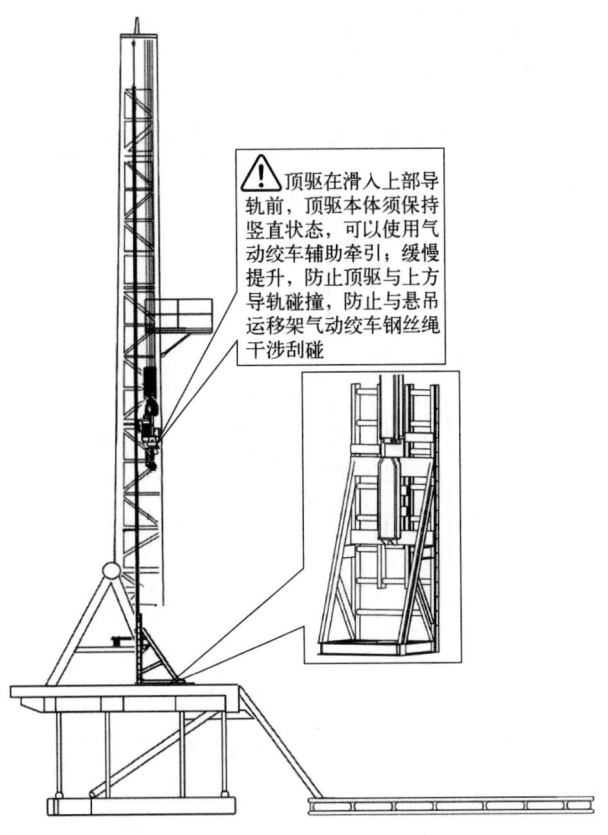

图 8-36　顶驱滑入上部导轨示意图

⚠ 顶驱脱离运移架过程中缓慢提升，防止顶驱上提过程中与运移架、上方导轨发生碰撞，防止与悬吊运移架顶部的气动绞车钢丝绳干涉、刮蹭。

⚠ 按规定使用载人吊篮，操作应缓慢、平稳；高处作业携带工具必须使用工具包等放置，手工具系安全绳，工具和配件严禁上抛下丢。

(9) 使用气动绞车悬挂运移架上部两个吊点，吊车悬吊下部两个吊点，配合提放将运移架放倒，如图 8-37 所示。改用吊车四点水平起吊，将运移架吊离钻台。

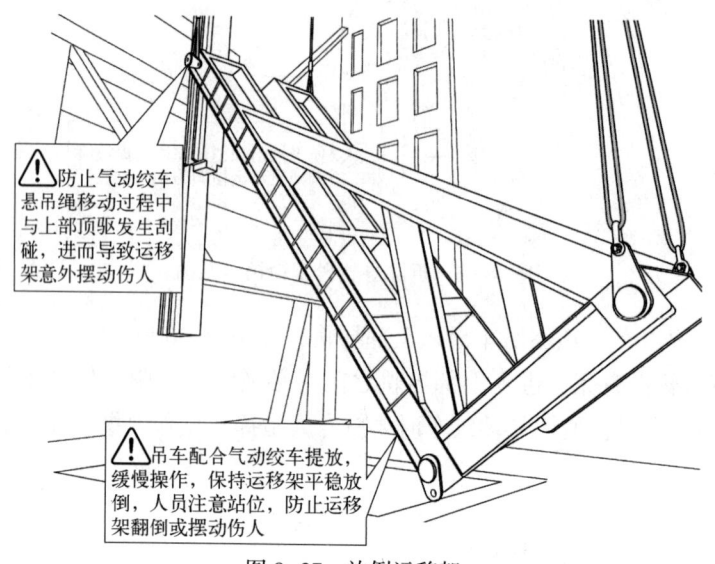

图 8-37 放倒运移架

(10) 调整底部导轨丝杠，使底部导轨回位，安装导轨定位销，穿上别针，如图 8-38 所示。

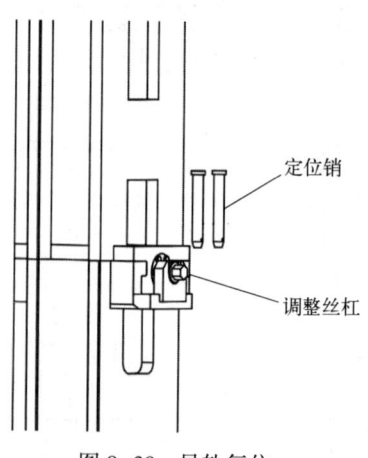

图 8-38 导轨复位

(11) 再次调整反扭矩架，使顶驱主轴中心与井口中心一致，紧固反扭矩梁的所有螺栓，穿上别针，如图 8-39 所示。

(12) 在导轨全长范围内，缓慢上提和下放顶驱，观察顶驱滑动是否正常。

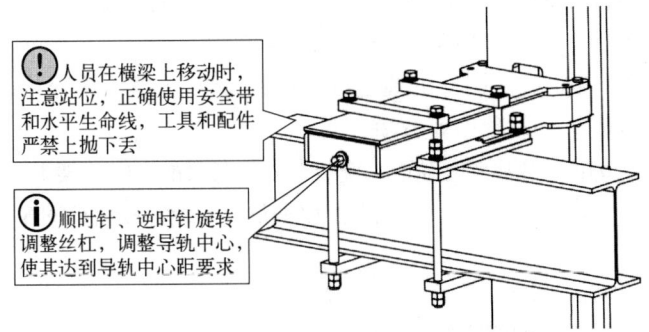

图 8-39 调整反扭矩梁示意图

⚠ 顶驱在导轨全长上下滑动时,保证滑动时无卡阻现象。

⚠ 所有连接必须牢固,安全可靠。

(七)安装电缆、司控台

(1) 将游动段电缆盒吊放到钻台上,摆放到钻台的右前侧。

ⓘ 吊装前,必须检查电缆吊装钢丝绳有无断裂、扭结、压扁、破损、腐蚀严重等其他结构性损伤。

ⓘ 吊装电缆前,检查确认吊装侧的电缆插头内部干净、无水分及打火痕迹,插头外壳无机械损坏,螺纹完好。条件允许的情况下,对电缆和插头做一次绝缘检查。

ⓘ 将电缆插头防护袋收集好,存放至干燥的区域。

ⓘ 使用 2 根钢丝绳将电缆盒从集装箱中吊出,水平摆放至地面,调整钢丝绳数量,使用 4 根钢丝绳四点吊装,将电缆盒吊至钻台。

⚠ 电缆吊装时,必须使用所配备的专用吊装钢丝绳,不允许使用钢丝绳直接捆绑电缆或其他可能对电缆外皮造成伤害的绳索进行捆绑。

⚠ 顶驱本体侧电缆插头对接完毕后,必须拆下插头防护帽,以防钻井时震动过大导致插头防护帽脱落。

(2) 使用气动绞车将游动电缆逐一吊起安装在井架侧梁的电缆托架上(图 8-40),安装压板和固定螺栓,另一端暂时摆放在钻台的安全位置,避免人员踩踏和重物拖压,待安装完顶驱本体后再连接,之后移走此电缆盒。

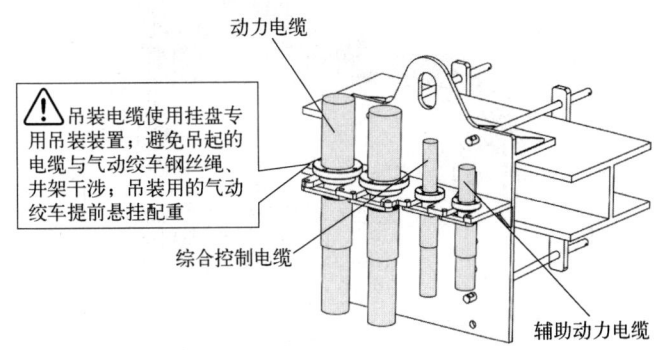

图 8-40 游动电缆安装托架示意图

ⓘ 安装电缆支架前，螺栓均匀涂抹少量润滑脂，以起润滑及防腐的作用。检查所有螺杆表面有无损坏，平垫、弹垫、螺帽、别针是否齐全。

⚠ 气动绞车提前悬挂配重，提升电缆过程中指定专人指挥，操作应缓慢，切勿出现电缆缠绕、扭结和刮蹭现象，避免损坏电缆。

（3）使用气动绞车或吊车将井架电缆逐一安装在井架背梁的电缆托架上，电缆在井架上要并列平行，不要交叉，电缆向下延伸后，在地面摆放平整。安装完成后如图8-41所示。

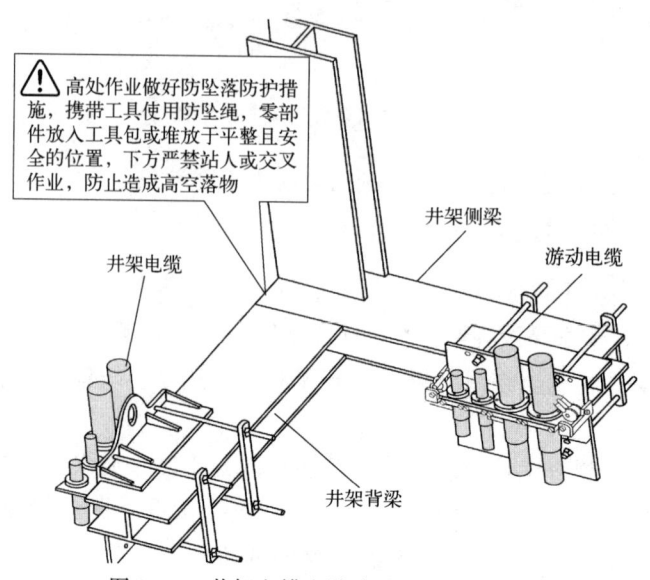

图8-41　井架电缆和游动电缆安装示意图

⚠ 游动电缆安装后，要确保顶驱在井架有效空间内上下移动时不与钻台面、井架及附件发生摩擦或干涉，并且要确保电缆的弯曲半径不小于1m。

⚠ 气动绞车安装合适的配重，使用专用吊装装置，使用手工具须系防坠绳，下方严禁交叉作业，拆卸后的压板等必须放入工具包或堆放于安全位置，螺栓安装后必须加装防松锁线或安全销，防止高空落物伤人。

（4）连接游动电缆与井架电缆快速插头，插接方式如图8-42所示。

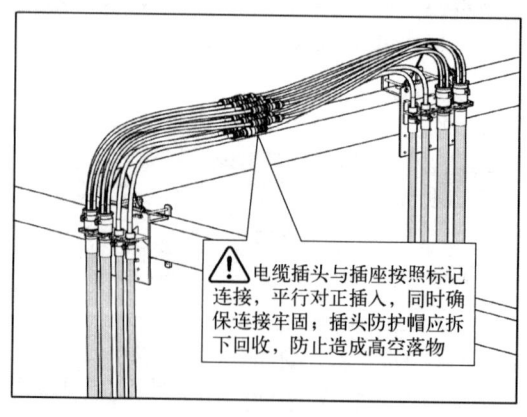

图8-42　电缆连接示意图

第八章　景宏顶驱安全作业指导

⚠️ 二层台处电缆插头对接完毕后，必须保证插头呈水平或高挂状态，不能呈下坠状态，以免接头因重力下坠，导致注胶套的注胶处电缆受力造成电缆破损。电缆在井架上要并列平行，不要交叉。

⚠️ 插头防护帽拆下回收，防止高空落物；插头连接处要捆绑固定，防止晃动磨损，并采取防雨措施。

⚠️ 所有电缆采用快速插头连接，插头与插座连接位置均有标记，连接时要对准标记，插头的插针对准插座孔，平行对正插入，同时确保连接牢固。

（5）摆放地面电缆，与井架电缆连接，连接游动电缆与顶驱本体，再连接地面段电缆和电控房。

⚠️ 电控房至顶驱本体的所有电缆均配置了快速插头，根据插头与插座的标识（标号和颜色）依次连接并使用皮带扳手锁紧。

⚠️ 如果53m长电缆可以连接游动电缆和电控房，地面电缆可作为备用电缆（26m长）使用，现场可根据实际情况确定。

⚠️ 地面电缆须放入专用电缆槽，下铺上盖，减少地面接触和人员踩踏。

（6）将司钻操作台搬运至钻台，摆放在司钻房内比较宽敞的位置，方便操作。

⚠️ 司钻操作台位置须便于司钻操作和观察，且不与其他设备等干涉。

（7）连接司钻操作台电缆（包括22芯控制电缆）。

⚠️ 司钻操作台电缆纤细，容易损坏，安装过程中不要过度扭结、弯折，避开设备边角、尖锐的位置放置。

⚠️ 司钻操作台电缆不与主动力电缆一起摆放，以防通信被干扰。

⚠️ 所有电缆采用快速插头连接，插头与插座连接位置均有标记，连接时要对准标记，插头的插针对准插座孔，平行对正插入，否则将损坏插针。

（八）添加油品、连接电源

（1）用随机配备的加油小车向减速箱加入润滑油。

（2）向液压油箱加注液压油。

⚠️ 按照环境温度、厂家手册推荐选择油品，根据油位线参考加注合适的油量。

（3）在电控房两对角处按要求将接地棒钉入地面（接地钢钎埋入地面1.6m）。将接地钢钎与接地电缆的一端连接，接地电缆另一端与电控房房体连接。

⚠️ 电控房房体必须充分可靠接地，对角安装接地棒，清理接地排和接地端子表面，保证接触面干净，检查接地线外皮是否完好，以保证人身和设备安全。

（4）连接发电机组到电控房600V主动力电源和380V辅助动力电源。

（5）确认管线连接无误、油品添加完毕，启动电气系统和液压系统调试。

（九）安装辅助设备

⚠️ 此步骤应在顶驱所有电缆连接完毕、检查并确认无安装错误、油品添加完毕、上电启动并调试正常后进行。

（1）使用螺纹脂润滑吊环两端，打开旋转头吊环挡板，安装吊环。

⚠️ 景宏顶驱的旋转头吊环挂耳处空间开阔，无须将吊环挂耳转至顶驱正面进行吊环安装，旋转头挂耳在正常钻进位置即可安装吊环，安装右侧吊环时注意吊环不要碰撞游动电缆。

ⓘ 安装吊环前，须根据吊环两端耳孔的大小和弯曲朝向、倾斜油缸卡箍朝向确认吊环安装位置及方向。

ⓘ 吊环挂到旋转头耳环时，竖直状态无法直接安装，可摆动吊环底部使吊环倾斜一定的角度配合气动绞车提放进行安装。

ⓘ 吊环挡板闭合后才能转动旋转头，避免造成设备损坏。

（2）闭合旋转头吊环挡板，继续安装另一侧吊环。

（3）将倾斜油缸用连接销固定在吊环专用卡箍上，如图 8-43 所示。

ⓘ 卡箍安装位置要保证钻进时顶驱导向口能尽可能地接近井口，且吊环前倾须满足吊卡从二层台或小鼠洞抓取钻具的要求。

⚠ 安装倾斜油缸连接销时，禁止用手指检查销孔是否对正或用手指调整关节轴承两侧垫圈位置，避免造成人身伤害。

⚠ 按规定穿戴劳保用品、使用人字梯，覆盖好井口。

⚠ 吊装时按规定选择和使用吊装索具，选择合理的吊装位置，使用牵引绳；吊装作业由专人指挥，缓慢操作气动绞车，注意人员站位，防止吊环摆动造成人员伤害。

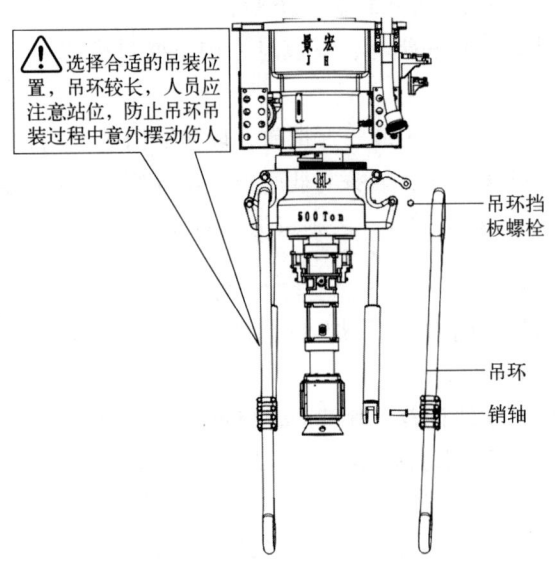

图 8-43 安装吊环示意图

（4）安装吊卡和水龙带。

（十）安装完成后验收

顶驱安装完成后应依次进行检查，确认所有零部件均按照说明书正确安装，所有运输固定件均已取下，为顶驱开机调试做好充分准备。

根据作业现场验收要求对顶驱进行检查验收，验收内容包括但不限于表 8-6 中的内容。

表 8-6 景宏顶驱安装验收表

序号	项目	标准	结果
一、机械部分			
1	导轨中心到井口距离，mm	925	
2	耳板、调节板、导轨连接卸扣、螺栓	安全销可靠安装，螺栓安装防松锁线	
3	导轨	导轨垂直平整，无裂纹，无变形	
4	导轨与支梁、大钳绳、防碰绳	无干涉、无刮挂	
5	底部导轨定位销	定位销及别针齐全、无退出	
6	导轨离钻台面高度，mm	2000~2200	
7	电缆挂架	若电缆挂架安在井架背梁上，电缆挂架固定牢靠，螺栓螺母及保险销齐全	
8	水龙带长度，m	23	
9	立管高度，m	22；弯管出口朝前与游动管线无摩擦	
10	顶驱本体与井架附件	本体在井架内全程范围无刮挂现象	
11	顶驱本体各处螺栓、连接销	螺栓紧固，防松线齐全，各连接销、开口销、安全别针齐全	
12	IBOP—主轴上扣扭矩，kN·m	景宏 60；锁紧装置安装规范	
13	上 IBOP—下 IBOP 上扣扭矩，kN·m	景宏 55；锁紧装置安装规范	
14	保护接头—下 IBOP 上扣扭矩，kN·m	景宏 50；锁紧装置安装规范	
15	保护接头中心与井口中心误差，mm	≤10	
16	背钳及钳牙	背钳正常，钳牙完好，压板防松锁线齐全完好	
17	液压油	使用手册推荐用油	
18	齿轮油	使用手册推荐用油	
19	吊卡类型	钻进时必须使用对开式吊卡	
二、液压部分			
1	各处密封	不漏油	
2	液压管线	无破损，固定可靠，无渗漏	
3	游动电缆、水龙带	顶驱上下运行过程中无交叉	
4	液压系统压力，MPa	13~13.5	
5	倾斜回路	功能正常	
6	回转回路	功能正常	
7	平衡回路	功能正常	
8	制动回路	功能正常	
9	背钳回路	功能正常	

续表

序号	项目	标准	结果
10	IBOP 回路	功能正常	
11	倾斜与回转互锁功能	功能正常	
三、电气部分			
1	输入电源电压	输入电压为 600V，电压稳定，波动不超过±5%	
2	主电动机、风机、电控房绝缘	无绝缘故障	
3	变压器、电控房放置	符合顶驱相关操作要求	
4	各插接件绝缘	无绝缘故障	
5	电源相序	相序正确，风机转向正确	
6	空调制冷、照明	制冷正常、照明正常	
7	扭矩、转速	正常	
8	报警及互锁	功能正常	
9	按钮、开关	符合功能要求	
10	电气设备及接地	无漏电、无干扰，符合防爆要求，接地电阻≤4Ω	
11	司钻操作台及支架固定	固定牢固，司钻操作台观察视线无障碍	
12	钻井、上扣、卸扣扭矩功能	正常	
13	双电动机运转情况	双电动机运转正常	
四、安全防护措施			
1	顶驱导轨及调节板	1. 耳板连接销或 U 形环有安全销，可靠有效。 2. 导轨与调节板连接可靠，安全销齐全，卸扣使用 4 件套。 3. 导轨无明显变形，焊缝无开裂	
2	电缆挂架	挂架固定螺栓安全销齐全、有效	
3	电缆挂盘	本体及电缆挂架法兰盘固定螺栓紧固，防松锁线齐全可靠	
4	冷却风机电动机	1. 螺栓紧固，防松锁线齐全可靠。 2. 电动机加装防坠钢丝绳。 3. 风机护罩壳加装防坠钢丝	
5	平衡系统	1. 平衡梁系统的销完好，安全销齐全。 2. 平衡油缸支撑体连接螺栓紧固，安全销齐全，支撑体本体无裂纹	
6	顶驱盘刹	刹车护罩固定螺栓紧固，防松锁线齐全可靠	
7	顶驱本体电控箱门	柜门关闭严实	
8	本体防护栏	1. 加装防坠安全绳。 2. 螺栓紧固，防松锁线齐全可靠	

续表

序号	项目	标准	结果
9	齿轮油箱、液压油箱呼吸器	安全链齐全、无退扣现象	
10	管子处理器	螺栓紧固，防松锁线齐全可靠	
11	润滑泵/液压泵（含电动机）	1. 螺栓紧固，防松锁线齐全可靠。 2. 润滑泵/液压泵（电动机）加装防坠安全绳，螺栓紧固，防松锁线齐全可靠	
12	IBOP 装置	1. 防松装置螺栓紧固，防松锁线齐全可靠。 2. 滚轮无破损、偏磨、框动；滚轮连接销圆螺母无松动，止退垫圈齐全有效。 3. 滚轮支架与油缸活塞杆螺纹锁紧螺母紧固到位。 4. 执行机构齿轮紧定螺钉紧固	
13	倾斜油缸	螺母紧固、开口销齐全，销无退出	
14	倾斜油缸支撑体	连接 U 形螺栓、螺母紧固，开口销齐全	
15	背钳挂臂	背钳挂臂连接销安全别针或定位块齐全，螺栓紧固，防松锁线齐全可靠；加装防坠安全绳	
16	背钳	1. 钳牙座、压板完好，压板固定螺栓紧固，锁线齐全。 2. 背钳体外部所有连接螺栓紧固，锁线、安全销齐全	
17	背钳导向口	螺栓紧固，防松锁线齐全可靠；加装防坠安全绳	
18	滑车系统	1. 滑车滚轮无破损、偏磨、框动。 2. 滑车滚轮连接销螺母无松动，止退垫全有效。 3. 滑车与减速箱固定螺栓紧固，防松锁线齐全可靠	
19	反扭矩梁	固定螺栓紧固，安全销齐全、有效，门销完好无退出	
20	锁紧机构及回转马达	螺栓紧固，防松锁线齐全可靠；加装防坠安全绳	
21	灭火器与应急照明措施	消防器材配备齐全、有效，有定期检查记录；应急照明灯工作正常	

二、顶驱拆卸

顶驱拆卸流程图如图 8-44 所示。

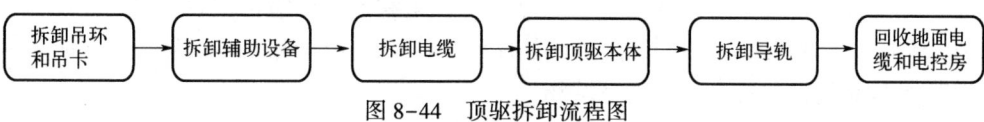

图 8-44　顶驱拆卸流程图

（一）拆卸吊卡和吊环

（1）拆卸吊卡：打开旋转头吊环挡板，移走吊环。

① 吊环呈竖直状态时无法从旋转头耳环摘下，可以摆动吊环底部使吊环倾斜一定角

度，配合气动绞车提放进行拆卸。

⚠ 吊装时按规定选择和使用吊装索具，选择合理的吊装位置，使用牵引绳；吊装作业由专人指挥，缓慢操作气动绞车，注意人员站位，防止吊环摆动造成人员伤害。

ⓘ 吊环挡板闭合后才能转动旋转头，避免造成设备损坏。

（2）旋转头复位。

（3）使用随机配备的压板固定倾斜油缸，如图8-45所示。

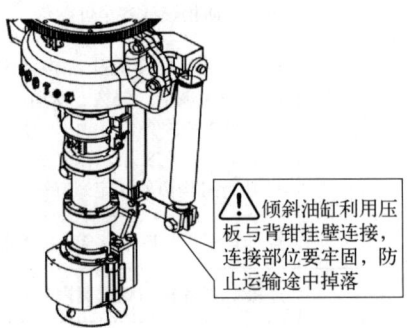

⚠ 倾斜油缸利用压板与背钳挂壁连接，连接部位要牢固，防止运输途中掉落

图8-45 固定倾斜油缸示意图

（4）各功能单元断电，液压系统泄压。

（5）断开主动力电源开关。

⚠ 断电后，主动力电源开关上锁挂牌，防止误启动。

（二）拆卸辅助设备

（1）断开井队供电房到电控房600V主动力电源和380V辅助动力电源

⚠ 确保井队SCR/VFD房对顶驱的供电开关断开并悬挂"禁止合闸"警示牌，防止触电伤人。

（2）拆开电控房出线电缆接头、地面电缆和井架电缆接头，并使用防护帽和电缆插头防护袋为电缆插头做防护，以防在拆卸的过程中损坏电缆接头。

（3）拆开顶驱本体侧游动电缆插头，加装防护帽和电缆插头防护袋。

（4）断开司钻操作台电缆。

（5）拆下水龙带与顶驱钻井液管的连接。

⚠ 按规定穿戴劳保用品、使用人字梯，覆盖井口。

（三）拆卸电缆

（1）拆开游动电缆和井架电缆接头，加装防护帽和电缆插头防护袋。

⚠ 高空作业时使用对讲机便于上下沟通，下方严禁站人或交叉作业，拆开的压板和螺栓使用工具袋妥善放置，防止高空落物。

（2）拆开游动电缆在本体一端托架上的螺栓和压板，将本体端摆放在钻台的安全位置，避免人员踩踏和重物拖压。

（3）拆卸二层台处电缆托架的固定螺栓和压板，使用气动绞车将游动段电缆逐一吊起并盘收在电缆盒中，将电缆盒吊离钻台放至安全位置。

⚠ 高处作业时使用工具包，手工具系安全绳，拆卸的螺栓、压板等放入工具包或堆放于安全位置，防止高空落物伤人。

（4）使用吊车或气动绞车将井架电缆逐一吊起并盘收进电缆盒。

⚠ 电缆盒应四点吊装，使用牵引绳。

⚠ 作业前检查确认气动绞车功能完好，钢丝绳符合标准，排绳整齐。使用符合标准的绳套和锁具进行吊装。

⚠ 气动绞车下放电缆过程中，由专人指挥，操作应缓慢，切勿出现缠绕、扭结现象，避免损坏电缆；从电缆托架吊起电缆并下放之前，气动绞车吊钩应悬挂配重，防止吊钩起升过高无法下放甚至失控；钻台人员应远离吊装区域，防止落物伤人。

⚠ 电缆盘收过程中，上部电缆接头会随着盘收而旋转，注意观察电缆接头，不要与井架设施、顶驱本体和二层台等发生碰撞、刮蹭。

⚠ 多芯易损坏的电缆（如控制电缆）应在较重、较粗的主动力电缆上部盘收，防止被挤压损坏。

⚠ 高处作业时，按规定使用安全带、水平生命线、速差器等防坠落装置，注意站位和操作姿势，防止高空坠落；高处作业人员应携带对讲机，保持良好通信，操作前检查工具及安全绳是否完好。

（四）拆卸顶驱本体

（1）拆下底部导轨定位销，旋转调整丝杠，使底部导轨后移，后移距离不得超过300mm。

（2）使用吊车将顶驱运移架吊放到钻台上，使用气动绞车和吊车悬吊运移架两端吊点，配合提升将运移架立起并靠近底部导轨放置，运移架内固定导轨与上部悬挂的导轨对齐。

（3）下放游车，顶驱沿导轨下滑到接近顶驱运移架时缓慢下放，滑车过渡到运移架导轨面后继续缓慢下放游车，至顶驱完全穿入运移架。

ⓘ 顶驱滑车滑入运移架导轨前，必须保证顶驱本体处于垂直状态，可以使用气动绞车辅助牵引。

⚠ 顶驱坐入运移架过程中，游车下放应缓慢，司钻及钻台人员注意观察，防止顶驱本体与运移架发生碰撞或人员伤害。

⚠ 软绳套、U形环（卸扣）等吊具应符合标准；按规定使用载人吊篮，应缓慢、平稳操作。

⚠ 高处作业必须按规定使用安全带和防坠落装置；吊装、高处作业时，人员注意站位和操作姿势，避免人员伤害。

（4）安装导轨滑车锁销，固定顶驱本体与运移架。

❗ 安装固定销轴时，注意操作姿势和人员站位，手部严禁碰触销孔等危险部位，应使用专用工具穿接销轴。

（5）打开大钩锁舌，用气动绞车或吊车向外牵引大钩，配合游车缓慢移动，使大钩和顶驱提环脱开。

⚠ 由专人指挥，司钻应缓慢上提、下放游车，气动绞车操作缓慢平稳，人员不得站在大钩、提环、顶驱主电动机之间，防止人员被挤伤。

（6）使用专用钢丝绳采用三点与大钩连接（顶驱运移架顶部2点、提环1点）；使用吊车悬吊顶驱运移架底部两点；大钩和吊车配合提放，将顶驱连同运移架放倒，水平放置于钻台面。

⚠ 顶驱连同运移架平放在钻台面时，应尽量朝向坡道方向放置，便于吊车将顶驱移下钻台。

⚠ 将顶驱连同运移架放倒时，吊车悬吊下部两个吊点起扶正作用，保持顶驱平稳，防止意外摆动导致人员伤害。

（7）旋转调整丝杠将底部导轨复位。
（8）使用专用钢丝绳四点吊装，将顶驱本体吊离钻台。

⚠ 使用符合标准的专用钢丝绳，选择指定吊装点，吊装需由专人指挥，吊装时使用牵引绳，人员应远离作业区域。

（五）拆卸导轨

（1）将安装小车吊放到钻台上，连接安装小车的吊装锁具与游车大钩，同时安装专用的安全防护钢丝绳和U形环。

（2）上提游车，使安装小车套入导轨沿导轨滑动到导轨顶部。

⚠ 在起吊和套入导轨的过程中，需要使用气动绞车悬吊安装小车的顶部以保持安装小车稳定，以防瞬间翻转伤人。

⚠ 导轨安装架套装导轨时位置较高，作业人员扶正时应乘坐载人吊篮，安装架穿入导轨时注意手扶位置，防止挤伤。

⚠ 游车带动导轨安装小车上提过程中应缓慢，并由专人观察，防止安装小车沿导轨滑动过程中发生卡阻，若不及时停止游车上提，会造成安装架变形或者导轨整体上移，损坏导轨调节板。

（3）打开连接导轨的反扭矩架钳形爪，使反扭矩梁与导轨分开。

⚠ 人员在反扭矩梁上作业时，应按规定使用安全带、水平生命线、速差器等防坠落装置，携带工具使用安全绳。

（4）将导轨运输架吊放至钻台。
（5）游车缓慢上提，安装小车承载导轨的全部重量；抽拉板将利用自身的重力回落到顶部导轨中，导轨接头处被打开。

（6）拆掉导轨顶端抽拉板与调节板的连接，将调节板用绳索捆绑固定到井架背梁处。

⚠ 高处作业时应按规定使用安全带和防坠落装置，高处作业携带工具应使用安全绳；特级高处作业（30m以上），人员必须佩戴对讲机，保持良好通信。

（7）下放游车，使用吊车辅助悬吊第一节导轨底部，将第一节导轨平放在运输架中（图8-46），安装导轨与运移架固定销轴。

⚠ 游车上提下放应缓慢，使用吊车悬吊导轨底部，保持导轨平稳放入运输架，防止导轨摆动伤人。

（8）继续下放游车，将全部导轨折叠放入运输架中。
（9）拆掉大钩与安装小车的连接，将安装小车固定在导轨上。

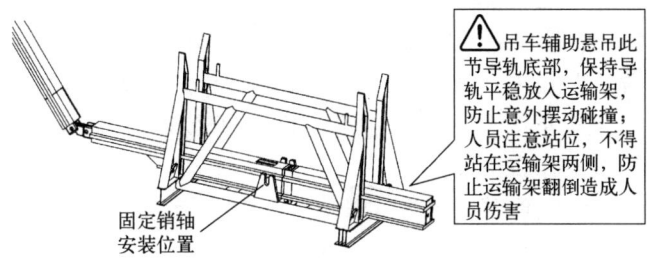

图 8-46 导轨放入运输架示意图

（10）使用吊车将导轨及其运输架吊离钻台。

（11）待井架放倒之后，拆下并回收电缆托架、反扭矩总成和调节板组件。

（六）回收地面电缆和电控房

1. 回收地面段电缆

（1）将电控房至井架的地面段电缆逐根回收进电缆盒。

（2）将井队供电房至顶驱电控房的电缆逐根回收进电缆盒。

⚠ 断开井场供电房连接电缆接头之前，必须用万用表再次检测确认向顶驱供电的空开已断电隔离，防止触电。

2. 回收司钻操作台

（1）回收司钻操作台电缆。

（2）回收司钻操作台。

⚠ 井间搬安作业中，将司钻操作台从托架上拆除回收时，应避免运输过程中司钻操作台从托架上跌落损坏。

⚠ 司钻操作台电缆纤细，尤其通信电缆，比较容易损坏，回收过程中不要过度扭结弯折。

3. 回收电控房

（1）确认电控房内各柜门关闭并上锁，固定容易掉落翻倒的器件。

（2）拆接地电缆，拔出接地棒，收入库房。

（3）使用吊车移出电控房并放置在安全的环境中。

⚠ 电控房必须四点起吊，吊装过程应缓慢平稳。

第四节　景宏顶驱操作考核

一、顶驱理论考核

（1）在起下钻工况时，顶驱制动方式开关（制动、松开、自动）、电机方向选择开关

(反转/停止/正转)、液压泵开关（自动/停止/启动）应该分别置于什么位置？

答：起下钻过程中，顶驱制动方式开关应置于"松开"或"自动"位置；电机方向选择开关应置于"停止"位置；液压泵开关应置于"自动"或"启动"位置。

（2）在正常钻进工况下，顶驱制动方式开关（制动/松开/自动）和液压泵开关（自动/停止/启动）分别置于什么位置？

答：顶驱正常钻进时，顶驱制动方式开关置于"自动"位置；液压泵开关置于"自动"或"启动"位置。

（3）景宏顶驱在使用旋转头旋转时，吊环必须先处于什么状态？

答：吊环倾斜与旋转头设有互锁，当操作倾斜油缸前倾或后倾后，再操作旋转头将不能旋转，只有按下【吊环悬浮】使吊环处于浮动状态方可实现旋转头旋转。

（4）景宏顶驱操作背钳在结构和原理上与其他品牌顶驱的最大区别是什么？

答：景宏顶驱采用对夹式背钳，取消了锁紧销装置，背钳挂壁固定在旋转头内套上，操作背钳时无须进行锁紧销锁紧操作。

（5）简述"卸扣"操作步骤。

答：① 顶驱转速手轮缓慢回零，停止顶驱旋转钻进，刹车自动制动，井口坐卡瓦，缓慢下放游车至指重表指示为空载悬重。

② 【电机方向选择】开关扳至"反转"位置。

③ 按下【吊环浮动】按钮，按下【卸扣上跳】按钮。

④ 将【背钳】开关扳至"卡紧"位置并保持，约6s后确认背钳已夹紧，左手旋转【操作选择】开关到"力矩"位置并保持，系统将以最大输出扭矩值（出厂设定的最大变频器输出扭矩值）反转，观察转矩表显示，扭矩值快速上升后突然下降，表明扣已松开，顶驱主轴开始以固定转速6rpm反转。

⑤ 松开【操作选择】开关，自动回至"旋扣"位置，同时松开【背钳】旋钮。

⑥ 观察指重表指针，缓慢上提游车，尽量保持为空载悬重，当顶驱保护接头完全脱离钻柱内螺纹后，停止上提游车，【操作选择】开关扳至"钻井"位置，【电机方向选择】开关扳至"停止"位置，卸扣操作完成。

（6）简述景宏顶驱旋转头和吊环的使用注意事项。

答：吊环承载超过2.5ton的钻具时，必须使吊环处于"浮动"状态，即吊环油缸处于无油压状态，严禁使用吊环倾斜功能，否则会损坏倾斜油缸；吊环承载时，严禁旋转顶驱旋转头；吊环倾斜与旋转头设有互锁，吊环必须处于"浮动"才能转动旋转头。

（7）井底扭矩过大，发生堵转时应该如何处理？

答：发生钻具堵转后，尽量通过上提、下放钻具恢复旋转。如果堵转时钻井扭矩设定值较低，可以根据具体情况在保证设备、人身安全的前提下，缓慢增加钻井扭矩设定值直至钻具克服井底阻力开始旋转，待正常钻进时再将扭矩设定值减小至正常值。

当无法恢复旋转且不需要保持扭矩维持堵转时，推荐使用软释放的方式释放堵转扭矩：保持转速手轮不动或转速缓慢减小至5~10rpm，【制动方式】至"松开"位置，非常缓慢地减小钻井扭矩设定值，以控制钻柱缓慢反转，扭矩也随之减小，直到钻井扭矩手轮给定值回零，钻柱反转速度为零，彻底释放钻具反扭矩，然后将转速手轮回到零位，将【电机方向选择】开关扳回"停止"位。

(8) 顶驱 IBOP 的使用注意事项有哪些？

答：正常作业时，顶驱上下 IBOP 处于关闭位置时禁止启动井队钻井泵；井队钻井泵工作期间严禁关闭顶驱 IBOP；每天至少活动下 IBOP 一次。

(9) 当顶驱主轴处于什么状态时，钻工才能在井口进行提放卡瓦或其他工作？

答：当顶驱主轴完全停转且反扭矩释放完成后，钻工才能在井口进行提放卡瓦或其他工作。

(10) 使用大尺寸钻头在表层或某段地层钻进时，顶驱本体出现非自身原因的剧烈晃动，司钻应如何处理？

答：使用大尺寸钻头在表层或某段地层钻进时，出现非顶驱故障原因的剧烈振动时，司钻应适当调整钻井参数，降低转速和钻压，避免顶驱因剧烈振动造成损坏。

(11) 带顶驱震击解卡作业的注意事项有哪些？

答：① 任何情况下，禁止带顶驱使用地面震击器进行震击作业。

② 如确需带顶驱进行震击作业，震击器与井口的距离不得小于 1500m；如距离大于 1500m 时，发生卡钻，若确需使用顶驱进行震击作业，严禁顶驱带转速憋扭矩震击。带顶驱震击作业时，钻台面严禁站人，避免顶驱零部件掉落伤人，如果发现顶驱上零部件掉落，应该立即停止震击，检查顶驱。

③ 带顶驱震击作业时，钻具必须与顶驱保护接头连接，严禁使用顶驱吊卡悬挂钻具进行震击。

④ 带顶驱震击作业时，上提负荷要严格按照钻井手册的相关规定执行，严禁发生钻具拉断损伤顶驱的事故。

⑤ 带顶驱震击作业时，每震击 2h 必须对顶驱进行检查。

⑥ 如果在解卡过程中，现场作业工况不能满足上述条件，或者顶驱受到剧烈冲击，或者震击时间超过 8h 时，为避免顶驱设备损坏，须将顶驱旁置或暂时拆甩，待采用其他方式解卡后再恢复作业。

二、顶驱实操考核

景宏 DQ70BSQⅡ-JH 顶驱司钻实际操作技能考核内容见表 8-7。

表 8-7　景宏 DQ70BSQⅡ-JH 顶驱司钻实操技能考核表

序号	评分内容	分值	得分
	基本功能操作		
1	将【电机方向选择】扳至"正转"挡	1	
2	观察显示屏和故障指示灯是否有报警信息	1	
3	将【液压泵】扳至"自动"位，【电机风机】扳至"自动"位，观察有无报警信息	1	
4	给定钻井扭矩值 2kN·m，给定转速 10rpm，正转	2	
5	旋转头左转和右转	1	
6	吊环前倾和后倾以及吊环浮动	1	
7	IBOP 置于开位和关位	1	

续表

序号	评分内容	分值	得分
	接立柱钻进		
1	刹车【制动方式】开关处于"自动"位置，缓慢调节顶驱【转速设定】手轮归零，钻工向井口放入卡瓦，司钻缓慢下放顶驱，观察指重表，确认钻具重量已经全部坐到卡瓦上	1	
2	停钻井泵，等待泵压表显示压力为"0"，确认顶驱液压泵在"自动"或"启动"位置，【电机风机】在"自动"或者"启动"位置，按下【吊环悬浮】按钮复位吊环，将【电机选择】开关置于双电动机工作方式（"A+B"电动机模式），【操作选择】开关在正常"钻井"模式	1	
3	将【电机方向选择】扳至"反转"挡，按下【卸扣上跳】按钮	1	
4	左手旋转【操作选择】开关直接到"力矩"位置，同时右手旋转【背钳】至"卡紧"位置，此时注意观察，背钳液压缸应该伸出夹紧钻具内螺纹端接头	2	
5	注意观察扭矩表，扭矩表显示扭矩值快速上升然后突然下降，此时顶驱主轴开始反向转动	1	
6	当系统转速达到旋扣固定转速 6rpm 时，双手应松开，此时右手松开【背钳】旋钮使其复位到"松开"位置，同时左手松开【操作选择】旋钮使其到"旋扣"位置	2	
7	顶驱主轴以固定的转速自动旋扣，观察指重表指针，缓慢上提游车，尽量保持游车悬重为空载悬重，观察顶驱小幅度上升，顶驱保护接头与钻具脱扣	3	
8	将【操作选择】开关扳到"钻井"挡，将【电机方向选择】扳至"停止"位	1	
9	上提顶驱，钻工为顶驱保护接头涂抹螺纹脂，继续上提顶驱到二层台，当吊卡到达井架工位置时，利用"吊环旋转"将吊卡开口转到适当位置	1	
10	将【吊环倾斜】开关（前倾/中位/后倾）置于"前倾"位置，将吊卡倾斜至井架工操方便操作的位置，井架工放好钻具并扣好吊卡	1	
11	稍微上提顶驱，按下【吊环悬浮】复位吊环，使立柱回到井口位置	1	
12	钻工清洗立柱下端外螺纹并涂抹螺纹脂，缓慢下放顶驱，将立柱下端和井口中钻具对扣	1	
13	下放顶驱，使立柱上部接头脱离吊卡接触，然后用液压大钳将立柱下端扣与井口钻具扣按要求上紧	1	
14	下放顶驱，再将立柱上部和顶驱保护接头对扣，直到保护接头外螺纹进入钻杆内螺纹；将【电机方向选择】扳至"正转"位，【操作选择】扳至"旋扣"位置旋。顶驱以固定转速旋扣，观察指重表指针，缓慢下放顶驱，当顶驱主轴停止、扭矩表显示扭矩达到 $6kN \cdot m$ 时，旋扣完成	2	
15	确认上扣扭矩值设置正确，左手旋转【操作选择】开关至"力矩"位置，同时右手旋转【背钳】至"卡紧"位置。此时注意观察背钳液压缸应该伸出夹紧钻具内螺纹端接头。观察扭矩表的扭矩值达到设定紧扣扭矩后，松开【操作选择】开关，开关自动恢复到"旋扣"位置，将【操作选择】开关扳至"钻井"位置	2	
16	钻工提出卡瓦，开泵循环，确认设置好钻井扭矩设定值，调节顶驱【转速设定】手轮，给定转速，开始钻进	1	

第八章 景宏顶驱安全作业指导

续表

序号	评分内容	分值	得分
	倒划眼起钻		
1	循环和顶驱旋转的同时,上提游车,直至出现第三个钻杆接头	1	
2	缓慢调节顶驱【转速设定】手轮归零,钻工放入卡瓦,司钻缓慢下放顶驱,观察指重表,确认钻具重量已经全部坐到卡瓦上	1	
3	停钻井泵,等待泵压表显示压力为"0",确认顶驱液压泵在"自动"或"启动"位置,【电机风机】在"自动"或者"启动"位置,将【制动方式】旋钮扳至"自动"位置,按下【吊环悬浮】复位吊环,将【电机选择】开关置于双电动机工作方式("A+B"电动机模式),【操作选择】开关在正常"钻井"模式	1	
4	将【电机方向选择】扳至"反转"挡,按下【卸扣上跳】旋钮	1	
5	左手旋转【操作选择】开关至"力矩"位置,同时右手旋转背钳至"卡紧"位置。此时注意观察背钳液缸应该伸出夹紧钻具内螺纹端接头	2	
6	注意观察转矩表,转矩表显示扭矩值快速上升然后突然下降,此时顶驱主轴开始反向转动	1	
7	当系统转速达到卸扣固定转速 6rpm 时,双手应松开,此时右手松开背钳旋钮使其复位到"松开"位置,同时左手松开【操作选择】旋钮使其到"旋扣"位置	2	
8	顶驱主轴以固定的转速自动旋扣,观察指重表指针,缓慢上提游车,尽量保持游车悬重为空载悬重,观察顶驱小幅度上升,顶驱保护接头与钻具脱扣	3	
9	将【操作选择】开关扳至"钻井"挡,将【电机方向选择】扳至"停止"挡	1	
10	钻工用液压大钳松开钻杆底部的扣,上提顶驱使钻杆底部脱扣,钻工将钻杆底部推入钻杆盒,同时下放顶驱,使用【吊环倾斜】开关扳至"前倾"位将钻杆顶部推给井架工,井架工打开吊卡,将钻杆上端拉入钻具盒,司钻按下【吊环悬浮】复位吊环,下放顶驱至钻台面	1	
11	钻工为顶驱保护接头涂抹螺纹脂,缓慢下放顶驱,直到保护接头外螺纹进入钻杆内螺纹	1	
12	确认转盘锁已经锁定,按下【吊环悬浮】复位吊环,将【电机方向选择】扳至"正转"位,【操作选择】旋钮扳到"旋扣"位置。顶驱以固定转速旋扣,观察指重表指针,缓慢下放顶驱,当顶驱主轴停止、转矩表显示扭矩达到 6kN·m 时,旋扣完成	3	
13	确认上扣扭矩设置正确,左手旋转【操作选择】开关至"力矩"位置,同时右手旋转【背钳】至"卡紧"位置,紧扣,观察扭矩表的扭矩值达到设定卸扣扭矩值后,右手松开【背钳】旋钮使其复位到"松开"位置,同时左手松开【操作选择】旋钮使其到"旋扣"位置,将【操作选择】开关扳至"钻井"位置	2	
14	钻工提出卡瓦,开泵循环,调节顶驱【转速设定】手轮,给定转速,继续倒划眼	1	
	平台经理: 顶驱工程师: 被考核司钻:	50	

第九章　宏华顶驱安全作业指导

第一节　宏华顶驱技术特点和参数

四川宏华石油设备有限公司是从事石油钻机、海洋工程及能源勘探开发装备的研究、设计、制造、总装成套的设备制造及钻井工程服务企业。2009年，宏华公司在全球率先推出直驱顶驱技术的规模化工业应用，填补了国内多项技术空白。宏华已研发两代5个规格8种型号的直驱顶驱，可满足3000m钻机到12000m钻井和修井作业需求。

一、技术特点

宏华顶驱如图9-1所示，与其他品牌顶驱最大的区别是采用直驱结构，通过交流变频电动机直接驱动主轴进行钻进，它将大功率交流变频电动机集成设计于动力水龙头内部，配备了自动定位式导轨、旋转头齿条锁紧机构、本体集成式液压站等机构，整机采用模块化安装，大大减少了安装及维修时间，设计和制造采用了GB/T 31049—2022《石油天然气钻采设备　顶部驱动钻井装置》等相关标准。

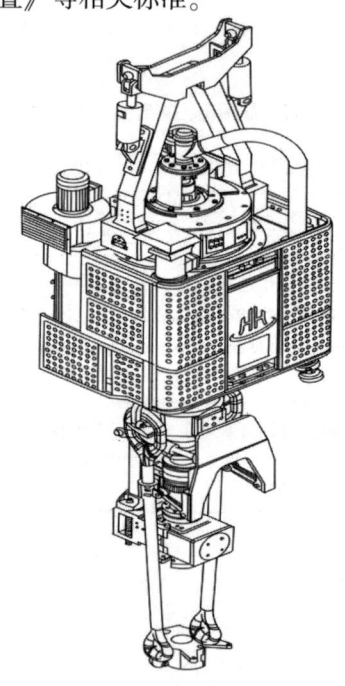

图9-1　宏华顶驱示意图

（一）宏华直驱顶驱优点

（1）宏华直驱顶驱采用机电液一体化融合设计，电动机直接驱动主轴钻进，减少了传动能耗损失，机械效率高、故障点少、可靠性高。

（2）宏华直驱顶驱无齿轮传动结构，无齿轮润滑油及冷却过滤系统，减少了密封机构，结构简单、维护方便。

（3）宏华直驱顶驱重心与顶驱几何中心重合，不偏重，顶驱主轴寿命长。

（4）宏华直驱顶驱的主轴与电动机主轴为一个部件，电动机转子与主轴通过胀套连接，拆装过程中不需要特殊专用设备，不需要常规减速箱顶驱检测齿轮的各详细参数，可在现场进行维修，大大降低了维修难度和强度。

（二）宏华直驱顶驱缺点

（1）电动机结构复杂，需要更高的制造技术和精度，电动机价格比传统电动机高，为了达到所需的输出扭矩和功率，通常直驱电动机尺寸较大且较重，顶驱整体比同级别顶驱质量重2~3t。

（2）顶驱整体尺寸、重量大，工作高度偏高，同级别顶驱工作高度会高300~500mm。

（3）电动机转子直接连接负载，同轴度要求高，电动机控制系统更复杂，成本更高。

（4）直驱电动机在高负载运行时可能会产生较多热量，对冷却措施要求高，否则会导致电动机过热，影响性能和寿命。

二、技术参数

宏华顶驱各型号产品具体技术参数见表9-1。

表9-1　宏华各型号顶驱技术参数

型号 参数	DQ250Z	DQ250Z-1	DQ350Z	DQ350Z-1	DQ500Z	DQ500Z-1	DQ750Z	DQ1000Z
最大载荷（API 8C） kN （ton）	2250 (250)	2250 (250)	3150 (350)	3150 (350)	4500 (500)	4500 (500)	6750 (750)	9000 (1000)
电动机额定功率 kW （hp）	392 (525)	430 (576)	610 (818)	746 (1000)	746 (1000)	900 (1206)	1080 (1450)	1600 (2150)
转速范围，rpm	0~220							0~260
工作扭矩 N·m （ft·lbf）	40000 (29505)	45000 (33190)	55000 (40565)	65000 (47942)	74200 (54727)	80000 (59006)	90000 (66380)	134000 (98830)
额定转速，rpm	93	91	103	110	96	107	115	115
最大卸扣扭矩 N·m （ft·lbf）	65000 (47942)	70000 (51630)	85000 (62693)	100000 (73757)	110000 (81133)	120000 (88507)	145000 (106950)	201000 (148250)

续表

参数 \ 型号	DQ250Z	DQ250Z-1	DQ350Z	DQ350Z-1	DQ500Z	DQ500Z-1	DQ750Z	DQ1000Z
IBOP 额定工作压力 MPa（psi）	105（15000）							
上 IBOP 螺纹	API REG 6⅝ Box～API REG 6⅝ Box						API NC70 Box～API NC70 Box	
下 IBOP 螺纹	API REG 6⅝ Box～API REG 6⅝ Box						API NC70 Box～API NC70 Box	
背钳夹持范围 mm（in）	86～217（3⅜～8½）						86～254（3⅜～10）	
中心管额定工作压力 MPa（psi）	52（7500）							
中心管通径 mm（in）	75（3）						89（3½）	102（4）
刹车扭矩 N·m（ft·lbf）	40000（29505）	45000（33190）	55000（40565）	65000（47942）	74200（54727）	80000（59006）	90000（66380）	134000（98830）
本体质量 kg（lb）	12300（27116）	13900（30644）	14500（31960）	15300（33730）	18000（39683）	18600（41000）	29800（65697）	39000（85980）
防爆类型	IECEx 55℃							
供电电源	600V AC/50Hz/60Hz（690V AC/50Hz/60Hz）							
适用环境温度，℃	-45～55							

注：（1）NC70：一种常用的油井螺纹连接标准，用于连接钻杆等设备，外螺纹和内螺纹均为锥形。
（2）REG：Regular，正规扣。
（3）Box：圆柱形内螺纹。
（4）IECEx：国际电工委员会防爆电气产品认证体系的简称。

第二节　宏华顶驱操作

💡 重要提示

顶驱操作人员、维护人员以及接近系统设备的其他人员，应当接受钻井操作、钻井安全知识及顶驱安全作业的相关培训。

本节正文内容中包含了"说明""注意"以及"警示"等内容。这些内容用于提示相关操作对人身和设备安全可能产生的伤害，具体说明如下：

ⓘ：说明，对于人身或设备安全有关事项的补充说明。

⚠：注意，对可能导致人身或设备伤害的提示。

第九章 宏华顶驱安全作业指导

⚠️：警示，对极易导致人身或设备伤害的警示。

本节中，文字加【】符号的，表示其为电气系统的操作元件，例如开关、按钮等。

非专业人员或未经专门培训者，不得进行顶驱的操作、调试和维护工作，否则可能导致设备损坏或人身伤害。

一、司钻操作台说明

（一）设备描述

以宏华 DQ500Z 为例对宏华顶驱设备进行说明。顶驱司钻操作台为不锈钢防爆控制箱，采用正压防爆形式，满足了电气防爆要求，具有钻井所需的所有操作功能，包括顶驱转速、扭矩、操作模式设置及钻井的各种辅助操作，可实现一键扭矩释放操作功能，并预留有软扭矩、顶驱下套管装置、液压吊卡操作等功能接口。司钻操作台面板上安装有按钮、选择开关、指示灯、手轮、触摸屏等，可进行顶驱各种功能的操作、顶驱运行信息和报警显示，司钻操作台内的 PLC 从站通过通信电缆与顶驱电控房的 PLC 主站实现通信。

（二）功能描述

司钻操作台面板布局如图 9-2 所示，面板操作元件信息见表 9-2。

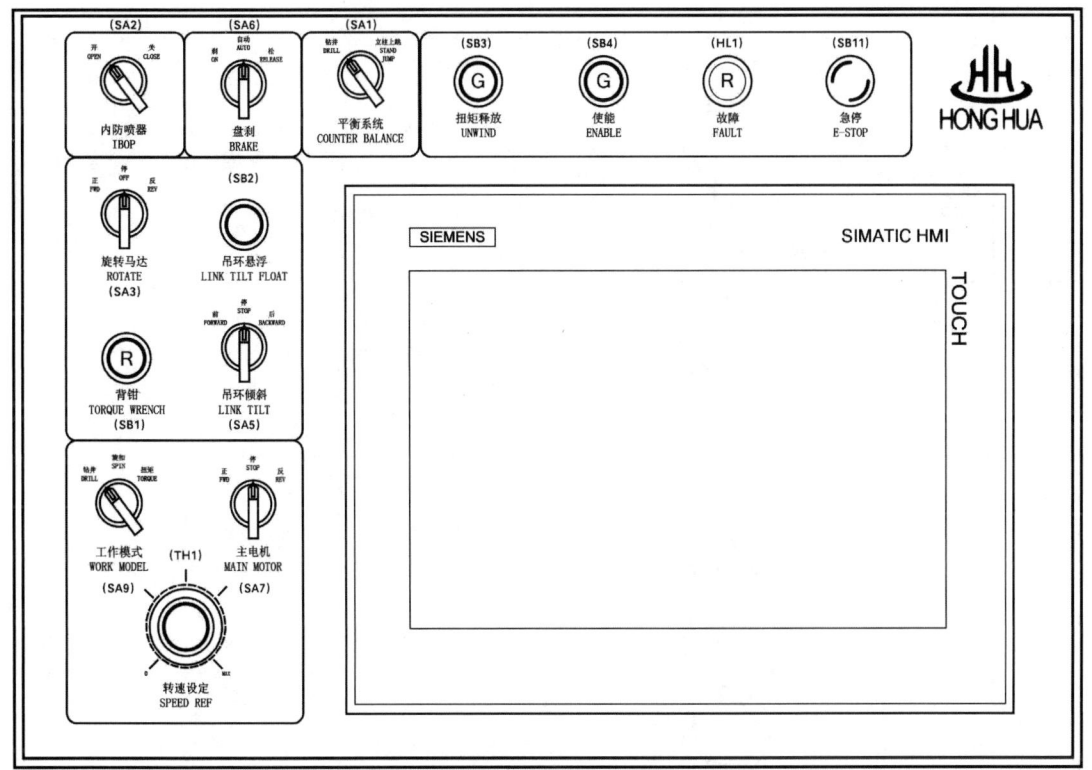

图 9-2　宏华 DQ500Z 顶驱司钻操作台示意图

表 9-2　司钻操作台面板信息表

序号	名称	图标	类型	功能
1	转速设定 SPEED REF	转速设定 SPEED REF	电位器	正常钻井操作时，设定顶驱转速值。顺时针旋转手轮，将提高设定转速
2	工作模式 WORK MODEL	工作模式 WORK MODEL（钻井 DRILL、旋扣 SPIN、扭矩 TORQUE）	3位选择开关 左自保持，右自复位	钻井、旋扣、扭矩模式选择开关，通常情况下位于"钻井"位置
3	主电机 MAIN MOTOR	主电机 MAIN MOTOR（正 FWD、停 STOP、反 REV）	3位选择开关 左右自保持	主电动机正转、反转开关；钻进、上扣时开关位于"正"位置；卸扣和倒扣作业时位于"反"位置；其他时间应位于"停"位置。注：此开关每转动一次间隙时间为10s，其余开关每转动一次间隙时间为2s
4	旋转马达 ROTATE	旋转马达 ROTATE（正 FWD、停 OFF、反 REV）	3位选择开关 左右自复位	旋转头正转、反转开关。与吊环倾斜功能互锁，须将吊环浮动按钮长按3s后才能转旋转头
5	背钳 TORQUE WRENCH	背钳 TORQUE WRENCH	带灯红色、自复位按钮	背钳夹紧按钮，按住此按钮，背钳夹紧钻杆接头，进行上扣、卸扣作业
6	吊环倾斜 LINK TILT	吊环倾斜 LINK TILT（前 FORWARD、停 STOP、后 BACKWARD）	3位选择开关 左右自复位	吊环前倾、后倾开关，正常情况下应置于停位
7	吊环悬浮 LINK TILT FLOAT	吊环悬浮 LINK TILT FLOAT	带灯绿色自复位按钮	吊环复位按钮，按下后倾斜的吊环自动回收到竖直位置

续表

序号	名称	图标	类型	功能
8	内防喷器 IBOP	(开OPEN/关CLOSE 选择开关图标)	2位选择开关，自保持	与钻井泵运行信号配合，扳到"开"位置时，打开内防喷器球阀，扳到"关"位置时，关闭内防喷器球阀
9	盘刹 BRAKE	(刹ON/自动AUTO/松RELEASE 选择开关图标)	3位选择开关，左右自保持	扳到"刹"位，刹车工作；扳到"松"位，刹车松开；扳到"自动"位，刹车按系统程序工作。一般应将此开关转至"自动"位置
10	平衡系统 COUNTER BALANCE	(钻井DRILL/立柱上跳STAND JUMP 选择开关图标)	2位选择开关，自保持	卸扣开关。卸扣时，将此开关转至"立柱上跳"位置，顶驱会自动提升一段距离，以避免将钻具扣磨伤；非卸扣时，此开关应位于"钻井"位置
11	急停 E-STOP	(急停E-STOP按钮图标)	紧急停止按钮	当司钻发现顶驱出现紧急故障时按下此按钮，顶驱立即停机，防止造成事故发生。按下此按钮后，较短时间内顶驱将不能工作，按此按钮时应注意
12	使能 ENABLE	(使能ENABLE按钮图标)	带灯绿色自复位按钮	1. 按下使能按钮后，将启动主电动机风机、液压站电动机，等待其反馈信号（风机风压建立，液压站油压达到9MPa），即判定为辅助系统准备完毕；顶驱电动机变频器允许运行（但不是运行，此时还没有电流输出），一旦收到启动命令，变频器即可输出电流建立扭矩，此过程耗时1~2s；以上准备完毕后，使能指示灯亮。 2. 风机故障、液压站油压低于8MPa这2个故障的出现不影响使能，只是以故障形式出现（故障指示灯亮）。 3. 如果顶驱电动机出现故障（变频器故障，或PLC、VFD掉电等），使能指示灯灭。 4. 如果要停风机和液压站电动机，再次按下使能按钮，使能灯灭，此时顶驱电动机也将停机

续表

序号	名称	图标	类型	功能
13	扭矩释放 UNWIND	（G 扭矩释放 UNWIND）	带灯绿色自复位按钮	当钻进扭矩达到限定值时，主轴不能转动，说明主轴扭矩和井下钻具阻力达到平衡，顶驱可以长时间整钻，此时若要释放扭矩，可持续按下扭矩释放按钮，直到绿色指示灯亮，即表示完成扭矩释放
14	故障 FAULT	（R 故障 FAULT）	红色指示灯	检测到1处故障或报警时，指示灯常亮；大于1处故障或报警时指示灯闪烁
15	人机交互触摸屏 HMI		触摸屏	通过HMI可对运行参数、报警、故障、DI/DO模块的运行状态进行实时监测，并可以通过HMI设置部分设备的运行模式。当面板旋钮、手轮等发生故障时，或者不采用面板旋钮、手轮等进行操作时，可切换至HMI进行操作，实现顶驱钻井、起下钻等作业，使HMI操作能达到面板旋钮、手轮等器件的等同操作功能

触摸屏正常操作界面如图9-3所示，为"操作"界面，顶驱正常使用时常规显示界面，左侧是参数设置区域，右侧是顶驱实时状态显示区域。此触摸屏尺寸为10in，状态信息显示丰富，可实现顶驱的各项功能。

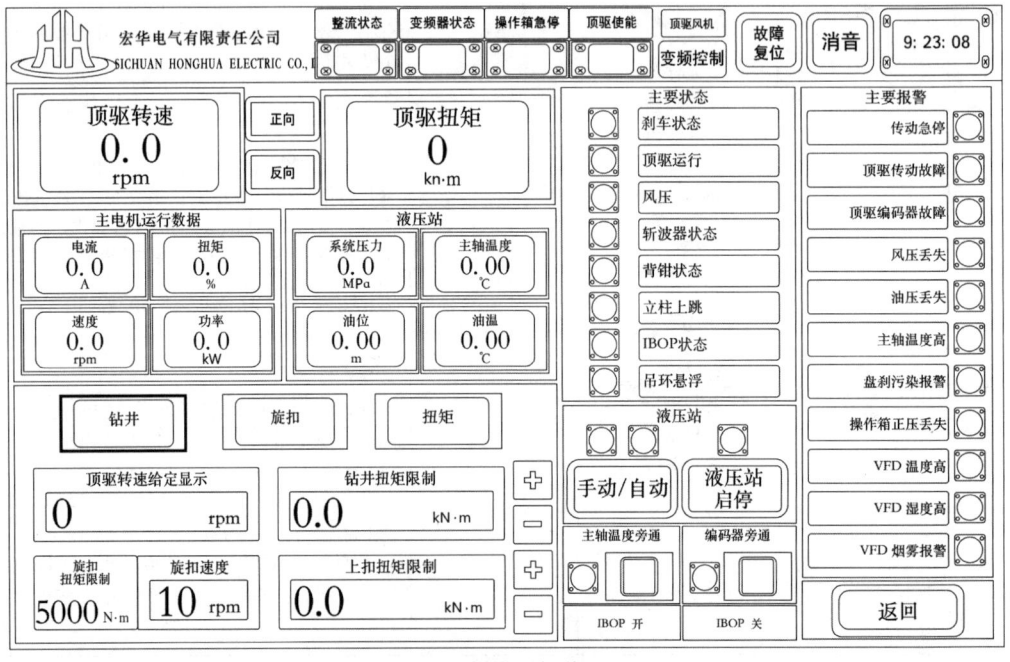

图9-3 触摸屏操作界面

二、司钻操作台操作

安全须知

⚠ 操作人员在操作前应仔细阅读厂家说明手册、安全须知和操作规程并遵照执行，否则可能引发人身伤亡或设备损毁事故。

⚠ 顶驱的操作，应由具备相应资质的人员进行，并经过相关培训后方可上岗操作。非专业人员或未经专业培训者，不得操作顶驱。

❗ 钻井现场工作人员必须整齐穿戴劳动保护用品。

❗ 高处作业时穿戴好安全带，作业过程中，安全带必须扣在可靠的地方。所用工具必须有安全绳，小工具要随时放进工作袋，防止高空落物。

❗ 对设备进行维护和保养时，首先应该将设备停止运转，完全停稳后才可以开始工作。

❗ 大风天气时，严格控制上提和下放游车速度，防止顶驱游动电缆刮蹭和损坏。

❗ 夜间作业或雨雪、沙尘等视线不佳的条件，容易引起精神疲劳，注意力不集中，从而引发事故，应严格按照操作规程操作，不得松懈，严格控制上提和下放游车速度，钻台人员注意观察并及时提醒司钻，防止顶驱电缆等与井架及附件发生干涉和刮蹭，造成设备损坏和高空落物伤人。

（一）起下钻

1. 下钻

（1）司钻按下司钻操作台【使能】按钮，或通过触摸屏，启动液压泵。

（2）游车上提顶驱至高于二层台位置，操作【旋转马达】开关，将旋转头转至吊环倾斜便于抓取钻杆的方向，将【吊环倾斜】开关扳至"前"位置，使吊卡靠近二层台所要下放的立柱，井架工将立柱放置到吊卡中并扣好吊卡门闩。

❗ 旋转马达与吊环倾斜操作互锁，即吊环倾斜和旋转头不能同时操作，吊环必须悬浮 3s 以上（即按下吊环悬浮按钮 3s 后）才能操作旋转马达驱动旋转头转动，否则旋转头不能旋转。

（3）缓慢上提游车，按下【吊环悬浮】按钮，吊环倾斜机构处于"悬浮"状态。

❗ 顶驱在二层台位置扣住钻柱后，若立柱顶端超出吊卡长度较长，直接按"吊环浮动"收回吊环可能造成立柱顶端磕碰背钳钳门或者导向口，进而损坏设备甚至造成高空落物。

（4）上提游车，立柱在自重作用下自动回到井口中心线上。

⚠ 立柱在自动回中时，下端应用绳索拉住立柱使其缓慢回中，以免回中速度过快碰坏钻杆接头或造成人员伤害。

（5）缓慢下放游车，完成所立立柱与井口钻柱对接，适度下放游车，使立柱接头与吊卡脱离接触，用井口动力钳上紧立柱与井口钻柱之间的连接螺纹。

⚠ 吊环悬吊立柱，即吊环承载的状态下，若直接进行井口钻柱连接上卸扣，转动立柱将带动吊卡、吊环旋转，从而使旋转头在吊环承载状态下旋转，造成旋转头密封和旋转头马达损坏甚至造成高空落物，所以井口钻柱连接上卸扣前必须使立柱接头与吊卡脱离接触。

（6）上提游车，提出卡瓦，下放立柱至井口适当位置，坐放卡瓦。

❗ 下放钻柱过程中，应控制下放游车的速度，观察指重表变化，防止井内发生卡阻时来不及刹住钻井绞车，进而导致顶驱压碰钻柱，损坏顶驱或钻柱。

（7）打开吊卡门闩，上提游车至二层台以上合适位置。

⚠ 确认吊卡打开才能上提游车，且吊卡通过钻柱接头时上提游车应缓慢，防止吊卡提拉钻柱后瞬间脱离对顶驱造成冲击，损坏设备。

（8）重复步骤（2）~（7）进行顶驱下钻作业。

2. 起钻

（1）司钻按下司钻操作台【使能】按钮，或通过触摸屏，启动液压泵。

（2）吊环处于"悬浮"状态，游车下放顶驱至钻台面，吊卡扣住井口钻柱，上提游车，取出卡瓦。

⚠ 吊卡扣合后，应确认吊卡门闩扣合到位。

⚠ 必须确认处于吊环浮动状态才能上提游车提起钻柱，否则会损坏倾斜油缸。

⚠ 当顶驱吊卡扣住钻柱接头开始上提时，司钻应缓慢上提游车，避免过大的冲击力对顶驱旋转头造成损伤。

（3）游车上提顶驱至超过二层台，到便于井口动力钳拆卸钻杆接头位置时，停止上提游车，井口钻柱坐放卡瓦。

⚠ 上提钻柱速度过快，钻柱拉伸和下部钻柱反扭矩传递可能会造成钻柱反转，进而带动旋转头在吊环承载的状态下旋转，损坏旋转头密封和旋转头马达甚至造成高空落物，应控制上提钻柱的速度。

❗ 游车上提、下放过程中，钻台人员应远离井口，防止高处落物伤人。

（4）适度下放游车，使用井口动力钳卸开立柱与井口钻柱的连接螺纹，上提顶驱，使立柱与井口钻柱分开。

⚠ 吊环悬吊钻柱，即吊环承载的状态下，直接进行井口钻柱连接上卸扣，转动钻柱将带动吊卡、吊环旋转，进而使旋转头在吊环承载状态下旋转，损坏旋转头密封和旋转头马达甚至造成高空落物，所以井口钻柱旋扣前必须使钻柱接头与吊卡脱离接触。

❗ 禁止吊环承载时转动旋转头、转动钻柱或旋转顶驱主轴。

（5）将【吊环倾斜】开关扳至"前"位置，吊卡带动立柱靠近二层台，钻工将立柱底部摆到立柱盒相应位置，下放游车。

（6）立柱底部摆放到位后，井架工打开吊卡，将立柱推入二层台指梁。

（7）按下【吊环悬浮】按钮旋至"悬浮"状态，使吊环在自重作用下回复中位，下放顶驱。

（8）重复步骤（2）~（7），进行起钻作业。

⚠ 司钻只有观察到井架工将立柱推入指梁内并放置到位且吊环收回至垂直位置后，

才能下放游车。

⚠ 顶驱在二层台附近上下移动时,应将吊环及时收回至浮动垂直状态,防止吊环压碰二层台。

⚠ 不可以使吊环倾斜机构承受钻铤等过重的载荷,否则易造成倾斜油缸和其他机械机构的损坏。

(二) 上卸扣

开始上卸扣操作前,应正确启动系统。系统所处状态见表9-3。

表9-3 司钻操作台操作元件初始状态表

所处位置	按钮或开关	状态
司钻操作台面板	盘刹	自动
	旋转马达	停
	吊环倾斜	停
	内防喷器	开
	立柱上跳	钻井
	工作模式	钻井
	主电机	停
	转速设定	零位
司钻操作台HMI	液压泵电动机	自动 (蓝色指示灯亮表示手动模式;绿色指示灯亮表示自动模式)
	上扣扭矩限制值	零
	钻井扭矩限制值	零

确认系统处于正确状态后,方可进行上卸扣操作。

1. 上扣

使用背钳进行上扣操作:背钳夹紧钻杆,利用顶驱动力旋紧顶驱与钻杆之间的连接,背钳承受上扣反扭矩。其操作步骤如下:

(1) 按下【使能】按钮,指示灯常亮,确认司钻操作台各操作开关、手轮处于初始位置,各指示灯状态正常,液压泵已启动,冷却风机风压信号正常。

(2) 在触摸屏上设定上扣扭矩限制值。

ⓘ 根据作业现场指令和使用钻具类型设定上扣扭矩限定值,不得超过在用钻具类型的规定上扣扭矩限定值。

(3) 将【主电机】开关扳到"正"位置。

(4) 下放顶驱,将钻具导入顶驱导向口。

(5) 将【工作模式】开关扳到"旋扣"位置,如图9-4所示。

(6) 此时顶驱主轴将以10rpm速度旋转(可通过触摸屏设置需求的旋扣转速)。

(7) 继续缓慢下放游车,顶驱保护接头旋入井口钻柱顶部内螺纹,当顶驱停转时,表明旋扣扭矩已达到旋扣扭矩值(通常设定为5kN·m)。

⚠ 旋扣过程中,缓慢下放游车,观察指重表大钩载荷变化,保持载荷等于游车、大

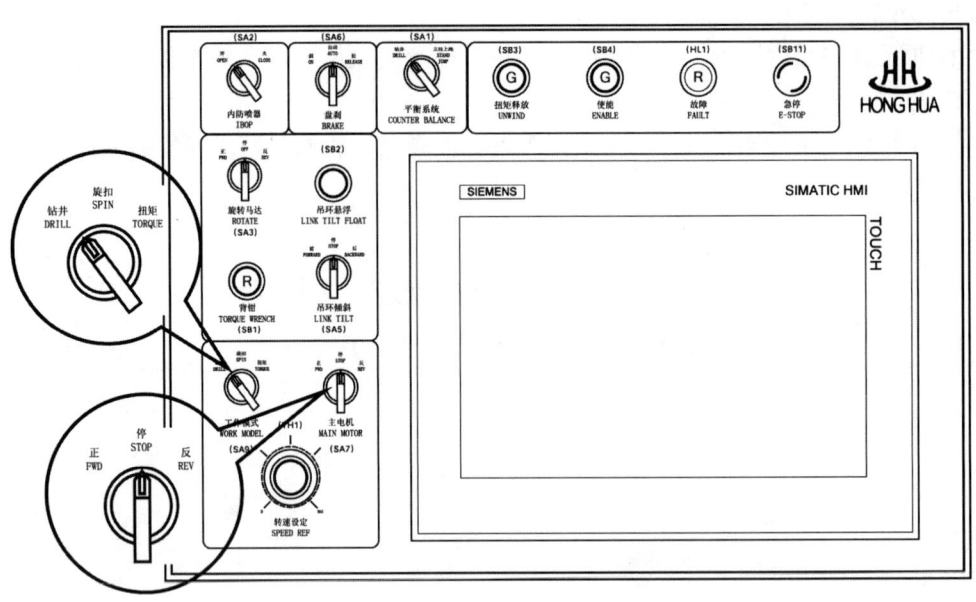

图 9-4 工作模式和主电动机转向开关示意图

钩和顶驱的总体悬重,不要将顶驱的全部重量压在钻柱接头上,以免旋扣时损坏螺纹。

(8) 停止下放游车,确保吊环处于悬浮状态。

(9) 按住【背钳】按钮并保持,背钳夹紧指示灯亮。

ⓘ 当背钳工作压力大于 12MPa 时,表示顶驱背钳已夹紧钻具,此时背钳按钮指示灯亮,操作箱上背钳操作按钮指示灯为红色,触摸屏上背钳状态为红色,如图 9-5 所示。

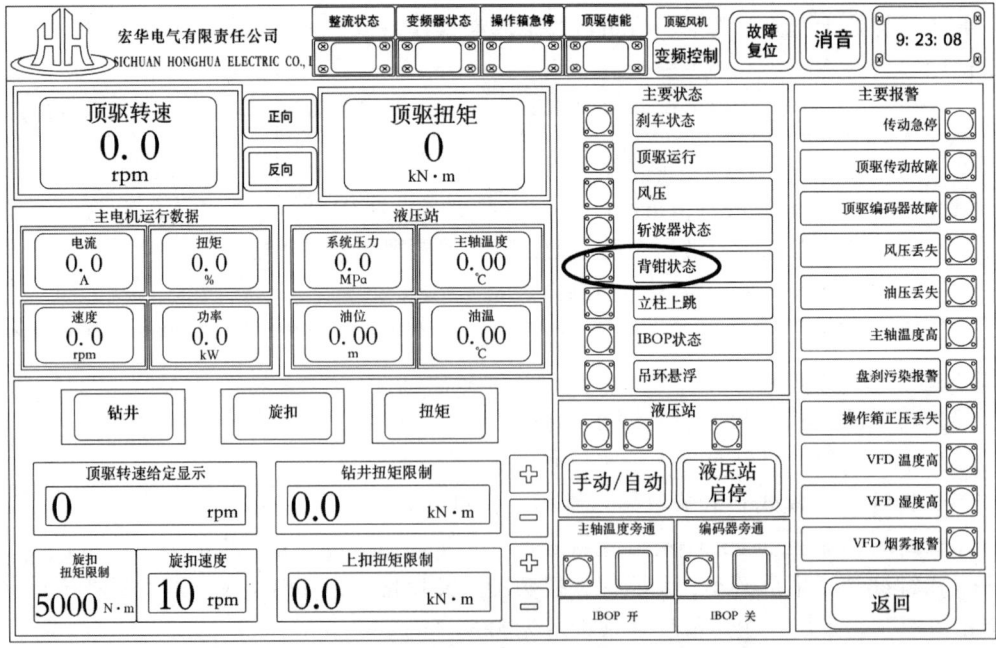

图 9-5 触摸屏背钳状态显示示意图

ⓘ 宏华顶驱旋转头锁紧常态化处于锁紧位置，锁紧齿条始终锁紧大齿盘，只有当操作旋转头旋转时，PLC 自动控制旋转头锁紧装置齿条缩回，锁紧齿条与大齿盘分离，旋转头才能转动。

（10）保持【背钳】按钮按下状态，背钳保持夹紧状态，将【工作模式】开关扳到"扭矩"位置。

（11）顶驱的主轴以 2rpm 的速度正向旋转，开始加扭矩紧扣，司钻可通过触摸屏上的扭矩值来读取紧扣扭矩值。

（12）扭矩显示达到上扣扭矩限制值后，松开【工作模式】开关，其自动回到"旋扣"位置，观察扭矩数值降低。

ⓘ 背钳夹紧状态加扭紧扣的过程中，严禁上提或下放游车，防止损坏钳牙座总成和背钳装置，造成设备损坏或井口落物。

（13）松开【背钳】按钮，应观察到背钳夹紧指示灯熄灭或者触摸屏上背钳状态变为蓝色，如图 9-5 所示。

（14）将【工作模式】开关扳至"钻井"位置，上扣操作完成。

ⓘ 在"钻井"或"旋扣"模式下，顶驱主轴实际转速小于 1rpm 且旋转头处于"停"位置时，操作背钳按钮才能夹紧背钳。

⚠ 司钻操作旋扣和加扭上扣的过程中，应时刻注意触摸屏上转速和扭矩数值变化，上扣时确认实际上扣扭矩达到设定值。

⚠ 上卸扣及旋扣动作完成后，应及时将【工作模式】开关扳回"钻井"位置，防止顶驱处于"旋扣"模式造成钻柱旋转，尤其在提起卡瓦时，顶驱意外旋转会带动卡瓦旋转。

⚠ 吊环处于倾斜状态时，旋扣和紧扣过程中，钻台人员应远离吊环旋转范围，防止顶驱带动吊环意外旋转，造成人员伤害。

ⓘ 紧扣操作完成后，切忌立即松开背钳，否则提升游车时，整个钻具重量会施加在背钳装置上，可能会造成设备损坏或人员伤亡。

2. 立柱上扣

使用钻台 B 型钳进行上扣操作：使用 B 型钳夹紧坐放在井口的钻柱，利用顶驱动力来上紧顶驱与立柱（或单根）上端之间的连接螺纹、立柱（或单根）下端与井口钻柱之间的连接螺纹，上扣反扭矩由 B 型钳来承受。立柱（或单根）已经悬吊在井口钻柱上方，其操作步骤如下：

（1）按下【使能】按钮，指示灯常亮，确认司钻操作台各操作开关、手轮处于正常位置，各指示灯状态正常，液压泵已启动，司钻操作台冷却风机风压信号指示正常。

（2）下放游车，钻工配合将立柱（或单根）下端导入井口钻柱的内螺纹。

（3）下放游车，吊卡与钻柱接头脱离接触。

（4）使用钻台 B 型吊钳夹紧井口钻柱，拉直钳尾绳。

⚠ 将 B 型吊钳夹紧钻柱后，钻工远离井口和 B 型钳尾绳，司钻操作液压猫头缓慢拉紧钳尾绳，严禁以直接旋转钻柱的方式拉直尾绳，容易滑脱造成人员伤害。

（5）在触摸屏上设定钻井扭矩限定值为 5~10kN·m。

(6) 将【工作模式】开关扳到"钻井"位置。

ⓘ 宏华顶驱推荐立柱上扣时使用钻井模式进行螺纹连接和上扣。

(7) 将【主电机】开关扳到"正"位置。

(8) 操作转速设定手轮离开零位,给定顶驱主轴转速为 5~10rpm（图 9-6），主轴开始低速旋转,转速可由触摸屏上转速值来读取。

⚠ 手轮给定转速不可过快,容易导致保护接头与钻杆错扣,损坏连接螺纹。

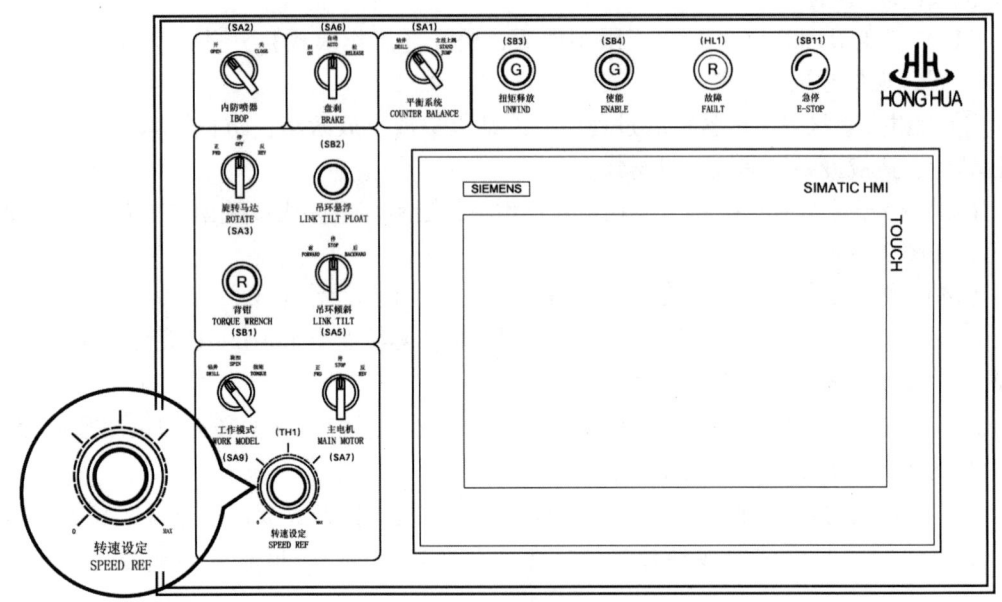

图 9-6 转速设定手轮示意图

(9) 缓慢下放游车,使立柱（或单根）上端接头进入背钳与顶驱保护接头对接。

(10) 继续缓慢下放游车,顶驱保护接头逐渐旋入立柱（或单根）上端接头,并带动立柱（或单根）下端接头旋入井口钻柱接头。此时钻台 B 型吊钳承受反扭矩绷紧,司钻应注意观察主轴的转动情况,当主轴停转时,表明旋扣扭矩已达到钻井扭矩设定值（5~10kN·m）,各连接螺纹已旋入。

(11) 停止下放游车。

(12) 将钻井扭矩限定值逐渐增大至所需的上扣扭矩限制值,过程中应观察到触摸屏实际扭矩上升至上扣限制值。

(13) 确认达到上扣扭矩值后,顶驱停转,通过触摸屏将钻井扭矩限定值降低至零。

(14)【转速手轮】转回零位。

(15) 立柱上扣操作完成。

(16) 移走 B 型钳。

ⓘ 此种方式是使用钻井模式,给定主轴低转速低扭矩旋转,模拟旋扣模式下进行螺纹连接,并通过增加钻井扭矩限定值来达到紧扣的效果,手轮给定转速限制在 5~10rpm,钻井扭矩限定值限制在 5~10kN·m。

⚠ 旋扣过程中,缓慢下放游车,观察指重表大钩载荷变化,保持载荷等于游车、大钩和顶驱的总体悬重,不要将顶驱的全部重量压在钻柱接头上,以免旋扣时损坏螺纹。

3. 卸扣

进行卸扣操作时,先使钻柱在井口坐好卡瓦,卸开顶驱主轴(保护接头)与钻柱之间的连接。操作时使用背钳夹紧钻柱接头,利用顶驱动力来卸开连接螺纹。其操作步骤如下:

ⓘ 此台顶驱吊环前倾角度为35°,后倾角度为55°(较大),为了降低顶驱高度,应将钻柱坐放在井口较低位置进行卸扣,一般将背钳扭矩臂转至坡道方向,将吊环处于后倾最大位置。

(1)按下【使能】按钮,指示灯常亮,确认司钻操作台各操作开关、手轮处于正常位置,各指示灯状态正常,液压泵已启动,冷却风机风压信号正常。

(2)将【内防喷器】开关扳至"关"位,IBOP 关闭。

ⓘ 关闭 IBOP 主要是防止水龙带内的钻井液在上提、下放顶驱过程中从顶驱主轴流出。如果主轴和水龙带中已经没有钻井液,可以不关闭 IBOP。

⚠ 在正常钻进情况下,内防喷器随主轴旋转,此时不得对内防喷器开关进行操作,以防憋泵或引起其他机械事故。

(3)将【工作模式】开关扳至"钻井"位置。

(4)将【主电机】开关扳到"反"位置。

ⓘ 最大卸扣扭矩值为顶驱所能达到的最大扭矩输出,不需要设定。

(5)将【平衡系统】开关扳到"立柱上跳"位置。

(6)按住【背钳】按钮(图9-7),背钳夹紧指示灯亮,触摸屏上背钳指示状态变为红色,背钳夹紧钻具接头。

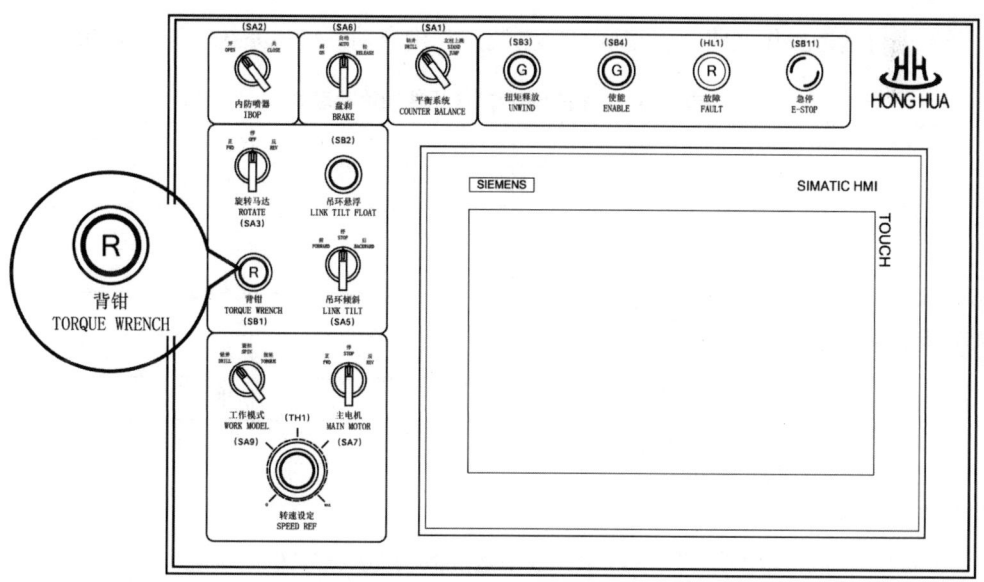

图 9-7 背钳操作按钮示意图

(7)将【工作模式】开关扳到"扭矩"位置并保持。

（8）司钻注意观察触摸屏上扭矩值读数或顶驱主轴状态。当卸扣扭矩超过螺纹连接的紧扣扭矩时，连接螺纹松扣成功，扭矩值突然降低，顶驱主轴开始旋转。

（9）松开【工作模式】开关，开关自动回至"旋扣"位置。

（10）松开【背钳】按钮，背钳夹紧指示灯熄灭，查看触摸屏上背钳状态，应变为蓝色。

⚠ 连接螺纹松扣后，开始反向旋扣时应立刻松开【背钳】按钮，防止背钳夹紧状态下旋扣过多而损坏钳牙座总成和背钳装置，进而造成设备损坏和井口落物。

❗ 背钳夹紧状态加扭卸扣的过程中，严禁上提或下放游车，防止损坏钳牙座总成和背钳装置，造成设备损坏和井口落物。

（11）背钳松开钻具接头，顶驱主轴开始匀速反转旋扣，同时司钻缓慢上提游车，使顶驱主轴逐渐脱离钻柱接头。

⚠ 旋扣过程中，缓慢上提游车，观察指重表大钩载荷变化，保持载荷等于游车、大钩和顶驱的总体悬重，不要将顶驱的全部重量压在钻柱接头上，以免旋扣时损坏螺纹。

（12）顶驱与井口钻柱完全分离，将【工作模式】开关扳到"钻井"位置，顶驱主电动机停止转动。

（13）将【平衡系统】开关扳到"钻井"位置，如图9-8所示。

（14）将【主电机】开关扳到"停"位，并停止上提游车。

（15）卸扣操作完成，操作各开关、手轮回复至初始位置。

❗ 松扣操作完成后，切记将背钳松开，否则提升游车时整个钻具重量会施加在背钳装置上，可能会造成设备损坏或人员伤亡。

（三）钻进作业

开始进行钻进操作之前，应正确启动系统。正确启动系统后系统状态见表9-4。

表9-4　司钻操作台操作元件初始状态表

所处位置	按钮或开关	状态
司钻操作台面板	盘刹	自动
	旋转马达	停
	吊环倾斜	停
	内防喷器	开
	平衡系统	钻井
	工作模式	钻井
	主电机	停
	转速设定	零位
司钻操作台 HMI	液压泵电动机	自动（蓝色指示灯亮表示手动模式；绿色指示灯亮表示自动模式）
	上扣扭矩限制值	零
	钻井扭矩限制值	零

第九章 宏华顶驱安全作业指导

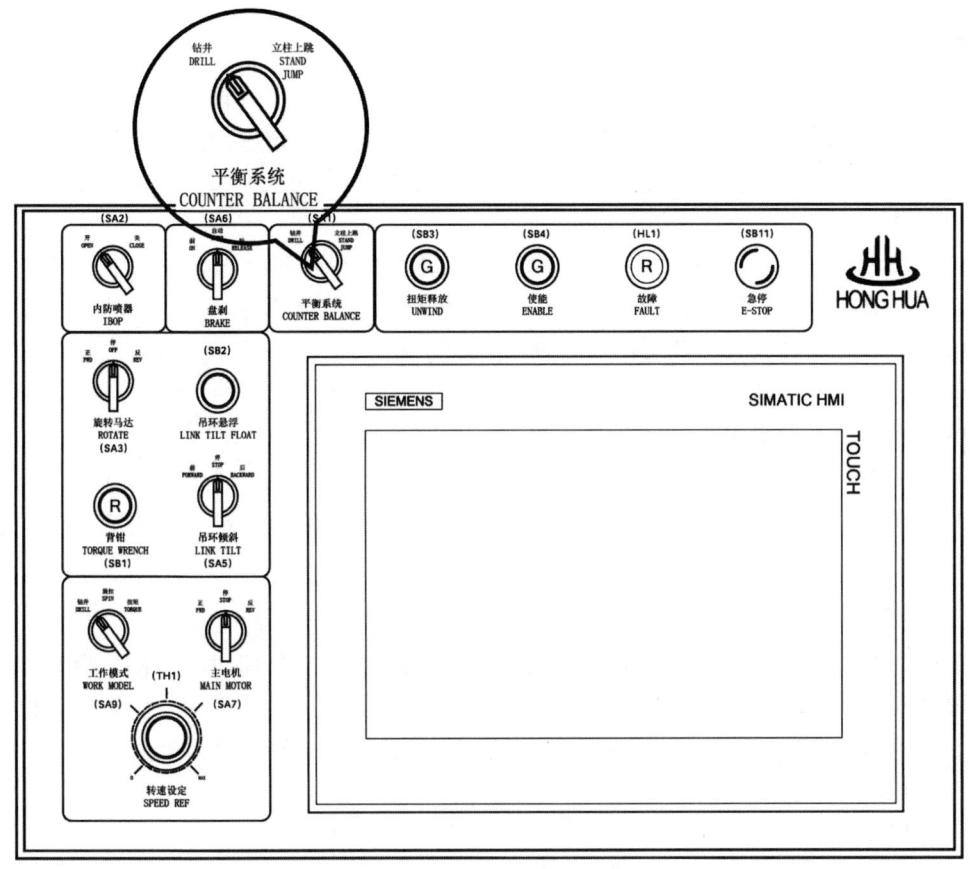

图 9-8 平衡系统开关示意图

1. 钻进操作

（1）按下【使能】按钮，指示灯常亮，确认司钻操作台各操作开关、手轮处于正常位置，各指示灯状态正常，液压泵已启动，冷却风机风压信号正常。

（2）通过触摸屏设置钻井扭矩限制值。

⚠ 钻井扭矩限制值在钻进作业过程中可以随时调节，但应按照钻井指令和在用钻杆类型进行设置，严禁私自改动；钻井扭矩限制值严禁超过上扣扭矩限制值，防止损伤顶驱保护接头和钻具。

（3）将【主电机】开关扳到"正"位置。

（4）将转速设定手轮顺时针缓慢旋离零位，主轴按给定的转速正向旋转。

ⓘ 转速设定手轮处于零位且系统未开启时，工作模式和主电动机开关有效，否则无效。

ⓘ 启动主电动机后，给定转速之前必须确认刹车状态与钻井扭矩限制值是否正确。钻井扭矩限制值不宜过高，可在主电动机启动后，增加钻井扭矩限制值。

ⓘ 在转速设定手轮没有回"0"时，主电动机不能启动。启动时，若20s内没有建立风压信号，则不能启动；检修开关按下时，主电动机不能启动；系统急停按钮按下时，主

电动机不能启动。

2. 钻井模式下反转操作

正常情况下，钻井模式是不允许进行反转操作的，但是为了处理一些复杂工况，顶驱控制系统可以提供钻井反转操作，需要在电控房内上位监控系统进行设置。

进行反转操作之前，应正确启动系统，系统应所处状态见表9-4；确认电控房内钻井反转操作设置已完成，按以下步骤操作：

（1）按下【使能】按钮，指示灯常亮，确认司钻操作台各操作开关、手轮处于正常位置，各指示灯状态正常，液压泵已启动，冷却风机风压信号正常。

（2）通过触摸屏设置钻井扭矩限制值。

（3）将主电动机开关扳到"反"位置。

（4）将转速设定手轮缓慢旋离零位，主电动机按给定的转速反向旋转。

ⓘ 反转钻井作业完成后，应及时通过电控房上位机关闭钻井反转操作模式。

⚠ 使用钻井模式下的反转功能时，注意钻井扭矩限制值的设定，防止钻杆松扣造成事故。

3. 扭矩释放操作

正常钻进时，由钻井扭矩限制值限制钻井扭矩的大小，在任何时间可调。当钻井扭矩达到限制值时，主轴不能转动，说明主轴扭矩和井下钻具阻力达到平衡，顶驱可以长时间憋钻。若需释放扭矩将顶驱停止，此时可以通过以下两种方式释放反扭矩。

1）通过降低钻井扭矩限制值

（1）保持【盘刹】处于"自动"位置，保持【主电机】开关处于"正"位。

（2）保持【转速设定】手轮给定不变。

（3）通过触摸屏缓慢减小钻井扭矩限制值。

（4）顶驱开始慢慢反转，一直到顶驱停止，然后再次减小扭矩限制值，如此循环直至完全卸掉扭矩。

❗ 减小钻井扭矩限制值时应缓慢平稳，禁止一次性将扭矩限制值降低过多，否则会造成钻柱反转失控，速度过快，进而导致井下钻具脱扣落井和电控房电气部件损坏。

（5）【转速设定】手轮缓慢回至零位。

（6）将【主电机】开关扳到"停"位置。

2）通过扭矩释放按钮

（1）保持钻井扭矩限制值不变，保持【盘刹】处于"自动"位置，保持【主电机】开关处于"正"位置。

（2）转速手轮缓慢旋回零位。

（3）按下【扭矩释放】按钮（图9-9）并保持，电动机将以不超过10rpm的转速反转，扭矩根据内部计算缓慢释放，直到电动机扭矩降低到额定扭矩的10%左右。

ⓘ 如果按下【扭矩释放】旋钮释放反扭矩的过程超过20s，系统将自动停止释放扭矩，操作人员可根据实际扭矩情况选择是否再次进行反扭矩释放。

（4）若无法一次完成扭矩释放，可再次重复按下扭矩释放按钮，直至完成扭矩释放。

（5）将【主电机】开关扳到"停"位。

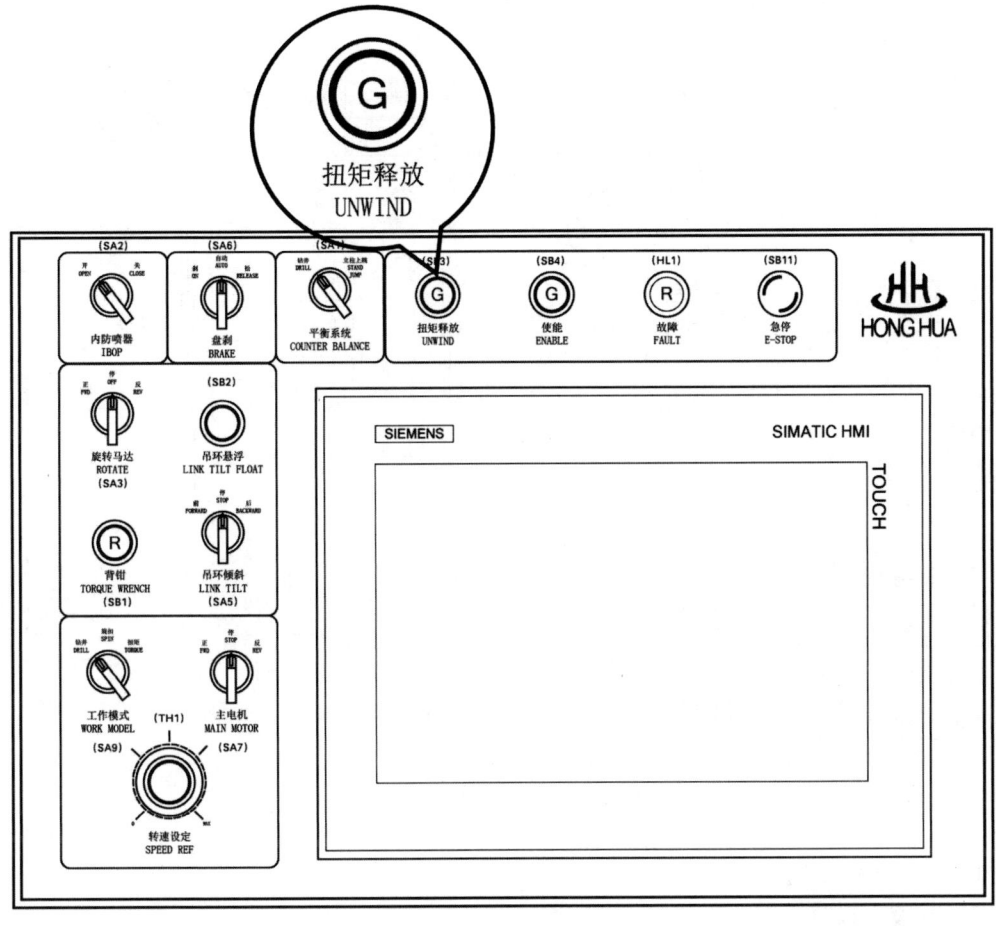

图 9-9 扭矩释放按钮

⚠ 须注意控制主轴反转时的速度，速度最大不应超过 10rpm。

❗ 释放扭矩反转钻具来解除堵转时，钻具有被甩开的危险，必须严格按照操作规程控制钻具反转速度，防止发生井下事故。

4．其他操作

1）急停操作

系统出现紧急情况时，操作人员可按下司钻操作台的【急停】按钮使顶驱系统所有设备快速停机。

按下【急停】按钮后，必须马上执行下列步骤：

（1）将司钻操作台上转速设定手轮旋回零位。

（2）将【主电机】开关扳到"停"位。

（3）将【工作模式】开关扳到"钻井"位。

排除紧急情况后，恢复正常的步骤：

（1）确认系统无故障报警。

(2) 拉起系统急停按钮。

(3) 按下触摸屏上故障复位开关使蜂鸣器静音,如图9-10所示。

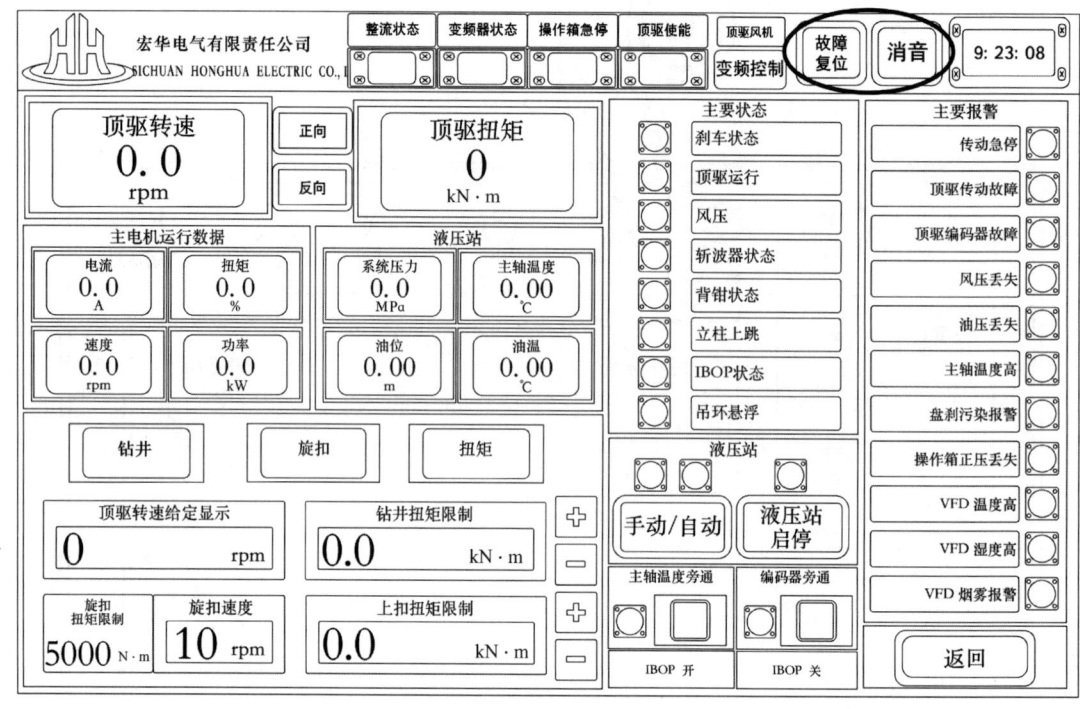

图9-10 触摸屏故障复位

(4) 重新启动顶驱。

2) 故障与报警

(1) 顶驱风压报警:

顶驱电动机启动命令发出后,如果顶驱风压信号10s内未返回,则发出顶驱启动中风压报警。

在顶驱电动机运行过程中,如果顶驱冷却风机出现故障,顶驱风压信号失去10s后,发出顶驱运行中风压丢失报警,报警信息在HMI上保持显示10s,随后报警信号消失。

(2) 顶驱油压报警:

顶驱电动机启动命令发出后,如果顶驱油压信号5s内未返回,则发出顶驱启动中油压报警。

在顶驱电机运行过程中,如果顶驱液压系统出现故障,顶驱油压信号失去5s后,则发出顶驱运行中油压报警,报警信息在HMI上保持显示10s,随后报警信号消失。

(3) 顶驱吊环伸出时报警。

(4) 顶驱防喷器关闭时发出报警信号,并提示注意钻井泵是否已关闭。

(5) 液压站油温高于70℃报警,高于80℃报故障。

(6) 顶驱变频器、编码器、检修开关和通信故障报警。

三、不同型号顶驱司钻操作台说明

（一）集成式顶驱司钻操作台

集成式顶驱司钻操作台是指顶驱司钻操作台与钻机的操作台集成到一块，多见于自动化钻机中。集成式顶驱司钻操作台面板如图 9-11 所示，操作元件信息见表 9-5。

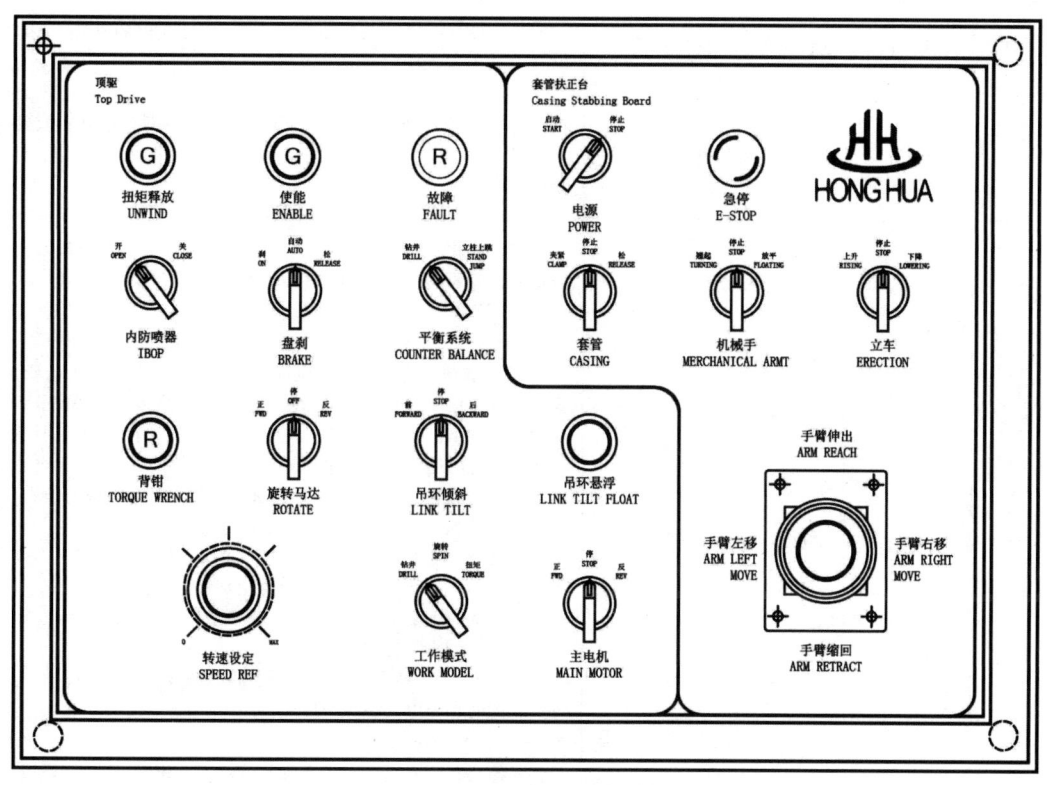

图 9-11　集成式顶驱司钻操作台示意图

表 9-5　司钻操作台面板信息表

面板序号	名称	类型	功能
1	转速设定	电位器	正常钻井操作时，设定顶驱转速值。顺时针旋转手轮，将提高设定转速
2	工作模式	3位黑色手柄选择开关	钻井、旋扣、扭矩方式选择开关，通常情况下位于钻井位置
3	主电机	3位黑色手柄选择开关	主电动机正转、反转开关：钻进、上扣时开关位于"正"位；卸扣和倒扣作业时位于"反"位；其他时间应位于"停"位（此开关每转动一次间隙时间为10s，其余开关每转动一次间隙时间为2s）
4	旋转马达	3位黑色手柄选择开关	旋转马达正转、反转开关

续表

面板序号	名称	类型	功能
5	背钳	带灯平面型红色瞬时按钮	背钳咬合按钮，按住此按钮，背钳自动将钻杆接头咬死进行上扣、卸扣作业
6	吊环倾斜	3位黑色手柄选择开关	吊环前倾、后倾开关，正常情况下应处于"停"位
7	吊环悬浮	平面型绿色瞬时按钮	吊环复位按钮，按下后倾斜的吊环自动回收到下垂位置
8	内防喷器	2位黑色手柄选择开关	与钻井泵运行信号配合，扳到"开"位打开内防喷器球阀，扳到"关"位关闭内防喷器球阀
9	盘刹	3位黑色手柄选择开关	扳到"刹"位，刹车工作；扳到"松"位，刹车松开；扳到"自动"位，刹车按系统程序工作。一般应将此开关转至自动处
10	平衡系统	2位黑色手柄选择开关	卸扣时，将此开关转至"立柱上跳"处，顶驱会自动提升一段距离，以避免将钻具扣磨伤；非卸扣时，此开关应位于"钻井"位置
11	使能	带灯平面型绿色瞬时按钮	1. 按下使能按钮后，将启动主电动机风机、液压站电动机，等待其反馈信号（风机风压建立，液压站油压达到9MPa），即判定为辅助准备完毕；顶驱电动机变频器允许运行（但不是运行，此时还没有电流输出），一旦收到启动命令，变频器即可输出电流建立扭矩，此过程耗时1~2s；以上准备完毕后，使能指示灯亮。 2. 风机故障、液压站油压低于8MPa这2个故障的出现不影响使能，只是以故障形式出现（故障指示灯亮）。 3. 如果顶驱电动机出现故障（变频器故障，或PLC、VFD掉电等），使能指示灯灭。 4. 如果要停风机和液压站电动机，再次按下使能按钮，使能灯灭，此时顶驱电动机也将停机
12	扭矩释放	带灯平面型绿色瞬时按钮	当钻井扭矩达到限制值时，主轴不能转动，说明主轴扭矩和井下钻具阻力达到平衡，顶驱可以长时间憋钻，此时若要进行扭矩释放，可持续按下扭矩释放按钮，直到绿色指示灯亮，即表示完成扭矩释放
13	故障	红色指示灯	检测到1处故障或报警时，指示灯常亮；大于1处故障或报警时指示灯闪烁

（二）顶驱操作界面

集成式顶驱司钻操作台面板的顶驱信息显示界面与钻机司钻操作台的显示屏幕集成到一起。单击顶驱按钮可进入顶驱主操作界面，如图9-12所示。

这一界面集成了顶驱转速扭矩和状态显示、报警故障信息显示，通过触摸屏幕还可以实现液压站电动机启停、工作模式选择、扭矩限制值设置、手柄控制（结合司钻操作椅上的多功能手柄进行控制顶驱的各种操作）等功能。

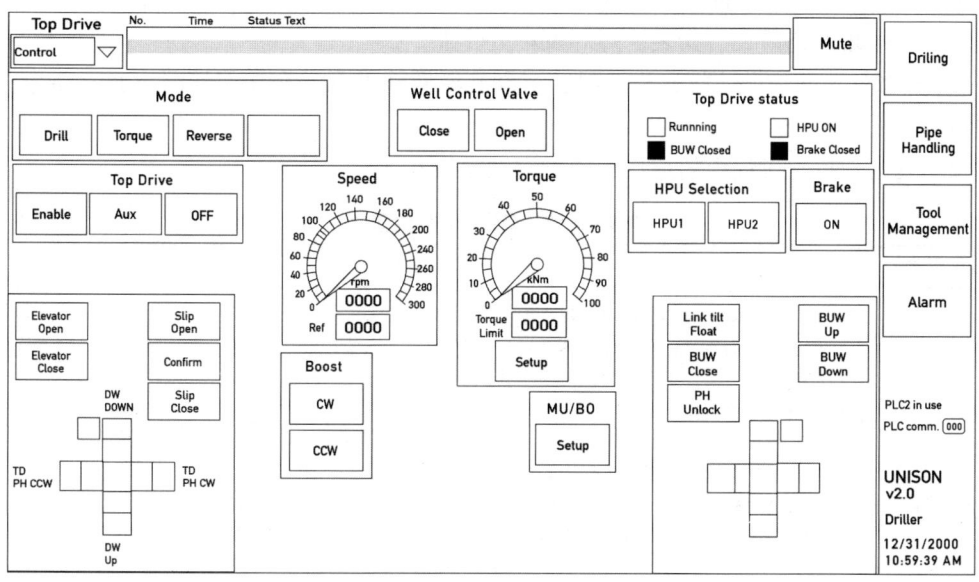

图 9-12　集成式顶驱司钻操作台面板

第三节　宏华顶驱安装与拆卸

顶驱安装和拆卸涉及吊装作业和高处等高风险作业，现场参与人员应接受相关安全培训并严格遵守 HSE 规章制度，顶驱专业服务人员应将详细步骤以及作业中存在的风险对全员交底，指派专人现场监督和指挥吊装，保证拆装工作安全进行。本节以宏华 DQ500Z 顶驱为例介绍安装与拆卸方法。

安全须知

⚠ 作业人员必须按规定穿戴合格的劳动保护用品。

⚠ 安装、拆卸过程中上提、下放、搬运操作应平稳缓慢，避免发生设备碰撞。

⚠ 高处作业人员应按规定使用安全带、防坠落装置。

⚠ 吊装电缆时不得使用钢丝绳直接悬挂电缆。

⚠ 吊装应选择符合标准的吊装索具，吊装点必须选择厂家指定位置。

❗ 高处作业所用工具、零部件应系安全绳或装在工具袋内防止坠落，工具、零部件禁止上抛、下扔。

❗ 高处作业的正下方及其附近区域禁止人员作业、停留和通过。

❗ 吊装作业时，人员应远离吊装物，吊臂旋转范围内严禁站人。

❗ 在进行液压系统安装和维护等操作前，应切断电力供应，执行上锁挂牌，并按要求进行泄压、测量；关闭进出口的阀门，释放蓄能器的压力。

⚠ 遇有六级以上（含六级）大风、雷电或暴雨、雾、雪、沙暴等能见度小于30m的天气时，应停止设备吊装、安装、拆卸及高处作业。

⚠ 对顶驱进行安装、拆卸作业时，应断开所有动力源，在任何情况下禁止带电或带压作业。

顶驱安装、拆卸过程中的存在的风险因素见表9-6。

表9-6 安装拆卸风险因素表

风险因素	内容
人的因素	1. 不熟悉安装、拆卸流程或操作失误； 2. 作业人员沟通不顺畅，配合不佳； 3. 操作速度过快，重点步骤部位观察监护不力； 4. 违反拆装流程作业
设备因素	1. 绞车、气动绞车、吊车工作不正常； 2. 钢丝绳/吊带、安全带、登梯助力器等不合格或未安装； 3. 吊车、吊篮、滚筒摆放位置不合理，与其他设备互相干扰
环境因素	1. 恶劣天气（如大风、沙尘暴、雨雪）影响正常作业； 2. 钻台面被钻井液、油泥污染，工具摆放不整洁
管理因素	1. 没有正确使用PTW、JSA等HSE工具； 2. 培训不到位导致作业人员不了解、不熟悉作业流程及作业风险； 3. 交叉作业中，拆装顶驱的时候同时安排其他作业

一、顶驱安装

顶驱在安装前，首先应清点设备及安装附件，确认齐全完好，准备液压油、润滑油及安装工具，避免安装过程中由于准备不充分而延误工期。

其次，安装前应召开专门会议，讨论确定安装技术方案并制订详细的安装计划，指定安装技术负责人和安全负责人，务必确保所有参与安装的人员对安装方案及相应的安全措施有清晰的了解。

（一）顶驱安装顺序说明

顶驱安装流程如图9-13所示。

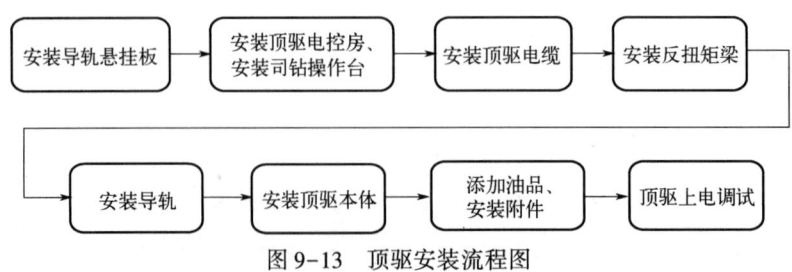

图9-13 顶驱安装流程图

DQ500Z顶驱安装到井架的立面结构如图9-14所示。

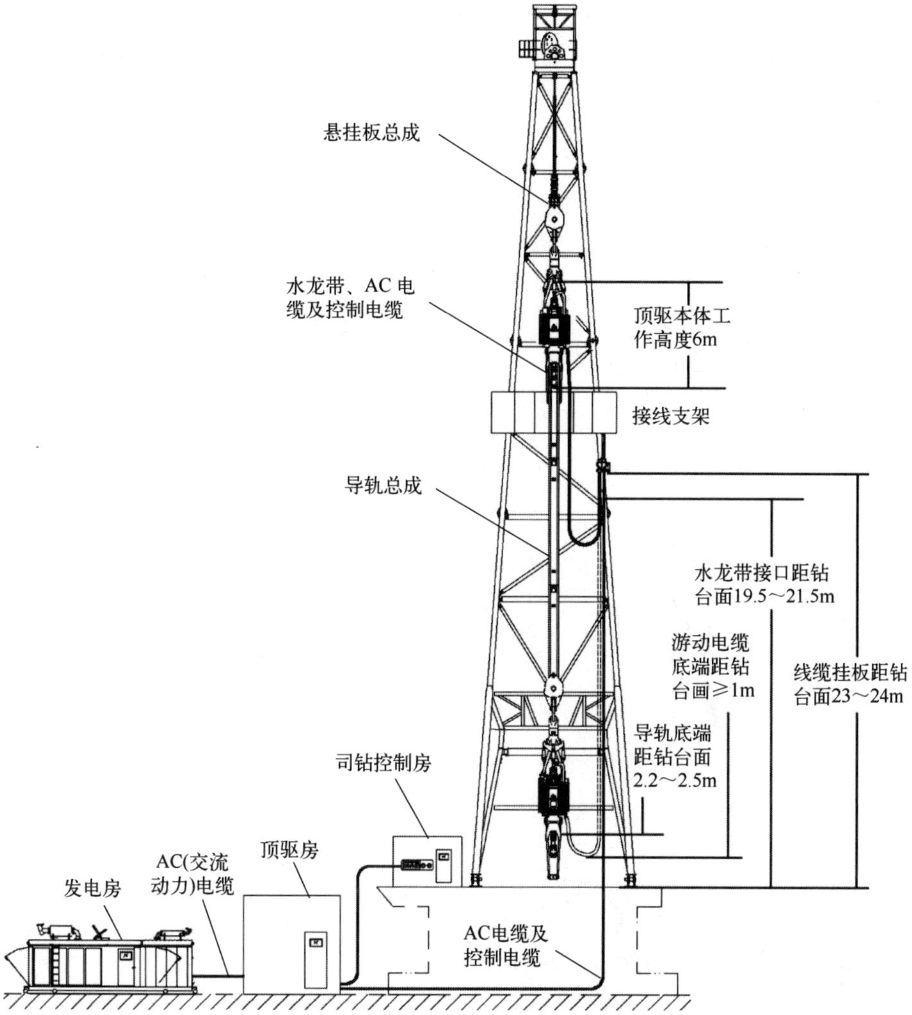

第九章　宏华顶驱安全作业指导

图 9-14　DQ500Z 顶驱安装到井架立面图

（二）安装导轨悬挂板

DQ500Z 顶驱导轨悬挂板与天车通常有两种连接方式：一种是在天车架上预留有与悬挂板相配的耳孔，如图 9-15 所示；另一种是当天车架没有预留顶驱悬挂耳板孔时，可选

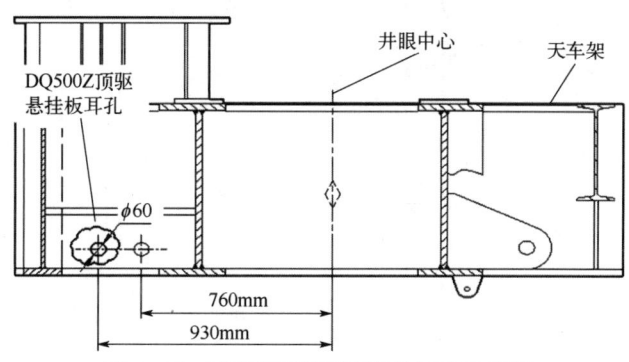

图 9-15　天车架预留顶驱悬挂耳孔示意图

择将导轨悬挂耳板焊接在井架顶部的天车底梁上（图9-16），或采用螺栓连接方式将悬挂耳板固定在天车底部（图9-17）。悬挂耳板和悬挂板的安装应在起井架之前完成。

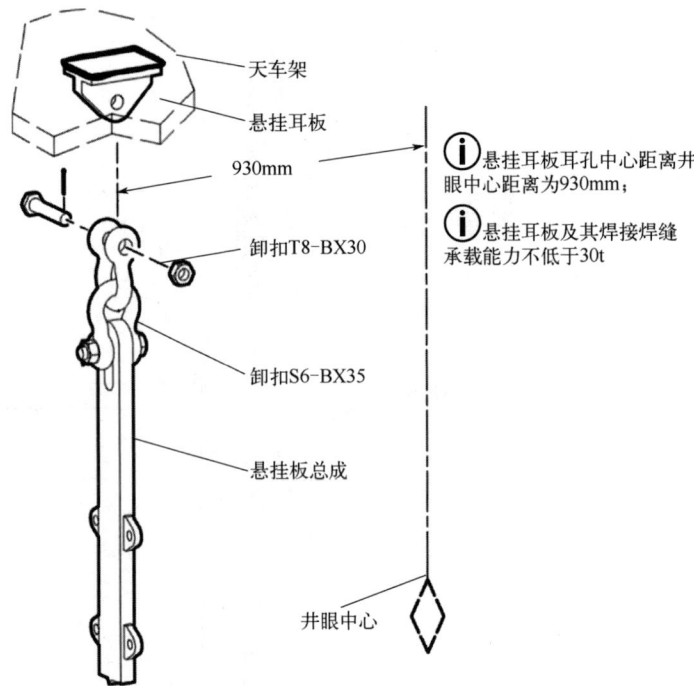

图9-16　采用焊接方式连接悬挂耳板与天车架示意图

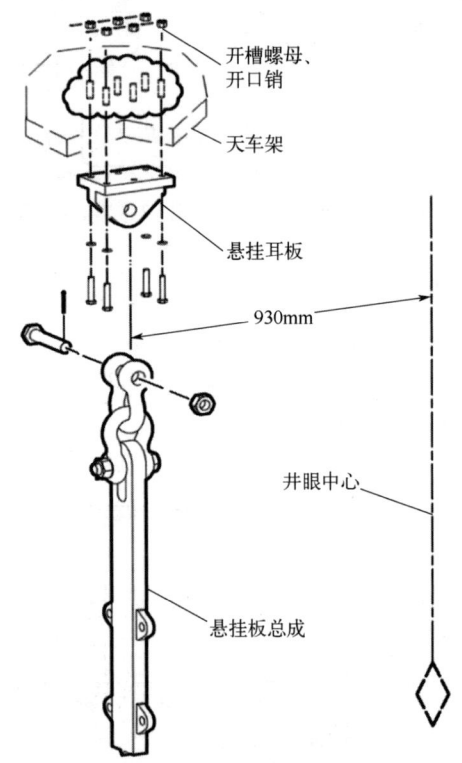

图9-17　采用螺栓方式连接悬挂耳板与天车架示意图

第九章 宏华顶驱安全作业指导

ⓘ 悬挂板耳孔连接顶驱导轨的全部质量及本体质量均由悬挂耳板承担，耳板承载能力应不小于30t。

ⓘ 采用焊接方式连接悬挂耳板与天车架时，焊接完毕后要求对焊缝进行磁粉探伤以确保焊缝牢固。

⚠ 采用焊接方式连接悬挂耳板与天车架时，与天车耳板连接的卸扣型号可根据天车耳板的实际结构尺寸进行调整，但必须确保其承重等级符合要求。

悬挂耳板安装完成后，则安装导轨悬挂板，此工作尽量在起井架之前完成。顶驱悬挂板结构如图9-18所示，通过改变单锥销轴位置可以调节悬挂板的有效长度。顶驱悬挂板安装步骤如下：

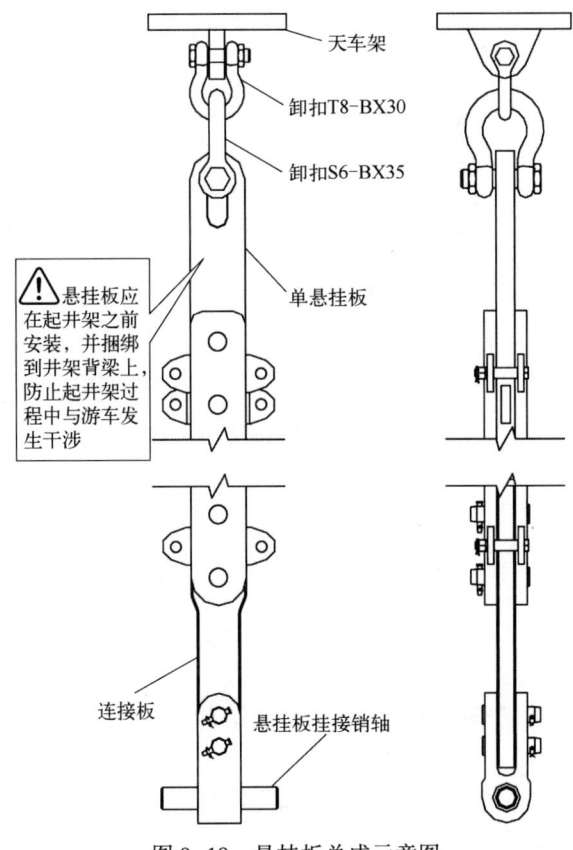

图9-18 悬挂板总成示意图

（1）根据井架高度确定悬挂板销轴安装孔位置（图9-19），此工作在地面完成。

ⓘ 导轨最下端距钻台面高度 H 以2.3m左右为宜。

（2）安装固定悬挂板总成的两个卸扣应安装螺栓、开槽螺母、开口销等。

（3）使用吊车水平吊起悬挂板总成，与悬挂耳板下的卸扣连接。

ⓘ 注意卸扣安装顺序：卸扣T8-BX30在上与悬挂耳板（天车耳孔）连接，卸扣S6-BX35在下与悬挂板相连，与天车耳板连接的卸扣型号可根据天车耳板的实际结构尺寸进行调整。

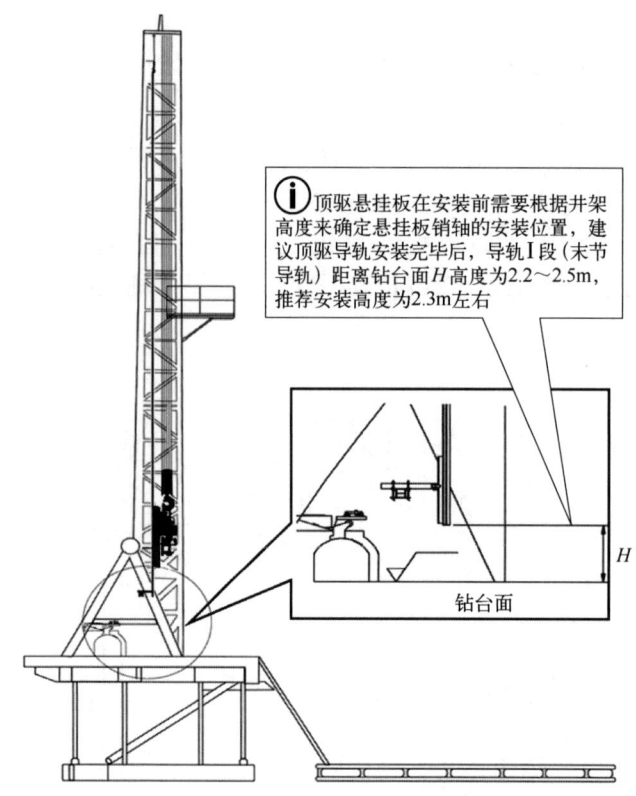

图 9-19 导轨与钻台相对位置示意图

⚠ 建议悬挂板安装在井架起升之前完成,并将悬挂板捆绑固定在井架背梁上,防止起井架时与游车大绳发生干涉。

若井架已起升完成,可以使用游车系统配合气动绞车安装悬挂板,步骤如下:

(1) 在天车底部悬挂耳孔处按顺序安装两个专用卸扣(卸扣 T8-BX30、卸扣 S6-BX35)。

(2) 使用吊车将组装完毕的悬挂板总成吊至钻台面,将悬挂板以竖直状态悬吊在游车后侧(靠近钻机绞车一侧)。

(3) 吊车移动悬挂板总成直至悬挂板顶部耳孔高出游车顶部约 1m 时停止(此高度可根据操作人员身高适当调整)。

ⓘ 高出 1m 主要为便于操作人员安装顶部卸扣。

(4) 将长 2m、直径 $\phi 22mm$ 钢丝绳(两端带扣)穿过游车上端挂孔,两端通过两个卸扣(3.25t 或 4.75t)吊装在悬挂板两端合适位置的吊耳上。

(5) 气动绞车配合游车系统上提整个悬挂板总成,将悬挂板上提至悬挂耳板卸扣处,如图 9-20 所示。

ⓘ 悬挂板两端吊耳处使用钢丝绳的建议长度为 2m,规格见表 9-7。选择钢丝绳长度的主要依据:当悬挂板两端吊耳与游车鼻孔相连拉紧后保证悬挂板吊耳高于游车鼻孔 1m 左右。

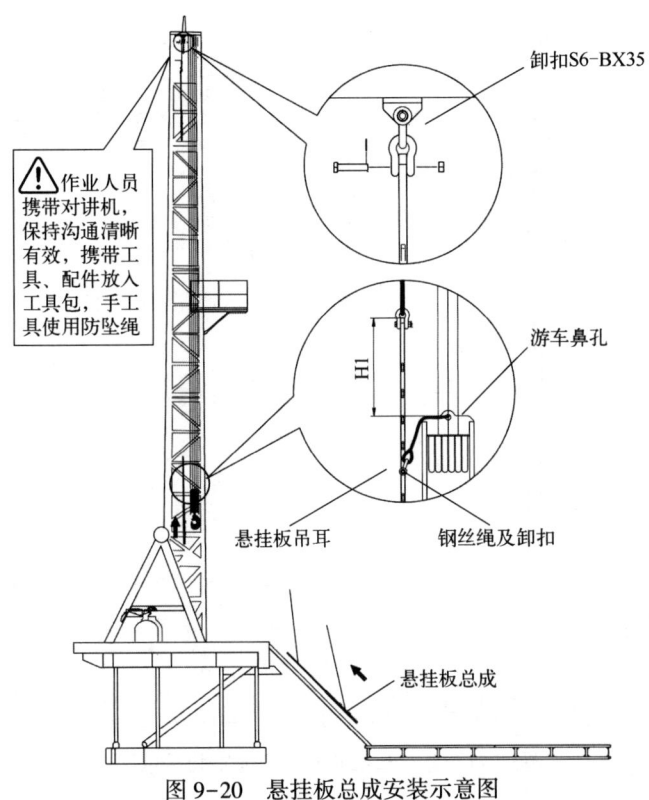

图 9-20 悬挂板总成安装示意图

⚠ 气动绞车起到扶正、调整位置的作用，提前悬挂配重，防止起升过高后失控无法下放。

表 9-7 DQ500Z 顶驱悬挂板两端吊耳吊装工具使用说明

吊装工具	规格	备注
钢丝绳	φ22mm×2m	钢丝绳穿游车鼻孔，两端带卸扣挂在悬挂板两侧吊耳上
卸扣	S(6)DW-6.5	吊装时配合钢丝绳使用

（6）安装悬挂耳板卸扣（S6-BX35）的螺栓、螺母及开口销，与悬挂板连接到一起。

（7）下放游车，取下游车及悬挂板固定的钢丝绳、卸扣。

⚠ 作业人员携带对讲机，保持沟通清晰有效，防止游车起升过高顶天车；携带工具、配件放入工具包，手工具使用防坠绳。

（8）使悬挂板防坠落安全绳绕过天车架底部横梁或耳板，两端通过卸扣与悬挂板相连，完成安装，如图 9-21 所示，推荐使用绳索具见表 9-8。

表 9-8 DQ500Z 顶驱悬挂板安全绳说明

吊装工具	规格	备注
钢丝绳	φ22mm×8m，1根	绕过天车架底部横梁或耳板，两端通过卸扣与悬挂板相连
卸扣	S6-BX9.5，2个	连接悬挂板

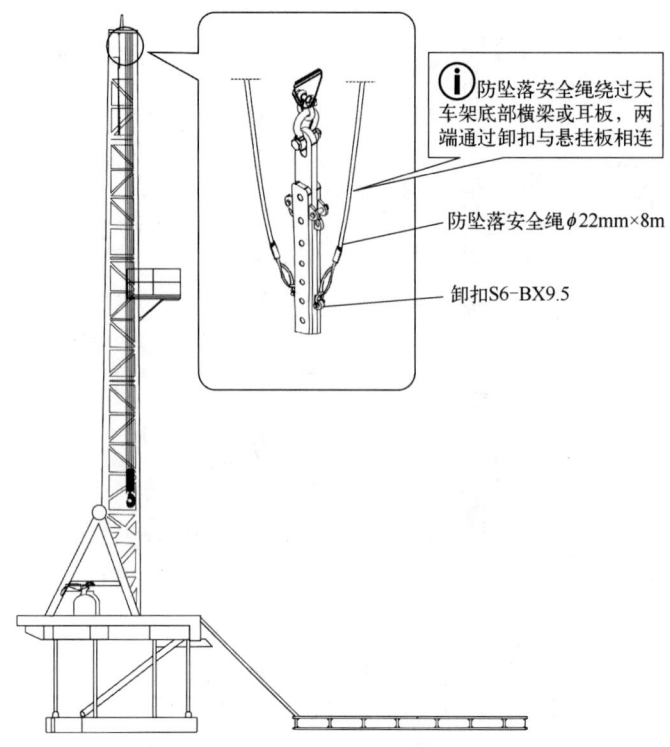

图 9-21 悬挂板防坠落安全绳安装示意图

（三）安装顶驱电控房

安装电控房前，应先根据井场布局确定电控房的摆放位置，电控房吊装和摆放方法如图 9-22 所示。在确定摆放位置时应注意以下几点：

（1）电控房的位置应远离热源，如柴油机等。

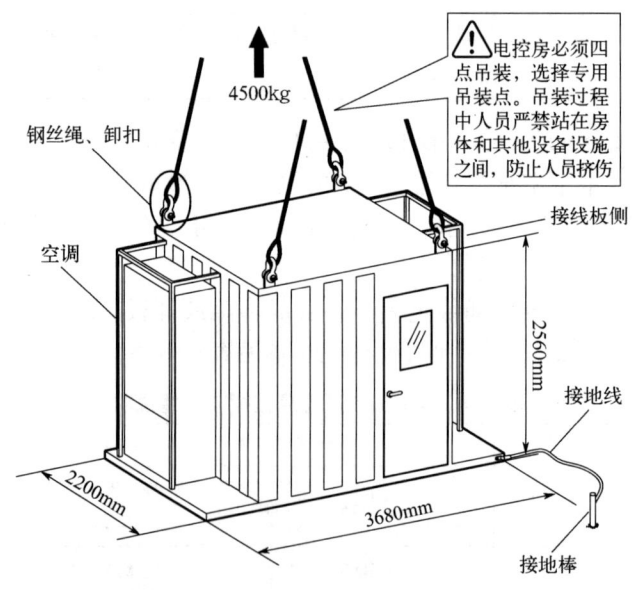

图 9-22 电控房吊装和摆放示意图

（2）电控房距离井架的位置距离不能太远以减少电缆长度，同时摆放位置应兼顾电控房与发电房间的距离，确保接入的动力线缆长度适中。

（3）电控房的线缆接板口应朝向井架，便于线缆安装。

（4）电控房放置的地面要平整以减少房体变形，延长设备使用寿命。

（5）电控房安装完毕后必须确保接地可靠，一般为2处接地，以保证人身及设备安全。

（6）将接地棒（1.5m左右镀铜钢棒）按要求钉入地面。将接地棒与接地线缆的一端连接，接地线缆的另一端由电缆接头与电气房房体连接。

ⓘ 为了减少安装时间，确保安装顺利进行，安装顶驱前应先根据井场布局、线缆长度等因素确定电控房安装位置。

⚠ 地线柱与电缆线缆、接地线缆与电控房的连接必须牢固可靠。

（四）安装司钻操作台

司钻操作台（司控箱）安装在司钻房内，位置根据司钻房内部布局确定。安装顶驱司钻操作台时应注意以下几点：

（1）司钻操作台应安装在司钻便于操作的位置。

（2）司钻操作台安装完毕后应便于司钻观察控制箱上触摸屏的显示数据，即触摸屏应正对司钻观察位置，以免因斜视造成读取数值错误。

（3）司钻操作台应安装在光线较好的位置，同时应便于夜间操作。

（4）司钻操作台摆放位置应便于司钻操作时及时观察钻台面情况、方便操作绞车刹车手柄、钻井泵等。

（5）司钻操作台使用螺栓等固定，防止跌落损坏，若没有合适的位置安装，应提前制作安装支架。

（6）顶驱司钻操作台采用正压防爆，使用时必须通入干燥的压缩空气并保持一定的压力（200~3000Pa）。压缩空气必须清洁、干燥，气源处理装置应工作正常，避免空气中的水分影响电气系统的正常工作。

⚠ 压缩空气中含有过量的水分，或者压缩空气压力过低，均可能导致系统工作异常。

（五）安装顶驱电缆

1. 顶驱电缆说明

在安装顶驱前，应综合井场布局及电缆长度等因素，本着减少线缆长度的原则布置整个顶驱所用电缆，且电缆布局应合理、美观，便于检修。DQ500Z顶驱所用电缆见表9-9。

表9-9 DQ500Z顶驱安装线缆表

序号	名称	长度，m	备注
1	动力电缆	15	发电房至电控房
2	动力跳线（水平线）	30	电控房至井架中转
3	辅助动力跳线（水平线）	30	电控房至井架中转
4	控制电缆跳线（水平线）	30	电控房至井架中转

续表

序号	名称	长度，m	备注
5	控制电缆	61	井架中转至顶驱本体主接线架（控制电缆过穿线耳）
6	动力电缆（垂直电缆）	41	井架中转至挂板（动力线缆）
7	辅助动力电缆	61	井架中转至顶驱本体主接线架（辅助动力电缆过穿线耳）
8	司钻操作台控制线缆	60	电控房至司钻电控房控制电缆
9	游动电缆	26	挂板至顶驱本体主接线架
10	水龙带	23	井架立管鹅颈管至顶驱本体S管总成接头

2. 安装井架导轮支架

井架导轮支架包括穿线耳总成及线缆挂板两部分，分别用于辅助动力电缆、控制电缆和主电动机动力电缆的固定、安装。导轮支架在井架上的安装位置如图9-23所示。穿线耳总成安装时要求距离钻台面23.5~24.5m，线缆挂板安装时要求距离钻台面23~24m。

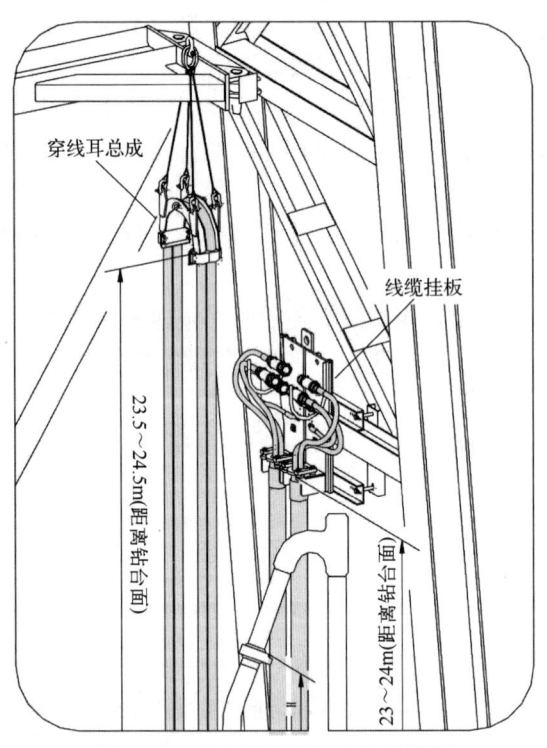

图9-23 井架导轮支架安装示意图

1）安装线缆挂板

线缆挂板主要完成动力电缆的垂直段与游动段的转接，安装于二层台下方横梁处。线缆挂板有两种结构形式，当安装在井架右侧，电缆从井架侧面安装时，结构形式如图9-24所示。当安装在井架背部横梁，电缆从井架内外侧安装时，结构型式如图9-25所示。线缆挂板可在起井架之前完成安装，也可在起井架之后进行安装。

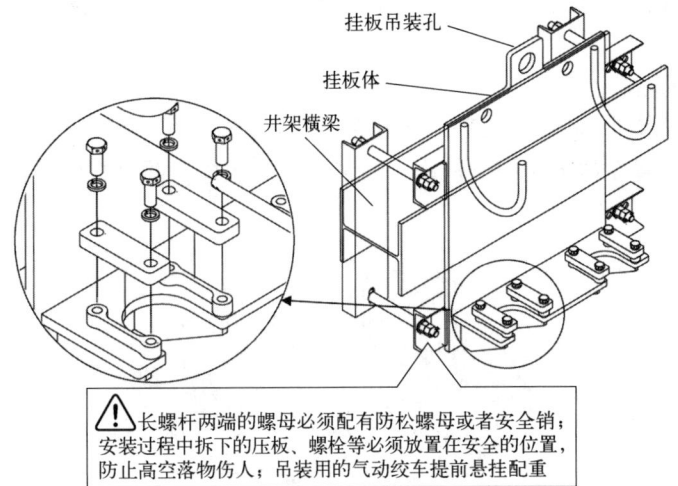

图9-24 井架右侧线缆挂板安装示意图

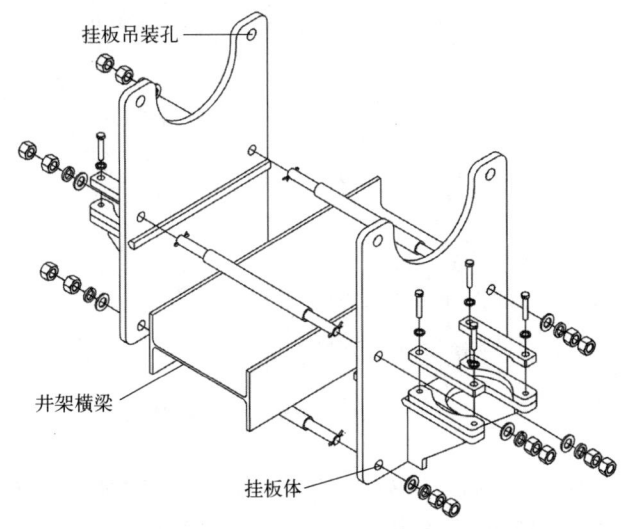

图9-25 井架背梁线缆挂板安装示意图

（1）根据井架结构、井架立管鹅颈管位置及线缆长度等因素确定线缆挂板安装位置。

ⓘ 线缆挂板安装处距离钻台面通常为23~24m，通常安装在井架右侧横梁上，若井架右侧没有合适的位置，则可以安装在井架背部横梁上，若安装在井架背部梁上，顶驱在此处移动时不得与线缆挂板发生干涉刮碰。

ⓘ 线缆挂板的安装位置决定顶驱游动电缆的弯曲半径，游动电缆的弯曲半径最小值为1m，预留较大的弯曲半径可增加电缆的使用寿命。

（2）将线缆挂板总成吊至合适位置进行安装，对挂板固定螺栓进行有效的防松处理，取下两处线缆卡槽的压板及螺栓。

⚠ 顶驱线缆挂板安装时应避开水龙带的运行空间，以防止水龙带与电缆在运行过程中相互刮蹭。

⚠ 高处作业时使用工具包，手工具系防坠绳；气动绞车提前悬挂配重，防止起升过高而失控。

2）安装动力电缆

（1）将两根动力电缆（垂直段、游动段）依次吊至线缆挂板处，如图 9-26 所示，将线缆接头法兰盘放置在挂板线缆卡槽内，安装压板和螺栓，并对螺栓进行防松处理。

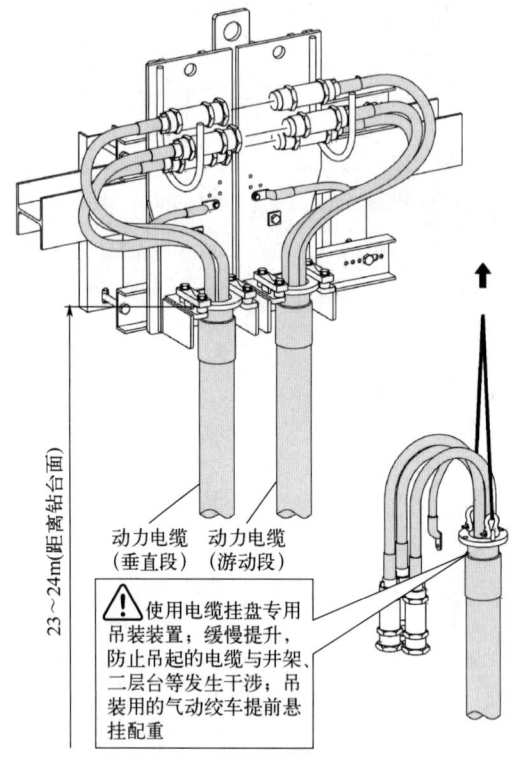

图 9-26　挂板处电缆连接示意图

⚠ 吊装前先检查确认电缆外部完好无损、表面无油渍等腐蚀性物质残留；为了防止线缆在吊装过程中破损，吊装时应注意不得与井架锐边发生刮蹭。

⚠ 气动绞车提升电缆和管线过程中，指定专人指挥，操作应缓慢，气动绞车悬吊处应能够自由旋转，切勿出现电缆缠绕、扭结和刮蹭现象，避免损坏电缆。

（2）垂直段电缆穿过钻台或从钻台侧面顺下到井架底座，游动段电缆下端摆放至钻台安全位置，防止人员踩踏。

（3）依次连接线缆挂板处动力电缆接头，捆绑固定。

⚠ 确保接头内清洁无杂物、插针无锈蚀，确认接头连接紧固，否则会造成接头发热量大甚至烧毁。

⚠ 此处电缆接头护帽需取下收回存放，防止形成高空落物；接头连接完成后要进行防水遮盖并捆绑固定，防止电缆接头进水、磨损。

3）安装穿线耳总成

穿线耳总成（图 9-27）用于转接由井架至顶驱本体的辅助动力电缆及控制电缆，两段电缆为整根电缆，穿线耳总成起固定线缆位置的作用，应根据井架结构和安装高度要求提前确定穿线耳总成的悬挂位置。

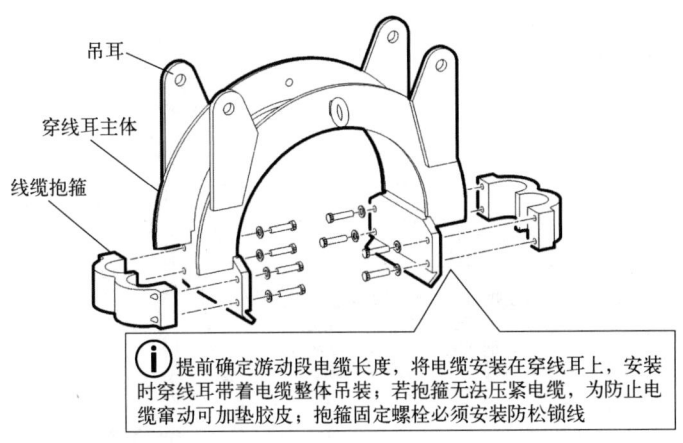

图 9-27 穿线耳总成示意图

（1）在安装穿线耳总成前，应先根据线缆井架中转位置及穿线耳悬挂位置确定预留在穿线耳两端的线缆长度。

（2）取下穿线耳总成上线缆抱箍的固定螺栓及抱箍，将控制电缆及辅助动力电缆（60m）按照之前确定的两端预留长度安装在穿线耳主体上，安装线缆抱箍及固定螺栓，并对螺栓进行防松处理。

（3）在穿线耳总成上安装吊装专用索具（双腿成套压制索具）及连接卸扣，使用吊车将穿线耳总成沿坡道吊至钻台面。

（4）取掉吊车吊钩，使用气动绞车将穿线耳总成缓慢吊至之前确定的安装位置，如图 9-28 所示。

⚠ 气动绞车吊钩应提前悬挂配重，以防止起升过高失控，吊装穿线耳总成的绳索防

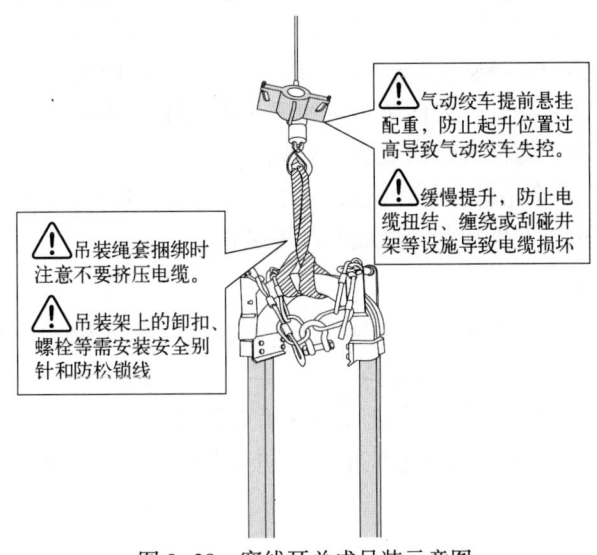

图 9-28 穿线耳总成吊装示意图

止挤压电缆。

（5）安装人员使用连接卸扣将两根双腿成套压制索具吊环连接在一起。挂在井架斜撑上（图9-29），取下气动绞车吊装绳索。

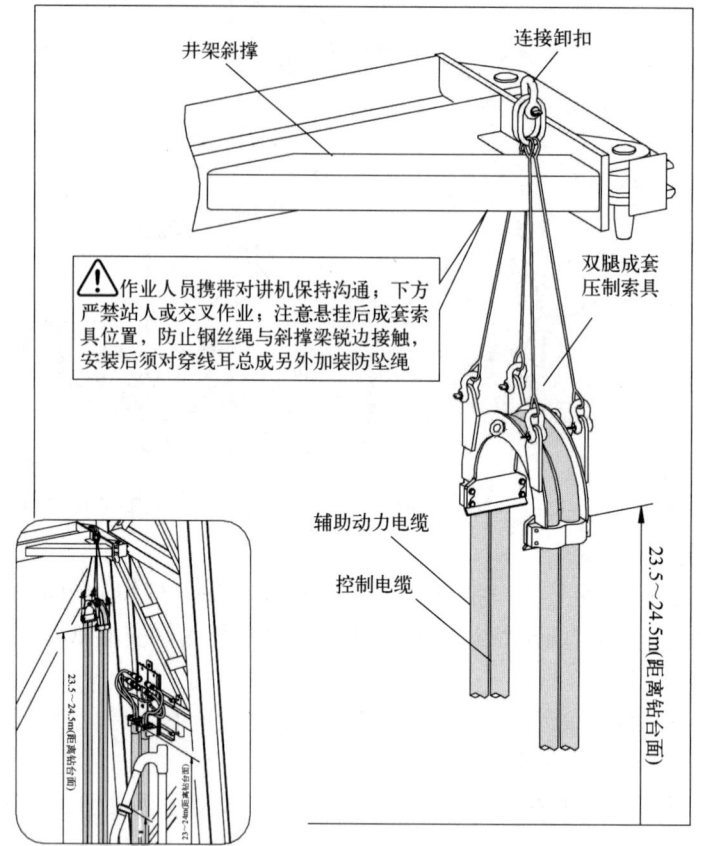

图9-29　穿线耳总成安装示意图

（6）连接电控房一侧电缆穿过钻台或从钻台侧面下放到井架底座。

ⓘ 将辅助动力电缆和控制电缆安装到穿线耳总成的工作应在地面完成，安装过程前仔细检查电缆外表面是否完好，表面是否有油渍或腐蚀性污渍残留在电缆表面并及时进行处理，安装完毕应确保电缆没有扭曲现象，8颗抱箍螺栓已进行防松处理。

⚠ 穿线耳总成在整个吊装过程中缓慢提升，避免电缆出线缠绕、扭结现象，防止吊装过程中因与井架锐边等发生挂蹭而造成的线缆破损。

3. 摆放地面电缆

自电控房出线接头到井架底座处的垂直段电缆下端，依次摆放动力电缆、辅助动力电缆、控制电缆的水平段电缆（加长跳线）。

ⓘ 待到顶驱本体安装完成后，再进行电缆接头连接。

⚠ 将地面水平段电缆放入专用电缆槽内，防止踩踏、水浸而导致电缆损坏或接地。

（六）安装反扭矩梁

主反扭矩梁安装步骤（图9-30）：

（1）按图9-30所示安装主反扭矩梁，暂不上紧固定板螺柱两端的螺母。

（2）将反扭矩横梁扣爪与导轨扣接固定，将顶驱中心与井眼中心对准。

（3）顶驱中心与井眼中心对齐后，保持顶驱位置不变并上紧8根螺柱两端螺母，将主固定板位置固定牢靠。

ⓘ 当井架结构允许时，可以安装两副主扭矩梁连接导轨Ⅰ段与井架横梁，以此增强导轨的稳定性。

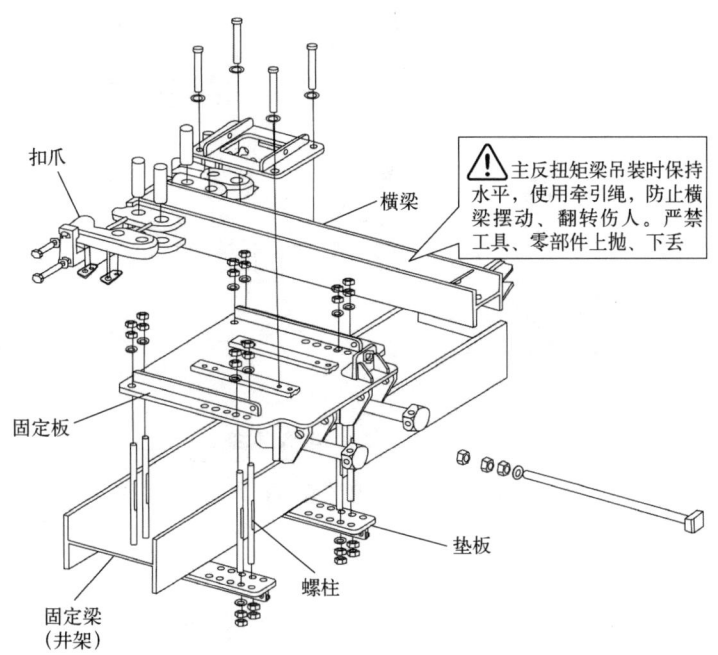

图9-30　主反扭矩梁安装说明

（七）安装导轨

1. 导轨安装准备

导轨摆放说明：

导轨安装前，先将导轨由上至下按Ⅴ段至Ⅱ段的顺序摆放至距离坡道正前方1.5~2m处；摆放导轨时各导轨间用枕木相隔；为便于安装，要求将锁舌放在背对坡道的方向，如图9-31所示。

ⓘ 与顶驱相连的末节导轨为导轨Ⅰ段。

ⓘ 摆放导轨时，为了方便安装，应将到锁舌端背对坡道，导轨前端面与坡道口的距离以1.5~2m为宜。

2. 安装导轨Ⅴ段

可以选择游车或大钩来提升导轨Ⅴ段，若使用游车来提升导轨（图9-32），导轨安装完成后游车直接连接顶驱提环，吊装索具规格见表9-10；若使用大钩提升导轨Ⅴ段（图9-33），安装完成后大钩扣接顶驱提环，吊装索具规格见表9-11。

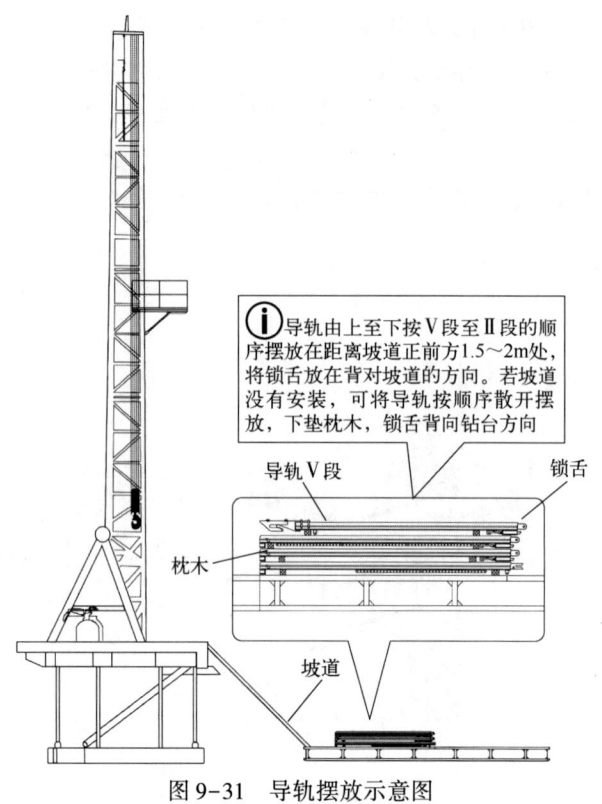

图 9-31 导轨摆放示意图

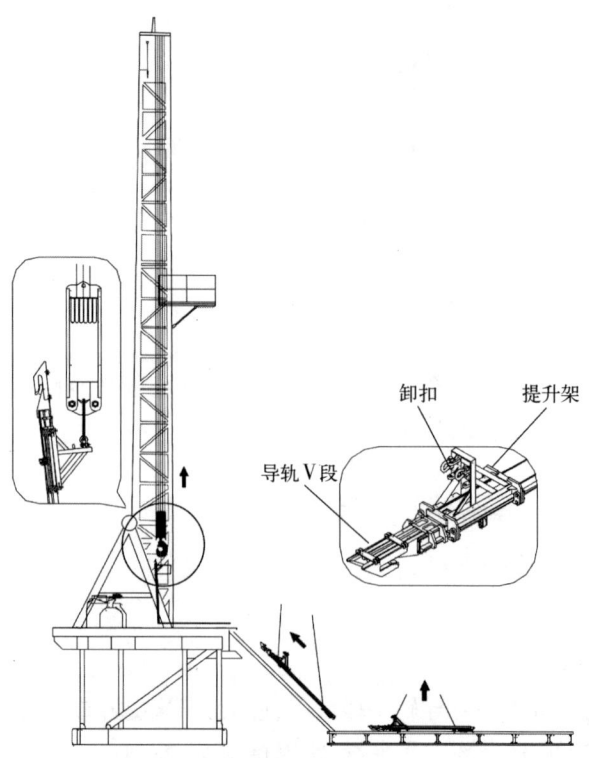

图 9-32 用游车提升导轨 V 段示意图

表 9-10 用游车提升导轨 V 段吊装工具说明

吊装工具	规格	备注
钢丝绳	φ32mm×5m，1 根	穿过游车下提环，两端用卸扣连接在提升架上
卸扣	T8-BW12.5	连接在提升架上

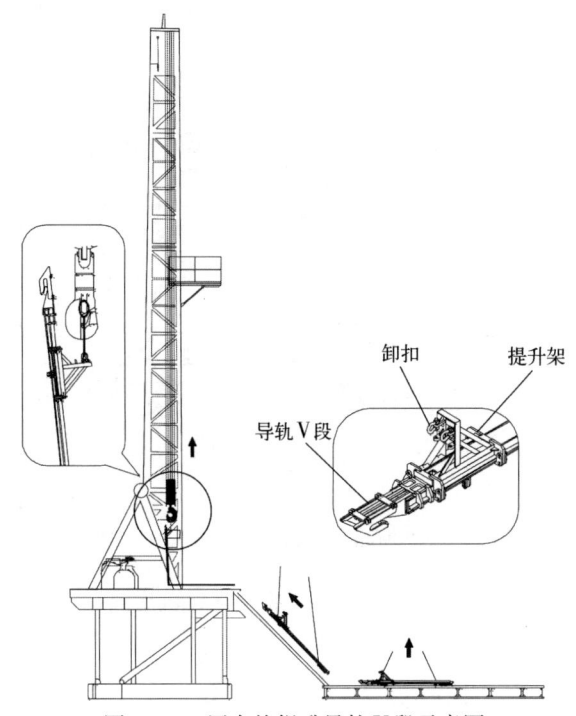

图 9-33 用大钩提升导轨 V 段示意图

表 9-11 用大钩提升导轨 V 段吊装工具说明

吊装工具	规格	备注
钢丝绳	φ22mm×2m，2 根	一端连接大钩副钩，另一端用卸扣连接在提升架上
卸扣	T8-BW12.5	连接在提升架上

本节采用游车直接连接导轨和顶驱的方式，导轨 V 段安装步骤：
(1) 将导轨提升架套装到 V 段导轨上，如图 9-34 所示。

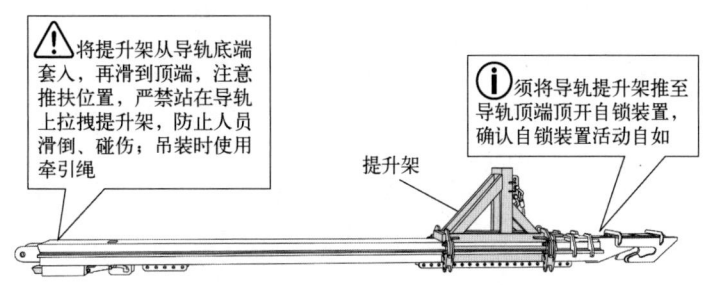

图 9-34 导轨提升架安装示意图

（2）用吊车将V段导轨吊至钻台面。

（3）按照图9-35所示连接导轨提升架与游车。使用专用钢丝绳，一端穿过游车，一端用卸扣连接在提升架上。

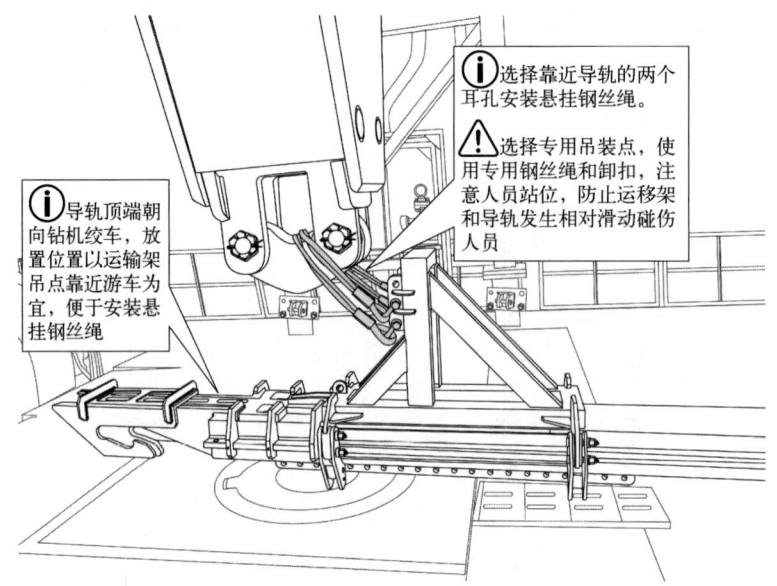

图9-35　游车与导轨提升架连接示意图

（4）吊车悬吊V段导轨下端，配合上提游车将V段导轨提离钻台面，如图9-36所示。

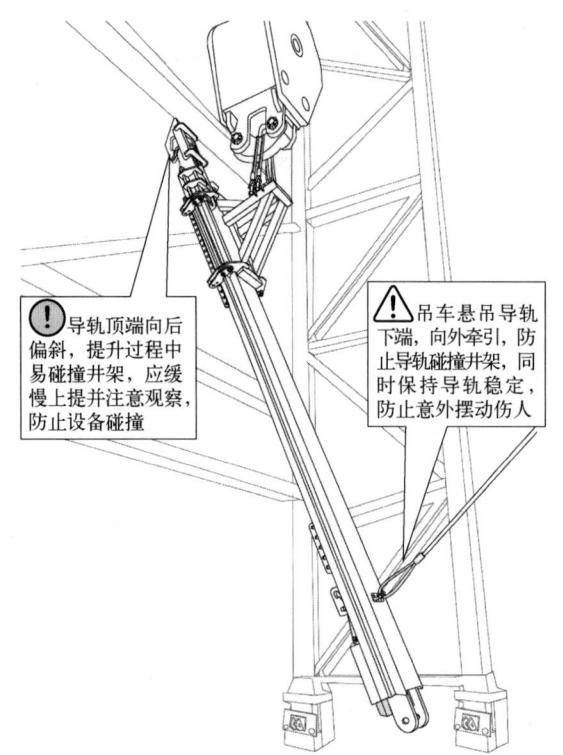

图9-36　提升V段导轨示意图

第九章 宏华顶驱安全作业指导

⚠ 导轨顶端偏向井架背梁，游车上提过程中注意观察导轨顶端与井架是否干涉，可用吊车向井架坡道方向牵引Ⅴ段导轨。Ⅴ段导轨上提时偏斜尤其严重，可用气动绞车上提导轨顶端辅助调整导轨角度，防止碰撞井架损坏导轨。

3. 安装导轨Ⅳ段

（1）吊车将导轨Ⅳ段吊至钻台面（图9-37），推荐使用吊索具规格见表9-12。

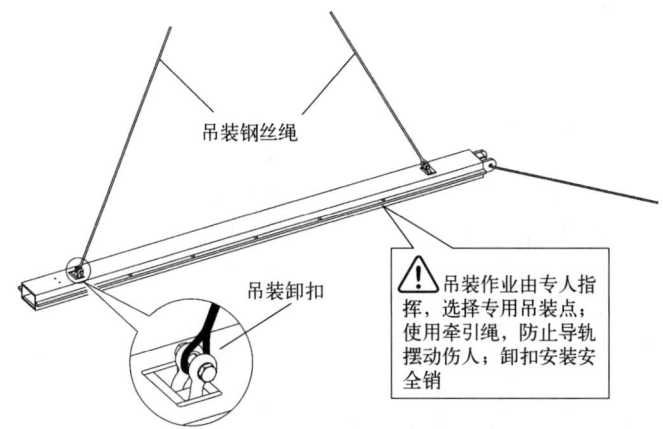

图9-37 导轨Ⅳ段吊装示意图

表9-12 DQ500Z顶驱导轨Ⅳ段吊装工具说明

吊装工具	规格
钢丝绳	φ22mm×8m
卸扣	S(6)DW-6.5

（2）下放游车，将导轨Ⅴ段下端双耳孔对准导轨Ⅳ段顶部两侧边腰形孔的下端孔，穿入连接销轴，如图9-38所示。

ⓘ 连接销轴穿入后应保证销轴两端面均低于导轨侧面板，否则提升导轨时会出现卡阻现象。

（3）游车上提导轨过程中，导轨连接销轴自动沿着导轨Ⅳ段腰形孔内滑动，直至滑入导轨Ⅳ段腰形孔上端处，如图9-39所示。

（4）拆掉上部吊车悬吊钢丝绳，保留底部吊车悬吊绳，上提游车，提起Ⅳ段导轨，在导轨自身重力的作用下会缓慢朝着竖直方向摆动（图9-40），此过程中吊车保持悬吊牵引。

⚠ 上提过程中，由专人观察导轨顶端，防止碰撞井架损坏导轨。

（5）上提至Ⅳ段导轨底端离开钻台面并与Ⅴ段导轨呈一条直线，锁舌锁定Ⅳ段导轨（图9-41），取下导轨下端的吊车悬吊绳。

⚠ 上提游车应缓慢，由专人指挥，防止导轨顶端与井架背梁发生碰撞。

⚠ 提起Ⅳ段导轨的过程中，保持吊车悬吊Ⅳ段导轨下端，防止其意外摆动，保持导轨提升过程平稳，配合将其上提至竖直状态后再取走下端钢丝绳。

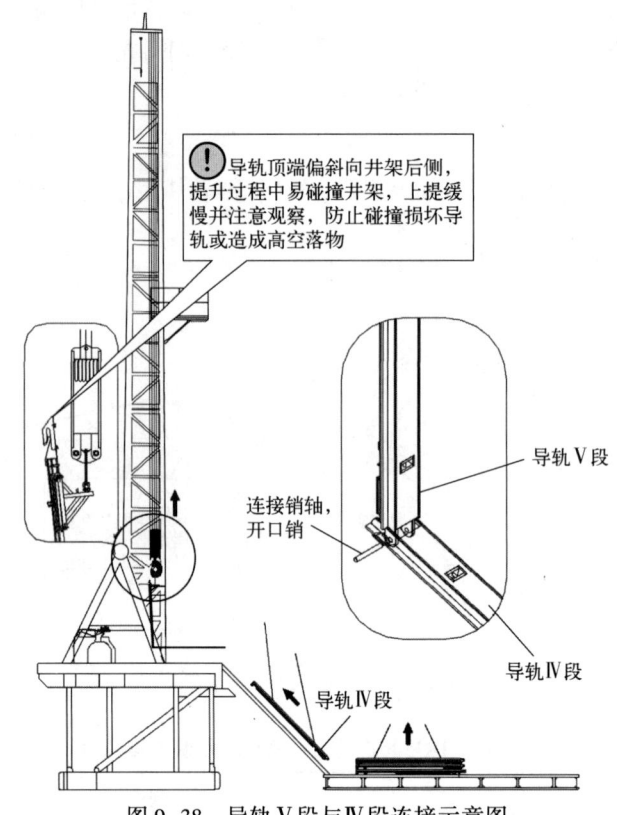

图 9-38 导轨 V 段与 IV 段连接示意图

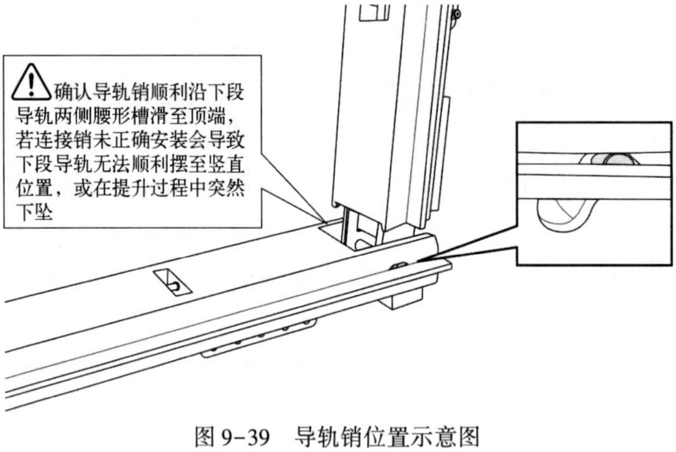

图 9-39 导轨销位置示意图

4. 安装导轨 III 段、导轨 II 段

导轨 IV 段安装完毕后依次安装导轨 III 段、导轨 II 段,安装方法与导轨 IV 段的安装方法一致。

5. 连接导轨与悬挂板

上提游车,将导轨与悬挂板总成连接,具体步骤如下:

第九章 宏华顶驱安全作业指导

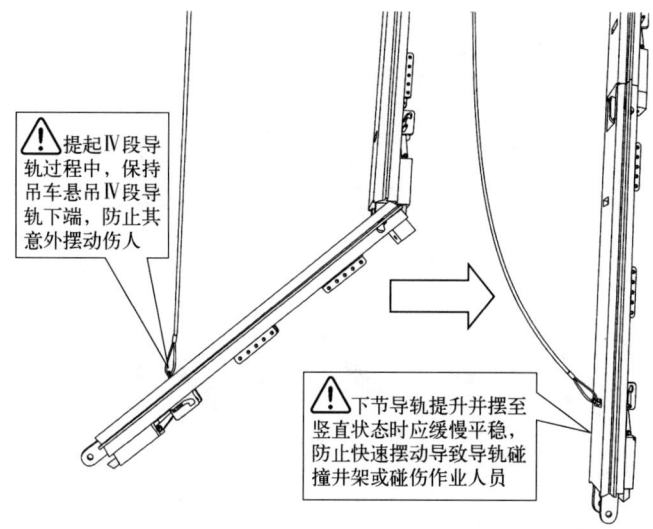

图 9-40 上提Ⅳ段导轨示意图

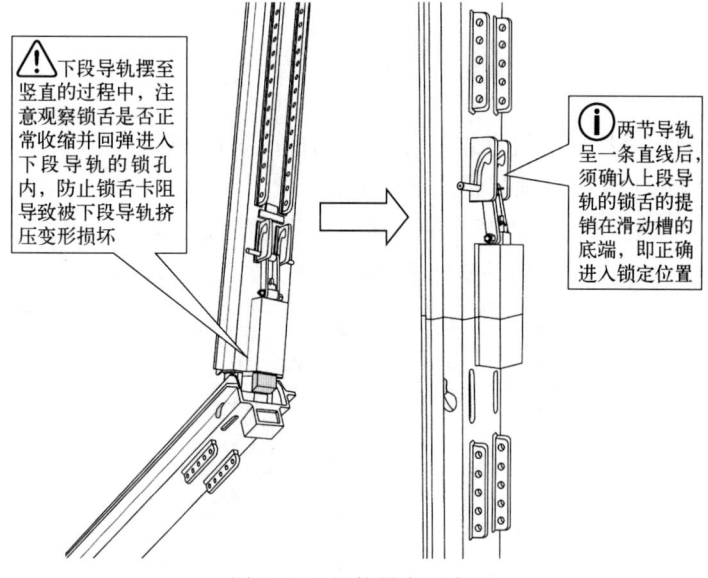

图 9-41 导轨锁定示意图

（1）导轨Ⅱ段连接完毕后，司钻缓慢上提游车，安装人员在悬挂板底部井架横梁处观察导轨上提，待导轨Ⅴ段顶部挂钩与悬挂板总成下部即将接触时，放缓游车上提速度，如图 9-42 所示。

⚠ 特级高处作业（30m 以上）时，人员必须佩戴对讲机，保持良好通信。

（2）司钻继续缓慢上提游车，安装人员仔细观察，待Ⅴ段导轨挂钩与悬挂板挂接销轴挂接后停止上提游车。

⚠ 游车接近天车时，控制上提速度，安装人员使用对讲机与司钻沟通，防止游车顶天车。

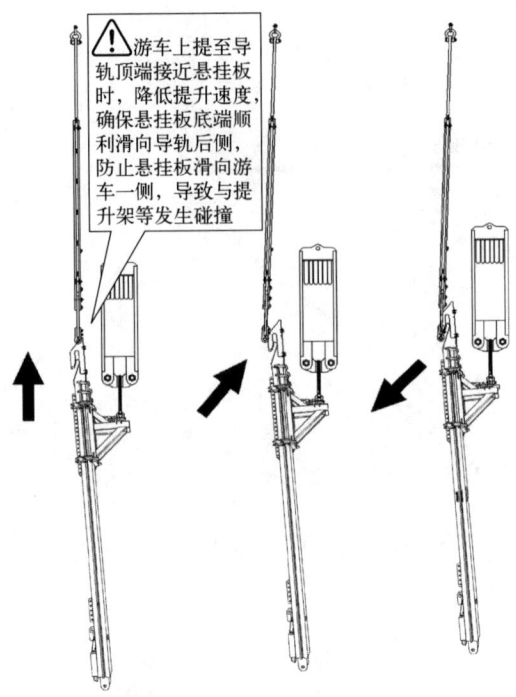

图 9-42 导轨与悬挂板挂接

（3）确认导轨与悬挂板连接可靠，缓慢下放游车，让原有固定在导轨Ⅴ段上的提升架在自重的作用下缓慢下放，自锁装置回落锁定。

⚠ 安装人员须确认Ⅴ段导轨顶部的自锁装置回落至锁定位置，防止导轨意外脱出。

（4）继续下放游车，直至提升架完全滑出导轨，如图 9-43 所示。

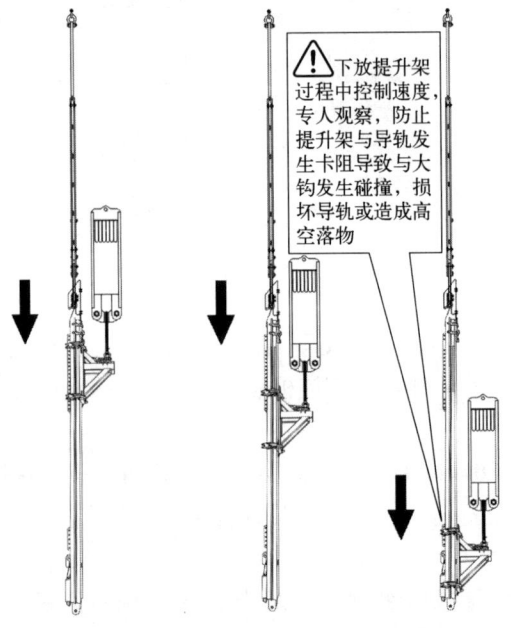

图 9-43 下放导轨提升架示意图

⚠ 沿着导轨下放安装架过程中注意观察，防止提升架和导轨卡阻，若不及时停止下放，大钩会压坏安装架，甚至造成导轨剧烈摆动。

（八）安装顶驱本体

若使用大钩挂接顶驱提环，吊装顶驱前应先调整好大钩开口朝向，方便顶驱安装，大钩开口朝向应面对导轨（朝向钻机绞车方向）。

若使用游车直接挂接顶驱提环，应将平衡悬挂梁提前安装到提环上，平衡油缸连接到悬挂梁。使用游车直接连接顶驱提环的安装步骤如下。

1. 顶驱吊至钻台

（1）在顶驱运移架四个吊耳处连接四个卸扣（T8-BW12.5）及四根钢丝绳（φ26mm×8m）。

（2）四根钢丝绳另一端连接吊车吊钩，将顶驱本体吊至钻台面，如图9-44所示，使用绳索具推荐见表9-13。

ⓘ 顶驱本体连同运移架重22t，建议使用75t以上吨位的吊车将顶驱吊至钻台。

⚠ 应提前将钻台坡道旁一侧的护栏拆掉，空间更开阔，便于放置顶驱，防止设备刮碰。

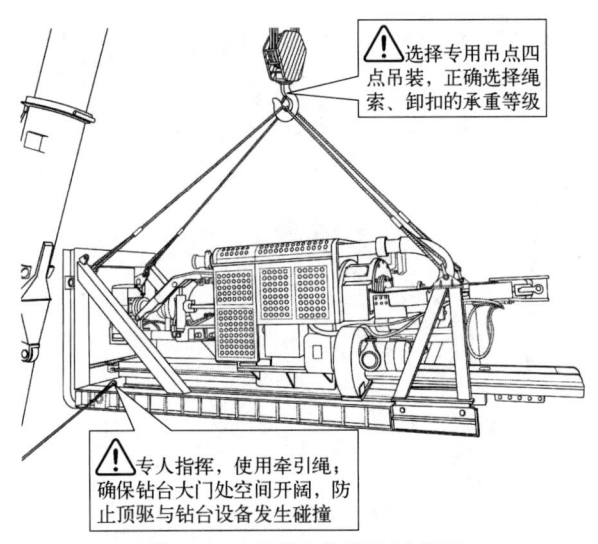

图9-44 顶驱本体吊装示意图

表9-13 顶驱本体吊装工具说明

吊装工具	规格	备注
卸扣	T8-BW12.5	4个
钢丝绳	φ26mm×8m	4根

2. 立起顶驱

（1）使用钢丝绳和卸扣连接游车与顶驱运移架上部吊架，吊车悬吊运移架下方上角两个吊点做牵引，吊车配合游车提升，如图9-45所示将顶驱连同运移架缓慢立起，使用绳索具推荐见表9-14。

⚠ 将顶驱连同运移架立起时，吊车悬吊下部两个吊点只起扶正作用，大钩连接提环的钢丝绳和卸扣要承受顶驱本体与运移架总重量，应选择合适的规格确保整个提升操作的安全性与稳定性。

⚠ 吊车悬吊底部并配合游车提升向外牵引和提放时，应由专人指挥，防止顶驱不受控的摆动；钻台人员应注意站位，防止碰伤，且不要遮挡指挥人员和司钻的视线。

⚠ 使用2根φ32mm×5m钢丝绳同时穿过游车和顶驱提环，钢丝绳两端通过T8-BX30卸扣相连，确保提升过程中安全承载顶驱和运移架的全部重量。缓慢上提游车，将顶驱翻转为竖直状态，此过程需要吊车辅助，以免运移架翻转时撞击钻台面，甚至造成人员伤害。

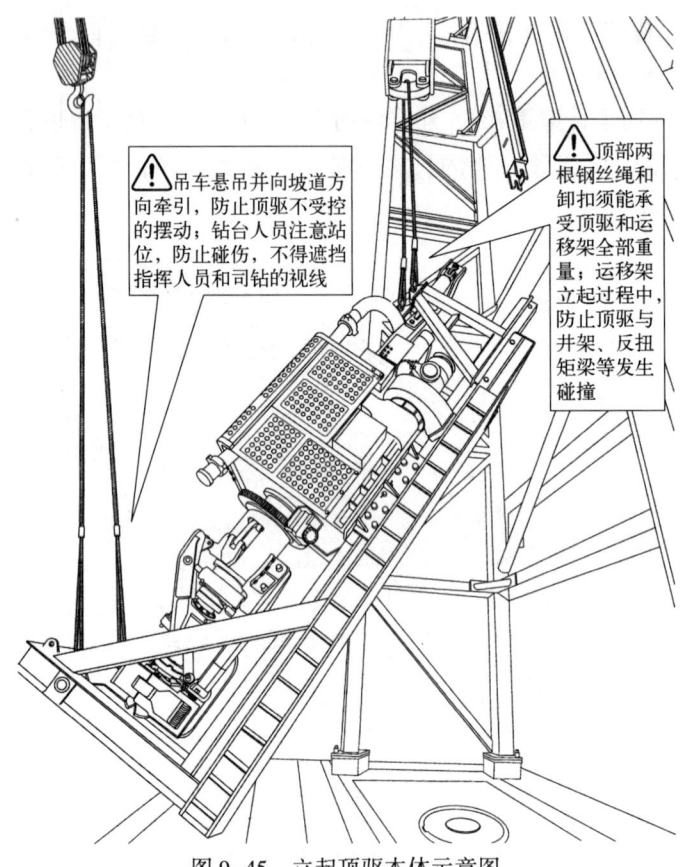

图9-45 立起顶驱本体示意图

表9-14 顶驱立起使用吊装工具

吊装工具	规格	备注
卸扣	T8-BX30	1个
钢丝绳	φ32mm×5m	2根

（2）顶驱立起后放置在钻台转盘处，运移架尽量贴近反扭矩梁放置。

（3）下放游车，拆除游车与提环连接的钢丝绳，使用气动绞车连接运移架上部吊点保持上提悬吊状态。

⚠ 保持气动绞车悬吊运移架的上部吊耳，防止游车摆动碰撞顶驱，导致运移架翻倒。

3. 游车挂接顶驱提环

（1）继续下放游车，打开游车提环，与顶驱提环连接。

⚠ 游车挂接顶驱提环时，与导轨间隙小，人员严禁站立在游车与导轨之间，以防止人员挤伤。

⚠ 因顶驱提环上安装有平衡梁，游车提环扣接顶驱提环时间隙小，应防止人员手部挤伤。

（2）闭合游车提环，穿接游车提环销轴并安装固定螺母和安全销，如图9-46所示。

⚠ 游车提环销轴沉重，取出和安装销轴时用气动绞车悬吊辅助，并使用牵引绳，下方严禁站人，防止销轴掉落钻台伤人。

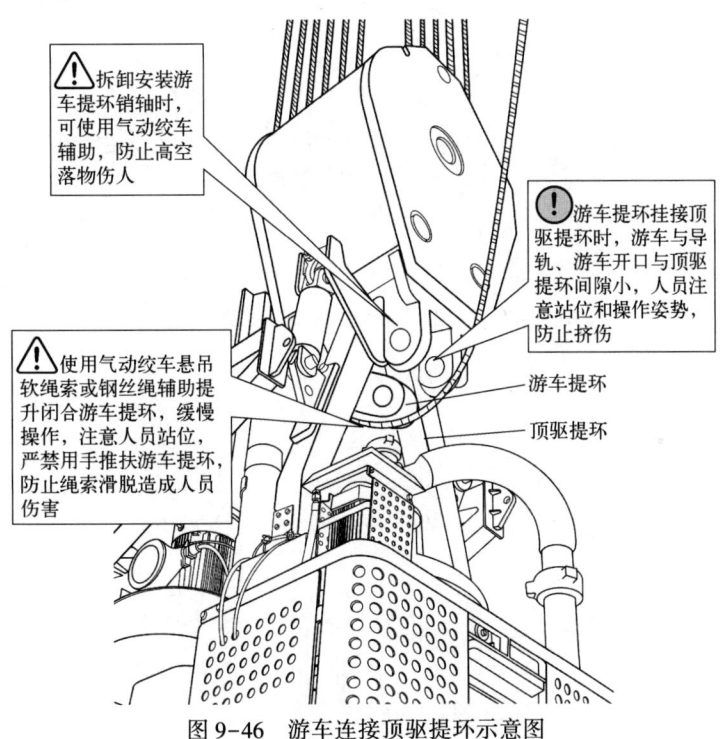

图9-46 游车连接顶驱提环示意图

（3）拆掉运移架上端两侧三角形吊架。

（4）小幅度上提游车，顶驱本体由大钩承重，取出导轨Ⅰ段与运移架的连接销轴，如图9-47所示。

4. 连接Ⅰ段导轨与Ⅱ段导轨

（1）缓慢上提游车，顶驱与运移架分离，如图9-48所示。使用吊车做辅助牵引顶驱，配合游车上提，上提顶驱本体直至不影响移动下方运移架吊装。

⚠ 防止顶驱连接的导轨与上方安装好的导轨发生干涉，须将顶驱用吊车牵引向钻台坡道方向，避免发生碰撞。

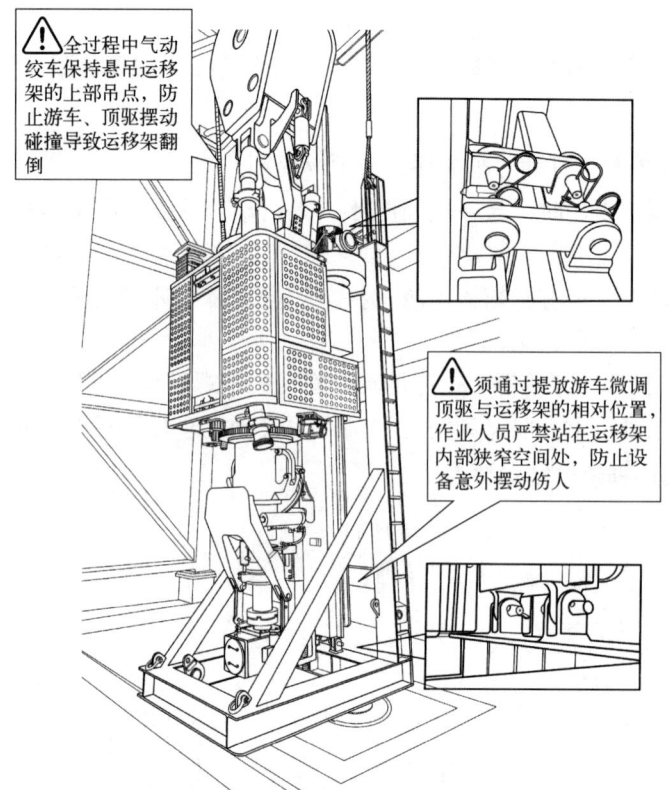

图 9-47 取出导轨与运移架连接销示意图

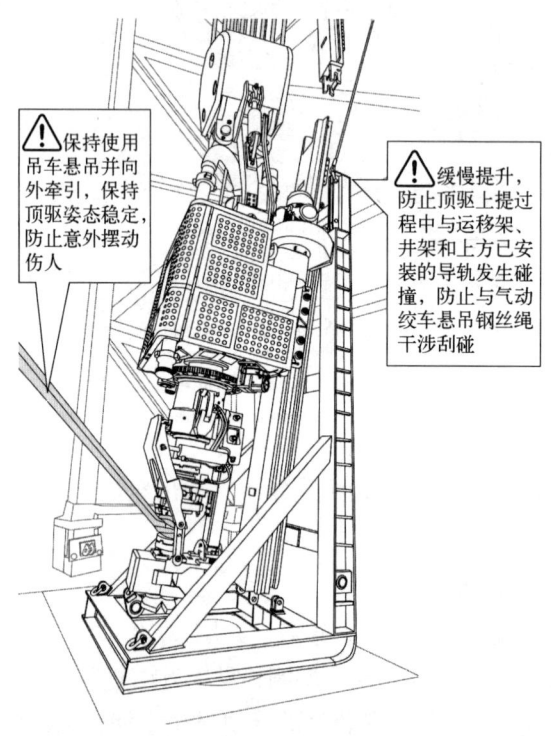

图 9-48 顶驱与运移架分离示意图

⚠ 保持气动绞车悬吊运移架顶部，防止顶驱脱离过程中碰撞运移架；注意观察，避免顶驱上移过程中与气动绞车钢丝绳干涉刮蹭。

⚠ 游车上提过程中，应由专人指挥、密切观察、及时与司钻沟通，避免顶驱本体等与导轨或井架发生碰撞。

（2）吊车和气动绞车配合将运移架放倒，使用吊车将运移架吊离钻台。

⚠ 运移架放倒之后处于水平状态，选择下部吊装点使用牵引绳将运移架移下钻台。

（3）下放顶驱，再缓慢提升，将导轨Ⅰ段顶端插入导轨Ⅱ段下端，穿入导轨连接销轴及U形止退销，如图9-49所示。

⚠ 两节导轨对接存在偏斜，游车上提注意观察上部导轨和悬挂板，游车上提过多将使导轨整体上移，甚至造成悬挂板变形。

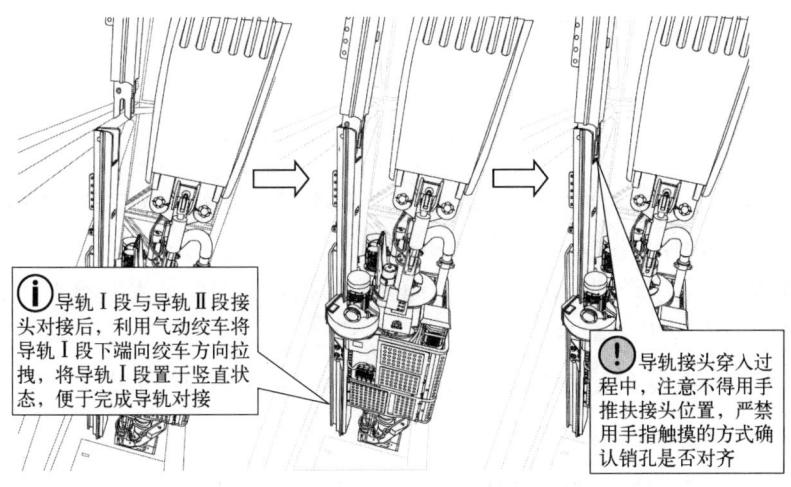

图9-49　导轨Ⅰ段与导轨Ⅱ段连接示意图

5. 反扭矩梁扣接导轨

（1）使用气动绞车将导轨底端向钻机绞车方向拉拽，导轨Ⅰ段贴紧主反扭矩梁的横梁前端面，闭合扣抓连接导轨背部固定块，安装固定销和安全销（图9-50），取掉气动绞车牵引绳索。

（2）取出导轨Ⅰ段与顶驱滑车的连接销轴，顶驱可以沿导轨上下移动。

（3）调整反扭矩调节大螺栓，使顶驱主轴与井眼居中对齐。

（九）连接电缆接头

（1）下放游车，将顶驱下放至接近钻台面，便于连接电缆。

（2）将游动电缆、辅助动力电缆、控制电缆的游动段电缆挂盘安装在顶驱减速箱旁边的托架上。

ⓘ 安装时注意管线不要交叉，并将电缆、管线接头正确插接。

⚠ 本体电缆接头护帽须取下收回存放，防止形成高空落物；接头连接完成后要进行防水遮盖，防止电缆接头进水。

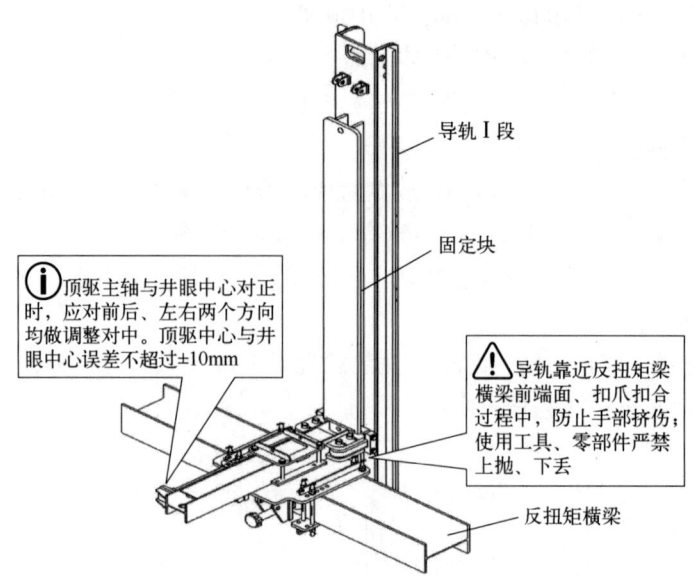

图 9-50 导轨Ⅰ段与反扭矩梁固定示意图

(3) 连接地面水平段与垂直段电缆接头，连接水平段电缆与电控房电缆接头。

(4) 安装司钻操作台电缆，正确插接接头。

⚠ 司钻操作台电缆纤细，尤其通信电缆，容易损坏，安装过程中不要过度扭结弯折，避开设备边角、尖锐的位置放置。

⚠ 司钻操作台电缆不与主动力电缆摆放到一起，防止通信被干扰。

（十）安装顶驱平衡系统

DQ500Z 顶驱平衡系统分为无悬挂梁平衡系统和有悬挂梁平衡系统两种。

1. 加注液压油

顶驱平衡系统安装前应确保液压系统已经可正常使用。安装完顶驱后，首先应向液压系统加注液压油，DQ500Z 顶驱推荐用液压油见表 9-15。

表 9-15 DQ500Z 顶驱液压油推荐表

环境温度，℃	黏度，mm^2/s	牌号
≥55	68	L-HM68
20~55	46	L-HM46
−30~25	32	L-HM32
−45~−5	32	L-HS32

液压油加注程序：

(1) 根据环境温度和作业需求选择合适型号的液压油。

(2) 保持 DQ500Z 顶驱电源、液压电动机电源断开，准备加油套件。

(3) 连接手动泵组件管路，取下加油快换接头公端防尘套。

(4) 连接手动加注泵至液压油油桶、手动加注泵至液压油加油快换接头公端管线，确认工作区域清洁。

（5）使用手动加注泵为油箱加注液压油，观察油箱液位计显示的油位高度，使得液压油油位处于最低液位和最高液位之间（此区间的液位为合理液位）。

2. 安装无悬挂梁平衡系统

使用大钩挂接顶驱提环，平衡系统安装具体步骤（图9-51）如下。

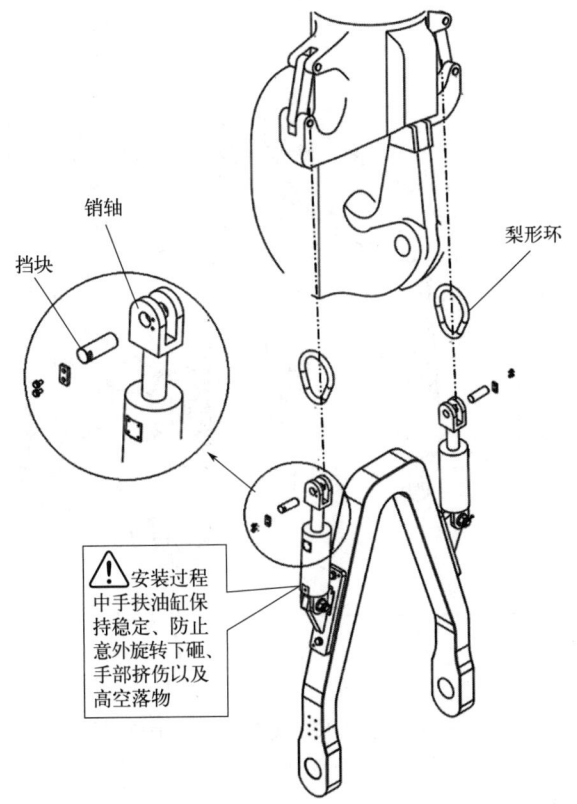

图9-51 平衡系统安装示意图

（1）平衡系统安装需要启动顶驱液压站，因此在安装前应先检查液压系统，在确保一切正常后方可进行安装。

（2）取下平衡油缸双耳板上的挡块和销轴，取出梨形环。

（3）取下位于大钩耳环的上销钉，打开耳环挡板，将梨形环挂在大钩耳环内，重新装上耳环挡板，穿销钉。

（4）启动液压站电动机，将模式选择阀旋至安装位置，两平衡油缸缓慢伸出，将梨形环置于平衡油缸活塞杆双耳板间，待平衡油缸活塞杆双耳板耳孔高于梨形环下孔位置时，装上平衡油缸活塞杆双耳板的销轴、挡块及固定螺栓，并对螺栓进行防松处理。

（5）将模式选择阀切换至工作位置。

⚠ 平衡系统安装前必须检查液压系统，务必保证管路、接头等安装正确无误，液压系统工作正常方可进行安装。

⚠ 平衡油缸在伸出时，注意人员站位和手扶持的位置，防止挤伤和人员高空坠落。

3. 安装有悬挂梁平衡系统

使用游车直接连接顶驱提环，须安装平衡悬挂梁。在安装顶驱之前，在地面将平衡悬挂梁安装到顶驱提环上，平衡油缸通过卸扣直接连接在悬挂梁上，在安装顶驱本体时平衡悬挂梁和提环一起装入游车即可实现平衡系统功能，如图 9-52 所示。

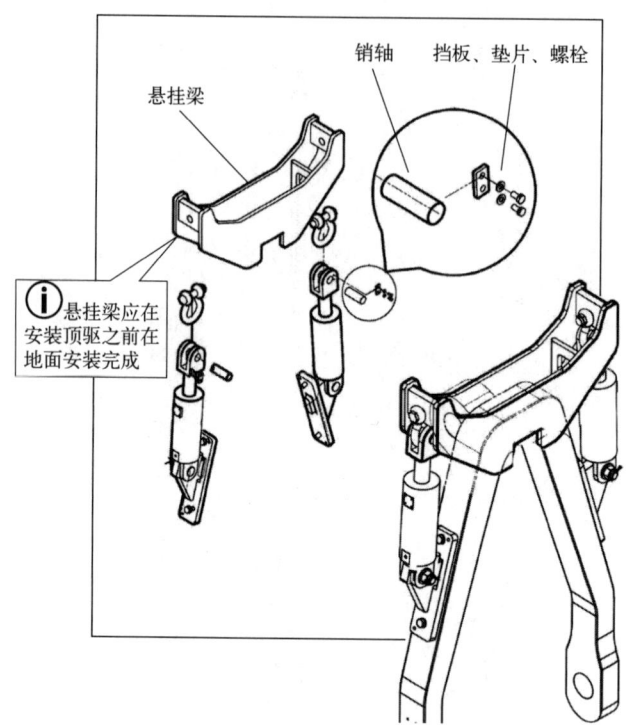

图 9-52　悬挂梁平衡系统安装示意图

（十一）安装吊环

（1）使用螺纹脂润滑吊环两端孔的内侧。
（2）使用气动绞车将吊环安装在旋转头耳环上。
（3）用专用卡箍连接吊环与倾斜机构。

ⓘ 安装吊环前，观察吊环两端耳孔的大小和弯曲朝向、倾斜油缸卡箍朝向，以此确定吊环安装的方向。

ⓘ 吊环挂到旋转头耳环时，若竖直状态无法直接安装，可摆动吊环底部使吊环倾斜一定的角度，配合气动绞车提放进行安装。

（十二）安装完成后验收

顶驱安装完成后应依次进行检查，确认所有零部件均按照说明书正确安装，所有运输固定件均已取下，为顶驱开机调试做好充分准备。

根据作业现场验收要求对顶驱进行检查验收，验收内容包括但不限于表 9-16 中的内容。

第九章　宏华顶驱安全作业指导

表 9-16　宏华顶驱安装验收表

序号	项目	标准	结果
一、机械部分			
1	导轨中心到井口距离，mm	930	
2	悬挂耳板、悬挂板、2个连接卸扣	悬挂耳板焊接或螺栓固定可靠，卸扣安全销可靠安装，螺栓安装防松锁线	
3	导轨	连接可靠，无裂纹，无变形	
4	导轨与井架、大钳绳、防碰绳	无干涉、无刮蹭	
5	导轨销、U形止退销	导轨销、止退销正确安装，固定螺栓、防松锁销安装可靠	
6	导轨离钻台面高度，mm	2200~2500	
7	导轮电缆支架总成	固定牢靠，螺杆、螺母及保险销齐全；若线缆挂板安在井架背梁，顶驱移动无干涉。穿线耳总成距钻台面23.5~24.5m，线缆挂板距钻台面23~24m	
8	游动电缆	弯曲半径≥1m；电缆最低处距钻台面≥1m。随顶驱上线移动与井架设施、大钳绳等无干涉，与水龙带无交叉现象，多根电缆无托压现象	
9	水龙带长度	23m	
10	立管高度	水龙带接口高度为19.5~21.5m；弯管出口朝前与游动管线无摩擦	
11	顶驱本体与井架附件	本体在井架内全程范围内无刮碰现象	
12	顶驱本体各处螺栓、连接销	螺栓紧固，防松线齐全，各连接销、开口销、安全别针齐全	
13	旋塞阀-主轴上扣扭矩，kN·m	55；锁紧装置安装规范	
14	保护接头-旋塞阀上扣扭矩，kN·m	50；锁紧装置安装规范	
15	主轴中心与井口中心误差，mm	≤10	
16	背钳及钳牙	背钳正常，钳牙完好，压板防松锁线齐全完好	
17	液压油	使用手册推荐用油	
18	吊卡类型	钻进时必须使用对开式吊卡	
二、液压部分			
1	各处密封	不漏油	
2	液压管线	无破损，固定可靠，无渗漏	
3	液压系统压力，MPa	12.8~16	
4	倾斜回路	功能正常	
5	旋转头转动回路	功能正常	
6	锁紧装置回路	功能正常	

续表

序号	项目	标准	结果
7	平衡回路	功能正常	
8	制动回路	功能正常	
9	背钳回路	功能正常	
10	IBOP 回路	功能正常	
11	倾斜与旋转头转动互锁功能	功能正常	
12	旋转头转动与锁紧装置互锁	功能正常	
三、电气部分			
1	输入电源电压	输入电压为 600V AC，电压稳定，波动不超过±5%	
2	主电动机、风机、电控房绝缘检查	无绝缘故障	
3	变压器、电控房放置	符合顶驱相关操作要求	
4	各插接件绝缘	无绝缘故障	
5	电源相序	相序正确，风机转向正确	
6	空调制冷、照明	制冷正常、照明正常	
7	扭矩、转速	正常	
8	报警及互锁	功能正常	
9	按钮、开关	符合功能要求	
10	电气设备及接地	无漏电、无干扰，符合防爆要求，接地电阻≤4Ω	
11	司钻操作台及支架固定	固定牢固，司钻操作台观察视线无障碍	
12	钻井、上扣、卸扣扭矩功能	正常	
13	主电动机运转情况	主电动机运转正常、稳定、无杂音	
四、安全防护措施			
1	顶驱导轨及悬挂板	1. 悬挂耳板下2个卸扣为4件套，安全可靠。 2. 导轨与悬挂板连接可靠，自锁装置在锁定位置。 3. 导轨无明显变形，焊缝无开裂	
2	导轨销、止退销	导轨销无退出现象，止退销螺栓、防松锁线齐全	
3	线缆挂板	挂板固定螺栓、安全销齐全、有效	
4	电缆挂盘	本体及线缆挂板挂盘压板固定螺栓紧固，防松锁线齐全可靠	
5	穿线耳总成	1. 螺栓紧固，防松锁线齐。 2. 使用卸扣为4件套，开口销齐全	
6	冷却风机电动机	1. 螺栓紧固，防松锁线齐全可靠。 2. 电动机加装防坠钢丝绳	
7	平衡系统	1. 平衡梁系统的销完好，安全销齐全。 2. 平衡油缸支撑体连接螺栓紧固，安全销齐全，支撑体本体无裂纹	

续表

序号	项目	标准	结果
8	顶驱盘刹	刹车护罩固定螺栓紧固,防松锁线齐全可靠	
9	顶驱本体电控箱门	柜门关闭严密	
10	本体防护栏	1. 转轴合页完好,转轴无脱出。 2. 螺栓紧固,防松锁线齐全可靠	
11	液压油箱呼吸器及加油孔堵头	紧固,无退扣现象	
12	管子处理器	螺栓紧固,防松锁线齐全可靠	
13	液压泵(含电动机)	1. 螺栓紧固,防松锁线齐全可靠。 2. 液压泵(电动机)加装防坠安全绳,螺栓紧固,防松锁线齐全可靠	
14	IBOP 装置	1. 防松装置螺栓紧固,防松锁线齐全可靠。 2. 滚轮无破损、偏磨、框动;滚轮连接销螺母无松动,止退垫齐全有效。 3. 执行机构固定螺栓紧固,防松锁线齐全可靠	
15	倾斜油缸	1. 销轴固定压板螺栓紧固,防松锁线齐全可靠。 2. 硬管线无弯折破损	
16	倾斜油缸支撑体	螺栓紧固,防松锁线齐全可靠	
17	背钳挂臂	1. 背钳挂臂连接销、安全别针或定位块齐全,螺栓紧固,防松锁线齐全可靠。 2. 加装防坠安全绳	
18	背钳	1. 钳牙座、压板完好,压板固定螺栓紧固,锁线齐全。 2. 背钳体外部所有连接螺栓紧固,锁线、安全销齐全	
19	背钳导向口	螺栓紧固,防松锁线齐全可靠;加装防坠安全绳	
20	滑车系统	1. 滑车滚轮无破损、偏磨、框动。 2. 滑车滚轮连接销螺母无松动,止退垫齐全有效。 3. 滑车固定螺母紧固,锁线齐全有效	
21	反扭矩梁	1. 固定螺栓紧固,安全销齐全、有效,固定销完好无退出。 2. 安装反扭矩梁为 1 套或 2 套	
22	锁紧装置及旋转头马达	螺栓紧固,防松锁线齐全可靠;加装防坠安全绳	
23	灭火器与应急照明措施	消防器材配备齐全、有效,有定期检查记录;应急照明灯工作正常	

二、顶驱拆卸

在完井后,钻井队一般要对整个钻机进行拆卸、运输,顶驱作为钻机的一部分,应尽可能在短时间内完成拆卸作业。为节省拆卸时间,需要在拆卸前充分做好相应的准备工作,拆卸过程合理安排人员、吊车等,并在拆卸完成后快速、正确地进行包装。

(一)拆卸前准备

为确保快速、安全地拆卸顶驱,在拆卸前应做好以下准备:

(1)应准备吊车(75t及以上),检查钻台面气动绞车,确保正常运转;确保顶驱出厂时所带的各种包装箱、运移架架及连接附件(销、支撑等)齐全,避免在拆卸过程中由于准备不充分停工等。

(2)对参与顶驱拆卸人员进行技术交底和安全培训,讨论确定拆卸技术方案,确保所有参与拆卸人员对拆卸方案和相应的安全措施有清晰的了解。

(3)拆卸前应将旋转头转至正面位置,若使用大钩连接顶驱提环,应先拆卸平衡油缸与大钩相连的部分,吊环拆卸后将倾斜油缸活塞杆全部收入缸内,以上工作确认完成后再对整个顶驱断电、液压系统卸荷,测压确认液压系统无压力后方可进行顶驱拆卸。

(二)拆卸流程

顶驱拆卸流程如图9-53所示。

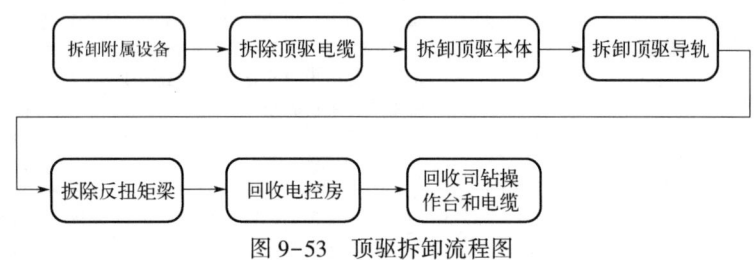

图9-53 顶驱拆卸流程图

1. 拆卸附属设备

拆卸顶驱前应做好相应拆卸确认,只有确认下述项均已达到要求方可进行拆卸工作。

(1)下放顶驱至钻台面。

(2)拆卸吊卡、吊环。

(3)检查旋转头位置,正面朝向坡道,背钳扭矩柱位于导轨侧并与顶驱中心保持在同一纵向面上,倾斜油缸活塞杆全部收入缸内。

(4)若使用大钩连接顶驱提环,拆卸平衡油缸和大钩的连接。模式选择阀旋至"安装"位置,平衡油缸活塞杆伸出,拆除杆头双耳板与梨形环的连接。

⚠ 取下平衡油缸活塞杆双耳板处销轴时,为防止平衡油缸失去连接后翻转下来造成人员伤害和设备损坏,应对平衡油缸进行捆绑固定,拆除后缓慢将油缸翻转至挡块位置。

(5)确认旋转头位置正确、平衡油缸拆除完毕后,停液压站电动机,将模式选择阀扳至"卸荷"位进行液压系统泄压,并确认系统无残留压力。

⚠ 泄压完成后须用压力表测试系统压力为零,并进行确认。

(6)顶驱断电,依次断开顶驱电控房内动力电源和控制电源开关,并断开由井场供电房至顶驱电控房的主电源。

2. 拆除顶驱电缆

顶驱线缆拆除步骤:

⚠ 确保井场供电房对顶驱的供电开关断开并悬挂"禁止合闸"警示牌,防止触电伤人。

(1) 拆除水龙带与顶驱鹅颈管的连接。

(2) 拆除井场供电房至顶驱电控房进线电缆。

(3) 拆除顶驱本体侧游动电缆的插头(包括主动力电缆、辅助动力电缆、控制电缆),安装保护盖。

(4) 拆除位于顶驱底座下方的水平段各线缆(包括主动力电缆、辅助动力电缆、控制电缆)与垂直段的线缆插头,并及时安装保护盖。

⚠ 线缆插头在拆卸完毕后应及时安装紧固保护盖,防止污染物进入线缆插头内部。

(5) 将电缆盒吊至钻台,摆放在便于盘收电缆的位置。

(6) 穿线耳总成拆卸:使用气动绞车吊起穿线耳主体,缓慢上提,待固定穿线耳总成的双腿成套压制索具离开井架斜撑时(以便于拆卸连接卸扣为准),拆掉两组索具的连接卸扣,缓慢下放气动绞车,将穿线耳总成电缆整体下放盘收至电缆盒内。

⚠ 注意悬吊穿线耳总成的绳索捆绑位置,防止挤压电缆造成电缆损坏。

⚠ 气动绞车提前悬挂配重,防止吊钩起升过高导致失控。

(7) 井架工打开位于二层台处线缆挂板上动力电缆接头,上紧保护盖。使用气动绞车依次将两根主动力电缆从挂板上吊起,并下放至钻台面的电缆盒内。

(8) 拆除地面连接线缆,包括井场供电房至顶驱电控房动力电缆、顶驱电控房至井架下方的水平段电缆(动力跳线、辅助动力跳线、控制电缆跳线),拆除后检查、清理并回收。

⚠ 线缆在吊装过程中应防止与其他设施锐边、锐角等碰触导致线缆外表破损,吊装时线缆预留有吊装孔位的应严格按照吊装要求进行吊装作业。吊装时选择专用吊装点或使用软质吊装绳,否则可能损坏电缆。

⚠ 线缆拆卸完毕后应仔细检查线缆磨损状况(尤其是游动段电缆),发现线缆外护套塑封破损时应及时处理。

⚠ 在回收装箱前应清理线缆表面油垢、污渍等,线缆插头应及时用保护盖盖好,裸露接头包装固定,防止线缆在装箱过程中被压坏。

⚠ 拆卸、盘收线缆时,一定要注意线缆的弯曲半径(线缆的弯曲半径为线缆直径的8倍),避免出现缠绕、扭结、刮蹭现象,严禁在地面用力拖拽电缆,尤其要避免拉动电缆接头来拖动电缆,盘收时注意释放电缆盘的转扭力。

3. 拆卸顶驱本体

(1) 安装顶驱滑车与导轨Ⅰ段相连的固定销轴、别针,将顶驱与导轨固定。

(2) 打开反扭矩梁与导轨连接的扣抓。

ⓘ 因为重心影响可能导致低位反扭矩梁扣爪无法打开,可使用气动绞车将导轨底端向钻机绞车方向拉拽,调整导轨姿态,便于打开爪。

(3) 缓慢适度移动游车,以方便取出最下部两节导轨之间连接销为准。

⚠ 上提游车过程中司钻注意观察悬重变化,钻台人员注意观察导轨顶部悬挂板情况,防止导轨整体上移过多导致顶部调节板变形损坏。

（4）取出导轨Ⅰ段与Ⅱ段之间的U形止退销和连接销轴。

ⓘ 可使用气动绞车将导轨底端向钻机绞车方向拉拽，配合游车缓慢提放，调整导轨姿态，便于取出导轨连接销轴。

（5）取下导轨底端牵引的气动绞车绳索，使用吊车将顶驱向坡道方向牵引，配合游车上提至不妨碍放置顶驱运移架的高度。

⚠ 导轨Ⅰ段顶端向井架背梁偏斜，上提游车过程中应由专人观察，缓慢提升，防止与Ⅱ段导轨或井架发生碰撞导致设备损坏。

（6）用吊车将顶驱运移架吊至钻台，配合气动绞车将运移架立起并在井口（图9-54），使其处于竖直状态并尽量贴近反扭矩梁放置，以便顶驱下放时能顺利装入运移架。

ⓘ 运移架立起后需用气动绞车悬吊上部吊点以防止翻倒，顶驱本体下放时应避免与气动绞车钢丝绳发生干涉。

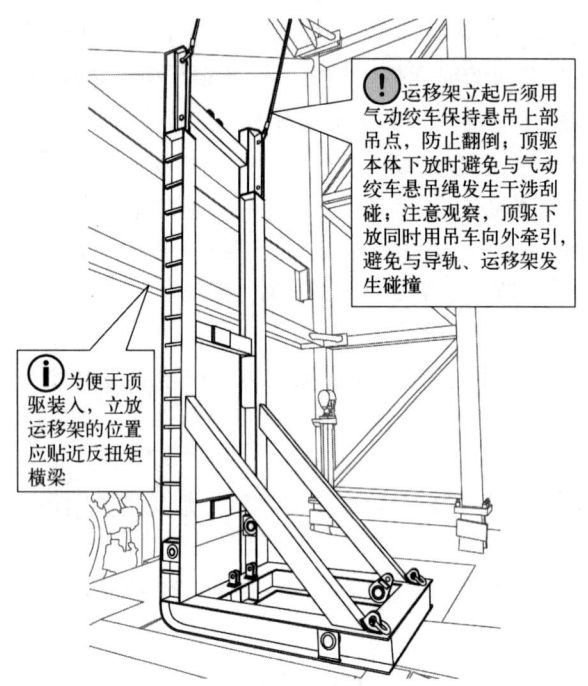

图9-54 运移架立放于钻台示意图

（7）下放顶驱到运移架内，导轨Ⅰ段底部销孔对齐运移架销孔。

⚠ 注意观察，顶驱下放同时向外牵引，避免与上节导轨、运移架发生碰撞，避免与运移架两侧的悬吊钢丝绳发生干涉。

（8）安装顶驱导轨Ⅰ段与运移架上下两处固定销轴。

（9）小幅下放游车，游车与提环脱离接触。

（10）使用气动绞车悬吊绳套辅助提升游车提环，取出游车提环销轴，配合游车上提，游车和顶驱提环脱开，继续上提游车。

（11）关闭游车提环，安装销轴，上提至高处，以不影响后续拆卸作业为准。

（12）使用气动绞车安装运移架上部两侧三角形吊架和中间支撑杆，如图9-55所示。

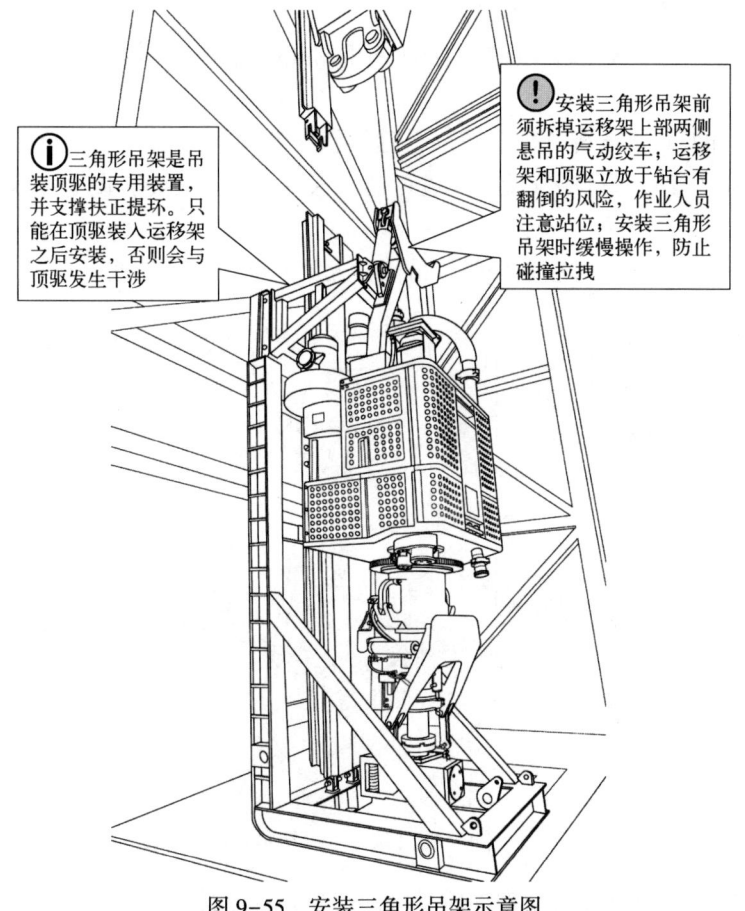

图 9-55　安装三角形吊架示意图

（13）使用钢丝绳、卸扣连接游车和三角形吊架的吊点，吊车悬吊运移架下部两个吊点，上提游车，吊车配合游车提升，将顶驱连同运移架放倒，水平放置在钻台面。

ⓘ 顶驱连同运移架平放在钻台面时，位置应朝向坡道方向放置，便于吊车将顶驱移下钻台。

⚠ 应提前将钻台坡道旁一侧的护栏拆掉，空间更开阔，便于顶驱放置，防止设备刮碰。

⚠ 吊车配合游车将顶驱连同运移架放倒，专人指挥，吊车适当向坡道方向牵引，防止 I 段导轨顶部碰撞井架和反扭矩梁。

⚠ 将顶驱连同运移架放倒，吊车悬吊下部两个吊点只起扶正作用，大钩连接提环的钢丝绳和卸扣要承受顶驱本体与运移架总重量，应选择合适的规格以确保安全性与稳定性。

（14）拆除大钩与提环连接的钢丝绳，使用吊车将顶驱连同运移架移下钻台。

⚠ 选择专用吊点四点吊装，正确选择绳索、卸扣的承重等级；由专人指挥，使用牵引绳；确保钻台大门处空间开阔，防止顶驱与钻台设备发生碰撞。

4. 拆卸顶驱导轨

（1）下放游车，将提升架与游车用钢丝绳和卸扣相连，并将提升架穿入导轨，如图 9-56 所示。

⚠ 导轨提升架套装导轨时位置较高，且导轨安装架倾斜易晃动，位置不稳，操作应缓慢；提升架穿入导轨时可用气动绞车进行辅助悬吊，保持其姿态便于穿入导轨，注意手扶位置，防止挤伤。

⚠ 作业人员进行扶正时应乘坐载人吊篮，人员安全带尾绳挂在气动绞车主钩上。

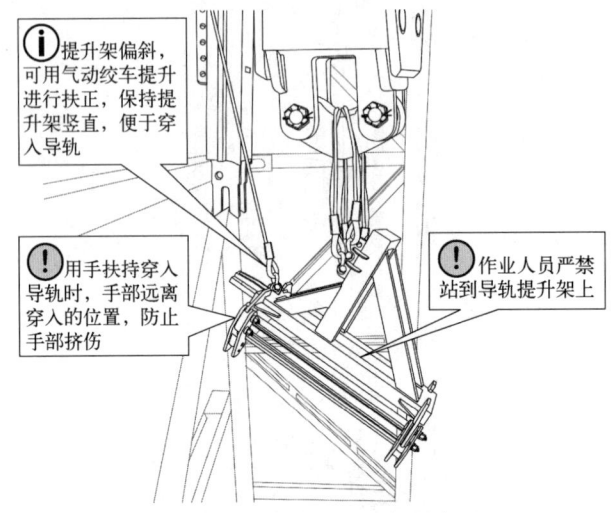

图 9-56　提升架穿入导轨示意图

（2）上提游车，直到提升架至导轨 V 段顶端顶开自锁装置。

⚠ 游车带动导轨提升架上提过程中应缓慢，并应由专人观察，防止提升架沿导轨滑动过程中发生卡阻，若不及时停止游车上提，会造成安装架变形或者导轨整体上移，损坏导轨悬挂板。

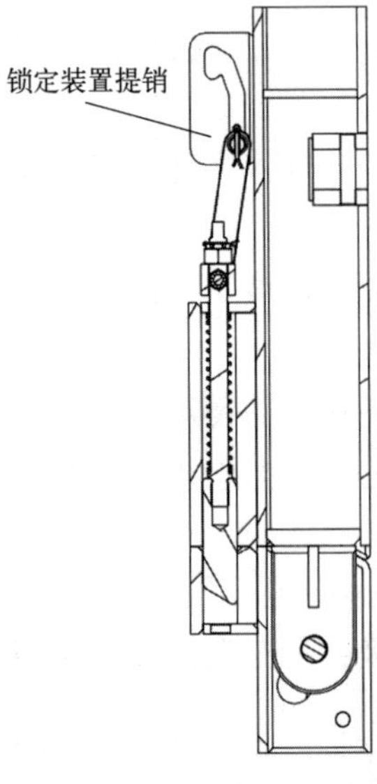

（3）继续缓慢上提游车，直到导轨 V 段从悬挂板销轴上脱开。

⚠ 指派专人在天车下方观察游车和导轨提升架的位置，防止游车顶天车，人员必须佩戴对讲机，保持良好通信。

（4）将悬挂板用绳索固定在井架背梁上。

⚠ 避免井架放倒时导轨悬挂板与钻井大绳干涉，必须将调节板固定到井架背梁上。

（5）缓慢下放游车，使用气动绞车悬吊导轨锁定装置提销，缓慢上提打开导轨Ⅲ段锁舌，如图 9-57 所示。

（6）导轨Ⅱ段贴近钻台面，下端吊点处连接钢丝绳，使用吊车牵引上提，下放游车，将导轨Ⅱ段水平放置到钻台面上，取出导轨Ⅱ段与导轨Ⅲ段的连接销轴。

⚠ 锁定装置打开后，下放导轨过程中应保持用吊车牵引

图 9-57　打开导轨锁定装置

导轨底部，配合游车缓慢下放，使导轨下放过程平稳。

⚠ 导轨下放过程中，顶部会向井架后侧倾斜，注意观察，避免与井架发生碰撞。

⚠ 待两段导轨相对稳定后再取导轨销，注意人员站位，使用加长工具，防止手部挤伤。

（7）上提游车，导轨Ⅱ段与上面Ⅲ段导轨完全脱离后，使用吊车将Ⅱ段导轨吊离钻台。

❗ 两段导轨分离时，上段导轨底端会向坡道方向倾斜翘起，作业人员不得站在导轨正前方，防止人员伤害。

⚠ 导轨较长，应使用专用吊点吊装，使用牵引绳，防止导轨摆动伤人。

（8）按照步骤（1）~（7）依次拆卸导轨Ⅲ段至导轨Ⅴ段。

（9）待到井架放倒之后，拆除导轨悬挂板。

5. 拆除反扭矩梁

（1）使用气动绞车悬吊反扭矩梁装置，拆除固定螺栓。

❗ 选择合适的吊装位置，水平吊装，使用牵引绳，防止反扭矩梁反转、摆动伤人。

（2）将反扭矩装置整体拆下，吊离钻台，回收放置。

⚠ 拆除反扭矩梁时务必注意将拆卸下的销钉、抗剪销、开口销等放置在安全可靠的位置，防止拆卸过程中高空落物造成人员伤害。

6. 回收电控房

（1）断开地线柱电缆连接，回收地线柱和地线电缆。

（2）将电控房吊出，放置于安全环境中。

7. 回收司钻操作台及电缆

（1）拆卸司钻操作台固定螺栓。

（2）回收司钻操作台电缆，安装保护盖。

（3）回收司钻操作台。

⚠ 井间搬安作业中，将司钻操作台从托架上拆除回收时，应避免运输过程中司钻操作台从托架上跌落损坏。

⚠ 司钻操作台电缆纤细，尤其是通信电缆，容易损坏，回收过程中不要过度扭结弯折。

⚠ 线缆在吊装、盘收过程中应防止与其他设施锐边、锐角等碰触导致线缆外表破损。

第四节　宏华顶驱操作考核

一、顶驱理论考核

（1）启动系统后工作模式、主电机旋钮应分别打到什么位置？

答：工作模式应打在"钻井"位；主电机打在"停"位。

（2）在正常钻进工况下，顶驱盘刹（刹/自动/松）应在什么位置？

答：用顶驱钻进时，刹车开关放在"自动"位置。

（3）宏华顶驱在使用旋转头旋转时，吊环必须先处于什么状态？

答：旋转头转动和吊环倾斜功能之间有互锁设定，使用旋转头旋转之前，须按吊环回中，按动"悬浮"按钮，使吊环处于悬浮状态。

（4）简述"卸扣"操作步骤。

答：① 首先确认司钻操作台各操作开关、手轮处于正确位置，各指示灯状态正常；

② 将工作模式开关扳至"钻井"位。

③ 将主电机开关扳至"反"位。

④ 顶驱主电动机启动后，观察液压站电动机，确认已正常启动后观察盘刹状态是否正确。确认盘刹解开后操作背钳按钮，背钳指示灯亮，表明背钳已夹紧钻具接头。

⑤ 将工作模式开关扳至"扭矩"位置，司钻应注意观察扭矩表读数或顶驱主轴状态，当卸扣扭矩超过连接扣的紧扣扭矩时，顶驱主轴开始旋转，此时卸扣扭矩突然急剧下降至很小，表明连接扣已松开。

⑥ 将工作模式开关扳至"旋扣"位置，平衡系统扳至"立柱上跳"位置，同时松开背钳按钮，背钳按钮指示灯熄灭，背钳松开钻具接头，顶驱主轴开始匀速反转旋扣，顶驱主轴逐渐脱离钻具接，司钻缓慢上提游车。

⑦ 当钻柱接头完全松开后，将工作模式开关扳至"钻井"位置，顶驱主电动机停止转动。

⑧ 将主电机开关扳至"停"位，至此卸扣操作完成，操作各开关、手轮回复初始位置。

（5）简述宏华顶驱旋转头和吊环的使用注意事项。

答：吊环承载超过2t的钻具，必须使吊环处于"浮动"状态，即吊环油缸处于无油压状态，严禁使用吊环倾斜功能，否则会损坏倾斜油缸；吊环承载时，严禁旋转顶驱旋转头。

（6）堵转工况的处理方法有哪些？

答：① 提高钻井扭矩继续钻进。如果堵转时钻井扭矩设定值较低，可以根据具体情况在保证设备、人身安全的前提下，缓慢增加钻井扭矩限制值，至钻具克服井底阻力开始旋转，待正常钻进时再将钻井扭矩限制值减小。

② 释放反扭矩。如果输出扭矩设定已经较大，但无法冲开卡钻点，又不需要保持堵转状态，则需要释放反扭矩：

方法一：保持转速手轮不动，缓慢减小钻井扭矩限制值，钻柱缓慢反转，扭矩也随之减小，直到钻井扭矩限制值减小到零，钻柱反转速度为零，彻底释放钻具反扭矩。然后将转速手轮回到零位，将主电机转向开关扳回"关"位。

方法二：保持钻井扭矩限制值不变，转向开关保持正向，转速手轮缓慢旋回零位，按下【扭矩释放】按钮并保持，扭矩根据内部计算缓慢释放，实际扭矩值缓慢减小，主轴缓慢反转，直到反扭矩全部释放完成，将主电机转向开关扳回"关"位。

（7）顶驱IBOP的使用注意事项有哪些？

答：正常作业时，顶驱上下 IBOP 处于关闭位置时禁止启动井队钻井泵；井队钻井泵工作期间严禁关闭顶驱 IBOP；顶驱下 IBOP 需要一天活动一次。

（8）当顶驱主轴处于什么状态时，钻工才能在井口进行提放卡瓦或其他工作？

答：当顶驱主轴完全停止后，钻工才能在井口进行提放卡瓦或其他工作。

（9）使用大尺寸钻头在表层或某段地层钻进时，顶驱本体出现非自身原因的剧烈晃动，司钻应如何处理？

答：使用大尺寸钻头在表层或某段地层钻进时，出现非顶驱故障原因的剧烈晃动时，司钻应适当降低转速，避免顶驱因剧烈晃动而损坏。

（10）带顶驱震击解卡作业的注意事项有哪些？

答：① 任何情况下，禁止带顶驱使用地面震击器进行震击作业。

② 如确需带顶驱进行震击作业，震击器与井口的距离不得小于 1500m；如距离大于 1500m 时发生卡钻，若确需使用顶驱进行震击作业，严禁顶驱带转速憋扭矩震击。带顶驱震击作业时，钻台面严禁站人，避免顶驱零部件掉落伤人，如果发现顶驱上零部件掉落，应该立即停止震击，检查顶驱。

③ 带顶驱震击作业时，钻具必须与顶驱保护接头连接，严禁使用顶驱吊卡悬挂钻具进行震击。

④ 带顶驱震击作业时，上提负荷要严格按照钻井手册的相关规定执行，严禁发生钻具拉断损伤顶驱的事故。

⑤ 带顶驱震击作业时，每震击 2h，必须对顶驱进行检查。

⑥ 如果在解卡过程中，现场作业工况不能满足上述条件，或者顶驱受到剧烈冲击，或者震击时间超过 8h，为避免顶驱设备损坏，需将顶驱旁置或暂时拆甩，待采用其他方式解卡后再恢复作业。

（11）定向作业时应该注意哪些方面？

答：在定向钻井作业中，顶驱钻井扭矩设定为动力钻具设定的最大扭矩的 1.2 倍，如果在复合钻井过程中发现顶驱反转，立即提升游车来减少反扭矩。钻井工艺要求钻具不旋转时刹车转到"刹"位；钻井工艺要求允许钻具旋转时，刹车均转到"自动"位；须经常检查刹车可靠性，保证顶驱刹车扭矩值大于设定钻井扭矩。

二、顶驱实操考核

宏华 DQ500Z 顶驱司钻实际操作技能考核内容见表 9-17。

表 9-17　宏华 DQ500Z 顶驱司钻实操技能考核表

序号	评分内容	分值	得分
	基本功能操作		
1	观察显示屏和故障指示灯是否有报警信息	1	
2	将司钻操作台上的转速设定手轮旋回零位，主电机开关扳至"停"位，工作模式开关扳至"钻井"位置，液压站在"自动"位置	1	
3	启动使能，观察有无报警信息	1	

续表

序号	评分内容	分值	得分
4	旋转头左转和右转	1	
5	吊环前倾和后倾以及吊环浮动	1	
6	IBOP 开位和关位	1	
起下钻			
1	游车下放顶驱至钻台面，吊环倾斜处于"悬浮"状态，将卡瓦上部外露的钻杆接头卡在吊卡内，去卡瓦	2	
2	游车上提顶驱至超过二层台便于井口动力钳拆卸钻杆接头位置时，停止上提游车，并将钻柱坐在卡瓦上	1	
3	使用井口动力钳卸开立柱与井底钻柱的连接螺纹，上提顶驱，使立柱与钻柱分开	1	
4	缓慢下放顶驱，将立柱下端拉至钻杆盒的适当位置，将吊环倾斜按钮旋至"前倾"位将立柱送入二层台钻杆盒内，打开吊卡，将立柱摆放至钻杆盒	2	
5	按下吊环悬浮按钮至"悬浮"状态，使吊环在自重作用下复中位，下放顶驱	1	
6	游车上提顶驱至高于二层台位置后，使用旋转马达按钮"正""反"调节角度至吊环倾斜便于抓取钻杆的方向后停止，吊环伸出抓取所需下放的立柱至吊卡，扣好吊卡门闩	2	
7	上提游车，同时吊环处于"悬浮"状态，让立柱在自重作用下自动回到井眼中心线上	1	
8	缓慢下放游车，将所提立柱与井底钻柱完成对扣，用井口动力钳上紧立柱与钻柱之间的连接螺纹	1	
9	上提游车，去卡瓦，下放立柱至井口适当位置后下放卡瓦，将钻柱坐实在卡瓦后，打开吊卡门闩，吊环后倾，上提游车，让吊卡脱离钻柱	2	
接立柱			
1	前一根立柱钻进完毕后，停止钻井泵钻井液循环，关闭顶驱遥控旋塞阀，使用顶驱背钳进行卸扣操作	2	
2	将工作模式开关扳至"钻井"位，将主电机开关扳至"反"位	1	
3	顶驱主电动机启动后，观察液压站电动机，确认已正常启动后观察盘刹状态是否正确。确认盘刹解开后操作背钳按钮，背钳指示灯亮，表明背钳已夹紧钻具接头	1	
4	将工作模式开关扳至"扭矩"位置，司钻应注意观察扭矩表读数或顶驱主轴状态，当卸扣扭矩超过连接扣的紧扣扭矩时，顶驱主轴开始旋转，此时卸扣扭矩突然急剧下降至很小，表明连接扣已松开	2	
5	将工作模式开关扳至"旋扣"位，平衡系统扳至"立柱上跳"位，同时松开背钳按钮，背钳按钮指示灯熄灭，背钳松开钻具接头。顶驱主轴开始匀速反转旋扣。顶驱主轴逐渐脱离钻具接，司钻缓慢上提游车，保护接头涂抹螺纹脂	2	
6	操作工作模式开关扳至"钻井"位置，顶驱主电动机停止转动	1	
7	上提顶驱至二层台附近，上提高度以适合抓取下一立柱位置为准；调整旋转头角度，将吊环倾斜伸出方向朝向所需抓立柱的方向后，吊环前倾，打开吊卡门闩，放入立柱后重新关闭吊卡门闩	2	

第九章　宏华顶驱安全作业指导

续表

序号	评分内容	分值	得分
8	吊环至"悬浮"状态，立柱及吊环倾斜机构在自重作用下与井眼对齐；待立柱竖直后缓慢下放顶驱，立柱下端接头与钻柱接头对扣，接头处涂抹螺纹脂，使用井口动力钳完成立柱下端与钻柱接扣	2	
9	缓慢下放顶驱，立柱上端进入顶驱背钳导向盖并与顶驱保护接头对扣	1	
10	将工作模式开关扳至"钻井"位置，将主电机开关扳至"正"位置；	1	
11	顶驱主电动机启动后，观察液压站电动机，确认已正常启动后观察盘刹状态是否正确。盘刹解开后将工作模式开关扳至"旋扣"位置，此时顶驱主轴以10rpm的转速转动	1	
12	缓慢下放游车，让立柱（或单根）上端接头进入背钳与顶驱主轴保护接头对扣。继续缓慢下放游车，顶驱主轴保护接头逐渐旋入立柱（或单根）上端接头，顶驱处于正向旋扣工况。司钻注意观察主轴的转动情况，当主轴停止转动时，表明旋扣扭矩已达到旋扣扭矩设定值（通常旋钮扭矩设定在5~10kN·m），连接扣已旋紧	2	
13	停止下放游车，设定上扣扭矩限制来限定最大紧扣扭矩值，最大紧扣扭矩值须根据钻具规格及作业要求来确定	1	
14	按住背钳按钮，背钳开始夹紧动作，背钳按钮指示灯亮，背钳钳牙夹紧钻具接头；夹紧后将工作模式开关扳至"扭矩"位置（注：此时背钳按钮仍需要按住保持夹紧状态）。司钻通过控制箱上的扭矩表读取当前紧扣扭矩值，待扭矩值上升到预期扭矩值时松开工作模式旋钮	2	
15	松开背钳按钮，背钳夹紧指示灯熄灭，背钳钳牙松开钻具接头，同时将工作模式旋钮扳至"钻井"位置，顶驱主轴转速回零	1	
16	缓慢上提顶驱，提起钻柱，取开卡瓦，开启顶驱遥控旋塞阀，开钻井泵循环钻井液，顶驱主电动机给转速、扭矩继续钻进	2	
倒划眼起钻			
1	将钻柱坐在卡瓦上，然后下放顶驱，使保护接头与钻杆接头对扣并用背钳上紧连接处，上提顶驱，提出卡瓦，开启顶驱遥控旋塞阀，开启钻井泵，一边上提钻柱一边倒划眼	3	
2	待顶驱上提至钻柱出现第三个接头处时（即提起一个立柱时）停止上提顶驱，停钻井泵钻井液循环，关闭顶驱遥控旋塞阀，按照正常起钻方式卸下露出的立柱并排放至钻杆盒	3	
3	缓慢下放顶驱，让钻柱接头缓慢进入背钳导向盖并与保护接头对扣，使用背钳上紧保护接头与钻柱连接螺纹，缓慢上提顶驱，取出卡瓦，打开顶驱遥控旋塞阀，打开钻井泵循环钻井液，一边上提钻柱一边倒划眼	1	
平台经理： 顶驱工程师： 被考核司钻：		50	

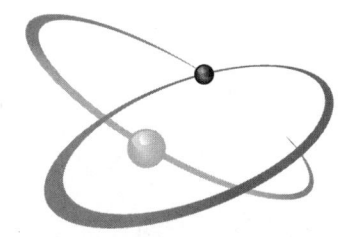

第三部分
案例分析

第十章 事故案例

第一节 高处坠落

一、"8·16"顶驱安装人员高处坠落事故

（一）事故描述

2017年8月16日，境外项目部顶驱某某队进行顶驱拆卸作业。22:00，顶驱拆甩到地面后进行顶驱导轨拆卸。顶驱工程师张某某系好安全带后，将安全带尾钩挂在导轨专用安装架右侧的钢丝绳上，站在顶驱导轨安装架上，随后指挥带班队长操作游车大钩将其带到高度距转盘面7m左右的位置进行导轨安装架与导轨的对接工作。经过多次上提下放，对接工作未成功。22:35左右，张某某蹲坐在导轨安装架靠近导轨一侧，再次指挥带班队长操作刹把进行对接，此时导轨安装架突然侧翻，张某某从安装架上翻落，被安全带悬挂在半空，后被现场人员放下。事故造成张某某第5节颈椎骨裂，椎管狭窄，压迫神经。

（二）原因分析

1. 直接原因

顶驱通过二层台时，司钻未将顶驱吊环支臂复位，导致吊环吊卡撞击二层台致其变形，造成人员坠落。

2. 间接原因

（1）张某某违反《高处作业安全管理实施细则》，没有使用吊篮进行高处作业。

（2）张某某安全带使用不当，没有高挂低用，坠落后加重了伤情。

3. 根本原因

（1）上岗员工高处作业知识掌握不牢，风险控制意识不强。

（2）上岗员工的HSE能力评价管理不到位。

（3）顶驱拆甩高风险作业期间，现场监管不到位，现场作业风险控制措施未落实。

（三）经验分享与改进措施

（1）强化培训工作。进一步完善基层员工的HSE培训工作，强化对员工高处作业的培训和指导。

(2) 落实 HSE 履职能力评估。从 HSE 基础知识测试、HSE 能力和 HSE 业绩等方面严格考核。

(3) 提高监管效能。严格作业许可等可追述记录的执行，加强高危作业的过程监管，确保作业期间的风险控制措施的有效落实。

二、"2·22"顶驱安装高处坠落事故

（一）事故描述

2007 年 2 月 22 日，某境外项目钻井队进行顶驱安装作业。当第 5 节顶驱节导轨安装完毕后，从地面吊升顶驱至钻台，平台副经理与机械师指挥将直径 22mm 的钢丝绳套穿过顶驱底橇耳板，绕过顶驱提环挂接在游车上，平台经理缓慢上提游车到达导轨连接点。此时，司钻与井架工 2 人分别移至顶驱两侧电动机位置，将安全带尾绳系在顶驱平衡油缸的固定支架上，准备协助导轨的对接与连接销的穿插工作。17：00 左右，在导轨对接过程中，用于吊装顶驱的钢丝绳套突然断裂，导致顶驱失控下落，撞击后向前倾倒在钻台面。

事故造成顶驱本体损坏，司钻撞击后坠落在大门坡道右侧的钻杆盒上（安全帽甩落至钻台下），经抢救无效死亡；井架工坠落至左侧的钻杆盒上（安全帽掉落于顶驱本体上），头部脑震荡，左手腕骨骨折。经事后调查，断裂钢丝绳套检测合格无质量问题，司钻、井架工作业时未系好安全帽帽带。

（二）原因分析

1. 直接原因

吊装顶驱本体钢丝绳套断裂，致 2 名作业人员随顶驱坠落钻台面伤亡。

2. 间接原因

（1）作业人员存在未按规定使用安全带、安全帽的违章行为。

（2）违反起重作业"十不吊"原则，未由专人指挥，吊装钢丝绳套直接与棱角接触。

3. 根本原因

（1）监督缺位，未及时发现并制止违规、违章行为。

（2）作业人员安全意识淡薄，存在图省事心理，违章指挥、违章作业。

（3）培训教育不足，风险识别不到位，未识别到吊装钢丝绳断裂的潜在风险。

（三）经验分享与改进措施

（1）强化生产作业管理。顶驱安装、拆卸涉及高处作业、吊装作业等高风险活动，应依规申请作业许可，组织相关人员开展工作前安全分析（JSA），全面辨识作业风险，确保专人指挥、HSE 监督等关键岗位人员到位，实施全过程风险监控。

（2）杜绝违章行为。严令禁止违章指挥与违章作业，落实起重作业"十不吊"等要求，加强现场统一协调，确保信息传递及时准确。

三、顶驱吊环碰撞井架二层台事故

（一）事故描述

2023年6月2日17:00，国内某钻井队进行完井甩钻具作业。井架工将5.5in钻杆立柱扣入吊卡，司钻完成游车上提，钻工将立柱推向鼠洞上方位置，并向司钻发出可以下放钻具的手势信号。司钻在未复位顶驱支臂的情况下直接下放顶驱，导致吊卡压在二层台工作台上，造成工作台变形，人员险些坠落。

（二）原因分析

1. 直接原因

顶驱通过二层台时，司钻未将顶驱吊环支臂复位，导致吊环吊卡撞击二层台。

2. 间接原因

（1）司钻在甩钻具的过程中，未按顶驱操作流程操作。

（2）作业前对甩钻具作业的风险识别不够充分，班前会中未能有效提示潜在的安全风险，未引起足够重视。

3. 根本原因

（1）对现场操作人员作业流程和安全操作规程的培训不够到位，导致其缺乏对关键作业步骤的深入理解和实践。

（2）带班队长作为当班负责人，对作业过程的监督和指导不足。

（三）经验分享与改进措施

（1）强化规程培训。加强现场操作规程的培训和考核，确保每位作业人员都能熟悉并掌握正确的操作流程，特别是关键作业环节的操作规范。

（2）提升风险意识。在班前会上，应重点讨论和提示作业中可能遇到的风险，制定相应的预防和应对措施，提高团队的整体风险意识。

（3）加强现场监督。强化作业监督，确保操作规程的严格执行，及时发现和纠正不安全行为。

第二节　物体打击

一、"3·13"物体打击事故

（一）事故描述

2019年3月13日，国内某钻井队进行顶驱保护接头更换作业。背钳门打开，气动绞车吊起顶驱背钳，准备用顶驱卸扣功能将保护接头松扣时，司钻未提前启动锚头拉紧 B 型钳尾绳，也未确保作业区域内人员安全撤离，突然操作顶驱主轴反向旋转，导致 B 型钳随主轴反向转动，尾部击打到正在安装销轴别针的顶驱工程师左肩上，致使其多处骨裂。

（二）原因分析

1. 直接原因

B 型钳尾绳未拉紧时，司钻操作顶驱卸扣，导致 B 型钳随顶驱主轴转动，钳尾击打到顶驱工程师致其受伤。

2. 间接原因

司钻对更换保护接头作业过程中的风险认识不清，未确认 B 型钳尾绳拉紧，在未确认作业区域人员安全的情况下盲目操作。

3. 根本原因

（1）现场生产组织和监督监管存在漏洞，无专人指挥作业，缺乏有效的 HSE 监督。

（2）更换顶驱保护接头作业前未进行充分的工作前安全分析，班前会未能有效识别并提示相关风险。

（三）经验分享与改进措施

（1）强化工作前安全分析。针对顶驱相关的中高风险作业，必须严格执行工作前安全分析，确保作业人员了解风险及控制措施，提高安全意识。

（2）优化生产流程。对于中高风险作业，应加强现场生产组织，指定专人负责指挥，确保各岗位间的有效沟通与配合，同时强化驻井监督的作用，及时发现并纠正不安全行为。

二、"1·16"顶驱导轨断落钻台事故

（一）事故描述

2012 年 1 月 16 日，国内某钻井队进行钻井作业过程中，当钻具倒滑眼至井深 6775m 时（游车距钻台面约 24m），遇到阻力，悬重显示 2050kN，上提力达到 2100kN 时，顶驱导轨突然掉落至钻台面。检查后发现，顶驱导轨调节板从下向上第 7 个销孔处横向断裂。

（二）原因分析

1. 直接原因

顶驱导轨调节板受力断裂致使导轨掉落至钻台面。

2. 间接原因

（1）在面对复杂地层作业时，钻井队成员存在对操作规程理解不深、培训不够充分的情况，面对突发状况时应对不当。

(2)夜间作业环境下光线不足,巡检及作业人员难以及时发现导轨变形或销轴退出等异常情况,增加了操作失误和事故发生的概率。

3. 根本原因

(1)顶驱导轨设计、加工存在安全隐患,如销轴连接方式在承受较大外力时易退出,调节板因材料和结构设计问题在极端条件下易发生断裂。

(2)钻井作业现场缺乏有效的履职监督机制,特别是夜间等受环境影响较大的条件,监管力度不足,未能及时发现和纠正作业过程中的安全隐患。

(3)对顶驱操作人员培训、能力考核不到位,未能做到能岗匹配,遇突发情况时缺乏应对能力。

(三)经验分享与改进措施

(1)加强日常巡查。强化对顶驱等关键设备的日常巡回检查,特别是对于连接部位的紧密度和稳定性,要及时发现并处理潜在隐患。

(2)提升操作技能。加强对作业人员的顶驱操作培训,提高其操作熟练度和应急处理能力,避免因操作不当引发事故。

(3)改进连接方式。考虑将销轴连接改为插接结构,采用单销连接代替双销连接,以增强连接的可靠性和安全性。

(4)优化材料与设计。改善销轴材质,增加内部钢丝绳等防脱设计,确保即使销轴断裂也能保持连接稳定,进一步提升设备的安全性。

三、"11·21"套管顶坏顶驱事故

(一)事故描述

2016年11月21日,某境外钻井队进行下套管作业,由于套管尺寸较小,采用气动绞车从大门坡道进行吊装运输。在下深至790m时,司钻正控制游车下放新接入的一根套管送入井内时,另一名雇员操作气动绞车吊装下一根套管至钻台面,套管上部撞击到下行的顶驱护栏,造成顶驱液压泵及顶驱护栏损坏、人员险受伤。

(二)原因分析

1. 直接原因

顶驱与吊装至钻台的套管发生碰撞导致顶驱液压泵及顶驱护栏损坏。

2. 间接原因

(1)作业人员安全意识淡薄,未遵守作业规程,进行交叉作业。

(2)在特殊工况下,HSE监督缺位,未能有效制止违章行为、消除安全隐患。

3. 根本原因

(1)雇员素质能力有待提高,安全操作培训不足。

(2)作业中缺乏有效的协调和沟通,作业组织不力。

(3)现场安全管理机制存在漏洞,监督人员未能有效履行职责,未能及时发现和制止

违章行为。

（三）经验分享与改进措施

（1）强化安全培训。加强作业人员的安全操作规程培训，提高安全意识，确保每名员工都清楚自身的责任。

（2）规范作业流程。建立和执行严格的作业协调和沟通机制，确保所有作业环节的顺利衔接，避免交叉作业带来安全风险。

（3）加强现场监管。明确监督人员的职责，充分发挥监管效能，及时发现和制止违章行为。

四、"11·29"安装期间顶驱滑落事故

（一）事故描述

2019年11月29日11：00，国内某钻井队进行顶驱安装作业。顶驱本体安装完毕后提升至二层台高度，顶驱工程师与1名井架工至二层台附近准备安装游动电缆。16：15左右，井场突然停电，游车、大钩及顶驱开始从二层台的高度自由下落并砸到钻台面。事故造成顶驱背钳总成、导轨严重变形，游车及大钩倾斜倚靠在井架侧梁，造成了设备严重损坏及较大人员伤亡风险。

（二）原因分析

1. 直接原因

停电后绞车安全钳未起作用，致使游车、大钩、顶驱失控砸落钻台面。

2. 间接原因

（1）井场部分电气、液控、气控等设备与设施老化，对设备检查与维护工作不到位，造成安装作业中突然停电。

（2）操作人员安全意识淡薄，未辨识到突然停电造成设备失控的风险。

（3）高风险作业时，未对绞车进行机械锁止以确保紧急制动功能有效。

3. 根本原因

（1）安全作业管理存在缺陷，对安全、技术知识和应急操作的培训不足，面对突发状况时反应迟钝，应急处置能力低。

（2）设备未及时更新或改造，降低了系统的整体可靠性和安全性，增加了事故发生的风险。

（3）工作前安全分析未辨识到作业现场突然停电的风险以确保作业风险受控。

（三）经验分享与改进措施

（1）强化安全监管体系。建立健全井场的安全管理体系，包括但不限于电气设备、液压盘刹系统、气控回路等定期检查与维护、风险评估与控制、应急响应机制的完善等，确保每一项作业都在安全可控的状态下进行。

（2）提高应急响应能力。通过定期的安全培训、应急演练等方式，提升作业人员的安全意识和应急处置能力，营造安全文化氛围。

（3）设备更新改造。对井场的电气、液控、气控等设备与设施进行定期的检查与评估，及时更新老化设备，提高各系统的稳定性和可靠性，减少设备故障引发的事故风险。

（4）落实风险评估与控制。在高风险作业前，进行全面的风险评估，制订详细的作业计划与应急措施，确保作业风险受控。

五、"5·9"顶驱导轨损毁事故

（一）事故描述

2020年5月9日，国内某钻井队进行顶驱安装作业。顶驱工程师准备乘坐吊篮配合安装末节导轨后端销轴，此时，司钻上提游车时速度过快，导致顶驱第一节导轨撞击到天车下方的井架背梁，且存在较大物体打击伤人的风险。经事后检查，顶驱第二节导轨受损严重，正面局部断裂，背面挤压形变，无法继续使用。

（二）原因分析

1. 直接原因

司钻上提游车的速度过快，导致顶驱导轨猛烈撞击井架背梁受损。

2. 间接原因

（1）操作人员思想麻痹大意，操作游车过快。

（2）缺乏现场监管，沟通不畅，危险行为未得到制止。

（3）风险提示落实不到位，未起到警示、约束作用。

3. 根本原因

（1）违反起重作业"十不吊"原则，未设置专人指挥。

（2）作业监管不力，未能及时发现并制止失误操作。

（3）工作前安全分析落实不到位，未针对辨识到的"导轨与井架碰撞"的风险并制定相应的风险控制措施。

（三）经验分享与改进措施

（1）严格落实工作前安全分析。进行顶驱安装、拆卸等作业前，应成立JSA小组并认真执行作业前安全分析，确保所有作业人员全面了解安装、拆卸流程及风险，且作业过程中应严格遵守相应的风险控制措施。

（2）落实专人指挥与监督。对于顶驱中高风险作业，应指派专人负责现场指挥，HSE监督应进行旁站督导，确保作业过程中的安全监管，及时纠正不安全行为。

（3）加强培训与演练。定期对作业人员进行顶驱安装、拆卸的安全培训和应急演练，提高团队的应急反应能力和安全操作技能。

第三节 设备损毁

一、"2·14"顶驱游动电缆刮断事故

(一) 事故描述

2018年2月14日,某境外项目作业现场遇大风天气,14:15,司钻按照指令进行通井下钻作业,至深度1623m时,顶驱系统突然停止运作,经检查发现顶驱游动电缆在距离顶驱本体电缆插头不同位置(10m、9.5m、7m)出现了电缆保护套刮蹭受损、电缆芯线断裂的情况,造成顶驱失效、钻井作业中止。经调查,顶驱游动电缆在大风天气中被吹向导轨侧并滑入顶驱的固定卡槽中被卡住,随着顶驱继续下行,电缆被强力拉拽并被刮伤。

(二) 原因分析

1. 直接原因

顶驱游动电缆被导轨突起部分刮蹭损伤。

2. 间接原因

(1) 司钻操作不当,在恶劣天气未按要求缓慢操作游车。

(2) 缺乏有效的电缆防刮蹭措施,电缆摆动后被卡。

3. 根本原因

(1) 司钻的风险辨识能力不足,安全意识淡薄,未对班前会上强调的"大风天气可能导致的电缆刮蹭风险"给予足够重视。

(2) 现场服务人员落实属地责任不力,未按要求做好电缆防刮措施。

(3) 井队HSE监督和顶驱工程师在极端天气下过程监管不足,未有效确保作业安全。

(三) 经验分享与改进措施

(1) 强化风险提示。在大风等恶劣天气条件下,须在班前会、班后会上进行游动电缆刮断风险提示,要求司钻缓慢平稳操作游车,时刻保持警惕。

(2) 加强现场监管。在恶劣天气下,应安排专人坐岗观察,特别在起下钻作业期间,一旦发现电缆有刮蹭迹象,立即采取措施,避免事故发生。

(3) 完善电缆防挂方案。各作业现场应根据要求,结合所在队站设备结构、游动电缆摆动规律及气候,设计并实施有效的电缆防刮蹭措施。

二、境外现场震击作业顶驱损坏事故

(一) 事故描述

2007年5月8日10:00,某境外项目钻井队使用500t顶驱进行循环划眼作业。作业至

1300m 处时，顶驱发生堵转，初步判断为遇卡。甲方罔顾钻井队及专业化公司建议及劝阻，决定不拆甩顶驱使用随钻震击器进行解卡，震击频率为 15min 1 次。震击多次后未见成效，甲方继续加大上提拉力，并将震击频率提升至 10min 1 次。在震击过程中，顶驱工程师多次对顶驱主机各部件进行检查和紧固，期间甚至出现顶驱齿轮箱体螺栓脱落的险情，顶驱工程师通报情况并再次建议将顶驱旁置仍未被采纳。5 月 9 日上午 3:20 左右，钻具解卡，但在划眼起钻时，顶驱频繁出现故障，伴有异响，判断为齿轮箱故障后更换顶驱。事后进一步检查发现，该顶驱齿轮箱内齿轮、承载轴承、齿轮箱密封等关键部件严重损坏，二级传动齿轮轴断裂，箱体内布满铁屑，须进厂大修，直接经济损失达 230 万元。

（二）原因分析

1. 直接原因

甲方在震击器与井口距离小于 1500m 的情况下，强行进行高强度震击作业，直接导致顶驱关键部件损坏。

2. 间接原因

（1）甲方面对专业化建议时，未能合理评估风险，坚持进行非标准作业，导致设备承受过载负荷。

（2）面对顶驱初始故障迹象（如齿轮箱体螺栓脱落），未能及时采取旁置顶驱等补救措施，强行进行震击作业，加剧了设备损坏程度。

3. 根本原因

（1）作业前未进行充分的风险评估，缺乏有效的风险管理机制，导致在面临复杂作业条件时未能做出科学合理的决策。

（2）顶驱在作业前和作业中的维护与检查机制不健全，缺乏严格的对照标准，未能及时发现并处理设备潜在的故障。

（3）在关键决策过程中，缺乏专业技术人员的深入参与和指导，甲方的决策未能充分考虑到设备的实际性能和限制。

（三）经验分享与改进措施

（1）严格遵守操作规程。应严格遵循顶驱作业安全管理规定，尤其是关于"带顶驱震击作业"的具体要求，即震击器与井口的距离不得小于 1500m，严禁在任何情况下带顶驱进行震击作业。

（2）定期检查与维护。在进行带顶驱震击作业时，每震击 2h 或 12 次后，钻井队必须对顶驱进行全面检查，以防止高处落物伤人及潜在的设备损坏风险，确保作业人员安全和设备完好。

（3）适时采取替代方案。一旦顶驱受到剧烈冲击或震击时间超过 8h，应立即将顶驱旁置或拆卸，采用其他更为安全的方式进行解卡作业，避免设备遭受不可逆的损害。

三、"5·26"溜钻致顶驱损坏事故

（一）事故描述

2021年5月26日，国内某钻井队进行起钻作业，司钻张某在准备使用液压大钳卸扣时，发现钻柱未编号，随即离开司钻房去处理该问题。张某自认为已按下绞车驻刹但并未再次确认。司钻到达井架大腿位置时发现游车下滑，当即返回司钻房刹停，此时，游车已下滑了4.83m。事故导致钻杆被压弯，顶驱本体右侧2处电缆接头受损，接头固定座严重变形；辅助动力电缆被扯断；保护接头螺纹损坏；导轨主支撑梁偏斜位移，顶驱偏离井口。

（二）原因分析

1. 直接原因

司钻操作失误后游车失控下滑压迫钻杆，致使设备设施损坏。

2. 间接原因

（1）司钻离开岗位前，未正确操作驻刹，且未确认刹车状态。

（2）司钻精神不集中，安全意识淡薄，工作中麻痹大意，未能始终保持高度警觉。

3. 根本原因

（1）人连续高强度作业下，安全意识有所松懈，易忽视关键操作步骤中的风险。

（2）操作规程和安全培训不充分，安全管理与监督机制存在漏洞，未能形成有效的闭环管理；操作流程的标准化执行、员工的安全培训以及设备的定期检查维护等方面缺乏有效的监督和反馈机制。

（三）经验分享与改进措施

（1）重视设备维保。应每日检查液压盘刹系统，确保紧急制动有效工作；严格执行钻机周检表和四重覆盖检查制度，及时发现并整改设备隐患。

（2）强化关键岗位能力建设。完善关键岗位人员考核管理体系，针对不同人群定期开展分级培训，杜绝工作能力不足、思想麻痹大意的情况。

参 考 文 献

[1] 李建国,郭东. 钻机操作培训教程 [M]. 北京:石油工业出版社,2008.
[2] 李晓明,李联中,孟祥卿,等. 石油钻井装备新技术及应用 [M]. 北京:中国石化出版社,2022.